Hans-Peter Krüger
Philosophische Anthropologie
als Lebenspolitik

Deutsche Zeitschrift für Philosophie

Zweimonatsschrift
der internationalen
philosophischen Forschung

Sonderband 23

Hans-Peter Krüger

Philosophische Anthropologie als Lebenspolitik

Deutsch-jüdische und
pragmatistische Moderne-Kritik

Akademie Verlag

Bibliografische Information der Deutschen Nationalbibliothek
Die Deutsche Nationalbibliothek verzeichnet diese Publikation in der
Deutschen Nationalbibliografie;
detaillierte bibliografische Daten sind im Internet über http://dnb.d-nb.de abrufbar.

ISBN 978-3-05-004605-1

Lektorat: Mischka Dammaschke
Einbandgestaltung: Günter Schorcht, Schildow
Satz: Veit Friemert, Berlin
Druck und Bindung: Druckhaus „Thomas Müntzer", Bad Langensalza

Printed in the Federal Republic of Germany

Meinem Bruder Klaus (1947–2007)

Inhalt

III. Teil: Die pragmatistische Kritik der US-amerikanischen Moderne

Vorwort

Seit den 1990er Jahren ist in der Philosophie viel über *Lebenskunst* und in den Sozial- und Geschichtswissenschaften viel über *Biopolitik* geschrieben worden. Man könnte sie zwei verständliche Grenzfälle in dem Spektrum des westlichen Zeitgeistes nennen. Während die Lebenskunst auf die Gewinnung eines *privaten* Bereiches zielt, der narzisstische Intimitäten übersteigt, engt die Biopolitik den *öffentlichen* Bereich durch Tatsachen schaffende Normalisierungen (Foucault) vorab ein. Seit einem Jahrzehnt sind aus Medizin, den Natur- und Technikwissenschaften als Dritter im Bunde die *life sciences* hinzugetreten. Sie versprechen gleich beides. Einerseits empfehlen sie sich der sozialstaatlichen Politik für die Gesundhaltung der Bevölkerungskörper angesichts ökologisch und international wahrscheinlicher Konflikte, also der Biopolitik. Andererseits setzen die Lebenswissenschaften mit ihrem Pharmamarketing auf neue Märkte, da ihre therapeutischen Resultate in Zukunft für die Individuen maßgeschneidert seien, also privat helfen könnten. Wer als Diener zweier Herren beginnt, kann sich in seiner doppelten Dienstleistung auch selbständig machen. Dann entstünde mit den künftigen Resultaten lebenswissenschaftlicher Praktiken in beide Richtungen ein je umgekehrtes Problem. Wie viel erfahrungstechnische Verwissenschaftlichung braucht und verkraftet die Vielfalt der privaten Lebenskünste, oder sind die lebenswissenschaftlichen Praktiken doch eher die nächste Disziplinarisierung des Privaten? Und in der anderen Richtung gesehen: Wenn die praktischen Anwendungen der Lebenswissenschaften über Märkte privat funktionieren, wozu dann noch der staatspolitische Aufwand an Normalisierungen der Bevölkerungskörper? Die künftigen Resultate lebenswissenschaftlicher Praktiken könnten, mehr ungewollt als gewollt, beide unterlaufen, sowohl die versprochene Vielfalt privater Lebenskünste als auch die staatlich-juristisch regulierende Biopolitik.[1]

In dieser Lage zwischen Hoffnung auf Lebenskünste, Vorsorge durch Biopolitik und einem künftig Dritten, den lebenswissenschaftlichen Praktiken und Märkten, wunderte

---

1 Ich unterstelle einleitend Foucaults bekannte analytische Unterscheidung zwischen zwei „Entwicklungsachsen der politischen Technologie des Lebens", also zwischen den „Disziplinen" für einzelne Körper und den „Normalisierungen" von „Bevölkerungskörpern". M. Foucault, Sexualität und Wahrheit. Erster Band: Der Wille zum Wissen, Frankfurt a. M. 1983, S. 170-174. Inzwischen sind sicherlich beide Achsen stärker durch Märkte vermittelt, aber auf doch weniger oder stärker regulierte Weise.

der lauter werdende Ruf nach *Politik* nicht. Aber auch die bisherigen öffentlichen Debatten, deren sich die parlamentarischen Demokratien rühmen, zumal die in Deutschland, schaffen da keine Abhilfe. Sie befördern nicht nur sachliche Differenzen, sondern
weltanschauliche Konflikte und Kämpfe zwischen Expertenkulturen im *Ganzen* zu
Tage. Es gab in keinem Fall eine *vernünftige Argumentation*, die als solche die Streit-
parteien hätte versöhnen können (z. B. Katholiken und fundamentalistische Protestanten
mit Atheisten und religiösen Juden über den Umgang mit befruchteten Eizellen vor der
Nidation). Die als demokratische Tugend gepriesenen Kompromisse der Politiker brechen alle paar Jahre wieder auseinander und verstetigen sich zu *Konflikten im Leben mit
dem Leben anderer Menschen generell*. Als ob die Überlagerung „alter" Verteilungs-
konflikte und „neuer" Konflikte über die „Grammatik von Lebensformen" (Habermas)
innerhalb des westlichen Kapitalismus mit parlamentarischer Demokratie nicht genug
wäre: Seine Globalisierung schafft weitere Probleme und Reaktionen darauf. Was inner-
westlich als leicht *privatisierbar* erschien, begegnet nun *auch* noch in der Form *öffentlich* präsenter Weltreligionen und Weltkulturen, die sich weder jüdisch-christlich noch
atheistisch vereinnahmen lassen. Das Konfliktpotential steigt in der Pluralität der Kulturen und unter Bedingungen der ökologischen Verknappung. Wachsende Abhängigkeiten sorgen nicht automatisch für Kooperation, sondern auch für Kampf um Autonomie.
Es lassen sich nicht alle auf der Erde lebenden Menschen im Vorgriff auf eine *Welt-
innenpolitik* durch die Menschenrechtspolitik eingemeinden. Es gab einmal *Welt-
außenpolitik* von Kosmopoliten.[2]

Wenn ich hier von *Lebenspolitik* spreche, dann verstehe ich darunter etwas anderes
als die Individualisierung soziokultureller Problemlagen in einer erhofften „zweiten" oder
„reflexiven" Moderne (A. Giddens/U. Beck) des Westens. Insofern Reflexion formale
Prozeduren meint, welche die Folgeprobleme der ersten Moderne meistern sollen,
entsteht die Frage, ob nicht die Folgeprobleme des *Lebens* für reine Formen zu schwer
an Inhalten wiegen. Die inhaltlichen *Folgen* für das Lebensthema akkumulieren sich,
weil Leben modern als bloßes Material von Dualismen *vorausgesetzt* wird. Das Problem besteht in der Reproduktion dieser *substanziellen Voraussetzung*. Zudem braucht
eine derartige Individualisierung von Folgeproblemen die Bedingungen von Mittelschichten, die entweder bröckeln oder anderenorts in zu geringem Umfange da sind.
Auf andere Weise glaubt auch Giorgio Agamben, dem *bloßen Leben* ausgerechnet dadurch vorbeugen zu können, dass er auf ein planetarisches Kleinbürgertum setzt, welches sich an das Uneigentliche und Unauthentische schon gewöhne. Da war Foucault in
der Aufdeckung des anthropologischen Zirkels der westlichen Moderne analytisch bereits weiter. Die westliche Moderne ermächtigt sich im *Namen des Menschen* zur
globalen Produktion von Menschen, aber wie und nach welchen Kriterien?

Die Praktiken der westlichen Modernisierung antworten empirisch auf die Folgeprobleme, die sie produzieren, indem sie vor allem ihre *anthropologischen Kriterien* weiter

---

2 Vgl. zum Dilemma einer Menschenrechtspolitik J. Habermas, Von der Machtpolitik zur Weltbürgergesellschaft, in: Ders., Zeit der Übergänge. Kleine politische Schriften IX, Frankfurt a. M. 2001,
   S. 34-39.

differenzieren. Anhand dieser Kriterien werden die Teilnahmebedingungen für nur Menschen präzisiert.[3] Hier liegt die *inhaltliche* Problematik aller modern gemachten Voraussetzungen, Bedingungen und Folgen, will man tatsächlich die Frage nach einer zweiten Moderne angehen, statt sich transzendental auf Formen herauszureden. Das Recht – von den negativen Freiheitsrechten über die positiven Freiheitsrechte bis zu den politischen Partizipationsrechten – *unterstellt* Personen, die in einem regelbaren Zusammenhang mit befristeten Körperleibern stehen, *vorgestellt*, wie Hegel sagt, als *Menschen*. Menschen sind weder lebloses Material noch pflanzliche oder tierische Lebensform noch rein geistige Form (engelhaft, göttlich, geisterhaft), obgleich sie in ihrer Lebensführung an all dem teilzuhaben die reale Möglichkeit brauchen. Die Frage, wer zum Kreis der Menschen dazugehört und damit für die Berechtigung, an bestimmten Praktiken teilnehmen zu können und zu müssen, wird durch „anthropologische Grenzregimes" (G. Lindemann) geregelt, ob einem das für den eigenen Hirntod passt oder nicht. Dies gilt empirisch *und* normativ für die biomedizinischen Praktiken des *homo sapiens sapiens* nicht minder als für die Märkte des *homo oeconomicus* oder die soziokulturellen Praktiken des *animal rationale*. Zudem haben alle diese Kriterienbündel eine Differenz zwischen perspektivischen Möglichkeiten (Transzendentalem) und knappen Bedingungen hier und heute (Empirischem) so eingebaut, dass *hic et nunc* praktisch entschieden werden kann, wer und was Vorrang hat. Ein afrikanischer Flüchtling gilt derzeit juristisch zwar schon als Mensch, aber noch nicht als EU-Bürger. Daher hat Hilfe bei Seenot zwischenzeitlich Vorrang vor der Abschiebung, und diese vor den Bürgerrechten.

Es geht also nicht um irgendeine *Lebenspolitik*, sondern um eine solche, welche die *anthropologische Problemlage der westlichen Moderne* kritisch aufrollt. Diese Leistung haben philosophisch erstmals im 20. Jahrhundert die Philosophischen Anthropologien erbracht. Daher kommt der Titel dieses Buches *Philosophische Anthropologie als Lebenspolitik*. Die Konstellation zwischen Lebenskünsten, Biopolitik und Lebenswissenschaften ist philosophisch gesehen nicht so grundsätzlich neu, wie es sich der vorherrschende Zeitgeist immer gerade einbildet. Dieser allzu Vergessliche, er durchlief schon einmal vom letzten Drittel des 18. bis zum ersten Drittel des 20. Jahrhunderts die Serie epochaler Zauberworte von der Vernunft und dem existenziellen Glaubensbedürfnis über die Gesellschaft und die Geschichte bis zum alles umfassenden Leben. Angesichts der totalitären Folgen oder zumindest totalitären „Tendenzen" in dieser Moderne werden wir um eine *wechselseitige Begrenzung der Orientierungsansprüche*, die im Namen von Vernunft, empirischer Wissenschaft, Glauben, Gesellschaft, Geschichte und Leben erhoben werden, nicht herumkommen. Alle diese Stichworte sind inmitten der angelaufenen Pluralisierung und Globalisierung in neuem Format wieder da, nur dieses Mal fast gleichzeitig. Wir haben bereits ungewollt genügend anthropologische Experimente in der westlichen Moderne hinter uns, um Konsequenzen aus ihren Folgen ziehen zu können. Die Produktion des *neuen Menschen* bedeutete Klassenkrieg (Stali-

---

3 Gegen diese „asymmetrische Anthropologie" der Trennung menschlicher Wesen von den nicht-menschlichen Wesen fordert Bruno Latour eine „symmetrische Anthropologie" der Netzwerke von „Mischwesen" (Hybriden) ein, die *zwischen* der Natur und Kultur liegen. B. Latour, Wir sind nie modern gewesen. Versuch einer symmetrischen Anthropologie, Berlin 1995, S. 14f., 18f.

nismus) oder Rassenkrieg (Nationalsozialismus). In der Gleichzeitigkeit, in der die genannten Geltungsansprüche nun erhoben werden, liegt die Chance für ihre wechselseitige Begrenzung. Aus Zauberworten, die über zwei Jahrhunderte in der europäischen und deutschen Geschichte eher nacheinander auftraten, könnten Stichworte dafür werden, nicht wieder bei Null mit dem neuesten exklusiven Ganzheitsversprechen beginnen zu müssen.

Das folgende Buch hat drei Teile. Im ersten Teil wird das gegenwärtige Bedürfnis nach Philosophischer Anthropologie behandelt. Zunächst werden einleitend die beiden Ausdrücke von der *Lebenspolitik* und der *Philosophischen Anthropologie* in der aktuellen Diskussion näher bestimmt. Sodann werden exemplarisch die lebenswissenschaftliche und die weltgeschichtliche Herausforderung erörtert. Die Bejahung der Gen- und Hirnforschung fiele leicht, wenn gesichert wäre, dass sie dem Primat der medizinischen Praxis untersteht, also Leiden mindestens lindert oder gar überwindet. Aber sie unterliegt auch einem ökonomischen und politischen Verwertungsdruck. Zudem ist ihr die Ideologie zugewiesen wie auch in ihr wirksam, sie habe nur Kausalerklärungen zu leisten und könne dies auf immer bessere Weise. Man kann aber nicht kausal Reproduzierbares *erklären*, ohne es in einem Welthorizont zu *verstehen*. Und Erklären bedeutet, einen Ausschnitt aus diesem Verstehenshorizont bestimmen, bedingen und verendlichen zu können. In diesem Vorteil der erfahrungswissenschaftlich positiven Bestimmung auch des Menschen liegt zugleich ihre *Grenze*. Die exakte Reproduzierbarkeit des Ausschnitts der Welt kann nicht auf das Ganze an Unbestimmtheit, Unbedingtheit und Unendlichkeit dieser Welt übertragen werden, ohne in Religion und Mythos zu wechseln. Ein grenzen*loses* Heilsversprechen kann im Namen der Wissenschaft nicht abgegeben werden, jedenfalls nicht ohne einen Selbstwiderspruch ideologischer Art.

Auch im Hinblick auf die weltgeschichtliche Herausforderung der Gegenwart geht es um die Anerkennung der Unergründlichkeit des Menschen seinem *Wesen* nach und im *Ganzen*, d. h. um den *homo absconditus*. Könnte heute abschließend bestimmt werden, was den Menschen wesentlich und ganzheitlich auszeichnet, wären er und seine Forschungen an ein Ende gelangt. Sie hätten von vornherein keine Zukunft mehr. Aber der Respekt vor seiner Unergründlichkeit betrifft allein sein Wesen im Ganzen, nicht bestimmte und bedingte Verhaltensdimensionen von ihm, die erkannt und gestaltet werden können. Dieser Respekt schließt mithin die positive Formulierung einer Minimalanthropologie für die Demokratisierung der Globalisierung ein, da wir geschichtlich nicht schon wieder *tabula rasa* machen müssen. Europäer kennen aus der eigenen Geschichte sichere Verfehlungen der Ermöglichung von Menschsein und wahrscheinliche Bedingungen, unter denen sich die Potentialität des Menschseins selbst artikulieren und entfalten kann. Die lebenspraktische Skepsis gegen positive Absolutismen des Glaubens und der Wissenschaft für alle Menschen in einer pluralen Welt lässt sich sehr wohl mit der positiven Bestimmung von Bedingungen verbinden, die minimaler Weise eingehalten werden müssen, damit sich personales Leben selbst äußern kann.

Der zweite Teil des Buchs beschäftigt sich mit der philosophisch-anthropologischen Kritik an der europäischen Moderne. Philosophisch sieht man den Hauptstrom moderner Philosophie oft in dem Dualismus von Descartes und Kant auf der transzendentalen Grundlage des Selbstbewusstseins verkörpert. Auf diesen Dualismus und seine Grundlage hin und von ihnen her wird bis heute systematische Philosophie betrieben. Aber dagegen werden theoretisch und methodisch im Namen der anthropologischen Themata des Lebens, der Geschichte und der Sprache sowohl faktische als auch normative Einwände erhoben, die systematisches Gewicht haben. Stellt man die *anthropologische Kritik der Philosophie* und die *philosophische Kritik der Anthropologie* in den Mittelpunkt der systematischen Auseinandersetzungen schon des 18. und 19. Jahrhunderts, ergibt sich (mit Ch. Taylor und St. Toulmin) von der Renaissance bis heute eine Dynamik in der philosophischen Moderne Europas. Diese Moderne war nicht so einheitlich und reflexiv, wie es Habermas in seinem „philosophischen Diskurs der Moderne" behauptet hat, um den paradigmatischen Sieg der sprachlichen Intersubjektivität verkünden zu können. Sie war auch nicht so anthropologisch zirkulär, wie sie Foucault dargestellt hat, als ob sie sich in der transzendentalen Verdoppelung von Empirien erschöpft hätte, woraus sich sein Übergang in die Machtanalyse ergab. Die systematische Agenda der europäischen philosophischen Moderne besteht in jener gegenseitigen Kritik von Philosophie und Anthropologie, weshalb keine Schule oder Richtung allein ihr genügen kann.

Dieser Fokus lässt die Auseinandersetzungen zwischen führenden deutschsprachigen Philosophen verständlicher werden, deren Konzeptionen seit den 1920er Jahren durch Teilnahme an der internationalen Diskussion entwickelt wurden und die in der Gegenwart erneut auf eine internationale Resonanz stoßen. Der *Streit* ging *für und gegen eine Philosophische Anthropologie*, die nicht nur anthropologisch den dualistischen Hauptstrom moderner Philosophie kritisierte, sondern zugleich die erfahrungswissenschaftlichen Anthropologien philosophisch fundierte. *Erst durch diese anthropologisch-philosophische Doppelkritik an Philosophie und Anthropologie dreht sich die Philosophische Anthropologie zugleich aus der „Reflexion" (Habermas) und aus dem anthropologischen Zirkel (Foucault) der europäischen Moderne heraus.* Diese enorme Leistung in der systematischen Neuanlage des Philosophierens ist bis heute kaum erkannt, weil immer schon in die alten Raster wieder einsortiert worden. Das Verschwinden dieses Streitniveaus hängt geschichtlich auch wesentlich damit zusammen, dass – bis auf Jaspers und Heidegger – die Hauptvertreter dieses Streites deutsch-jüdische Philosophen waren, die, abgesehen von dem bereits 1928 verstorbenen Scheler, in verschiedene Emigrationen gezwungen wurden. Der Streit konnte nicht ausgeführt werden, woraus viele einseitige oder sogar falsche Rezeptionen in der französischen, amerikanischen und deutschen Diskussion bis in die Gegenwart folgen, u. a. vermittelt durch J.-P. Sartre, der von Heidegger und Scheler, sowie M. Merleau-Ponty, der von J. J. Buytendijk und Plessner beeinflusst war.

Was die Hauptvertreter dieses Streites betrifft, so handelt es sich in der damals älteren Generation um Ernst Cassirer (1874–1945) und Max Scheler (1874–1928), die unterschiedlicher kaum sein konnten, aber doch beide Figuren des Übergangs aus dem kulturell prosperierenden Bildungsbürgertum des Kaiserreichs in die Zwischenzeit der Welt- und Bürgerkriege des 20. Jahrhunderts waren. Der eine, Cassirer, entwickelte aus der Spannung zwischen Neukantianismus und Phänomenen des Lebens seine Philosophie der symbolischen Formen, welche erst die philosophische Anthropologie fundieren sollte, sich am Ende aber mit einer Kulturphilosophie des Menschen bescheidet. Der andere, Scheler, arbeitete gegen Edmund Husserls (1859–1938) wieder transzendental werdende Phänomenologie eine alternative Phänomenologie des Lebendigen aus, welche theoretisch unter geistesmetaphysischen Annahmen stand und am Ende eine Fundierung durch die Philosophische Anthropologie freigibt. In der darauf folgenden Generation wurden Martin Heidegger (1889–1976) und Helmuth Plessner (1892–1985) Ende der 1920er und zu Beginn der 1930er Jahre zu den entscheidenden Gegenspielern in der deutschsprachigen Philosophie. Der eine, Heidegger, gibt der Husserlschen Transzendentalphänomenologie eine existenzial-hermeneutische Wende des menschlichen Daseins, bevor er 1933–34 eine nationalsozialistische Gemeinschaftsexistenz vertritt und schließlich eine Kehre in die seinsphilosophische Spätphilosophie vollführt. Der andere, Plessner, nimmt seinen Ausgangspunkt vom philosophischen Modell der Kantschen Kritik der Urteilskraft, um sie zunächst durch eine Ästhesiologie der Sinne für die funktionale Einheit geistiger Leistungen zu untersetzen und dann eine leibliche Wendung in die Phänomenologie der spezifikationsbedürftigen Lebensformen zu nehmen. Schließlich folgen seine naturphilosophische Fundierung der anthropologisch *vertikalen* Vergleichsreihe von humanen mit nichthumanen Lebensformen und seine geschichtsphilosophische Fundierung der anthropologisch *horizontalen* Vergleichsreihe humaner Soziokulturen untereinander. Diese zweite Fundierung unternimmt er im Anschluss an Georg Mischs (1878–1965) Systematisierung der Diltheyschen Lebensphilosophie. In der dritten Generation geht es um Hannah Arendts (1906–1975) Spätwerk ab 1958, das – paradigmatisch zwischen Charles Taylor und Michel Foucault liegend – eine geschichtliche Anthropologie des Abendlandes beinhaltet. In ihr wird das ganze geschichtliche Verhältnis zwischen Antike und Moderne im Hinblick auf den errungenen Maßstab der Personalität im Weltrahmen neu entworfen. Dies wäre ohne die phänomenologische Anthropologie des jungen Heideggers, ohne Scheler und Karl Jaspers (1883–1969) nicht möglich gewesen. Obgleich Arendts Spätwerk nicht der Philosophischen Anthropologie im Sinne Plessners einverleibt werden kann, stellt es doch einen originären Beitrag zur Anlage der horizontalen Vergleichsreihe unter diachronem Aspekt dar.

So erfreulich in den letzten Jahren nicht mehr nur die Heidegger-Forschung, sondern auch die Arendt-, Cassirer-, Jaspers-, Misch-, Plessner- und Scheler-Forschungen international gediehen sind, sie leiden bisher noch an gegenseitiger Isolierung und an einem Defizit ihrer systematischen *Botschaft für die Gegenwartsphilosophie*. Der hier erstmals rekonstruierte Streit pro und contra eine Philosophische Anthropologie überwindet beides, sowohl die Isolierung als auch das Defizit, nämlich in der Diskussion um eine *neue Art und Weise zu philosophieren*. Sie hält sich nicht mehr an den Sandkasten aus Monismus und Dualismus, als könne man nicht bis drei zählen. Sie setzt weder die Reflexionsspirale durch eine neue Dezentrierung einfach fort, noch vertieft sie den anthropologischen Zirkel durch eine weitere empirisch-transzendentale Dublette. Diese neue Art und Weise zu philosophieren fragt vielmehr nach dem geschichtlich lebbaren Zusammenhang zwischen Dezentrierungen und Erdungen in personalen Verhaltenszyklen, die Generationen übergreifen. Sie gibt sich auch mit keinem neuen Einheitsmythos, sei es des individuellen oder sei es des kollektiven Leibes, zufrieden. Sie hält sich stattdessen im *Vollzug* personalen Lebens an diejenige *Fraglichkeit*, die solches Leben faktisch *und* normativ zur *Aufgabe* macht. Sie verrät ihre Beratung der personalen Lebensführung nicht dadurch, dass sie die faktischen Zwänge wieder transzendental ausklammert. Vielmehr werden diese Zwänge im Lichte des Wertekonflikts pluraler Welt-rahmen erhellt, ohne das falsche Versprechen abzugeben, einer Person ihre Lebensfüh-rung abnehmen zu können. *In* der personalen Lebensführung interessieren praktisch viele philosophische Methoden, aber nicht deren Verwechselung mit Metatheorien und Metaerzählungen, die *über* das Leben gottgleich letzte Urteile fällen. In der personalen Lebensführung geht es für den *homo absconditus* um die sinnvolle Rekombination der phänomenologischen, der hermeneutischen, der dialektisch-kritischen und der semio-tisch-transzendentalen Methode, die noch heute schulpolitisch als separate Philosophien gelten.

Aus dem II. Teil kann ich hier vorab nur auf drei systematische Erträge der neuen Art und Weise zu philosophieren die Aufmerksamkeit lenken: Erstens: Wer *Physisches* und *Psychisches* korreliert, braucht dafür *als Drittes* eine qualifizierte Konzeption von *personalem Geist im Weltrahmen*, den die Erfahrungswissenschaftler selbst in Anspruch nehmen. Das Thema dieses *Mentalen* lässt sich nicht auf die Reflexivität des Bewusst-seins und/oder der Sprache reduzieren, wie dies in der Standardtheorie der *philosophy of mind* üblich ist. Es benötigt eine sinngemäße Grammatik des *Gefühlslebens*, die expressiv *und* reflexiv Wertsetzungen in einer exzentrischen Verhaltensweise realisiert. *Exzentrisches* Verhalten liegt *nicht* im Zentrum des Organismus beschlossen, nicht ein-mal in den Interaktionen zweier Lebewesen. Es hebt erst in symbolischen Dreiecken an, in denen die Bedeutung der Bezeichnung nicht feststehen muss. Diese Bedeutung wird interpretiert, da die Zeichen untereinander in Relationen fungieren. Phänomenologisch gesehen brauchen diese dreigliedrigen Zeichen eine Drittheit von Welt. In deren Vorder-grund können Interaktionen einer Umwelt stehen, die jedoch von dritten Personen aus dem Hintergrund realisiert werden. Unter diesem Niveau von *Welt* im Unterschied zu *Umwelt*, von *Personalität* im Unterschied zu *Korrelationen* zwischen Physischem und Psychischem, von *symbolisch Mentalem* im Unterschied zu *stimulus and response* kann nicht *philosophiert*, aber *ideologisiert* werden. Dies ist eine gemeinsame Lektion, die Scheler, Plessner, Cassirer und Arendt der Gegenwartsphilosophie erteilen können. Zwei-tens: Wer Lebenspolitik auf die anthropologischen Kriterien moderner Praktiken aus-richtet, muss grundsätzlich die strukturfunktionale *Unterscheidung zwischen Privatem und Öffentlichem* neu fassen, damit aus dem Öffentlichen bessere Politikformen ent-springen können. An dieser Unterscheidung zwischen Privatem und Öffentlichem hängen alle lebensrelevanten Beweis- und Folgelasten, weshalb ihre Nivellierungen und Auflö-sungen (des Öffentlichen in Privates oder des Privaten in Öffentliches) für das personale Leben eines *homo ludens* gefährliche Konsequenzen zeitigen. Auch darin liegt eine ge-meinsame Lektion, die man insbesondere von Plessner und Arendt lernen kann. Drittens: Arendts geschichtliche Anthropologie des Abendlandes ist ein wichtiger Vorschlag in der gegenwärtigen Diskussion über *multiple modernities*. Freilich braucht man für die anthropologisch horizontale Reihe vergleichbare Studien aus den anderen Hochkulturen der Personalität, d. h. aus der *Achsenzeit* (A. Weber/K. Jaspers/S. Eisenstadt) für die *Sattelzeit* (R. Koselleck) westlicher und östlicher Modernen. Die Philosophische An-thropologie überwindet den üblichen Gegensatz zwischen entweder ahistorischen Uni-versalien oder historischem Relativismus in ihrer Kritik am vorherrschenden Revolu-tionsmodell der europäischen Moderne, das ein ungelöstes *Souveränitätsproblem* mit sich führt: Diese Moderne kann weder souverän (im Sinne grenzenloser Selbstbestimmung und Selbstverwirklichung) sein, noch lässt sich ihre Permanenz kopernikanischer Revolutionen im lebendigen Verhalten aushalten. Würde und Souveränität, Versprechen und Verzeihen, Liebe heben erst in der *Bejahung menschlicher Grenzen* an, nicht in der *Selbstermächtigung* zu allem Möglichen. Dies kann man bei Arendt, Plessner und Scheler lernen. Da sich anthropologisch gesehen „die" Moderne nicht gottgleich selbst erschaffen kann, gilt der bis heute übliche Hebel nicht, alles sogenannte „Vormoderne" aus ihr ausklammern und abwerten zu können. Gewiss kann man an Sklavenhalterordnungen kritisieren, dass in ihnen das Personsein einer Herrschaftselite vorbehalten war. Aber daraus folgt nicht, dass der Mensch eine Verallgemeinerung des Sklaven sein muss, der das Personsein entbehren könnte. Eine Moderne ohne funktionales Äquivalent für die vormoderne Hochkultur der Personalität bleibt anthropologisch hochproblematisch.

Der dritte Teil des vorliegenden Buches widmet sich der pragmatistischen Kritik an der US-amerikanischen Moderne. Es gab nicht nur eine philosophisch-anthropologische Kritik an der europäischen Moderne im 20. Jahrhundert, sondern in der Gestalt der klassischen Pragmatismen auch eine philosophisch-anthropologische Kritik an der amerikanischen Moderne. In dieser Vergleichbarkeit besteht ein äußerst wichtiger Testfall für die Objektivierbarkeit und Universalisierbarkeit der Philosophischen Anthropologie als Kritik an der westlichen Moderne, denn beide Kritiken wurden weitgehend unabhängig von einander entwickelt, verlaufen aber durch die Hauptwerke der Hauptvertreter John Dewey (1859–1952) und Plessner zeitlich parallel in den 1920er und 1930er Jahren. Worin stimmen beide Kritiken überein, worin können sie einander ergänzen, was macht beide unvereinbar? – Richard Shusterman hat einmal treffend bemerkt, dass die klassische US-amerikanische Philosophie in der ersten Hälfte des 20. Jahrhunderts insofern keine *Philosophische Anthropologie* brauchte, als sie eine solche bereits in Gestalt der *klassischen Pragmatismen hatte.*[4] Dieser Zusammenhang war weder für die Betroffenen im 20. Jahrhundert leicht einzusehen, noch liegt er heute auf der Hand. Die Wiederbelebung der klassischen Pragmatismen ist in den Neopragmatismen der beiden letzten Jahrzehnte umstritten. Der Grund dafür liegt in der verschiedenen Einschätzung der Leistungen der Sprachanalyse, die als *linguistic turn* wie ein Filter zwischen den klassischen Pragmatismen und den Neopragmatismen liegt.

Daher nehme ich zunächst in dieser gegenwärtigen Diskussion über die Differenzen und Zusammenhänge zwischen den klassischen Pragmatismen, den Sprachanalysen und den verschiedenen Neopragmatismen Stellung. Das erste Missverständnis entsteht bis heute dadurch, dass man den Namen des *Pragmatismus* in der Philosophie mit allen Assoziationen verbindet, welche dieser Name auch umgangssprachlich auslöst, und dies ist philosophisch kein attraktiver Hof von Bedeutungen, zumindest in den europäischen Sprachen. Die Verwechselung des philosophischen Pragmatismus mit Utilitarismus und Opportunismus liegt dann nahe. Alle deutschen Teilnehmer an dem Streit über Philo-

---

4   Vgl. R. Shusterman, Body Consciousness. A Philosophy of Mindfulness and Somaesthetics, Cambridge/New York 2008, S. 9.

sophische Anthropologie sind diesem Vorurteil mehr oder weniger zum Opfer gefallen, das Scheler von Anfang an wirkungsmächtig inauguriert hat. Max Webers Unterscheidung zwischen Gesinnungsethik und Verantwortungsethik hilft, sich einen Zugang zum philosophischen Pragmatismus zu verschaffen. Plurale Innovationsprozesse können schwerlich auf Dauer von Gesinnungstätern getragen werden, wenn nicht gleichzeitig auf die Folgen dieser Taten Rücksicht genommen und durch Konsequenzen aus den Folgen neu Verantwortlichkeit hergestellt wird. Mit *Pragmatismus* ist philosophisch gemeint, im menschlichen Verhalten weltlich *lernen zu können*, nämlich aus den Folgen des eigenen Handelns, insoweit sie im Guten nach Förderung oder im Schlechten nach Abstellung verlangen. Man kann dann aus diesen Folgen *für ein künftig besseres Verhalten Konsequenzen ziehen.* Für die geschichtlich künftige Verbesserung humaner Verhaltenszyklen werden in den klassischen Pragmatismen (Ch. S. Peirce, W. James, J. Dewey, G. H. Mead) einerseits eine *Phänomenologie* der Verhaltensprobleme und andererseits eine *semiotische Rekonstruktion* künftig besserer Verhaltenslösungen entworfen.

Das zweite Missverständnis der klassischen Pragmatismen kommt dadurch zustande, dass man Ch. W. Morris' spätere semiotische Unterscheidung zwischen der Syntax, Semantik und Pragmatik von Zeichen als Sieb der klassisch-pragmatistischen Texte verwendet, ohne sich zu fragen, ob nicht Peirces Semiotik *lebendiger* Zeichen besser war. Der falsche Eindruck, die klassischen Pragmatisten hätten keine philosophische Aufmerksamkeit für die Syntax und Semantik gehabt und Tatsachen szientistisch mit Normativität verwechselt, sagt etwas über die Hebel der Sprachanalyse aus, die projiziert werden. Die Einwände der sprachanalytisch filternden Neopragmatisten (R. Rorty, R. Brandom) stimmen nicht, weil sie sich nicht philosophisch auf den Zusammenhang zwischen Phänomenologie und Rekonstruktion der Probleme im menschlichen Verhaltenszyklus einlassen. Das Thema wird einfach gewechselt, weil angeblich anthropologisch der Gegensatz zwischen „discursive creatures" und „non-discursive creatures" klar sei, während er doch unglaubliche Folgeprobleme in modernen Praktiken zeigt. Die *sprachanalytischen Neopragmatisten* umgehen die Philosophische Anthropologie in den klassischen Pragmatismen (J. Margolis), weil sie selbst mit der *anthropologischen Unterstellung* arbeiten, die Spezifik des Menschen ginge in seiner Sprache auf. Der Vorwurf des Szientismus an Dewey lenkt ab von seiner Leistung, wie Hilary und Ruth Putnam hervorheben: Wir brauchen eine plurale Demokratie nicht, weil wir wüssten, wer wir sind, sondern umgekehrt, weil wir dies nicht wissen können, ohne es zu erfahren. Dewey entwickelt ein Prozessmodell, in dem funktional verschiedene Handlungsbereiche *öffentlich interpenetrieren,* d. h. sich wechselseitig ergänzen können. Dadurch wird es möglich, aus den Konsequenzen problematischer Handlungsfolgen gemeinsam zu lernen. Dieses Modell unterscheidet sich grundlegend von der klassischen Moderne, die im Namen unbedingter Autonomien für Individuen, Kollektive und Handlungsbereiche lauter unbeherrschbare Folgeprobleme (Weltwirtschaftskrisen, Weltkriege) zeitigt. Es anerkennt für ein bestimmtes konkretes Problem die *Grenzen dieser Autonomien,* um in Gestalt konkreter Lösungen Verantwortlichkeit politisch herzustellen. Dieses *Politische liegt öffentlich zwischen* den Autonomien, da sie ihr Folgeproblem nicht aus sich allein lösen können. Es existiert auf Zeit.

Die *Parallelen* zwischen Deweys und Plessners Philosophischen Anthropologien laufen auf eine Selbstbegrenzung autonomer Ansprüche in öffentlichen Lernprozessen hinaus, die auf die Habitualisierung der Reintegration von physischen, psychischen und mentalen Verhaltensdimensionen in der Generationenfolge bezogen werden. Es fällt auf, dass beide die säkulare *Selbstvergottung des Menschen* als das problematischste Folgenproblem der bisherigen westlichen Modernisierung anthropologisch in Frage gestellt haben. Dagegen wird die Negativität des Absoluten für personale Lebewesen hervorgehoben: Sie stehen ihrem Wesen nach und im Ganzen in einer Relation zur Unbestimmtheit ihrer eigenen Zukunft, aus der her ihre Lebenserfahrungen ermöglicht werden. Zweifellos gibt es auch wichtige *Unterschiede* zwischen beiden Philosophischen Anthropologien. Bei allen Defiziten und Krisen in den USA, es gelang doch in ihnen weltgeschichtlich zum ersten Mal das Experiment, riesige Einwanderungsströme aus den verschiedensten Herkunftskulturen über Generationen in kapitalistischer Marktwirtschaft und pluraler Demokratie zu integrieren. An dieser Aufgabe scheiterten damals Deutschland und Europa, während sie heute auch hier gelöst wird.

Aber noch heute sind die wertmäßigen Markierungen in der Verwendung begrifflicher Unterscheidungen von anderer Betonung. So arbeiten Dewey und Plessner mit der Integration bzw. Verschränkung zwischen verschiedenen *Gesellschafts*formen und *Gemeinschafts*formen für *individuell anspruchsvolle Lebensmöglichkeiten*. Beide haben keinen Dualismus von entweder Kommunitarismus oder Liberalismus vertreten. Aber der Kontext dessen, was gerade vorherrscht, war und ist in den USA und Europa ein anderer mit jeweils anderen Folgeproblemen. Dominiert in der Vergesellschaftung klar die kapitalistische Marktwirtschaft, wie in den USA, setzt Deweys radikale Demokratisierung mehr auf neue Gemeinschaftsformen zur Korrektur dieses Defizits. Haben Gemeinschaftsformen historisch den Vorrang, wie in Europa, werden Gesellschaftsformen wie der Markt und die politische Zivilisiertheit in gesellschaftlicher Öffentlichkeit für den Ausgleich der individuellen Lebensmöglichkeiten herausgestellt. Die stärkste Differenz zwischen Dewey und Plessner besteht darin, dass Dewey die Körper-Leib-Differenz von Personen fehlt. Daher kann im klassischen Pragmatismus u. a. nicht wie bei Plessner das Thema der Selbstbegrenzung personalen Lebens durch die Kultivierung des gespielten und des ungespielten Lachens und Weinens durchgeführt werden. Gleichwohl können sich Plessners und Meads Konzeptionen von der Personalisierung und Individualisierung durch das Spielen in und mit soziokulturellen Rollen ergänzen.

Hans Joas hat zu Recht hervorgehoben, dass in den klassischen Pragmatismen von James und Dewey religiös-ästhetische Erfahrungen der „Selbsttranszendenz" bejaht werden.[5] Dadurch entsteht den Betroffenen die Bindung an Werte, die von ihnen für die personale Lebensführung im Ganzen als wesentlich erachtet werden. Diese Bindung gestattet eine Distanznahme vom profanen Alltagsbetrieb im menschlichen Dasein. Derartige symbolische Überschreitungen des profanen Selbst helfen auch in der Moderne dabei, der Selbstvergottung des Menschen vorzubeugen, werden diese Überwindungen des profanen Selbst nur als *Chiffren* verstanden, wie Jaspers gesagt hat, d. h. nicht als

---

5   H. Joas, Die Entstehung der Werte, Frankfurt a. M. 1997, S. 24f., 123f., 182-184.

Machbares. Es handelt sich um eine der Weltlichkeit *immanente Transzendenz*, nicht um ontologisch zwei Welten des Diesseits und des Jenseits von dieser Welt. Dieses Thema wurde in den beiden letzten Jahrzehnten unter dem Titel des ästhetisch *Religiösen* wiederentdeckt (Taylor u. a.). Auch unter diesem Aspekt gibt es Äquivalente in Cassirers symbolischen Formen, der historischen Anthropologie von Arendt und in der Philosophischen Anthropologie von Plessner. Keine Anthropologie kann es sich (wie Rortys Ethnozentrismus und Kulturpolitik) leisten, für einen fairen Vergleich humaner Soziokulturen in ihrer diachronen und synchronen Pluralität eine *partikuläre* Auffassung von Säkularisierung, nämlich die Säkularisierung als die Abschaffung der Religion, zum Maßstab zu erheben. In diesem falschen Maßstab wird die *Säkularisierung* auf die *Profanierung* der Religion reduziert, statt die *Verweltlichung* als die Ausbildung einer *der Welt immanenten Transzendenz* zu verstehen. Die Profanierung provoziert eine Remythisierung und Rereligionisierung des Profanen, die wieder so transzendent werden, dass sie das Weltliche überschreiten. Adorno und Horkheimer haben dies in ihrer späteren „Dialektik der Aufklärung" den Rückschlag der Aufklärung in den Mythos genannt. Um dem Gegensatz zwischen Profanierung und Retranszendierung vorzubeugen, wird in Plessners Philosophischer Anthropologie die Unergründlichkeit Gottes, d. h. der *deus absconditus*, in die Unergründlichkeit des Menschen, d. h. in den *homo absconditus*, transformiert. Daher wollte Arendt der *vita activa* das *Leben des Geistes* folgen lassen. Cassirer stirbt über die Frage, wie aus dem Fortschritt der symbolischen Formen von Mythos, Religion, Kunst und Sprache bis zur Geschichte und Wissenschaft hin die Regression in den *Mythus des Staates* hat werden können.

Wenn ich im Untertitel dieses Buches nicht nur von pragmatistischer, sondern auch von *deutsch-jüdischer Modernekritik* spreche, so gehe ich von dem historischen Faktum aus, dass deutsch assimilierte Philosophen jüdischer Herkunft in der ihnen aufgezwungenen Fremdheits- und Emigrationserfahrung zu anthropologischen Einsichten gelangt sind, zu denen man auch in den USA, aber freiwillig durch intellektuelles Engagement für eine radikale Demokratisierung des Verhältnisses zwischen den Einwanderungskulturen hat gelangen können, wie Deweys Lebensleistung für die Pragmatismen exemplarisch zeigt. Einen hohen Bildungsstand vorausgesetzt, kommt man offensichtlich auf beiden Wegen von Kosmopoliten zu der Grenzerfahrung, wie irreduzibel die Pluralität das menschliche Dasein konstituiert und immer wieder zum Problem werden lässt, so dass es anders als intendiert weitergehen *kann*. Kulturgeschichtlich gesehen bildet für die klassischen Pragmatismen ein sozialer Protestantismus den geistesgeschichtlichen Hintergrund, der sich im Sinne einer immanenten Transzendenz säkularisiert. Auch in dieser Hinsicht der Verweltlichung religiöser Gehalte, die nicht mit ihrer Profanierung verwechselt werden darf, lohnt also der Vergleich der Philosophischen Anthropologien auf beiden Seiten des Atlantiks, obgleich ich ihn hier nicht durch die individuellen Lebensgeschichten der Autoren, sondern durch ihre Philosophien führe.

Die Art und Weise, in der Arendt, Cassirer, Plessner und Scheler das ästhetische Religiöse begreifen, kann etwas damit zu tun haben, dass sie aus einer deutschen Assimilation ihrer teilweise jüdischen Herkunft stammen. Die Religionssoziologie von Max Weber und Ernst Troeltsch verstand die Verweltlichung einer bestimmten Religion nicht nur als die Profanierung dieser religiösen Energien, sondern als den Einzug der für Handlungsgrenzen gehaltvollen Unterscheidung zwischen Profanem und Sakralem *in die Verweltlichung selbst*. Plessner hat exemplarisch für die klassisch deutsche Hochkultur (vor allem die Musik und Philosophie) den plastischen Ausdruck von der „Weltfrömmigkeit" geprägt.[6] Von daher erscheint dann das religiöse Judentum als der potenzierte „Fremde im eigenen Lande" (Hölderlin), den es ohnehin schon gab. Was könnte aber die Verneinung (Arendt, Plessner) oder Bejahung (Cassirer, Scheler) der Frage, ob das Wesen des Menschen zu definieren sei, mit der vergleichsweise enormen *Transzendenz* des jüdischen Gottes zu tun haben? Scheler hatte diese Transzendenz katholisch gemildert, d. h. dem Vermittlungsproblem Christi als Gottes Sohn und Mensch ausgesetzt. Deutsche Assimilation hieß damals aber vor allem Verweltlichung des Protestantismus, so in Cassirers, Plessners und Arendts Lebensgeschichten. Die Bejahung der Wesensdefinition des Menschen tangierte die Transzendenz Gottes nicht. Aber ihre Verneinung passte zur immanenten Transzendenz. Wie immer die lebensgeschichtliche und kulturgeschichtliche Ressource im Einzelfall gewesen sein mag, worauf es in der *Verweltlichung, heute oft Mondialisierung genannt, strukturell* ankommt, ist die Frage nach dem *Abstand zum Absoluten respektive nach seiner Auflösung ins Machbare*. Anhand dieses Spektrums zwischen Abstand und Auflösung der Transzendenz in der Immanenz des Weltlichen lässt sich auch je innerhalb des Judentums, des Protestantismus, des Katholizismus, der humanistischen Skepsisformen, inzwischen auch des Buddhismus, des Islam, des Hinduismus etc. differenzieren, statt vorschnell neue Missionen zu verkünden. In dieser strukturell alle Religionen und Weltanschauungen durchlaufenden Frage lag der Sinn der Ringparabel in Lessings *Nathan*. Selbst Gershom Scholem konnte den späten Plessner nicht mehr bekehren. Aber Plessners Interesse an den Juden sowohl als an den Deutschen hatte einen philosophisch-anthropologischen Grund: „Beide sind unglücklich und darin groß: von vorgestern und von übermorgen, ohne Ruhe im Heute."[7] Wer nimmt inzwischen ihre Rolle ein?

Das vorliegende Buch setzt mein Forschungsprogramm fort, das ich in *Der dritte Weg der Philosophischen Anthropologie und die Geschlechterfrage* (2001) und in *Das Spektrum menschlicher Phänomene* (1999) entworfen habe. Es ist aber unabhängig davon lesbar, sogar die drei Teile und 14 Kapitel sind je einzeln verständlich, mit Rücksicht auf die eiligen Leser von heute. In dem *dritten Weg* hatte ich die Philosophischen Anthropologien auf beiden Seiten des Atlantiks als die plurale Alternative zu dem angeblichen Denkzwang entwickelt, sich auch noch in der Gegenwart zwischen Monismus und Dualismus entscheiden zu müssen. Die Alternative kam so in der Gegenwartsphilosophie zwischen Derrida, Foucault, Habermas, Rorty und Taylor vor allem in Anschluss an John L. Austins *Performativität* zu stehen. In dem *Spektrum* hatte ich zuvor versucht, einen phänomenologisch-anthropologischen Einstieg in die Fülle des menschlichen Daseins zu gewinnen, und mich theoretisch auf das Problem konzentriert, wie man gleichzeitig die Personalisierung und die Individualisierung humanen Lebens durch

---

6   H. Plessner, Die verspätete Nation (1935/1959), Frankfurt a. M. 1974, S. 73-80, 106, 150, 195f..
    Vgl. zum Problem der „Lebensmacht" und der „biologischen Politik" im „Hochkapitalismus": ebenda S. 87-89, 101, 147-149.
7   Ebenda S. 195.

den *homo ludens* verständlich machen kann. Dadurch wird man frei von der Fehlalternative entweder Kollektivismus oder Individualismus. Dabei habe ich mich noch an die europäische Hermeneutik gehalten, also die methodisch vorgesehene Stelle der dialektischen Verhaltenskrisen kaum dafür genutzt, außerwestliche Kontraste einzuführen. In dem jetzigen Band vervollständige ich die systematische Rekonstruktion des transatlantisch verschollenen Diskurses der Philosophischen Anthropologien als einer gegenwärtigen Option. Sie wird im nächsten Jahr durch das Buch *Gehirn, Verhalten und Zeit. Philosophische Anthropologie als Forschungsrahmen* ergänzt werden, in dem ich der philosophisch-anthropologischen Kritik an den reichen Versprechen der gegenwärtigen Hirn- und Verhaltensforschung nachgehen werde. Wem im vorliegenden Buch das Verhältnis zu den verschiedenen Marxismen und Postmodernen fehlt, der sei an die *Kritik der kommunikativen Vernunft* (1990) und den *Perspektivenwechsel* (1993) verwiesen. Für das Problem der Verweltlichung liegt eine Fallstudie vor anhand des ostdeutschen Protestantismus in der *Demission der Helden* (1992).

Zum Abschluss dieses Vorwortes sei es mir nur noch gestattet, mich sehr zu bedanken. Ich danke dem Lektor und Freund, Herrn Dr. Mischka Dammaschke, für seine große Hilfe dabei, überbordende Projekte in überschaubare Bücher zu überführen. Ich danke Frau Gesa Lindemann sehr herzlich für kritische Diskussionen, denen ich einstweilen nur teilweise Rechnung tragen konnte. Herzlich danke ich auch Herrn stud. phil. Guido K. Tamponi, der unermüdlich Korrekturen gefunden und das Literaturverzeichnis sowie die Register selbständig erstellt hat.

Ich widme dieses Buch meinem Bruder Klaus in Erinnerung an eine glückliche gemeinsame Kindheit. Zudem habe ich in seinem langen Sterben sowohl die große Hilfe als auch eine unabänderlich bleibende Grenze selbst der modernen Medizin erfahren. Sterben gehört zum Leben.

I. TEIL: DAS GEGENWÄRTIGE BEDÜRFNIS NACH
PHILOSOPHISCHER ANTHROPOLOGIE

1. Lebenspolitik: Die Zugänge von Habermas, Foucault und der Philosophischen Anthropologie

1. Lebenspolitik in welchem Sinne? – Aktuelle Referenzen

In der deutschen Umgangssprache erinnert der Ausdruck *Biopolitik* an so etwas wie Ökopolitik, was nicht gemeint wird. Oder dieser Ausdruck hört sich nach einer neuen speziellen Aufgabe an, die sich an die Biowissenschaften und deren politische Vermittlung richtet. Oder man assoziiert gar eine Fährte zu den rassebiologischen Grundlagen der nationalsozialistischen Politik 1933–1945. Der Zusammenhang zum altgriechischen *bios* (Leben) und *bios politikos*, dem in politisch verfasster Gemeinschaft Handelnden, mag sich Geisteswissenschaftlern ergeben, aber er liegt nicht in der Umgangssprache auf der Hand. Inzwischen hat sich jedoch in den Sozial- und Kulturwissenschaften der Ausdruck *Biopolitik* als eine Bezeichnung von Forschungen etabliert, die an das Programm von Michel Foucault mehr oder weniger kritisch anschließen.[1] Demgegenüber können sich alle und zugleich jede/r individuell angesprochen fühlen, wenn es um *Lebenspolitik* geht. Daher habe ich diesen Ausdruck gewählt, der aus einer sachlichen Beschreibung derjenigen Aufgaben folgt, vor welche man lebensgeschichtlich in der Generationenfolge durch neue medizinische Therapiemöglichkeiten im Westen gestellt wird.[2] Dafür exemplarische Fragen lauten: Erstrebt man für den eigenen Nachwuchs eine Diagnostik an befruchteten Eizellen vor der Einnistung in die Gebärmutter, um bestimmte Krankheiten und womöglich lebenslange Behinderungen auszuschließen? Was schreibt man in seine eigene Patientenverfügung für unglücklich verlaufende Unfälle? Wie sorgt man für Angehörige, die momentan nicht bei Bewusstsein sind oder es nie mehr sein werden? Was wird aus mir, wenn ich keine Angehörigen mehr habe? Wie hoch versichere ich mich gegen was? Was passiert, wenn ich nicht versichert bin?

Dieser Sinn von Lebenspolitik passt zu einer anderen Debatte. Es gibt in der soziologischen Diskussion durch Anthony Giddens und Ulrich Beck eine Interpretation von *life politics* (politics in leading ones own life), die den umgangssprachlichen Bedeutungshof verdichtet. Gemeint ist in der soziologischen Bedeutung die Individualisierung von soziokulturellen Problemlagen, die sich in einer „zweiten" oder „reflexiven" Moderne

---

1 Siehe Th. Lemke, Biopolitik zu Einführung, Hamburg 2007.
2 A. Kuhlmann, Politik des Lebens – Politik des Sterbens. Biomedizin in der liberalen Demokratie, Berlin 2001.

ergeben.[3] Im Unterschied zu der ersten, d. h. der im Kern *industriegesellschaftlichen und nationalstaatlichen Modernisierung* hat es die *zweite Moderne* damit zu tun, die zumeist nicht intendierten, weil indirekten Folgeprobleme der ersten Moderne zu verkraften, z. B. ökologische Schäden, Unfälle mit Großtechnologien, neue Krankheiten. Für die Lösung dieser Folgeprobleme reicht die nationalstaatliche Regulierungskapazität längst nicht mehr aus. Sie muss subnational, transnational, international, kontinental und global nachwachsen und auf diesen Ebenen neu verteilt werden, sodass es tatsächlich zu einer „Weltgesellschaft"[4] kommt. Die Folgeprobleme haben zu einer „Risikogesellschaft"[5] geführt, in der ständig versucht wird, die entstandenen und unbeherrschbaren *Gefahren* durch Rückwendung der Moderne auf sich selbst in beherrschbare *Risiken* zu transformieren. Diese Rückbeugung der Moderne auf ihre eigenen Folgeprobleme erfolgt vor allem durch die Intensivierung der wissenschaftlich-technischen Entwicklung und öffentlich neue Politikformen.[6] Die *Individualisierung der Folgeprobleme* der Moderne in einer reflexiven Moderne ist *zweischneidig*. Einerseits erhöht sie den Spielraum der Freiheit von Individuen, die aus klassenmäßig und weltanschaulich verfestigten Herkünften heraustreten in Innovationsprozesse. Andererseits erfordert dies die öffentliche Teilnahme an der Transformation von Gefahren dieser Innovationsprozesse in wahrscheinlichkeitstheoretisch beschreibbare Risiken. Dabei kann letztlich niemand verlässlich sagen, als wie groß sich die Schere zwischen Gefahren und Risiken im Ganzen der individuellen und die Generationen übergreifenden Lebensführung herausstellen wird. Fragt man sich, in welchen Schichten diese strukturelle Transformationsaufgabe am ehesten *gemeistert* werden kann, so sind dafür materiell und von ihrer Bildung her gut situierte Mittelschichten gefordert. Ihnen entstehen lebensgeschichtlich und in der Generationsfolge Aufgaben, die sich der alten politischen Unterscheidung zwischen Rechts oder Links entziehen.[7]

In der Philosophie hat die Thematisierung einer zweiten oder reflexiven Moderne, welche sich auf die Lösung der sich erst indirekt herausstellenden Folgeprobleme der ersten Moderne bezieht, früher als in der Soziologie begonnen, nämlich bereits in den 1920er und 1930er Jahren in Gestalt der klassischen Pragmatismen (siehe III. Teil des vorliegenden Bandes) und der Philosophischen Anthropologie (II. Teil hier). Die Zeit zwischen den beiden Weltkriegen bot genügend Anschauungsunterricht über die Folgenprobleme der ersten Moderne und die Notwendigkeit einer zweiten Moderne ohne Totalitarismen. Zur Bewältigung dieses Anschauungsunterrichts wurde der ganze Zusammenhang zwischen Natur, Gesellschaft und Kultur neu thematisiert, was der soziologischen Thematisierung einer reflexiven Moderne bislang fehlt. Sie hat insbesondere in diesem Gesamtzusammenhang keine eigene Naturkonzeption. Sie bleibt auch in

---

3 Vgl. A. Giddens, Modernity and Self-Identity, Cambridge 1991, 3. Kapitel.
4 U. Beck (Hrsg.), Perspektiven der Weltgesellschaft, Frankfurt a. M. 1998.
5 Ders., Risikogesellschaft. Auf dem Weg in eine andere Moderne, Frankfurt a. M. 1986.
6 Ders., Die Erfindung des Politischen. Zu einer Theorie reflexiver Modernisierung, Frankfurt a. M. 1993.
7 Vgl. A. Giddens, Jenseits von Links und Rechts. Die Zukunft radikaler Demokratie, Frankfurt a. M. 1997.

kultureller Hinsicht an philosophisch starke Voraussetzungen und Bedingungen gebunden, die den politischen Umgang mit der Pluralität der Kulturen und Gemeinschaften in dieser Pluralität einer Weltgesellschaft betreffen, also zum anthropologischen Vergleich herausfordern. So schrieb Giddens zusammenfassend: „Unvorhersagbarkeit, hergestellte Unsicherheit und Fragmentierung bilden nur *eine* Seite der Medaille dieser zur Globalisierung tendierenden Ordnung. Auf der Kehrseite befinden sich die gemeinsamen Werte, die hervorgehen aus einer Situation der globalen Interdependenz, die durch kosmopolitische Bejahung der Unterschiede strukturiert wird."[8] Können das alles die Angehörigen der Gattung Mensch leisten? – Offenbar ist das soziologische Projekt einer zweiten Moderne auf sehr starke und gemeinsame Werte angewiesen, wenn es nicht anthropologisch verunglücken soll: „Einsicht in die Heiligkeit des Lebens und Einsicht in die Bedeutung der globalen Kommunikation – dies sind die miteinander verbundenen Pole der heutigen Politik der Lebensführung."[9]

Auch Giorgio Agamben setzt in seiner *kommenden Gemeinschaft* auf neue, weil „klassenlose" Mittelschichten, die in der Globalisierung entstehen, bei ihm ein „planetarisches Kleinbürgertum" genannt, das sich von den nationalistischen Träumen des früheren „nationalen Kleinbürgertums" verabschiedet habe: „Es kennt nur das Uneigentliche und Unauthentische, ja, es steht sogar der Idee, dass es ein eigentliches Sprechen gäbe, ablehnend gegenüber."[10] Lerne dieses Kleinbürgertum weiter, sich an „Enttäuschungen seiner Individualität" zu gewöhnen, sich insbesondere mit dem Tod als dem „schlechterdings nicht mitteilbaren nackten Leben" abzufinden, dann könnte „die Menschheit erstmals in eine bedingungslose Gemeinschaft ohne Subjekte" eintreten, „in eine Mitteilung, die nichts kennt, was nicht mitteilbar wäre."[11] Während Giddens starke allgemeine Werte wie die Heiligkeit des Lebens vorab fordert, damit die riskanten Individualisierungen der Gegenwart nicht schiefgehen, sieht Agamben philosophisch gerade umgekehrt im Freiwerden von der Individualisierung des Geschehens und im Durchlaufen der Profanierung die Chance. „Offenbarung bedeutet nicht Offenbarung der Heiligkeit der Welt, sondern Offenbarung ihres unabänderlich profanen Charakters."[12] Erst aus dem Durchlaufen dieser Offenbarung komme Rettung im Sinne der Erlösung der Profanität der Welt.

Wie darf man diese Orientierung verstehen? – Agamben besteht – wie Heidegger und viele Sprachphilosophen – auf der „sprachlichen Natur des Menschen": Er wirft der Mediokratie von Spektakeln vor, die Sprache auf einen „autonomen Bereich" eingeschränkt zu haben, der „auch nichts mehr offenbart – oder besser das Nichts aller Dinge offenbart."[13] Aber eben gerade in dieser Entfremdung von der sprachlichen Natur des Menschen finde die Offenbarung der Profanierung statt. Durch sie flögen in unserer Kultur „das heuchlerische Dogma von der Heiligkeit des nackten Lebens und die leeren

---

8 Ebenda, S. 338.
9 Ebenda, S. 294.
10 G. Agamben, Die kommende Gemeinschaft, Berlin 2003, S. 59f.
11 Ebenda, S. 61.
12 Ebenda, S. 83.
13 Ebenda, S. 76.

Erklärungen zu den Menschenrechten" auf: „*heilig (sacer)* ist derjenige, der aus der Welt der Menschen ausgeschlossen ist und den man, obgleich er nicht geopfert werden darf, töten kann, ohne einen Mord zu begehen".[14] In dem Nachweis der Kontinuität dieses ausgeschlossenen *homo sacer*[15] von der Antike bis in die Moderne und Gegenwart hinein besteht Agambens Lebensprojekt, das Heidegger mit Foucault und Foucault mit Heidegger kritisiert. Die Befreiung der Sprache davon, nur ein autonomer Bereich der Offenbarung von Verdinglichung sein zu müssen, und die Ausstellung von beliebigen Singularitäten, die liebenswert sein können, sind die beiden Richtungen, die Agamben zur Erlösung der Profanität einschlägt. Gebe man die Dinge davon frei, sich unter Identitätszwang ökonomisch und staatlich verwertbar darstellen zu müssen, und gebe man die Sprache frei, grammatikalischen Subjekten Eigenschaften prädizieren zu müssen, könne die Grenze der Dinge unter einer Aureole im Äußeren verrückt werden. Es würde dann nicht nur dasjenige nichtsprachliche Etwas, das sich *aisthetisch* (in der sinnlichen Wahrnehmung) ausstellt und auf das in der Ausstellung gezeigt wird, *als* ein *anderes etwas* in der Sprache genommen werden können. Vielmehr könne dann auch das Als-Nehmen innerhalb der *Sprache selbst* anders verstanden werden.[16] – Mithin thematisiert Agamben den Zusammenhang zwischen erstens nichtsprachlichen Dingen, ihrer Ausstellung, zweitens dem Innersprachlichen, dem Selbst der Sprache, und drittens dem Zwang für die Dinge, sich unter eine bestimmte Identität zu stellen, die sie verwertbar macht. Hier liegt eine Kombination aus Phänomenologie (dass sich Phänomene von *selbst* zeigen können) und Hermeneutik (ihr verstehen *als* ... in der Sprache) gegen den Identitätszwang der Dinge vor. Diese Kombination verweist auf Heideggers Exzentrizität (11. Kapitel im vorliegenden Band) und versucht, Foucaults Verbindung der Wissens- mit der Machtanalyse (3. Unterkapitel hier) auf den Identitätszwang zu begrenzen. Agambens philosophische Kritik an der westlichen Moderne trägt sich nicht aus sich selbst, wie auch umgekehrt Giddens und Beck in ihrer reflexiven Moderne Prozesse der Personalisierung und der Individualisierung von Leben voraussetzen müssen.

Während bei Beck, Giddens und Agamben die *Anthropologie implizit* vorausgesetzt wird, eben in der Individualisierung soziokultureller Problemlagen oder in der sprachlichen Natur des Menschen, wird sie von Bruno Latour *explizit* zum Thema erhoben. Der Hauptstrom der westlichen Moderne denkt in der Tat nicht nur die Unterscheidung zweier Seiten, sondern deren Trennung, also in Entweder-Oder-Alternativen. Dabei wird das eigene Selbst wesentlich mit der einen Seite gegen die andere Seite des Dualismus identifiziert, wodurch die andere Seite vom eigenen Selbst ausgeschlossen wird. Als Muster gilt Descartes' Dualismus von Materie *(res extensa)* und Geist *(res cogitans)*, in dem sich das eigene Selbst qua Selbstbewusstsein mit der Seite des Geistes identifiziert und damit die ausgeschlossene Seite der Materie zur Manipulation freigibt. Latour nennt die westlich-moderne Trennung der menschlichen Wesen von den nichtmenschlichen Wesen eine „asymmetrische Anthropologie". Ihr stellt er seine „symmetrische

---

14 Ebenda, S. 80.
15 G. Agamben, Homo sacer. Die souveräne Macht und das nackte Leben, Frankfurt a. M. 2002.
16 Siehe G. Agamben, Die kommende Gemeinschaft, a. a. O., S. 92-95.

Anthropologie" gegenüber. Sie besteht aus Netzwerken von Mischwesen („Hybriden", gemessen am Ausgangsdualismus), die *zwischen* der Natur und Kultur liegen.[17] Die westliche Moderne falle im anthropologischen Vergleich als ein Ethnozentrismus auf, der das Andere und Fremde am eigenen Selbst misst. Es ist kulturgeschichtlich nicht selbstverständlich, Unterscheidungen als dualistische Trennungen zu fixieren. Und es ist kulturgeschichtlich auch nicht selbstverständlich, solche Trennungen asymmetrisch zu gebrauchen. Es habe lange gedauert, bis die Ethnologie als die Erforschung anderer und fremder Kulturen sich von diesem ethnozentrischen Maßstab befreien konnte. Diese Befreiung der Anthropologie hat auch nach innen, d. h. in der Anwendung auf die der westlichen Moderne eigene Wissenschaft und Technik, also in der Wissenschaftssoziologie Früchte getragen. Schließlich will Latour sie auch noch auf die innerwestliche politische Ökologie anwenden, deren „Mononaturalismus" durch einen „Multinaturalismus" ersetzt werden müsse.[18]

Sein Gegenvorschlag besteht aus einer neuen Gewaltenteilung zwischen einer einbeziehenden und einer ordnenden Gewalt sowie einer Gewalt der Verlaufskontrolle. Jede dieser drei Gewalten führt faktische und normative Aufgaben zusammen, statt dem alten Fakt-Werte-Dualismus zu folgen. Die einbeziehende Gewalt verbindet faktische Forschungsaufgaben zur Erkundung neuer Mischwesen mit der normativen Aufgabe, deren Relevanz für Verhaltensgewohnheiten zu bestimmen, um die Frage zu beantworten, wie viele wir für die Bildung eines Kollektivs von Hybriden seien. Die ordnende Gewalt beantworte die Frage, ob die erkundeten mit den bekannten Mischwesen zusammenleben können. Dafür muss sie einerseits die widersprüchlichen Szenarien öffentlich durchspielen, in denen dieses Zusammenleben mit allem Für und Wider erörtert wird. Andererseits muss hier und jetzt in institutioneller Hierarchie entschieden werden, welche der für ein Zusammenleben kandidierenden Hybride einstweilen ausgeschlossen bleiben, damit das Innen und Außen des Kollektivs stabilisiert werden kann. Schließlich sorgt die Gewalt der Verlaufskontrolle für die Aufrechterhaltung der Gewaltenteilung und die Qualität der Erkundungsverfahren. Dafür werden viele der bisher gegeneinander getrennten Berufe und Teileliten westlicher Gesellschaften integriert.[19]

Latours Konzeption ist interessant, weil sie auf den anthropologischen Fokus der westlichen Moderne zurückkommt und erneut das Problem der dualistisch-anthropologischen Kriterien aufwirft. Wir gewinnen so einen Zugang zu den Inhalten der soziokulturellen Praktiken, und dies nicht nur von den Folgeproblemen für die Individualisierung her. Auch strukturpolitisch gesehen ist die Frage nach einer neuen Gewaltenteilung kardinal, weil in der dualistisch trennenden und von vornherein die Dualismen asymmetrisch gebrauchenden Anthropologie ein Ethnozentrismus verborgen ist, der, wie Agamben sagt, die Redeweisen von der Heiligkeit des Lebens und vom Menschen nach innen und außen heuchlerisch werden lässt. Aber Gesa Lindemann hat zu Recht Latours alternative

---

17 B. Latour, Wir sind nie modern gewesen. Versuch einer symmetrischen Anthropologie, Berlin 1995, S. 14f., 18f.
18 Ders., Das Parlament der Dinge. Für eine politische Ökologie, Frankfurt a. M. 2001, S. 65-67.
19 Vgl. ebenda, S. 229ff., 246-262.

Gewaltenteilung als eine „Expertokratie" krisisiert.[20] Alle drei Gewalten funktionieren nur durch die Integration von Expertisen, die ihrerseits Experten braucht. Selbst wenn man sozial Latours neue Gewaltenteilung auf die nötige expertenkulturelle Beratung in einer öffentlich pluralen Demokratie begrenzen würde, bleiben auch philosophisch noch wichtige Fragen offen. Latour entwirft eine „experimentelle Metaphysik", die mit einer „neuen Form des Außen" arbeitet, welche die Negativität des Absoluten im Prozess des stets erneuten Durchlaufens der Gewaltenteilung enthält. Er vermerkt selbst die Bezüge dieser Integration des modernen Konstruktivismus mit demjenigen, das sich moderner Konstruktion entzieht, zu den klassisch amerikanischen Philosophien von William James, John Dewey und Alfred North Whitehead[21] (vgl. III. Teil). Latour ist sich auch bewusst, dass die Auseinandersetzung seines Vorschlages zur neuen Gewaltenteilung mit der von Habermas vorgeschlagenen neuen Gewaltenteilung noch aussteht. Einerseits möchte er aus Habermas' Modell der kommunikativen Reproduktion von Lebensformen Nutzen ziehen. Andererseits will er durch sein symmetrisches Modell gerade diejenigen Asymmetrien überwinden, die für die Theorie des kommunikativen Handelns von Habermas charakteristisch sind.[22]

So interessant Latours Alternativvorschlag ist, auch dieser trägt sich philosophisch noch nicht selbst und ist redlich genug, auf seine Ressourcen in den Philosophien des 20. Jahrhunderts zu verweisen. Ähnlich steht es philosophisch mit den anderen Diskussionen, die ich unter den Stichworten der Autoren Agamben bzw. Beck und Giddens und unter der mittlerweile etablierten *Biopolitik* (Foucault) angedeutet habe. Es ist mehr an Umwegen, Umbauten und Rekonstruktionen für einen Neuanfang nötig, als die erwünschten Schnellschüsse vermuten lassen können. Daher erfolgt hier im ersten Kapitel zunächst einmal eine Ausweitung des Problems. Offenbar liegt der aktuelle Bedarf an einer Thematisierung von Lebenspolitik mindestens in dem Spektrum, das sich zwischen den einander kritischen Konzeptionen von Habermas (2. Unterkapitel) und Foucault (3. Unterkapitel) auftut. An diesem Einstieg lässt sich vorläufig der Einsatz der Philosophischen Anthropologie verdeutlichen (4. Unterkapitel). Dieser wird exemplarisch für die Lebenswissenschaften (2. Kapitel) und die weltgeschichtliche Lage (3. Kapitel) ausgeführt. Sodann wird ein größerer Anlauf für die Philosophische Anthropologie (II. Teil) und den klassischen Pragmatismus (III. Teil) genommen.

20 G. Lindemann, „Allons enfants et faits de la patrie ..." Über Latours Sozial- und Gesellschaftstheorie sowie seinen Beitrag zur Rettung der Welt, in: G. Kneer/M. Schroer/E. Schüttpelz (Hrsg.), Bruno Latours Kollektive. Kontroversen zur Entgrenzung des Sozialen, Frankfurt a. M. 2008, S. 339-360.
21 Vgl. B. Latour, Das Parlament der Dinge, a. a. O., S. 163-170, 320, 328, 337, 350.
22 Siehe ebenda, S. 325 f., 349.

2. Alte und neue Konflikte und eine neue Gewaltenteilung laut Habermas

Obwohl Habermas eine Philosophische Anthropologie fehlt, ist es für unser Thema einer anthropologisch fokussierten Lebenspolitik relevant, dass seine *Theorie des kommunikativen Handelns* (1981) mit der Überlagerung zweier Arten von Konflikten endet. Während alle eingangs behandelten Autoren schnell die nach wie vor klassenbedingten Konflikte einfach übergehen, bleiben sie in der Konzeption von Habermas ein erwartbares Dauerproblem, das sich in der Globalisierung verschärft statt erledigt. Gleichzeitig sind aber die neuen Konflikte relevant, die sich an Fragen einer Grammatik der Lebensformen entzünden. Dafür steht exemplarisch die Frage nach einer Liberalisierung der Euthanasie, der sich Habermas in seinem Essay über die *Zukunft der menschlichen Natur* (2001) zuwendet. Charakteristischer Weise greift er dort und in weiteren jüngeren Arbeiten auf die Körper-Leib-Differenz von personalen Lebewesen aus Helmuth Plessners Philosophischer Anthropologie zurück. Dadurch wird das bisherige Defizit an einer Philosophischen Anthropologie bei Habermasgenauer bestimmbar. Zudem ist für unser Thema Habermas' Forderung nach einer neuen Gewaltenteilung aus der Mitte der 1980er Jahre relevant, an der er bis heute festgehalten hat. Ich variiere im Folgenden die fünf Hauptdimensionen der „Theorie des kommunikativen Handelns".[23]

Erstens: Verständnisorientierung *versus* Erfolgsorientierung in der Rationalisierung des Handelns

Für Habermas ist eine Auffassung von *kommunikativer* Rationalität charakteristisch, deren *Verständigungsorientierung* die *Erfolgsorientierung* in instrumenteller und strategischer Rationalität normativ einbindet. Instrumentelle Handlungen an und mit Dingen und strategische Interaktionen an und mit anderen Personen können rational sein im Hinblick auf die Folgen, welche im Erfolgsfalle eintreten bzw. als Misserfolg vermieden werden sollten. Für die Erfolgsorientierung in Handlungsarten entsteht aber die Frage, woher letztlich die Kriterien für die Selbstunterscheidung von anderen Dingen und Personen und für den Erfolg kommen. Für Prozesse der soziokulturellen Rationalisierung reiche es nicht aus, bei egozentrischen Individuen stehen zu bleiben, die sich bestenfalls wie Beobachter der dritten Person Singular verhalten. Gleichursprünglich mit der Ausbildung von Ich-Beobachtern der dritten Person sei das Primat der Teilnahme von Ich und Du an der Lebenswelt. Dieses Teilnahmeprimat werde in der sprachlichen Verständigung zwischen den Perspektiven der für einander ersten und zweiten Personen ausdifferenziert und im Gebrauch der Personalpronomen *pluralis* fortgebildet. Selbst wenn diese realen Potentiale des Verständigungsprozesses faktisch kaum realisiert werden würden, liefen sie doch normativ als Ermöglichung von Beurteilungen des faktischen Geschehens mit. Dies werde deutlich, wenn man die Präsuppositionen der

---

23 Vgl. ausführlicher H.-P. Krüger, Kritik der kommunikativen Vernunft. Kommunikationsorientierte Wissenschaftsforschung im Streit mit Sohn-Rethel, Toulmin und Habermas, Berlin 1990, S. 374-385.

Sprechakte *expliziere*, d. h. diejenigen Voraussetzungen von Sprachpraktiken, welche die Sprachverwendungen erst ermöglichen. Von den „Perlokutionen", d. h. bei Habermas den instrumentellen und strategischen Folgen der Sprechakte, lassen sich die „Illokutionen" unterscheiden. Der illokutionäre Bestandteil von Sprechakten spezifiziere, welchen Geltungsanspruch ein Sprecher/eine Sprecherin mit seiner/ihrer Äußerung vor allem erhebt, wie er/sie ihn erhebt, und für was er/sie ihn erhebt. Demnach fungieren Sprechakte als Medium der Verständigung auf dreierlei Weise. Sie dienen erstens der Herstellung und Erneuerung interpersonaler Beziehungen (Geltungsanspruch der Richtigkeit) in einer sozial geteilten Welt, zweitens der Darstellung oder Voraussetzung von Zuständen und Ereignissen (Geltungsanspruch der Wahrheit) in einer objektiven Welt und drittens der Manifestation von Erlebnissen (Geltungsanspruch der Wahrhaftigkeit) in einer subjektiven Welt.[24] In der Verständigung können Sprechakte nach allen drei Geltungsdimensionen – durch implizite oder explizite Gründe – differenziert bejaht und/oder verneint werden.

Von „kommunikativem Handeln" spricht Habermas erst insofern, als die verständigungsorientierte Verwendung von Sprache die sozialen Interaktionen und instrumentellen Handlungen koordiniert.[25] Dabei räumt er viele Abstufungen ein, vor allem die folgenden: Die Verständigungsorientierung in der Sprachverwendung müsse und könne nicht bei jeder Frage in ein *inhaltliches Einverständnis* münden, sondern beziehe sich im Streitfalle vor allem auf die *Fortsetzung der Prozedur* des kommunikativen Handelns. Der Konsens über die gewaltlose Prozedur, die Verständigung fortzusetzen, statt sie durch instrumentellen oder strategischen Erfolg zu ersetzen, ermögliche den Dissens in der Vielfalt der Stimmen und Inhalte.[26] Natürlich weiß Habermas, dass empirisch gesehen in Kommunikationsvorgängen, kommen sie überhaupt unter bestimmten Bedingungen zustande, irratonale Motive oder Gründe für nur instrumentelles und strategisches Handeln eine gewichtige, oft den Ausschlag gebende Rolle spielen. Die Frage ist nur, ob die historisch Beteiligten und spätere Rekonstruktionen blindlings und abstandlos dieser Art von Faktizität folgen müssen, oder ob sie diese Vorgänge durch andere Unterscheidungen *beurteilen* können. Im letzteren Falle könne man – innerhalb der Erfolgsorientierung – zwischen offenen, verdeckt oder latent gehaltenen und unauffälligen (selbstverständlichen) Erfolgen der Perlokutionen unterscheiden.[27] Auch innerhalb der Verständigungsorientierung lassen sich verschiedene Modi differenzieren. „Von kommunikativem Handeln in einem *schwachen* Sinne spreche ich, wenn sich die Verständigung auf Tatsachen und aktorrelative Gründe für einseitige Willensäußerungen erstreckt; von kommunikativem Handeln in einem *starken* Sinne spreche ich, sobald sich die Verständigung auf normative Gründe für die Wahl der Ziele selber ausdehnt."[28]

---

24 Vgl. J. Habermas, Theorie des kommunikativen Handelns. Bd. 1: Handlungsrationalität und gesellschaftliche Rationalisierung, Frankfurt a. M. 1981, S. 375f., 389, 412-419.

25 Vgl. ebenda, S. 151, 388, 437. Im laufenden Unterkapitel setze ich fortan die Seitenzahlen dieser Ausgabe oben im Text gleich in Klammern.

26 Vgl. ders., Nachmetaphysisches Denken, ebenda, S. 155, 180-186.

27 Vgl. ders., Wahrheit und Rechtfertigung, ebenda, S. 126ff.

28 Ebenda, S. 122.

Im schwachen Modus, kommunikativ zu handeln, bleiben die Gründe „aktorabhängig", im starken Modus werden sie „aktorunabhänging".[29]

Zweitens: Die Komplementarität zwischen Lebenswelt und kommunikativem Handeln

Das kommunikative Handeln wird in dem Maße nötig, in dem die Lebenswelt – im Guten oder im Schlechten – problematisch werde. Die Lebenswelt bestehe aus symbolischen, nicht nur sprachlichen, sondern auch vorprädikativ leiblichen Verweisungszusammenhängen, die einen Horizont an selbstverständlichen Erwartungen ergeben, von dem die Situationen abweichen können. Das kommunikative Handeln erwächst also bei Habermas aus keinem erkenntnistheoretischen Zweifel (im cartesianischen Sinne) an allen möglichen Glaubens- und Wissensformen, sondern aus einem pragmatischen Problem in einem lebensweltlichen Kontext. Es kann auch nicht im Ganzen die Lebenswelt ersetzen, sondern bleibt an das lebensweltliche Hintergrundwissen gebunden, weshalb er von der wechselseitigen Ergänzungsbedürftigkeit („Komplementarität") zwischen Lebenswelt und kommunikativem Handeln spricht (vgl. Bd. II, 66, 87, 89, 193f., 204f., 393). Im Sinne der hermeneutischen Rekonstruktion der Naturgeschichte müsse man menschheitshistorisch gesehen drei vorsprachliche Wurzeln des kommunikativen Handelns annehmen, nämlich den kognitiven Umgang mit wahrnehmbaren und manipulierbaren Gegenständen, die Expression von Erlebnissen im Bedürfniskontext der Natur und den religiösen Symbolismus (vgl. ebenda, 40, 51, 96f., 119, 132). Indessen lasse sich die Lebenswelt als der transzendentalpragmatische Ermöglichungsgrund für kommunikatives Handeln erst rückwirkend aus den Leistungen der modernen Sprachpraktiken erschließen, da sie bereits auf die Problematisierung der Lebenswelt antworten.

Habermas entwirft ein Strukturmodell der modernen Lebenswelt, die im Übergang zur modernen bürgerlichen Gesellschaft entstehe und einer reflexiven Entwicklungslogik (i. S. J. Piagets) folge. Das kommunikative Handeln diene unter dem funktionalen Aspekt der Verständigung der Reproduktion der lebensweltlichen Strukturkomponente „Kultur" (kulturelle Reproduktion), unter dem Aspekt der Handlungskoordinierung der Reproduktion der lebensweltlichen Strukturkomponente „Gesellschaft" (soziale Integration) und unter dem Aspekt personaler Identität der Reproduktion der lebensweltlichen Strukturkomponente „Persönlichkeit" (Sozialisation). Der strukturellen Differenzierung moderner Lebenswelt entspreche die funktionale Spezifikation der Reproduktionsprozesse, so in professionelle Expertenkulturen (Wissenschaft, Kunst), demokratische Formen der öffentlichen diskursiven Willensbildung und die Pädagogisierung von Erziehungsprozessen (vgl. ebenda, 208, 220f.). Die drei Teilprozesse der Reproduktion moderner Lebenswelt bedingen einander. Habermas schlägt ein deskriptives Modell zur Erfassung derjenigen Krisenerscheinungen (Pathologien) vor, die durch Störung eines Teilprozesses in diesem und in der Reproduktion der jeweils beiden anderen Strukturkomponenten entstehen (vgl. ebenda, 212-217). Als evolutionäre Trends der struktu-

---

29 Ebenda, S. 117, 136.

rellen Differenzierung von gegenwärtiger Lebenswelt hebt Habermas u. a. hervor, dass sich „für die Kultur ein Zustand der Dauerrevision verflüssigter, reflexiv gewordener Traditionen, für die Gesellschaft ein Zustand der Abhängigkeit legitimer Ordnungen von formalen Verfahren der Normsetzung und der Normbegründung und für die Persönlichkeit ein Zustand kontinuierlich selbstgesteuerter Stabilisierung einer hochabstrakten Ich-Identität" (219f.) ergeben.

Drittens: Mediendualismus und das Doppelkonzept moderner Gesellschaft
als Lebenswelt und System

Habermas begrenzt den Geltungsbereich des kommunikativen Handelns nicht nur philosophisch im Hinblick auf seine Voraussetzung in lebensweltlichen Kontexten, in die es auch wieder mündet, sondern ebenfalls hinsichtlich der diesem Handeln eigenen Grenze für die moderne Gesellschaftsbildung: „Der wachsende Rationalitätsdruck, den eine problematisierte Lebenswelt auf den Verständigungsmechanismus ausübt, erhöht den Verständigungsbedarf, und damit nehmen der Interpretationsaufwand und das (mit der Inanspruchnahme von Konfliktfähigkeiten steigende) Dissensrisiko zu. Diese Anforderungen und Gefahren sind es, die durch Kommunikationsmedien abgefangen werden können." (272) Dem Wachsen des Kommunikationsaufwandes wirken zwei Arten von „Kommunikationsmedien" entgegen, welche die sprachliche Verständigung entweder „*kondensieren* oder *ersetzen*": Einerseits werde in den „generalisierten Formen der Kommunikation" die sprachliche Konsensbildung durch eine Spezialisierung auf bestimmte Geltungsansprüche („diskursive Argumentation") und durch eine Hierarchisierung der Einigungsprozesse (in Medienöffentlichkeiten) gerafft. Die Verständigungsorientierung bleibt so verdichtet erhalten, wird aber in ihrem Aufwand durch „Einfluss" und „Wertbindung" reduziert. Andererseits werde durch „Steuerungsmedien" (Geld und bürokratische Macht) die soziale Handlungskoordinierung von sprachlicher Konsensbildung und lebensweltlichen Kontexten abgekoppelt (vgl. 269-273). Während die erste Medienart einen Mechanismus der Handlungskoordinierung darstelle, der „die *Handlungsorientierungen* der Beteiligten untereinander" abstimme, stabilisierten die Steuerungsmedien „die nicht-intendierten Handlungszusammenhänge über die funktionale Vernetzung von *Handlungsfolgen*." (272)

Dieser „Mediendualismus" (419) habe sozialontologische Auswirkungen auf die Reproduktion der Lebenswelt unter modernen Bedingungen. Während die symbolische Reproduktion der Lebenswelt über generalisierte Formen des kommunikativen Handelns laufen müsse, solle sie nicht in die oben erwähnten Pathologien münden, könne die materielle Reproduktion der Lebenswelt über Steuerungsmedien wie Geld und bürokratische Macht durch drastische Senkung des Kommunikationsaufwandes bewerkstelligt werden. Insofern die generalisierten Formen des kommunikativen Handelns wie eine „soziale Integration" wirken, die an den Handlungsorientierungen ansetzt und daher aus der Teilnehmerperspektive fassbar ist, kann die moderne Gesellschaft „*als Lebenswelt einer sozialen Gruppe konzipiert*" werden. Demgegenüber setze die „systemische Integration" (durch die Steuerungsmedien des kapitalistischen Wirtschaftssystems und des bürokratischen Machtssystems) an den Handlungseffekten an, die, komplexe Differenzierung angenommen, aus der Beobachterperspektive analysiert werden müssen. Aus der Beobachterperspektive werde die moderne Gesellschaft „*als ein System von Handlungen*" begriffen, denen nur mehr ein funktionaler Stellenwert zukommt (179).

Viertens: Evolutionsprobleme moderner Gesellschaften: die Variante
der „Kolonialisierung" der Lebenswelt durch die Systeme

Damit ist ein theoretisch komplexer Rahmen für die Differenzierungsmöglichkeiten in modernen Gesellschaften entstanden. Diese Theorie privilegiert kein Zentrum der modernen Gesellschaft mehr, sondern rechnet mit verschiedenen, füreinander heterogenen Eigenlogiken der Kapitalwirtschaft und bürokratischen Machtbildung in der materiellen Reproduktion und der Kultur, Gesellschaft und Persönlichkeit in der symbolischen Reproduktion von Lebenswelt (s. o. zweitens). Die Lebenswelt begegne ihrer modernen Mediatisierung dadurch, dass sie in eine private und öffentliche Ordnung ausdifferenziere. Umgekehrt brauchten die Systeme Austauschbeziehungen mit dieser lebensweltlichen Ordnung, um Arbeitskräfte und Konsumenten (Privatrollen für die Marktwirtschaft) bzw. Steuer- und Staatsbürger und Klienten (öffentliche Rollen legitimer Machtgewinnung) rekrutieren zu können (vgl. 472-476). Aus der Entkopplung der Lebenswelt und Systeme voneinander und aus beider Rückwirkungen aufeinander kann laut Habermas „noch nicht auf lineare Abhängigkeiten in der einen oder anderen Richtung" geschlossen werden. „Man könnte sich beides vorstellen: die Institutionen, die Steuerungsmedien wie Geld und Macht in der Lebenswelt verankern, kanalisieren entweder die Einflussnahme der Lebenswelt auf die formal organisierten Handlungsbereiche oder umgekehrt die Einflussnahme des Systems auf kommunikativ strukturierte Handlungszusammenhänge." (279) Der evolutionäre Zusammenhang zwischen Systemen und Lebensformen ist historisch umkämpft und in Abhängigkeit von den Ressourcen und Bedingungen nicht ein für alle mal still gestellt, sondern erneut veränderbar.

Nicht die moderne gesellschaftliche Evolution schlechthin, sondern die spezifisch kapitalistische Selektion der Modernisierungspotentiale bringe das Muster zur Vorherrschaft, „demzufolge die kognitiv-instrumentelle Rationalität über die Bereiche von Ökonomie und Staat hinaus in andere, kommunikativ strukturierte Lebensbereiche eindringt und dort auf Kosten moralisch-praktischer und ästhetisch-praktischer Rationalität Vorrang erhält": Dadurch werden in der „symbolischen Reproduktion der Lebenswelt Störungen hervorgerufen", die Habermas auch kurz als „Kolonialisierung der Lebenswelt" (451, vgl. 480, 484, 583) umschreibt. Diese Kolonialisierung kann aber auch dann erfolgen, wenn das staatlich-administrative System die evolutionäre Führung übernimmt und sich die anderen gesellschaftlichen Bereiche einschließlich der Wirtschaft subsumiert, was Habermas als den „bürokratischen Sozialismus", d. h. die „politische Ordnung der Diktaturen von Staatsparteien" (563), kritisiert hat.

Fünftens: Die Variante der gesellschaftlich neuen Gewaltenteilung
zugunsten einer soziokulturell neuen „Grammatik der Lebensformen"

Die evolutionären Ungleichgewichte zwischen den primär systemischen und den primär kommunikativ strukturierten Bereichen moderner Gesellschaften könnten auch umgekehrt zur Vorherrschaft des wirtschaftlichen oder staatsbürokratischen Systems gelöst werden. Dann müsste die evolutionäre Führung der symbolischen Reproduktion über die materielle Reproduktion der Lebenswelt errungen werden. Dafür wäre das Rechtsmedium nicht zur Sicherung der Vorherrschaft von Wirtschaft und/oder Staat, sondern einer radikalen Demokratie zugunsten postindustrieller und postnationaler Lebensformen umzufunktionieren.[30] Statt die systemischen Steuerungskrisen auf lebensweltliche Pathologien abzuwälzen, müssten soziokulturell integrative Potentiale für neue Lernprozesse ausgebildet und Bedingungen für eine neue gesellschaftliche, nicht mehr allein innerpolitische Gewaltenteilung erkämpft werden. In diesem Sinne endete die „Theorie des kommunikativen Handelns" mit der Aufgabenstellung, die gegenwärtige „Überlagerung alter durch neue Konflikte" interdisziplinär zu erforschen: Die „alten" Konflikte referieren auf die Klassenstrukturen moderner Gesellschaften, um diese im Sinne von „Verteilungsproblemen" zu lösen. Darüber hinaus bilden sich aber „neue" Konflikte, die sich „an Fragen der Grammatik von Lebensformen" (576f.) entzünden. Die neuen Konflikte entstehen im Hinblick auf Sinnfragen in der Lebensführung, welche nicht durch die traditionelle Wachstumsdynamik und das Medium sozialstaatlicher Umverteilungen gelöst werden können. Vielmehr gehe es um die Grenzen der Arbeits- und Industriegesellschaften einschließlich deren Utopien im Hinblick auf den „utopischen Gehalt der Kommunikationsgesellschaft": „Die autonomen Öffentlichkeiten müssten eine Kombination von Macht und intelligenter Selbstbeschränkung erreichen, die die Selbststeuerungsmechanismen von Staat und Wirtschaft gegenüber den zweckorientierten Ergebnissen radikaldemokratischer Willensbildung hinreichend empfindlich machen könnte."[31]

In dieser Richtung auf eine gesellschaftlich neue Gewaltenteilung zwischen Marktwirtschaft, sozial- und rechtsstaatlichen Machtformen und solidarischen Öffentlichkeiten wären die zivilgesellschaftlichen Öffentlichkeiten nicht durch die Systeme vermachtet, sondern würden sie sich gegen solche Imperative autonomisieren. Die semantischen Gehalte von auf neue Weise sinnvollen Lebensformen kann niemand vorhersagen geschweige administrieren. Aber um ihnen überhaupt eine Artikulations- und Verbreitungschance einzuräumen, bietet noch immer die Prozedur des kommunikativen Handelns ein Normativ an, das radikal, d. h. die Wurzel der Demokratie betrifft: Die Argumentationspraxis „beruht auf den idealisierenden Voraussetzungen (a) der Öffentlichkeit und vollständigen Inklusion aller Betroffenen, (b) der Gleichverteilung

---

30 Vgl. J. Habermas, Faktizität und Geltung. Beiträge zur Diskurstheorie des Rechts und des demokratischen Rechtsstaats, Frankfurt a. M. 1992, VIII. Kapitel. Ders., Die postnationale Konstellation, Frankfurt a. M. 1998, 4. Kapitel.

31 J. Habermas, Die Krise des Wohlfahrtsstaates und die Erschöpfung utopischer Energie, in: Ders., Die Neue Unübersichtlichkeit, Frankfurt a. M. 1985, S. 160.

der Kommunikationsrechte, (c) der Gewaltlosigkeit einer Situation, die nur den zwang-
losen Zwang des besseren Arguments zum Zuge kommen lässt, und (d) der Aufrich-
tigkeit der Äußerungen aller Beteiligten."[32]

Hatte Habermas ursprünglich bei den neuen Konflikten über die Grammatik der
Lebensformen ökologische Probleme und Fragen der Gleichstellung der Frau mit den
entsprechenden sozialen Bewegungen und Öffentlichkeiten vor Augen, bringt ihn erst
die Herausforderung durch eine liberale Eugenik 20 Jahre später dazu, die *implizite
philosophische Anthropologie* seiner Theorie in der Explikation anzudeuten. Mit liberaler Eugenik ist die rein kapitalistische Freigabe der privaten Aneignung von neuen
Gentherapien durch öffentlich nicht regulierte Märkte gemeint. Die Unterscheidung
dieser Gentherapien in positive Eugenik, d. h. in die Selektion positiver Merkmale im
Genom der Nachwachsenden, und in negative Eugenik, d. h. in die gentherapeutischen
Eingriffe zur klinischen Heilung von Kranken, ist auch für die Experten der laufenden
Forschung historisch fließend. Warum braucht laut Habermas die Eugenik eine öffent-
lich-politische und dadurch auch rechtliche Regulierung ihrer privatwirtschaftlichen
Nutzung? Um die „kommunikativ strukturierte Lebensform intakt zu halten", vor allem
deren Moral der Gerechtigkeit und damit die „Symmetrien unter Personen", die sich als
„Autoren ihrer eigenen Lebensführung"[33] verstehen können. Es geht also gerade nicht,
wie bei Latour, um die Symmetrie zwischen menschlichen und nichtmenschlichen Wesen,
sondern um die *Symmetrie zwischen Personen*, die ihre Perspektiven austauschen
können. Für diese Symmetrie sind Asymmetrien ein Problem. Personen resultieren erst
aus einem sprachlichen Sozialisationsprozess. Die Ontogenese von Personen wurde
schon früher von Habermas im Sinne Jean Piagets und George Herbert Meads verstanden. Die zwischenzeitliche Asymmetrie zwischen Eltern und Kindern dient dem Erreichen dieser Symmetrie zwischen Personen. Neu herausgestellt wird die Anerkennung
des Leibes nicht nur als ontogenetisch gesehen der Person vorgängig, sondern als zum
performativen Selbstsein-Können der Person gehörig. „Im Neinsagen-Können des Dis-
kursteilnehmers muss das spontane Selbst- und Weltverständnis *unvertretbarer* Individuen zur Sprache kommen. [...] Zum Selbstseinkönnen ist es auch nötig, dass die Person
im eigenen Leib gewissermaßen zu Hause ist. [...] Die eigene Freiheit wird mit Bezug
auf etwas natürlich Unverfügbares erlebt."[34]

Die *Einführung des Leibbegriffes* in Habermas' Theorie erfolgt zunächst im Sinne
der *Natalität*, dem Geborenwerden (im Passiv) von Menschen als Organismus, das doch
durch Sozialisation und Enkulturation hindurch zu einem neuen Anfang im personalen
Handeln werden kann (Hannah Arendt). Habermas versteht Arendt so, „dass mit der
Geburt eine Differenzierung einsetzt zwischen dem Sozialisationsschicksal einer Person
und dem Naturschicksal ihres Organismus. Allein die Bezugnahme auf diese Differenz
zwischen Natur und Kultur, zwischen unverfügbaren Anfängen und der Plastizität geschichtlicher Praktiken erlaubt dem Handelnden die performativen Selbstzuschreibungen,

---

32 Ders., Wahrheit und Rechtfertigung, a. a. O., S. 49.
33 J. Habermas, Die Zukunft der menschlichen Natur. Auf dem Weg zu einer liberalen Eugenik?,
   Frankfurt a. M. 2001, S. 122, 31, 62, 77, 99, 107, 109-111, 124.
34 Ebenda, S. 100f.

ohne die er sich selbst nicht als Initiator seiner Handlungen und Ansprüche verstehen könnte. Denn das Selbstsein der Person erfordert einen Bezugspunkt jenseits der Traditionsstränge und Interaktionszusammenhänge eines Bildungsprozesses, in dem sich die personale Identität lebensgeschichtlich erst formiert. [...] Die Kontinuierung des Selbstseins ist uns im Wandel der Lebensgeschichte nur deshalb möglich, weil wir die Differenz zwischen dem, was *wir* sind, und dem, was *mit uns* geschieht, an einer leiblichen Existenz festmachen können, die ein hinter den Sozialisationsprozess zurückreichendes Naturschicksal fortsetzt."[35]

Die Freiheit der Person im Sinne ihrer Selbstbindung an das kommunikative Handeln ergibt sich also nicht allein aus dem kommunikativen Handeln selbst. Sie kontrastiert auch nicht nur mit dem Schicksal im Sinne des Bestimmtwerdens durch Natur und Soziokultur. Vielmehr wird sie performativ, also im Vollzug der ersten Person, durch einen leiblichen Abstand zu beiden „Schicksalen" und der personalen Selbstbindung an Kommunikation ermöglicht. Erst die Unverfügbarkeit ihres Leibes *und* die Identifikation mit ihrem Leib ermöglicht es der Person, im Rahmen der genannten Unterscheidungen als Person frei zu handeln. Anderenfalls ginge die *Person* in ihren natürlichen und soziokulturellen Bestimmungen auf und könnte nur zufällig, nicht *als Individuum*, d. h. nicht als Unteilbares von eigener Art und Weise, *leben*. Erst durch diese Situierung des Leibes als Medium zwischen Eigenem und Fremdem *lebt* die *Person*, ist sie nicht allein im Wechsel *sprachlicher Perspektiven* da. „Der Leib ist Medium der Verkörperung personaler Existenz, und zwar so, dass im Vollzug dieser Existenz jede vergegenständlichende Selbstreferenz, beispielsweise in Aussagen der ersten Person, nicht nur unnötig, sondern sinnlos ist. Mit dem Leib verbindet sich der Richtungssinn von Zentrum und Peripherie, eigenem und Fremdem. Die Verkörperung der Person im Leib ermöglicht nicht nur die Unterscheidung zwischen Aktiv und Passiv, Bewirken und Geschehen, Machen und Finden; sie erzwingt eine Differenzierung zwischen Handlungen, die wir uns oder anderen zuschreiben."[36]

Ich bin mit dieser Übersetzung der sprachphilosophischen Redeweise von *Performativität* (dem Vollzugscharakter der Sprechhandlung) im Unterschied zur *Konstativität* (dem Aussagecharakter der Sprechhandlung bei John Austin) in *Leiblichkeit* im Unterschied zur *Körperlichkeit* grundsätzlich einverstanden, um die Philosophische Anthropologie in das Konzert der sprachphilosophisch dominierten Gegenwartsphilosophien einzuführen. Nur die Umkehrung der Übersetzung gilt nicht. Konstativtät ist nur eine von vielen Weisen der Verkörperung, und Performativität der Sprechhandlungen nur eine von vielen Weisen der Verleiblichung der Personen, wenngleich jeweils eine wesentliche.[37] Das o. g. Zitat von Habermas über die leibliche Verkörperung der Person gibt das Stichwort an, unter dem Habermas die Körper-Leib-Differenz von

---

35 Ebenda, S. 103f.

36 Ebenda, S. 100f.

37 Siehe zur philosophisch-anthropologischen Konzeption des Zusammenhangs zwischen Lokutionen, Illokutionen und Perlokutionen (im Anschluss an Austin und im Streit mit Habermas, Foucault und Derrida): H.-P. Krüger, Der dritte Weg Philosophischer Anthropologie und die Geschlechterfrage, in: Ders., Zwischen Lachen und Weinen, Bd. II, Berlin 2001, S. 61-74, 338ff.

Personen aus Plessners Philosophischer Anthropologie rezipiert. „Ihren Körper ,hat' oder ,besitzt' eine Person nur, indem sie dieser Körper als Leib – im Vollzug ihres Lebens – ,ist'. Ausgehend von diesem Phänomen des gleichzeitigen Leibseins und Körperhabens, hat Helmuth Plessner seinerzeit die ,exzentrische Position' des Menschen beschrieben und analysiert."[38] Gemeint ist eine Unterscheidung, die Personen in ihrer Lebensführung machen zwischen dem, was ihnen hier und jetzt unverfügbar, und dem, was ihnen verfügbar ist. Das Unverfügbare des Leibes für lebende Personen lässt sich ausdifferenzieren in Weisen, in welchen die Person als lebende nicht vertretbar, nicht austauschbar und nicht ersetzbar ist. Diesen leiblichen Arten entsprechen Weisen, in denen die Person durch Verkörperungen vertretbar, austauschbar und ersetzbar in der Generationenfolge wird.

Habermas geht am Ende nicht zur Philosophischen Anthropologie über, sondern fordert eine „Gattungsethik", welche der Moral eine ihr angemessene Umgebung sichert, sie einbettet.[39] Die Gattungsethik soll die „anthropologische Allgemeinheit"[40] der Gattung Mensch als so normativ verbindlich auszeichnen, dass das moralische Selbstverständnis von Personen als den Autoren ihrer Lebensführung fortgesetzt werden kann. Dadurch soll einer technisch und verwertungsökonomisch möglichen „Selbsttransformation der Gattung"[41] in moralisch nicht mehr zurechnungsfähige Wesen vorgebeugt werden. Die neue fundierende Rolle der Gattungsethik zwischen anthropologischer Allgemeinheit und Moral gab Anlass zu Nachfragen und weiteren Diskussionen, denen hier nicht mehr nachgegangen werden kann.[42] Für unsere Zwecke genügt die Feststellung, dass Habermas mit der Philosophischen Anthropologie von Plessner oder der geschichtlichen Anthropologie von Arendt nur eine phänomenologische bzw. geschichtliche Beschreibung von Kandidaten für anthropologisch allgemein gültige Aussagen zu verbinden scheint, die aus sich keinen normativen Charakter haben können. Daher die merkwürdige Zwischenstellung der Gattungsethik. Wir werden indessen noch sehen, vor allem im II. Teil dieses Buches ausgeführt, dass die genannten Anthropologien selbst nicht nur anthropologische, sondern auch philosophische Unternehmungen sind. Sie leisten eine andere Kritik an der westlichen Moderne, als dies die sprachlich-reflexive Selbstkritik dieser Moderne von Habermas zu leisten vermag.[43]

---

38 J. Habermas, Die Zukunft der menschlichen Natur, a. a. O., S. 89, vgl. auch S. 27f., 64f. Wann immer Habermas konzeptionelle Schwierigkeiten hat, von nichtsprachlichen Verweisungen in der Lebenswelt zu Sprechakten überzugehen, rekurriert er in seinen jüngeren Schriften auf Plessners Körper-Leib-Differenz. Vgl. auch J. Habermas, Freiheit und Determinismus, in: Deutsche Zeitschrift für Philosophie, Berlin 52 (2004) 6, S. 877.

39 Ebenda, S. 72-74, 78, 115, 124.

40 Ebenda, S. 33, 54, 72.

41 Ebenda, S. 42, 45.

42 Vgl. L. Siep, Moral und Gattungsethik, in: Deutsche Zeitschrift für Philosophie, Berlin 50 (2002) 1, S. 111-120. J. Habermas, Replik auf Einwände, in: Deutsche Zeitschrift für Philosophie, Berlin 50 (2002) 2, S. 283-298.

43 Vgl. zu den systematischen Differenzen zwischen Habermas und Plessner H.-P. Krüger/G. Lindemann (Hrsg.), Philosophische Anthropologie im 21. Jahrhundert, Berlin 2006, S. 176f., 196f.

Bei aller Gemeinsamkeit in der Orientierung auf eine neue Gewaltenteilung vertritt Habermas das Gegenteil von Latours symmetrischer Anthropologie, nämlich in Latours Terminologie eine asymmetrische Anthropologie, da es Symmetrie nur unter Personen gibt, die organisch mit Angehörigen der Spezies *homo sapiens sapiens* zusammenfallen. Von Latour aus gesehen plädiert Habermas im Gegensatz zu Tieren für einen *Speziesismus*, d. h. die Privilegierung der eigenen Spezies gegenüber anderen Spezies und gegen die „Verletzung von Artgrenzen",[44] und im Gegensatz zu anderen Soziokulturen für eine sich moralisch selbst auszeichnende *Symmetrie unter Personen*. „Die Idee der Menschheit verpflichtet uns dazu, jene Wir-Perspektive einzunehmen, aus der wir uns gegenseitig als Mitglieder einer *inklusiven* Gemeinschaft ansehen, die keine Person ausschließt."[45] Alle, die anthropologisch gesehen zur Art Mensch gehören, kandidieren mithin dafür, in die Personengemeinschaft der Menschheit aufgenommen zu werden, da sie durch kommunikative Vergesellschaftung und Individuierung zu dem genannten moralischen Selbstverständnis gelangen werden. Während bei Latour die anthropologischen Vergleiche dazu dienen sollen, aus dem bisherigen westlich-modernen Selbstverständnis an markierten dualistischen Alternativen herauszukommen, sollen sie bei Habermas das moralische Selbstverständnis von Personen als den Autoren ihrer eigenen Lebensführung sichern, wie immer realistisch diese Autorschaft auch nur unter den Angehörigen der westlichen Länder normativ sein mag. – Was Latours und Habermas' Anthropologie-Verständnis fehlt, ist eine naturphilosophische Fundierung des vertikalen anthropologischen Vergleichs der humanen mit den nichthumanen Lebensformen (z. B. Pflanzen, Tieren) und eine geschichtsphilosophische Fundierung des horizontalen anthropologischen Vergleichs zwischen den Soziokulturen des *homo sapiens sapiens*. Der anthropologische Vergleich als solcher, was immer er an Ungleichartigem und an Grenzen des Vergleichs zum Vorscheine bringt, reicht für die *philosophische Beurteilung* seiner Ergebnisse in der personalen Lebensführung nicht aus. Latour und Habermas nehmen das „Philosophische" in der Philosophischen Anthropologie nicht wahr. Es verbirgt sich bei beiden in einer neuen Gewaltenteilung.

3. Der anthropologische Zirkel, „Biomächte" und „Biopolitik" laut Foucault

Wenn es richtig ist, was Michel Foucault in seinen historischen Analysen behauptet hat, dann lebt die westliche Zivilisation seit zwei Jahrhunderten in einem Zeitalter der „Biomächte". Er unterscheidet in seiner Machtanalyse die unproduktiven Formen der älteren Gesetzesmacht von den neueren produktiveren Machtformen, die auf der Vervielfältigung von Diskurspraktiken beruhen. Dabei hat er insbesondere Scharniere zwischen der Politik, die den Bevölkerungskörper als ganzen betrifft, und denjenigen Politiken herausgearbeitet, die sich durch eine Disziplinarisierung der Institutionen auf

---

44 Habermas, Die Zukunft der menschlichen Natur, a. a. O., S. 72f.
45 Ebenda, S. 98.

die Normalisierung der individuellen Körper beziehen. Foucault hat Mitte der 1970er Jahre auch versucht, die Frage nach dem Verhältnis von Krieg und Frieden durch eine Umkehrung des üblichen Verständnisses (von Carl von Clausewitz) und in Bezug auf die Politiken mit Bevölkerungskörpern neu zu erörtern. Die Umkehrung besagt, dass aus dem Krieg als der Fortsetzung der Politik mit anderen Mitteln eine Politik wird, die den Krieg mit anderen Mitteln fortsetzt.[46] Dabei blieb der Gesamtzusammenhang dieser Analysen von Foucault zu seinem Gesamtwerk, insbesondere der neuerlichen konzeptionellen Wende am Ende seines Lebenswerkes, umstritten. Was uns aber hier thematisch vor allem interessieren muss, ist der Zusammenhang seiner Machtanalyse mit der von ihm eingeführten Redeweise über empirisch-transzendentale Dubletten in einem anthropologischen Zirkel der westlichen Moderne.

Selbst die Kritiker von Foucault können nicht leugnen, dass er versucht hat, mehr die Schatten- als die Glanzseiten der westlichen Moderne konzeptionell zu thematisieren. Rückblickend kann er als ein konzeptioneller Pionier für die Thematisierung zweier aktueller und zukunftsträchtiger Fragen gelten, die er in ihrer Spezifik historisch zweifellos noch nicht vor Augen haben konnte: die neuen, vor allem nichtstaatlichen Kriegsformen (Herfried Münkler) und die Rückkehr von Kriegen überhaupt in die Gestaltung von Weltgeschichte, und die neuen Gen- und Reproduktionstechnologien als Biomacht und biopolitisches Problem. In Foucaults historischen Analysen, die hier nicht als solche zur Debatte stehen können, sind konzeptionelle Unterscheidungen am Werke, die keineswegs des Philosophischen entbehren. Was Foucault „Analyse" genannt hat, ist kein konzeptionsloser Positivismus. Er spricht von ihrem „quasi-transzendentalen" Charakter, der das Verhältnis zwischen Ermöglichendem (apriori) und faktisch Ermöglichtem (aposteriori) funktional versteht und diese Funktion historisiert.[47] Gleichwohl wird man nicht behaupten können, dass er selbst eine Philosophie im starken Sinne einer positiven oder negativen „Metaphysik" vertreten hat oder auch nur entwickeln wollte.

Erstens: Foucaults Machtanalyse im Kontext seines letzten Selbstverständnisses

Folgt man Foucaults Selbstverständnis am Ende seines Lebenswerkes, dann hat er die transzendentale Frage nach den subjektiven Ermöglichungsbedingungen von universeller und objektiver Erfahrung wie folgt umgestellt, was einer Umkehrung von *explanans* (dem Erklärenden) und *explanandum* (dem zu Erklärenden) gleichkommt: Er habe historisch drei Weisen der Objektivierung, die Menschen in Subjekte verwandelt, un-

---

46 Vgl. M. Foucault, In Verteidigung der Gesellschaft. Vorlesungen am Collège de France (1975–76), Frankfurt a. M. 1999, S. 32.

47 Siehe M. Foucault, Die Ordnung der Dinge. Eine Archäologie der Humanwissenschaften (1966), Frankfurt a. M. 1974, S. 436. Zur vierfachen Verlagerung der Kantischen Frage: ebenda, S. 390. Wenn man den Zusammenhang von Apriori und Aposteriori historisiert und funktionalisiert, handelt es sich um ein Gesetz der Koexistenz in einem System des Funktionierens. M. Foucault, Archäologie des Wissens (1969), Frankfurt a. M. 1981, S. 170, 188.

tersucht. Seine Genealogie führe zu drei historischen Ontologien, die sich auf die Konstitution der Subjekte von Wissensformen, Machtformen und ethisch-moralischen Praktiken beziehen.[48] Wie diese drei Verhältnistypen zusammenhängen, lasse sich nicht durch eine allgemeine Theorie oder Methodologie vorab entscheiden, sondern hänge von der Bewährung spezifischer Modelle in der historischen Untersuchung ab. So habe er eine rationellere „Abstimmung" der drei Dimensionen aufeinander zu einer Art „Block" zwischen Machtverhältnissen, Kommunikationsbeziehungen und der Entwicklung sachlicher Fähigkeiten als die „Disziplinarisierung" der europäischen Gesellschaft im 18. Jh. bezeichnet.[49] Man kann im Anschluss an den Foucault der 1960er Jahre seine historisch objektivierende und pluralisierende, weil auch lokalisierende Umstellung der transzendentalen Frageweise ein „quasi-transzendentales" Verfahren nennen, in dem es um die Aufdeckung von Ermöglichungsbedingungen am Rande des Unmöglichen geht, also nicht um die Abdankung der Ermöglichungsfrage zugunsten ahistorischer Determinismen des schon immer vermeintlich Realen.[50]

Foucault spezifiziert „Macht" als Verhaltensweisen, die zwischen einem allgemeinen Konsens und physischer Gewaltanwendung liegen, also weder auf nur das eine noch auf nur das andere reduziert werden können. Gerade zwischen diesen Polen eröffne sich das agonale Spiel, um neue Handlungsmöglichkeiten durch „Handeln auf Handlungen" im historischen Feld zu erkämpfen. Insofern schließt eine Machtform die Freiheit eines Subjektes, überhaupt handeln zu können, ein. Anderenfalls könnte nicht in actu um die Ausweitung der eigenen Handlungsmöglichkeiten und die Begrenzung der Handlungsmöglichkeiten anderer gekämpft werden.[51] Machtkämpfe führen im Ergebnis zur Strukturierung des Feldes der „wahrscheinlichen" Handlungsmöglichkeiten (bezogen auf einzelne und kollektive Subjekte als Handlungsträger) und können zu historisch stabilen Machtverhältnissen ausdifferenzieren. In deren Rahmen geht es nicht mehr allein um die augenblickliche Taktik von Handlungen, sondern um längerfristige „Kampfstrategien" von historisch gewachsenen „Gegnern". „Herrschaft" meint dann eine umfassende und ins Feinste verzweigte Machtstruktur, die von den Gegnern nach lange währender Auseinandersetzung als „strategische Situation" genommen wird.[52]

Durch dieses Macht- und Herrschaftsverständnis öffnet Foucault die Optionen der historischen Analyse. Er will diese nicht sogleich durch die bisher gängigen Modelle einengen. Er vermeidet es so, Macht und Herrschaft entweder auf eine politische Funktion der ökonomischen Produktionsverhältnisse zu reduzieren (marxistische oder auf andere Weise utilitaristische Tradition) oder Macht sogleich institutionell mit dem Staat zu identifizieren, dessen Herrschaft nach einem juridischen Modell (Vernunft als Ge-

48 Vgl. M. Foucault, Das Subjekt und die Macht, in: H. L. Dreyfus/P. Rabinow (Hrsg.), Michel Foucault. Jenseits von Strukturalismus und Hermeneutik, Frankfurt a. M. 1987, S. 243, 275.
49 Ebenda, S. 253.
50 Siehe H.-P. Krüger, Der dritte Weg. Philosophische Anthropologie und die Geschlechterfrage, a. a. O., S. 44, 48.
51 Vgl. M. Foucault, Das Subjekt und die Macht, a. a. O., S. 254-256.
52 Siehe ebenda, S. 257-260.

richtshof) legitimiert werden müsse.[53] Eine solche strukturfunktionale Befreiung von Vorurteilen über das, was Macht und Herrschaft allein sein können sollen, ist sinnvoll. Macht-, Herrschafts- und Politikformen müssen nicht von vornherein in Verträgen, staatlichen Institutionen und juridischen Legitimationsfiguren aufgehen. Bei den zu überwindenden Vorurteilen handelt es sich auch um einen gesunden Menschenverstand der christlichen, insbesondere protestantischen Tradition, insofern dieser an dem historisierbaren Dualismus von äußerer und böser Macht einerseits und innerlich erlösender und die eigene Güte (Authentizität) rettender Subjektivität andererseits festhält.[54]

Dieser Dualismus ist auch philosophisch kultiviert worden, weshalb es von dieser Seite die nicht unbedingt stichhaltigsten, aber dramatischsten Kritiken an Foucault gegeben hat, als ob dieser alles im umgangssprachlichen Sinne in eine Machtfrage auflöse, was, wie wir oben gesehen haben, nicht stimmt. Vielmehr müssten die genannten Dualisten Foucaults Analyse der „Pastoralmacht" historisch stichhaltig widerlegen. Deren Eigenart besteht darin, in christlicher Tradition individualisieren und gleichzeitig totalisieren zu können, was dann säkular fortgesetzt wurde. „Abschließend könnte man sagen, dass das politische, ethische, soziale und philosophische Problem, das sich uns heute stellt, nicht darin liegt, das Individuum vom Staat und dessen Institutionen zu befreien, sondern uns sowohl vom Staat als auch vom Typ der Individualisierung, der mit ihm verbunden ist, zu befreien. Wir müssen neue Formen der Subjektivität zustande bringen, indem wir die Art von Individualität, die man uns jahrhundertelang auferlegt hat, zurückweisen."[55] Um historische Untersuchungen zu dieser Frage der ethisch-ästhetischen Selbstpraktiken geht es in Foucaults Spätwerk (ab dem 2. Band seiner „Geschichte der Sexualität").

Zweitens: „Biogeschichte", „Biomacht" und „Biopolitik"

Wie fruchtbar Foucaults Versuch ist, aus der üblichen Fehlalternative entweder Macht oder Freiheit des Subjekts herauszutreten und in deren historische Zusammenhänge hineinzuführen, zeigt seine folgende Thematisierung neuer Phänomene. Unter „Biomacht" und „Biopolitik" versteht Foucault weder anthropologische Konstanten, noch will er damit in Abrede stellen, dass es früher begrenzte Kultivierungen der biologischen Lebenskomponenten gegeben hätte. „Es geht hier nicht um die Behauptung, dass es damit zum ersten Kontakt zwischen dem Leben und der Geschichte gekommen sei. Im Gegenteil der Druck des Biologischen auf das Historische war Jahrtausende hindurch äußerst stark."[56] Er nennt „Bio-Geschichte" jene Pressionen, „unter denen sich die Bewegungen des Lebens und die Prozesse der Geschichte überlagern". Mit den Ausdrücken „Bio-Macht" und „Bio-Politik" möchte Foucault in Konsequenz der Säkularisierung spezifischer „die ‚biologische Modernitätsschwelle' einer Gesellschaft" mar-

---

53 Vgl. ebenda, S. 243-245.
54 Siehe H. Plessner, Emanzipation der Macht (1962), in: Ders., Gesammelte Schriften V, Frankfurt a. M. 1981.
55 M. Foucault, Das Subjekt und die Macht, a. a. O., S. 250.
56 M. Foucault, Sexualität und Wahrheit. 1. Band: Der Wille zum Wissen (1976), Frankfurt a. M. 1983, S. 169.

kieren, die da liege, „wo es in ihren politischen Strategien um die Existenz der Gattung geht. Jahrtausende ist der Mensch das geblieben, was er für Aristoteles war: ein lebendes Tier, das auch einer politischen Existenz fähig ist. Der moderne Mensch ist ein Tier, in dessen Politik sein Leben als Lebewesen auf dem Spiel steht."[57]

Foucault arbeitet ein „neues Verhältnis zwischen der Geschichte und dem Leben" heraus, nämlich „in der Doppelstellung des Lebens zum einen außerhalb der Geschichte als ihr biologisches Umfeld und zum andern innerhalb der menschlichen Geschichtlichkeit, von deren Wissens- und Machttechniken sie durchdrungen wird."[58] Dies ist historisch eine sinnvolle Frage zur Modernitätsschwelle, nur unterstellt sie einen Gegensatz von dem der Geschichte äußerem und ihr innerem menschlichen Leben. Man kann Foucault wie folgt interpretieren: Das Biologische wird als solches erstmals im Politischen reflektiert, um Geschichte nicht nur für vorab auserwählte Herrscherschichten, sondern für die Masse der Bevölkerung und der Einzelnen machen zu können. So spricht Foucault von „Bio-Politik", um den „Eintritt des Lebens und seiner Mechanismen in den Bereich der bewussten Kalküle und die Verwandlung des Macht-Wissens in einen Transformationsagenten des menschlichen Lebens zu bezeichnen."[59]

Im Hinblick auf die genannte Modernitätsschwelle gelten Foucault diejenigen Machtformen als die älteren und unproduktiveren, die sich allein juridisch aus einem letzten (z. B. religiösen) Gesetz legitimieren, dem durch die souveräne Staatsgewalt auch empirische Geltung verschafft wird. Man kennt die Problematik dieses Modells zwischen der Legitimität und der Legalität der Herrschaft. Dieser Widerspruch entfaltet sich von der Personalisierung absoluter Herrschaft bis zu den volkssouveränen Gegenbewegungen. „Das sogenannte Recht ‚über Leben und Tod' ist in Wirklichkeit das Recht, sterben zu machen und leben zu lassen."[60] In dieser Rechtsform vollziehe sich Macht „wesentlich als Abschöpfungsinstanz, als Ausbeutungsmechanismus, als Recht auf Aneignung von Reichtümern, als eine den Untertanen aufgezwungene Entziehung von Produkten, Gütern, Diensten, Arbeit und Blut" (ebd.). Gegenüber dieser Abschöpfung zeichneten sich die neuen produktiven Machtformen durch „Anreizung, Verstärkung, Kontrolle, Überwachung, Steigerung und Organisation der unterworfenen Kräfte" aus: „diese Macht ist dazu bestimmt, Kräfte hervorzubringen, wachsen zu lassen und zu ordnen, anstatt sie zu hemmen, zu beugen oder zu vernichten".[61] Für Foucault setzt sich der Wechsel von alten zu neuen Mächten als der „Hauptform" in den geschichtlichen Kämpfen bis in die Gegenwart fort. „Man könnte sagen, das alte Recht, sterben zu machen oder leben zu lassen, wurde abgelöst von einer Macht, leben zu machen oder in den Tod zu stoßen."[62] Auf die Rückschläge in dem Wechsel von unproduktiven zu produktiven Machtformen komme ich unter c) zurück.

---

57 Ebenda, S. 170f.
58 Ebenda, S. 171.
59 Ebenda, S. 170.
60 Ebenda, S. 162.
61 Ebenda, S. 163.
62 Ebenda, S. 165.

Näher versteht Foucault unter der „Macht zum Leben" seit dem 17. Jahrhundert zwei Hauptformen, die keine Gegensätze bilden, sondern durch ein Bündel von „Zwischenbeziehungen verbundene Pole" darstellen, nämlich die „Disziplinen des Körpers" der Einzelnen und seit der Mitte des 18. Jahrhunderts die biopolitischen „Regulierungen der Bevölkerung", d. h. des „Gattungskörpers".[63] Er verweist auf die Versuche seit Beginn des 19. Jahrhunderts, so in der Philosophie der „Ideologen", diese beiden Machttechniken in einem abstrakten Diskurs durch eine allgemeine Theorie zu verbinden. Er untersucht vor allem aber das Dispositiv der Sexualität vom 18. bis zum 20. Jh. als ein exemplarisches „Scharnier zwischen den beiden Entwicklungsachsen der politischen Technologie des Lebens" am „Kreuzungspunkt von ‚Körper' und ‚Bevölkerung'".[64] Was Foucault die „Normalisierungsgesellschaft" nennt, besagt nicht, „dass sich das Gesetz auflöst oder dass die Institutionen der Justiz verschwinden, sondern dass das Gesetz immer mehr als Norm funktioniert, und die Justiz sich immer mehr in ein Kontinuum von Apparaten (Gesundheits-, Verwaltungsapparaten), die hauptsächlich regulierend wirken, integriert. Eine Normalisierungsgesellschaft ist der historische Effekt einer auf das Leben gerichteten Machttechnologie."[65] Ähnlich heißt es auch in den Collège-Vorlesungen: „Die Normalisierungsgesellschaft ist eine Gesellschaft, in der sich entsprechend einer orthogonalen Verknüpfung die Norm der Disziplin und die Norm der Regulierung miteinander verbinden."[66]

Foucault hat nun keineswegs die Gegentendenzen zu den normalisierungsgesellschaftlichen Tendenzen der Verbindung beider Pole von „Biomacht", nämlich der Disziplinen für die Masse der einzelnen Körper mit den Regulierungen von Bevölkerungskörpern, übersehen, sondern eigens zur Sprache gebracht: „Die Massaker sind vital geworden. Gerade als Verwalter des Lebens und Überlebens, der Körper und der Rasse, haben so viele Regierungen in so vielen Kriegen so viele Menschen töten lassen."[67] Die Gegentendenzen betreffen das geschichtliche Kräfteverhältnis zwischen den alten Formen der rechtsförmigen Gesetzesmacht staatlicher Souveränität und den neuen Formen der Biomacht, in denen durch disziplinäre Diskurspraktiken die Normen für einzelne Arten von Mikro-Körpern und für den Gattungskörper der Bevölkerung fortlaufend produziert und biopolitisch aufeinander abgestimmt werden.

Drittens: Rassen- und Klassenkämpfe, Staatsterrorismen

Insofern unproduktive Machtformen auf der Abschöpfung von etwas beruhen, das sie selbst nicht zu produzieren vermögen, haben sie vergleichsweise einen parasitären Charakter. Ihre Abhängigkeit von äußeren Wechselfällen dürfte relativ groß sein, ihre Verstetigung und Dynamisierung aus eigener Kraft liegen nicht auf der Hand. In der Tat

---

63 Ebenda, S. 166.
64 Ebenda, S. 173, 175.
65 Ebenda, S.172.
66 M. Foucault, In Verteidigung der Gesellschaft, a. a. O., S. 299.
67 Ders., Der Wille zum Wissen, a. a. O., S. 163.

sind viele traditionale Kulturen früher oder später ausgestorben oder ausgelöscht worden. Insofern ihnen dennoch ihre relative Stabilisierung gelang, dürfte diese mit einer intern starken kulturellen Bindung, die über Profanität hinausreicht, und einer kriegerischen Kapazität nach außen in Zusammenhang stehen. Man kann sich das, was Foucault die juridische Gesetzesmacht staatlicher Souveränität nennt, als relativ stabile Resultante vorstellen, die aus dem Zusammenfall von religionsgeschichtlicher Legitimität und Siegen in kriegerischen Auseinandersetzungen hervorgeht. Damit bleibt ihre Reproduzierbarkeit aber auch von allem bedroht, das der Verstetigung dieses Zusammenfallens zuwiderläuft. Im Rahmen dieser konstitutiven Schwäche ist die symbolisch-praktische Realisierung der Einheit von geistlicher und weltlicher Macht die wahrscheinlichste Stärke und Achillesferse solcher Machtformen. Sofern ihnen die Produktion ihrer Voraussetzungen und Bedingungen schon selber gelingt, steht für die historisch siegreichen, also Herrschenden die Souveränität an der Spitze eines dreigliedrigen Gesellschaftsaufbaus, was Foucault exemplarisch die „Historie römischen Typs" in der Kontinuität indoeuropäischer Machtrepräsentation nennt. Insofern die historisch unterworfenen Gegenmächte weder aufgeben noch herrschen können, artikuliert sich ihr historisches Selbstverständnis in binären Schemata, deren historische „Polyvalenz" Foucault an der „Geschichte biblischen, quasi hebräischen Typs"[68] verdeutlicht. Im 16. und zu Beginn des 17. Jahrhunderts gehe daraus eine „Gegen-Geschichte" gegen den Diskurs der herrschenden Souveränität hervor. Diese Gegen-Geschichte handele vom „Rassenkrieg" (vom Krieg der Rassen im Plural, nicht der einen Rasse im Singular). Darin werde das Wort „Rasse" noch nicht in einem unveränderlich biologischen Sinne verstanden, sondern als eine „bestimmte historisch-politische Spaltung" von zwei Gruppen ohne gemeinsame örtliche, religiöse und sprachliche Herkunft. Das politische Ganze dieser Spaltung sei „nur um den Preis von Kriegen" gebildet" worden und habe zu keiner Vermischung – durch die Beseitigung von Asymmetrien, Privilegien und Schranken – geführt.[69]

Sofern sich die unproduktiven Machtformen stabilisiert haben, schauen sie sich von unten (Knechtschaft) und von oben (Herrschaft) anders an und bleiben sie ihrer Herkunft als auch Zukunft nach in einen Kriegszusammenhang gestellt, der für die Unterworfenen als Hoffnung und für die Herrschenden als Bedrohung erscheint. Schwieriger dürfte es sein, die Gegenfrage zu beantworten, wieso auch die produktiven Machtformen kriegerische Auseinandersetzungen nicht überwinden. Inwiefern kommt dies aus ihrer historischen Schwäche im Vergleich zu dem anfänglichen Übergewicht der traditional unproduktiven Machtformen? Oder rührt dies schon aus ihrer eigenen, aber nurmehr historischen Schwäche her, die sie künftig überwinden könnten? Oder muss man auch in ihrem Falle grundsätzlich von nicht zu überwindenden Grenzen ausgehen? Schließlich: Offenbaren womöglich auch die unproduktiven Machtformen in ihrem Untergang noch eine Attraktivität, die die Grenzen produktiver Machtformen deutlich werden lässt? – Foucault stellt sich diesen Fragen, indem er a) die Heterogenität beider

---

68 M. Foucault, In Verteidigung der Gesellschaft, a. a. O., S. 92, 94f.
69 Ebenda, S. 96.

Machtformen betont, b) verschiedenen Varianten ihres historischen Zusammenhanges nachgeht und damit c) selbst einen Standpunkt einzunehmen versucht, der aus diesem spezifisch-modernen Zusammenhang herausführt.

Er schreibt zu a), der Heterogenität beider Machttypen: „Recht der Souveränität und Mechanik der Disziplin: Die Ausübung der Macht vollzieht sich zwischen diesen beiden Grenzen, denke ich. Doch sind diese Grenzen so beschaffen und so heterogen, daß sie nie aufeinander abbildbar sind. Die Macht verwirklicht sich in den modernen Gesellschaften durch, ausgehend und in dem heterogenen Spiel eines öffentlichen Rechts der Souveränität mit einem vielfältigen Mechanismus der Disziplin. [...] Der Diskurs der Disziplin hat weder mit jenem des Gesetzes noch mit der Regel als Wirkung des souveränen Willens zu tun. Die Disziplinen führen zwar einen Diskurs der Regeln, aber nicht den der von der Souveränität abgeleiteten Rechtsregeln, sondern den der natürlichen Regeln, d. h. der Norm. Sie definieren einen Kodex, der nicht jener des Gesetzes, sondern jener der Normalisierung sein wird, und sie werden sich zwangsläufig auf den theoretischen Horizont nicht mehr des Rechtsgebäudes, sondern des humanwissenschaftlichen Feldes beziehen. Die Rechtsprechung der Disziplinen wird jene eines klinischen Wissens sein."[70]

Für den historischen Zusammenhang beider Machtformen (b) sieht Foucault viele Kombinationsmöglichkeiten vor, auf deren historische Spezifikation insbesondere für die Staatsterrorismen ich sogleich zurückkomme. Übergreifend sieht er die Tendenz der Kollision statt der Verbindung oder der Komplementarität beider Seiten: „Ich denke, daß die Normalisierung, die disziplinarischen Normalisierungen mehr und mehr mit dem Rechtssystem der Souveränität kollidieren; je klarer die Unvereinbarkeit des einen mit dem andern hervortritt, umso notwendiger wird ein schlichtender Diskurs, ein Macht- oder Wissenstyp, der seine wissenschaftliche Sakralisierung neutralisieren würde. Gerade in der Ausweitung der Medizin können wir sehen, wie sich der Mechanismus der Disziplin und das Prinzip des Rechts, ich will nicht sagen verbinden, aber doch beständig einschränken, austauschen oder miteinander kollidieren. Die Weiterentwicklung der Medizin, die allgemeine Medikalisierung des Verhaltens, der Haltungen, Diskurse, Wünsche usw. vollziehen sich an der Front, an der die beiden heterogenen Ebenen der Disziplin und der Souveränität aufeinandertreffen."[71] Foucault scheint in der Medikalisierung der Haltungen und Diskurse eine schlichtende, da neutralisierende Antwort auf die Kollision der beiden Macht- und Wissensformen zu sehen, wobei nicht klar wird, ob diese Antwort noch innerhalb der Kollision erfolgt oder letztere bereits überschreitet. Immerhin wird man zur Beurteilung der Medikalisierung auf Foucaults Gesamtwerk verwiesen. Bereits in dessen erster Schaffensphase wurde die Eigenart des „ärztlichen Blickes" darin gesehen, auf andere, aber dem dramatischen Dichter doch vergleichbare Weise dem Dualismus zwischen entweder Objekt oder Subjekt zu entkommen.[72] Man wird auch an das Faktum erinnert, welchen enormen Durchbruch das quasi medi-

70 Ebenda, S. 54.

71 Ebenda, S. 55

72 Vgl. M. Foucault, Die Geburt der Klinik. Eine Archäologie des ärztlichen Blicks (frz. 1963), München 1973, S. 208f.

zinisch-therapeutische Selbstverständnis sogar in der Philosophie des 20. Jahrhunderts gewinnt, exemplarisch genommen sowohl von Wittgenstein als auch von Jaspers her.

Was c), die Attraktivität unproduktiver Machtformen betrifft, so macht Foucault deutlich, dass er nicht innerhalb des Gegensatzes zu den produktiven (modernen) Machtformen Stellung nimmt, sondern dass ihm eine gleichzeitige Doppelkritik vorschwebt: „Souveränität und Disziplin, Gesetzgebung, Recht der Souveränität und Disziplinarmechanismen sind die absolut konstitutiven Bestandteile der allgemeinen Machtmechanismen unserer Gesellschaft. Im Kampf gegen die Disziplinen oder vielmehr gegen die Disziplinarmacht, auf der Suche nach einer nicht-disziplinarischen Macht, sollte man sich besser nicht an das alte Recht der Souveränität wenden; eher an ein neues Recht, das anti-disziplinarisch, aber zugleich vom Prinzip der Souveränität befreit wäre."[73] Wir werden am Ende dieses Unterkapitels auf die Frage zurückkommen, wie dieses Dritte methodisch und philosophisch zu ermöglichen wäre. Man kann zunächst aber diese Aufgabenstellung von Foucault erst verstehen, wenn man seinen Erklärungsversuch, wie es staatsterroristisch zur Universalisierung des Krieges gegenüber dem Frieden gekommen ist, zur Kenntnis genommen hat.

Der Diskurs vom Rassenkrieg, diese Gegengeschichte zur Souveränität, habe nicht nur im 16. und 17. Jahrhundert eine revolutionär auflösende Wirkungsgeschichte (so bei den englischen Levellers) entfaltet, sondern erfährt laut Foucault im 19. Jahrhundert eine revolutionäre Umschreibung in der Gestalt vom Diskurs des Klassenkampfes, der die französische Geschichtsschreibung über den französischen Revolutionszyklus radikalisiert. Dem stehen im 18. Jahrhundert lokale Strategien entgegen, im Diskurs vom Rassenkampf dem historischen Selbstverständnis der französischen Adelsopposition gegen die absolutistische Monarchie zum Ausdruck zu verhelfen oder die äußere Kolonialisierung von Nichteuropäern zu legitimieren. Erst am Ende des 19. Jahrhunderts sei der bereits in den Klassenkampf transformierte Rassenkampf in einen nun biologischen Rassekampf (im Singular) soweit umgeschrieben worden, dass sich eine „globale Strategie sozialer Konservatismen" ergebe.[74] In diesem Staatsrassismus werde der ursprünglich revolutionäre Impuls von unten zugunsten der staatszentrierten Macht im Zeichen der Souveränität von oben umfunktioniert und zugleich biopolitisch realisiert. Die staatsrassistische Umfunktionierung stütze sich bereits auf die etablierten Disziplinarmächte und bringe die Belagerung der Staatssouveränität durch den revolutionären Klassenkampf von unten zum Stoppen.

Interessant ist, dass Foucault das Prozessieren des historischen Zusammenhanges zwischen den Machtformen in Begriffen der Dezentrierung und Rezentrierung von Bewegungen beschreibt: „Dieser Diskurs des Rassenkampfes – der zu dem Zeitpunkt, da er im 17. Jahrhundert auftauchte und zu wirken begann, wesentlich ein Kampfinstrument für dezentrierte Lager war – wird rezentriert und zum Diskurs einer zentrierten, zentralisierten und zentralisierenden Macht; er wird zum Diskurs eines Kampfes, der nicht zwischen zwei Rassen, sondern von einer einzigen wahren Rasse aus geführt wird,

---

73 M. Foucault, In Verteidigung der Gesellschaft, a. a. O., S. 56.
74 Ebenda, S. 81.

nämlich jener, die die Macht innehat und die Norm vertritt, gegen jene, die von dieser Norm abweichen und für das biologische Erbe eine Gefahr darstellen. Zu diesem Zeitpunkt sind alle biologisch-rassistischen Diskurse über die Degeneration, aber auch alle Institutionen da, die nun den Diskurs des Rassenkampfes als Prinzip der Eliminierung, der Absonderung und schließlich der Normalisierung der Gesellschaft innerhalb des Gesellschaftskörpers seine Wirkung entfalten lassen. [...] Es wird nicht mehr heißen: ‚Wir müssen uns gegen die Gesellschaft verteidigen', sondern: ‚Wir müssen die Gesellschaft gegen alle möglichen biologischen Gefahren dieser anderen Rasse, dieser Unter-Rasse, dieser Gegen-Rasse verteidigen, die wir – wider Willen – immer wieder hervorbringen.' Die rassistische Thematik erscheint nun nicht mehr als Kampfinstrument einer gesellschaftlichen Gruppe gegen eine andere, sondern dient als globale Strategie sozialer Konservatismen. Es ist ein Paradox angesichts der Ziele und der anfänglichen Form des von mir dargestellten Diskurses, daß dieser nun in einen Staatsrassismus mündet, und zwar in einen Rassismus, den die Gesellschaft gegen sich selber, gegen ihre eigenen Elemente, ihre eigenen Produkte kehrt; ein innerer Rassismsus permanenter Reinigung, der zu einer der grundlegenden Dimensionen der gesellschaftlichen Normalisierung wird."[75] Foucault unterscheidet den staatsrassistischen Zentralisierungsschub am Ende des 19. Jahrhunderts deutlich von den früheren Dezentrierungen der staatszentrierten Souveränität in Kampfdiskursen (des 17. und 18. Jahrhunderts) und von der übergangsweise dialektischen Rezentrierung auf staatszentrierte Souveränität während des 19. Jahrhunderts, bevor der Staatsrassismus greift.[76]

Der Staatsrassismus eröffnet laut Foucault nun eine Doppelfunktion sowohl für die Formen der Biomacht als auch für die Formen der Souveränität, so dass Neueinschreibungen der Machtformen ineinander möglich werden. Die erste Funktion des Staatsrassismus im Hinblick auf die Biomächte bestehe darin, „zu fragmentieren und Zäsuren innerhalb des biologischen Kontinuums, an das sich die Bio-Macht wendet, vor allem „die Zäsur zwischen dem, was leben, und dem, was sterben muss"[77] einzuführen. Im Unterschied zu dieser Zäsur des Tötens erscheinen Fragmentierungen eher wie durch Quarantäne oder andere Therapien heilbare Krankheiten der einzeln rassisch durchmischten Körper bzw. des durchmischten Bevölkerungskörpers. Der Rassismus ermöglicht gleichsam innerbiologisch Wertsetzungen, nach denen machtförmig mit den biomedizinischen Positivitäten operiert werden kann, da letztere ihre Quantitäten, Kontinua und methodischen Techniken auch anders normalisierend verwenden könnten.[78] Umgekehrt oder zweitens gestaltet die rassistische Umschreibung der Tötungsfunktion, die zur souveränen Machtform gehört, beide Machtformen füreinander „kompatibel" und macht das Töten akzeptabel: „Anders gesagt kann die Tötung, der Imperativ des Todes in das System der Bio-Macht erst dann einziehen, wenn sie nicht nach dem Sieg über

---

75 Ebenda, S. 80f.
76 Vgl. ebenda, S. 70f., 77, 280f.
77 Ebenda, S. 301.
78 Vgl. zur „taktischen Polyvalenz der Diskurse", zur psychoanalytischen Aufkündigung der „Entartungs"-Konzeption und zur Kritik der allgemeinen These von der Zunahme der Repression: M. Foucault, Der Wille zum Wissen, a. a. O., S. 132 u. 142ff.

die politischen Gegner strebt, sondern danach, die biologische Gefahr zu beseitigen und die Gattung selbst oder die Rasse mit dieser Beseitigung direkt zu stärken. Rasse, Rassismus ist die Bedingung für die Akzeptanz des Tötens in einer Normalisierungsgesellschaft."[79] „Im Großen und Ganzen sichert der Rassismus, denke ich, die Funktion des Todes in der Ökonomie der Bio-Macht gemäß dem Prinzip, dass der Tod der Anderen die biologische Selbststärkung bedeutet, insofern man Mitglied einer Rasse oder Bevölkerung ist, insofern man Element einer einheitlichen und lebendigen Pluralität ist."[80]

Für Foucault stellen nun die beiden großen Staatsterrorismen der ersten Hälfte des 20. Jahrhunderts, das nationalsozialistische Deutschland und die stalinistische Sowjetunion, Wiedereinschreibungen der modernen Bio-Mächte in die alte Kampfform vom Rassenkrieg, die inzwischen staatsrassistisch zentralisiert wurde, oder in den Staatsrassismus dar. „Wir haben in der Nazigesellschaft mithin diesen außergewöhnlichen Sachverhalt vorliegen, daß sie als Gesellschaft die Bio-Macht absolut verallgemeinert, aber gleichzeitig das souveräne Recht zu töten generalisiert. Die beiden Mechanismen, der klassische, archaische, der dem Staat das Recht auf Leben und Tod über die Bürger verlieh, und dieser neue rund um die Disziplin, die Regulierung, kurz: die Bio-Macht organisierte Mechanismus fügen sich ineinander."[81] Aber auch derjenige soziale Kommunismus, der im Gegensatz zur Sozialdemokratie keine ökonomische Transformation der kapitalistischen Gesellschaft in eine sozialistische Gesellschaft anstrebt oder bewerkstelligen kann, müsse machttechnisch auf einen „sozialen Rassismus" zurückgreifen, der „die einzig mögliche Begründung zur Tötung des Gegners war: Wenn es einfach nur darum gehe, den Gegner „ökonomisch zu eliminieren, ihm seine Privilegien zu nehmen, braucht man keinen Rassismus. Aber sobald es darum geht, sich vorzustellen, dass man ihm von Angesicht zu Angesicht gegenübersteht und körperlich mit ihm kämpfen, sein eigenes Leben riskieren und ihn zu töten versuchen muss, benötigt man Rassismus."[82] „Einerseits haben wir also die nationalsozialistische Wiedereinschreibung des Staatsrassismus in die alte Legende von den kriegerischen Rassen und andererseits die sowjetische Wiedereinschreibung des Klassenkampfes in die stummen Mechanismen eines Staatsrassismus. Der raue Gesang der Rassen, die sich jenseits der Lügen der Gesetze und Könige gegenüberstehen, dieser Gesang, der der erste Ausdruck des revolutionären Diskurses war, ist zur administrativen Prosa eines Staates geworden, der sich im Namen eines rein zu erhaltenden gesellschaftlichen Erbes schützt. Das ist die Glorie und die Infamie eines Diskurses von kämpfenden Rassen. Ich wollte Ihnen diesen Diskurs vorführen, der uns mit Sicherheit von einem um die Souveränität zentrierten historisch-rechtlichen Bewusstsein befreit hat und uns in eine andere Form der Geschichte, eine zugleich erträumte und gewusste, geträumte und bekannte Form der Zeit hat eintreten lassen, in welcher die Frage der Macht nicht mehr von der der Unterwerfungen, der Befreiungen und Freilassungen zu trennen ist."[83]

---

79 M. Foucault, In Verteidigung der Gesellschaft, a. a. O., S. 302.
80 Ebenda, S. 305.
81 Ebenda, S. 307.
82 Ebenda, S. 310.
83 Ebenda, S. 103f.

Foucault hat mit seiner Konzeption vom Ineinandergreifen staatszentrierter Machtformen der Souveränität und normalisierungsgesellschaftlicher Formen der Bio-Macht
einen beeindruckenden Versuch zur Erklärung der Frage vorgelegt, wie es zu den beiden
genannten Staatsterrorismen, den „worst cases of the world history", hat kommen können.
Die Hauptkritik an seiner Konzeption seit den 1970er Jahren hat immer darin bestanden, dass er grundsätzlich die demokratischen Lösungsmöglichkeiten für die Probleme
des staatszentrierten und juridischen Modells der souveränen Macht unterschlagen hat,
so wie es demgegenüber Habermas durch öffentliche Lernprozesse mit sozialen Bewegungen und der Zivilgesellschaft weiter entwickelt hat. Dies ist zwar richtig, bedeutet
aber nicht, dass sich Foucault nicht mit dem seinerzeit aktuellen westlichen Liberalismus beschäftigt hätte. Er hat die Vorzüge und Schwächen des US-amerikanischen
Neoliberalismus ausführlich im Vergleich mit dem *homo oeconomicus* seit dem 18.
Jahrhundert diskutiert und dabei im Vergleich seine Sympathien mit dem deutschen
Ordo-Liberalismus hervortreten lassen.[84]

Viertens: Die Humanitätskonzeption oder die empirisch-transzendentalen Dubletten im anthropologischen Kreis

Foucault hat die liberale Humanitätskonzeption als eine historisierbare Fiktion von be-
wusstseinsphilosophischen Subjekten, die als Rechtssubjekte konstitutionelle Verträge
zwischen einem sog. „Naturzustand" und „Gesellschaftszustand" abzuschließen
vermögen, kritisiert und durch seine quasitranszendentalen Produktionsweisen von Subjekten des Wissens, der Macht und ästhetisch-ethischer Selbstpraktiken ersetzt. Gleichwohl hat er wie kein anderer in seinen epistemologischen Werken der 1960er Jahre die
empirische und transzendentale Doppelrolle der Redeweise vom Menschen herausgearbeitet, so in dem, was er den „anthropologischen Kreis"[85] der humanwissenschaftlichen
Diskurspraktiken der beiden letzten Jahrhunderte vor allem in „Die Ordnung der Dinge"
beschrieben hat. Einerseits wird der Mensch zum Objekt der Erfahrungswissenschaften.
Andererseits gilt er in normativer Hinsicht als das *Subjekt*, das diese wissenschaftliche
Erfahrung ermöglicht.[86] Diese Unterscheidung zwischen der Empirie des Objekts und
dem transzendentalen Charakter des Subjekts scheint der Konfusion zwischen Subjekt
und Objekt vorzubeugen. Diese Konfusion könnte entweder mythisch-religiös die Erfahrungswissenschaft wie in der Vormoderne marginalisieren oder umgekehrt den Menschen dazu ermächtigen, sich selbst zu manipulieren, bis er nicht mehr Mensch wäre,
dann nämlich, wenn die Konfusion vollständig profaniert wird. Soweit, so gut mit dieser
Arbeitsteilung zwischen Empirischem (Objekt-Status) und Transzendentalem (Subjekt-

---

84 Vgl. M. Foucault, Geschichte der Gouvernementalität II: Die Geburt der Biopolitik, Vorlesung am
    Collège de France 1978–79, Frankfurt a. M. 2004, S. 334-338, 342-345.

85 M. Foucault, Wahnsinn und Gesellschaft. Eine Geschichte des Wahns im Zeitalter der Vernunft
    (frz. 1961), Frankfurt a. M. 1981, S. 539, 548f.

86 M. Foucault, Die Ordnung der Dinge. Eine Archäologie der Humanwissenschaften (frz. 1966),
    Frankfurt a. M. 1974, S. 384ff.

status des Menschen). Aber ihr Preis liegt in den oben erwähnten dualistischen Trennungen, hier der Trennung zwischen Subjekt und Objekt in der Erkenntnis und moralischen Praxis (Kant). Innerhalb solcher Trennung muss sich der Mensch nur als Geist mit der einen Seite der Trennung identifizieren, während er als Körper zur materiellen Seite möglicher Empirien und damit Manipulationen gehört. So getrennt aber lebt der Mensch nicht, so getrennt spricht er nicht, so getrennt unterliegt er nicht Raum und Zeit, dass er als Objekt reversibel und als Subjekt irreversibel wäre. Diese Trennung halten Menschen in ihrem sprachlich, emotional und geschichtlich geführtem Leben nicht aus, in dem sie immer erneut den *Zusammenhang* zwischen Subjekt (Geist) und Objekt (Körper) herstellen müssen. Die Etablierung des Dualismus provoziert dagegen gerichtete metaphysische Einheitsbewegungen.

In der Trennung mit den Seiten der Trennung umzugehen, bedeutet, immer wieder erneut die Trennung herzustellen. Das kann zeitlich geschehen. Die Philosophie gibt einen transzendentalen Rahmen vor, in dem die Empirien abgearbeitet werden. Aber die Empirien emanzipieren sich von der Philosophie. Soll sie nachträglich das zu den Empirien passende Transzendentale liefern? In beiden Fällen geht es um „empirisch-transzendentale Dubletten". Einmal verdoppelt sich Transzendentales in Empirisches, dann umgekehrt. Selbst wenn es sich um einen zeitlichen Wettlauf handelt, so gibt es zwischendurch „positivistische" oder „eschatologische" Auflösungen der Trennungen oder zumindest „dialektische Entfremdungen" und „Versöhnungsversuche"[87] zwischen beiden Seiten. Erst erscheint der vergangene „Ursprung" der Trennung die Vereinigung zu ermöglichen, insoweit er später wiederholt wird oder schließlich aus der Zukunft kommt.[88] Dann erscheint das Andere als die hoffnungsvolle Unterbrechung der anthropologischen Einheit des Menschen, seiner zeitlich reduplizierten Tautologie und seiner dualistischen Trennung, bis auch dieses Andere angeglichen wird.[89] Mit der Hoffnung auf die Ethnologie als einem Muster, das als eine neue „Gegenwissenschaft"[90] den anthropologischen Vergleich aus der Angleichung des Anderen herausführen könnte, sind wir wieder bei Latour angekommen (s. o. 1. 1.).

Foucaults damals provokante Hypothese vom Ende des Menschen hatte mehrere Gründe, von denen ich hier nur zwei erwähne: a) Foucault wendete Heideggers existenzialhermeneutische Analyse der Endlichkeit und damit Kritik an der anthropologisch-anthropomorphen Humanitätskonzeption in die Annahme, man könne sich auf dem Wege, auf dem sich Artauds Theater körperleiblicher Leiden auch historisch ereignen würde, eine Verdichtung der Sprache vorstellen, die aus dem positivistischen Leerlauf der Redeweise vom Menschen herausführe.[91] Man darf in Foucaults Werk nicht diese Dimension der theatralischen Inszenierung von Weltgeschichte übersehen, um ihm vorschnell nach dem Muster innerdiskursiver Argumentation einen Selbstwiderspruch vor-

87 Ebenda, S. 386, 394.
88 Ebenda, S.399-401.
89 Vgl. ebenda, S. 409.
90 Ebenda, S. 456.
91 Siehe H.-P. Krüger, Der dritte Weg. Philosophische Anthropologie und die Geschlechterfrage, a. a. O., S. 48f.

werfen zu können. b) Angesichts des positivistischen, darunter auch rechtspositivisti-
schen Leerlaufes der Redeweise vom Menschen ergebe sich die ausschlaggebende
Wertesemantik offenbar nicht aus den epistemischen Verhältnissen, sondern aus den
Machtverhältnisssen, weswegen Foucault sein Thema von der Wissensproduktion hin
zur Machtproduktion wechselte. Er hat dann zwar in Interviews ab Mitte der 1970er
Jahre seine Hypothese vom Ende des Menschen zurückgenommen, da sich die transzendentale Redeweise vom Menschen in den zeitgeschichtlich-politischen Bewegungen seit
1968 erneuert habe.[92] Aber Foucault hat daraus nicht die systematische Konsequenz
gezogen, die Humanitätskonzeption grundsätzlich anders als bewußtseins- und rechts-
philosophisch fassen zu können. In seinem – durch den Tod 1984 – unvollendeten Spätwerk scheint er zumindest in ästhetisch-ethischer Hinsicht eine Art Äquivalent für das
entwickeln zu wollen, mit dem Plessner begonnen und was dieser die Körper-Leib-
Differenz von lebenden Personen genannt hat, also die Differenz zwischen körperlicher
Vertretbarkeit und leiblicher Unvertretbarkeit der eigenen Person.

Was Foucault der Sache nach wirklich nicht exponieren kann, ist diejenige dritte
Position, die er dafür in Anspruch nimmt, zwischen den Dezentrierungen und den Rezentrierungen der Macht- und Wissensformen unterscheiden zu können (hier in Anmerkung 76). Diese Positionierung erfordert so etwas wie eine „exzentrische Positionalität"
(Plessner) in der lebendigen Natur selbst. Von woher soll, kann und muss denn überhaupt zentriert werden, und inwiefern kann, muss und soll denn daran gemessen
überhaupt rezentriert und dezentriert werden? Woher kommt dieser Fluchtpunkt von
Foucaults analytischen Beschreibungen im Hintergrund, der sich im Vordergrund seiner
historischen Bühne in der Gestalt von Dezentrierungen und Rezentrierungen ereignet?
Woran anderes als an die Leiblichkeit seiner Leser appelliert er, wenn er die macht- und
wissensförmige Normalisierung der Körper in phänomenologischer Befremdung vor-
führt? Es ist höchst merkwürdig, dass Foucault ununterbrochen von Souveränität und
Leben in allerlei Verbindungen spricht wie in der Souveränität der Macht oder der Bio-
Macht, aber nirgends versucht, im Unterschied zu den historischen Positivitäten der
staatszentrierten Souveränität und der normalisierenden Biomächte ein eigenes philosophisches Verfahren für die Eruierung der Souveränität von Personen in einem an den
Körperleib gebundenen Leben einzuschlagen. Lässt sich die moderne Geschichte der
beiden letzten Jahrhunderte, um Foucaults Frage nach der Modernitätsschwelle immanent bleiben zu können, nicht als eine Serie unfreiwilliger Experimente mit der Gattung
Mensch lesen? Und lässt sich in der Negativität dieser geschichtlichen Verkehrungen
nicht ein anthropologisches Minimum für die Ermöglichung dieser individualisierenden
Spezies philosophisch freilegen, sowohl natur- als auch geschichtsphilosophisch? – Auf
diesen, für ihn selber uneinlösbaren Appell an seine Leser scheint mir Foucaults Werk
hinauszulaufen. Uneinlösbar blieb dieser Appell, da Foucault mit Heidegger daran
glaubte, dass es unmöglich sei, „gleichzeitig das Sein der Sprache und das Sein des
Menschen zu denken".[93] Aber ist dies die Frage?

92 M. Foucault, Der Mensch ist ein Erfahrungstier, Frankfurt a. M. 1996, S. 84f.
93 M. Foucault, Die Ordnung der Dinge, a. a. O. S. 408.

4. Der Einsatz der Philosophischen Anthropologie laut Plessner

Die Ausflüge in die Bandbreite der Konzeptionen von Habermas und Foucault haben wohl deutlich werden lassen, dass die anfängliche Themenstellung von Lebenspolitik im Hinblick auf die anthropologischen Kriterien in der westlichen Moderne eine wirkliche Herausforderung darstellt. Wie riskant die Individualisierung soziokultureller Probleme in einer zweiten Moderne ist, hängt von den Folgelasten der ersten Moderne und der dafür angemessenen oder unangemessenen zweiten Moderne ab. Habermas hat sicherlich das anspruchsvollste normative Projekt einer philosophischen Modernekonzeption entwickelt. Das Realisierungsproblem dieses letztlich moralischen Selbstverständnisses hängt von intakten Kommunikationsformen ab, die ihrerseits an anthropologische Asymmetrien gebunden werden, damit die Symmetrie zwischen Personen auch in Zukunft möglich bleibt. Anthropologie wird in den normativen Dienst einer durch Sprache kommunikativen Vergesellschaftung und Individuierung gestellt. Foucault hält sich nicht wie Habermas an eine innermoderne Selbstkritik des Westens, die ihren reflexiven Begründungsstandpunkt vom Selbstbewusstsein in die sprachliche Intersubjektivität verschiebt. Er verkehrt quasistranszendental die Erklärungsaufgabe. Aus den ermöglichenden Subjektivierungsweisen werden provokativ Objektivierungsweisen, die Subjekte des Wissens, der Macht und des ethisch-ästhetischen Selbstverständnisses produzieren. Dabei kommen nicht nur die allein „normalisierenden", sondern zudem in alter Souveränität faktisch schlimmsten Verkehrungen des Moderneprojektes ausgiebig zur Sprache, aber eben auch der theatralische Appell an die Subjektivität der Leser. Die Bewältigung der Folgelasten der Moderne hängt anthropologisch betrachtet von mehr Ressourcen als der allein innermodernen Reflexionskapazität ab. Die alte Souveränität kehrt wieder in den problematischsten Verbindungen der Biopolitik. Und womöglich war man ethisch-ästhetisch in den Selbstpraktiken der Spätantike schon einmal weiter, wenngleich auf elitäre Kreise beschränkt. Während Habermas in seinem Spätwerk auf die Philosophische Anthropologie von Plessner und die geschichtliche Anthropologie von Arendt rekurriert, ist der Weichen stellende Bezugsautor von Foucault bis Agamben Martin Heidegger. Wir kommen also bei den beiden entscheidenden Gegenspielern in der deutschsprachigen Philosophie des 20. Jahrhunderts erneut an.[94] In der soziologischen Theorie von einer zweiten Moderne tauchen die Autoren der klassischen US-amerikanischen Philosophie aus der ersten Hälfte des 20. Jahrhunderts als die entscheidende Referenz auf, die es auch bei Latour gibt. Die anfängliche Problemstellung wächst sich zu einer immer größer werdenden Herausforderung aus, in der es zu Beginn des 21. Jahrhunderts um die systematischen Aufgaben der Philosophie überhaupt geht. Offenbar sind hierzu bereits in der ersten Hälfte des 20. Jahrhunderts grundverschiedene Optionen entwickelt worden, vor allem zwischen den beiden Weltkriegen und nach dem Holocaust auf beiden Seiten des Atlantiks, die in der Gegenwart wieder relevant werden. *Business as usual* gilt nicht.

---

94 Siehe H.-P. Krüger, Der dritte Weg. Philosophische Anthropologie und die Geschlechterfrage, a. a. O., S. 128-143.

Um hier im letzten Unterkapitel einen Ausblick auf Kommendes zu bieten, gehe ich nur fünf ausgewählten Fragen nach. Dabei reduziere ich die enorme Komplexität der Diskurse, die später ausführlich behandelt werden, auf einige wichtige Hypothesen, die man in der Lektüre von Helmuth Plessners Büchern, einer Sonde gleich, gewinnen kann. So ist zur Einleitung Orientierung möglich.

Erstens: Was ist Philosophische Anthropologie im Unterschied zu philosophischer Anthropologie und anthropologischer Philosophie?

Unter „Anthropologie" wird die Lehre (aus griech.: logos) vom Menschen (griech.: anthropos) verstanden.[95] Sie hat insbesondere seit dem 18. Jahrhundert bis ins 20. Jahrhundert zu einer Vielfalt von erfahrungswissenschaftlichen Anthropologien (biologische, medizinische, geschichtliche, politische, Sozial- und Kultur-Anthropologien bzw. Ethnologien) geführt. Im Unterschied zu diesen Anthropologien beschäftigt sich die *philosophische* Anthropologie mit dem Wesen des Menschen, das – alle anthropologischen Teilaspekte strukturell integrierend – in der Lebensführung als ganzer *vollzogen* wird. Seit den 1920er Jahren ist umstritten, ob die philosophische Anthropologie nur eine besondere Disziplin innerhalb der Philosophie darstellt, welche die erfahrungswissenschaftlichen Anthropologien generalisierend integriert, oder ob sie darüber hinaus die Fundierungs- und Begründungsaufgaben der Philosophie selbst übernehmen kann. Der letztere Anspruch wird „Philosophische" Anthropologie genannt, also „Philosophisch" großgeschrieben statt kleingeschrieben. Diese terminologische Unterscheidung hat Plessner in seiner Groninger Antrittsvorlesung 1936 eingeführt. Man ist ihm darin bis heute gefolgt,[96] hat aber den dritten Ausdruck von der „anthropologischen Philosophie" weggelassen, der jedoch relational ausschlaggebend ist. Man könnte den Übergang von der innerphilosophischen Subdisziplin „philosophische Anthropologie" in die Philosophie „Philosophische Anthropologie" so verstehen, dass man die allgemeine Integration der erfahrungswissenschaftlichen Anthropologien zum Fundament der Philosophie macht.[97] Genau dies nennt Plessner „anthropologische Philosophie".[98] Sie nutzt eine allgemein integrierende Anthropologie zur Kritik der Philosophie, und dies heißt vor allem zur Kritik an dem dualistischen Hauptstrom moderner Philosophie (seit Descartes und Kant) und dessen Folgen, etwa neuen Einheitsmythen. Bleibt man aber bei dieser anthropologischen Kritik der Philosophie stehen, schafft man die Philosophie zugunsten des anthropologischen Zirkels ab.

---

95 Vgl. zur Geschichte der philosophischen Anthropologie: M. Landmann, Philosophische Anthropologie, Berlin/New York 1982.

96 Vgl. u. a.: H. Schnädelbach, Philosophie in Deutschland 1831–1933, Frankfurt a. M. 1983, S. 269-272. J. Fischer, Philosophische Anthropologie. Eine Denkrichtung des 20. Jahrhunderts, Freiburg/ München 2008, S. 14f.

97 Siehe hierzu Kapitel 4.1.

98 H. Plessner, Die Aufgabe der Philosophischen Anthropologie (1937), in: Ders., Gesammelte Schriften VIII, Frankfurt a. M. 1983, S. 36-39. Ders., Immer noch Philosophische Anthropologie? (1963), in: Ders., Gesammelte Schriften VIII, a. a. O., S. 242-245.

Viel wichtiger ist der zweite Schritt, nun umgekehrt die Frage zu stellen, was die Anthropologien praktisch im Leben und in ihrer Forschung voraussetzen, das sie selbst nicht verstehen und erklären können. Indessen dürften diese praktischen Voraussetzungen der Anthropologien, die in ihnen in Anspruch genommen werden, nicht aber in ihnen erklärt und verstanden werden können, selbst zur Spezifikation des Menschseins gehören. Diese Präsuppositionen ermöglichen Anthropologie als eine menschliche Leistung. Dadurch werden die Anthropologien rückwirkend in ihren kognitiven und praktischen Geltungsansprüchen wieder einer philosophischen Grenzbestimmung unterzogen. Heute würde man von einer Analyse und Rekonstruktion der lebens- und forschungspraktischen Päsuppositionen anthropologischer Forschungen sprechen.

Es ist diese Doppelbewegung von der anthropologischen Kritik der Philosophie zu einer erneut philosophischen Kritik der Anthropologie, die in dem Ausdruck „Philosophische Anthropologie" gefordert und zumeist verkannt wird. Diese Doppelkritik ist weder für Habermas noch Foucault auch nur denkbar. Sie ist die Lücke der Gegenwartsphilosophie, wenn man weitere Autorinnen und Autoren hinzuzieht. Die Philosophische Anthropologie behandelt als Philosophie die Grenzfragen der menschlichen Lebensführung, aber als Anthropologie auf die Themen und Methoden zweier Vergleichsreihen bezogen, die für die europäische Moderne konstitutiv sind. Es geht um die „horizontale" und „vertikale" Vergleichsreihe:[99] In der vertikalen Richtung wird die Gattung bzw. Spezies menschlicher Lebewesen mit anderen organischen (pflanzlichen und tierischen) Lebensformen im Hinblick auf die Frage verglichen, ob die Spezifikation des Menschen im Rahmen der lebendigen Natur hinreichend erfolgen kann oder darüber hinaus durch einen „Wesensunterschied"[100] fundiert und begründet werden muss. In horizontaler Richtung werden Soziokulturen des *homo sapiens sapiens* untereinander im Hinblick auf das für die Spezifikation menschlichen Daseins wesensnötige Minimum an Möglichkeiten verglichen. Dies erfolgt sowohl historisch unter Einschluss ausgestorbener als auch in der Unterscheidung gegenwärtig lebender Soziokulturen. In der englischen und französischen Literatur wird das zuletzt genannte Vergleichsproblem öfter unter dem Namen der *Ethnologie* als dem der Anthropologie diskutiert. Der Zusammenhang der vertikalen und horizontalen Spezifikationsrichtungen des Menschen als Individuum und Gattung wird selbst geschichtlich herausproduziert und bedarf daher einer „politischen Anthropologie" der „geschichtlichen Weltansicht".[101]

---

99 H. Plessner, Die Stufen des Organischen und der Mensch. Einleitung in die philosophische Anthropologie (1928), Berlin/New York 1975, S. 32.

100 M. Scheler, Die Stellung des Menschen im Kosmos (1928), Bonn 1995, S. 36.

101 H. Plessner, Macht und menschliche Natur. Ein Versuch zur Anthropologie der geschichtlichen Weltansicht (1931), in: Ders., Gesammelte Schriften V, Frankfurt a. M. 1981, S. 139-144.

Zweitens: Worin besteht die theoretische Spezifik der Philosophischen Anthropologie?

Beide anthropologischen Vergleichsreihen werden unabhängig von einander fundiert, wodurch sie sich gegenseitig in Frage stellen, gegebenenfalls korrigieren können, um Spezismen (vertikal) und Ethnozentrismen oder Anthropozentrismen (horizontal) vorbeugen zu können. Aus dem gleichen Grunde werden beide einem indirekten Frageverfahren unterworfen. Der Philosophische Anthropologe ist nicht direkt der bessere erfahrungswissenschaftliche Anthropologe, sondern untersucht indirekt, was letzterer lebens- und forschungspraktisch in Anspruch nimmt, ohne es selbst erklären und verstehen zu können. Die lebenspraktischen Präsuppositionen kommen aus der Praxis des Commonsense, die forschungspraktischen aus der Zukunft, also Fortsetzung der Forschung selbst.

Für die *naturphilosophische Fundierung* der anthropologisch *vertikalen Vergleiche* besteht die *Hypothese* der Philosophischen Anthropologie darin, dass für diese Vergleiche in der lebendigen Natur eine *exzentrische Positionalität* in Anspruch genommen wird. Im Unterschied zu den „Organisationsformen", welche die Binnendifferenzierung von Organismen betreffen, sind die Formen der *Positionalität Verhaltensweisen* von Organismen in ihrer *Umwelt*. *Exzentrische* Positionierungen sind *nicht nur* an eine *zentrische* Organisationsform, sondern auch an eine *zentrische* Positionalitätsform gebunden. Es gibt also die Möglichkeit, zwischen dem Zentrum des Organismus und dem Zentrum in den Interaktionen des Organismus mit seiner Umwelt eine funktionale Korrelation herzustellen. Aber über diese zentrische Korrelation hinausgehend können personale Lebewesen außerhalb dieses organischen Zentrums und jenes Verhaltenszentrums in der Umwelt Verhalten bilden. Könnten sie dies nicht, könnten sie auch keine Korrelationen feststellen, sondern säßen in diesen fest. Personen können sich aber aus einer *Welt*, insbesondere *Mitwelt*,[102] heraus symbolisch perspektivieren und positionieren. Personale Lebewesen stehen mithin vor dem Problem, die Exzentrierung und die Rezentrierung ihres Verhaltens ausbalancieren zu müssen. Ihr Verhalten unterliegt grundgesetzlichen Ambivalenzen, die strukturell aus dem Bruch zwischen physischen, psychischen und mentalen Verhaltensdimensionen hervorgehen, wobei aber dieser *Bruch* im *Vollzug* des Verhaltens verschränkt werden muss.[103] Die drei wichtigsten Verhaltensambivalenzen, in denen exzentriert und rezentriert werden muss, bestehen in einer „natürlichen Künstlichkeit", einer „vermittelten Unmittelbarkeit" und einem „utopischen Standort" (zwischen Nichtigkeit und Transzendenz).[104] Diese Ermöglichungsstruktur personalen Lebens werde im Ganzen und als wesentlich unterstellt, wenn die Spezifik der menschlichen im Unterschied zu nonhumanen Lebensformen *bestimmt* wird, z. B. von Bioanthropologen, medizinischen Anthropologen, Hirnforschern.

---

102 H. Plessner, Die Stufen des Organischen und der Mensch, a. a. O., S. 302-308.
103 Ebenda, S. 292f.
104 Vgl. ebenda, S. 309f., 321f., 341f.

Für die *geschichtsphilosophische* Fundierung[105] der anthropologisch *horizontalen* Vergleiche besteht die Hypothese der Philosophischen Anthropologie in Folgendem: Das Wesen des Menschen im *Ganzen seiner Lebensführung* liegt in seiner „Unergründlichkeit",[106] d. h. im *homo absconditus.* Damit kann dieses Wesen im Ganzen nicht abschließend bestimmt werden. Dies schließt ein, dass es unter Aspekten und Perspektiven sehr wohl bestimmt und bedingt werden kann, sofern es endlich ist, z. B. durch Geisteswissenschaften bzw. Humanwissenschaften. Für diese Bestimmbarkeit hat Plessner eine Theorie des Spielens in und mit soziokulturellen Rollen entworfen, das vom ungespielten Lachen und Weinen begrenzt wird.[107] Lebte dieses Wesen praktisch nicht in einer Relation der Unbestimmtheit von Zukunft auf sich hin, hätte es keine Bestimmungsaufgabe mehr vor sich. Es wäre bereits vollständig determiniert. Es würde vielleicht durch Geschichte bedingt, würde aber keine mehr machen, hätte keine Zukunft, aus der her es im Unterschied zu seiner Vergangenheit lebt, vergegenwärtigt, vollzieht. Die mentale Zurechenbarkeit geschichtlicher Prozesse auf menschliche Wesen bleibt von den Naturkörpern, den soziokulturellen Rollenkörpern und der leiblichen Performativität der Rollenträger begrenzt.[108]

Drittens: Wie verfährt die Philosophische Anthropologie methodisch?

Sie modifiziert vier *philosophische* Methoden, glaubt also nicht, dass schon allein eine Methode bereits eine überprüfbare Philosophie ergibt. Sie übernimmt auch nicht aus der Erfahrungswissenschaft Methoden. Vielmehr reformuliert sie die phänomenologische Methode (von Husserl und Scheler herkommend), die hermeneutische Methode (von Dilthey in der systematischen Interpretation durch Misch genommen), die verhaltenskritische (dialektische Krisen im personalen Verhaltensaufbau rekonstruierende) und die transzendentale (den Ermöglichungsgrund einer Leistung rekonstruierende) Methode. Zudem werden diese vier Methoden reintegriert, um die o. g. Grundhypothesen und weitere Zwischenhypothesen überprüfen oder widerlegen zu können.

a) Es bleibt das methodische Verdienst von Scheler, Husserls phänomenologische Methode von der Rückkehr in die transzendentale Bewusstseinsphilosophie befreit zu haben. Um die Begegnung mit und Beschreibung von *spezifisch lebendigen* Phänomenen zu ermöglichen, *neutralisiert* Scheler das phänomenologische Verfahren *gegen die dualistische Vorentscheidung,* das Phänomen müsse entweder *physisch* oder *psychisch* bestimmt werden. Dadurch kann das Phänomen sich *von sich aus als* gerade und nur *in* dem Doppelaspekt *zwischen* Physischem und Psychischem *Lebendiges zeigen.*[109] Auf

---

105 Vgl. zur natur- und geschichtsphilosophischen Fundierung: O. Mitscherlich, Natur *und* Geschichte. Helmuth Plessners in sich gebrochene Lebensphilosophie, Berlin 2007.

106 H. Plessner, Macht und menschliche Natur, a. a. O., S. 160f., 181, 202, 222f.

107 Vgl. H.-P. Krüger, Das Spektrum menschlicher Phänomene, in: Ders., Zwischen Lachen und Wienen, Bd. I, Berlin 1999.

108 Siehe H. Plessner, Macht und menschliche Natur, a. a. O., S. 226f.

109 M. Scheler, Die Stellung des Menschen im Kosmos, a. a. O., S. 18f., 39, 42.

dem Verhaltensniveau von personalen Lebewesen greift phänomenologisch die bereits oben erwähnte Körper-Leib-Differenz (2. Unterkapitel).

b) Spätestens in der Beschreibung des begegnenden Phänomens wird es interpretiert, den habitualisierten und aufmerkenden Erwartungen entsprechend. Wie es bedingt, bestimmt und verendlicht wird, hängt davon ab, in welchen Relationen und anhand welcher Horizonte von Unbedingtem, Unbestimmtem und Unendlichem es aufgefasst wird. Die Interpretation des Anwesenden hängt von Abwesendem ab. Es gibt nicht nur ein unmittelbares Verstehen der Oberfläche von lebendigem Ausdruck in der Verhaltensreaktion, sondern auch ein variables Ausdrucksverstehen und symbolische Verständnismöglichkeiten, die sich von der Verhaltensreaktion hier und jetzt abkoppeln (in Präzisierung Diltheys).[110]

c) Durchläuft man Spektren von Phänomenen und Spektren ihrer Interpretation kommt man zu der Frage, wann und wo, unter welchen Umständen, Verhaltenskrisen eintreten. In solchen Krisen ist die Zuordnung zwischen Phänomenbegegnung und seiner im Verhalten angemessenen Interpretation grundsätzlich in Frage gestellt. Es treten Zusammenbrüche des personalen Verhaltens auf. Ein Musterbeispiel für die dialektisch-kritische Methode hat Plessner in seinem Buch über gespieltes und ungespieltes „Lachen und Weinen" (1941) vorgelegt. Semiotisch-strukturell hat er sich mit dieser Frage auch in den Fällen beschäftigt, in denen keine personal funktionale Einheit der symbolischen Integration von Sinnesmodalitäten zustande kommt, so in seinen Büchern „Einheit der Sinne" (1923) und „Anthropologie der Sinne" (1970).

d) Ist man im Untersuchungsverfahren die Verhaltensspektren phänomenologisch, hermeneutisch und im Hinblick auf Verhaltenskrisen durchlaufen, fragt sich, welche Ermöglichungsstrukturen im Ganzen wesentlich sind. Dies zeigt sich daran, ob die Verhaltenskrisen in neuen Leistungen personalen Lebens überwunden werden können. Souveränität liegt nicht in absoluter Selbstbestimmung und Selbstverwirklichung vor, sondern hebt darin an, sich zu den Grenzen derselben doch lebensbejahend verhalten zu können. Natürlich kann man die methodische Schrittfolge erneut für Korrekturen durchlaufen. Zu der Beurteilung der Untersuchung gehört die selbstkritische Analyse des semiotischen Organons, das man verwendet und durch das man womöglich nicht angemessen die Verhaltensspektren erfasst hat. Gleichwohl, jetzt ist die theoretische Ebene der Beurteilung erreicht. Worin bestanden Defizite in physischer, psychischer und/oder mentaler Hinsicht der Verhaltensverschränkung? Unter welchen Aspekten und in welchen Perspektiven tritt die Verunmöglichung personalen Verhaltens ein? Welche Über- oder Unterdeterminierungen gab es? Welcher Bezug ergibt sich zu den beiden o. g. Haupthypothesen über welche Vermittlungen?

---

110 Siehe H. Plessner, Die Stufen des Organischen und der Mensch, a. a. O., S. 28-37.

Viertens: Wie thematisiert die Philosophische Anthropologie das Politische?

Diese Thematisierung geschieht auf zweierlei Weisen, nämlich durch eine gesellschaftliche Öffentlichkeit zivilisatorischen Verhaltens, das im Gegensatz zu Gemeinschaftsformen der Pluralität Rechnung trägt und die Individuen in ihrer Privatheit freihält. Die gesellschaftliche Öffentlichkeit wird jedoch durch radikale Einschränkungen, die für die europäische Moderne charakteristisch sind, reduziert, marginalisiert, womöglich aufgelöst.

Zunächst wird das Politische neu ermöglicht durch das *Öffentliche* der *Gesellschaft* im Unterschied zu den familienähnlichen Gemeinschaftsformen oder den Gemeinschaftsformen einer geistigen Leistungsart. *Gemeinschaftsformen* beruhen darauf, dass ihre Mitglieder dieselben Werte teilen, sei es gefühlt in familienähnlicher Form der Generationenfolge, sei es durch Beitrag zu geistig geteilten Wertorientierungen (z. B. in einer *scientific community*). Gemessen an den gemeinschaftlich geteilten Werten gibt es eine klare Bestimmbarkeit des individuellen Verhaltens, in familienähnlicher Form durch personale Hierarchien, in sachlicher Form durch die Beurteilung bestimmter Leistungen seitens unabhängiger dritter Personen.[111] Gemeinschaftsformen sind untereinander *inkommensurabel*. Die grundgesetzlichen Ambivalenzen[112] in der personalen Verhaltensbildung bedürfen beider Vergemeinschaftungsformen. Diese Ambivalenzen (z. B. das Oszillieren zwischen Verhaltenheit und Scham einerseits, Geltungsdrang und Exponiertheit andererseits) wenden sich aber zugleich gegen ihre Auflösung in diese eine und keine andere Vergemeinschaftungsform. Stattdessen bedürfen die Individuen auch der Wertferne in der Interaktion mit *Anderen* und *Fremden*, gemessen an bestimmten Gemeinschaftswerten. *Gesellschaftsformen* bilden gegenüber den Gemeinschaftsformen die Interaktion mit Anderem und Fremdem aus. Dafür braucht man eine Öffentlichkeit, die diplomatisch den Umgang von Rollenträgern ermöglicht, welche privat für einen taktvollen Umgang frei bleiben. Die Politik steht damit vor der Aufgabe, durch das Recht die Ansprüche auf Gemeinschaftlichkeit und Gesellschaftlichkeit auszugleichen, um die Vielfalt individuellen Lebens zu ermöglichen.[113] Sie verfehlt ihre Aufgabe, wenn sie in den Dualismus von entweder Kommunitarismus oder Liberalismus führt.

Die gesellschaftlich öffentliche Ermöglichung neuer Politikformen entspricht der lebensphilosophischen Orientierung an dem o. g. *homo absconditus*. Sie gehört zu einer wertpluralen Gesellschaft, die ihre unvermeidlichen Konflikte zivilisiert auszutragen sucht.[114] Sie kann aber auf zwei Weisen eingeschränkt werden, die in der europäischen Moderne üblich geworden sind. Dann wird entweder die Politik einer anthropologischen Wesensdefinition des Menschen unterstellt, wie dies nicht nur in den nationalsozialistischen und bolschewistischen Gemeinschaftsideologien der Fall war (der Mensch als Rassen- oder Klassenwesen). Es gab schon seit Hobbes pessimistische und seit

---

111 Vgl. H. Pessner, Grenzen der Gemeinschaft. Eine Kritik des sozialen Radikalismus (1924), in: Ders., Gesammelte Schriften V, Frankfurt a. M. 1981, S. 45-57.

112 Siehe ebenda, S. 63-76.

113 Vgl. ebenda, S. 115ff., 131ff.

114 Siehe H. Plessner, Macht und menschliche Natur, a. a. O., S. 161-164, 185f., 201-204.

Rousseau optimistische Anthropologien, auf deren Basis entsprechende Verfassungen gefordert und erlassen wurden. Wie immer erfahrungsgesättigt diese Anthropologien zuvor bereits gewesen sein mochten, sie wurden soziokulturell durch Konstitution zu einem funktional historischen Apriori künftiger Erfahrungen des sozialen Zusammenlebens in der europäischen Moderne, heute z. B. auch als *homo oeconomicus*. Oder das Politische als die Ermöglichung von empirischer Politik wird seiner eigenen Autonomie überlassen. Dann wird es weder einer – gegenüber positiven Absolutismen – skeptischen Lebensphilosophie noch einer (material oder formal) bestimmten Anthropologie unterworfen. Stattdessen wird es an der Intensivierung von Freund-Feind-Verhältnissen ausgerichtet, welche die Unheimlichkeit in der *conditio humana* interessenbedingt für die Durchsetzung klarer Entweder-Oder-Alternativen ausnutzt.[115] Der Kampf um das Primat in der Menschenfrage, ob sie nämlich anthropologisch definitiv beantwortet wird oder der Politik in ihrer Autonomie überlassen wird oder philosophisch begründet in gesellschaftlicher Öffentlichkeit offen gehalten wird, ist selbst die in der Moderne entscheidende Strukturpolitik, in der Lebensmacht gewonnen und verloren, Lebenspolitik entgrenzt und begrenzt wird.

Fünftens: Wie kritisiert die Philosophische Anthropologie die europäische Moderne?

Das Selbstverständnis der europäischen Moderne gefällt sich in seiner Deutung als kopernikanische Revolution. Man könne aus dem Universum wahr ermitteln, wie falsch die ptolemäisch-lebensweltliche Annahme sei, Sonne und Mond kreisten um die Erde als dem Zentrum. Als modern gilt mithin, was in das Universum hinaus exzentriert, also dahin, wo Gott war. Es handelt sich um die Übernahme der Rolle Gottes, wenigstens perspektivisch eines archimedischen Punktes. Sie nimmt keine Rücksicht auf die leiblich nötigen Rezentrierungen in der personalen Verhaltensbildung auf Erden. Philosophisch war indessen mit der „kopernikanischen Wendung" (Kant) die vom Objekt weg zum Subjekt hin als dem Ermöglichungsgrund der Leistung gemeint.[116] Aber dieses transzendentale Gattungssubjekt zerfiel soziokulturell in die Konflikte zwischen Religionen, Kulturen, Gemeinschaften, Individuen, Klassen. Aus der einen „vernünftigen" Revolution wurden viele, die ihre Autoritäten (Kierkegaard, Marx, Nietzsche, Freud etc.) gegenseitig in Frage stellten, bis es keine verbindliche Autorität mehr gab. Man gab ab, geriet in oder initiierte den Bürgerkrieg. Ein *animal ideologicum* enthüllte das andere *animal ideologicum*. Deutschland galt aus historischen Gründen als der Extremfall, an dem die europäische Moderne als eine Serie unfreiwilliger anthropologischer Experimente studiert werden konnte, weil in ihm eine frühe Habitualisierung von zivilem Umgang mit Pluralität nicht wie in Westeuropa erfolgt war.

---

115 Vgl. ebenda, S. 192-200.
116 H. Plessner, Die verspätete Nation. Über die politische Verführbarkeit bürgerlichen Geistes (1935/ 59), Frankfurt a. M. 1974, S. 120f., 131f., 137.

Deutschland litt aber nicht nur an dem Ungleichgewicht zwischen Exzentrierungen und Rezentrierungen, die sich anderenorts unter den heutigen Bedingungen der Globalisierung wiederholen könnten. An dem deutschen Fall ließ sich auch studieren, zu welchen Verkehrungen die Säkularisierung als Verweltlichung führen kann, wenn sie mit Profanierung in eins gesetzt wird. Dann entsteht ein anthropologisch gefährliches Paradox: Einerseits folgt dann der „Entgötterung" auch die „Entmenschung"[117] auf Erden in dem Sinne, dass personales Leben auf bloßes Leben abgebaut wird. Andererseits erfolgt die „Selbstermächtigung" zur „Selbstvergötterung"[118] der kollektiv in national-staatlicher Souveränität Herrschenden. Es wird also nicht nur die kardinale Unterscheidung zwischen Öffentlichem und Privatem abgeschafft, sondern die alte Unterscheidung von Sakralem und Profanem künstlich gegen die Feinde gekehrt. Man selbst gehört zum Sakralem, das alles von ihm ausgeschlossene profanieren darf. In den „Achsenverlagerungen"[119] der Moderne kommt unbewältigt zum Vorschein, was dieser Moderne vorausgesetzt war und nicht einfach aus ihr ausgeschlossen werden kann, sondern der Gestaltung in ihr bedarf. „Der düster-gewalttätige Zug zur Bejahung des bloßen Lebens, ein Heroismus der reinen Aktion hat gerade die aufgeklärteste Intelligenzschicht Europas ergriffen."[120] – Wie steht es heute mit einem aufstiegswilligen Teil des planetarischen Kleinbürgertums, der mitten in der Globalisierung die Flucht nach vorne antritt?

---

117 Ebenda, S. 101, 147, 149.
118 H. Plessner, Die Aufgabe der Philosophischen Anthropologie, a. a. O., S. 50.
119 H. Plessner, Die verspätete Nation, a. a. O., S. 83, 88, 120f., 131.
120 Ders., Die Aufgabe der Philosophischen Anthropologie, a. a. O., S. 45.

2. Die Grenzen der positiven Bestimmung des Menschen
Eine Einführung in den *homo absconditus* für Lebenswissenschaftler

> „Und weil auf der Erde niemand mehr war, wollt's in Himmel gehen, und der Mond guckt es so freundlich an; und wie es endlich zum Mond kam, war's ein Stück faul Holz. Und da is es zur Sonn gangen, und wie es zur Sonn kam, war's ein verwelkt Sonneblum. Und wie's zu den Sternen kam, waren's kleine goldne Mücken, die waren angesteckt, wie der Neuntöter sie auf die Schlehen steckt. Und wie's wieder auf die Erde wollt, war die Erde ein umgestürzter Hafen. Und es war ganz allein. Und da hat sich's hingesetzt und geweint, und da sitzt es noch und is ganz allein."
> Großmutter in Georg Büchners „Woyzeck", zweite Straßenszene.

Zu diesem „arm Kind" möchte man eilen. Aber man verschone es von falschem Trost! Weder moderne Dichtung noch moderne Medizin noch moderne Philosophie können, soweit sie sich dem „ärztlichen Blick" (Foucault) verschrieben haben oder sich ihm wahlverwandt fühlen, letztlich Märchen erzählen. Zur Moderne gehört solche „Entzauberung" (Max Weber), wie sie von der Großmutter in Georg Büchners Stück „Woyzeck" zum Ausdruck gebracht wird, die man nicht wieder verzaubern kann. Aber das ist auch die falsche Alternative. Wir haben nicht zwangsläufig zu wählen zwischen entweder der wissenschaftlich-technischen Entzauberung von allem, das in der Lebensführung Bedeutung und Wert haben kann, oder der Verzauberung solcher, bislang tradierter Werte und Bedeutungen, als ob ästhetisch keine neuen ausgebildet werden könnten.

Darauf hat der junge Michel Foucault aufmerksam gemacht, und leider ist er dieser Erkenntnis in seinem weiteren Werk nicht mehr nachgegangen: Dichtung, Medizin und Philosophie konnten sich gemeinsam in Richtung auf die Übernahme eines „ärztlichen Blickes" nach dem Muster des Primates der klinischen Praxis über die technischen Befunde ausrichten. Es war und ist möglich, die stärksten Reduktionen methodischer Art auch am Menschenmaterial zu bejahen, wenn sichergestellt wird, dass sie in einer therapeutischen Praxis kranken und leidenden Menschen wieder auf die Beine helfen. Dies bedeutet aber 1., die reduktionistisch gewonnenen Resultate als diagnostischen und therapeutischen Teil zu nehmen, den es gilt, räumlich und zeitlich in das Ganze der personalen Lebensführung einzuordnen, statt die Person grundsätzlich darauf zu beschränken.[1]

---

1 Für heute und theoretisch-methodisch besser begründet, zeigt dies: G. Lindemann, Die Grenzen des Sozialen. Zur sozio-technischen Konstruktion von Leben und Tod in der Intensivmedizin, München 2002.

Mehr noch bedeutet der ärztliche Blick 2. auch eine praktische Umkehrung im Verhältnis zwischen Ewigem (oder zumindest Unsterblichem) und Endlichem. Die Teilhabe am Ewigen oder wenigstens Unsterblichem galt antik und christlich als positive Form der Erfüllung von Unendlichem. An diesem positiven Unendlichkeitsverständnis beurteilt fiel Endliches als grundsätzlicher Mangel an Substanziellem auf. Anders der moderne klinische Blick, der die Vorboten von Leiden hier und jetzt wahrzunehmen versucht, welche am Ende, nach dem Tod, zu anatomischen Pathologien führen. Die Blickrichtung vom künftig irreparablem Tode her dient aber dazu, seinen Vorboten zuvorzukommen, sie zu strecken, wenn sie schon irreversibel sind, oder wenigstens die mit ihnen verbundenen Leiden zu verringern. Dies setzt eine positive Aufwertung und Identifikation mit der diesseitigen Endlichkeit, um deren Verbesserung gerungen wird, voraus. Die Teilhabe am „Substanziellen" wandert ins Jenseitige ab, ihre praktische Relevanz hier und jetzt sinkt und wird nicht mehr positiv aufgeladen. Sie wird zumindest für die medizinische Praxis eben zu einer bloßen Un-Endlichkeit. Der moderne Mensch ist „an eine ursprüngliche Endlichkeit gebunden".[2] Drittens (3.) bedeutet der Tod nun nicht mehr, wie zur Zeit der Renaissance, „Gleichmacherei", sondern die Erkenntnis und Aufwertung von Individualität im Diesseits. „Die Teilung, die der Tod bezeichnet, und die Endlichkeit, deren Siegel er aufdrückt, knüpfen paradoxerweise die Universalität der Sprache an die zerbrechliche, aber unersetzbare Form des Individuums."[3] Gerade der prophylaktische Bezug zum Tod „drücke dem Allgemeinen sein besonderes Gesicht auf und verleiht dem Wort eines jeden endlose Vernehmbarkeit".[4]

Warum beginne ich mit dem ärztlichen Blick einer medizinisch therapeutischen Praxis als dem Muster gar auch für Dichtung und Philosophie? Weil ich in diesem Muster eine andere mögliche Diskussion und Begegnung der verschiedenen sog. Expertenkulturen und Disziplinen sehe, als sie meistens in den öffentlichen Medien praktiziert werden. Aber auch, weil ich die Gefahr sehe, dass der neue Titel der „Lebenswissenschaften" nicht ernst gemeint ist. Wenn es wirklich um Leben als Gegenstand von Wissenschaften gehen soll und diese selbst von Lebewesen ausgeübt werden, müssen diese Wissenschaften mehr aufbieten als einen Etikettenschwindel – theoretisch, methodisch und praktisch. Ich nehme die *life sciences* so beim Wort. Ihre wichtigste Legitimation, die sie unentwegt öffentlich vorbringen, besteht in dem Versprechen, künftig medizinische Erfolge vorweisen zu können. Daran wollen sie gemessen werden. Haben sie aber tatsächlich das Niveau moderner medizinischer Praxis ausgebildet? Ist das ihre Lebens- und Berufshaltung? Oder handelt es sich nur um Propaganda leerer Absatzversprechen? Beides zugleich kann man unter dem Titel der Lebenswissenschaften nicht haben: eine bessere, vor allem individualisiertere medizinische Praxis und die grundsätzliche Reduktion der Menschen, ihres Wesens und Ganzen, auf Molekülstrukturen, Zellhaufen oder Synapsen. Das Primat der klinischen Praxis für lebende Personen über die diagnostischen und therapeutischen Technologien beugt der Verwechselung des

---

2 M. Foucault, Die Geburt der Klinik. Eine Archäologie des ärztlichen Blicks, München 1973, S. 208.
3 Ebenda, zur Renaissance siehe: S. 185
4 Ebenda, S. 208

Teiles mit dem Ganzen, der Erscheinung mit dem Wesen, der Aspekte und Perspektiven mit der irreversibel nur einmal lebenden und individuellen Person vor. Wissen die Lebenswissenschaften, was sie versprechen und behaupten, was sie für sich fordern und reklamieren?

Im letzten Jahrzehnt haben die Genforschung und die Hirnforschung am Menschen deutliche Fortschritte gemacht, und sie sind oft nur als Entzauberungen, nicht als transdisziplinäre Aufgaben im Sinne des Musters der medizinischen Praxis öffentlich wahrgenommen worden. Die Sequenzen des Humangenoms wurden empirisch entschlüsselt. In der Hirnforschung haben sich neue empirische Methoden durchgesetzt, die es erlauben, die Hirnaktivität in ihrer räumlichen und zeitlichen Verteilung zu messen, ohne operativ in das betreffende Gehirn eingreifen zu müssen. Die Folgen beider Forschungsrichtungen sind sowohl kognitiv als auch moralisch und rechtlich in hohem Maße relevant für unser aller praktiziertes Selbstverständnis als spezifisch menschliche Lebewesen. Im Folgenden möchte ich im ersten Teil die bisherige Diskussion in sechs Punkten so reformulieren, dass philosophisch die transdisziplinären Übergänge markiert werden. Im zweiten Teil führe ich fünf wichtige begriffliche Unterscheidungen aus der Philosophischen Anthropologie ein, um Lebenswissenschaftler, die sich als solche ernst nehmen, zu einer gemeinsamen Forschung einzuladen, die einem entsprechenden Umbau unserer Praktiken helfen könnte.

Erster Teil: Reformulierung der Diskussion

1. Was meine ich mit dem Ausdruck „positive Bestimmung", den ich bereits im Titel dieses Kapitels verwende? Unter „einer positiven Bestimmung von etwas" verstehe ich solche erfahrungswissenschaftlichen Erkenntnisse, die sich in Abhängigkeit von einer bestimmten Methode und unter standardisierten Bedingungen reproduzieren lassen. Man kann dann entsprechend positive Fakten, die sich wahrnehmen und beurteilen lassen, *herstellen*. Für die bestimmte Methode braucht man Standardbedingungen, z. B. eine bestimmte Laborart, um die Methode vergleichbar praktizieren zu können. Und man benötigt Standardbeobachter, die die Ergebnisse aus der Anwendung der Methode vergleichbar interpretieren. Was durch die methodische Darstellung wahrgenommen werden kann, muss begrifflich beurteilt werden können. Dies ist z. B. eine Gensequenz von Schimpansen und nicht von Menschen. Oder das sind z. B. neuronale Aktivitäten in einem Hirnareal, das für Sprachmotorik zuständig ist und nicht für etwas anderes. Alles geschieht um so bestimmter, also klarer, je eindeutiger die Bedingungen sind und je eindeutiger den dargestellten Effekten ein begriffliches Urteil zugeordnet werden kann. Bei allen erfahrungswissenschaftlichen Messungen gibt es eine Fehlerquote, mit der im Sinne der Wahrscheinlichkeitsrechnung umgegangen wird. Bei einer negativen Bestimmung weiß man zunächst nur, was etwas nicht sein kann. Bei einer positiven Bestimmung kann man das Bestimmte wirklich ausweisen. Es lässt sich reproduzierbar darstellen, und das, was man im Rahmen der Wahrscheinlichkeit positiv beurteilt hat, funktioniert auch dementsprechend im weiteren Verfahren. – Ich komme auf solche positiven Be-

stimmungen später anhand der Hirnforschung und der Genforschung zurück. Zuvor will ich nur einleitend den Titel des Kapitels weiter erläutern. Es geht darin um die Grenzen der positiven Bestimmung von Menschen.

2. Was verstehe ich unter der Grenze einer positiven Bestimmung? – Diese Grenze meine ich nicht sogleich moralisch, obwohl es natürlich auch moralische Grenzen der positiven Bestimmung des Menschen gibt. Unsere erfahrungswissenschaftliche Erkenntnisproduktion selbst hat Grenzen. Gerade ihr Vorteil, dass sie nämlich so positiv bestimmt und bedingt ist, ist auch ihre Grenze. Eine positive Bestimmung kann nicht einfach in einen anderen Kontext, zu anderer Bestimmung und unter anderen Bedingungen, übertragen werden. Dann tritt sofort ihre Grenze hervor, und der Streit unter den Erfahrungswissenschaftlern selber über die Grenzen, eine Methode übertragen zu können, bricht aus. Wenn es diese, der positiven Bestimmung inhärente Grenze nicht gäbe, wäre weitere Forschung überflüssig. Es gäbe geschichtlich keine neue Forschung. Das Eigentümliche an den positiven Bestimmungen der Erfahrungswissenschaften ist ihr Grenzcharakter. Je bestimmter und bedingter sie sind, desto begrenzter sind sie. Dadurch laden sie zur nächsten Grenzüberschreitung ein, ermöglichen sie neue Forschung. Man muss also den geschichtlichen Charakter von positiven Bestimmungen sehr ernst nehmen. Je eindeutig reproduzierbarer sie werden, desto uninteressanter werden sie für die Forschung, die schon nach neuen Methoden und neuen theoretischen Begriffsordnungen Ausschau hält.

Forschung ist eine geschichtliche Unternehmung, die sich im Plural der Methoden und Erklärungsmuster am Leben erhält. Forschung ist die Überschreitung einer Grenze, die durch eine positive Bestimmung entstanden ist. Und Forschung mündet erneut in eine Grenze, da aus ihr eine neue positive Bestimmung folgt. Man sollte die Forschung nicht mythologisieren, wie das leider viel zu häufig in den quotensüchtigen Massenmedien geschieht. Sie wäre keine erfahrungswissenschaftliche Forschung, wenn sie ein für allemal alles erklären und darstellen könnte. Denn alles Mögliche unter allen möglichen Bedingungen ist höchst unbestimmt und unbedingt. Forschung müsste dann theoretisch gesehen Aussagen machen über das Unbedingte und Unbestimmte auf eine bedingte und bestimmte Weise. Dies ist jedoch ein logischer Widerspruch in sich selbst, ein *circulus vitiosus*. Und Forschung müsste dann praktisch betrachtet alles Unbedingte und Unbestimmte in die Standardbedingungen einer einzigen positiven Bestimmung verwandeln können. Dies wäre eine Allmachtsphantasie, die man in totalitären Ordnungen vertritt, die aber redlicher Weise nicht unter dem Namen der Erfahrungswissenschaft auftreten kann. Letztere lebt von den Korrekturschleifen im Lernprozess der *scientific community*: Fehler und Irrtümer, Ignoranz und Vergessen kommen früher oder später ans Licht.

3. Ich habe deshalb im Untertitel meines Beitrages vom „homo absconditus" gesprochen, also von der Unergründlichkeit des Menschen. Die Unergründlichkeit des Menschen bezieht sich ausschließlich auf das *Wesen* des Menschen im *Ganzen*. Aspekte von Menschen lassen sich natürlich bestimmen und bedingen. Sie sind verstehbar, erklärbar, veränderbar, alles im Medium der Geschichte. Aber diese positiven Bestimmungen und Bedingungen der Aspekte menschlichen Daseins können nicht auf die abschließende, also nicht auf die absolute Wesensbestimmung des Menschen im Ganzen übertragen

werden. Wer Bestimmtes auf Unbestimmtes, Bedingtes auf Unbedingtes und Endliches auf Unendliches einfach transponiert, bricht radikal sowohl mit der Logik als auch mit dem freiheitlichen Selbstverständnis von Menschen. Wer spekulative Metaphern als erfahrungswissenschaftliche Erkenntnis ausgibt, verwickelt sich in die berühmten Kantischen Antinomien, die man im Fanatismus verdecken kann.

Der Ausdruck „homo absconditus" stammt vom Ende der 20er und zu Beginn der 30er Jahre des vorigen Jahrhunderts, also aus der Zeit zwischen den beiden Weltkriegen, während sich totalitäre Ordnungen bereits durchsetzten bzw. sich als reale Gefahr abzeichneten. Georg Misch verwendete das Prinzip von der Unergründlichkeit des Menschen in seiner Systematisierung der geschichtlichen Lebensphilosophie von Wilhelm Dilthey.[5] Und Helmuth Plessner hat die Anerkennung der Unergründlichkeit des Menschen zum Prinzip seiner Philosophischen Anthropologie gemacht.[6] Plessner, der nicht nur Philosoph, sondern auch Zoologe und Verhaltensforscher bei F. J. J. Buytendijk war, wollte durch die Anerkennung des *homo absconditus* dem Missbrauch erfahrungswissenschaftlich positiver Bestimmungen in politisch-ideologischen Mythen entgegentreten.

Die Bewahrung der Würde eines Menschen heißt, diesen Menschen nicht einem abschließenden definitiven Urteil zu unterwerfen, das zu korrigieren und zu revidieren der Betroffene keine Chance mehr hätte. Die Verletzung der Würde eines Menschen tritt z. B. ein, wenn er ausschließlich unter eine einzige positive Bestimmung subsumiert wird, z. B. religiös, geschlechtlich, ethnisch, sozial oder biologisch, als ob in der Unergründlichkeit seiner Individualität kein Freiheitspotential dafür bestünde, auch noch eine Andere oder ein Anderer sein bzw. werden zu können. Hier wird die praktische Bedeutung der Anerkennung der Unergründlichkeit klar. Es handelt sich nicht nur um Erkenntnisgrenzen, sondern zugleich um Handlungsgrenzen gegenüber Menschen.

4. Verwechseln wir aber nicht die strukturellen Zwänge der Gegenwart, die Habermas „strukturelle Gewalt" nennt und deren wegen er eine neue gesamtgesellschaftliche Gewaltenteilung fordert, mit den Fehlentwicklungen der genannten Vergangenheit: Vergleicht man die Entstehungszeit des *homo absconditus* mit den Herausforderungen, vor denen wir heute in der westlichen Welt stehen, hat sich die Lage deutlich geändert. Gewiss muss die Demokratie mit jeder nachwachsenden Generation neu angeeignet und in gewisser Weise auch neu errungen werden. Aber das Hauptproblem in der westlichen Welt besteht nicht mehr darin, dass sich politisch totalitäre Tendenzen über die Eroberung des Staates auch der Potentiale von Wissenschaft und Technik bemächtigen. Die Erfahrungswissenschaften und ihre Technologien werden immer abhängiger von den großen Wirtschaftsunternehmen, die sich bedeutende Abteilungen für Forschung und Entwicklung leisten können und Auftragsforschung bis in die Grundlagenforschung und deren öffentliche Einrichtungen vergeben. Diese Wirtschaftsunternehmen wiederum agieren auf globalisierten Informations- und Finanzmärkten, die auch die Staaten in eine

---

5   Vgl. G. Misch, Lebensphilosophie und Phänomenologie. Eine Auseinandersetzung der Dithey'schen Richtung mit Heidegger und Husserl, Leipzig/Berlin 1930, S. 237–280.
6   Siehe H. Plessner, Macht und menschliche Natur. Ein Versuch zur Anthropologie der geschichtlichen Weltansicht (1931), in: Ders., Gesammelte Schriften V, Frankfurt a. M. 1981, S. 160f., 181f., 188ff.

Standortkonkurrenz gebracht haben. Die Mythologisierung der positiven Bestimmungen, ihr Missverständnis und ihr Missbrauch gehen heute strukturell am wirkungsmächtigsten von diesem Konkurrenzkampf um die Monopol- und Kartellbildung auf globalen Märkten aus. Den globalen Märkten fehlt eine ebenso globale, sowohl politische als auch rechtliche Rahmenordnung, die Stützen auf der kontinentalen Ebene wie der Europäischen Union braucht. Wenn die Hauptgefährdung zumindest in der westlichen Welt von der wirtschaftlichen Privatisierung der Innovationen *ohne* deren öffentlich wirksame Kontrolle ausgeht, dann muss man dieses strukturelle Problem auch so deutlich beim Namen nennen, statt den erfahrungswissenschaftlichen Forscherdrang als den Stellvertreter des genannten Strukturproblems zu behandeln.

Der Wettlauf zwischen öffentlicher und privater Forschung in der Dekodierung des Human-Genoms, der Kampf um Patentierungen und die Abwehr, das öffentliche Wissen und Können der Erfahrungswissenschaften einfach privatisieren zu müssen, haben während des letzten Jahrzehnts auf die eigentlichen Gefahrenherde aufmerksam gemacht. Wenn wir langfristig Märkte funktionstüchtig erhalten wollen, müssen wir sie vor ihrer Monopolisierung bewahren. Und die Monopolisierung künftiger Märkte kann in falschen Patentierungen heute schon vorprogrammiert werden. Wenn wir langfristig Forschung sichern wollen, also immer erneute Überschreitung positiver Bestimmungen, dann müssen wir auch die Erfahrungswissenschaften vor Monopolisierungen bewahren. Wir sollten dann zu ihrer Pluralisierung nicht nur in Fragen der Methode und der theoretischen Erklärungsmuster Ja sagen, sondern auch in ihren ausgewogenen Mischfinanzierungen, ihren privaten und öffentlichen Institutionen für die Pluralisierung Sorge tragen. Es ist richtig, dass sich historisch die Aufgaben des Staates ändern. Was früher einmal eine öffentlich nötige Aufgabe gewesen sein mag, kann heute entstaatlicht und privatwirtschaftlich organisiert werden, wenn man z. B. an Post und Bahn denkt, wenngleich auch dann noch ein öffentlicher Rahmen nötig bleibt, schon aus Sicherheitsgründen. Aber der Staat als Organon der Öffentlichkeit kann sich nicht in gleicher Weise aus der Forschung und Bildung zurückziehen. Er würde dann eines der mit Abstand wichtigsten Zukunftspotentiale von uns allen von vornherein einer privatwirtschaftlichen Verwertung überlassen. Machen wir uns da nichts vor: Der Marktmechanismus *allein* tendiert immer zur positiven und nicht allein zur negativen Selektion, man denke nur an die Werbeerfolge für alles, was krank macht. Begrüßenswert sind die Vorhaben, auch in Europa stärker das Privat- und Zivilrecht dafür zu nutzen, durch Forderungen auf Schadensersatz und Schmerzensgeld dem Markt in der ihm eigenen Geldsprache zur Besserung zu verhelfen. Nur sollten wir dabei nicht das Problem der verschiedenen Zeithorizonte übersehen. Die spektakulären Prozessgewinne gegen die Tabakindustrie kamen zustande, nachdem längst viele Kinder bereits über Generationen gleichsam in den Brunnen gefallen waren. Man kann alle Therapien zur Bekämpfung von Krankheiten, insbesondere auch Erbkrankheiten, kurz: auch „negative Selektion" genannt, in dem Maße befürworten, als öffentlich und rechtlich der Unterschied zur „positiven Selektion", also zur Bevorzugung positiver Merkmale (wie Augenfarbe), erhalten und durchgesetzt werden kann.

Schließlich: Wenn wir Märkte und Forschung langfristig gegen ihre Fehlmonopolisierungen sichern wollen, dann geht das nur durch Stärkung der demokratischen und öffentlichen Gewaltenteilung. Nur in der Pluralisierung, nicht in der strukturellen Monopolisierung der Gesellschaft wird die Frage nach dem Menschen geschichtlich offen gehalten, gewinnen wir Zukunft, statt sie zu verlieren. Globale Marktwirtschaft und globale Forschung können sich gegenseitig ergänzen und stützen nur dann, wenn sie durch demokratische Gewaltenteilung und öffentliche Kontrolle vor falschen Monopolisierungen bewahrt werden. Anderenfalls verkehrt sich der Fortschritt in den positiven Bestimmungen des Menschen in den Bumerang, dass Menschen zum Opfer einer einzigen positiven Fixierung werden könnten. Sie hätten dann keinen Freiheitsspielraum und die Spezies Mensch hätte langfristig betrachtet keinen Variantenreichtum mehr. Evolution ist nie nur Selektion, sondern immer auch Variation. Wir hätten ohne Demokratie und Öffentlichkeit die Spezifik des Menschen verspielt, seiner Fixierung gar zum Instinkt- und Reflexwesen geopfert, ihn, wie Nietzsche einmal sagte, als Tier „festgestellt".

5. Ich komme nun endlich zu einem Diskussionsvorschlag gegen Genmythen, zu dem mich Jens Reich angeregt hat: Die Entschlüsselung des Humangenoms hat zu merkwürdigen Mythen und Kurzschlüssen geführt. Ich möchte gegen die deterministische Fehlinterpretation des Gencodes eine aus der Semiotik bekannte Unterscheidung verwenden, nämlich die zwischen der Syntax, der Semantik und der Pragmatik von Zeichen. Unter der „Syntax" kann man die Relationen zwischen den Zeichenkörpern verstehen, z. B. zwischen den Buchstaben in ihrer physisch identifizierbaren Gestalt. Die Buchstaben je einzeln und als solche genommen haben keine Bedeutung. Erst ihre Zusammensetzung zu Worten und deren Verbindung zu Sätzen schafft Bedeutungseinheiten. In der Analogie zur Genforschung könnte man sagen: Die Bedeutung ist die Funktion der Gene, die durch andere Proteine an- und abgeschaltet werden. Davon hängt ab, ob, wann und wie sie im zeitlichen Verlauf wirksam werden. Diese Funktion würde im semiotischen Vergleich „Semantik" heißen. Die Effekte der Gene sind bestimmte Organe und organische Veränderungen. Die Organe wiederum werden im Verhalten des Organismus gebraucht. Sie müssen im Verhalten auf eine bestimmte Weise zusammenwirken, und dieses Verhalten schließlich muss in gewisser Weise zur Umwelt passend sein. Diese Fragerichtung nach den Verhaltensfunktionen der Bedeutungseinheiten nennt man in der Semiotik die „Pragmatik", also die Verwendung der Zeichen im Unterschied zur Semantik und der Syntax der Zeichen.

In der Analogie zur Biologie menschlicher Lebewesen könnte man also Folgendes sagen: Die Gen-Sequenzen bilden eine Syntax. Sie sind in dem Vergleich mit der Semiotik wie Relationen zwischen den Zeichenkörpern, also eine Art Potential für ihre Funktion respektive für ihre Bedeutung. Ihre semantische Bedeutung entfalten sie erst als ihre biologische Funktion. Sie zeigen im raum-zeitlichen Verlauf ihres An- und Abgeschaltetwerdens bestimmte organische Wachstumseffekte. Aber diese semantischen Bedeutungen sprich biologischen Funktionen der Gene ermöglichen erst das Verhalten des Organismus, insofern letzteres nämlich in der Interaktion mit der Umwelt erlernt werden muß. Gene sind kein Ersatz für das Erlernen von menschlichem Verhalten, sondern eine notwendige Voraussetzung dafür, die selbst in keiner Weise hinreichend ist. Natürlich können bestimmte Gene nur bestimmte Verhaltenspotentiale darstellen, wodurch anders bestimmte Verhaltenspotentiale auch verunmöglicht werden, wie z. B. im

Falle von Erbkrankheiten. Aber daraus, aus dieser Bestimmtheit und Bedingtheit in der Zuordnung von Genen und Verhalten folgt keineswegs, dass Gene überhaupt, also auf eine unbestimmte und unbedingte Weise Lernverhalten ersetzen können. Wie das, was organisch möglich und nötig ist, als Verhalten erlernt wird, ergibt sich erst aus der soziokulturellen Pragmatik des Lernens von menschlichem Verhalten.

Der Gencode ist mithin nur eine Syntax, keine Sprache, wie ständig falsch behauptet wird, eine Syntax, die natürlich nicht mit jeder Art von Semantik und Pragmatik vereinbar ist. Aber die Fehlschlüsse entstehen daraus, dass man denkt, die Syntax, der Gencode, würde schon die Bedeutung und die Pragmatik menschlichen Verhaltens vollständig determinieren. Seriöse Genforscher haben immer wieder darauf hingewiesen, dass die Erforschung der Funktionen der Gene größtenteils noch bevorsteht und keineswegs durch die Entzifferung der Gensequenzen bereits geleistet worden ist. Verhaltensforscher haben schon innerbiologisch deutlich gemacht, dass Verhalten ab Säugetierniveau soziokulturell erlernt wird. Natürlich kann man nicht die Syntax der Gene durch das Lernen ersetzen. Aber das Umgekehrte ist nicht weniger falsch, weshalb sich Erfahrungswissenschaftler immer gegen den politisch-ideologischen Mißbrauch ihrer Erkenntnis öffentlich zur Wehr setzen sollten, ganz gleich, ob dieser eher von „links" oder von „rechts" kommt. Die Syntax der Gene kann nicht einmal die biomedinzinische Funktion, ihre Semantik, geschweige die soziokulturelle Pragmatik des spezifisch menschlichen Verhaltens *ersetzen*. Gegen diese Substitution spricht z. B. alles, was in der berühmt gewordenen PISA-Studie steht. Dort geht es nämlich gerade um die Unterschiede der Länder im Hinblick auf die soziokulturelle Pragmatik des Lernverhaltens.

6. Am Ende des ersten Teils komme ich auf die Hirn- und Bewusstseinsmythen in den Medien während der letzten Jahre zurück. Die zweite große Herausforderung erwächst nicht aus der Gen-, sondern aus der Hirnforschung. Aus der Hirnforschung kommen Resultate, die der Freiheit des Bewusstseins widersprechen. Demnach kann das Bewusstsein nur in ca. der letzten halben Sekunde vor der Ausführung des Verhaltens dieses noch bremsen oder verstärken. Es dünkt sich zwar als Urheber der Handlung, aber die Handlung war längst als Verhalten bereits unbewusst begonnen worden. Offenbar laufen Verhaltensweisen von Menschen längst unbewusst an, bevor sie bewusst werden können. Mich erschüttert dieses „Zu-spät-Kommen" des menschlichen Bewusstseins nicht, weil ich die Freiheit des Menschen nicht in sein Bewusstsein auflösen kann. Gegen Kurzschlüsse sowohl aus der Hirnphysiologie als auch aus der Bewusstseinsphilosophie möchte ich im Folgenden den Weg gehen, das Bewusstsein in seiner Funktion während des menschlichen Verhaltenszyklus, also nicht nur in Augenblicken zu sehen. Man fällt dann weder einer Überschätzung noch einer Unterschätzung des Bewusstseins zum Opfer. Das Menschsein ist reicher, vielfältiger, damit aber auch gefährdeter und schützenswerter als nur unter dem Gesichtspunkt des Bewusstseins.

Das Bewusstsein hat eine Funktion in der Verhaltens*änderung*. Die Rolle des Bewusstseins nimmt ab in bekannten Situationen, die man halbautomatisch bewältigen kann. Dann läuft das Bewusstsein nur wie nebenher zur Kontrolle und richtigen Ausführung der Handlungen mit. Je unbekannter, je ungewöhnlicher, je neuer aber eine Situation ist, desto mehr muß das Bewusstsein aufmerken, umso offener und konzentrierter müssen wir reagieren, um durch ein für uns neues Verhalten antworten zu können. Für diese Aufmerkung und Hemmung des gewohnten alten Verhaltens reicht die halbe Sekunde allemal. Es mag aber sein, dass sie nicht für die Ausbildung des neuen Verhaltens ausreicht. Vielleicht genügt das Zeitintervall nur, um Fehler zu machen. Dies, das Fehlermachen-Können in der Genese neuen Verhaltens, halte ich aus der Sicht der Philosophischen Anthropologie für sehr wichtig. Menschliche Lebewesen sind fehlbare Wesen, die aus ihren Fehlern lernen können und müssen. Daher brauchen wir – im Unterschied zu anderen Lebewesen – sehr lange, bis wir als Individuum die Kompetenzen der Spezies erlernt haben. Keine andere Gattung leistet sich diesen notwendigen Luxus, die Nachwachsenden rund 20 Jahre lang spielen zu lassen, um das erwachsene Verhaltensrepertoire aufbauen zu können. Im Spielen ist nämlich das Fehlermachen und aus Fehlern zu lernen ausdrücklich erlaubt, was wir uns dann als Erwachsene weniger leisten dürfen, aber schließlich bis in die Fehlbarkeit all unserer Institutionen und die geschichtlichen Korrekturen derselben hineinreicht.

Die Daten der Hirnphysiologie widerlegen also nicht unsere Freiheit. Nur dürfen wir auch nicht dem Missverständnis anhängen, dass unsere Freiheit einem augenblicklichen Bewusstsein entspringe. Unsere erwachsen verantwortliche Freiheit entspringt einem langen Aufbau des spezifisch menschlichen Lernverhaltens in Gesellschaft und Kultur, nicht der Willkür eines augenblicklichen Bewusstseins inmitten der Spaßgesellschaft. Und diese Freiheit mündet in die Teilhabe an der Verbesserung des tradierten Lernverhaltens, wofür man entsprechend öffentliche und gewaltenteilige Institutionen braucht, wie es sich in den katastrophischen Verkehrungen der Weltgeschichte negativ gezeigt hat. Die hirnphysiologischen Erkenntnisse müssen in den soziokulturellen Lernzyklus des Menschen über Generationen hinweg eingeordnet werden. Gerade weil die Hirnphysiologie belegt, dass wir uns nicht auf unser augenblickliches Willkürbewusstsein verlassen können, da es oft zu spät kommt und zu fehlerhaft ist, sind die soziokulturellen Lernprozesse so spezifisch für menschliche Lebewesen. Sie sind und bleiben die geschichtsbedürftigen Lebewesen, die in der positiven Bestimmung der Aspekte ihres Daseins doch ihre Zukunft im Ganzen offenhalten, solange sie eben Menschen, d. h. personale Lebewesen, sind.

Zweiter Teil: Einführung in philosophisch-anthropologische Unterscheidungen für die Thematisierung personaler Lebewesen

Wer Menschen von Krankheiten heilen oder zumindest die durch Krankheit bleibenden Leiden lindern will, unterstellt ein Minimum des Kontrastbegriffes der Gesundheit, um Prozesse der Genesung und der Linderung beurteilen zu können.[7] Auch das hohe Gut der Gesundheit versteht sich nicht allein aus sich selbst, sondern gehört zu den vielen Gütern einer sinnvollen Lebensführung, deren Wertereihung individuell, soziokulturell

---

7   Vgl. G. Canguilhem, Das Normale und das Pathologische, München 1974.

und geschichtlich stark variieren kann. Daher achtet die Philosophische Anthropologie (im Anschluss an Helmuth Plessner) darauf, dass sie in ihren beiden anthropologischen Vergleichsreihen (horizontal: der Menschen aus verschiedenen Soziokulturen untereinander und vertikal: der Menschen mit anderen Lebewesen) keine Ethnozentrismen und keine Anthropozentrismen zum Maßstab erhebt. Stattdessen versucht sie, Minima zu formulieren, die einen fairen Vergleich in horizontaler und vertikaler Richtung ermöglichen. Ihre begrifflichen Verfremdungen dienen der Abstandnahme von hermeneutischen Vorurteilen und einem methodischen Kontrollverfahren.[8] In der Erforschung von Menschen tritt früher oder später die Phase ein, in der sich auch die Forscher selbst in ihrem Menschsein fraglich werden.

1. Die Körper-Leib-Differenz von Personen

Ich beginne mit einer phänomenologischen Hypothese zur Lebensführung von Menschen. In dieser Hypothese soll der Gewinn, Aspekte differenzieren zu können, nicht um den Preis zustande kommen, von der Unbestimmtheit in der Lebensführung im Ganzen zu abstrahieren. Man kann niemandem die Lebensführung abnehmen, wohl aber dabei helfen, sie erneut anzunehmen. Wer nicht *über* dem Leben steht, sondern sich *in* ihm bewegt, verhält sich immer auch zu seinem/ihrem Körperleib. Der eigene Körper begegnet in einem differentiellen Spektrum von Modi: In der *einen* Aspektrichtung gehe ich mit meinem Körper ebenso um wie mit anderen Körpern auch, was man „Körperhaben"[9] nennen kann. Ich habe ihn, insofern ich auf dem Umweg der Reflexion, durch Vermittlung (seitens Medien oder seitens anderer) und durch Teilnahme an soziokulturellen Verfahren, darunter einer medizinischen Praktik, mit ihm umgehe. Er wird darin mit anderen Körpern vergleichbar, durch sie vertretbar und austauschbar. Im Falle von Krankheiten, deren Vorbeugung und Linderung, kann man froh sein, wenn sich der eigene Körper wie andere Körper auch unter einem bestimmten Aspekt erneut haben lässt. In der *anderen* Aspektrichtung bin ich aber schon immer und wieder Leib, was man „Leibsein"[10] heißen kann. Ich bin dies auf spontane, unmittelbare und willkürliche Weise hier und jetzt, d. h. *ohne* reflexive, vermittelnde und prozedurale Umwege. Im Leibsein bin ich – *nolens volens* – mir nicht mit anderen Körpern vergleichbar, nicht durch sie austauschbar oder vertretbar. Es mag sogar sein, dass Körpertechniken verfügbar sind, die aus mir doch noch einen Weltrekordhalter durch jahrelanges Training und eine besondere Ernährung machen könnten. Aber das Körperhaben hat im Ganzen seine Grenze am Leibsein, selbst wenn ich mich über die genaue Grenzziehung hier und heute irre, was mir spätere Lebenserfahrung zeigen kann.

---

8 Vgl. H.-P. Krüger/G. Lindemann (Hrsg.), Philosophische Anthropologie im 21. Jahrhundert, Berlin 2006.

9 H. Plessner, Lachen und Weinen. Eine Untersuchung der Grenzen menschlichen Verhaltens. In: Ders., Gesammelte Schriften VII, Frankfurt a. M. 1982, S. 238.

10 Ebenda, S. 241.

Der phänomenologische Einstieg behauptet zunächst nur, dass menschliches Leben *in* der Differenz zwischen Leibsein und Körperhaben zur Aufgabe wird und daher der Annahme bedarf. Eine *totale Ent*leiblichung oder eine *totale Ent*körperung würde die Differenz und damit den Aufgabencharakter dieses Lebendigen zum Erlöschen bringen. Bewegt man sich hingegen innerhalb dieser Differenz, verschiebt sie sich fortwährend. Was auf unproblematische Weise Leib war, kann es bleiben. Was auf problematische Weise Leib ist, etwa eine schlechte Verhaltensgewohnheit, muss womöglich verkörpert werden. Was Verkörperung war, d. h. umwegig erlernt wurde, sedimentiert im Habitualisierungsprozess in den Leib hinein. Die Aufführung der Meisterpianistin zehrt noch heute von dem, was sie vor dreißig Jahren als fünfjähriges Kind erlernt hat. Vielleicht hat sie seinerzeit noch frühreif einen Aspekt *ver*körpert, den sie inzwischen aus Lebenserfahrung zu *ver*leiblichen vermag. Für einen reinen Erfahrungswissenschaftler könnte die medizinische Therapie nur als eine Technik der Verkörperung problematischer Leiblichkeit erscheinen, was sie als Mittel zum Zweck auch sein muss. Aber medizinische Therapien als Heilkunst helfen erst, wenn sie das ganze Verhältnis zwischen Leibsein und Körperhaben für die Betroffenen lebensgeschichtlich verbessern.

Wichtig ist am Ende der Einführung dieser Hypothese die Hervorhebung ihres Fragecharakters, der die Vielfalt der Antworten in den beiden erwähnten Vergleichsreihen ermöglicht, statt die Antwort schon vorwegzunehmen. Was nehmen wir als Drittes dafür in Anspruch, die Differenz zwischen Leib und Körper bilden, wahrnehmen und beurteilen zu können?: Wer in dieser Differenz lebt, braucht Personalität, um den Leib am Körper und den Körper am Leib begrenzen zu können. Nennen wir „Personalität",[11] was die wechselseitige Verschränkung beider in den Phasen eines lebensgeschichtlichen Prozesses ermöglicht. Ohne die Inanspruchnahme von Personalität als dem Dritten, das die Differenz ermöglicht, liefe die Körper-Leib-Unterscheidung in eine Tautologie oder in ein Paradox zurück. Eine Tautologie käme zustande, wenn man entweder den Leib (wie z. B. die Leibesphänomenologie) oder den Körper (wie z. B. der erfahrungswissenschaftliche Naturalismus) für primär halten würde. Die Differenz erscheint dann nur als eine Ableitung des Sekundären aus einer primären Identität, einmal der des Leibes, das andere Mal der des Körpers. Ein Paradox erhielten wir, wenn die Körper-Leib-Differenz zugleich die Identität von Körper und Leib ausdrücken sollte. Tautologie und Paradox beenden üblicher Weise die Untersuchung, ehe sie begonnen hat. Daher hält man in Plessners Philosophischer Anthropologie die Frage offen, indem man sie auf dasjenige Dritte an Personalität hin öffnet, das die Differenzbildung ermöglicht, also auf spezifische Weise am Leben hält. Mit der Personalität steht und fällt eine Szenerie von Welt, vor deren Hintergrund etwas und jemand auftreten können. Die Körper-Leib-Differenz, von der wir ausgegangen sind, bewegt sich in dem Vordergrund eines solchen szenischen Hintergrundes, aus dem noch künftige Überraschungen möglich sind. Abstrahieren wir nicht voreilig von diesem Hintergrund, ohne den es den Vordergrund an positiven Bestimmungsleistungen und dessen künftige Verbesserung nicht geben kann. Nicht die

---

11 Vgl. H. Plessner, Die Stufen des Organischen und der Mensch. Einleitung in die philosophische Anthropologie (1928), Berlin-New York 1975, S. 300-304.

statische Schließung der Frage nach dem Menschen, als hätten wir bereits von ihm Abschied genommen, sondern ihre dynamische Eröffnung in seiner Lebensführung ist unser Ausgangspunkt.

Eine erste Antwort auf die Frage nach der Personalität gibt die Sozial- und Kulturanthropologie an jener Stelle, an welcher die Bioanthropologie von der Plastizität der spezifisch menschlichen Verhaltensbildung spricht. Wofür ist dieses Verhalten formbar, und wofür wird es geformt? Für die individuelle Ausübung von Personenrollen, die nicht genetisch vererbt, sondern soziokulturell tradiert werden. Ehe ich darauf im 3. Punkt eingehe, möchte ich im Hinblick auf den philosophischen Zusammenhang zwischen der Bioanthropologie mit der Sozial- und Kulturanthropologie die Unterscheidung zwischen Welt und Umwelt einführen.

2. Die Unterscheidung von Welt (exzentrische Positionalität) und Umwelt (zentrische Positionalität)

In der menschlichen Verhaltensbildung laufen gewiss die Säuger- und Primatennatur auf notwendige Weise mit, aber sie reichen nicht für die Spezifikation menschlichen Verhaltens aus. Verglichen mit anderen Säugern und darunter insbesondere mit anderen Primaten, welche bereits Populationskulturen sozial tradieren und individuell verschieden Intelligenz zeigen, die rein assoziatives Lernen nach dem Modell von „Versuch und Irrtum" übersteigt, fällt doch an menschlichen Nachkommen eine besondere und lange Hilfsbedürftigkeit auf. Sie betrifft nicht nur, wie Plessner im Anschluss an Adolf Portmann erwähnt, das erste Lebensjahr des Menschen, „eine im Hinblick auf Sinnesleistung, Motorik und Sprache nach außen ins Freie verlegte Endphase der Embryonalentwicklung"[12]. Menschliche Lebewesen gelten inzwischen erst nach ca. zwei Jahrzehnten als erwachsene Mitglieder ihrer Spezies, wofür Schimpansen, unsere nächsten Verwandten, nur ca. ein Drittel dieser Entwicklungszeit benötigen. Verglichen mit der Voranpassung anderer Primaten an spezifische Umwelten (Habitate), erscheinen menschliche Lebewesen in ihrer Verhaltensbildung als besonders unspezifische Generalisten.[13] Sie benötigen als ihre Umwelt eine soziale Kulturnische, in der von Anfang an in der sozialen Interaktion Intentionalität gefördert und in sprachlicher Kommunikation Mentalität gebildet wird.[14]

Die Philosophische Anthropologie arbeitet daher mit dem Unterschied zwischen *Umwelt* und *Welt*. In tierischen Lebensformen gibt es – struktur-funktional gesehen – eine *Ent*sprechung zwischen der *zentrischen Organisationsform* (Binnendifferenzierung des Organismus mit einem zentralen Nervensystem) und der *zentrischen Positiona-*

---

12 H. Plessner, Die Frage nach der Conditio humana, in: Ders., Gesammelte Schriften VIII, Frankfurt a. M. 1983, S. 166.

13 Vgl. D. J. Povinelli, Folk Physics for Apes. The Chimpanzee's Theory of How the World Works, Oxford 2000.

14 Vgl. M. Tomasello, Constructing a Language. A Usage-Based Theory of Language Acquisition, Cambridge/London 2003.

litätsform (Verhaltensweisen) in der Umwelt. Beide, Organismus und Umwelt, sind – evolutionär betrachtet – durch Prozesse der Variation und der Selektion aufeinander eingespielt. Schon im Spielverhalten der nachwachsenden Säuger gibt es populationsspezifisch eine Vermittlung dieser Einspielung von Verhaltensbewegungen aufeinander durch soziales Lernen. Aber erst in der Primatenevolution zum Menschen hin scheint es auch zu einem Bruch in und mit der zentrischen Vorangepasstheit zwischen Organismus und Umwelt gekommen zu sein. Was immer evolutionsgeschichtlich sich dahinter verbirgt, dies wäre ein gesondertes Thema: Wir Heutige müssen, um über diesen Hiatus aus der bislang bekannten Menschheitsgeschichte heraus reden zu können, dafür eine personale Welt unterstellen. Von ihr, der Kulturgeschichte der Personalität in der Welt, her, werden künstlich soziale Umwelten für die nachwachsenden Menschen als Lebewesen eingerichtet. Menschen bleiben als zentrische Lebewesen einer spezifisch bestimmten Umwelt bedürftig. Aber sie müssen diese Umwelt in ihrer spezifischen Bestimmtheit erst von woanders, nämlich von einer Welt für Personen her, durch Kultur und Institutionen errichten. Ohne diesen Abstand von einer Welt her zu einer Umwelt hin fiele die Bestimmtheit einer Umwelt im Unterschied zu anders möglichen Umwelten überhaupt nicht auf. Das Tier ist *bios*, lebt in seiner Umwelt, hat aber dafür keine Biologie. Insofern Biologen personale Wesen von Welt sind, haben sie die Distanz, die zur Erkenntnis bestimmter Umwelten im Unterschied zu anders möglichen Umwelten nötig ist.

Menschliche Lebewesen stehen auch frontal den Dingen in der ihrem Verhalten angemessenen Umwelt gegenüber. Sie gehen ebenfalls in den Interaktionen in ihrer Umwelt auf. Insofern sie all dies tun, bewegen sie sich auch in einer zentrischen Positionalitätsform, die zu ihrer zentrischen Organisationsform passt. Aber sie leben so zentrisch in einer bereits künstlich geschaffenen Umwelt, der des Alltags. Gleichwohl geraten sie dem Sinne nach auch zu dieser schon künstlich zentrischen Positionalität nochmals auf Abstand, insofern sie nicht nur gewohnheitsmäßig agieren. Sie verhalten sich personal *wie von nebenher* zu ihren Interaktionen, als bewegten sie sich auch von hinter sich und über sich stehend zu ihrem gewöhnlichen Tun. Sie fühlen, hören, sehen sich bewegt und beobachtet zusätzlich von *außerhalb* ihres zentrischen Verhaltens. Wie *von der Seite her* erleben sie, in einer Gegenüberstellung zu Dingen zu hantieren oder in einem Tun aufzugehen. Dadurch können sie dieses Hantieren oder jenes Aufgehen modifizieren, sich ihm überlassen oder es kontrollieren und verändern. Sie stehen nicht nur darinnen wie in einem Mittelpunkt, sondern auch aus demselben heraus: in einer *ex-zentrischen Positionalität*. Von daher kann, was Mittelpunkt war, in die Peripherie wandern, wie in einer kopernikanischen Wendung des ptolemäischen Weltbildes. Das Zentrum der Verhaltensbildung steht nicht in sich fest, sondern wechselt zeitlich. Es bewegt sich dazwischen, eher im Mittelpunkt einer Umwelt oder eher außerhalb desselben in einer Welt zu stehen zu kommen. Aber es steht nicht. Ein Schub der Exzentrierung des Verhaltens vom Körperleib weg bringt aus dem Gleichgewicht und fordert einen Schub der Rezentrierung des Verhaltens auf den Körperleib zurück. Dieses Oszillieren im Sich-Bewegen durchzieht alle charakteristisch menschlichen Verhaltensrhythmen: Ob beim Erlernen des aufrechten Ganges, des Fahrradfahrens, des Seiltanzes, des Windsurfens, oder ob in der expressionistischen Gegenbewegung zur impressionistischen Herausforderung der modernen Malerei.

Wer sich wie Menschen im Vergleich zu anderen Lebewesen exzentrisch positioniert, unterliegt einer konstitutiven Ambivalenz in der Verhaltensbildung. Diese Lebewesen brauchen einen Ausgleich für den Hiatus zwischen der Exzentrierung ihres Verhaltens vom Körperleib weg und der Rezentrierung ihres Verhaltens zum Körperleib hin. Plessner hat diese Verhaltensambivalenz unter verschiedenen Aspekten als „natürliche Künstlichkeit", „vermittelte Unmittelbarkeit" und „immanente Transzendenz" beschrieben, im Hinblick auf die vertikale und horizontale Vergleichsreihe.[15] Noch heute erkennen wir, z. B. archäologisch, die Funde menschlicher Überreste im Unterschied zu anderen Primatengruppen an empirischen Kriterien für solche Verhaltensambivalenzen. Passen etwa die Resultate der DNA-Analysen (für die zentrische Organisationsform des homo sapiens) zusammen mit den technischen Artefakten (natürliche Künstlichkeit), den kulturellen Zeichen für eine exzentrische Expressivität in z. B. Höhlenmalereien (vermittelte Unmittelbarkeit) und den religiösen Symbolen für einen personalen Abstand, der die immanente Welt utopisch in ein Nirgendwo und Nirgendwann überschreitet (immanente Transzendenz)? – Durch solche Fragen nach dem Zusammenhang zwischen der Bio- mit der Sozial- und Kulturanthropologie an der Nahtstelle spezifisch menschlicher Plastizität wird die kurzschlüssige Reduktion von Welt auf Umwelt (und darin auf eine Organismusart oder gar nur eine Genomart) abgewehrt, um redlich die Voraussetzungen der Untersuchung kenntlich zu halten.

3. Die Individualisierung des Spielens *in* und des Schauspielens *mit* soziokulturellen Personenrollen

Setzen wir die Körper-Leib-Differenz für personale Welt voraus, fragt sich, wie dieser Zusammenhang wenigstens ansatzweise fassbar gemacht werden kann. Der Begriff der Personalität wird durch den der Personenrollen präzisiert, die der menschliche Nachwuchs in allen möglichen Kulturen und Gesellschaften übernehmen soll und in ihrer Ausübung geschichtlich modifiziert. Elementar betrachtet, verknüpft eine derartige *Rolle* eine bestimmte Sprache, in der man mental bestimmte Perspektiven (im Unterschied zu anderen Perspektiven möglichen Verhaltens) beziehen kann, mit einem Habitusfilm an Bildern, nach denen Körper und Leib zu Verhaltenseinheiten verschränkt werden. Diese Verknüpfung einer bestimmten Sprache mit den bewegten Bildern eines bestimmten Habitus erfolgt unter drei Aspekten:

A) In den Formen des *Handelns* dominiert die Verkörperung den Leib, dessen Propriozeption (vegetative, Muskel-, Knochen- und Gleichgewichtssinne) möglichst unauffällig mitlaufen soll. Für Handeln ist exemplarisch das raumgreifende Stehen, aus dem heraus im Auge-Hand-Feld agiert werden kann, indem der Fernsinn des Sehens mit den taktilen Nahsinnen, insbesondere der multifunktionalen Hand, koordiniert wird.

B) In den Proportionen der *Expression* überwiegt die Verleiblichung das Körperhaben. Die Propriozeption des eigenen Körpers als Leib läuft fortwährend, mal aufwendiger,

---

15 Vgl. H. Plessner, Die Stufen des Organischen und der Mensch, a. a. O., S. 309-342.

mal unaufwendiger in der Koordination der Interaktionen mit. Aus dem Rücklauf dieser Interaktionen auf den eigenen Leib entstehen *body schemas/body images*.[16] Im Interaktionsfeld bringen sich die Körperleiber zueinander zum Ausdruck durch gestische Überformung der Gesichtsmimik für die Blicke anderer und in der Entfaltung des Stimmenkreises, d. h. in der Artikulation und dem Hören eigener und fremder Stimmen. C) Das *Sprechen* koppelt Ausdruck und Handlung zu funktionablen Verhaltenseinheiten zusammen. Es setzt im Sprecherwechsel von Ausdruck in Handlung und von Handlung in Ausdruck über, bis die Verhaltensrelativität der einzelnen Sinnesmodi nicht nur in der äußeren, sondern auch in der inneren Rede habitualisiert wird. Das Sprechen integriert die verschiedenen Sinnesmodi nach Themata, in deren Horizont gedeutet wird, nach Syntagmata, um was und wen es perspektivisch geht, und nach Schemata, warum etwas zu tun ist.[17] Die narrative Grundform des Sprechens zwischen personalen Wesen lässt sich an den Personalpronomina im Singular und Plural entfalten und in der Schrift stabil über den Kreis der Anwesenden hinaus verdichten. Die Schriftsprache wieder kann je nach soziokulturellen Zwecksetzungen institutionell spezialisiert und auf bestimmte Diskursarten eingeschränkt werden, darunter die der Literatur oder der Erfahrungswissenschaft.

Im Unterschied zum Spielverhalten der Säuger, das auf die Kindheitsphase beschränkt bleibt und wesentlich im Mitmachen besteht, aber auch noch anderer Primaten, die diese und jene Verhaltenseinheit nachzumachen vermögen, allerdings ohne ganze Rollen von ihrem aktualen Inhaber (z. B. Alpha-Männchen) ablösen zu können, braucht man für die Spezifikation der menschlichen Verhaltensbildung ein Schauspielmodell.[18] Das Modell des zur Schau stellenden Spielens bezieht sich auf die lebenslange Nachahmung und Variation ganzer Personenrollen im perspektivischen Unterschied zu anderen Personenrollen und ihren jeweiligen individuellen Trägern.

Menschenkinder spielen sich aus ihrem Körperleib heraus durch Identifikation mit konkreten Bezugspersonen in deren Rollen des Interagierens hinein. Sie proportionieren von diesen Personenrollen her, ihren ersten Exzentrierungen, auf sich, d. h. auf ihren Körper zurückkommend, ihre Verschränkung der körperlichen und leiblichen Verhaltensaspekte. Der Vollzug ihres Verhaltens weicht – im Guten wie im Schlechten – von den Rollenerwartungen ab. Die Abweichungen kumulieren sich zu einer individuellen Variation der Rolle oder zu deren kontinuierlicher Unterschreitung bzw. Überschreitung, die in Konflikte führt. Andere Bezugspersonen und deren Rollen mögen passender sein. Aber selbst im Fall einer gelungenen individuellen Variation der Rolle in Identifikation mit ihrer Bezugsperson verlangt die Verstetigung des Erfolges schauspielerische Vorkehrungen gegen den gelegentlichen oder längeren Misserfolg in ihrem Vollzug künftiger Hiers und Jetzt. Auch wer sich mit der Rolle identifiziert, muss eben deswegen früher oder später nicht nur *in*, sondern *mit* ihr spielen, umso mehr, wenn

16 H. Plessner, Anthropologie der Sinne (1970), in: Ders., Gesammelte Schriften III, Frankfurt a. M. 1980, S. 369.
17 Vgl. H. Plessner, Die Einheit der Sinne. Grundlinien einer Ästhesiologie des Geistes (1923), in: Ders., Gesammelte Schriften III, Frankfurt a. M. 1980, S. S. 187-192.
18 H. Plessner, Anthropologie der Sinne, a. a. O., S. 391.

Distanz zur Rolle an die Stelle der Identifikation mit ihr tritt. Ob vor anderen im Unterschied zum eigenen Selbst oder vor anderen Selbst in Identifikation mit ihnen als dem eigenen Selbst: Die Bewertung muss vor anderen *und* dem eigenen Selbst aufgeführt werden. Die Unterscheidung zwischen eigenem und anderem Selbst erfordert eine Verdoppelung der Person vor anderen und für sich selbst: Sie verdoppelt sich in die *privat* zu haltende und in die sich *öffentlich* darbietende Person. Sie oszilliert dabei zwischen Geltungsdrang (Übermut) und Scham (Verhaltenheit), die sich zu Leidenschaften in der Überschreitung und zu Süchten in der Unterschreitung der etablierten Rollen ausweiten können.[19]

Das öffentlich-private „Doppelgängertum"[20] ermöglicht die Individualisierung der Person, d. h. ihre Selbstunterscheidung in den Träger, der leiblich verwachsen ist mit der Rolle, und in den Spieler von Personenrollen, als wären diese nur Masken. Die Individualisierung ermöglicht rückwirkend die Veränderung der Rollen. Es gibt kein Schauspiel zwischen mindestens zwei Personen, die ihre Rollen wechseln können, ohne die Verdoppelung jeder Person in den Verkörperer der Rolle und ihren leibhaftigen Träger. Man kann diesen angedeuteten Schauspielansatz anhand der Personalpronomina (Ich, Du, Er/Sie/Es, Wir, Ihr, Sie) elaborieren. Darin kommen die dritten Personen singularis und pluralis in Schiedsrichterrollen. Das Schauspielmodell lässt sich auch mit Meads Unterscheidung entfalten: Im *Play* werden die Perspektiven konkreter und partikulärer Anderer während der Kindheit erworben, woran sich in der Jugendzeit die *Games* in und mit den Personenrollen generalisierter Anderer je nach Gemeinschaft anschließen, bis ab der frühen Erwachsenenzeit die *Games* in und mit den gesellschaftlichen Funktionsrollen vor der Appellationsinstanz der Diskursuniversen beginnen.[21]

4. Die Grenzen der menschlichen Verhaltensbildung im ungespielten Lachen und Weinen

Die menschliche Verhaltensplastizität hat Grenzen, die im ungespielten Lachen und Weinen erfahren werden. Wer ihren Ernst im Schauspielen nicht achtet, läuft nicht nur Gefahr, die Würde der Beteiligten zu verletzen, sondern womöglich die Verkehrung ins Unmenschliche in Gang zu setzen. Gewöhnlich liegen in den Menschenkulturen vor diesen Grenzen die noch spielbaren Formen des Lachens und Weinens. Sie markieren appellativ die Grenze. Und ins Spielbare sollen nach Möglichkeit die ungespielten Formen der aus dem selbstbeherrschten Verhaltenskreis Herausgefallenen zurückgeholt werden.

Im ungespielten Lachen und Weinen geht die personale Verschränkung zwischen dem Leibsein und dem Körperhaben verloren. Der Hiatus der exzentrischen Positionalität,

19 Vgl. H.-P. Krüger, Zwischen Lachen und Weinen. Bd. I: Das Spektrum menschlicher Phänomene, Berlin 1999, 4. Kapitel.

20 H. Plessner, Die Frage nach der Conditio hmana, a. a. O., S. 201.

21 Vgl. G. H. Mead, Mind, Self and Society from the Standpoint of a Social Behaviourist, Chicago 1934.

ihr Bruch zwischen der Exzentrierung und der Rezentrierung, tritt im Verlust der Selbstbeherrschung phänomenal hervor. Diese Phänomene „treten als unbeherrschte und als ungeformte Eruptionen des gleichsam verselbständigten Körpers in Erscheinung. Der Mensch verfällt ihnen: er fällt – ins Lachen; er lässt sich fallen – ins Weinen. Er antwortet mit seinem Körper als Körper wie aus der Unmöglichkeit heraus, noch selber eine Antwort finden zu können. Und in der verlorenen Beherrschung über sich und seinen Leib erweist er sich als ein Wesen zugleich außerleiblicher Art, das in Spannung zu seiner physischen Existenz lebt, ganz und gar an sie gebunden."[22] Im ungespielten Lachen fliegen zu viele, sich durchkreuzende Verkörperungsmöglichkeiten dem Leib nach außen davon, der so gleichsam auf sich sitzen bleibt. Im ungespielten Weinen sacken die Verkörperungspotentiale nach innen in nichts als Leiblichkeit zu einem Sinnverlust im Ganzen zusammen. Springt in der exzentrierenden Richtung des Lachens der Körper in mehrsinnige Welten hinaus, ohne dass der Leib ihm noch nachkommen könnte, lösen sich in der rezentrierenden Richtung des Weinens die Welthorizonte auf in eine diffuse, sich schließlich nicht mehr von ihrer Umwelt unterscheiden könnende Leiblichkeit. Beide Phänomenreihen kehren die normalen Verhältnisse der Bewandtnis von Sinn um, aber in verschiedener Richtung: „Geöffnetheit, Unvermitteltheit, Eruptivität charakterisieren das Lachen, Verschlossenheit, Vermitteltheit, Allmählichkeit das Weinen. Der Lachende ist zur Welt geöffnet. Im Bewusstsein der Abgehobenheit und Entbundenheit sucht sich der Mensch mit anderen eins zu wissen. Volle Entfaltung des Lachens gedeiht nur in Gemeinschaft mit Mitlachenden."[23] Demgegenüber das Weinen: „In dem Akt der inneren Kapitulation, der für das Weinen von zugleich auslösender und konstitutiver Bedeutung ist, vollzieht sich die Ablösung des Menschen aus der Situation normalen Verhaltens im Sinne seiner Vereinsamung. Ergriffen bezieht er sich mit diesem Akt in die anonyme ,Antwort' seines Körpers mit ein. So schließt sich der Weinende gegen die Welt ab."[24]

Was existenziell bedeutsam für die Individualität eines Menschen ist, geht aus solchen Grenzerfahrungen für die Lebensführung im Ganzen hervor. In vermittelter, auf die Generationenfolge bezogener Weise lässt sich dies sogar für Kulturen und Gemeinschaften im Hinblick auf ihre kollektive Geschichte sagen, in der sie die Grenzen ihrer Selbstbestimmung und Selbstverwirklichung erfahren haben. Im Kulturvergleich betrachtet, leidet die westliche Modernisierung an einem Fehlverständnis menschlicher Souveränität. Souveränität wird zumeist fehlidentifiziert mit absoluter Selbstbestimmung und Selbstverwirklichung, sowohl individualistisch als auch kollektivistisch. Das Gegenteil solcher Ideologien der grenzenlosen Selbstermächtigung ist richtig: Menschliche Souveränität beginnt in der Bejahung der für Menschen unverfügbaren Grenzen ihrer Selbstbestimmung in kognitiver und ihrer Selbstverwirklichung in volitiver Hinsicht. Diese Einsicht ist gewiss in allen Religionen enthalten, muss aber nicht allein religiös sein. Sie entspringt auch Lebenserfahrung, Literatur und Kunst, gehört medi-

---

22 H. Plessner, Lachen und Weinen, a. a. O., S. 234f.
23 Ebenda, S. 368.
24 Ebenda, S. 371.

zinischen und philosophischen Praktiken an, soweit sie sich diesen Grenzerfahrungen und Grenzfragen widmen. Diese Einsicht schließt ein, hier und heute alles Menschenmögliche für eine verbessernde Grenzverschiebung zu unternehmen. Aber sie schließt alle Ideologien aus, dass Menschen sich des Absoluten ohne Verkehrung ins Unmenschliche bemächtigen können. Endliche Bestimmungen und Bedingungen lassen sich reproduzierbar verändern, wie uns allen voran die Erfahrungswissenschaften für ihre Standardkontexte an Beobachtung und Experiment erfolgreich lehren. Aber es wäre ein schwerer Kategorienfehler, diese willkommene Verbesserung bedingter und bestimmter Körperaspekte auf das Absolute, d. h. auf das *Un*bedingte, *Un*bestimmte und *Un*endliche, einfach übertragen zu wollen. Wir werden nie die Unergründlichkeit der menschlichen Lebensführung im Ganzen in einen einzigen reproduzierbaren Laborkontext auflösen können, es sei denn, um den Preis seiner, des Menschen Freiheit, auch der des Laborwissenschaftlers. Nicht nur Gott, auch der Mensch ist im Absoluten unergründlich. Was der *deus absconditus* in religiösen Welten an Orientierung für die Lebensführung im Ganzen gewährt, ermöglicht der *homo absconditus* in säkularen Welten.

Die letztliche Offenheit der Frage nach der Personalität menschlicher Lebewesen ermutigt dazu, alle Forschung zur Erleichterung und Verbesserung der Lebensführung fortzusetzen. Diese Forschungen haben gerade deswegen Zukunft, weil ihre Frage wohl in Aspekten, nicht aber abschließend beantwortbar ist. Für die Hilfe bei der Lösung problematischer Leibesaspekte ist die Eruierung der ihnen entsprechenden Körperkorrelate unabdingbar von hohem Wert. Nur wird man diese Hilfe nicht leisten können, wenn man die Körperkorrelate aus ihrer gelebten Differenz zu den Leibesaspekten herauslöst und von der für die Betroffenen personalen Aufgabe ihrer Lebensführung abtrennt. Dazu führt aber in der Konsequenz die heute immer stärker werdende Ausbreitung des reduktiven Naturalismus und des Ökonomismus. Beide könnten in der Fixierung der Individuen auf bestimmte Personenrollen durchschlagen, statt mit der Individualisierung der Personen eine angemessene Veränderung der Rollen anzugehen. In dem personalen Rahmen der Körper-Leib-Differenz bleibt hingegen die „wahre Crux der Leiblichkeit ihre Verschränkung in den Körper"[25]. Darin besteht die gemeinsame Aufgabe aller humanwissenschaftlichen Forschungen.[26]

5. Naturphilosophie: Dezentrierung in der Natur als dem Dritten

Die gemeinsamen Forschungen brauchen auch eine neue Naturphilosophie, an deren Defizit die Gegenwartsphilosophie Mangel leidet. Gerade in der Auseinandersetzung mit den Lebenswissenschaften darf man die innerphilosophischen Probleme nicht verschweigen. Ich verstehe unter Naturphilosophie nicht ein abgetrenntes und überspezia-

---

25 Ebenda, S. 368.
26 Vgl. G. Lindemann, Die Grenzen des Sozialen, a. a. O.. H.-P. Krüger, Das Hirn im Kontext exzentrischer Positionierungen. Zur philosophischen Herausforderung der neurobiologischen Hirnforschung, in: Deutsche Zeitschrift für Philosophie, Berlin 52 (2004) 2, S. 257-293. H.-P. Krüger, Hirn als Subjekt? Philosophische Grenzfragen der Neurobiologie, Berlin 2007.

lisiertes Gebiet, das den Anschein erwecken könnte, als ob seine Methoden und Gegenstände schon vor dem Philosophieren feststünden. Damit meine ich insbesondere nicht eine Theorie der Naturwissenschaften, sofern sich diese – aus Vorentscheidung für den Dualismus entweder Natur oder Geist – der therapeutischen Spezifik lebenswissenschaftlicher Praktiken verschließt. Vielmehr verstehe ich unter Naturphilosophie die Frage danach, wie die sogenannt erste, erfahrungswissenschaftlich-technisch bestimmbare Natur mit der soziokulturellen, der sogenannten Zweitnatur, an der wir menschliche Lebewesen schon immer habituell teilnehmen, geschichtlich-mental zusammenhängt. Es geht mir also um eine Differenzierung im Philosophieren, das sich erneut den Grenzfragen im Gesamtzusammenhang der menschlichen Lebensführung stellt, statt sich in akademisch-arbeitsteiligen Industrien, etwa auch für Sozial- und Kulturphilosophie, Moral und Ethik oder Traditionspflege, aufzulösen.

Die erfahrungswissenschaftlich-technischen Praktiken sind selbst soziokultureller Natur. Dies tritt in den Medizinwissenschaften nur besonders anspruchsvoll zu Tage, im Ethos der Mediziner und in der politisch umkämpften juristischen Verfassung der medizinischen Praktiken. Übersieht man die soziokulturelle Natur der erfahrungswissenschaftlich-technischen Praktiken, werden viele hermeneutische Vorprojektionen aus ihnen auf die Naturgegenstände, als ob diese nicht von den Methoden abhingen, auch noch zu naturalistischen Fehlschlüssen deklariert. Eine Kultur, die sich ihre hermeneutischen Vorurteile zugleich als einen unabänderlichen Naturalismus von Positivitäten vorstellt, fällt ihrer gefährlichsten Lernblockade zum Opfer. Die hermeneutische Konfusion zum naturalistischen Vorurteil kann in bestimmten, politisch und ökonomisch deformierten Verwertungsstrukturen auftreten, behindert aber die erfahrungswissenschaftlich-technischen Praktiken selbst. Deren Forschungscharakter wird auf die Methodenabhängigkeit der erzeugten Erkenntnisse und Artefakte rückverwiesen. In dem Maße, in dem deren Reproduktion unter Standardbedingungen gelingt, wird nicht nur ein Überschuss an Erstnatur über die bisher eingespielte Zweitnatur hinausgehend produziert. Es zieht auch der Forschungshorizont aus dieser positiven Bestimmung heraus weiter in die nächste Unbestimmtheit hinein. Die Differenz zwischen Verstehen und Erklären öffnet sich im Forschungstun von Neuem und bleibt geschichtlich umstritten.[27] Forschung führt so auf philosophische Grenzfragen wie der nach dem der Erklärung Bedürftigen, dem die Erklärung Leistenden und dem überhaupt Erklärbaren zurück, statt von der Philosophie fort. Sie kommt nicht nur im Hinblick auf ihre Unbestimmtheitsrelation, sondern auch hinsichtlich der Reproduzierbarkeit ihrer positiven Bestimmungen einer Einladung zum Philosophieren gleich. Wie war der Reproduktionserfolg der Erstnatur zu ermöglichen, ohne zum Opfer einer Fehlübertragung dieser positiven Bestimmung auf das Absolute, mithin lernunfähig, zu werden?

Ein Kant würde angesichts des Erfolges erfahrungswissenschaftlicher Großparadigmen (wie dem umstrittenen der natürlichen und soziokulturellen Evolution) die Er-

---

27 Forschungen sind genuin geschichtliche Unternehmungen, die das Verhältnis von Fragen und Antworten ändern. Vgl. zur Kritik am geographischen Modell der Erforschung: N. Rescher, Rationalität, Wissenschaft und Praxis, Würzburg 2002, S. 67 ff.

möglichungsfrage neu („quasi-transzendental") stellen und damit das Philosophieren umstellen, es also am Leben erhalten. Wenn heute gegen erfahrungswissenschaftliche Forschungen Stellvertreterkriege, in denen das Problem der öffentlichen oder privaten Verwertungsstrukturen dieser Forschungen verschwindet, auch von philosophischer Seite geführt werden, ist das eine Bankrotterklärung der beteiligten Philosophien. Erfahrungswissenschaftlichen Forschungspraktiken ist Normativität inhärent. An ihre therapeutischen, Verstehens- und Erklärungs-Aufgaben kann philosophisch angeschlossen werden, auch an das Problembewusstsein der in ihr vertretenen Personen und insbesondere Citoyen. Insoweit muss die von außen aus der Philosophie kommende Einklage des Normativen als trivial oder als strategisch in einem allzu bekannten Kulturkampf unter Experten wirken. Was wäre unter Menschen nicht normativ? Hinter dieser Trivialität beginnt der Konflikt zwischen verschiedenen Normativitäten und ihren Facta. Oder ist doch nur die Konservierung einer bestimmten Normativität, die der jeweiligen Philosophie, gemeint? – Für die Moral, nimmt man ihr Erfordernis ernst, wäre die Konservierung ein schlechtes Spiel. Der Moral ist durch keine kognitive Blindheit geholfen, die sie in die Ohnmacht der Gesinnungsethik zurücktreibt, statt Verantwortbarkeit für die künftigen Konsequenzen des heutigen Tuns und Nichttuns in einer puralen Gesellschaft herstellen zu können. Dafür braucht man Experimente in öffentlichen Lernprozessen und nicht die Privatisierung von deren Verwertung vorab.

Ich glaube, historisch nachvollziehen zu können, dass es nach dem 2. Weltkrieg und rassistischem Völkermord zu den großen Strategien der „Denaturalisierung" in Philosophien wie denen von Derrida oder Habermas auf verschiedene, aber doch vergleichbare Weise hat kommen können angesichts der verheerenden politischen Konsequenzen der vorangegangenen Fehlnaturalisierungen. Ich verstehe auch – systematisch gesehen – die Unhintergehbarkeit nicht irgendeiner, sondern der selbstreferenziellen Sprache. Aber dank dieser (illokutionär-propositionalen) Selbstreferenz wird eben kein Sprachgefängnis, sondern deren Fremdreferenz von Welt eröffnet, umso mehr durch (Ur-)Schrift. Die Sprache hätte vom Gefängnis des Selbstbewusstseins befreien können, ohne das Philosophieren in ein neues zu verlegen, hätte nur in ihr nicht erneut die urchristliche Angst vorm Leben Unterschlupf gefunden: Insoweit wir in der Sprache sagen können, was wir in ihr tun, gibt sie uns davon Verschiedenes frei und auf, als wollte sie (wenn man will:): in der Wiederholung Des-selben im Anderen) erneuert werden. An dem einen ihrer Enden entgleitet sie fraglos in die sedimentierte Zweitnatur der von Vergangenheit vollendeten Gegenwart. An dem anderen Ende stellt sie gegenwärtig in Frage, was sich in einer künftig vollendeten Gegenwart durch Handeln beantworten lassen möge. Zwischen diesen, von der argumentativen Sprachverwendung selbst frei- und aufgegebenen Sprachgrenzen, der habitualisierten Zweit- und der problematisierten Erstnatur, taucht Sprache doppelt als quasi-tanszendentale Ermöglichung inmitten einer evolutionsgeschichtlichen Mitgift von Verhaltungen auf. Aus dem berechtigten Kampf gegen Fehlnaturalisierungen folgt nicht, dass es keine das menschliche Bewusstsein überschreitende Natur gäbe, in die sprachlich anhand von Phänomenen vorgegriffen und auf die in der Rekonstruktion der Phänomene sprachlich zurückgegriffen wird. An der Bewusstsein überschreitenden Natur nehmen menschliche Lebewesen teil, insofern diese Teilnahme (nolens volens und im Guten wie im Schlechten) zum Problem wird.

Und aus ihr fallen sie derart heraus, dass sie auf diese Fraglichkeit kulturell zu antworten haben, um sich *in der Fraglichkeit ihrer Natur halten zu können*. Natur lässt sich nicht in soziokulturelle und personale Zurechnungen („agencies") auflösen, auch wenn man diese als die – durch Aporien hindurch womöglich gerechter zu verteilenden – im Kommen bleibenden Zuordnungen begreift.

Warum müsste der richtige und bewahrenswerte Gedanke der Dezentrierung nur außerhalb der lebendigen Natur (in argumentativen Diskursen, in einer als vorgängig rekonstruierten Schrift) statt in ihr angesiedelt werden, nämlich in ihrer Aussetzung? Menschliche Lebewesen gelten inzwischen als – in der Konsequenz der soziokulturellen Evolution von Primatengehirnen – *in das Sprachverhalten ausgesetzte Säuger*. Sie kümmern sich an der Peripherie einer Galaxie in den Darstellungsmethoden ihrer Schriftsprache um schwarze Löcher und Antimaterie anderen Ortes und anderer Zeit, während den ihnen nächsten Verwandten, den Schimpansen, dieser „Sinn fürs Negative"[28] fehlt, weshalb Letztere mal wieder die „glücklicheren Menschen" heißen. Mich überzeugt nicht die übliche dualistische Fehlalternative, in der Natur gedacht wird. Ja, sie kann der Kanonlegende nach entweder rousseauistisch oder hobbesianisch verstanden werden. Aber warum dürfte Natur aspektweise nicht beides, Leib und Körper, zugleich sein und im Ganzen weder in dem einen noch in dem anderen aufgehen? Reißt nicht jeder neue Technologieschub uns in die unaufhebbare Differenz der menschlichen Natur, ihre lebensweltlich unvertretbare Leibesdimension und ihre erfahrungswissenschaftlich-technisch vertretbare Körperdimension, hinein? Und nehmen wir nicht zur Beantwortung dieser Fraglichkeit Natur auch und vor allem als etwas Drittes in der Lebensführung in Anspruch? Dieses Dritte des Vollzuges lässt sich in seinen Un-Prädikaten an Absolutheit (an Unbedingtheit, Unbestimmtheit, Unendlichkeit, kurz: Unergründlichkeit) für die Betroffenen nicht mehr positiv, weder rational noch emotional positiv, bestimmen.[29] „Die Sprache, eine Expression in zweiter Potenz, ist deshalb der wahre Existentialbeweis für die in der Mitte ihrer eigenen Lebensform stehende und also über sie hinausliegende ortlose, zeitlose Position des Menschen. In der seltsamen Natur der Aussagebedeutungen ist die Grundstruktur vermittelter Unmittelbarkeit von allem Stofflichen gereinigt und erscheint in ihrem eigenen Element sublimiert."[30]

Mit Plessner lässt sich Performativität als die Verhaltung zur je eigenen Körper-Leib-Differenz verstehen, aber als eine personale Verhaltung von nirgendwo und nirgendwann, eben dem Dritten einer exzentrischen Positionalität, her, die sich in ihrem

---

28 H. Plessner, Die Stufen des Organischen und der Mensch, a. a. O., S. 270. Dieser Mangel ist auch durch die Sprachversuche mit Schimpansen während der letzten Jahrzehnte bestätigt worden. Sie überschreiten nicht das Niveau, das Menschenkinder im 3. Lebensjahr ihres Spracherwerbs erreichen. Vgl. H.-P. Krüger, Intentionalität und Mentalität als *explanans* und *explanandum*. Das komparative Forschungsprogramm von Michael Tomasello, in: Deutsche Zeitschrift für Philosophie, Berlin 55 (2007) 5, S. 789-814.

29 Vgl. näher zu diesem Problem: H.-P. Krüger, Die Antwortlichkeit in der exzentrischen Positionalität. Die Drittheit, das Dritte und die dritte Person als philosophische Minima, in: H.-P. Krüger/G. Lindemann (Hrsg.), Philosophische Anthropologie im 21. Jahrhundert, a. a. O., S. 164-183.

30 H. Plessner, Die Stufen des Organischen und der Mensch, a. a. O., S. 340.

Vollzug in keine Leibes- oder Körperdimension auflöst. Warum dürfte die richtige transzendentale Frage nach den Ermöglichungsbedingungen von Erfahrung nicht umgestellt
werden, nämlich in die Aufgabe von Menschen hinein, sich in ihrer Aussetzung der
lebendigen Natur spezifizieren zu müssen? Diese Aussetzung lässt sich weder (gottgleich) überwinden noch (für Säugerprimaten) fortsetzen, wohl aber so ihrerseits kategorisch aussetzen, *als ob sie von selbst* im Konjunktiv (dem Phantasma) der Lebensführung gelebt werden könnte. Dieser Konjunktiv ist kategorisch für die Würde von
Personen. Ich spreche von Aussetzung angesichts des modernistischen Wahns zur Selbstermächtigung durch Selbstsetzung (seit Fichte), in deren Antwort die Fraglichkeit des
Gefragt-Werdens (im Unterschied zum Selber-Fragen) verschwindet. Und warum dürfte
sie, die lebendige Natur, in ihrer Aussetzung nicht eine Restdimension behalten, die
sich unserer Beurteilung nach „in ihr heimisch werden oder in ihr sich fremd bleiben"
entzieht? „Mensch-Sein ist das Andere seiner selbst Sein. Erst seine Durchsichtigkeit in
ein anderes Reich bezeugt ihn als offene Unergründlichkeit. [...] Keines von beiden ist
das Frühere. Sie setzen einander nicht mit und rufen einander nicht logisch hervor. Sie
tragen einander nicht und gehen nicht ontisch auseinander hervor. Sie sind nicht ein-
und dasselbe, nur von zwei Seiten aus gesehen. Zwischen ihnen klafft Leere. Ihre
Verbindung ist Undverbindung und Auchverbindung."[31]

---

31 H. Plessner, Macht und menschliche Natur, a. a. O., S. 225.

3. Die geschichtliche Potentialität des Menschseins

Zur Minimalanthropologie einer demokratischen Globalisierung

Die deutsche Diskussion über Globalisierung war in den 1990er Jahren lange verstellt durch irreführende Fragen. Europa steht nicht vor der Fehlalternative, entweder stromlinienförmig angepasst nur mit der anglo-amerikanischen Hegemonie mitlaufen oder sich dieser durch einen begriffspolitischen Normativismus verweigern zu können. Der Ökonomismus und Moralismus auf den bisherigen Wohlstandsinseln ist Teil des Problems, nicht aber seiner Lösung. Die Mitte der 1990er Jahre soziologische Wendung der Frage nach der Globalisierung erbrachte gewiss eine realistischere Orientierung auf die Wahrnehmung sowohl der Gefahren als auch der Chancen, vor allem aber das die Philosophie einladende Thema der Reflexion verschiedener Modernisierungen (U. Beck). Das Philosophieren kann helfen, die für das Thema relevanten Fragen in einen längerfristigen Gesamtzusammenhang stellen zu lernen. Leider kann man von der deutschsprachigen Philosophie nicht behaupten, dass sie sich frühzeitig durch monographisch gehaltvolle Beiträge an der Debatte beteiligt hätte. Sieht man von Ausnahmen wie Habermas' Wortmeldungen ab, verdient Otfried Höffes Buch „Demokratie im Zeitalter der Globalisierung"[1] völlig zu Recht große Aufmerksamkeit.

Im Folgenden interessiert mich nur ein, allerdings auch für Höffes Zugang zentraler Aspekt in der philosophischen Aufrollung des Globalisierungsproblems. *Verstellt* man das Problem der Globalisierung in der Fortsetzung der beiden wichtigsten Lösungsmythen des kurzen 20. Jahrhunderts (1914–1989), ist es durch Interpolation sogleich in einem ökonomistischen Globalismus oder in einem globalen Etatismus (vgl. 9f.) verschwunden. Beide Scheinantworten schneiden sich das Problem passend klein und brauchen einander als Alibi ihrer jeweils eigenen Indienststellung: Als ob Ökonomismus und Etatismus nicht schon früher versagt hätten, und als ob Europa seine global bedeutsame Integrationschance seit 1989/90 nicht einem normativ anspruchsvollen Modernisierungsprojekt (vgl. 32) zu verdanken hätte! Rollt man hingegen philosophisch das Problem der Globalisierung auf, stößt man auf die Frage, was sich nach heutiger Erfahrung in der inter- und transkulturellen Kommunikation als eine Minimalanthropologie wird vergleichsweise bewähren können, ohne durch die Wiederholung des vergangenen Jahrhunderts (fanatische Kulturkämpfe und ideologische Weltanschauungsschlachten, Markt- und andere Institutionsmonopole) in die welthistorische Krise führen

---

1 O. Höffe, Demokratie im Zeitalter der Globalisierung, München 1999. Auf dieses Buch referieren die im Text in Klammern gesetzten Seitenzahlen.

zu müssen. Schon die bisherigen Modernisierungen glichen *nolens volens* anthropologischen Experimenten. Die Not ihrer Reflexion und normativen Auszeichnung mündet
in eine Minimalanthropologie: Worin bestehen denn minimaler Weise jene strukturfunktionalen Bedingungen, die eine globale Koexistenz von vielen Milliarden menschlicher
Lebewesen am ehesten ermöglichen?

Höffe geht plausibel in die philosophische Anthropologie hinein, um die Herausforderung und Lösungsperspektive der Globalisierung fassen zu können: „Die Grundlage
bildet die Conditio humana. Im Gegensatz zur heutigen Skepsis gegen philosophische
Anthropologie gibt es für die Globalisierung zwei geschichts- und kulturunabhängige
Faktoren. Die naturale Anwendungsbedingung besteht in der gemeinsamen, räumlich
begrenzten Erde, samt ihren Bodenschätzen und Früchten. Und die psychische Vorbedingung, die Sprach- und Vernunftbegabung, befähigt den Menschen, sich überall zu-
rechtzufinden und selbst mit den entferntesten Menschen dieselbe Welt kommunikativ
zu teilen. [...] Die beiden anthropologischen Bedingungen stellen zwar erst Bedingungen der Möglichkeit bereit, noch nicht die Globalisierung selbst. Dass das Globalisie-
rungspotential aber auch realisiert wird, zumindest in Ansätzen, dafür sorgen drei weitere
Bedingungen, die sich so gut wie allerorten und fast seit jeher finden: Die soziale
Bedingung, dass man den Lebensraum in konkreter Erfahrung miteinander teilt, weil
man nämlich Nachbarn hat, [...] trifft fast überall zu. Weil man innerhalb der eigenen
Grenzen gemeinsamen Regeln: Sitte und Recht, folgt, drängt sich die Bereitschaft auf,
auch grenzüberschreitende Beziehungen rechtsförmig zu gestalten. [...] Die internationale Rechtsbereitschaft und das daraus fließende Recht haben schließlich eine psycho-
logische und zugleich normative Voraussetzung: dass man den Fremden nicht als
schlechthin fremd", als „ein Tier, das vogelfrei wäre" (21-22), ansehen muss. „Während
die beiden ersten Bedingungen schlichte Vorgaben sind, hängen die drei anderen von
Eigenleistungen ab; [...] Weil die fünf Anwendungsbedingungen seit langem bestehen,
schafft die heutige Globalisierung keine schlechthin neuen Verhältnisse. [...] Heben wir
drei Globalisierungszeiten heraus: die Antike, die Neuzeit und die (erweiterte) Gegenwart. [...] Im Gegensatz zur zweiten ‚neuzeitlichen Globalisierung' ist die neueste, ‚zeit-
genössische Globalisierung' kaum noch von Einzelstaaten getragen. Erneut spielen aber
friedliche (Funktechnik, elektronische Medien) und militärische Erfindungen (erst die
Langstreckenbomber, dann die Interkontinentalraketen) eine besondere Rolle. Hinzu
kommen politische Entscheidungen: sowohl über die Liberalisierung der Güter- und
Finanzmärkte als auch über internationale Organisationen und Verträge (Vereinte Nationen, Weltbank, Menschenrechtspakte)." (22-24)

Man sieht in diesem programmatischen Zitat die doppelte, pragmatische (vgl. 27,
98f.) und transzendentale (56) Arbeitsweise von Höffes Verständnis philosophischer
Anthropologie. Dabei ist es unglücklich, zu Beginn von kultur- und geschichts*un*abhän-
gigen Faktoren zu reden, da diese doch offenbar nur im Unterschied zu den Leistungen
einer *bestimmbaren* Kultur und Historie gemeint sind. „Pragmatisch" heißt hier für
mich zunächst, gegenüber dem geschichtlich Gegebenem, sei es dem evolutionshisto-
risch oder menschheitshistorisch Gegebenem, offen zu bleiben. Statt sich gesinnungs-
ethisch in die bequeme Rage zu reden, die einen für die Verantwortung der eigenen
Handlungsmöglichkeiten und -folgen blind macht, markiert die pragmatische Öffnung

die bisher geschichtlich eigenen Handlungs*grenzen*: Wir haben weder unseren Planeten noch das Leben auf ihm noch darunter die Spezies menschlicher Lebewesen geschaffen. Wer sich diese gottgleiche Selbst- und Neuschöpfung heute unter dem Titel der Globalisierung anmaßt, wer endlich evolutions- und menschheitsgeschichtlich *tabula rasa* machen will, sollte hier die ersten Begründungslasten übernehmen müssen, statt der Globalisierung als Problem durch ihre Mythologisierung auszuweichen. Pragmatisch-anthropologisch betrachtet muss sich unsere *prudentia* von niemandem für dumm verkaufen lassen, der in der üblichen modernistischen Selbstüberhebung die Stunde Null aller Geschichtlichkeit, den Mythos des Nachgeschichtlichen, verkünden zu müssen meint. Dieser pragmatischen Abwehr der mythischen Auflösung aller Handlungsgrenzen entsprach sinngemäß in der Transzendentalphilosophie die Unterscheidung zwischen dem Transzendentalen als einer Ermöglichungsbedingung zu handeln und dem dazu Transzendenten, welches unsere Handlungsgrenzen übersteigt. Diese Interpretation bringt den pragmatischen und transzendentalen Charakter der philosophischen Anthropologie in eine engere Kooperation, als sie Höffe wohl vorschwebt, da er „pragmatisch" im Kantschen Sinne verwendet. Diese engere Kooperation ist eine geschichtliche (nicht historisch-empirische) Einspielung zwischen Empirischem und Transzendentalem aufeinander. Menschliche Lebewesen existieren in der *geschichtlichen Differenz* zwischen demjenigen, welches sie positiv bestimmen („a posteriori") können, und demjenigen, welches sie eben dafür funktional (pragmatisch) als Ermöglichungsbedingung („a priori") in Anspruch nehmen, ohne diese Ermöglichung im Ganzen ihrer Unbestimmtheit entreißen zu können, wie es etwa Gott könnte.

Die philosophische Anthropologie verfährt insofern transzendentalpragmatisch, als sie die funktionale Ermöglichung von empirisch Bestimmbarem aufdeckt. Bei Höffe bezieht sie sich nicht zuerst auf die Verhältnismäßigkeit in den Interaktionen spezifikationsbedürftiger Lebewesen mit ihrer Um-Welt, sondern auf die *„conditions of agency"* (55). Im Unterschied zur erfahrungswissenschaftlichen Rekonstruktion empirisch bestimmter Handlungsweisen richte sich philosophische Anthropologie auf die „Bedingungen von Handlungsfähigkeit" (ebd.). Warum muss diese einleuchtende Frage aber sogleich – ohne jeden anthropologischen Vergleich – auf eine Handlungsfähigkeit eingeschränkt werden, wie wir sie „nur vom Menschen kennen" (ebd.) sollen? – Was wir vom Menschen kennen und nur von ihm, halte ich keineswegs für ausgemacht, weshalb mich diese transzendentale Einschränkung von Höffe „im Unterschied zu einer (umfassenden) biologisch-philosophischen Anthropologie" (56) nicht überzeugt. In dieser Frage, wer anhand welcher geschichtsbedürftigen Kriterien der menschlichen Spezies zugehört, d. h. wer als Person gelten kann, sehe ich das wichtigste Aufgabenfeld einer philosophischen Anthropologie, gerade angesichts der neuen Informations-, Kommunikations-, Gen- und Reproduktionstechnologien, ohne die man die heutige Globalisierung und ihre ferneren Folgen nicht wird begreifen können. Höffes Einschränkung auf eine bestimmte „neuartige, transzendentale Anthropologie" wird m. E. nur pragmatisch, d. h. im Hinblick auf seinen rechts- und staatsphilosophischen „Diskurs in Zeiten der Globalisierung" (ebd.), plausibel. Höffe zieht das traditionelle Thema der soziokulturellen Gerechtigkeit rechts- und staatsphilosophisch durch, ohne Rücksicht auf das Dilemma, in das die Rechts- und Staatsförmigkeit von Regeln (58) selber angesichts der neuen Technologien gerät, etwa in der sich selbst überschlagenden Flut von Verordnungen im Unterschied zu Gesetzen, von Richterrecht und verfahrensentscheidenden Sachverständigen. Die Phänomene, die Foucault solche der nicht mehr rechts- und staatszentrierten Normalisierung und Disziplinarisierung genannt hat, bleiben ausgespart.

Da sich Höffe nicht mit der Geschichtsbedürftigkeit[2] anthropologischer Kriterien für die Spezifikation menschlicher Lebewesen beschäftigt, schafft er dafür einen merkwürdigen, nun nur noch transzendentalen, nicht mehr philosophisch pragmatischen Ersatz. Er konstruiert einen transzendentalen Tausch mit einer Protogerechtigkeit, die so etwas wie primordiale Selbst- und Fremdanerkennung sichern soll. So heißt es denn auch, um die traditionelle Rechts- und Staatspraxis überhaupt funktional begründen zu können, solle a priori Folgendes gelten: *„Durch eine originäre Selbst- und eine originäre Fremdanerkennung sollen alle Mitglieder der Gattung zurechnungsfähiger Wesen sich selbst und ihresgleichen als Rechtsgenossen anerkennen."* (87) – Wenn sie dies ohne Geschichtlichkeit[3] nur könnten, auch nur wissen könnten! Hier plädiert Höffe für einen quasi „‚ontologischen' Rang" und eine „Metaphysik" an unnötiger Stelle – aus Hilflosigkeit. Dieses *„Prinzip der Proto-Gerechtigkeit"* (87) dreht sich im Kreise eines normativistischen Fehlschlusses, den doch Höffe ansonsten kritisiert: Wer die Kriterien der Gattungsmitgliedschaft kennt, kann anerkennen, aber diese Kriterien kommen auch erst aus der Fremd- und Selbstanerkennung. Was hier fehlt, ist eine (im Sinne von John Dewey oder Helmuth Plessner) naturphilosophisch-semiotische (also keine mit Arnold Gehlen bio-anthropologische) Fundierung jener Geschichtlichkeit, dank der sich menschliche Lebewesen in ihrem Ausdrucksverhalten öffentlich kennen lernen können.

Lässt man sich auf die naturphilosophische Fundierung jener geschichtsbedürftigen Verlaufsformen ein, in denen sich menschliche Lebewesen semiotisch-sprachlich erst spezifizieren müssen, wird alles, was Höffe ersatzweise als transzendentales *fundamentum* allein postuliert, seinerseits endlich zum philosophischen Thema. Was man lange für anthropologische Wesensmonopole gehalten hat, die ausschließlich dem Menschen zukommen sollten, sind längst Verhaltungsprädikate der Primaten- inmitten der Säugernatur: Sozialität, Kulturalität, organismus-zentrisches Bewusstsein, sensomotorisch-situativer Sprachgebrauch ohne schriftsprachliche Selbstrefrenz, entsprechende Machtförmigkeit und Politizität der Interaktionsmuster. Was wir in dieser Hinsicht mit anderen Spezies im Spielverhalten teilen, stellt die Frage nach unserer eigenen Spezifik um auf

---

2 Es gibt keinen Determinismus anthropologischer Konstanten, die dann nur historisch variieren würden. Die für die spezifisch menschliche Lebensführung konstitutiven Ambivalenzen lassen sich allein in einem geschichtsbedürftigen Prozess lebbar entfalten. Vgl. H.-P. Krüger, Zwischen Lachen und Weinen. Bd. I: Das Spektrum menschlicher Phänomene, Berlin 1999, 6. Kapitel. Bd. 2: Der dritte Weg Philosophischer Anthropologie und die Geschlechterfrage, Berlin 2001, Kapitel 1. 1. 6.; 1. 2. 7.; 2. 3. 5. - 2. 3. 6.; S. 360.

3 Vgl. zur geschichtlichen Differenz zwischen der „Hominitas" (den Kriterien der Zugehörigkeit zur zoologischen Spezies des homo sapiens) und der „Humanitas" (den soziokulturellen Kriterien dafür, der menschlichen Gattung anzugehören): H. Plessner, Über einige Motive der Philosophischen Anthropologie (1956), in: Ders., Gesammelte Schriften, Bd. VIII, Frankfurt a. M. 1983, S. 134.

den geschichtsbedürftigen Ausgleich zwischen einer zentrischen Organisationsform und einer dazu *exzentrischen* Positionierungsform (Plessner). Man beginnt so zu verstehen, wie menschliche Lebensführung zwischen der Individualisierung einer personalen Vertretbarkeit und der Personalisierung leiblicher Unvertretbarkeit erlernt wird. Von der für menschliche Lebewesen konstitutiven Ambivalenz zwischen der Inidividualisierung ihrer Personalität und der Personalisierung ihrer Individualität[4] her ist die transzendentale Ersatzdiskussion, ob nun Höffes Postulat eines „legitimatorischen Individualismus" oder Habermas' „Intersubjektivität" (vgl. 45f.) der Vorrang gebühre, von vornherein unterlaufen. Es ist schon *bios*-philosophisch gesehen sinnlos, Lebewesen und ihre Um-Welt gegen einander auszuspielen, wo es auf deren beidseitige Einspielung aufeinader in Interaktionsmustern ankommt. Auch das bei Höffe wie Habermas zentrale Gerechtigkeitsthema stellt sich dann einer anderen Einführung. Was in Interaktionen zunächst noch in einem vorjuristischen Sinne rechtens ist, verlangt in der Generationenfolge nach personaler Vertretbarkeit und Austauschbarkeit, die unter bestimmten öffentlichen (vgl. Höffes Verweis auf Plessner und Habermas: 117) Grenzbedingungen auch rechts- und staatsförmig ausdifferenziert werden müssen. Aber diese *Grenz*bedingungen könnten einem nicht auffallen, stellte uns nicht der leibliche Ausdruckscharakter menschlicher Lebewesen auch sogleich in die Gegenfrage nach der situativen, individuellen und privaten Angemessenheit von Interaktionen hinein. Das Thema der Gerechtigkeitsgrenzen von Recht und Staat braucht so konzipiert keinen anders begründeten Dekonstruktivismus.

Lässt man (nicht nur) Höffes transzendentale Ersatzkonstruktion für das naturphilosophisch-geschichtliche Herzstück der Philosophischen Anthropologie beiseite, kann man sich gleichwohl fragen, ob er in seiner Thematisierung der traditionell rechts- und staatsphilosophischen Dimension der heutigen Globalisierung anschlussfähige Orientierungen vertritt. Eine solche Orientierung sehe ich in der von ihm konzipierten „Minimalanthropologie", die „im Gegensatz zu einer Theorie des erfüllten: des guten, sogar vollendeten Lebens" eine „ateleologische Anthropologie" darstelle: „eine Theorie jener Anfangsbedingungen des Menschseins, in denen die unverzichtbaren Bedingungen von Handlungsfähigkeit liegen." (56). Worin bestehen diese minimalen Ermöglichungsbedingungen menschlichen Daseins? – Höffe arbeitet sparsam, worauf es global in der Pluralität kultureller Differenzen tatsächlich ankommt, mit drei solchen Bedingungen, die – bei ihm philosophiehistorisch beeindruckend unterfüttert – so etwas wie einen minimaler Weise gemeinsamen Nenner der verschiedenen philosophischen Anthropologien formulieren:

„Seit ihren griechischen Anfängen weiß die philosophische Anthropologie, dass sich die Handlungsfähigkeit eines Wesens vom Typ des Menschen durch dreierlei auszeichnet. (a) Im Gegensatz zu reinen Vernunftwesen, einer Gottheit oder einem Engel, geht es um ein *zôon* bzw. *animal*: um ein Leib- und Lebewesen. (b) Im Unterschied zu den uns gewöhnlichen Tieren ist es ein *zôon logon echon* oder *animal rationale*: ein denk- und sprachfähiges Wesen. (c) Nicht zuletzt ist es *zôon politikon*: sowohl im unspezi-

---

4   Vgl. H.-P. Krüger, Zwischen Lachen und Weinen, a. a. O.. Bd. I, 4. u. 5. Kapitel; Bd. II, Kapitel 2. 5.

fischen Sinn des *ens sociale*: der Angewiesenheit auf Gemeinschaft, als auch im spezifischen Sinn des *ens politicum*: der Anlage auf ein Gemeinwesen, eine Polis, hin. In
allen drei Bereichen sind soziotranszendentale Interessen zu erwarten. Infolgedessen
kann man drei Gruppen von Menschenrechten unterscheiden: Rechte des Leib- und
Lebewesens, Rechte des Denk- und Sprachwesens und Rechte des sozialen sowie des
politischen Wesens. [...] Es gibt eine negative Wechselseitigkeit, den Tausch von Verzichten, der zu negativen Freiheitsrechten führt und jene positive Wechselseitigkeit, den
Tausch von Leistungen, der positive Freiheitsrechte bzw. Sozialrechte begründet. Schließlich gibt es eine Wechselseitigkeit der politischen Autorisierung, die sich in den demokratischen Mitwirkungsrechten niederschlägt." (64). Höffe zieht diese philosophisch-
anthropologische Dreierunterscheidung, seinen Grundgedanken, stringent und virtuos
für alle Grundprobleme der Rechts- und Staatsphilosophie systematisch durch, was hier
leider nicht im Einzelnen gewürdigt werden kann.

Die Frage nach dem *Zusammenhang* in dieser Dreierunterscheidung ist geeignet, die
transzendentalphilosophischen Familienähnlichkeiten (vgl. 46) unter Gegenwartsphilosophien in Streit zu versetzen. Dieser Streit um den Primat unter den genannten drei
Dimensionen lässt auch das Anschlussbedürfnis von Höffes Ansatz an eine Philosophische Anthropologie, die nicht auf unsere semiotisch-sprachliche Spezifikationsaufgabe
in der lebendigen Natur verzichtet, hervortreten. Höffe verteidigt seinen Ansatz gegen
Kritik aus dem Umkreis der Diskurstheorie von Karl-Otto Apel, nach welcher der Verständigung Vorrang über Leib und Leben zukomme, wie folgt: „Gegen dieses Priori-
tätsbegehren spricht aber, dass die Handlungsfähigkeit weder auf den Leibcharakter
noch auf den Sprach- und Vernunftcharakter verzichten kann. Zu Recht nimmt die
philosophische Tradition beide Bestimmungen zusammen und spricht vom *zôon logon
echon* oder *animal rationale*, dem vernunftbegabten Tier: Die Leiblichkeit der Menschen ist sprachbegabt und umgekehrt die Sprachfähigkeit der Menschen leibgebunden.
Und weil beides verschränkt ist, da sich das menschliche Handeln sowohl leibhaft als
auch sprachlich vollzieht, sind Prioritätsannahmen wenig sinnvoll. Allenfalls ist das Le-
bensinteresse insofern vorrangig, als man – in Grenzen – fehlende Sprachfähigkeit
kompensieren und nachholen kann, während das einmal zerstörte Leben unwiderruflich
vernichtet bleibt." (71).

Höffes Aufgreifen des *Ver*schränkungsvokabulars verweist hier indirekt auf Plessners Philosophische Anthropologie. Letztere enthält den philosophischen und interdisziplinär bewährbaren Nachweis dafür, dass die grenzenlose *Ent*schränkung von Leiblichkeit und sprachlicher Verkörperung nicht allein in das Potential zum Unmenschlichen
unter Menschen, sondern mehr noch zur Zerstörung des Lebendigen der Natur selber
führt, dem schon immer angehörend menschliche Lebewesen sich allererst als solche
spezifizieren können. Diese Einsicht ist für die gesamte evolutionsgeschichtliche und
ökologische Dimension der Globalisierung von höchster Relevanz, was leider nur okka-
sionell in den öffentlichen Medien (z. B. gelegentlich des „BSE-Kannibalismus") auf-
dämmert. Inzwischen müssen wir uns längst fragen, wie wir überhaupt noch geschichts-
mächtig gegen den technologisch möglichen Kurzschluss zwischen Unmenschlichem
im Besonderen und der Zerstörung von lebendiger Natur im Allgemeinen werden können. Die naturphilosophische Problemlage der Globalisierung, wie wir nämlich selbst der

lebendigen Natur spezifikationsbedürftig angehören, lässt sich nicht auf denjenigen ökologischen Aspekt beschränken, der bloß der soziokulturellen Gerechtigkeit zu addieren wäre (vgl. 418f.).

Systematisch gesehen kann sehr wohl in dem Zusammenhang der drei *nötigen* Minimalaspekte menschlicher Lebewesen ein – keineswegs exklusiver – Primat begründet werden, dessen Verkehrung wir als geschichtliche Fehlentwicklung längst kennen.[5] Die politische Teilhabe am Gemeinwesen und an Diskursen der Vernunftbildung setzt die Freiheit von körperleiblicher Unversehrtheit voraus, statt sie einfach zu implizieren. Um dieses Primates einsichtig zu werden, muss man nicht erst an schweren Krankheiten, Unfällen, Katastrophen, Supergaus, Flugzeugentführungen, Terroranschlägen, Bürgerkriegen und traditionellen Kriegen zwischen Staaten teilnehmen. Man stelle sich nur den umgekehrten Primat einmal vor, die schon zynisch werdende Gewährung von Partizipationsrechten an Menschen, deren Ernährungsstand es nicht erlaubt, den nächsten Tag zu überleben, was Hunderte von Millionen Menschen auf unserer Erde betrifft. Oder man denke sich die Primatverkehrung auch nur im Alltag einer kulturell pluralen Großstadt im Hinblick auf Zivilisationsstandards und unseres Gesundheitswesens im Hinblick auf die neuen medizinischen Technologien. Natürlich fehlt schmerzhaft etwas Nötiges, wenn (c) oder gar (b) fehlen. *Aber wenn (a) fehlt, ist nichts Nötiges (b und c) mehr möglich!*

Höffe selbst liefert in seiner klar von (a) negative Freiheitsrechte für das Leib- und Lebewesen über (b) positive Freiheitsrechte für das Denk- und Sprachwesen bis (c) Partizipationsrechte für das Sozial- und Politwesen Durchführung eine Vielzahl von Argumenten für den Primat in dieser Reihenfolge (vgl. 79, 88f.). Diese Primatsetzung folgt pragmatisch betrachtet im Hinblick auf Notsituationen zweifellos der Orientierung am kleineren Übel, um so etwas wie eine Aristotelische Vervollkommnung, hier: der demokratischen Qualifizierung von Recht und Staat, zu ermöglichen. Und nur weil Höffe so überzeugend den Primat von (a) über (b) nach (c) vertritt, kann er in der Legitimität der Zwangsbefugnis (vgl. 39f., 44f.) schon das Konstitutionsproblem von Recht (also nicht erst des Staates) erkennen und gegen Übermoralisierung die hilfreiche Unterscheidung zwischen geschuldeter Moral (Gerechtigkeit) und freiwilliger Moral (Wohltätigkeit) einführen, nach welcher Solidarität nicht einfach als geschuldet eingefordert werden kann (vgl. 89ff.). In dieser Primatfolge der Ergänzungsnot im Potentialitätsminimum liegt auch Höffes für die heutige Globalisierung überzeugende Bindung von Demokratie (im Sinne von partizipatorischer Volkssouveränität, 118) an die Menschenrechte und nicht etwa umgekehrt, was nur noch historisch bedingt einleuchten kann. Die *heute nötige Systematik* kann hier zu Recht der Genealogie, d. h. der Priorität in der nationalstaatlich historischen Reihenfolge, widersprechen. Um die Globalisierung, insofern sie denn geschichtlich neu ist, gestalten zu können, muss man auch konsequent historisieren. Menschliches Leben ist immer dem Problem einer „Gewaltgemeinschaft" (16)

---

5 Vgl. zu den geschichtlichen Primatwechseln zwischen naturaler Anthropologie, Lebensphilosophie und Politischem: H. Plessner, Macht und menschliche Natur. Ein Versuch zur Anthropologie der geschichtlichen Weltansicht (1931), in: ders., Gesammelte Schriften, Bd. V, Frankfurt a. M. 1981, X. Kapitel.

ausgesetzt, aber nie waren die Gewaltpotentiale, sowohl makrologisch für Staatenkriege als auch mikrologisch für Bürgerkriege, so destruktiv und infam wie heute.

Die Pointe des Primates von (a) liegt in seiner *Negativität*: Das Freihalten unserer körperleiblichen Versehrbarkeit *von* persönlicher Willkür und Gewalt setzt keinen positiven (z.B. biologischen) Determinismus in Gang, der dann (b) und (c) erledigen oder marginalisieren würde. Umgekehrt: Dadurch wird jene, minimal unverzichtbare Bedingung formuliert, welche die Entfaltung der soziokulturellen Zweitnatur menschlicher Lebewesen ermöglicht und erfordert, da wir ausschließlich biologisch betrachtet nicht einmal überlebensfähig sind. Unser Mangel an einer organismuszentrischen Eingespieltheit („preadaptiveness") auf Um-Welt lässt sich im semiotischen Kontinuum der lebendigen Natur (Peirce) nur durch eine dazu exzentrische Gegenbewegung der Verhaltenszentrierung überwinden. Diese Exzentrierung der Positionierungsmöglichkeiten kann in Grenzen mit den Soziokulturen von Säugern verglichen werden, eben in den Grenzen, in denen wir auch mit diesen zusammenleben können. Die Exzentrierung gewinnt aber erst mit der selbstreferentiellen Funktionsweise von Sprache und Gehirn eine geschichtlich stabilisierbare Dynamik. Selbst Schimpansen, dem nach unserer Erkenntnis (einschließlich nun der DNS-Codes) noch immer menschenähnlichsten Lebewesen, „fehlt der Sinn fürs Negative"[6] von einem exzentrisch stabilisierbaren Standpunkt aus, der uns schon immer vor uns selber so merkwürdig *ergänzungsbedürftig* macht:

„Weil dem Menschen durch seinen Existenztyp aufgezwungen ist, das Leben zu führen, welches er lebt, d. h. zu machen, was er ist – eben weil er nur ist, wenn er vollzieht – braucht er ein Komplement nichtnatürlicher, nichtgewachsener Art. Darum ist er von Natur, aus Gründen seiner Existenzform *künstlich*. Als exzentrisches Wesen nicht im Gleichgewicht, ortlos, zeitlos im Nichts stehend, konstitutiv heimatlos, muß er ‚etwas werden' und sich das Gleichgewicht – schaffen.[...] Exzentrische Lebensform und Ergänzungsbedürftigkeit bilden ein und denselben Tatbestand."[7] Die menschliche Lebensführung kann niemandem abgenommen und muss minimaler Weise jedem ermöglicht werden. Der Zusammenhang der drei Minimalaspekte, die menschliche Lebensführung nötiger Weise ermöglichen, ist der der *Ergänzungsbedürftigkeit* von (a) bis (c), nicht aber der kategorische Imperativ. In dieser Ergänzungsbedürftigkeit besteht der *kategorische Konjunktiv*, d. h. das für die spezifisch menschliche Lebensführung unbedingt nötige Minimum an Potentialität. Von daher werden auch alle Verwendungsweisen neuer Technologien beurteilbar, danach nämlich, unter welchen Bedingungen sie dieses Potentialitätsminimum nötiger Weise ergänzbar zu entfalten oder zu behindern und zu zerstören Gefahr laufen.

Macht man mit Plessners Philosophischer Anthropologie naturphilosophisch die *Negativität* (gegen positive Determinismen sowohl biologischer als auch soziokultureller Art) und geschichtlich die *Offenheit* für künftige Generationen stark, kann man auch die vertragstheoretische Tradition, die Höffe neu zu begründen versucht, anders lesen. Wir

---

6   H. Plessner, Die Stufen des Organischen und der Mensch. Einleitung in die philosophische Anthropologie (1928), Berlin/New York 1975, S. 270.

7   Ebenda, S. 310f.

geraten nämlich so dank Negativität und Offenheit in die Relation zu unserer eigenen Unbestimmtheit, die die Umstellung der Frage nach Selbstermächtigungen erfordert.[8] *Die „Metapher" des Vertrages (48 ff.) lässt sich dann als eine Antwort auf die Unbestimmtheit der Zukunft verstehen, die bestimmbar gemacht werden muss (kategorisch), um Lebensführung überhaupt zu ermöglichen, ohne ausschließlich und endgültig auf diese und keine andere Bestimmtheit festgelegt werden zu können (konjunktiv).* Daher tun Verfassungsverträge gut daran, sich nur auf einen Rahmen zu beschränken, zu dessen Einhaltung man sich geschichtlich selbst ermächtigen kann, eingedenk der Tatsache, dass die Zukunft die Selbstermächtigung in Frage stellen wird, und in der Hoffnung, dass diese Infragestellung nur positive Bestimmtheiten betreffen wird, auf welche man sich nicht in der Verfassung festgelegt hat. Zu dieser stets erneuten Interpretationsarbeit mit einer Verfassung passt gut Höffes durchdachte Spezifikation von (b) und (c) im Unterschied zu (a), vor allem der kooperationsabhängige und komparative Charakter der positiven Freiheitsrechte einschließlich des Rechts der Gemeinwesen auf Differenz (75f., 120f.). An den Vertragstheorien erscheint traditionell als unwirklich, dass sie von den doch vorliegenden positiven Bestimmtheiten dem Inhalte nach absehen und Unwissenheit über die eigene Lage der Vertragspartner postulieren, den berühmten Schleier des Nichtwissens (J. Rawls). Was diesbezüglich als unwirklich erscheint, könnte gerade in die Negativität (des Bruches von Menschen mit der naturalen Vorangepasstheit) und in den geschichtlich offenen Aufgabencharakter der Spezifik menschlichen Lebens hineinführen. Da die Beantwortung der Frage nach der Selbstspezifikation menschlicher Lebewesen modern niemandem sonst als ihnen selbst überantwortet werden kann, macht der Fokus auf verantwortliche Zurechenbarkeit, der in der Vertragsmetapher liegt, sogar Sinn. Man muss deshalb nicht der modernistischen Illusion verfallen, Schicksal, ein metaphysisch sinnvolles Thema, auflösen zu können. Die Vertragsmetapher hat so gesehen nichts mehr mit einer Vorentscheidung über entweder eine eher pessimistische (Hobbes) oder eher optimistische (Rousseau) Anthropologie der Philosophie zu tun. Bei Verfassungen (im Unterschied zu Gesetzen und Verordnungen), zumal bei der Verfassung von Globalisierungsprozessen, geht es nicht um Marktverträge über mehr oder minder bekannte (positiv bestimmte) Waren und Dienstleistungen, sondern um eine gemeinsame Konstitution dafür, *in einer tatsächlich für alle geschichtlich offenen Lage* das Potentialitätsminimum des Menschseins zu sichern. Wenn dies als künstlich erscheint, dann deshalb, weil der Wirklichkeit menschlicher Lebensführung in künftigen Konfliktlösungen künstlich aufgeholfen werden muss, oder man verfehlt diese Wirklichkeit von vornherein, ohne überhaupt Vorsorge zu treffen. Da wir nur in der uns eigenen, geschichtlich lebbaren Differenz aus der Negativität unserer Natur etwas Positives machen können, erschließt eine derartige Lektüre der Vertragstheorien etwas anderes als den alten Streit über das beste, rein transzendentale Fundamentalprinzip. Man könnte in Ergänzung zu Plessners Philosophischer Anthropologie mit Hannah Arendts historischer Anthropologie Verfassungen als grundlegende, langfristig ange-

---

8   Vgl. H. Plessner, Macht und menschliche Natur, a. a. O., S. 188 u. 196-200.

legte „Versprechen"[9] verstehen, die vor allem aus geschichtlich negativen Erfahrungen
Lehren ziehen, um einen Minimalrahmen für eine gesellschaftlich gemeinsame Zukunft
zu ermöglichen.

Ich möchte noch kurz zwei Anregungen von Höffe hervorheben, hinter welche die
Globalisierungsdiskussion m. E. nicht mehr zurückfallen sollte. Im philosophischen Sinne
heißt Pragmatismus (im Unterschied zum Utilitarismus), aus dem unglücklich machen-
den oder Handlungen paralysierenden Dualismus von hehrem Ideal und schnöder Realität durch funktionale Vermittlungsglieder in einen geschichtlichen Lernprozess hinaus-
zuführen. Höffe ist im besten Sinne Pragmatist, wenn er die „realistische Vision"
(429ff.) eines Weges in die „subsidiäre und föderale Weltrepublik" (225f.) durch das
Einziehen kontinentaler Stufen (306f.) zwischen den traditionellen Grenzen der Nationalstaaten und dem globalen Maßstab aufzeigt und dabei eine Vielzahl von Reformvor-
schlägen (z. B. zur UNO: 332ff., zum Weltrecht: 352ff., zu humanitären Interventionen:
393f., zum Ordnungsrahmen eines sozialen und ökologischen Weltmarktes: 399) unter-
breitet. Das bequeme Lamentieren über die US-amerikanische Hegemonie, während der
Lamentierer gleichzeitig Trittbrettfahrer dieser Hegemonie ist, hört in der verantwortlichen Teilnahme an der europäischen Integration und deren kompetitiver Kooperation
mit anderen kontinentalen bzw. regionalen Föderationen auf. Wenn sich Recht in der
normativen Modernisierung nur in den Grenzen der Gerechtigkeit legitimieren lässt,
dann kommt es pragmatisch darauf an, dies nicht nur für die Konstituierung und Nor-
mierung von Recht, sondern auch für seine Realisierung durchzuführen, was Höffe
konsequent tut. Bei der Limitierung der Rechtsrealisierung hält er sich nicht allein an
die globale Durchdeklinierung des universalen Rechtsstaatsgebotes, des Prinzips der
Gewaltenteilung, des universalen Demokratiegebotes und des bereits erwähnten Rechts
auf Differenz für Gemeinwesen. Höffe gewinnt aus der Subsidiarität eine Limitierung
der Legitimität von überhaupt staatlichen Kompetenzen, so dass diese Limitierung nach
dem Föderalismusprinzip für die Verteilung innerstaatlicher Kompetenzen fortgesetzt
werden kann. Seine säkulare und interkulturell aufschließende Modernisierung der
Subsidiarität (vgl. 126-140) kommt zu dem Ergebnis: „Staatliche Kompetenzen sind nur
dort und nur insoweit legitim, wie Individuen und vorstaatliche Sozialeinheiten ihrer
Hilfe bedürfen. Und im Rahmen einer gestuften Staatlichkeit sind die Kompetenzen so
weit unten anzusetzen, wie es der legitimatorischen Letztinstanz, den Individuen, gut
tut." (141).

Höffes zweite Leistung betrifft die anregende Überwindung eines anderen Dualismus, in den sich zu verbeißen viel Lebenszeit zu kosten pflegt, nämlich den von Institution und Mentalität. Statt die lebensfremde Diskussion fortzusetzen, wie Institution und
Mentalität einander ersetzen könnten, kommt es in der Tat darauf an, sie durch einander
zu ergänzen und aufeinander einzuspielen. Dadurch kann einerseits dem sich verselb-
ständigenden Leerlauf von Institutionen vorgebeugt werden, andererseits der dementsprechend um sich greifenden Demoralisierung, die zum heroischen Amoklauf einlädt.
„Nach ihrem normativen Status nehmen die Bürgertugenden eine Zwischenstellung

---

9   H. Arendt, Vita activa oder Vom tätigen Leben (engl. 1958), München-Zürich 1981, 34. Kapitel.

zwischen der zweiten, rein prudentiellen und der dritten, genuin moralischen Tugend-
stufe ein. [...] Sie nehmen die Aristotelische Unterscheidung des guten Menschen vom
guten Bürger auf und begnügen sich mit der Tugend des guten Bürgers." (222 f.).

Man mag schließlich und alles in allem gegen Höffes Gesamtentwurf einwenden,
diese Minimalanthropologie einer normativen Modernisierung sei eurozentrisch geraten.
Aber dieses Problem der Exzentrierung haben die anderen Kulturzentrismen natürlich
auch, worüber keine touristische Anlage eines *China town* hinwegtäuschen kann. Abgesehen davon, dass man bei solchem Einwand auf den Gegenentwurf also gespannt
sein darf, halte ich ihn insofern für nicht berechtigt, als wir alle trivialer Weise aus einer
bestimmten Kultur kommen und der erste Zauber interkultureller Kommunikation schnell
verfliegt, man also den zweiten Schritt kennen sollte. Was man das Europäische nennt,
ist gerade nicht in sich homogen, sondern die Herausforderung, in und mit der Pluralität
von Lebensformen auszukommen. Die europäische, vor allem deutsche Geschichte ist
von den Religionskriegen des 17. Jahrhunderts bis zu den ideologischen Weltkriegen
und dem kalten Krieg des 20. Jahrhunderts reich an negativen Erfahrungen. Ohne diese
negativen Erfahrungen würde man die australische, nord- und südamerikanische Geschichte, die Geschichte Afrikas und der arabischen Länder, des Nahen Ostens und
Russlands zwischen Europa und Asien, Indiens, Chinas und Japans nicht verstehen.
Wenn heute so schnell und leichtfertig vom außerwestlichen Fundamentalismus geredet
wird, dann wohl auch deshalb, weil er uns aus dem jüngsten europäischen Bürgerkrieg
im Heißen wie im Kalten noch so vertraut ist. Man muss also schon sehr genau hin-
sehen, was da jeweils aus der Vielfalt europäischer Erfahrungen als Lösungsbeitrag zur
Globalisierung empfohlen wird. „Globalisierungslegitim" kann nur sein, was die Welt
von den europäischen bzw. westlichen *Fehl*entwicklungen freihält durch ein philoso-
phisch-anthropologisches Minimum an strukturfunktionaler Vorsorge, die anderes Selbstverständnis allererst und gerade ermöglicht. Höffes Konzeption optiert für diese
europäische und mittlerweile westliche Lektion an nötiger Selbstkritik: „die globale
Verbreitung Europas, der eine Enteuropäisierung, bzw. die globale Verbreitung des
Westens, der eine Entwestlichung vorangegangen ist" (32). Es ist keineswegs so, dass
der Westen bzw. Europa historisch-empirisch gesehen längst die Universalität hätten,
die die Globalisierung legitimieren und limitieren kann. Legitimer Weise kann in der
Globalisierung nur dasjenige Potentialitätsminimum universalisiert werden, das die
Welt vor der Wiederholung westlicher bzw. europäischer Fehlentwicklungen bewahrt.
Dies gilt aber auch für nichtwestliche Kulturen, die ja nicht deshalb, weil sie nicht-
westlich sind, keine Fehlentwicklungen kennen. Gewiss liegt der Unterschied während
der letzten Jahrhunderte darin, dass zunächst Europa und dann die USA die Hegemonie
ausgeübt haben, also den ersten Schritt der Großmut gehen könnten. Solange sich der
Westen bzw. Europa global wie autoritär liebende Eltern benehmen, werden sie sich über
die Emanzipation ihrer „Kinder" noch wundern müssen. Längst gilt für den Westen im
Ganzen, allen voran für die USA, der alte Spruch: „Europa siegt, indem es entbindet."[10]

---

10 H. Plessner,Macht und menschliche Natur, a. a. O., S. 164.

Wer aus dem europäischen Bürgerkrieg seine *Lektion*, die *Ergänzungsbedürftigkeit nach der realen Ermöglichung des unverzichtbar Nötigen*, gelernt hat, muss sie für die strukturfunktionale Prävention des real möglichen Weltbürgerkrieges vertreten, ehe es zu spät wird. Die Kämpfe um Teilhabe am Weltbürgerrecht entflammen, bevor das Weltbürgerrecht etabliert ist, aus Ressentiments, die Demütigungen zwanghaft fixieren. Wenn wir aus der Geschichte des Christentums, Europas und des Westens etwas heute interkulturell Relevantes lernen können, dann das Problem der Ressentimentbildung (Nietzsche, Scheler), die Kommunikation verunmöglicht. Natürlich ersetzt die europäische Lektion keine interkulturelle Kommunikation, sondern schließt für eine solche auf, und zwar so, dass man in ihr die Wiederholung der vergleichsweise eigenen Fehlbildungen auch durch Andere nicht mehr übersehen kann, umso weniger den eigenen Anteil daran. – Ich gebe zu, dass meine, im Hinblick auf den Weltbürgerkrieg pragmatische Skepsis weder Höffes transzendentales Selbstverständnis noch seine empirisch optimistischeren Erwartungen treffen wird. Meine Skepsis beruht nicht auf der historisch eurozentrischen Interpolation, dass die Weltrepublik erst einem Weltbürgerkrieg wird antworten können, so wie erst jüngst die europäische Union aus dem europäischen Bürgerkrieg die Lehre zu ziehen beginnt. Was nicht zum Westen gehörig gehalten wird, ist im zentrischen Sinne viel westlicher und damit uns eigener, als man öffentlich hier *und* dort glaubt. Und was an reflexiver Selbstkritik (Exzentrierungspotential) der Vorteil des Westens sein könnte, ist viel schwächer ausgebildet, als man öffentlich in ihm annimmt.

Der fundamentale Kulturkampf gehört zu unserer eigenen westlichen Tradition von Fehlmodernisierungen. Ein „clash of civilizations" (vgl. Höffes Kritik: 29-33) wäre die globale Wiederholung des falschen Gleichen, von der wir nicht wissen können, ob diese Vergangenheit überhaupt noch einmal eine Zukunft hätte. *Für die inter*kulturelle Kommunikation relevant ist das *in* allen Kulturen *habituelle* Ungleichgewicht zwischen der Exzentrierung und der Rezentrierung von Verhaltensbildungen, wie es in der körperleiblichen Generationenfolge entstehen muss. Diese Unsicherheit in der Verhaltensbildung erfordert einen *geschichtlichen* Ausgleich der Zentrierungsrichtungen. Aber dieses Erfordernis ist derart unbestimmt, dass es verschieden in der Interpretation ermöglicht werden kann. Will man interkulturell die Ausbalancierung Generationen übergreifend und ohne Ressentimentbildung fördern, brauchen wir eine neue „Politik der Mentalitäten" (W. Lepenies) und des „Lastenausgleichs" (G. Grass) angesichts des „Elends der Welt" (P. Bourdieu). Aber die Überwindung dieser Defizite, die schon in der deutschen und europäischen Einigung, dem welthistorisch vergleichsweise kleinen Testfall, auffielen, gedeiht nur schwerlich. In dieser pragmatischen Differenz zwischen Empirischem und Transzendentalem liegt die Schwierigkeit geschichtlicher Diagnosen, zu denen insbesondere der dritte Teil von Höffes Buch einlädt.

Über dasjenige, welches man aus geschichtlicher Erfahrung in den Formen von Staat und Recht gerinnen lassen kann, hinausgehend, brauchen wir eine neue Thematisierung von zukünftiger Geschichtlichkeit, die uns freihält von linearen und alles umfassenden Mythen entweder eines einzigen Fortschrittes oder eines einzigen Verfalls. Geschichtlich offen wird die Gegenwart, insofern ihr expressiver Vollzug von derjenigen Zukunft abweicht, welche auf die Wiederholung des Vergangenen hinausliefe, ob im Guten oder

Schlechten, wie man später besser weiß. Die Nachwachsenden übernehmen in ihre leibhaftige Expression die ihnen übermittelten Körpertechnologien anders, als sie ihnen von den Elterngenerationen tradiert wurden. Die für die menschliche Natur konstitutive Fraglichkeit[11] wird den Nachwachsenden nicht derart intellektuell bewusst, sondern in ihrer körperleiblichen Abweichung von den Eltern und deren gesellschaftlich funktionalisierten Rollen. Die Nachwachsenden antworten expressiv auf eine generationenlange Abnabelung (von der ersten bis zu ihrer zweiten Geburt: Plato).[12] Mit jeder neuen Generation von Körperleibern wechselt geschichtlich der Gehalt ihrer (apriorischen) Ermöglichung und (aposteriorischen) Realisierung. Darauf kann man politisch setzen. Wenn etwas sinnvoll in der Generationenfolge ist, dann die Unterbrechung der Tradierung von Ressentiments, die blind und taub machen.

Vom Fall der Berliner Mauer und dem Zusammenbruch der Sowjetunion bis zur terroristischen Zerstörung des World Trade Center, wir sind weltgeschichtlich erneut in die Frage gestellt. In einem *Weltbürgerkrieg wird um die Teilhabe am Weltbürgerrecht in alten und neuen Kriegsformen gekämpft.* Demütigungen haben sich seit langem zum Ressentiment der Moralen (Scheler) ethisch-material verdichtet. Aber warum dürften wir nichts Drittes entwerfen, das sich gegen den makabren Traum vom Ende der Geschichte wie auch gegen den blutigen Alptraum von ihrer einfach kriegerischen Fortsetzung richtet? Situationen, die den Namen „geschichtlich" verdienen, haben Menschen in die ihnen eigene Unbestimmtheitsrelation – zwischen durch die Geschichte bedingt werden und sie bedingen zu können – gestellt. Ein Großteil falscher Versprechen beruhte darauf, Menschen die ihnen wesentliche Unbestimmtheit nach alten Bestimmungsmustern ideologisch abnehmen zu können. Wie viel Zeit und Energie haben wir Deutsche seit 1990 damit verloren, die Offenheit der Lage nach vertrauten Mustern wieder klein- und zuzureden, statt die weltgeschichtliche Aufgabe Europas, ihre Bedingungsanalyse und Szenarien in Angriff zu nehmen, um urteilsfähig zu werden im Hinblick auf das pragmatisch nötige Minimum, was unter welchen Bedingungen besser oder schlechter wäre.

Der diesbezügliche Maßstab schien in der mehr oder minder im Westen verwirklichten Moderne vorgegeben zu sein. Moderne wurde oft als eine Umkehrung der Richtung, in der verzeitlicht wird, verstanden.[13] An die Stelle der Orientierung an der Tradition und deren Wiederherstellung trete die Orientierung auf Zukunft und an deren Neuheit, eine Umkehrung des Traditionalismus in Futurismus. Nun ist aber aus den Futurismen die der Moderne eigene Tradition der ständigen Überbietung des Alten durch Neues geworden. Fragt man nach den Mechanismen, durch die sich eine derart selbst traditionale, nicht mehr von anderen Traditionen zehrende Moderne stabilisieren lässt,

---

11 Vgl. H.-P. Krüger, Die Fraglichkeit menschlicher Lebewesen. Problemgeschichtliche und systematische Dimensionen, in: H.-P. Krüger/G. Lindemann (Hrsg.), Philosophische Anthropologie im 21. Jahrhundert, Berlin 2006, S. 15-41.

12 H. Arendt hat, gegen Totalitarismen verständlich, viel Hoffnung auf Natalität gesetzt. Vgl. zu letzterer: H.-P. Krüger, Zwischen Lachen und Weinen. Bd. I, a. a. O., 6. Kapitel; Bd. II, S. 105-118.

13 Vgl. R. Koselleck, Vergangene Zukunft. Zur Semantik geschichtlicher Zeiten, Frankfurt a. M. 1979, I. Teil.

wird häufig auf binäre Schematismen (sozial- und kulturwissenschaftlich) bzw. Dualismen (exklusive Alternativen in der Philosophie) verwiesen. Sie reduzieren – als mediale Katalysatoren für selbstreferentielle Systembildungen – die Komplexität der Umwelten und transformieren Unwahrscheinliches in wahrscheinlich Reproduzierbares. Dadurch werde – systemisch und medial betrachtet – „Sinn" enorm „temporalisiert" (Luhmann). Den damit verbundenen „ökologischen Gefahren" könne, wolle man hinter diese „evolutionäre Errungenschaft" nicht zurückfallen, durch Pluralisierung der Selbstreferenzen, Steigerung ihrer Kapazitäten zur Selbstbeobachtung und deren begrenzte strukturelle Kopplung begegnet werden.[14] Bei aller Pluralisierung binärer Schematismen und ihrer reflexiven Steigerung, sie selbst werden so durch keine Drittheit in Frage gestellt.[15] Ebenso wenig wird ihre futuristische Temporalisierungsrichtung zum Problem und dementsprechend begrenzt. Dies leistet auch nicht Derridas Gerechtigkeit, insofern sie stets im Kommen bleibt. Andererseits betrifft die Dekonstruktion vorzüglich die binären Schematismen, wenngleich auf keine soziologisch konstruktive Weise. Habermas vertritt – in seiner Prozedur des kommunikativen Handelns – gegenüber Luhmann und Derrida eine viel stärkere Grenzfunktion für die strukturellen Kopplungen durch Öffentlichkeit zugunsten der Lebenswelt. Aber bei allem praradigmatischem Streit zwischen diesen drei Schulen, sie halten doch alle am Bild einer innovativen, plural strukturierten und zentrumslosen Moderne von (systemischen, ur-schriftförmigen, prozeduralen) Dezentrierungen fest, um alle Abweichungen davon (kognitiv, schrifthermeneutisch, transzendentalpragmatisch) zu kritisieren.

Gegenüber dieser Fluchtlinie der mehr oder minder geglückten Erfolgsgeschichte der Moderne in ihren heute westlichen Zentren hat es immer auch Gegenbewegungen der Peripherien, der Reregionalisierungen, der Retraditionalisierungen, kurz und zusammenfassend: der Rezentrierungen durch geschichtlich expressive Antwort der Nachwachsenden bis zu deren Selbstopfer im Opfer der Anderen gegeben. Deren Erklärungsbedürftigkeit wächst angesichts mental-struktualer Vergleichbarkeiten in der heutigen und absehbar künftigen Weltlage. Versteht man die eigene, inzwischen gefährdete Erfolgsgeschichte nicht in philosophischen Dualismen (bzw. soziosemiotisch in binären Schematismen), wird man frei zu der – auch präventiven – Erklärung der Bedingungen, unter denen sich solche Gegenbewegungen formieren und darunter auch nicht zwangsläufig verkehren müssen. Nimmt man hingegen die eigene Problemgeschichte der westlichen Moderne als einen Determinismus, der in so etwas wie dem „Europäischen Bürgerkrieg" habe enden müssen, wird man auch leicht geneigt sein, künftig auf eine Art von „Weltbürgerkrieg" zu interpolieren. Demgegenüber könnte es sich lohnen, sowohl die eigene westliche Problemgeschichte als auch deren heutige Globalisierung einer anderen Bedingungsanalyse zu unterziehen. Diese Untersuchung müsste weder

14 Vgl. N. Luhmann, Soziale Systeme. Grundriss einer allgemeinen Theorie, Frankfurt a. M. 1984.

15 Luhmanns Figur des *reentry*, der Wiedereinführung eines binären Schematismus in sich selbst, wehrt ausdrücklich den *exit*, den Ausgang in Drittes und Drittheit, ab. Vgl. H.-P. Krüger, Die Antwortlichkeit in der exzentrischen Positionalität. Die Drittheit, das Dritte und die dritte Person als philosophische Minima, in: H.-P. Krüger/G. Lindemann (Hrsg.), Philosophische Anthropologie des 21. Jarhunderts, Berlin 2006, S. 166-173.

„realistisch" auf die traditionell kriegsbewährten Hegemonieformen (C. Schmitt) zurückgreifen, da ein „clash of civilizations" (Huntington) unvermeidlich sei, noch „idea-
listisch" das zwischenzeitliche „happy end" in den westlichen Modernezentren zum
letzten normativen Maßstab für das Ende der Geschichte (Fukuyama) erklären.

Aus der Sicht der abgeklärten „Dezentrierungen" erscheint die eigene Problemgeschichte der westlichen Moderne (von den Religionskriegen des 17. Jahrhunderts bis zu
den Weltanschauungskriegen des 20. Jahrhunderts) als eine Ansammlung von Messia-
nismen, Missionierungen, Absolutismen, Totalisierungen und deren Säkularisierungen
von rechts und links. Was hier aus der eigenen Geschichte bestens bekannt ist, wird
inzwischen den heute Anderen und Fremden („Islamisten") wohl strukturell zu Recht
zugeschrieben. Plessner hat als ersten analytischen Schritt eine historische Kombination
der beiden folgenden Methoden vorgeschlagen, nämlich einerseits der „konfessionssoziologischen Betrachtung profaner Gebiete, die zur Hauptsache auf Weber und Troeltsch
zurückgeht" und mit dem „Begriff der *Verweltlichung* eines ursprünglich überweltlich
gewesenen Gutes" arbeitet, und andererseits der Bestimmung äquivalenter Funktionen,
die von Marx und Nietzsche herkommt: „Die Stelle im Funktionszusammenhang des
Lebens bleibt, d. h. sie überdauert als Haltung einer Gläubigkeit, als Bedürfnis, als Gewohnheit des Wertens, als Vorurteil u. s. w. den Gehalt, der sie ausfüllt. Die funktions-
los gewordenen Formungen und Haltungen füllen sich mit neuem Gehalt und werden
wieder funktionsfähig – nur in anderem Sinne."[16] Was bedeutet dieser analytische Blick
im ersten Zugang auf den Islamismus?

Angeblich soll der Islam keine Reformation kennen und zu keiner Reformation fähig
sein. Was sagt dies über die eigene Vorstellung von der Reformation des Christentums
aus? Sie erscheint in dieser merkwürdigen Erinnerungspflege als die friedfertige und
gutartige Pluralisierung des Christentums, welche das Erstrebenswerte, d. h. die säkulare
Selbstvergottung des Menschen, vorbereitet habe. Laut dieser Geschichtsklitterung dürfte
es keine Enteignungen, keinen Dreißigjährigen Krieg, keinen „Krieg den Palästen" (Th.
Müntzer), keinen niederländischen und schweizerischen Befreiungskrieg, keine Gegenreformation, keine Emigration von Europa in die späteren USA und deren religiöse
Entwicklung bis heute gegeben haben. Der anthropologische Zirkel (Foucault), d. h. die
säkulare Selbstermächtigung zum Menschsein, kommt sich wie das Telos und damit das
Ende der Geschichte vor. Aber was heute als „Mensch" gilt, muss sich nicht immer schon
als Mensch verstanden haben, und es muss sich auch nicht für alle künftigen Zeiten so
verstehen. Zum anderen findet die Reformation des Islams im Westen längst statt, denkt
man an die 2. und 3. Generation der islamischen Einwanderer. Und sie findet nicht
minder vielfältig als die Reformation im Christentum statt. Da der Islam durch seine
Immigration seine frühere Einbettung in die sozialen, kulturellen und politischen Verhältnisse der Heimatländer verloren hatte, musste er im Westen neu gebildet werden. Es
entstand eine „Nähe" der Nachwachsenden zum Leben des Mohammed, die frei wurde
von den alten institutionellen Vermittlern, Umwegen und Autoritäten (O. Roy). Sie lud

---

16 H. Plessner, Die verspätete Nation. Über die politische Verführbarkeit bürgerlichen Geistes (1935/
1959), Frankfurt a. M. 1974, S. 196.

zudem zur missionarischen Selbstermächtigung ein, da diese Nähe Selbstwertschätzung versprach, wo die Integration in den Westen versagte. Wen wundert es, wenn doppelt Desintegrierte, die ein interkultureller Wertekonflikt am eigenen Leibe zerreißt, auf eigene Faust zu leben beginnen? Einen Zipfel von Prophetie für ihre Aufgabe erhaschen, in dem Meer der Ungerechtigkeiten und Ressentiments Zeichen zu setzen? Diese Zeichen werden vergleichsweise in der ganzen, aus unserer Reformation bekannten Palette artikuliert, die von neuen humanistischen Gelehrten, die zu westlichen Skeptikern werden, über neue Wilhelm Tells und „Räuber" (F. Schiller) bis zu neuen Bauernkriegern und Bilderstürmern reicht. Ohne eine erneute Islamisierung der Herkunftsländer werden diese nicht zu ihrer eigenen Demokratisierung von unten reif, und darum tobt dort noch länger der Bürgerkrieg mit Brudermord. – Selbst wenn es nur einen echten Ring unter den drei abrahamitischen Weltreligionen gegeben hätte, müsste man ihn verloren machen, so Lessing in der Ringparabel seines „Nathan der Weise". Dann können die Anhänger aller drei um das bessere personale Leben friedlich wetteifern.

Wenn die Befreiung von den problematischen Verkehrungen in der Geschichte des Westens keine allein zufällige noch eine allein deterministische gewesen sein soll, müsste anders gefragt werden: Worin bestanden seinerzeit in der westlichen Problemgeschichte Potentiale zur Dezentrierung, auch wenn sie sich nicht breitenwirksam realisiert haben? Unter welchen Bedingungen hätten sie sich entfalten können? Und im Rahmen welcher wohl unterscheidbarer Grenzen müssen sich Rezentrierungen nicht verkehren? – In derartigen Umstellungen wird – im Gegensatz zur Fortsetzung der geläufigen Dualismen respektive binären Schematismen – etwas Drittes in Anspruch genommen, nämlich dass es unter bestimmten Bedingungen, d. h. *unter geschichtlich nötigen Möglichkeiten, hätte anders kommen können*. Es handelt sich dann nicht mehr um das dualistische Nacheinander von historischen Zivilisationsbrüchen („Entfremdung") einerseits und Phasen einer „posthistoire" (dem glücklichen oder unglücklichen Ende der Geschichte) andererseits. Es geht dann nicht mehr um diese (z. B. Foucaults) oder jene (z. B. Habermas', Luhmanns) Festschreibung der Moderne, auch nicht unter einem neuen Titel (Postmoderne, reflexive Moderne etc.), sondern darum, sie auch künftig für andere und auf diesem Umwege für einen selbst *in der weltgeschichtlichen Revision halten zu können*. Dies könnte in dem Maße gelingen, in dem gleichzeitig die nötigen Re- und Dezentrierungen in unter bestimmten Strukturbedingungen angemessenen Grenzen ausbalanciert werden. Aus dem geschichtsphilosophischen Nacheinander würde eine Gleichzeitigkeit des bislang für ungleichzeitig Gehaltenen.

Die Rekonfessionalisierungen und Reideolgisierungen sind im Gange, als ob schon wieder in entweder dieser oder jener Bestimmtheit der Antwort unsere gemeinsame Fraglichkeit ertränkt werden müsste. Die unbedingte Sucht nach Verhaltenssicherheit gibt die grundsätzliche Verhaltensunsicherheit der Ausgesetzten zu erkennen, ohne mit letzterer kulturell angemessen umgehen zu können. Ausgesetzte können aber ihr gebrochenes Ausdrucksverhalten auch voreinander ausstellen. *Vor der Negativität der Natur sind alle gleich fraglich, mithin einer geschichtlichen Antwort – auf Revision im Lernen – Bedürftige.* Man kann das Leiden der schon wieder geopferten Körperleiber oder auch ihren Überschwang in der Freude zum Performativitätstest, in welchem sich jede(r) zu seiner/ihrer Körper-Leib-Differenz zu verhalten hat, exponieren, öffentlich vom Körpertheater bis in die Massenmedien. Den arabischen Sendern und indischen Networks werden chinesische in englischer Sprache folgen. Gerade die neuen audiovisuellen Medien können dabei helfen, die Pluralität der Gesellschaften und Kulturen zu erkunden, weil sie – im Unterschied zu den Printmedien – im Ausdrucksverhalten aller Lebewesen ansetzen können. Sie können leiblich in die Teilnahme an allem Lebendigen ziehen. Das kann der Karneval von Rio oder die Abholzung des Regenwaldes sein. Alles Lebendige hat leibliche Aspekte, d. h. solche, die für das Lebendige selbst nicht umkehrbar, nicht austauschbar und nicht vertretbar sind. Wir sind dagegen stark auf vernünftige Selbstbeherrschung und entsprechende Verkörperungen getrimmt, d. h. darauf, auch Lebendiges vertretbar, austauschbar und reversibel zu machen. Insofern die neuen Medien diese Spannung zwischen den „Körpern" und den „Leibern" für alle Sinne wahrnehmbar vorführen, geraten wir in echte Konflikte des Werturteils. Wir werden dann als Personen, die nicht ohne die Differenz zwischen Leiblichem und Körperlichem existieren können, sinnlich angesprochen und so nicht nur sprachlich, sondern in unserem Verhalten in Frage gestellt: „Denn der Begriff des Menschen ist nichts anderes als das ‚Mittel', durch welches und in welchem jene wertedemokratische Gleichstellung aller Kulturen in ihrer Rückbeziehung auf einen schöpferischen Lebensgrund vollzogen wird."[17]

---

17 H. Plessner, Macht und menschliche Natur, a. a. O., S. 186.

II. TEIL: DIE PHILOSOPHISCH-ANTHROPOLOGISCHE KRITIK DER EUROPÄISCHEN MODERNE

4. Anthropologische Kritik der Philosophie und Philosophische Kritik der Anthropologie

Zur systematischen Problemlage moderner Philosophien

Viel zu oft wird für „systematisch" ein bestimmter Fragenkreis gehalten, in den man durch lebensgeschichtliche Zufälle hinein geraten ist und aus dem man durch institutionelle Schutzwälle selten wieder herausfindet, auch dann, wenn man längst ahnt, einer hermeneutischen Vorurteilsstruktur aufzusitzen. In dieser Struktur sind einem die Fragen und Antworten so selbstverständlich wie ein Schachspiel geworden, dass alle möglichen anderen Fragen und Antworten abgewiesen werden, nicht nur durch Argumente, sondern auch aus einer Macht der Gewohnheit und einer schulpolitisch autorisierten Abschirmung heraus. Da man sich in der Vielfalt des Philosophierens nicht auskennt, hält man häufig die eigene Tradition oder Schule für die moderne Philosophie oder gar abendländische Philosophie überhaupt. Umso leichter fällt es dann anderen, die nicht mehr als eine andere Tradition oder Schule kennen, eine Kritik der modernen oder gar abendländischen Philosophie schlechthin zu schreiben. Dieses Imponiergehabe in einer Dauerinflation des Wörtchens „Kritik" der Moderne und des Abendlandes kennen wir alle nur zu gut aus den letzten Jahrzehnten. Es ist ein Zitat entsprechender Titel aus dem ersten Drittel des 20. Jahrhunderts, und es hat, abgesehen von Lockerungsübungen, der philosophischen Tätigkeit nicht weiter geholfen. Nicht einmal die seinerzeitigen Markennamen sind noch gegenwärtig. Sie sind in geschichtlich gewordenen Readern und Sammelbänden entschwunden, mal zu diesem oder jenem „Post-ismus", mal zu diesem oder jenem „Turn" und „Return". In der Filmindustrie nennt man es *Remake*.

Fragt man nach einer Alternative zu dem, was Habermas trennscharf und höchst strittig den „Philosophischen Diskurs der Moderne" (1985) genannt hat, besteht in dem folgenden Thema ein Aspekt einer solchen Alternative: Der dualistische Mainstream moderner Philosophie kritisiert Anthropologien, und diese kritisieren ihn, beide teils in wechselseitiger Ignoranz, aber zu kritischeren Zeiten dann doch in einem sich systematisch hochschaukelnden Prozess wechselseitiger Kritiken. Die anthropologische Kritik der Philosophie und die philosophische Kritik der Anthropologie folgen nicht beide einem einzigen reflexiven Prinzip, wie es Habermas anhand Kants und Hegels als den Ursprung der sich selbst kritisierenden Moderne ausgemacht hat.[1] Dieses Modell eines einzigen Reflexionsprinzips lässt sich auch nicht dadurch retten, dass man es vom Selbstbewusstsein in die Reflexionsstruktur der sprachlichen Intersubjektivität trans-

---

1 Vgl. J. Habermas, Der philosophische Diskurs der Moderne, Frankfurt a. M. 1985, S. 26-33, 42-57.

formiert.[2] Demgegenüber gibt es in der Moderne i. w. S. mindestens zwei, sich grundsätzlich in Frage stellende Weisen zu philosophieren, deren Wettbewerb man nicht ausweichen, sondern besser fair austragen sollte. Ich behandele mein Thema nun in fünf
Schritten.

1. Der Unterschied zwischen A) „philosophischer Anthropologie",
   B) „Philosophischer Anthropologie" und
   C) „anthropologischer Philosophie"

Der Ausdruck „philosophische Anthropologie" ist mindestens zweideutig. Es kann damit
eine Subdisziplin in der Philosophie (A) und eine philosophische Richtung (B) gemeint
sein.

Zu A): Schreibt man „philosophische" in dem Ausdruck „philosophische Anthropologie" klein, meint man meistens die gleichnamige Subdisziplin innerhalb der Philosophie als Fach. Diese Subdisziplin wertet die biomedizinischen, soziokulturwissen-
schaftlichen und geschichtlich-geisteswissenschaftlichen Disziplinen hinsichtlich der
wesentlichen Dimensionen des Menschseins im Ganzen aus. Sie versucht, die erfahrungswissenschaftlichen Teildimensionen zu einer Gesamtansicht von der Spezifik dieser
Art und Weise von Lebewesen zu integrieren. Dabei entstehen philosophische Fragen
wie die nach den Grenzen und nach der Gewichtung der einzelnen erfahrungswissenschaftlichen Bestimmungen für die Wesensspezifikation von Menschen im Ganzen.
Anthropologie führt, bei all ihrer erfahrungswissenschaftlichen Bestimmtheit und Bedingtheit, in ihrer integrativen Aufgabe zwei philosophische Stolpersteine mit sich: Was
ist wesentlich und unwesentlich in der Lebensführung dieser Art und Weise von Lebewesen? Und: Inwiefern überschießt die Lebensführung im Ganzen dasjenige, was man
anthropologisch von ihr nicht nur erfragen, sondern auch beantworten kann?

Zu B): Schreibt man „Philosophische" in dem Ausdruck „Philosophische Anthropologie" groß, geht es um eine philosophische Untersuchung derjenigen Voraussetzungen,
welche die anthropologischen Fragen und Antworten praktisch ermöglichen. Darunter
gibt es Voraussetzungen, die man z. B. in der Biomedizinischen Anthropologie machen
muss, ohne sie dort einholen zu können, weil man dafür eine Sozial- und Kulturanthropologie braucht. So kann man die Bewertung von menschlichem Verhalten als gesund
oder krankhaft nicht untersuchen, ohne die Maßstäbe für personale Rollen in einer
Gesellschaft und Kultur genauer zu thematisieren. Unter den praktischen Voraussetzungen interessieren aber gerade auch solche, die von erfahrungswissenschaftlichen Anthropologien generell gemacht werden, *ohne* sie restlos auf eine erfahrungswissenschaftlich-anthropologische Weise erklären zu können. Es handelt sich dann um die
Präsuppositionen erfahrungswissenschaftlicher Anthropologien. Es geht so um eine philosophische Untersuchung der Ermöglichungsbedingungen anthropologischen Fragens

---

2   Vgl. ebenda, S. 345-351, 360-379.

und Antwortens, sei es ihrer Fortsetzung, sei es ihrer Grenzen dem Wesen nach und während der Lebensführung im Ganzen. Die beiden genannten Stolpersteine der Anthropologie werden mithin selbst philosophisch thematisiert.[3]

Häufig wird die berechtigte Wertschätzung der Erfahrungswissenschaften übertrieben, dann nämlich, wenn ihre Erkenntnis als je einmal *vollständige* (statt geschichtlich begrenzte) vertreten wird, und dann, wenn ihre in Methodenfragen nötige Reduktion von Komplexität auf die Lebensführung im *Ganzen* übertragen wird. Diese beiden Überhöhungen haben sich durch Missverständnisse hindurch zu einer Abwehr philosophischer Fragen verfestigt. Die Frage nach dem Wesentlichen oder Unwesentlichen in der menschlichen Lebensführung wird aufgegeben, da sie als ein „Essentialismus" erscheint. Und die Frage nach dem Ganzen wird zwar noch als der Hintergrund des Ganzen der Sprache, im Sinne des Holismus der Sprache, geduldet, aber darüber hinausgehend sehr schnell als ein vermeintlicher „Substanzialismus" abgelehnt. Hat man diese philosophischen Fragen erst einmal mit diesen Schlagwörtern des Essentialismus und des Substanzialismus fehlgeschlossen, gelten schon die Fragen als „vormodern". Umgekehrt wundert dann nicht mehr, dass das, was als „modern" erscheint, selten für die Lebensführung noch relevant sein kann, weil man in ihr schon aus Zeitdruck nicht um die beiden Unterscheidungen wesentlich-unwesentlich und Teil-Ganzes herumkommt.

Es ist daher doch angebracht, sich kurz die praktischen *Konsequenzen* zu vergegenwärtigen, die eintreten würden, folgte man in der Lebensführung tatsächlich der Voraussetzung, dass man sie nach dem Modell der vollständigen und reduktiven empirischen Erkenntnis gestalten könne. Wollte man die beiden Restfragen nach dem Wesen und Ganzen der menschlichen Lebensführung *vollständig* in erfahrungswissenschaftlich-anthropologische *Empirien* auflösen, müsste man konsequenterweise die Auflösung des „Restes" auf sich nehmen, also zumindest fortan Folgendes tun: Man müsste die biomedizinischen Anthropologen, die in ihren Labors gerade Versuchspersonen untersuchen, ihrerseits und gleichzeitig in Versuchspersonen verwandeln, die in sozial- und kulturanthropologischen Labors erforscht werden. Und man müsste die Kultur- und Sozialanthropologen gleichzeitig in Versuchspersonen verwandeln, die in geschichtlich-geisteswissenschaftlichen Labors untersucht werden, während synchron die geschichtlich-geisteswissenschaftlichen Anthropologen als Versuchspersonen in biomedizinisch-anthropologischen Labors fungieren. Natürlich müssten auch die Sozial- und Kulturanthropologen gleichzeitig Versuchspersonen in den biomedizinisch-anthropologischen Labors werden, während sich die biomedizinischen Anthropologen auch von den geschichtlich-geisteswissenschaftlichen Anthropologen gerade teilnehmend beobachten ließen. Um dem Prinzip der Vollständigkeit in einem zugleich die Komplexität *reduzierenden* Sinne Genüge zu leisten, wären schließlich nicht nur alle *anderen* Anthropologen einer Hirnstrommessung durch die biomedizinischen Anthropologen zu unterziehen, während diese Anderen annehmen, eine nichtbiomedizinische Untersuchung

---

3 Vgl. H.-P. Krüger, Die Fraglichkeit menschlicher Lebewesen. Problemgeschichtliche und systematische Dimensionen, in: H.-P. Krüger/G. Lindemann (Hrsg.), Philosophische Anthropologie im 21. Jahrhundert, Berlin 2006, S. 15-41.

anzustellen. Vor allem die biomedizinischen Anthropologen müssten sich gegenseitig als Versuchspersonen behandeln, während sie annehmen, biomedizinisch-anthropologische Untersuchungen auszuführen. Insbesondere müsste man, der Reproduzierbarkeit wegen, die gegenseitig implantierten Gehirnelektroden einem vergleichbarem Stromstoß aussetzen, ohne vor Aufregung zu zittern, weil man dem anderen nicht zuvorkommen könnte.

Offenbar führt das Prinzip der *vollständigen* empirisch-anthropologischen, am besten noch *reduktiven* Erkenntnis *praktisch* zu absurden Konsequenzen. Es wäre nicht nur so, dass keine der Anthropologinnen noch zu einer Lebensführung käme, um die es ursprünglich doch als Thema ging, von den nichtakademischen Versuchspersonen noch ganz zu schweigen. Es käme auch keiner der beteiligten Anthropologen noch zu einer anthropologischen Untersuchung, für die wohl zumindest die Untersucher einen gewissen Verhaltensspielraum benötigen, um Korrelate an den Versuchspersonen feststellen zu können. Worum es anthropologisch gehen sollte, z. B. Leben als Zusammenspiel von Physis und Psyche, Sprache als symbolisches Zusammenspiel der Sinneskreise von Auge, Hand und Stimmen, und die Zukunft der anthropologischen Forschung selbst, wären so in der Tat abgeschafft worden. Dieser Schildbürgerstreich wäre in der Konsequenz einer totalitären Gesellschaft nur allzu ähnlich geraten. Der Zusammenhang zwischen Lebensführung und erfahrungswissenschaftlicher Empirie wäre dem Wesen nach und im Ganzen verkehrt worden. Empirie sollte Sinn machen.

Daher plädiere ich doch dafür, an diesen kleinen philosophischen Rest- oder Grenzfragen nach dem Wesentlichen und Ganzen der menschlichen Lebensführung festzuhalten, damit die *Ermöglichung* nicht von vornherein in der *Verunmöglichung* des Gegenstandes der Untersuchung verschwindet. Die Reproduzierbarkeit des Gegenstandes der anthropologischen Forschung ist nicht das selbstverständliche Resultat der anthropologischen Untersuchung. Sie wird noch von etwas anderem als ihrem eigenen hermeneutischen Zirkel ermöglicht. Daher erfolgt die philosophische Rekonstruktion der lebens- und forschungspraktischen Präsuppositionen der Anthropologien in der Philosophischen Anthropologie. Dieser Rekonstruktion dient ihre Wende vom transzendentalen Subjekt (als dem vermeintlichen Konstitutionszentrum) weg zu den lebens- und forschungspraktischen Reproduktionsbedingungen des Gegenstandes hin. Die philosophisch-anthropologische „Wendung zum Objekt"[4] soll abwehren, den Gegenstand nicht nur thematisch zu verfehlen, sondern zu lädieren, gar bereits im methodischen Zugang auszulöschen.

Wer z. B., dem dualistischen Mainstream moderner Philosophie seit Descartes gemäß, Lebendiges vor die *exklusive* Alternative stellt, es habe entweder physisch oder seelenhaft zu sein, begegnet nicht Lebendigem. Lebendiges verhält sich sowohl physisch als auch psychisch, sobald man mit ihm interagiert. Wer geistiges Leben vor die exklusive Alternative stellt, es habe entweder psychophysisch oder spirituell zu antworten, gewinnt keinen Zugang zu ihm, dem geistigen Leben, weil es sich sowohl psychophysisch als auch geistig verhält, gelänge die Interaktion mit ihm. Dieses Beispiel für eine *phi-*

---

4   H. Plessner, Die Stufen des Organischen und der Mensch. Einleitung in die philosophische Anthropologie (1928), Berlin 1975, S. 72.

losophisch-phänomenologische Zugangsmethode (im Sinne Max Schelers) schließt *erfahrungswissenschaftlich* ein, dass die genannten exklusiven Alternativen für Korrelatebildungen zu bestimmtem funktionalen Zweck und unter bestimmten reproduzierbaren Bedingungen verwendet werden können. Sie sind für die Gewinnung bestimmten und bedingten, also positiven Wissens für Standardbeobachter nötig. Nur, diese erfahrungswissenschaftliche Methodik gestattet keine Antwort auf die Frage nach dem Wesentlichen und Ganzen von Lebendigem und geistigem Leben. Ernst Cassirer hat früh (1910) in dem Übergang von Substanz- zu Funktionsbegriffen erkannt, dass die erfahrungswissenschaftliche Methodik keine Wesens- und Ganzheitsfragen beantworten kann, sondern voraussetzen muss, wenn die funktionalen Korrelationen nicht sinnlos werden sollen.[5]

Plessner nennt nun C) „anthropologische Philosophie" eine Konzeption, in der der Übergang von A) philosophischer Anthropologie zu B) Philosophischer Anthropologie derart übersprungen wird, dass sie sich die *positive* Bestimmung des Wesens und Ganzen der spezifisch menschlichen Lebensführung zutraut. Die Konsequenz wäre dann die, dass das Künftige auf eine definitive Wiederholung des gewesenen Ganzen zusammenschrumpft. Dafür muss man ein positives Absolutum in Anspruch nehmen, so bei Feuerbach einen humanistischen Materialismus, bei Herder einen Pantheismus, bei Cassirer die transzendental-empirische Arbeitsteilung zwischen symbolischen Formen als den Ermöglichungsbedingungen und den anthropologischen Fakten (insbesondere den sog. „Pathologien").[6]

2. Geschichtlich und sprachlich leben als das tätige Wesen Mensch: Zum Streit zwischen Philosophischer Anthropologie und dem Dualismus *innerhalb* der modernen Philosophie seit Herder und Kant

Im deutschen Sprachraum geht die terminologische Unterscheidung zwischen „philosophisch" klein und groß geschriebener „Philosophischer Anthropologie" dem Sinne nach auf Max Scheler und Helmuth Plessner Ende der 1920er Jahre zurück. Aber ihr problemgeschichtlicher Streitsinn erhellt schon seit dem Disput zwischen Johann Gottfried Herder und Immanuel Kant. Kant hatte in seinem Buch „Anthropologie in pragmatischer Hinsicht" (1798) versucht, Herders anthropologische Kritik an der transzenden-

---

5　Vgl. E. Cassirer, Substanzbegriff und Funktionsbegriff. Untersuchungen über die Grundfragen der Erkenntniskritik (1910), Darmstadt 1994, 4., 7. u. 8. Kapitel.

6　Vgl. H. Plessner, Die Aufgabe der Philosophischen Anthropologie (1937), in: Ders., Gesammelte Schriften VIII, Frankfurt a. M. 1983, S. 36. Ders., Immer noch Philosophische Anthropologie? (1963), in: Ebenda S. 243. Cassirer meinte, das Wesen des Menschen im *animal symbolicum* definieren zu können, da die bekannten Fakten (darunter Pathologien) von seinen symbolischen Formen ermöglicht würden (bzw. von dieser Ermöglichung abweichen). Vgl. E. Cassirer, Versuch über den Menschen. Einführung in eine Philosophie der Kultur (engl. 1944), Frankfurt a. M. 1990, S. 51-72, 10-115.

talen Vernunft zu zerstreuen, ohne Herder auch nur zu erwähnen. Anthropologie sei keine philosophische Wissenschaft. Sie bringe Menschenkenntnis und einige erfah-rungswissenschaftliche Teilerkenntnisse unter einer gewissen Klugheitsmaxime zusam-men. Die Anthropologie könne nur physiologische Aspekte zu dem Naturwesen Mensch und pragmatische Aspekte zu dem Vernunftwesen Mensch beitragen, wofür hingegen die Transzendentalphilosophie des Selbstbewusstseins als Begründung vor-ausgesetzt werden müsse: „§ 1. Daß der Mensch in seiner Vorstellung das Ich haben kann, erhebt ihn unendlich über alle andere auf Erden lebende Wesen."[7] Und: „Unter den lebenden *Erdbewohnern* ist der Mensch durch seine *technische* (mit Bewusstsein verbunden – mechanische) zu Handhabung der Sachen, durch seine *pragmatische* (an-dere Menschen zu seinen Absichten geschickt zu brauchen) und durch die *moralische* Anlage in seinem Wesen (nach dem Freiheitsprinzip unter Gesetzen gegen sich und andere zu handeln) von allen übrigen Naturwesen kenntlich unterschieden".[8]

Die Haupteinwände der Philosophischen Anthropologie Herders werden von Kant nicht erörtert. Sie bestanden in drei tätigen Vollzügen der Angehörigen dieser Gattung Mensch, nämlich darin, leben zu können, Geschichte erleiden und machen zu können und sprechen zu können. Dabei wurde unter „sprechen" zu können nicht nur das öffent-liche Medium der reinen Vernunft verstanden, sondern die Integration von leiblichem Ausdruck und Ideen in gemeinschaftlich geteilten Geistern. Letztere können sich unter geschichtlichen Bedingungen in Richtung auf Humanität öffnen, aber nur durch einen epochalen Widerstreit hindurch, also nicht ohne auch Verluste. Herder verschränkte alle drei Aspekte darin, dass dieses Wesen eben geschichtlich und sprachlich lebt, mehr oder weniger in allen seinen Schriften, die hier nicht durchlaufen werden können.[9] Ich be-schränke mich auf Verweise auf das Spätwerk.

Die Stoßrichtung gegen Descartes' und Kants reine, auch außerirdische Vernunft-wesen tritt klar hervor, ohne einer Mechanik das Wort zu reden, also ohne im carte-sianischen Dualismus zu bleiben. In spröder Ironie heißt es: „Nach meiner Philosophie erweisen sich alle Naturkräfte, die wir kennen, in Organen; je edler die Kraft, desto feiner ist das Organ ihrer Wirkung. Körperlose Geister sind mir unbekannt. Außer der Menschheit kenne ich überhaupt keine vernünftige Wesen, deren Denkart ich erforschen könnte; ich schließe mich also in meinen engen Kreis, ich wickle mich in den armen Mantel meines irdischen Daseins."[10] Herder attackiert deutlich den Stolz der Car-tesianer, das individuelle Selbstbewusstsein, indem er dieses Selbst zur Menschheit öffnet: „In der stolzen *Monarchie mein selbst* verwechseln sich oft Gebieter und Sklave;

---

7 I. Kant, Anthropologie in pragmatischer Hinsicht (1798), Stuttgart 1983, S. 37.

8 Ebenda, S. 279. Vgl. zur Einordnung R. Brandt, Kritischer Kommentar zu Kants *Anthropologie*, Hamburg 1999. G. Irrlitz, Kant-Handbuch. Leben und Werk, Stuttgart-Weimar 2002, S. 440-447.

9 Vgl. W. Heise, Herders Humanitätskonzept, in: Ders., Realistik und Utopie. Aufsätze zur deutschen Literatur zwischen Lessing und Heine, Berlin 1982, S. 71-108. Vgl. zu Aktualität und Grenzen Herders Ch. Menke, Innere Natur und soziale Normativität. Die Idee der Selbstverwirklichung, in: H. Joas/K. Wiegandt (Hrsg.), Die kulturellen Werte Europas, Frankfurt a. M. 2005, S. 334-347.

10 J. G. Herder, Briefe zur Beförderung der Humanität (1793–1797), Berlin und Weimar 1971, Erster Band, S. 385.

einer betrügt den andern; dieser sträubt sich, jener brüstet sich; und überhaupt ist ein Gesetz als Gesetz ohne *Reiz* und inneres *Leben*. Das *mir selbst*, das der *Menschheit Anständige* reizt; es reizt unaufhörlich als ein nie ganz zu erringender Kampfpreis, als meiner innern und äußern Natur, als meines ganzen Geschlechts höchste Blüte."[11] Der „Naturforscher der Menschheit", der dem Projekt einer „Naturgeschichte der Menschheit" folgt, „setzt keine Rangordnung unter den Geschöpfen voraus, die er betrachtet; alle sind ihm gleich lieb und wert."[12] Statt den Menschen in sein Bewusstsein und dieses in seinen Körper einzuschließen, bis er von allem – außer der Mechanik – getrennt wird, so dass auch seine Vernunft als ein „Automat" missverstanden werde, erschließt Herder ästhetisch die Welt: „Die ganze Natur erkennet sich in ihm (dem Menschen: HPK) wie in einem lebendigen Spiegel; sie siehet durch sein Auge, denkt hinter seiner Stirn, fühlet in seiner Brust und wirkt und schaffet mit seinen Händen. Das höchst-*ästhetische* Geschöpf der Erde musste also auch ein nachahmendes, ordnendes, darstellendes, ein *poetisches* und *politisches* Geschöpf werden. Denn da seine Natur selbst gleichsam die höchste Kunst der großen Natur ist, die in ihm nach der höchsten Wirkung strebet, so musste diese sich in der Menschheit offenbaren."[13] Der Mensch müsse alles ihm wesentliche Verhalten erlernen, also „durch Fallen" zu gehen, „durch Irren zur Wahrheit" zu gelangen, da ihm entsprechende Instinkte fehlen. Er sei durch „Künste" der „erste *Freigelassne* der Schöpfung": „Wie die Natur ihm zwo freie Hände zu Werkzeugen gab und ein überblickendes Auge, seinen Gang zu leiten, so hat er auch in sich die Macht, nicht nur die Gewichte zu stellen, sondern auch, wenn ich so sagen darf, *selbst Gewicht zu sein* auf der Waage. ... Wie es also mit der getäuschten Vernunft ging, gehet's auch mit der mißbrauchten oder gefesselten Freiheit; sie ist bei den meisten das Verhältnis der Kräfte und Triebe, wie Bequemlichkeit oder Gewohnheit sie festgestellet haben."[14]

Herder verstand alle drei Einwände des Lebens, der Geschichte und Sprache gegen die reine theoretische und praktische Vernunft Kants sowohl als faktische als auch als normative Kritik im Sinne eines künftigen Maßes an Humanität. Er hielt sich nicht an Kants Fortsetzung cartesianischer Dualismen, an die Trennung zwischen Naturwesen und Vernunftwesen, noch an andere, damit methodisch zusammenhängende Trennungen. Der tätige Vollzug in: zu leben, geschichtlich zu sein und expressiv wie reflexiv sprechen zu können, widerlegte laut Herder alle für fundamental gehaltenen Trennungen. In den drei genannten *Tätigkeiten* wird gerade die *Einheit des menschlichen Wesens*, zwischen Fakten und Werten zu existieren, vollzogen, und zwar auf eine geschichtlich veränderbare Weise, die nicht der Systematisierung von Aussagen *über* den Menschen folgt. Diese Einheit des Wesens besteht also nicht in einem *Ding*, dem man Eigenschaften attribuierte, sondern in Tätigkeiten, z. B. dem Prädizieren, welche auch die Attribution von Eigenschaften an Dinge ermöglichen. Der alte Tätigkeitsbegriff schloss

11 Ebenda, S. 386.
12 Ebenda, Zweiter Band, S. 260 u. 262.
13 Ebenda, Erster Band, S. 351.
14 J. G. Herder, Ideen zur Philosophie der Geschichte der Menschheit (1784–1791), in: Herders Werke, Vierter Band, Berlin und Weimar 1982, S. 64f.

Widerständigkeit durch Gegenstände und die Kultivierung von auch Passivität gegenüber dem Gegenstand ein. Wegen seiner zwischenzeitlichen Verwechslung mit Aktivis-
mus sprach man seit den 1920er Jahren von Vollzügen und seit John Austin von Performativität.

3. Die anthropologische Tradition der Moderne bei Charles Taylor (zu Herder/Hegel/Marx), im klassischen Pragmatismus (ca. 1900–1950) und in der Philosophischen Anthropologie (ca. 1928–1968)

Charles Taylor hat oft die pantheistischen Quellen dieser geschichtlichen Integrationsleistung in Herders Humanitätsbegriff gewürdigt, einen Pantheismus, der auch Goethe
geprägt hat. *Vor* Darwin war es nur dem Pantheismus vergönnt, den Geist *in* statt
außerhalb der lebendigen Natur zu situieren, eine vergessene Sternstunde des Denkens
und der Anschauung in der Expressivität. „Meine These besagt, dass die Idee der Natur
als innerer Quelle mit einer expressiven Anschauung des menschlichen Lebens ein-
hergeht. Meine Natur erfüllen heißt, dass ich mich zu dem Elan, der Stimme oder der
Regung in meinem Inneren bekenne. Dadurch wird, was verborgen war, sowohl für
mich selbst wie auch für andere kundgetan. Aber dieses Kundtun trägt auch dazu bei, zu
definieren, was erst noch verwirklicht werden muss. [...] Das menschliche Leben wird
als Äußerung eines Potentials gesehen, das durch diese Äußerung zugleich gestaltet
wird. [...] Außerhalb des Vorgangs der Artikulation/Definition und vor seinem Abschluß
ist es unmöglich, vollständig zu erkennen, wozu uns die Stimme der Natur beruft. [...]
Sofern der Ausdruck in doppeltem Sinne definiert, d. h. sowohl formuliert als auch
formt, wird die wichtigste menschliche Tätigkeit ebenfalls diese Beschaffenheit aufwei-
sen. [...] Es ist die Kunst, die diese Nische ausfüllt. In unserer durch expressivistische
Auffassungen geprägten Zivilisation hat die Kunst im geistigen Leben eine zentrale
Stellung besetzt und ist in mancher Hinsicht an die Stelle der Religion getreten."[15]
Taylor wurde auch nicht müde zu feiern, dass Herders Themen des Lebens, der Geschichte und des expressiv-sprachlichen Geistes von Hegel übernommen und geistes-
philosophisch entwickelt wurden.[16]

Es gab demnach, unter den für die philosophische Systematik relevanten Aufklä-
rungen mindestens zwei, einerseits die philosophisch-anthropologische und andererseits
die dualistisch-transzendentale Fassung der Aufklärung. Hegel war sich in seiner
Rechtsphilosophie darüber im Klaren, dass es „den" Menschen geschichtlich erst seit
drei Einrichtungen gibt, eben seit der Durchsetzung der modernen bürgerlichen Gesellschaft als Ökonomie und Rechtsordnung von Personen, seit der bürgerlichen Klein-
familie und der öffentlich wie rechtsstaatlich geteilten Moral. Wenn im Rechte „der

---

15 Ch. Taylor, Quellen des Selbst. Die Entstehung der neuzeitlichen Identität, Frankfurt a. M. 1994,
    S. 652 u. 654f.
16 Vgl. Ch. Taylor, Hegel, Frankfurt a. M. 1978, S. 27-48, 119-124, 744-747.

Gegenstand die *Person*, im moralischen Standpunkt das *Subjekt*, in der Familie das *Familienglied*, in der bürgerlichen Gesellschaft überhaupt der *Bürger* (als bourgeois) – hier auf dem Standpunkte der Bedürfnisse –" geworden ist, erst dann sei es „das Konkretum der *Vorstellung*, das man *Mensch* nennt; es ist also erst hier und auch eigentlich nur hier vom *Menschen* in diesem Sinne die Rede".[17] Hegel verhandelte den Menschen unter dem Titel des modernen objektiven Geistes, während er den Anspruch der Anthropologie auf die Leiblichkeit der individuellen subjektiven Geister zu beschränken versuchte.[18]

Aber daran hielten sich seine bedeutendsten Kritiker nicht. Herders drei Themen kamen wie ein anthropologischer Bumerang durch Ludwig Feuerbach und Karl Marx auf Hegels Philosophie des subjektiven, objektiven und absoluten Geistes zurück. „Das *Wesen* des Menschen ist nur in der Gemeinschaft, in der *Einheit des Menschen mit dem Menschen* enthalten – eine Einheit, die sich aber nur auf die *Realität* des *Unterschieds* von Ich und Du stützt. [...] Die *wahre* Dialektik ist *kein Monolog des einsamen Denkers mit sich selbst, sie ist ein Dialog zwischen Ich und Du*."[19] „Sprache als das Produkt eines Einzelnen ist ein Unding. Aber ebensosehr ist es das Eigentum. Die Sprache selbst ist ebenso das Produkt eines Gemeinwesens, wie sie in andrer Hinsicht selbst das Dasein des Gemeinwesens, und das selbstredende Dasein desselben."[20] „Das Zusammenfallen des Änderns der Umstände und der menschlichen Tätigkeit oder Selbstveränderung kann nur als *revolutionäre Praxis* gefasst und rationell verstanden werden. [...] Der Standpunkt des alten Materialismus ist die bürgerliche Gesellschaft, der Standpunkt des neuen die menschliche Gesellschaft oder die gesellschaftliche Menschheit."[21] Die dialogische Beziehung zwischen Ich und Du als konkreter Personen (nicht als Statisten des Weltgeistes), die sinnliche Leiblichkeit der interaktiven Vernunft und der unmittelbar gesellschaftliche Charakter der Sprache (im Gegensatz zur gesellschaftlich vermittelten Arbeitsteilung und der kapitalistischen Verselbständigung von Warenproduktion) waren wichtige Titel des anthropologischen Einspruchs für Gesellschaftsveränderungen auch gegen Hegel.

Und erneut standen sie, die anthropologischen Themata des Lebens, der Geschichte und der expressiven, nicht nur aussagenden, auch integrierenden Sprache am Ende des 19. und zu Beginn des 20. Jahrhunderts auf der Tagesordnung. Man denke nur an Nietzsche, Dilthey und Bergson, an Peirce und William James, später auch Wittgenstein. Peirce sagte gegen Ende seines Lebens, er habe aus Kants Philosophie nur das Pragmatische, nicht aber den transzendentalen Dualismus gebraucht, und daher komme

---

17 G. W. F. Hegel, Grundlinien der Philosophie des Rechts oder Naturrecht und Staatswissenschaft im Grundrisse (1820), Berlin 1981, § 190.

18 Vgl. G. W. F. Hegel, Enzyklopädie der philosophischen Wissenschaften im Grundrisse (1830), Berlin 1969, § 387-§ 412.

19 L. Feuerbach, Grundsätze der Philosophie der Zukunft (1843), in: Ders., Kleinere Schriften II, Berlin 1970, § 61 u. § 64.

20 K. Marx, Grundrisse der Kritik der Politischen Ökonomie (1857/58), Berlin 1953, S. 390.

21 K. Marx, Thesen über Feuerbach (1845), These 3 u. 10, in: K. Marx/F. Engels, Werke, Bd. 3, Berlin 1969, S. 6f..

der programmatische Name „Pragmatismus" bzw. „Pragmatizismus".[22] Die Frage nach
dem konjunktivischen Sein lasse sich in der Immanenz des Pragmatischen behandeln,
durch eine ihm angemessene Phänomenologie und deren semiotische Rekonstruktion.[23]
Der transzendental-ontologische Dualismus sei private Glaubensfreiheit und inmitten
der Pluralität menschenmöglicher Haltungen zur Welt nur eine unter vielen, so James,
und dies im anthropologischen Vergleich der Kulturen nicht einmal eine glückliche.[24]
Erst Dewey und Mead, eine Generation später, gelang eine Verbindung zwischen Peirces
semiotischer und James' phänomenologischer Fundierung des klassischen Pragmatismus, um anthropologische Lernprozesse philosophisch zu entwerfen. Die öffentlich
wechselseitige Durchdringung der für autonom gehaltenen Handlungsbereiche ergebe
eine andere Moderne als jene, die im Anschluss an den Dualismus entwickelt worden
sei, so Dewey.[25]

Die anthropologischen Themen des Lebens, der Geschichte und der expressiven
Sprache wurden, weitgehend unabhängig von der US-amerikanischen Diskussion, durch
eine neue Theorie mit einer neuen Methodenkombination durch Scheler und Plessner in
der Philosophischen Anthropologie, „Philosophisch" großgeschrieben, gebündelt. Die
Phänomenologie, die Hermeneutik, die Semiotik und der transzendentale Rückschluss
wurden als Methoden zu fragen umgebaut und von den bisherigen, vermeintlich theoretischen Antworten befreit. Darauf komme ich zurück. Bei dieser Methodenkombination
zur Selbstkontrolle der Philosophischen Anthropologie musste als Antwort nicht mehr
herauskommen, was man sich bis dato sehnlichst gewünscht hatte, also weder die absolute Subjektivität (Husserl) noch das Leben, das schon immer Leben versteht (Dilthey),
weder der Zirkel individueller Existenz, aus dem Dasein entschieden etwas machen zu
wollen (Heidegger), noch der historische Fortschritt in der Neugruppierung der symbolischen Formen (Cassirer). Scheler und Plessner misstrauten umso mehr Hegels großer
dialektischer Synthese. Für sie war, bereits absehbar zwischen den beiden Weltkriegen,
zu viel weltgeschichtlich in Bruch gegangen. Der philosophisch-anthropologische Fun-
dierungsstrang und der dualistisch-transzendentalphilosophische Begründungsstrang liefen nicht durch jeweils doppelte Negation in einander zu einer Aufhebung im Begriffe
auf. Sie liefen vielmehr auseinander in eine „Hiatusgesetzlichkeit",[26] wie Plessner schrieb,
vor der sich Scheler nur noch durch eine kosmologische Seinsspekulation retten konnte.[27]

---

22 Siehe Ch. S. Peirce, Was heißt Pragmatismus (1905), in: Ders., Schriften zum Pragmatismus und
    Pragmatizismus, hrsg. v. K.-O. Apel, Frankfurt a. M. 1976, S. 429 u. 42.
23 Vgl. Ch. S. Peirce, Phänomen und Logik der Zeichen (1903), hrsg. v. H. Pape, Frankfurt a. M.
    1983, S. 51-63.
24 Vgl. W. James, Das pluralistische Universum (1908), Darmstadt 1994, 1. u. 8. Vorlesung.
25 Vgl. J. Dewey, Die Öffentlichkeit und ihre Probleme (1927), Bodenheim 1996, 6. Kapitel. Vgl. zur sys-
    tematischen Aktualität der klassischen Pragmatismen H. Putnam, Pragmatism – An Open Question,
    Oxford-Cambridge 1995.
26 H. Plessner, Die Stufen des Organischen und der Mensch, a. a. O., S. 292.
27 M. Scheler, Die Stellung des Menschen im Kosmos (1928), Bonn 1986, S. 90ff.

Aus der Dialektik der Aufhebung war bei Plessner eine womöglich produktive, womöglich aber auch nicht mehr zu wendende Krise im strukturellen Bruch des menschlichen Verhaltens geworden. Die Zuordnung zwischen physischen, psychischen und mentalen Verhaltensdimensionen war zwar Personen überhaupt lebens*nötig*, nicht aber in ausschließlich dieser oder jener bestimmten Form *allein möglich*. Mithin war die Pluralität in der Verschränkung zwischen Physis, Psyche und Geist zum paradigmatischen Normalfall geworden, diachron wie synchron. Von dem Auseinanderbrechen der Verschränkung her gesehen wurde die Sucht nach absolutistischer Glaubensbefriedigung verständlich. Diese Befriedigung versprach Einheit statt Auflösung. Aber die Cartesianische Verwechslung absolutistischen *Glaubens* mit *absoluten* Wissensansprüchen trug nicht ohne Gott als Vermittler. Diese Verwechslung fiel anthropologisch gesehen als die Konfusion der Reflexion mit Expression, der Vermitteltheit mit Unmittelbarkeit, der Transzendenz mit Immanenz auf. Diese Konfusion war – von Descartes bis Husserl – in den sog. Evidenzen versteckt. Die reflexive Begründung von Wissen ergibt nebenher eine bestimmte psychische Evidenz, aber für den mentalen Beweisgang zufällig, also keine Evidenz dafür, *allseits* diesen bestimmten Lebensglauben annehmen zu müssen. Alle brauchen in der Verschränkung des Verhaltungsbruches einen Lebensglauben, aber nicht alle diesen und keinen anderen bestimmten.

An die Stelle des *kategorischen Imperativs* (Kant) trat bei Plessner der *kategorische Konjunktiv*. Personale Leben *können* sich nicht auf *unbedingte* Weise das Sittengesetz gebieten, wie es sich reine Vernunftwesen selbst gebieten sollen. Personales Leben braucht *nicht beliebige*, sondern *nötige Möglichkeiten* dafür, geistig leben zu können. Personales Leben, wie wir es einzig kennen, ist zentrisches Leben, sowohl seiner Organisationsform (mit einem Zentralorgan Gehirn) als auch seiner dem entsprechenden Positionalitätsform (Verhaltensweise) nach. *Personal* ist es aber auch, anhand seiner geistigen Leistungen, *ex*-zentrisches Leben, das sich in seinem Verhalten von *außen* (ex-) her de-zentrieren kann. Insoweit muss es auch Möglichkeit haben, sich nicht nur aus dem Zentrum seines Organismus, sondern auch noch aus dem Zentrum seiner Verhaltensform *heraus*zusetzen. Und da es dies nicht kann, ohne zentrische Lebensform bleiben zu können, muss ihm die Möglichkeit sein, von außerhalb auf sich *zurückzu*kommen. Es muss sich von außerhalb zu sich als dem *kon*zentrischen Verhaltenskreis, der sein Organisationszentrum umgibt, verhalten können. Was in Plessners Philosophischer Anthropologie die „exzentrische Positionalitätsform" einer „zentrischen Organisationsform" heißt, muss strukturell die Exzentrierung und die Rezentrierung der Verhaltensrichtungen ermöglichen. Bleiben wir hier bei der räumlich eingeführten Vereinfachung, kann man sich die Aufgabe, derart heterogene Verhaltensdimensionen verschränken zu können, am besten wie in der Schaustellung des Spielens vorstellen. Personalität scheint Lebendigem insoweit möglich, als es sich wie in einem Schauspiel dank einer Rolle in privates und öffentliches Verhalten verdoppelt, und dies vor anderen und für andere Doppelgänger. So kann im öffentlichen *inter*personalen Verhalten zwischen ihm und mir und mir und ihm, dem *alter ego*, die Verhaltensrichtung gewechselt werden. Und so kann im *intra*personalen Verhalten zwischen mir (öffentlich) und mir (privat) und umgekehrt mir (privat) und mir (öffentlich) die Verhaltensrichtung gewechselt werden. „Zwischen mir und mir, mir und ihm liegt die Sphäre dieser Welt des

Geistes."[28] Der geistige Charakter der Person beruht „in der Wir-form des eigenen Ichs".[29]

Aber dieses zivilisatorische Modell, die Verschränkung der Gegensätze von einem öffentlichen Spiel der Selbstbildung durch reziproke Schwäche und Schonung erlernen zu können, war durch keine höhere Notwendigkeit mehr gedeckt. Personalität im Weltrahmen von Vorder- und Hintergrund war zwar als reale Möglichkeit aufzuzeigen, aber durch kein Wissen zugleich als glaubensgewisser Weltlauf zu garantieren. Reflexives Wissen kann den Habitus in der Generationenfolge nicht ersetzen.[30] Die Person *lebt* nicht, ohne dass sie sich zu einem Körper doppelt *verhält*, konzentrisch mit ihm *(leiblich)* und exzentrisch gegenüber ihm *(körperlich)*. Womit sie sich als Leib identifiziert, ist ihr nicht vertretbar, nicht austauschbar, nicht ersetzbar. Was sie als Körper behandelt, selbst ihren eigenen wie andere Körper auch, ist ihr vertretbar, austauschbar, ersetzbar. Sie lebt in dieser Differenz zwischen Leibsein und Körperhaben, insoweit sie Körper verleiblicht und Leiber verkörpert. Was Plessner die anthropologischen Grundgesetze nennt, gibt phänomenologischen Aufschluss darüber, unter welchen strukturellen Möglichkeiten der Verhaltensbruch verschränkt werden *kann*. Es handelt sich um drei Verhaltensambivalenzen, die leiblich markiert werden. Personen können also nicht, wie oft in der „Dekonstruktion" ausprobiert, einfach die Seite ihrer Verhaltensbildung, von der her sie semiotische Unterscheidungen verwenden, wechseln, da sie leiblich im Leben gebunden bleiben oder, insofern sie dies nicht vermögen, eben aufhören zu leben. In der *Außenwelt* ist „natürliche Künstlichkeit" die primäre lebensnötige Möglichkeit, d. h. die Habitualisierung der Künste zur zweiten Natur. In der *Innenwelt* geht es primär um die Verhaltensermöglichung in „vermittelter Unmittelbarkeit", nicht aber unmittelbarer Vermitteltheit. In der *Mitwelt* ermöglicht ein „utopischer Standort" (vom nirgendwo und nirgendwann der Verhaltensbildung her), weder zum Opfer der Nichtigkeit noch dem der Transzendenz zu werden, wodurch personal gelebt werden kann.[31]

4. Das Problem der empirisch-transzendentalen Dubletten (Foucault) und seine Lösungsrichtungen in der Philosophischen Anthropologie (Plessner)

Wer sich in der systematischen Problemgeschichte der modernen Philosophie nicht auskennt, zitiert gerne Michel Foucault. Aber man muss kein Foucault-Anhänger sein, um seine frühe Redeweise vom anthropologischen Schlaf in einem anthropologischen Zirkel

---

28 H. Plessner, Die Stufen des Organischen und der Mensch, a. a. O., S. 303.
29 Ebenda.
30 Vgl. ebenda, S. 69, 80, 114.
31 Siehe ebenda, 309ff., 321f., 341ff. Vgl. insgesamt zum Vergleich der Philosophischen Anthropologie und den klassischen Pragmatismen: H.-P. Krüger, Der dritte Weg Philosophischer Anthropologie und die Geschlechterfrage, in: Ders., Zwischen Lachen und Weinen. Bd. II, Berlin 2001, 2. Teil.

von empirisch-transzendentalen Dubletten für eine sinnvolle Frage zu halten.[32] Wird zunächst in der Politischen Ökonomie, Biologie und Linguistik des 19. Jahrhunderts, sodann in den Humanwissenschaften des 20. Jahrhunderts nur *empirisch* belegt, was man *transzendental* ohnehin an Ermöglichungsbedingung bestätigt bekommen möchte? Und gerät umgekehrt die Philosophie seit dem 19. Jahrhundert nicht derart in den Sog der Erfahrungswissenschaften, dass sie nur noch nachträglich an Ermöglichungsbedingung hinzu erfindet, was an Empirie ohnehin bereits da ist? Verdoppeln sich also erst die transzendentalen Theorien der Ermöglichungsbedingungen in ihnen passenden Empirien und sodann die Empirien nochmals in transzendentalen Behauptungen? – Beide Fragen hatte Helmuth Plessner 1931 in seinem Buch „Macht und menschliche Natur. Ein Versuch zur Anthropologie der geschichtlichen Weltansicht" in dem folgenden Sinne ausdrücklich bejaht. So sei die Lage: Die Rückführung des Politischen auf eine nur biologische Anthropologie werde dem Wesen des Menschen im Ganzen nicht gerecht und beruhe auf einer parteiischen „Vorentscheidung", die zwar inhaltlich verschieden ausfalle, aber „Linksparteien" und „Rechtsparteien" offensichtlich gemeinsam ist.[33] Demgegenüber hat die aktuelle und historische Selbstrelativierung des europäischen Standpunkts die Frage aufkommen lassen, ob der Anthropologie wenigstens dadurch eine „universelle Fassung" gelingen könnte, dass sie „im Hinblick auf den Menschen als geschichtliches Zurechnungssubjekt seiner Welt" angelegt werde (148). Diese Frage kann weder allein empirisch noch allein (formal oder material) apriorisch behandelt werden, weil dann methodisch unkontrollierbare Zirkel entstehen. Dieses Problem wird auch nicht dadurch gelöst, dass man sich immer nur die Entsprechungen heraussuche, also die dem jeweiligen Apriori entsprechende Empirie oder das zu der jeweiligen Empirie passende Apriori. Empirie und transzendentale Theorie würden durch *direkte* Frageweisen so aneinander gekoppelt, dass sich der Anthropozentrismus und der Ethnozentrismus nur bestätigen können, d. h. die „Suprematiestellung" Europas „gegen andere Kulturen als Barbaren und bloße Fremde" und die eigene „Stellung der Mission gegen die Fremde als die noch unerlöste unmündige Welt" (161). Selbst die Zusammenführung von Diltheys hermeneutischer Lebensphilosophie und Husserls Phänomenologie löse methodisch nicht das Problem, wie „durch eine ständig in Bewegung bleibende Zirkulation zwischen Erfahrung und dem, was sie möglich macht", zu verfahren sei, damit sich die „Relation zwischen Apriori und Aposteriori" als der „Grund für die Möglichkeit einer Geistesgeschichte" (174, vgl. 175) ergebe. Es finde aus Mangel an *indirekter*, also methodisch kontrollierter Frageweise *keine* Forschung statt (vgl. 176,

32 Vgl. M. Foucault, Wahnsinn und Gesellschaft. Eine Geschichte des Wahns im Zeitalter der Vernunft, Frankfurt a. M. 1969, S. 543-551. Ders., Die Ordnung der Dinge. Eine Archäologie der Humanwissenschaften, Frankfurt a. M. 1971, 9. u. 10. Kapitel.

33 H. Plessner, Macht und menschliche Natur. Ein Versuch zur Anthropologie der geschichtlichen Weltansicht (1931), in: Ders., Gesammelte Schriften V, Frankfurt a. M. 1981, S. 146. Die Seitenangaben dieser Ausgabe werden im Folgenden oben im Text gleich in Klammern gesetzt.

179f.), weder empirisch noch transzendental-theoretisch. Dies hatte man wissenssoziologisch die ideologische Seinsgebundenheit der Standorte (K. Mannheim) genannt.[34]

Aber Plessner blieb nicht bei einer wissenssoziologischen Kritik stehen, sondern entwarf ein drei Aspekte umfassendes Alternativprogramm, das ich wie folgt systematisch zusammenfasse:

a) Gegen die empirisch-transzendentalen Dubletten hilft theoretisch das *Prinzip von der Unergründlichkeit des menschlichen Wesens im Ganzen*. Wer *in* die anthropologische Frage gestellt ist, kann sie nicht abschließend und vollständig beantworten, jedenfalls nicht, solange sie bzw. er lebt. Die spezifisch philosophischen Grenzfragen nach dem Wesen der Menschheitlichkeit im Ganzen lassen sich nicht wie naturwissenschaftlich-messende Fragen abschließend, sondern nur aufschließend, die Frage in die Zukunft öffnend, beantworten (vgl. 180-182). Die Übertragung von bestimmten und bedingten Antworten auf das *Un*bestimmte und *Un*bedingte der menschlichen Lebensführung im Ganzen bleibt schlechteste Metaphysik, ganz gleich, ob sie szientistisch oder historizistisch vorgetragen werde. Diese Fehlübertragung schließt so oder so die Geschichte ab, verkündet prophetisch ihr Ende. Die gelebte Wesens- und Ganzheitsfrage unterliegt für den Lebenden zeitlich einer Relation zur Unbestimmtheit und zur Unvollständigkeit in seiner Lebensführung, kurz: einer Relation zur Unergründlichkeit (vgl. 188, 184). Damit entfällt, schon aus kognitiv-praktischen, nicht erst rein moralischen Gründen, das bisherige *eigene* Selbst als letzter *positiver* Maßstab des Menschseins für andere und Fremde, auch für Anderes und Fremdes in einem selbst. Auf diese Fraglichkeit im „lebendigen Vollzug" (183) zu antworten, *bildet* das Wesentliche in dieser Art und Weise von Lebewesen erst aus. „Das Prinzip der Verbindlichkeit des Unergründlichen ist die zugleich theoretische und praktische Fassung des Menschen als eines historischen und darum politischen Wesens." (184) Es gebe nicht nur die Anderen und Fremden frei, sondern auch uns Zukunft, statt die Anderen und Fremden wie uns selbst historistisch im Ende der Geschichte festzusetzen. Der „Verzicht auf die Vormachtstellung des eigenen Wert- und Kategoriensystems" sei so „schöpferisch", weil er sich „mit der festen Überzeugung in seine Zukunftsfähigkeit" verbinde (186, vgl. 188, 184).

b) Gehe es um die *praktische Ermöglichung von Forschung*, also nicht um die Verwaltung angeblich bestehender Wahrheiten zur politischen Legitimation, dürfen die verschieden nötigen Methoden des eigenen Tuns nicht zirkulär zusammenfallen. Vor allem ergibt eine einzelne Methode noch keine Theorie, sondern einen Kurzschluss.

Worum geht es zunächst theoretisch, folgte man dem Prinzip der Unergründlichkeit? „Der Begriff des Menschen ist nichts anderes als das ‚Mittel', durch welches und in welchem jene wertedemokratische Gleichstellung aller Kulturen in ihrer Rückbeziehung auf einen schöpferischen Lebensgrund vollzogen wird." (186, vgl. 159) „Theoretisch definitiv ist die Wesensbestimmung des Menschen als Macht oder als eine offene Frage nur insoweit, als sie die Regel gibt, eine inhaltliche oder formale theoretische Fixierung als ... *fernzuhalten*, welche seine Geschichte in die Vergangenheit und in die Zukunft

---

34 Vgl. H. Plessner, Abwandlungen des Ideologiegedankens (1931), in: Ders., Gesammelte Schriften X,
      Frankfurt a. M. 1985, S. 41-40.

hinein einem außergeschichtlichen Schema unterwerfen möchte. Zugleich ist diese Bestimmung theoretisch richtig (im Kantischen Sinne sogar konstitutiv), weil sie den Menschen in seiner Macht zu sich und über sich, von der er allein durch Taten Zeugnis ablegen kann, trifft. Man darf nur nicht dabei übersehen, dass ihm in dieser Wesensaussage das Kriterium für die Richtigkeit der Aussage selbst *überantwortet* ist." (190f.)

Wenn man in diesem theoretischen Rahmen Hypothesen kontrollierbar machen möchte, etwa zur Frage der Grenzen der Zurechenbarkeit geschichtlicher Prozesse auf menschliche Macht und Ohnmacht, braucht man nicht nur Methoden, die einen verstehenden Zugang zu sich selbst gebenden Phänomenen ermöglichen, sondern in der Endkonsequenz auch solche, die erklären können. Statt die Geistesgeschichte ohne Rücksicht auf die Körper- und Leiber-Geschichte aufzufassen, geht es um die Verschränkung der methodischen „Möglichkeit, den Menschen zu verstehen, und der Möglichkeit, ihn zu erklären, ohne die Grenzen der Verstehbarkeit mit den Grenzen der Erklärbarkeit zur Deckung bringen zu können". (231) Berücksichtigt man weitere Schriften Plessners, insbesondere die „Stufen", auf die er am Ende verweist, ergibt sich: Mindestens vier Methoden müssen unterscheidbar bleiben, um Hypothesen überprüfen zu können: Der Zugang zu den Phänomenen (d. h. phänomenologische Methode), deren Interpretation (d. h. hermeneutische Methode), die Krise in der Zuordnung zwischen Phänomen und seiner Interpretation (d. h. die Analyse der Verhaltenskrisen) und der Rückschluss auf in Anspruch genommene, aber nicht miterklärte Ermöglichungsbedingungen (d. h. transzendentale Rekonstruktion der Ermöglichung statt Verunmöglichung von Lebenserfahrung).

Diese Kombination der voneinander unabhängigen Methoden nennt Plessner die indirekte Frageweise, in der empirische und transzendentale Aspekte so neu verschränkt werden, dass keine Seite den Forschungsprozess *über*determinieren kann. Jede Überdeterminierung durch empiristische oder hermeneutische Dubletten behindert die Forschung, d. h. die geschichtliche Herstellung des Zusammenhanges zwischen „Entdeckung" und „Erfindung".[35] Erfahrungswissenschaftliche Forschung entdeckt Verhaltensfragen und erfindet dazu passende Verhaltensantworten, unter je bestimmten Aspekten und Bedingungen, weder im Wesen noch im Ganzen. Empirismus, Transzendentalismus, hermeneutischer Zirkel als philosophische Doktrinen sind bequeme Ausreden dafür, nicht forschen zu *können*.

c) In der *Moderne* glaubt man an und praktiziert man die *funktionale Autonomie* vieler soziokultureller Handlungsbereiche (M. Weber), während man von den Grenzen und Übergängen zwischen diesen Bereichen hilflos überrascht bleibt, insbesondere von ihrem geschichtlichen Gesamtzusammenhang, wenn er nämlich in Kriegen und Weltwirtschaftskrisen zerfällt. Faktisch bestehe die Moderne bisher aus *Fehlübertragungen von Teilautonomien auf das Ganze* einer weltgeschichtlichen Gattungsentwicklung, als ob diese nicht anonym und unzurechenbar sei, sondern vielmehr wie eine autonome Leistung funktional und personal zugerechnet werden müsse. Dieses Mal handelt es sich also nicht nur um epistemische Fehlübertragungen zum Behufe absolutistischer

---

35 Vgl. H. Plessner, Die Stufen des Organischen und der Mensch, a. a. O., S. 321-323.

Glaubenbefriedigungen, sondern um tatsächliche Machtkämpfe zur politischen Beherrschung des Ganzen nach dem Muster von Teilautonomien, also um sog. Weltanschau-
ungs- und Kulturkriege (vgl. 139-143). Das Ganze soll im Wesentlichen zugänglich,
zuordbar und zurechenbar werden nach dem Muster einer bestimmten funktionalen
Autonomie. Daher erfolgt die Auseinandersetzung mit Carl Schmitt, der „die politische
Sphäre als solche" in „der urwüchsigen Lebensbeziehung von Freund und Feind gegeben" sieht. Demgegenüber wird die Politik von der Philosophie oder der Anthropologie
zumeist den „Idealen einer wahren Humanität" unterstellt (143, vgl. 191 ff.). Das Politische werde so entweder der Autonomie der Philosophie oder einer Anthropologie oder
seiner eigenen Autonomie – im Sinne der Intensivierung der Freund-Feind-Verhältnisse –
subsumiert. Über das Primat dieser oder jener Teilautonomie fürs Ganze könnte
höchstens ein personal gedachter Gott *entscheiden*. Für Menschen bleibe es unentscheidbar, weil kein Bewusstseinssubjekt je dem weltgeschichtlichen Gesamtprozess
gewachsen sein könne, in den es als Verhaltensdimension eingebettet bleibe. Es gebe
kein Selbstbewusstsein, das *außerhalb* und *über* dem geschichtlichen Lebensprozess zu
stehen komme, außer in einer spekulativen Metaphysik oder einer privaten Liebe zu
Gott. „So ist Politik nicht eine letzte, peripherste Anwendung philosophischer und
anthropologischer Erkenntnisse; denn die Erkenntnisse aus zweckfreier Objektivität
sind nie zu Ende, nie definitiv, nie unüberholbar und nie einholbar vom Leben. Das Erkennen als dieser Prozess ist nie so weit wie das Leben und immer weiter als das Leben.
Politik aber ist die Kunst des rechten Augenblicks, der günstigen Gelegenheit. Auf den
Moment kommt es an. In dieser Besorgtheit um die Bezwingung der konkreten Situation bekundet sich allgemein schon der Primat des selbstmächtigen Lebens und der
offenen Frage" (219).

In der „Entgottung der Welt" (221) helfe – in einem politisch „zivilisierenden" Sinne
(233) – erst die Ermöglichung eines fairen Wettbewerbs (228) in der *Pluralität* von
Gemeinschafts- und Gesellschaftsformen und eine *Ablösung* des Verständnisses der
Souveränität *von* der Rolle Gottes weiter. „Jede Lehre, die das erforschen will, was den
Menschen zum Menschen macht, sei sie ontologisch oder hermeneutisch-logisch, und
die methodisch oder im Ergebnis an der Naturseite menschlicher Existenz vorbei sieht
oder sie unter Zubilligung ihrer Auch-Wichtigkeit als das Nicht-eigentliche bagatelli-
siert, für die Philosophie oder das Leben als das mindestens Sekundäre behandelt, ist
falsch, weil im Fundament zu schwach, in der Anlage zu einseitig, in der Konzeption
von religiösen oder metaphysischen Vorurteilen beherrscht." (229) Menschen erschaffen
weder aus dem Nichts noch aus dem Vollen. Ihnen kommen keine göttlichen Prädikate
zu. Sie sind zu keiner grenzen*losen*, wohl aber *begrenzten* Selbstbestimmung und
Selbstverwirklichung fähig. Sie können öffentlich die Grenzen ihrer Selbstbestimmung
und Selbstverwirklichung erlernen. *Souveränität beginnt in der Bejahung dieser Gren-*
zen hier und jetzt angesichts der möglichen Konsequenzen der Verneinung dieser Gren-
zen. Souveränität bedeutet nicht nur, „höhere Souveränität über das Dasein" (219) zu
erlangen, sondern auch, in „souveräner Form" (228) mit den Grenzen dieser alten
Souveränität leben zu können: Der Mensch „ist eigentlich auch Körper [...]. Ding und
Macht kollidieren, indem sie in der Undverbindung das Kompositum Mensch bilden,
das in Transparenz die durch Nichts vermittelte Einheit seines offenen Wesens aus-

macht." (227) Die neue Souveränität – auch „Selbstlosigkeit" (149: Nietzsche) und „Freigebigkeit" (228) zum Rücktritt von der eigenen Monopolisierung des Menschenwesens genannt – betrifft so erst den Umgang mit den *Grenzen* der eigenen Verhaltensbildung, die im ungespielten Lachen und Weinen erreicht werden. Im Verlust der Herrschaft über seinen Körper, „im Verzicht auf ein Verhältnis zu ihm bezeugt der Mensch noch sein souveränes Verständnis des Unverstehbaren, noch seine Macht in der Ohnmacht, noch seine Freiheit und Größe im Zwang."[36]

Daher schlägt Plessner als zweites Orientierungsprinzip das der „Unentscheidbarkeit im Prinzipiellen" vor, nämlich der *Unentscheidbarkeit des Primates einer Teilautonomie über das Ganze* (vgl. 201f., 218-221, 229). Er ist gerade deshalb kein Dezisionist, weil er die Frage nach der Entscheidbarkeit über dieses Primat für falsch gestellt hält.[37] Sie wird im Sinne einer „säkularisierten Vergottung des Menschen, die in der christlichen Überzeugung von der Menschwerdung Gottes vielleicht ihr Ur- und Gegenbild hat" und die „der Gefahr der letzten Selbstrelativierung nicht gewachsen ist" (150), gestellt. Der praktische, nicht erkenntnistheoretische, der praktische Skeptizist wider positive Absolutismen fällt auf die Fehlalternative, entweder Vernunft (Cassirer) oder Entschiedenheit (Heidegger), nicht herein.[38] Die anthropologisch – nämlich gegen positive Absolutismen – skeptische Praxis der Lebensführung stellt heraus, dass sich die bereits im Christentum falsch gestellte Frage nach der geschichtlichen Verwirklichung Gottes in der Säkularisierung des Christentums nochmals verschärft, aufgrund der Machbarkeit ihrer Beantwortung. In dieser Moderne könne nicht sein gelassen werden, „sein" klein geschrieben, so Plessner 1931: „Eine neue Verantwortung ist dem Menschen zugefallen, nachdem ihm die Durchrelativierung seiner geistigen Welt den Rekurs auf ein Absolutes wissensmäßig abgeschnitten hat: das Wirkliche gerade in seiner Relativierbarkeit als trotzdem Wirkliches sein zu lassen." (163)

Für die drei Lösungsrichtungen, welche Plessners Philosophische Anthropologie zum sog. Dublettenproblem anbietet, gibt es bei Foucault keine konzeptionellen Äquivalente. Weder reformuliert Foucault das Problem der Fehlübertragungen unter den neuen Bedingungen, das Kant die „Dialektik der Vernunft" geheißen hatte, noch entwickelt Foucault eine eigene Konzeption, wie man in modernen Forschungsunternehmungen

---

36 H. Plessner, Lachen und Weinen. Eine Untersuchung der Grenzen menschlichen Verhaltens (1941), in: Ders., Gesammelte Schriften VII, Frankfurt a. M. 1982, S. 276.

37 Dies unterschätzt H. Bielefeldt in der Gesamtanlage seines Buchs, nicht aber in der richtigen Darstellung seines Plessner-Kapitels. H. Bielefeldt, Kampf und Entscheidung. Politischer Existentialismus bei Carl Schmitt, Helmuth Plessner und Karl Jaspers, Würzburg 1994, 2. Kapitel. Obgleich Bielefeldt auch das Verhältnis der Konzeptionen von Plessner und C. Schmitt geklärt hat, wird darüber uniformiert eine alte falsche Diskussion fortgesetzt. Vgl. den Wiederabdruck der alten Rezension (1991) von A. Honneth, Plessner und Schmitt. Ein Kommentar zur Entdeckung ihrer Affinität, in: W. Eßbach/J. Fischer/H. Lethen (Hrsg.), Plessners „Grenzen der Gemeinschaft". Eine Debatte. Frankfurt a. M. 2002, S. 21-28. Vgl. dagegen auch N. Richter, Unversöhnte Verschränkung. Theoriebeziehungen zwischen C. Schmitt und H. Plessner, in: Deutsche Zeitschrift für Philosophie, 49 (2001) 5, S. 783-800.

38 Vgl. auch H. Pessner, Die Aufgabe der Philosophischen Anthropologie (1936), a. a. O., S. 41 u. 46.

faktisch und normativ eine überprüfbare Methodenkombination leisten könnte, noch
versteht Foucault, dass Souveränität *nicht* in der Steigerung von Selbstbestimmung und
Selbstverwirklichung durch Macht und Subjektivität bestehen muss, sondern im Erlernen eines zivilisiert-öffentlichen Umgangs mit den Grenzen derselben im Lachen und
Weinen erfahren werden kann. Vielleicht hatte Foucault doch Recht in seinen häufigen
Selbsteinschätzungen, dass er kein Philosoph sei, sondern ein Historiker der anonym
einschlägigen Effekte in Diskurs- und Machtformationen, die Subjekte produzieren.
Jedenfalls hat er grundsätzlich wohl Heideggers Kritik an der Philosophischen Anthro-
pologie vertraut, und Heideggers Kritik setzte die von Kant an Herder nur fort. Laut
Heidegger konnte die Philosophische Anthropologie allein eine Regionalontologie sein,
welche seine Fundamentalontologie zur Voraussetzung habe.[39] Foucault ersetzt zwar
Heideggers zunächst individuelle, sodann gemeinschaftliche Existenzial-Ontologie des
Daseins durch eine Folge von Brüchen in den Resonanzeffekten bestimmter Diskurs-
und Machtformationen. Aber es gibt für ihn keine zum transzendentalen Dualismus und
damit Descartes alternative Fundierung moderner Philosophie durch Philosophische
Anthropologien, weder im Sinne Herders, noch im Sinne der klassischen Pragmatisten
oder der deutschen Philosophischen Anthropologen. Dass sich Foucault im Schatten
Heideggers auf keine eigene Philosophie der lebendigen Natur und darin strukturelle
Ermöglichung von Menschenspezifikation eingelassen hat, macht ihn philosophisch so
hilflos in seiner historisch verdienstvollen Thematisierung von Biomacht und Biopolitik.[40]

5. Der anhaltend doppelte Ursprung moderner Philosophie (St. Toulmin) und die öffentlich-politische Verschränkung „kopernikanischer" Revolutionen mit „ptolemäischen" Lebenswelten (Plessner)

Der problemgeschichtliche Blick für das merkwürdig vergessliche Auf und Ab in den
aktuell immer gerade für systematisch gehaltenen Fragen moderner Philosophie erweitert und verschärft sich nochmals, zieht man Stephen Toulmins Buch „Cosmopolis"
(1990) zu Rate. Toulmin erzählt gleich zu Beginn, wie zufällig und spät er als Physiker,
der beim späten Wittgenstein Philosophie studiert hatte, Michel de Montaignes Essays
las. Diese Lektüre habe ihn nicht mehr losgelassen, sowohl weil er es hier mit einem
Wahlverwandten des späten Wittgenstein, nur dreieinhalb Jahrhunderte früher, zu tun
gehabt hatte, als auch in dem Sinne der Frage, wie es hatte kommen können, dass solche
Weisen zu philosophieren aus dem Kanon der modernen Philosophie verschwunden
waren. Es habe ihn sodann, nicht ununterbrochen, aber doch immer wieder, 35 Jahre
seines Lebens gekostet, eine Skizze zur Beantwortung dieser Frage zu entwerfen.

---

39 Vgl. M. Heidegger, Kant und das Problem der Metaphysik (1929), Frankfurt a. M. 1973, S. 211-215.
40 Vgl. zu Foucault und Plessner: H.-P. Krüger, Der dritte Weg Philosophischer Anthropologie und
    die Geschlechterfrage, a. a. O., S. 43-62, 85-90.

Das entscheidende Argument in der Vielzahl seiner Argumente besteht in der Kriegs-geschichte, die der Moderne selbst seit ihrer sog. Frühzeit eigen ist.[41] „Krieg" wird hier im weitesten Sinne einer gewaltsamen Auseinandersetzung genommen, nach innen und außen, ob revolutionär oder konterrevolutionär, gerecht oder ungerecht. Der Zeitraum reicht von der Renaissance und Reformation, Gegenreformation und Bartholomäus-nacht, der englischen Revolution und dem Dreißigjährigen Krieg über die Amerikanische Revolution, den Befreiungskampf der Niederlande, den Französischen Revolutions-zyklus einschließlich seiner kontinentalen Wirkungsgeschichte, die Kolonialkriege zur imperialistischen Aufteilung der Welt, bis zu den Weltkriegen, dem Kalten Krieg, er-neuten Kolonialkriegen und erneuten Befreiungskriegen. Toulmin verweist zustimmend auf John Deweys Buch über die *Verführung*, die in der „Suche nach der Gewissheit" (1929) liegt.[42] Offenbar waren und sind die künstlich-gewaltsamen Trennungen des Dualismus gerade für die Kriegsgeschüttelten angesichts von Toten besonders plausibel, umso mehr wenn sie aus einer bereits christlich-dualistischen Tradition stammen. Im Krieg gilt tatsächlich und normativ: Entweder Oder. Umso attraktiver ist aber ebenso den Kriegsgeschüttelten das Versprechen des Dualismus, durch ein neues Wissen als der neuen Glaubensgewissheit von außen aus dieser Krise herauszukommen. Die Versu-chung, *begrenztes* Wissen zur Glaubensgewissheit zu *ent*grenzen, um Besserung ver-sprechen zu können, indem man nun aber mal endlich *tabula rasa* mache, wiederholt sich von Krieg zu Krieg, nach innen und nach außen.[43] Diese Versprechen nennt Toulmin die Formen des *de*kontextualisierenden Rationalismus. Ihnen stellt er gegen-über die Formen des kontextualisierenden Humanismus, seit dem Humanismus der Renaissance. Mit dem Ausdruck „Kontexte" sind die der Lebensführung gemeint. Die Humanismusformen halten sich an die praktischen Erfahrungen von Pluralität *in* und im Handel *zwischen* den städtischen Zivilisationen zu Friedenszeiten. Sie schlagen aber auch gerade in Kriegzeiten die Gegenstrategie gegenüber den entgrenzten Rationalitäts-formen ein. Aus der lebenspraktischen Skepsis gegen absolutistische Glaubensverspre-chungen, die weder durch reflexives Wissen noch durch Menschen gehalten werden können, erwächst die praktische Aufmerksamkeit für die Hilfe unter Schwachen, Ver-letzten, Leidenden, Unvollkommenen, an Leib und Leben Gebundenen, kurz: für eine kontextuelle Umbewertung der Werte von „oben" und „unten".[44]

Man kann die Geschichte der inneren und äußeren Kriege humanistisch auswerten, indem man sie als eine unfreiwillige Serie von anthropologisch verunglückenden Ex-perimenten versteht. Aus ihnen lässt sich lernen, was minimaler Weise menschliche Lebewesen zu ihrer Existenz brauchen. Dies geht schwer kontextlos, dann handelte es sich eher um Engel oder Götter, als vielmehr kontextualisierend im Anschluss an Leben und Leib von und für Personen. Während die kontextualisierenden Humanismusformen beim Oralen, Besonderen, Lokalen, Zeitlichen, bei der für den besonderen Fall rechten

---

41 Vgl. St. Toulmin, Kosmopolis. Die unerkannten Aufgaben der Moderne, Frankfurt a. M. 1991,
    S. 107f., 137, 211f., 245f., 255f.
42 Vgl. ebenda, S. 29f., 68, 121f., 237, 286.
43 Vgl. exemplarisch für den Übergang von Montaigne zu Descartes: ebenda S. 96-99.
44 Vgl. ebenda, S. 60-82.

oder falschen Zeit in rhetorischer Dichte und Vielfalt von unten ansetzten, setzten die dekontextualisierenden Rationalismusformen auf das Geschriebene, Universelle, Generelle, Zeitlose und Formalisierbare axiomatischer Regeln und Ableitungen von oben her. Der Feldherrenhügel ist dann gleichsam nur der Vorposten der Beobachtung von einem archimedischen Punkt im All, wo Gott sein könnte. Dabei arbeitet Toulmin vor allem die Einbindung auch der Philosophie in die Ideologiebildung der Nationalstaaten und deren falsches Souveränitätsverständnis heraus, das sich in den Katastrophen des 20. Jahrhunderts entladen hat. Zu der Zentralisierung der Macht großer Flächenstaaten, die gleichsam wie vom Reissbrett von oben nach unten regiert werden, passen die dekontextualisierenden Rationalitätsformen, zunächst in mechanischer, sodann statistischer Form, weil sie sich inhaltlich nicht einmischen und als Herrschaftstechnik die Regimewechsel überdauern können.

Es ist hier nicht der Ort, Toulmins Entfaltung dieser seiner Grundidee weiter nachzugehen, auch nicht seiner inzwischen vergilbten Hoffnung, es könne unter dem Titel der Postmoderne zu einem Wechsel kommen.[45] Heute ist es nur wichtig zu erwähnen, dass die moderne Kriegsgeschichte i. w. S. verständlicher werden lässt, warum es überhaupt in jeder modernen Epoche zu dekontextualisierenden Rationalismusformen versus kontextualisierenden Humanismusformen kommen kann und warum sich die Epochen durch verschiedene Vorherrschaften dieser oder jener Form auszeichnen lassen. Solche Vorherrschaft führt zu entsprechenden Vergessensraten, einer Gewöhnung und diskurspolizeilichen Vorkehrungen dafür, die eigene Siegesgeschichte als systematisch verbindlich durchzusetzen gegen Konkurrenten. Falls Toulmin Recht hat, müsste man die Auseinandersetzung zwischen Philosophischer Anthropologie und transzendentalem Dualismus seit dem 18. Jahrhundert nochmals vorverlegen bis ins 16. Jahrhundert und innerhalb jeder folgenden Epoche ausdifferenzieren. Die kontextualisierenden Humanismusformen setzen eher von unten anthropologisch beim Lebewesen Mensch an, gegen den christlichen Dualismus und Missionsglauben, während die dekontextualisierenden Rationalismusformen eher von außen und von oben ein mentales Gefüge von Zuordnungsregeln zwischen Eigenem und Anderem vorgeben, deren Durchsetzung zentralistische Macht und entsprechende Empirie über das Leben der Untertanen braucht, also Foucaults Thema ergibt. Umso interessanter wäre die Untersuchung, inwiefern beide Fragerichtungen nicht nur gegeneinander ignorant vorkommen, sondern auch bestimmte Werke durchkreuzen. Ich hatte Hegel bereits erwähnt. Vor allem aber wäre mit der Geschichte der inneren und äußeren Kriege ein Bezugspunkt gefunden, der die Brüche zwischen Foucaults Macht- und Wissensformationen verständlicher werden lässt. Der Streit innerhalb der modernen Philosophie schlösse den mentalen und institutionellen Umgang mit den kriegerischen Zusammenbrüchen des menschlichen Verhaltens ein. Diese politische Erweiterung dessen, was unter dem Titel der *Philosophie* als Diskurs

---

45 Vgl. zu Toulmins Konzeption der Wissenschaftsentwicklung als Evolution geistiger Unternehmungen: H. P. Krüger, Kritik der kommunikativen Vernunft. Kommunikationsorientierte Wissenschaftsforschung im Streit mit Sohn-Rethel, Toulmin und Habermas, Berlin 1990, 3. Kapitel. Vgl. zu Toulmins Konzeption einer Postmoderne: H.-P. Krüger, Perspektivenwechsel. Autopoiese, Moderne und Postmoderne im kommunikationsorientierten Vergleich, Berlin 1993, Kapitel 2.3.

gilt, würde begreiflicher werden lassen, warum dieser Diskurs nicht, wie systematisch oft suggeriert wird, rein argumentativ zwischen reinen Vernunftwesen stattfindet. Philosophie wäre dann sogar lebensrelevanter gewesen, als es heute oft akademisch vorgestellt wird, ausgerechnet heute, in einer Zeit neuer Kriege.

Zum Abschluss und Vergleich mit Toulmin und Taylor gehe ich auf Plessners Moderneauffassung ein, die er in seinen Groninger Exilvorlesungen von 1934-35 entwickelt hat, welche 1935 als Buch unter dem Titel „Das Schicksal deutschen Geistes im Ausgang seiner bürgerlichen Epoche" erschienen ist. So sehr es einen freuen kann, wenn der neue Titel dieses Buchs 1959 „Die verspätete Nation" zu einem geflügelten Wort in der politischen Kultur unseres Landes geworden ist, so sehr muss man auch befürchten, dass politische Korrektheiten nicht mehr gelesen werden. Umso mehr, als sich das Stichwort von der *verspäteten Nation* mit der Hypothese vom *deutschen Sonderweg* wirkungsgeschichtlich amalgamiert hat, die Plessner nicht vertrat. Natürlich ging es ihm nicht darum, möglichst schnell von der weltgeschichtlichen Verliererseite auf die Gewinnerseite dadurch zu kommen, dass man möglichst perfekt die Angloamerikaner nachmacht und bei deren neuester Mode so mitläuft. Hans Joas hat sozialtheoretisch die Hypothese vom deutschen Sonderweg kritisiert, weil sie die Entwicklung in Deutschland pauschal als nicht *modern* erscheinen ließ, was in der Tat nicht zutrifft.[46] Nicht was den Holocaust angeht, aber gemessen an den Demokratien der USA, Englands, Frankreichs und der Niederlande erscheint das, was man schnell den *Sonderweg* nennt, empirisch gesehen den signifikant repräsentativen Fall unter den rund 200 Staaten der UNO darzustellen. Reinhart Koselleck hat geschichtstheoretisch Plessner als scharfsinnigen und weitsichtigen komparativen Historiker interessant gemacht, gegen die politisch korrekte Ablagerung des Buchtitels „Verspätete Nation" von 1959.[47] Plessner behandelte die deutsche Geschichte als die Zuspitzung der Spannungen in Europa zwischen vorgestern und übermorgen, während die ursprünglich europäischen Artefakte von anderen Hochkulturen übernommen werden, und verglich unter dem Gesichtspunkt der relativen Traditionslosigkeit Deutschland auch mit den USA als dem „Neuland".[48] Vor allem jedoch philosophisch handelte Plessner – nicht weniger als Taylor oder Toulmin – von der problematischen Struktur der Moderne i. w. S., die man nicht dem Selbstlauf überlassen kann, weil sie von Selbstläufern zehrt. Er setzte damit das Problem der säkularen Selbstvergottung des Menschen aus „Macht und menschliche Natur" fort. Nur auf diese Ergänzung kommt es hier an. Plessners originelle Verbindung zwischen der konfessionssoziologischen Betrachtung modern profanisierter Gebiete (M. Weber, Troeltsch) mit der Frage, welche verschiedenen historischen Strukturen

---

46 Siehe H. Joas, Kriege und Werte. Studien zur Gewaltgeschichte des 20. Jahrhunderts, Weilerswist 2000, S. 32, 73, 119, 237-240.

47 R. Koselleck, Deutschland – eine verspätete Nation?, in: Ders., Zeitschichten. Studien zur Historik, Frankfurt a. M. 2000, S. 375-379.

48 Vgl. H. Plessner, Die verspätete Nation. Über die politische Verführbarkeit bürgerlichen Geistes (1935/1959), Frankfurt a. M. 1992, S. 32-35, 64, 93. Die Seitenangaben dieser Ausgabe werden im Folgenden oben im Text gleich in Klammern gesetzt.

doch eine äquivalente Funktion (Marx, Nietzsche) ausüben können (104, 196), harrt weiter einer wirklichen Ausarbeitung.

Für Plessner besteht das strukturelle Verhaltensproblem der Moderne in ihrem Modell von der „kopernikanischen Wendung" (83, 88, 120f., 131), verstanden zunächst in dem wissenschaftsgeschichtlichen Sinne von Kopernikus *versus* Ptolemäus mit Galilei und den Abzweigungen unter Newton und Descartes sowie vielerlei Folgen. Man sieht aus dem Universum, was man nicht sehen kann, wenn man von der Erde zur Sonne und dem Mond blickt, während sich der Mond um die Erde und die Erde um die Sonne dreht, in bestimmten Ellipsen und zu bestimmten Zeiten. Dies ist ein gutes Beispiel für das, was Plessner die Exzentrierung der eigenen Position, hier aber nur der eigenen Perspektive nennt. Man setzt sich aus dem bisherigen Zentrum der Erde und dem Blicken von dort *heraus* und schaut von außen auf das früher zentrische Blicken von der Erde zurück. Diese Exzentrierung der mentalen Pespektive ist noch keine Exzentrierung der körper-leiblichen Position, die phantastisch in Sciencefiction und reell in der bemannten Raumfahrt nachgeliefert wird.

Kant macht aus der Exzentrierung der Perspektive, nicht der körper-leiblichen Position, etwas Merkwürdiges, nämlich philosophisch die Revolution der Denkungsart mit Vorbildcharakter für vieles, was kommt. Die Begriffe hätten sich nicht nach den Gegenständen, sondern die Gegenstände nach den Begriffen des Verstandes zu richten, und dies anhand einer ziemlich zufälligen Kategorientafel, von den Anschauungsformen des Bewusstseins in Raum und Zeit noch ganz zu schweigen. Die Analogie stimmt nun für Perspekiven insofern, als man sich aus dem Bewusstsein als dem bisherigen Erlebniszentrum heraussetzt in ein vernünftiges Selbstbewusstsein, das als Richter von außen fungiert. Von da aus sieht man, wie selbstlos das bisherige Bewusstsein war, wenn es sich für durch den Gegenstand bestimmt und bedingt hielt. Seit Kants Philosophie existiert nun aber auch ein doppelter Ideologieverdacht: Die Richtervernunft kann sich vom Verstand und den Anschauungsformen derart emanzipieren, dass sie sich selbst zum Scheine, das Ganze zu sein, ermächtigt. Sie sei sittlich praktisch sogar konstitutiv, nicht nur regulativ gültig wie in der Naturerkenntnis. Und das empirische Bewusstsein kann ohnehin, ohne eine Lösung für das Problem seiner Teilhabe am transzendentalen Gattungsbewusstsein, nachhaltig irren. Es ist sich selbst undurchsichtig (vgl. 121, 123).

Dieser doppelte Ideologieverdacht generalisiere sich durch das 19. Jahrhundert hindurch, von Hegel, Feuerbach, Kierkegaard und Marx über die Verarbeitung des Darwinismus bis Nietzsche und Freud. Ein nunmehr als sozial oder individuell verstandener Standort demaskiert den anderen im Namen der Wahrheit, bis auch der demaskiert worden ist. Autorität zerstört Autorität, bis es in der Inflation der Wahrheiten und Autoritäten keine mehr gibt. Wir haben es mit einem Flächenbrand an Selbstläufern zu tun, die sich alle für Richter halten, während sie von allen anderen als zentristische Subjekte des falsch Bewussten und schließlich des Unbewussten entlarvt werden. „Die überweltliche Heilsordnung weicht der Vernunft, diese der Geschichte, diese der Ökonomie und Gesellschaft, und ihre Stelle nimmt schließlich das Blut ein. Für die himmlische Verheißung und Erlösung gibt es die innerweltliche Verheißung und Erlösung in einer Evolution des Wissens und Könnens, und als es mit dem Glauben an den Fortschritt schließlich zu Ende ist, die vor- und untermenschliche Sicherung des Menschen im Volkstum." (119)

Man kann den Rückgang aus der exzentrischen Perspektive in die beteiligten körper-leiblichen Positionen die Rezentrierung nennen. Am Ende weiß niemand mehr, welche Rezentrierungen und Exzentrierungen womöglich nur zum Scheine stattgefunden haben oder aus Partizipationsschwäche. Jede und jeder steht nun nicht mehr in einer *gemein-samen*, sondern in seiner oder ihrer eigenen *ptolemäischen Umwelt* da. Dies ist das je meinige Dasein nach der Auflösung der – bei Kant noch als gemeinsam vorgestellten – Verselbständigung der Verstandeskategorien (zur dritten Bedeutung von notwendig fal-schem Bewusstsein bei Kant: 132). Für die im Land der Innerlichkeit resonanzfähigste Rezentrierung hält Plessner noch immer Heideggers individuelle Existenzialität aus „Sein und Zeit". Sie stehe, erschlossen von innen, strukturell in Nichts Hobbes nach, der aber von außen in Körperkategorien die gleiche Struktur der Zuordnung entweder zum Eigenen oder Anderen aufdeckt.[49] Warum aber dann so viele Umwege zurück in den Naturzustand? Offenbar hat die Vervielfältigung der kopernikanischen Denkungsart etwas von einem Bumerang, den des *animal ideologicum:* „Für den totalen Ideologie-verdacht fällt im Verhältnis des Bewusstseins zur Tat der Tat die Führung zu. Nur steht die Tat nicht mehr wie bei Kant und in der großen idealistischen Tradition unter reli-giösen, rationalen, für alle Menschen verbindlichen sittlichen Prinzipien. Die religiösen und rationalen Moralwerte gehören in den Überbau. [...] Vielmehr darf die Praxis nur von derjenigen Schicht ihre Richtung und Bindung empfangen, welche im mensch-lichen Leben in der Rolle des bestimmenden Unterbaus den Ausschlag gibt. Und diese Schicht ist auf der Stufe äußersten Verdachtes die biologische Vitalität, das Triebsystem und die Rassenanlage." (142)

Was die geistigen Eliten anging, welches Land außer den USA war moderner als dieses Deutschland im ersten Drittel des 20. Jahrhunderts? Bei aller Zeitverzögerung für die Masse der Bevölkerung, alle Demaskierungen schlugen gleichzeitig in der bürger-kriegs- und krisengeschüttelten Zwischenkriegszeit bis zum Machtantritt der Nazis wir-kungsgeschichtlich massiv durch, bis von der Vernunft und Sprache, dem Leben und der Geschichte nichts weiter als die Rassemerkmale als Anhaltspunkt für die künftige Weltherrschaft übrig geblieben waren. Die Generalisierung des Musters der kopernika-nischen Revolution zum wechselseitigen und flächendeckenden Ideologieverdacht von jeder gegen jeden als einer bloßen Subjektivität bedeutet praktisch Krieg nach innen und außen. So wird der vermeintliche Naturzustand hochkünstlich und tatsächlich her-gestellt. Dezisionismus ist tatsächlich die Folge der kopernikanischen Revolution in Permanenz. Den in ihrer Demaskierung Isolierten, in die „nackte Vitalität" (140) Ge-triebenen, den ständig unter Verdacht Gestellten und Entlarvten bleibt, sich wie ein Stück Fleisch zu schicken oder in der Flucht nach vorne die Erlösung zu suchen, in der *action directe*, in der Bewegung, in der Mobilisierung ihre Personalität aktiv zu opfern. Nicht die Wissenschaft, sondern das „lebendige Volk" in seiner faktischen Mobilisie-rung soll zum „Maßstab einer biologischen Politik" (149) werden.

---

49 Vgl. so schon (1931): H. Plessner, Macht und menschliche Natur, a. a. O., S. 155-159, 187, 197, 210, 214.

Ist diese sog. Verspätung nicht mehr aktuell, oder beginnt sie gerade, sich in den sog. neuen Kriegen erneut zu generalisieren? Gewiss doch, die Welt ist nicht am deutschen Wesen genesen. Aber erkrankt sie erneut an einer Moderne, deren vorzüglicher Repräsentant Deutschland einmal war, weil die Permanenz der kopernikanischen Revolution den Betroffenen nicht mehr lebbar ist? Die Blöße des Lebens der atomisierten Organismen wird *systematisch* erst in der Moderne hergestellt. Schon biologisch betrachtet ist kein isolierter Organismus ohne seine Interaktionen in der Umwelt lebensfähig. Anthropologisch gesehen müssten die Exzentrierungen und die Rezentrierungen der körperleiblichen Positionen bzw. Perspektiven lebbar verschränkt werden, eben im tätigen Vollzug. Darin besteht die Aufgabe, welche im Begriff der exzentrischen Positionalität formuliert worden ist. „Nur dieses Maß der Entgötterung und Entmenschung macht es begreiflich, dass gerade hoch zivilisierte Nationen zur Selbsthilfe einer künstlichen autoritären Bindung im Politischen greifen, um die elementaren Daseinsinstinkte vor den nihilistischen und defaitistischen Schlussfolgerungen der Intelligenz zu schützen." (101)

In der *rezentrierenden* Lebenswelt geht die Sonne immer noch auf und unter, der Mond nicht minder. Für die Orientierung der Leibesbewegungen reicht dies. Vom Standpunkt der Exzentrierungen ist die Lebenswelt der Inbegriff aller Rezentrierungen. In ihr tummeln sich falsche Bewusstseine und Scheine, Vor-, Un- und Nachbewusstes, alle Entfremdung vom vermeintlich eigentlichen Wesen, Schemata, Träume und Traumata, Erfüllung, Glücksmomente und Schwächen, alles, was zentrische Leibeswesen subkutan im Zwielicht ihrer Halbautomatik habitualisieren können, also auch viel Müll. Die Werbepsychologie weiß mehr über die aktuelle Lebenswelt zu berichten als die Philosophie. Gleichwohl: Lasset sie, die Lebenswelt, sein, zumindest privat. Dieser Schein macht lebbar. Die Lebenswelt ist alles andere als die Wahrheit, nach der Husserl in ihr suchte. Sie ist zunächst nur jene soziokulturelle *Um*welt, die weltoffene, also exzentrische Wesen im zentrischen Leben halten. Sie liegt vor, nach und bei dem reflexiven Wissen im Lebensverlauf, das sie nicht ersetzen kann. Menschen müssen sich nicht ihre Lebenswelten gegenseitig vorrechnen, als wären sie tatsächlich gefallene Engel, gar Erzengel. Der allgemeine Beichtzwang ergibt keine Gesellschaft, nur eine problematische Gemeinschaftsform. Die Lebenswelt bildet die lebendige Motivation dafür, sich auf das *öffentliche* Schauspiel des Irrealen einzulassen.

Das *theatrum mundi* kann aus den Kriegs- und Friedenszeiten Lehren darüber ziehen, welcher Unterschied zwischen der öffentlichen Teilnahme von Personen und ihren Privatisierungen für die personale Lebensführung wesentlich und im Ganzen nötig ist. Plessner sah 1935 den Vorteil der Westeuropäer, vor allem Niederländer, gegenüber den Deutschen darin, dass sie zumindest nach innen Humanismusformen institutionalisiert und über viele Generationen habitualisiert hatten, die gegen die Verwirklichung positiver Absolutismen auf Erden skeptisch blieben. Diese politische Konstitution mochte ursprünglich nur gegen Feudalismus, eine andere Religion und den Bürgerkrieg gerichtet gewesen sein. Inzwischen bot die öffentlich-private Doppelexistenz von Personen mit entsprechender Gewaltenteilung aber ein Minimum an gemeinsam geteilter Resistenz gegen die Formen einer modernistischen Hybris. Damit schließt sich der systematische Kreis zurück zu den Analysen von Taylor und Toulmin, die uns ebenfalls eine andere systematische Problemkonstellation vorgeschlagen haben. Offenbar fehlt heute im äußeren Verhältnis der Staaten, Kultur- und Religionskreise dasjenige, das die skeptischen Humanismusformen früher nach innen geleistet haben.

Im *homo ludens* (J.Huizinga) wurde für die Evolutionsgeschichte etwas Erstaunliches entdeckt und erfunden, eben das privat-öffentliche Doppelgängertum von Personen für Personen: Spätestens seit der sog. Achsenzeit wurde die Personalität in verschiedenen Weltrahmen mit verschiedenen Vorder- und Hintergründen komponiert. Für Plessner ist die kopernikanische Wendung eine „Achsenverlagerung" (83, 88). Alle personalen Hochkulturen sind älter als die Modernen, die aus ihnen kommen können, so Karl Jaspers.[50] Wenn die westliche Moderne sie zerstört, statt Personalität im Weltrahmen zu pluralisieren, dann zerstört sie sich auch selbst, so Hannah Arendt.[51] Wer dies abtut als etwas Vormodernes, gar Sklavenhalterisches, hat sich auf keinen anthropologischen Vergleich eingelassen. „Die" Moderne erschafft sich nicht selbst. Sie ist kein Gott, sondern bildet einen Zirkel, in dem die lebenspraktischen Präsuppositionen und Folgen der Reflexion verschwinden. Moderne geht als philosophisch-anthropologische *Selbst*begrenzung, nicht aber in der *Ent*grenzung jener „kleinen Götter"[52] (Dewey), die uns die Säkularisierung des Christentums als individuelle und kollektive Souveränität (im alten Sinne) aufgeladen hat. Man muss nicht mit denjenigen mitlaufen, die das Ressentiment des Scheiterns ihrer Selbstüberhebung verbreiten. Man muss nicht das nächste große Versprechen von Gewissheit mit anheizen, das strukturell nicht gehalten werden *kann*. Die Welt ist nicht unser. Sie übersteht uns.

---

50 Vgl. K. Jaspers, Vom Ursprung und Ziel der Geschichte (1949), München 1963, Erster Teil.
51 Vgl. H. Arendt, Vita activa oder Vom tätigen Leben (engl. 1958), München/Zürich 1981, S. 62-81.
52 J. Dewey, Erfahrung und Natur (1925/29), Frankfurt a. M. 1995, S. 404f.

5. Expressivität als Fundierung zukünftiger Geschichtlichkeit
Zur Differenz zwischen Philosophischer Anthropologie und anthropologischer Philosophie

1. Die Ausgangsbedeutung der drei Titelbegriffe

Der Titel spielt auf das Schlusskapitel von Helmuth Plessners Buch „Die Stufen des Organischen und der Mensch" (1928) an und ist systematisch gemeint. Wie soll man solche Passagen des Textes wie die Folgende verstehen? In ihr wird das Apriori, das Erfahrung ermöglicht, herausgenommen aus seiner üblichen Identifikation mit einem entweder formalen oder inhaltlichen Apriori. Stattdessen wird die Erfahrungsermöglichung auf die Art und Weise einer tätigen Verschränkung von Inhalt und Form bezogen, die nur exemplarisch auffalle: „Nicht die Ausdrucksform kann apriori sein, ebenso wenig wie es der Inhalt ist, sondern allein die (nur anhand exzeptioneller Beispiele bloßgelegte!) Art und Weise, wie *zu* einem Inhalt seine ‚Form' gefunden wird. Hier geht es um die den Ausdrucksweisen vorgelagerte Notwendigkeit des Ausdrückens überhaupt, um die Einsicht in den Wesenszusammenhang zwischen exzentrischer Positionsform und Ausdrücklichkeit als Lebensmodus des Menschen."[1] Dieses merkwürdige Apriori betrifft nicht die Ermöglichung bestimmter Inhalte oder bestimmter Formen des Ausdrückens. Alle diese Bestimmungen gelten bei Plessner als schon in geschichtlicher Erfahrung errungene. Plessners Apriori betrifft vielmehr die Art und Weise der tätigen Verschränkung von Inhalt und Form im Erfinden und Entdecken. Wir haben es hier nicht mit einer Ausdruckslehre in erfahrungswissenschaftlicher Absicht zu tun, wie sie Karl Bühler in seiner „Ausdruckstheorie" (1933) und „Sprachtheorie" (1934) wenig später vorlegen wird. Dort geht es um geschichtlich errungene Inhalts- und Formbestimmungen zu systematischem Behufe in der Gegenwart. Demgegenüber interessiert Plessner hier die philosophische Frage, wieso Wesen, die sich exzentrisch positionieren, der Modus der *Ausdrücklichkeit* bzw. gleichbedeutend der *Expressivität* im Leben nötige Möglichkeit ist.

Dieses modale Apriori war nicht selbstverständlich, erinnert man sich an Max Schelers materiales Apriori gegen rein formale Apriorismen. Es ist auch noch nicht selbstverständlich: Der Großteil der Gegenwartsphilosophie konzentriert sich noch immer auf Handlung und Sprache, als ob darin das Menschsein hinreichend spezifisch getroffen

---

1 H. Plessner, Die Stufen des Organischen und der Mensch. Einleitung in die philosophische Anthropologie (1928), Berlin/New York 1975, S. 232.

wäre. Dies gilt z. B. von Donald Davidson bis Ernst Tugendhat.[2] Nur wenige Ausnahmen unter den Gegenwartsphilosophen, wie Charles Taylor, behaupten die philosophische Aktualität der Geschichte, seit dem 18. Jahrhundert die Expressivität des Menschen zu entdecken, ohne sie dann selbst systematisch auszuführen.[3] Habermas bringt zwar im Anschluss an Bühler die expressive Sprachfunktion neben der darstellenden und appellierenden Sprachfunktion unter, aber ebenfalls, ohne sie systematisch zu elaborieren.[4] Weiter – und damit Plessner näher kommend – geht Joseph Margolis, wenn er die gegenwärtigen Neopragmatismen – von Richard Rortys Ethnozentrismus bis zu Hilary Putnams Internalismus – als noch zu sprachanalytisch kritisiert: Da keine innersprachlichen Erkenntniskriterien für die erfolgreiche Bezugnahme auf Außersprachliches und für die richtige Prädikation von Außersprachlichem hinreichen, könne man nicht die adverbialen Vermittlungsglieder im geschichtlich praktizierten Verhältnis zwischen Natur und Kultur, im „savoir-faire" statt „savoir", übergehen.[5] „Was bleibt, ist die Hauptfrage, die uns nachgerade abhanden gekommen ist, nämlich die Frage nach der Analyse der condition humaine, die in jedem Teilbereich unseres Forschens zu stellende Frage nach dem Verhältnis zwischen Natur und Kultur."[6]

Auch in „Macht und menschliche Natur" (1931) kritisiert Plessner ein entweder material apriorisches oder formal apriorisches Verfahren, weil es darauf hinauslaufe, andere am eigenen Maßstab zu messen, statt dem eigenen hermeneutischen Zirkel faktische Korrekturmöglichkeiten zu eröffnen. Von der Schließung des hermeneutischen Zirkels soll eine neue Verbindung zwischen empirischem und apriorischem Vorgehen befreien, gemäß dem Prinzip der Unergründlichkeit des Wesens der Menschheitlichkeit im Ganzen. Dieses Wesen komme nur exemplarisch zur Art und Weise seines Erscheinens, im je gegenwärtigen Vollzug der Verschränkung von Vergangenheit und Zukunft. Sich exzentrisch verhaltende Wesen erfahren geschichtlich, „was" und „wer" sie sind. Dies heißt für Plessner auch, dass die in der europäisch-westlichen Tradition zur Vorherrschaft gelangte Selbstauslegung der exzentrischen Positionalität als Lebensmächtigkeit und Lebensohnmächtigkeit erneut eine andere Auslegung werden könnte, wie Selbstauslegungen auch schon davor und parallel zur westlichen Tradition andere sein

---

2 Vgl. D. Davidson, Wahrheit und Interpretation, Frankfurt a. M. 1986, S. 236-246. E. Tugendhat, Anthropologie als „Erste Philosophie", in: Deutsche Zeitschrift für Philosophie, Berlin 55 (2007) 1, S. 10-14.

3 Vgl. Ch. Taylor, Die Quellen des Selbst. Die Entstehung der neuzeitlichen Identität, Frankfurt a. M. 1994, S. 855-899.

4 Vgl. J. Habermas, Theorie des kommunikativen Handelns. Bd. 1: Handlungsrationalität und gesellschaftliche Rationalisierung, Frankfurt a. M. 1981, S. 446-452.

5 Siehe J. Margolis, Die Neuerfindung des Pragmatismus, Weilerswist 2004, S. 76-80, 198-204, 219.

6 Ebenda, S. 224. Vgl. zu den kardinalen Missverständnissen der klassischen Pragmatismen, die bereits Philosophische Anthropologien waren, in den sprachanalytischen Neopragmatismen auch: H.-P. Krüger, Zur Einführung in Kolloquium V: Die Wiederkehr des Hegelianismus im Pragmatismus, in: R. Bubner/G. Hindrichs (Hrsg.), Von der Logik zur Sprache. Stuttgarter Hegel-Kongress 2005, Stuttgart 2007, S. 369-372.

konnten. Dieser anthropologischen Selbstauslegung, als spezifikationsbedürftiger Mensch unter Lebewesen sein zu können, komme geschichtlich exemplarischer Charakter zu. Die von Plessner vertretene Lebensphilosophie wisse, dass dieses „als Leben und Menschen Ansprechen *nicht nur* schon Interpretation, Auslegung, Deutung ist", sondern dass „dieses sich im Kreislauf halten und wissen *auch gestiftet*, auch eine geschichtliche Entdeckung ist, eine Möglichkeit und Wendung", und dass schließlich die Entdeckung des historischen Charakters dieser Wendung „verknüpft ist mit der Einsicht in die Unmöglichkeit, die Frage, was und wer ‚sich' da gewendet hat, direkt und außerhalb der geschichtlichen Erfahrung" zu beantworten.[7]

Plessner steckt *nicht* in demjenigen Darinnen, das Foucault später den „anthropologischen Kreis" nennen wird, in dem das Apriorische und das Aposteriorische nur Dubletten voneinander sind.[8] Plessners Prinzip der Unergründlichkeit des Wesens im Ganzen befreit die Theorie davon, die Empirie verdoppeln zu müssen, und emanzipiert die Empirie davon, die Theorie verdoppeln zu müssen. Beide Seiten, was Erfahrung ermöglicht und aus ihr tatsächlich folgt, können sich gegenseitig im Geschichtsprozess revidieren. Daher ist auch für Plessner das Geschichtliche nicht identisch mit dem historisch Faktischen, das mental verschieden genommen werden kann. Das Geschichtliche ist der gegenseitig gegensinnige Revisionsprozess des Ermöglichenden und des Ermöglichten. Plessner hält sein Verfahren sowohl historisch-faktisch, um gegen die bisherige apriorische Philosophie der Geschichte ihren Ernst zurückgeben zu können, als auch philosophisch-systematisch frei vom anthropologischen Zirkel. Die exzentrische Positionalität ist nicht Menschsein, sondern ermöglicht auch diese Auslegung unter geschichtlichen Bedingungen, nämlich denen des anthropologischen Kreises, den Plessner expressis verbis als hermeneutischen Zirkel anspricht. Die exzentrische Positionalität wird aus dem anthropologischen Zirkel erschlossen als dasjenige, das diesen Zirkel von woanders als ihm selber her ermöglicht, mithin auch geschichtlich andere Selbstverständnisse ermöglichen konnte und in Zukunft könnte.

Von der Ausdrücklichkeit heißt es bereits am Ende der „Stufen": Durch seine Expressivität sei der Mensch ein „Wesen, das selbst bei kontinuierlich sich erhaltender Intention nach immer *anderer* Verwirklichung drängt und so eine *Geschichte* hinter sich zurücklässt. Nur in der Expressivität liegt der innere Grund für den historischen Charakter seiner Existenz."[9] Mit diesen Formulierungen nehmen wir nicht nur die Frage nach der Expressivität auf, die den Wandel in den inhaltlichen und formalen Ausdrucksbestimmungen ermöglicht. Was heißt „innerer Grund" für die Geschichtlichkeit? Es geht hier, wie Plessner auch in seiner Groninger Antrittsvorlesung 1936 noch bestätigt, in der er den Strukturformeln „keinen abschließend-theoretischen, sondern nur einen

7   H. Plessner, Macht und menschliche Natur. Ein Versuch zur geschichtlichen Weltansicht (1931), in: Ders., Gesammelte Schriften V, Frankfurt a. M.: Suhrkamp 1981, S. 222.

8   Siehe M. Foucault, Die Ordnung der Dinge. Eine Archäologie der Humanwissenschaften, Frankfurt a. M. 1971, S. 382-384, 441-447, 461. Zu Foucault und Plessner vgl. H.-P. Krüger, Zwischen Lachen und Weinen. Bd. II: Der dritte Weg Philosophischer Anthropologie und die Geschlechterfrage, Berlin 2001, S. 43-56.

9   H. Plessner, Die Stufen des Organischen und der Mensch, a. a. O., S. 338.

aufschließend-exponierenden Wert"[10] beimisst, um eine phänomenologische Fundierung. Was in einer erfahrungswissenschaftlichen Erklärung unter bestimmten Bedingungen für den Beobachter ableitbar und ersetzbar ist, muss nicht auch für die in die Lebensführung Involvierten ableitbar und ersetzbar sein. Die Lebensführung im Ganzen enthält für den in ihr Betroffenen eine Unbestimmtheitsrelation. Im phänomenologischen Sinne heißt dann Fundierung durch etwas oder jemanden, dass letztere für den/die Teilnehmer/in an der Lebensführung nicht mehr ableitbar und nicht mehr ersetzbar sind. Aber woher weiß man das? Sieht man das einfach durch phänomenologische Schau, oder erstimmt man das durch hermeneutisches Mitgehen? Woher kommt das Urteil, was man theoretisch als nicht mehr ableitbar und praktisch als nicht mehr ersetzbar zu nehmen hat? Offenbar ist mit dem zitierten „inneren Grund", da man „innen" hier auf die exzentrische Positionalität zu beziehen hat, die Urteilsform der phänomenologischen Fundierung gemeint, aber die ist schon unter Phänomenologen, geschweige Nichtphänomenologen umstritten. Welche Art und Weise von phänomenologischer Fundierung vertritt Plessner?

Er unterstreicht sie auch in „Macht und menschliche Natur", wenn er am Ende z. B. an die Zufälligkeit der Zugehörigkeit des Einzelnen zu einem bestimmten Volk erinnert. Das Wissen um diese Zufälligkeit ändert für die von ihr Betroffene nichts daran, dass ihr diese Zugehörigkeit zum politischen Schicksal werden kann, nämlich empirisch-faktisch, nicht apriorisch. Daher die Verweise auf Carl Schmitt: Nimmt man das Politische als Autonomie und in seiner empirischen Faktizität ernst, dann zeitigt das die von Schmitt aufgezeigten Konsequenzen, d. h. die Intensivierung des Freund-Feind-Verhältnisses für die politische Autonomisierung des Umwelt-Welt-Verhältnisses.[11] In dieser staatszentrierten Autonomisierung der Politik besteht zwar lebensphilosophisch betrachtet gerade nicht die einzige Möglichkeit des Politischen, da sich der Geschichtsprozess als ganzer in kein Primat einer bestimmten autonomen Handlungspraxis auflösen lässt. Die systematische Pointe Plessners ist der Nachweis, dass die Primatsetzungen einer Autonomie, nämlich sowohl der Anthropologie als auch der Politik als auch der Philosophie, im Prinzipiellen unentscheidbar bleiben.[12] Dieser Frage ist kein Bewusstsein, die übliche Unterstellung für Entscheidungen, im Ganzen gewachsen. Selbst eine kollektive Begründung wäre für die hier und jetzt Beteiligten nur unvollständig. In rationaler Vollständigkeit käme sie praktisch zu früh oder zu spät.[13] Kurzum: Plessners Art und Weise der phänomenologischen Fundierung ist nicht die von Husserl, welche sich bekanntlich des Urteils über die empirisch-faktische Realisierung des Wesenszusammenhanges gerade enthält.[14]

---

10 H. Plessner, Die Aufgabe der Philosophischen Anthropologie (1936), in: Ders., Gesammelte Schriften VIII, Frankfurt a. M. 1983, S. 39.

11 Siehe H. Plessner, Macht und menschliche Natur, a. a. O., S. 141-143, 191-195, 231-233.

12 Siehe ebenda S. 161, 201-202, 206-208, 211-214, 218-224.

13 So schon H. Plessner, Grenzen der Gemeinschaft. Zur Kritik des sozialen Radikalismus (1924), in: Ders., Gesammelte Schriften V, Frankfurt a. M. 1981, S. 53-56.

14 Siehe E. Husserl, Die Krisis der europäischen Wissenschaften und die transzendentale Phänomenologie, in: Ders., Gesammelte Schriften 8, Hamburg 1992, S. 151-154.

Zum Ende meiner Einführung möchte ich nur noch erläutern, warum ich in dem Titel meines Textes von *zukünftiger Geschichtlichkeit* spreche. In gewisser Weise ist die Rede von der Geschichtlichkeit irreführend, weil sie einen Primat in der Verschränkung der Zeitdimensionen zugunsten dessen, was zurückbleibt, eben zugunsten der Geschichte, suggeriert. Diese Terminologie der Geschichtlichkeit stammt aus der Entdeckung des Zeitproblems in der Tradition von Dilthey und Misch. Gemeint von Plessner ist ein ganzes Spektrum von möglichen Verschränkungen, auch und vor allem zur Offenheit aus der Zukunft her. Das ist die Fokussierungsrichtung von „Macht und menschliche Natur", aber auch bereits in den „Stufen", insoweit schon Positionalität durch Raumhaftigkeit und Zeithaftigkeit charakterisiert wird. Das sich Positionierende ist sich vorweg und hinterher, es vollzieht sich hier und jetzt im Spagat der Zeitrichtungen und braucht dafür den Prozess.[15] Insoweit ließe sich neutraler und umfänglicher, statt zu kurz und missverständlich von „Geschichtlichkeit", besser von „Zeitlichkeit" reden. Um hier wieder nicht eine Verwechselung mit der Existenzphilosophie zu provozieren, könnte man von *Temporalität* reden, obgleich Heidegger diesen Terminus auch an weniger bekannten Stellen verwendet. Heutzutage wird nicht nur durch Luhmann, sondern meistens in der angloamerikanischen Einschmelzung europäisch-kontinentalen Gedankengutes von *temporality* gesprochen, um die Vergleichbarkeit und Unterscheidbarkeit verschiedener Philosophien herzustellen. Die Spezifik von Plessners Ansatz in einem solchen Vergleich könnte die Orientierung auf zukünftige Geschichtlichkeit genannt werden.

Nach dieser Einführung in das Thema möchte ich in 3 Schritten den Zusammenhang der Titelbegriffe näher erläutern, nämlich unter 2. in Plessners Fundierungsweise, 3. in seiner systematischen Auffassung von Expressivität durch alle seine Werkphasen hindurch und 4. in seiner Konzeption einer allgemeinen Hermeneutik. Dabei wird sich die im Untertitel angesprochene Differenz zwischen Philosophischer Anthropologie und anthropologischer Philosophie als hilfreich erweisen.

2. Plessners phänomenologische Fundierungsweise:
Zur quasi-transzendentalen Rekonstruktion der Präsuppositionen aus der gemeinsamen Lebenspraxis in der wissenschaftlichen Erkenntnisproduktion

Die anthropologische Spezifikation von Menschen im Unterschied zu anderen Lebewesen nimmt in den Erfahrungswissenschaften Voraussetzungen in Anspruch, die aus der Lebenspraxis des Common Sense stammen. An diesen Voraussetzungen nehmen alle noch so speziellen Experten teil als die Laien ihrer Lebensführung im Ganzen. Soweit diese Präsuppositionen nicht von der erfahrungswissenschaftlichen Erklärung selbst erklärt werden, also unerklärt vorausgesetzt bleiben, werden sie philosophisch

---

15 Siehe H. Plessner, Die Stufen des Organischen und der Mensch, a. a. O., S. 171-184.

thematisiert. Plessner spricht von Voraussetzungen, die aus der „vorwissenschaftlichen Weltbetrachtung" genommen und in der „wissenschaftlichen Weltbetrachtung" verwendet werden,[16] im Unterschied zu den Voraussetzungen, welche die Erfahrungswissenschaft selbst angibt, z. B. als Prämisse in einem Schluss expliziert. Um Verwechselungen zu vermeiden, nenne ich diese, von der Erfahrungswissenschaft selbst nicht eingeholten Voraussetzungen ihrer Erkenntnisproduktion „Präsuppositionen". Dies entspricht dem verbreiteten Sprachgebrauch von „presuppositions" in der angloamerikanischen Philosophie, der nach Europa reimportiert wird.

Die Erfahrungswissenschaften nehmen durch die Allgemeinbildung solche Präsuppositionen auf, verwenden sie als implizite Produktionsbedingung und unterstellen sie bei Hörern und Lesern als intuitiv bekannt. Dies betrifft in den biomedizinischen Wissenschaften z. B. solche intuitiven und vagen Unterscheidungen wie lebendig oder nicht lebendig, bewusst oder nicht bewusst, geistig oder nicht geistig, gesund oder krank, anorganisch oder organisch; pflanzlich, tierisch, menschlich oder göttlich etc.. Die Naturwissenschaften grenzen solche Präsuppositionen auf bestimmte beobachtbare Aspekte ein, bis sie in der sog. dritten Person durch Methoden reproduzierbar und berechenbar gemacht werden können. Daraus resultiert der erfahrungswissenschaftliche Gewinn an klarer Bestimmtheit und Bedingtheit der Erkenntnis für künftige Folgen, werden nur die methodischen Bedingungen und Operationen eingehalten. Plessners Naturphilosophie untersucht diese ausgeblendeten, aber beanspruchten Präsuppositionen nun ihrerseits im Hinblick auf die Unterscheidung, ob sie für die Grenzen der erfahrungswissenschaftlichen Erklärung wesentlich und nötig oder nur unwesentlich und zufällig sind.[17] Die naturphilosophische Untersuchung holt die wesentlichen und nötigen Präsuppositionen über das jeweilige Ganze *kategorial* ein, d. h. nicht in erfahrungswissenschaftlichen Begriffen.[18] Das Ergebnis einer solchen Rekonstruktion liegt in Plessners Unterscheidung zwischen den verschiedenen Organisations- und Positionsformen alles Lebendigen vor. Für diese Rekonstruktion werden verschiedene Methoden kombi-

---

16 Vgl. H. Plessner, Die Stufen des Organischen und der Mensch, a. a. O., S. 23, 72, 118.

17 Vgl. zu den ontisch-ontologischen und geschichtlich-methodologischen Präsuppositonen der heutigen Neurobiologie: H.-P. Krüger (Hrsg.), Hirn als Subjekt? Philosophische Grenzfragen der Neurobiologie, Berlin 2007.

18 „Kategorien sind keine Begriffe, sondern ermöglichen sie, weil sie Formen der Übereinstimmung zwischen heterogenen Sphären, sowohl zwischen Denken und Anschauen wie zwischen Subjekt und Objekt, bedeuten." H. Plessner, Die Stufen des Organischen und der Mensch, a. a. O., S. 116. Dies verkennt: M. Gutmann, Der Lebensbegriff bei Helmuth Plessner und Josef König. Systematische Rekonstruktion der begrifflichen Grundprobleme einer Hermeneutik des Lebens, in: G. Gamm u. a. (Hrsg.), Zwischen Anthropologie und Gesellschaftstheorie. Zur Renaissance Helmuth Plessners im Kontext der modernen Lebenswissenschaften, Bielefeld 2005, S. 139. Vgl. dagegen die vorzügliche Rekonstruktion der doppelten Deduktion in Plessners „Stufen" durch: Olivia Mitscherlich, Natur *und* Geschichte. Helmuth Plessners in sich gebrochene Lebensphilosophie, in: Buchreihe Philosophische Anthropologie, hrsg. v. H.-P. Krüger u. G. Lindemann, Bd. 5, Berlin 2007, 2. Kapitel. Im Unterschied zu Gutmann schließt positiv an Plessners Projekt an: C. Illies, Philosophische Anthropologie im biologischen Zeitalter. Zur Konvergenz von Moral und Natur, Frankfurt a. M. 2006.

niert, von der phänomenologischen Methode über die hermeneutische und ihre quasi dialektische Erprobung in der Entdeckung neuer Phänomene bis zu einem quasi transzendentalen Rückschluss auf dasjenige, was als Welt unterstellt wird, ohne sie im Ganzen erklären zu können.[19]

Worauf es mir hier allein ankommt, ist die angesprochene Merkwürdigkeit der phänomenologischen Fundierung bei Plessner, die von Husserl klar abweicht, sowohl methodisch als auch theoretisch. Methodisch werden nicht die Existenzurteile eingeklammert, um die Ideation freilegen und rückwirkend die Existenzurteile modifizieren zu können.[20] Stattdessen wird im Anschluss an Max Scheler die Technik des Einklammerns und der Modifikation so verwendet, dass methodisch ein Zugang zur Spezifik der Lebendigkeit von Phänomenen entsteht. Als lebendig kandidieren solche Phänomene, die in ihrem Verhalten Spiel zeigen zwischen ihren physischen und psychischen Aspekten. Dafür braucht man konstitutive Wesensmerkmale im Unterschied zu nur indikatorischen Wesensmerkmalen, und zwar für den Zusammenhang zwischen Physischem und Psychischem.[21] Die cartesianische Fehlalternative, etwas müsse entweder physisch oder psychisch (bzw. geistig) sein, wird für Lebendiges außer Kraft gesetzt („neutralisiert"). Sie wird so als der „dogmatische oder methodische Anthropozentrismus" gerade fraglich.[22] Stattdessen wird die spezifikationsbedürftige Erscheinungsweise des Lebendigen im Ganzen freigelegt, damit sie *sich* zeigen und geben kann, indem sie Spielraum und Spielzeit gewinnt. Aber nicht nur die phänomenologische Methode, vor allem die Theorie und damit die Beurteilung der phänomenologischen und hermeneutischen Befunde ändern sich bei Plessner. Husserl war bekanntlich mit den „Ideen zu einer reinen Phänomenologie und phänomenologischen Philosophie" (1913) in die klassische Philosophie des transzendentalen Bewusstseins zurückgelaufen. Plessner erweitert die klassisch transzendentale Frage nach den Ermöglichungsbedingungen erfahrungswissenschaftlicher *Erkenntnis* zu der Frage nach den Ermöglichungsbedingungen von *Lebenserfahrung* in der Lebenspraxis, also auf die Präsuppositionen der erfahrungswissenschaftlichen Erkenntnis als einer Lebensform hin.[23] Und er befreit die klassisch transzendentale Frage von ihrer Antwort, dem Bewusstsein, das unter dem alten Primat der Erkenntnistheorie als „Selbstbewusstsein" (Kant) oder als „absolute Subjektivität"[24] (Husserl) verstanden wurde.

Als Antworten kandidieren nunmehr bei Plessner Lebensformen, in denen die zentrische Verhaltensbildung zwischen Organismus und Umwelt aufgebrochen wird. Sie

---

19 Vgl. zu dieser Methodenkombination: H.-P. Krüger, Ausdrucksphänomen und Diskurs, in: H.-P. Krüger/G. Lindemann (Hrsg.), Philosophische Anthropologie im 21. Jahrhundert, in: Buchreihe Philosophische Anthropologie, Bd. 1, Berlin 2006, S. 204-213.
20 Siehe E. Husserl, Die phänomenologische Methode. Ausgewählte Texte I, hrsg. v. Klaus Held, Stuttgart 1985, S. 139-146.
21 Siehe H. Plessner, Die Stufen des Organischen und der Mensch, a. a. O., S. 114.
22 Ebenda, S. 79.
23 Vgl. H. Plessner, Die Stufen des Organischen und der Mensch, a. a. O., S. 30, 75.
24 Vgl. E. Husserl, Die Krisis der europäischen Wissenschaften und die transzendentale Phänomenologie, a. a. O., S. 188-190, 260, 266.

wird *exzentrisch* durch Weltkontrast von der Seite her aufgebrochen. Damit sitzt das Zentrum der Verhaltungsbildung nicht fest, weder im Organismus noch in einem Fixpunkt seiner Interaktionen mit der Umwelt. Vielmehr oszilliert die Zentrierung der Verhaltensbildung von der Seite her in die Interaktionen und deren Rückbezug auf den Körperleib hinein und – in umgekehrter Richtung – aus ihm heraus. Gemessen an der alten Vorstellung von einem fixen Zentrum, gibt es einen raumhaften und noch mehr zeithaften Wechsel zwischen den Exzentrierungen und Rezentrierungen im Verhalten. Was die faktische Seite betrifft, ist die Korrelation zwischen physischen und psychischen Parametern so unvollständig und plastisch, dass ihr variabler Überschuss zur Seite, aus der Interaktion des Organismus mit der Umwelt, heraussteht. Dieser für Rückkopplung empfängliche Überschuss kann zu einer Variablen für Kontakte zur semiotischen Negativität von Welt werden. Was die Erscheinungsweise angeht: Wer diesen *hiatus irrationalis*, diesen Bruch zwischen physischen, psychischen und mentalen Verhaltensdimensionen zu einer Einheit verschränkt, *vollzieht* ihn. Der Vollzug verschränkt zwar die inhomogenen Seiten des Bruches zu einer Einheit, aber der Vollzug hebt den Bruch nicht auf, sondern vollzieht ihn auch. Die Verschränkung ermöglicht die Erfahrung der Erfahrung, das Erlebnis des Erlebnisses, die Sprache der Sprachen, d. h. die Expression in zweiter Potenz,[25] kurzum: all das, was man in der bisherigen Auslegung für die Verhaltensmonopole des Menschen hält. Früher hat man sie „Reflexion" geheißen, heute nennt man sie oft die Selbstreferenz der Sprache.

Sie, die Reflexion des Bewusstseins auf sich als Selbstbewusstsein und die Selbstreferenz der Sprache auf sich als die Sprache der Sprachen, sind geschichtlich entdeckte – und durch ihre Explikation erfundene – Exemplare der Art und Weise von exzentrischer Positionalität. Daher war Plessner kein Reflexionsphilosoph des Bewusstseins und wäre er heute nicht als ein Philosoph der Selbstreferenz von Sprache hinreichend spezifiziert. Denn die Sprachphilosophien geraten immer in einen Erklärungs- oder Verstehenszirkel, wenn sie die *Ermöglichung* des Spracherwerbs und der Sprachveränderung erklären oder verstehen wollen. Zwischen dem, was sprachliche Praktiken implizit in Anspruch nehmen, und dem, was von ihren Implikationen expliziert werden kann, liegt das Problem der zukünftigen Geschichtlichkeit. Robert Brandom hat dieses Problem der „temporality", das zwischen praktischer Implikation und Explikation situiert werden kann, dafür aber keinen Ansatz.[26]

Plessners theoretisches Ziel ist die rekonstruktive Freilegung derjenigen Welt, nämlich Innen-, Außen- und Mitwelt, welche von personalen Lebenspraktiken in Anspruch genommen wird, ohne – bis auf perspektivenabhängige Aspekte – in diesen Praktiken erklärt und verstanden werden zu können. Diese Verallgemeinerung der Grenzen erfordert mehr als die naturphilosophische Rekonstruktion der praktischen Voraussetzungen der biologischen Erfahrungswissenschaften. Man kann Plessners Schauspielmodell, das im ungespielten Lachen und Weinen begrenzt wird, als eine zur Naturphilosophie

25 Vgl. H. Plessner, Die Stufen des Organischen und der Mensch, a. a. O., S. 339-340.
26 Vgl. R. B. Brandom, Making It Explicit. Reasoning, Representing, and Discursive Commitment, Cambridge-London 1994. Vgl. auch: J. McDowell, Comment on Hans-Peter Krüger's paper „The second Nature of Human Beings", in: Philosophical Explorations, Vol. I (2) May, 1998, p. 120-125.

parallele, sozial- und kulturphilosophische Freilegung von Voraussetzungen der Lebenspraxis in den Sozial- und Kulturwissenschaften ansehen. Und es lohnt sich, seine „Verspätete Nation" und seine geschichtlichen Aufsätze im Hinblick auf die Rekonstruktion
der genannten Präsuppositionen in den Geschichts- und anderen Geisteswissenschaften
zu lesen.[27] Wie dem auch im Besonderen sei, was er Fundierung nennt, hat methodisch
und theoretisch einen anderen als geläufigen Sinn. Ich habe Plessners Fundierung als
„quasitranszendental"[28] bezeichnet. Auch diese Benennung hat den Zweck, Plessners
Position für die gegenwartsphilosophische Diskussion fruchtbar zu machen, denn sein
Verfahren kann sich im Vergleich mit den quasitranszendentalen Ansprüchen von Foucault, Derrida oder in der US-amerikanischen Philosophie der Gegenwart getrost sehen
lassen.

Quasitranszendentale Fundierung bedeutet hier, die Laien der Lebensführung im
Ganzen, also auch alle Experten, philosophisch auf dasjenige zu orientieren, das für sie
in ihrer Lebensführung nicht mehr theoretisch abgeleitet und nicht mehr praktisch
ersetzt werden kann. Gerade dieses Problem ist ihnen lebensgeschichtlich wesentlich.
Gewiss besteht darin im Ergebnis eine philosophische Kritik am modernistischen Mach-
barkeitswahn, nach welchem man schon alles durch Handeln und Sprechen wird bewältigen können. Plessner hat die Souveränität nicht in der Autonomie, sondern in der
Art und Weise des Umgangs mit den Grenzen der Autonomie angesetzt. Seine quasitranszendentale Freilegung des exzentrischen Bruches zwischen den physischen, den
psychischen und den mentalen Verhaltensdimensionen ist mit einer rationalistischen
Letztbegründung unvereinbar. Denn dieser Bruch ist erst in der gegenwärtig vollzoge-
nen Verschränkung von Geschichtlichem auf Zukünftiges hin lebbar, und dafür geht
man im Ganzen zu sich selbst die Unbestimmtheitsrelation ein. Insofern gibt es für
Plessner keinen Fehldualismus zwischen entweder anthropologischer Konstante oder
unvergleichlicher Historizität. Der exzentrische Strukturbruch ist nicht anders als auf
eine künftig geschichtliche Art und Weise lebbar. Die funktionsnötige Konstante im exzentrischen Strukturbruch ist ein Vollzug, der Temporalitäten verschränkt, immer wieder
hier und jetzt, nicht ein für allemal, *und* womöglich doch für den Betroffenen hier und
jetzt ein für allemal, d. h. als Wagnis. Aber man muss die rationalistische Letztbegründung, die ohnehin kaum mehr vertreten wird, auch nicht als Vorwand dafür bemühen,
um selbst einen Irrationalismus in Szene setzen zu können. Plessners quasitranszendentale Fundierung hat den erkenntnistheoretischen Zweifel, der aus der verselbständigten Reflexion folgt, überwunden zugunsten eines praktischen Skeptizismus, der sich
in zukünftiger Geschichtlichkeit selbst verwirklicht, wie es in der Groninger Antritts-

---

27 Vgl. H.-P. Krüger, Zwischen Lachen und Weinen. Bd. I: Das Spektrum menschlicher Phänomene,
    Berlin 1999. Es gibt auch keine sozial- oder kulturwissenschaftliche „Letztbegründung", die heute
    wie eine schlechte Ersatzphilosophie gehandelt wird. Vgl. dazu die Diskussion über den Dritten,
    das Dritte und die Drittheit in: H.-P. Krüger/G. Lindemann (Hrsg.), Philosophische Anthropologie
    im 21. Jahrhundert, Berlin 2006, 2. Teil.
28 H.-P. Krüger, Zwischen Lachen und Weinen. Bd. II, a. a. O., S. 30-32, 44-48, 88-93, 144-145, 289-
    290, 336-337.

vorlesung von 1936 heißt.[29] Und dieser praktische Skeptizismus gegen positive Ab-
solutheiten, von denen auch heute die Ideologien der kapitalistischen Globalisierung
und der dafür instrumentierten Demokratisierung zehren, ist methodisch und theoretisch
sehr wohl fundiert. Da es in dieser Philosophischen Anthropologie nicht mehr die
Fehlalternative, entweder anthropologisch oder historizistisch gibt, wird die zukünftige
Geschichtlichkeit anders als rein geisteswissenschaftlich verstanden. Sie steht nicht
mehr für die Rettung reiner Geistesstrukturen gegen deren physische und psychische
Grenzen, sondern auf diesem Prüfstand: *Wie verschränkt* Mentalität die physischen und
psychischen Verhaltensbedingungen auf eine positive Weise durch Inanspruchnahme
von Unergründlichkeit?

Damit entfällt die Kultivierung des eigenen hermeneutischen Zirkels als Ausrede
dafür, sich von vornherein keinem beurteilbaren Vergleich mit Anderem stellen und
darin womöglich ändern zu können. Was und wer unvergleichlich ist, in welcher Dimension und unter welchem Aspekt, resultiert aus den Grenzen des Vergleichens, steht
nicht vorab durch eine Selbstermächtigung fest, welche Göttliches säkularisiert nach
dem Motto, eine feste Burg ist unser Gott. Plessners verschiedene Methoden über- und
durchkreuzen einander theoretisch, statt eine einzige Methode schon für eine philosophische Theorie zu nehmen. Gegen die Dubletten immer wieder sein Insistieren auf die
indirekte Frageweise. Diese Kreuzungen halten die Selbstermächtigung zum Amoklauf,
in dem – historizistisch gesehen – jede Epoche in sich unmittelbar zu Gott gelten soll,
durch Differenzen auf: „Exzentrische Position als Durchgegebenheit in das Andere
seiner Selbst im Kern des Selbst ist die offene Einheit der Verschränkung des hermeneutischen in den ontisch-ontologischen Aspekt: der Möglichkeit, den Menschen zu
verstehen, und der Möglichkeit, ihn zu erklären, *ohne* die Grenzen der Verständlichkeit
mit den Grenzen der Erklärbarkeit zur Deckung bringen zu können"[30]

3. Expressivität als systematische Aufgabe durch alle Phasen in Plessners Lebenswerk

Wie soll man nun aber in Plessners Forschungsprogramm, das zweifellos in den „Stufen"
und „Macht und menschliche Natur" systematisch am besten elaboriert worden ist, die
anderen einschlägigen Schriften von Plessner einordnen? Wie verhalten sich die vorangegangenen Publikationen, insbesondere seine „Einheit der Sinne" (1923) und „Die
Deutung des mimischen Ausdruckes" (1925) zu der späteren Systematik von 1928–1931?
Und in welchem Verhältnis stehen die späteren Bücher dazu, z. B. „Lachen und Weinen"
(1941) bis zur „Anthropologie der Sinne" (1970)? – Natürlich kann ich diese Fragen
hier nicht in extenso behandeln, aber doch eine Antwortrichtung skizzieren. Es gibt bei
Plessner keine mit Heidegger vergleichbare Kehre. Liest man von Plessner zusammen-

---

29 H. Plessner, Die Aufgabe der Philosophischen Anthropologie, a. a. O., S. 43-44.
30 H. Plessner, Macht und menschliche Natur, a. a. O., S. 231.

fassende Texte aus der Nachkriegszeit, von seinem Handwörterbuchartikel „Philosophische Anthropologie" (1957) bis zu „Der Aussagewert der Philosophischen Anthropologie" (1973), ist klar, dass er an der exzentrischen Positionalität als Fundierung (in der vertikalen Richtung des Vergleichs menschlicher mit nicht-menschlichen Lebensformen) und am Verfahrensprinzip der Unergründlichkeit (in der horizontalen Richtung des Vergleichs personaler Soziokulturen des homo sapiens[31]) festhält. Damit kehrt die Spannung zwischen apriorischer Art und Weise der Verschränkung im Vollzug und historischer Faktizität durchgängig wieder. Das Philosophieren wird dauerhaft anthropologisch herausgefordert und stellt umgekehrt ebenso permanent die anthropologisch abschließende Beantwortung der Menschenfrage erneut philosophisch in Frage. Was Plessner in den 1950er Jahren eine transdisziplinäre „Grenzforschung" nennt, ist eine Austragungsform dieses Wettstreites zwischen Philosophie und Anthropologie, welche selbst exemplarisch für die zukünftige Geschichtlichkeit von Forschungsuniversitäten im Aufbau einer pluralistischen Gesellschaft steht.[32] Plessner bleibt – hinsichtlich derjenigen Aspekte des Verhaltens, die als menschliche Monopole kandidieren – bei der Unterscheidung zwischen quasitranszendentaler Ermöglichung und ihrer geschichtlich exemplarischen Entdeckung und Erfindung.[33] Aus der „Philosophischen Anthropologie", d. h. aus der philosophischen Freilegung der Präsuppositionen erfahrungswissenschaftlicher Anthropologien, wird bei Plessner nie eine „anthropologische Philosophie", d. h. eine Begründung der philosophischen Lebensorientierung aus erfahrungswissenschaftlichen Anthropologien.[34]

Wenn man nicht mehr übergeschichtliche Universalität für die Geltung seiner Fundierung vorab beanspruchen kann, kann man aber doch aus dem gegenwärtigen Forschungsstand der Philosophie-, Wissenschafts- und Kulturgeschichte heraus Hypothesen formulieren, die durch eine indirekte Frageweise Abstandnahme von ihrer Herkunft ermöglichen. Solche theoretischen Hypothesen müssen dann sowohl neue Empirien ermöglichen als auch sich in diesen bewähren, sie können dann sowohl eingeschränkt und widerlegt, aber womöglich auch am Ende der Forschung erfolgreich universalisiert werden. Es muss in diesem Untersuchungsprozess nur methodisch überprüfbar bleiben,

---

31 Zu beiden Vergleichsrichtungen: H. Plesser, Die Stufen des Organischen und der Mensch, a. a. O., S. 32, 36.

32 Siehe ders., Über einige Motive der Philosophischen Anthropologie (1956), in: Ders., Gesammelte Schriften VIII, Frankfurt a. M. 1983, S. 120-126, 133-135.

33 Vgl. u. a. H. Plessner, Die Frage nach der Conditio humana (1961), in: Ders., Gesammelte Schriften VIII, a. a. O., S. 217. Ders., Elemente menschlichen Verhaltens (1961), in: Ebenda, S. 234.

34 So die Kritik an E. Cassirers Definition des Menschen als „animal symbolicum" in: H. Plessner, Immer noch Philosophische Anthropologie?, in: Ders., Gesammelte Schriften VIII, a. a. O., S. 243. Vgl. H.-P. Krüger, Philosophical Anthropologies in Comparison: The Approaches of Ernst Cassirer and Helmuth Plessner, in: Papers of the Swedish Ernst Cassirer Society, ed. by M. Rosengren & O. Sigurdson, vol. 3, Göteborgs Universitet 2007. Auch Olivia Mitscherlich neigt zu einer Verwechselung der Philosophischen Anthropologie mit anthropologischer Philosophie, die ihr Plessners Werk ab 1936 zu dominieren scheint. Vgl. dies., Natur *und* Geschichte, a. a. O., Schlusskapitel.

wie man innerhalb des Mittelpunktes und außerhalb desselben mitgehen kann, von der Seite, von hinten, von vorne, von oben her. Plessner verwendet all diese räumlichen Metaphern, obgleich es sich in der exzentrischen Positionalität primär um temporale Verschränkungen handelt, man sich im Verhalten rhythmisch vorweg und hinterher bewegt, dafür schneller oder langsamer, zu spät oder zu früh kommt. Um Verwechselungen zu vermeiden, habe ich diese zeithaft-raumhafte Doppelbewegung eine Exzentrierung und Rezentrierung genannt.[35] Diese Unterscheidung zwischen der Ex- und der Re-Zentrierung stammt von nebenher und danach. Sie bezeichnet rückwirkend und vorgreifend verschiedene Phasen im pulsierenden Strom der Verhaltungsrichtungen, dazwischen, sich schon vorweg und doch noch hinter her *sein* zu können.

a) Rezentrierung

Für diejenigen, die ihr Verhaltenszentrum gerade ganz und gar vollziehen, lösen sich die Unterscheidungen von nebenher auf und tauchen erst zeitlich versetzt wieder auf. Das Neue und Revolutionäre an Plessners und Buytendijks Studie zur „Deutung des mimischen Ausdrucks" (1925) liegt darin, dass hier der leibliche Vollzug rücksichtslos beschrieben und mit einer theoretisch folgenreichen Konsequenz versehen wird. Darin bestand wohl auch das Anregende für Merleau-Ponty an dieser Schrift, die mit Scheler parallel gelesen wurde.[36] Zunächst kritisieren Plessner und Buytendijk zwei Fehler an den bisherigen Auffassungen: Erstens die Lokalisation des Psychischen im *Inneren* des eigenen Körpers und zweitens den Zugang zum anderen Ich über die Wahrnehmung des *Körpers* des Anderen. Beide Fehler sind die beiden Seiten ein und derselben Medaille, Physisches und Psychisches zu trennen und dabei fälschlich auch noch mit der Unterscheidung zwischen Anderem und Eigenem zu identifizieren. So entsteht ein hermeneutisches Privileg der eigenen Innerlichkeit, mit den höchsten Fehlerwartungen an die geistige Differenziertheit, die sich von innen nach außen Ausdruck verschaffen soll. Plessner und Buytendijk folgen stattdessen dem ganz oberflächlichen und schematischen Ausdrucksverstehen im äußeren Verhalten, wie es gelebt und nicht wissenschaftlich zerlegt wird. Die Umstellung des Problems anderer Iche vom Modell der Reflexion des

---

35 Siehe H.-P. Krüger, Zwischen Lachen und Weinen. Bd. I, a. a. O.

36 Siehe M. Merleau-Ponty, Die Struktur des Verhaltens (1942), Berlin/New York 1976, S. 44, 67-69, 72, 139, 148, 197-198, 202, 206, 238. Ders., Phänomenologie der Wahrnehmung (1945), Berlin 1966, S. 30-31, 40-41, 45, 53, 218, 272, 333, 371, 375, 403-404, 433. Sartre verweist auf Scheler: J.-P. Sartre, Das Sein und das Nichts. Versuch einer phänomenologischen Ontologie (1943), Reinbek b. Hamburg 1993, S. 120, 195, 584-586, 674, 1029. Siehe die konstruktive Antwort in: H. Plessner, Zur Anthropologie der Nachahmung (1948), in: Ders., Gesammelte Schriften VII, Frankfurt a. M. 1982,S. 392-398. Ders., Immer noch Philosophische Anthropologie?, a. a. O., S. 236-338, 244-246. Vgl. K. Köllner, Zu Helmuth Plessners Sozialtheorie. Plessners offene Sozialitätskonzeption vor dem Hintergrund von Sartres bewusstseinstheoretischer Intersubjektivitätsphilosophie, in: H.-P. Krüger/G. Lindemann (Hrsg.), Philosophische Anthropologie im 21. Jahrhundert, a. a. O., S. 274-296.

eigenen Ichs nach innen in das äußere Verhalten hinaus formuliert drei Einsichten: „1. die Gewissheit der Du-Form und der Du-Realität ist gleichursprünglich mit, weil gegensinnig zu der Gewissheit der Ich-Form, der Ichheit und der Ich-Realität; 2. die Leibhaftigkeit ist nicht nur die Seins-, weil Auffassungsweise des eigenen Körpers [...], sondern der Seins- und Auffassungsmodus der Körper in der Schicht des Verhaltens oder das psychophysisch indifferente ‚Schema‘, wonach Körperbilder von Subjekten füreinander und miteinander erst möglich sind; 3. die Schicht des Verhaltens ist eine Sphäre gegensinnig aufeinander bezogener, [...] bildhaft-sinnhaft, psychophysisch indifferenter Gestaltcharaktere, in denen das Benehmen sich abspielt.“[37] Wer leibhaftig *vollzieht*, ist außer sich im Anderen, ohne eben gleichzeitig darum zu *wissen*, dass hier und jetzt die Verhaltungsrichtungen nach innen und außen, nach Psychischem und Physischem, nach Eigenem und Anderem als solchen *verschränkt* werden. Die Verschränkung geschieht dem in sie Involvierten, der im Verstehen des Ausdrucksphänomens Aufgegangenen.

b) Exzentrierung

Insofern exzentrische Lebewesen nicht gerade hier und jetzt in ihrem Lebensvollzug aufgehen, begleiten sie sich in ihrer Verhaltensbildung von nebenher im Vorgriff auf Kommendes und im Rückgriff auf Gewesenes. Es entstehen die Zuordnungsprobleme zwischen den genannten Bewegungsrichtungen, für welche die Diskurspolitiken und das Selbstbewusstsein schon immer die richtige Lösung zu haben meinen und sich dann darüber wundern, wie geschichtliche Veränderungen möglich werden.[38] Warum aber sollte für einen anthropologischen Kulturenvergleich sofort Nietzsches Verweis auf einen Glauben ausgeklammert werden, der vor Göttern und schließlich einem Gott ein Schauspiel aufführt, das also von Fremdem gesehen, gehört, gefühlt wird, um zu sich selbst kommen zu können? In Extremfällen, die so häufig *Pathologien* genannt werden, brechen die Rezentrierung und die Exzentrierung der Verhaltensbildung vollständig auseinander. Noch abgesehen von dem hier nötigen Vergleich mit anderen Kulturen und Religionen, solche Extremfälle im Spektrum aller möglichen Verhaltensbildungen sind bereits in unserer Kultur lehrreich, weil in ihnen an Desintegration zum Vorschein kommt, was normaler Weise an Integration in der personalen Lebensführung vorausgesetzt wird. Auch diese sog. Pathologien sind eben keine Tierkrankheiten, sondern Probleme in der spezifisch exzentrischen Verhaltensbildung, welche die Frage aufwerfen, was legitimer Weise normalisiert wird.

Warum ist z. B. die Verwendung des – für außen stehende Beobachter – *gleichen* Körpers als verschiedener Leib durch verschiedene Personen einer sog. „multiplen Persönlichkeit“ als eine Krankheit zu bewerten? Oder warum galten die leiblichen Inversionen der heterosexuellen Körperstandards bei homosexuellen, bisexuellen oder trans-

---

37 H. Plessner, Die Deutung des mimischen Ausdrucks. Ein Beitrag zur Lehre vom Bewusstsein des anderen Ichs (1925), In: Ders., Gesammelte Schriften VII, a. a. O., S. 125.

38 Vgl. H.-P. Krüger, Hassbewegungen. Im Anschluss an Max Schelers sinngemäße Grammatik des Gefühlslebens, in: Deutsche Zeitschrift für Philosophie, Berlin 54 (2006) 6, S. 867-883.

sexuellen Personen als eine *Anomalie*? – Vom Standpunkt der Kombinationsmöglichkeiten in der personalen Differenz zwischen Leibsein und Körperhaben sind alle diese
Phänomene erwartbar. Sie weichen erst einmal nur von der gewöhnlichen Identifikation
des Eigenen mit dem Psychischen und Inneren, des Anderen mit dem Äußeren und
Physischen ab. Der Wandel biomedizinischer Therapien und ihrer Kriterien für das
„Normale und das Pathologische" (G. Canguilhem) bietet einen reichen Anschauungsunterricht für die Problematik der exzentrischen Verhaltensbildung von Personen in
einem Weltrahmen. Nicht minder interessant sind dafür die Literatur- und Kunstex-
perimente, die Musik- und Filmexperimente mit den Möglichkeiten und Grenzen der
menschlichen Verhaltensbildung. Schließlich bildet die eigene lebensgeschichtliche Erfahrung von Verhaltenskrisen, Verhaltensänderungen und deren Grenzen ein großes
Reservoir dafür, auf die Fraglichkeit der exzentrischen Verhaltensbildung und die Grenzen ihrer Beantwortung aufmerksam zu werden. Alle diese Referenzbereiche für die
menschliche Verhaltensproblematik können von Plessner in seinen Schriften parallel
verarbeitet und integriert werden. Und man kann seine Theoreme als hypothetische und
methodische Vorschläge zur Ausführung der beiden Vergleichsreihen lesen und erproben, die er in den „Stufen" als den horizontalen Vergleich unter Menschen und den vertikalen Vergleich mit Tieren konzipiert hat. Dadurch ist seine Philosophie immer in-
haltsbezogen und nie eine rein formale Prozedur.

Diese Lektüreart als komparative Hypothese zur Ermittlung wesentlicher Unterschiede
ohne eine positiv-metaphysische Deckung liegt für „Lachen und Weinen" auf der Hand.
Plessner beginnt dort mit den Präsuppositionen der Praktiken des Common Sense.[39] Für
die – auf Personen – funktionale „Einheit der Sinne" (1923) hat sich Plessner selbst in
der „Anthropologie der Sinne" (1970) bestätigt und korrigiert, und m. E. zu Recht. Der
frühere Anspruch, das materiale Apriori an Sinnesmodalitäten für eine künftige Theorie
der Person geleistet zu haben,[40] wird fallengelassen. Umso freier formuliert und rettet
Plessner 1970 seine anthropologischen Hypothesen zu den einzelnen Sinnesmodalitäten, ihren Grenzen und ihrem intermodalen Zusammenhang. Die Ästhesiologien des
Sehens (im Feld der Auge-Hand-Koordination), des Hörens (im Zeitfluss der Stimmen
und Stimmungen) und des Leibes (in der Selbstwahrnehmung und -empfindung) sind
materialiter durcheinander unersetzbar. Die Sprache als zeichenhafte Kopplung zwischen Ausdruck und Handlung ist so im Rahmen einer breiteren Verkörperungsfunktion
der Sinne für personales Verhalten begriffen.[41] Und diese Verkörperungsfunktion setzt
sich noch in Musik und Mathematik ohne sprachliche Explikation fort, wie sie im
ungespielten Lachen und Weinen als solche fassbar zusammenbricht. Im Hinblick auf
diese eindrucksvolle Palette von Phänomenen leistet Plessner die systematische Einsicht

---

39 Siehe H. Plessner, Lachen und Weinen. Eine Untersuchung der Grenzen menschlichen Verhaltens
    (1941), in: Ders., Gesammelte Schriften VII, a. a. O., S. 218-224.
40 Vgl. H. Plessner, Die Einheit der Sinne. Grundlinien einer Ästhesiologie des Geistes (1923), in:
    Ders., Gesammelte Schriften III, Frankfurt a. M. 1980, S. 19-21, 270, 298.
41 Siehe H. Plessner, Anthropologie der Sinne (1970), in: Ders., Gesammelte Schriften III, a. a. O.,
    S. 391.

in die ex- und re-zentrierende Art und Weise der Verschränkung zwischen geschichtlich entdeckten Inhalten und geschichtlich erfundenen Formen.

Was den anthropologischen Inhalt angeht, ist die Hypothese in der „Anthropologie der Sinne" die bessere Fassung. Das materielle Apriori, das zu einem problematisch gewordenen, weil traditionell transzendentalen Anspruch gehört hatte, ist anthropologisch transformiert worden. Man sieht hier, wie sich in Plessners Lebenswerk die Grenze zwischen Philosophie und Anthropologie selbst in der Beanspruchung der Art und Weise künftiger Geschichtlichkeit verschiebt. Was philosophisch war, wird anthropologisch und umgekehrt, eben im Hinblick auf zukünftige Geschichtlichkeit als Ermöglichung. Diese anthropologische Transformation heißt nicht, dass das Buch „Einheit der Sinne" überholt wäre. Man kann sie anders als in ihrer Entstehungszeit vom Autor intendiert lesen, nämlich rückwirkend von der exzentrischen Positionalität (Naturphilosophie) und deren Unergründlichkeit (Geschichtsphilosophie) her. Sie liefert dann methodisch gesehen ein semiotisches Organon an Kontrastbildungen,[42] die in der phänomenologischen und hermeneutischen Analyse strukturell und funktional verwendet werden können. Der Kern der „Einheit der Sinne" besteht in der Herausarbeitung einer Symbolisierungsfunktion, vor und vergleichbar mit der von Ernst Cassirer. Für welche personalen Haltungen braucht man welchen Zusammenhang zwischen der Anschauung von Phänomenen und ihrer hermeneutischen Auffassung als etwas Bestimmtes? Dieser Zusammenhang ist biogenetisch betrachtet nicht fix vorgegeben, sondern, wie wir inzwischen genauer als Plessner selbst wissen, wegen der neokortikalen Selbstreferenz und Plastizität zwischen der sensorischen Wahrnehmung und der motorischen Antwort von außen durch Interaktion zu formen. Der verhaltensbildende Zusammenhang zwischen der Anschauung (statt *stimulus*) und der Auffassung (statt *response*) muss soziokulturell erlernt werden. Innerhalb der modernen Reflexion auf die Konstruktivität des eigenen Vorgehens stellte nun Plessner höchst originell einen Zusammenhang her zwischen drei Modellen: Kunst, vor allem Musik, steht Modell für die prägnante Eröffnung neuer Themata. Sprache steht Modell für die Präzisierung der Themata in paradigmatischen Zusammenhängen. Und Erfahrungswissenschaft steht Modell für die Schematisierung der Paradigmata zu praktisch reproduzierbaren Handlungsantworten. Diese Symbolisierungsfunktion reicht also von der Fraglichkeit des Sinnes über seine Bedeutung bis zu deren schematisierbarer Beantwortung. Gleichwohl unterstellt dieses Gesamtmodell die moderne Autonomisierung künstlerisch-musikalischer, diskursiver und erfahrungswissenschaftlicher Praktiken. Plessners Symbolisierungsfunktion interpenetriert (durchdringt wechselseitig) diese drei Autonomien zu einem integrativen Modell, nach dem man temporale Prozesse von der dichten Sinngenerierung über die Sinnverdünnung bis zur Sinnentleerung und der nächsten Sinnbildung untersuchen könnte.

Aber von den „Stufen" her zurückgesehen ist klar, dass es sich hier um keine Theorie der Personalität im Rahmen von Welt handeln kann, die in dem horizontalen Vergleich exzentrischer Kulturen urteilsfähig machen könnte. Es geht nur um die methodische Freilegung einer in der Moderne avantgardistischen, weil verschiedene autonome Prak-

---

42 Vgl. H.-P. Krüger, Zwischen Lachen und Weinen. Bd. II, a. a. O., S. 118-128.

tiken interpenetrierenden Symbolisierungsfunktion, nach welcher Sinn und Existenzurteile generiert werden können. In ihrem Rahmen werden uns Phänomene als solche
auffällig und rekonstruieren wir hermeneutisch das in der Phänomenbegegnung und
Phänomenbeschreibung enthaltene Vorverständnis. Nur darf man diese semiotische Methode der Reflexion auf die eigenen Produktivitätsbedingungen nicht verwechseln mit
materialen Hypothesen über andere Kulturen oder fairen Kriterien des Vergleichs mit
ihnen. Von dieser verwechselten Symbolisierungsfunktion her gesehen erschienen dann
Mythen und Religionen als von vornherein abzuwertende Konfusionen dreier autonomer
Aspekte eines symbolischen Prozesses. Demgegenüber erhellt diese Symbolisierungs-
funktion wohlverstanden die Raster, dank deren wir semiotische Kontraste bilden können.
Aber gerade diese Kontraste dürfen wir nicht konfundieren mit einem vermeintlich ma-
terialen Apriori, das uns fremde Empirien erschließen soll, in der Tat jedoch nur in einer
Dublette unserer eigenen Empirie endet, in deren Vorprojektion in andere und fremde
Kulturen hinein und in deren Beurteilung von uns als dem zentrischen Maßstab her.[43]

Ich bejahe also seit langem „Die Einheit der Sinne" als semiotisches Organon, halte
sie aber nicht für einen – verglichen mit den „Stufen" und „Macht und menschliche
Natur" – zweiten Theorienwurf in Plessners Lebenswerk, d. h. weder für eine tragfähige
„hermeneutische Naturphilosophie" (H.-U. Lessing) noch für eine „Kulturphilosophie"
(J. Fischer/H. Delitz).[44] Umgekehrt: Diese semiotische Explikation der eigenen Unter-
suchungsbedingungen lässt sich sowohl natur- als auch kulturphilosophisch verwenden,
um sich vom eigenen ethnozentrischen Zirkel zu befreien, in den eine „anthropologische Philosophie" (s. o.) zurückläuft. Dieses Organon ist ein Beitrag zu einer alternativen Moderne, in welcher nicht einfach viele Autonomien gegeneinander gerechtfertigt, sondern zu ihrer öffentlichen und wechselseitigen Durchdringung und damit
Selbstbegrenzung entworfen werden.[45]

---

43 Dies sucht zu Recht mit Plessner, wenngleich ohne Naturphilosophie, zu vermeiden: H. Kämpf,
Die Exzentrizität des Verstehens. Zur Debatte um die Verstehbarkeit des Fremden zwischen Hermeneutik und Ethnologie, Berlin 2003.

44 Siehe H.-U. Lessing, Hermeneutik der Sinne. Eine Untersuchung zu Helmuth Plessners Projekt
einer „Ästhesiologie des Geistes" nebst einem Plessner Ineditum, Freiburg-München 1998, S. 35-
36. Im Anschluss an J. Fischers kulturphilosophisches Projekt: H. Delitz, Spannweiten des Symbolischen. Helmuth Plessners Ästhesiologie des Geistes und Ernst Cassirers Philosophie der symbolischen Formen, in: Deutsche Zeitschrift für Philosophie, Berlin 53 (2005) 6, S. 917-919.

45 Daher der Vergleich mit den klassischen Pragmatismen im Unterschied zu den Neopragmatismen
in: H.-P. Krüger, Zwischen Lachen und Weinen. Bd. II, a. a. O., Kapitel 2.3.

4. Philosophische Anthropologie als allgemeine Hermeneutik: Der personale Unterschied zwischen Ausdruck, Ausdrucksverstehen und Verständnismöglichkeiten

Philosophische Disziplinbezeichnungen sind für Außenstehende, die sie umgangssprachlich wie in dem Ausdruck „Kleintransporter" als Adjektiv eines Substantivs verstehen, höchst irreführend. Moral Philosophy, Social Philosophy, Political Philosophy sollen natürlich nicht bedeuten, dass diese Philosophien moralisch besonders wertvoll, sozial besonders engagiert oder politisch besonders aktiv sind. Vielmehr darf man von ihnen erwarten, dass sie persönliche Vorlieben und Vorurteile über moralische, soziale und politische Beziehungen theoretisch und methodisch untersuchen und so neue Ermöglichungs- und Realisierungsbedingungen dieser Beziehungsarten aufdecken. Der Ausdruck „Philosophische Anthropologie" kann Missverständnisse solcher Art auslösen. Wer von uns hätte nicht schon mit dem Vorurteil zu kämpfen gehabt, hierbei handele es sich doch nur um eine philosophische Generalisierung der anthropologisch unwiderstehlichen Fakten des unveränderbar alten Adam! – Groethhuysen hat diese Erwartung eine „unreflective, philosophical anthropology" im Unterschied zu einer „reflective, anthropological philosophy"[46] genannt. Und wer von uns wüsste nicht im zweiten Schritt um den Erläuterungsaufwand, der zwischen dem Adjektiv „philosophisch" kleingeschrieben und „Philosophisch" groß geschrieben liegt. Die philosophische Subdisziplin philosophische Anthropologie ist etwas anderes als die *prima philosophia* Philosophische Anthropologie.[47]

Es ist bei dem Thema der Expressivität sinnvoll, an den Status zu erinnern, den Plessner seiner Philosophischen Anthropologie in dem philosophischen Gesamtprogramm der „Stufen" gegeben hat, d. h. im Rahmen der Neuschöpfung von Philosophie. Er spricht dort seine Philosophische Anthropologie als die allgemeine Hermeneutik im Unterschied zu den speziellen Hermeneutiken der Natur-, Sozial- und Geisteswissenschaften an. Diese allgemeine Hermeneutik soll alle Präsuppositionen, die mit den Grundunterscheidungen von anorganisch-organisch bis zu geistig-nichtgeistig gelebt werden, in einem Zusammenhang aufrollen. Wenn dieses Unternehmen nicht in einem Zirkel, der Hermeneutik oder des Empirismus, enden soll, sollten die beiden anthropologischen Vergleichsreihen *unabhängig voneinander fundiert* werden. Denn nur dann können sich die horizontalen und vertikalen Vergleiche gegenseitig kontrollieren und korrigieren. Der vertikale Vergleich braucht daher den naturphilosophischen Umweg.

---

46 B. Groethuysen, Towards an Anthropological Philosophy, in: Philosophy & History. Essays presented to Ernst Cassirer, edited by R. Klibansky and H. J. Paton, Oxford 1936, S. 88. Vgl. die Antwort von Ernst Cassirer, Versuch über den Menschen. Einführung in eine Philosophie der Kultur (engl. 1944), Frankfurt a. M. 1990, S. 349-350. Plessners Philosophische Anthropologie richtet sich gegen beide, Cassirers symbolphilosophische und Groethuysens geschichtlich-hermeneutische Wesensbestimmung des Menschen als eben „anthropologische Philosophien" (Anmerkung 34).

47 Siehe H.-P. Krüger, Die Fraglichkeit menschlicher Lebewesen. Problemgeschichtliche und systematische Dimensionen, in: H.-P. Krüger/G. Lindemann (Hrsg.), Philosophische Anthropologie im 21. Jahrhundert, a. a. O., S. 21-29.

Der horizontale Vergleich benötigt daher die geschichtsphilosophische Indirektheit des Fragens nach Soziokulturen von Personen. Und erst anhand dieser Korrekturmöglichkeiten ließe sich überprüfen, ob die philosophisch-anthropologische Theorie über die Ermöglichung von Lebenserfahrung in zukünftiger Geschichtlichkeit auch von dieser korrigierten Lebenserfahrung bestätigt oder nicht bestätigt wird. Kann diese Art und Weise der Ermöglichung in jener Korrektur der Selbsterfahrung eingesehen werden oder nicht? Ist die faktisch korrigierte und personal anders genommene Lebenserfahrung exemplarisch durch eine Verschränkung des Strukturbruches ermöglicht worden, oder ist sie es nicht? Falls sie nicht auf diese Art und Weise ermöglicht worden ist, sondern ihre Modi hinreichend anders erklärt und verstanden werden können, wäre Plessners Philosophische Anthropologie gescheitert. Diese Wette also ist hoch! Kein *business as usual*! Weder ein diskurspolizeiliches Wegsehen und Weghören von Ausdrucksphänomenen im Namen letzter Schrift-Normen, noch eine romantische Beschwörung der unsäglichen Urphänomene, ihres angeblich unendlichen Leidens oder ihrer vermeintlich unendlichen Lust.

Plessner konzipiert als eine allgemeine Hermeneutik die „Wissenschaft des Ausdrucks, des Ausdrucksverstehens und der Verständnismöglichkeiten".[48] Diese phänomenbezogene Dreier-Unterscheidung kann wie folgt aufgefasst werden, wenn man aus ihr schon das früher kritisierte Primat der Innerlichkeit weglässt. A) Im „Ausdruck" schwingt im Unterschied zur anorganischen Natur bereits irgendeine Selbstbeziehung desjenigen Lebewesens mit, das sich zu anderen hin im Medium seiner Umwelt ausdrückt. Ohne Ausdruck könnte es nicht *sich* umweltbezogen verhalten. B) Im „Ausdrucksverstehen" läuft mindestens ein interaktiver Mitvollzug der Kundgaben anderer Lebewesen mit, ohne sich von diesen Anderen *als anderen* zu distanzieren. Der Ausdruck eröffnet, sein Verstehen schließt eine interaktive Verhaltung. C) Erst bei der Verständnismöglichkeit ist fraglich geworden, wie im Verhalten dieser Ausdruck spontan für die Kundgabe dieses Mitvollzuges hat genommen werden können, als ob das Verhalten nicht auch anders möglich wäre. Von daher entstehen rückwirkend die Fragen, ob diese verhaltenskonstitutive Zuordnung zwischen Ausdruck (als Verhaltensanfang) und Mitvollzug (als Verhaltensendung) unveränderlich ist, weil angeboren oder nur fixiert erworben, oder ob und wie diese Zuordnung verändert werden kann. Die analytische Ausgangsunterscheidung zwischen Ausdruck, Ausdrucksverstehen und Verständnismöglichkeiten kann empirisch ersten Sinn machen: Wieso folgt z. B. die berühmte Graugans Konrad Lorenz als Leittier? Lorenz hat doch gewiss nicht wie eine Graugans ausgesehen und sich auch nicht so bewegt. Ist er nur zufällig in ihre Prägungsphase hineingeraten, in der sie fast alles als Leittier annimmt, oder was nicht? Und wird Lorenz die Graugans nun nicht mehr los, da sie keine Verständnismöglichkeit hat? – Wie immer an Tieren das inzwischen besser als damals erforscht ist: Schon bei ihnen muss der Nachwuchs nicht auf ein festes Bild von der eigenen Spezies fixiert sein. Es gibt viele Beispiele dafür, wie über die Grenze zwischen Vogeltier und Säuger hinweg die Gemeinsamkeiten der zentrischen Positionalität im Mit-Verhalten ausgelebt werden.

---

48 H. Plessner, Die Stufen Organischen und der Mensch, a. a. O., S. 23.

Haustiere sind das beste Beispiel dafür, dass schon in der zentrischen Positionalität die plastische Prägungsphase der Jungorganismen für Lernverhalten vorkommt und daher ausgenutzt werden kann.

Für exzentrische Lebewesen stellt Plessner indessen die Dreier-Unterscheidung von vornherein anders als bio-verhaltenswissenschaftlich dar. Die Differenz zwischen Ausdruck, Ausdrucksverstehen und spezifisch geistigen Verständnismöglichkeiten wird selbst erst temporaliter von solchen Lebewesen herausproduziert, die personal in Spezifikationsnot leben. Da sie sich in die Differenz zwischen Leibsein und Körperhaben entgleiten, verhalten sie sich als Personen, d. h. als Dritte, zu sich. Sie müssen sich erst künstlich ihre zentrische Positionalität, ihre Eingespieltheit mit der Umwelt, einrichten. Daher geht die allgemeine Hermeneutik theoretisch zu der Aufgabe der Philosophischen Anthropologie über. Gerade weil sich Lebewesen im exzentrischen Strukturbruch fraglich werden und anders als vererbt, assoziativ oder intelligent erlernt verhalten können, d. h. da sie zu viele Verständnismöglichkeiten haben als sich lebenszeitlich realisieren lässt, schaffen sie sich eine gewisse Verhaltenssicherheit: Indem sie alles Mögliche erst ausdrücklich machen, auch wenn es – aus heutiger Sicht wie Anorganisches – dies von Natur aus nicht ist. Und indem sie im Ausdrucksverstehen etwas, die Zuordnung zwischen Ausdrucksfrage und Antworthandeln, habitualisieren, als wäre diese Verhaltensweise das Natürlichste auf der Welt, wie ohne eine soziokulturelle Akkulturation erworben oder gar vererbt. Bräche da nur nicht geschichtlich die Fraglichkeit dieser Verhaltensbildung erneut von allen Seiten in der Generationenfolge hervor, auch institutionalisiert in all diesen modernen Expertenkulturen, die von Kontingenzsetzungen förmlich leben.

Nehmen wir ein aktuelles Gegenbeispiel, die „ou-topischen" Figuren, in welche Komapatienten auf neurochirurgischen Stationen laut Lindemann verwandelt werden. Hier ist nun, folgt man Lindemann, wirklich alles von oben her, von dem therapeutischen Zweck der Verständnismöglichkeiten her, herunter arrangiert. So kann in Sekunden für einen bestimmten, bereits technisch hochorganisierten Ausdruck das passende Ausdrucksverstehen als Antwort parat gehalten werden. Selbst der Ausdruck ist hier, damit er schnellstens verstanden werden kann, geschichtlich eingerichtet worden. Dies hört sich wie eine dekonstruktive Dezentrierung an, ist es aber schon wegen des produktiven Aushandlungsprozesses der Todes- und Behandlungskriterien zwischen drei Expertenkulturen nicht, zwischen den Medizinern, Juristen und Politikern.[49] Die Verständnis*möglichkeiten* sowohl der Rede als auch erst recht der Schrift müssen körper-leiblich *lebbar* bleiben, hier auch und vor allem dem medizinischen Personal. Und das wären sie *nicht ohne* Ausdruck und Ausdrucksverstehen. Sie ermöglichen die Veränderung, nicht aber die Ersetzung von Ausdruck und seinem Verstehen. Die Exzentrierung wird in der Rezentrierung der Exzentrierung hier und jetzt lebbar gehalten. Es geht nicht ohne Habitualisierungsschleife. Man kann auf exklusiv exzentrische Weise gewiss *lesen*, nicht aber *leben*. Die Vergleichzeitigung des Ungleichzeitigen bleibt der

---

49 Siehe G. Lindemann, Die Grenzen des Sozialen. Zur sozio-technischen Konstruktion von Leben und Tod in der Intensivmedizin, München 2002, 5. u. 6. Kapitel.

Stolperstein in dieser Verhaltensrhythmik, bei all ihrer Stilisierung, sei es als „Dekonstruktion" oder als „Konstruktion". Man kann – lebenspraktisch gesehen – nicht alles und schon gar nicht gleichzeitig kontingent setzen, selbst wenn man es – gutwillig aus lauter Selbstlosigkeit – wollte. Die Kontingenzideologie ist ein falsches Versprechen, das der Trostkapazität platonischer Ideen kaum nachsteht, sich mithin für ein säkularisiertes Christentum eignet.

Wenn personale Lebewesen ihr Verhalten in zeitlicher Dynamik ex- und re-zentrieren, bilden sie dafür die Differenz zwischen Ausdruck, Ausdrucksverstehen und Verständnismöglichkeit aus. Nach dieser Hypothese braucht man sich nicht darüber zu wundern, dass jene Differenz in keinem abschließenden Set von Urgestalten oder Urphänomenen fixiert werden kann. Umgekehrt: Die Sucht nach endgültigen Archetypen rührt aus dieser differentiellen Verhaltensunsicherheit von und für Personen her. Es gibt keine unschuldige Lebenswelt, wie von Rousseau bis Husserl und Heidegger angenommen wurde.[50] Sie entpuppt sich historisch als die künstliche Einrichtung einer bestimmten Umwelt, d. h. einer zentrischen Positionalität, aber woher? Von Welt her. *Lebenswelt* ist gerade nicht *Welt*, sondern eine künstliche Umwelt, die in der Generationenfolge habitualisiert, also rezentrisch genommen wird.[51] Für Expressivität sind auf eine bestimmte Art und Weise gerichtete Bewegungsgestalten überhaupt nötig, aber nicht diese bestimmten und keine anders bestimmten Gestalten unabhängig von der Situation und ihrem Zeitindex. Für eine positive Anthropologie des Ausdrucks sinnvoll, überführt Meuter die übliche Unterscheidung zwischen natürlichem und konventionellem Ausdruck in Plessners Differenz zwischen Leibsein (Unvertretbarkeit, Unmittelbarkeit) und Körperhaben (Vertretbarkeit, ablösbare Vermitteltheit) von Personen in exzentrischer Positionalität, für die mimetische Expressivität charakteristisch ist.[52]

Am Ende möchte ich mit einem Seitenblick auf aktuellere Literatur zu Heidegger und der Philosophischen Anthropologie schließen, geht es doch um grundsätzlich ver-

---

50 Die „naturrechtliche Bewusstseinshaltung" privilegiert sich selbst gegen andere philosophische Fragemöglichkeiten, indem sie eine „natürliche Rangordnung" philosophischer Probleme vertritt. H. Plessner, Macht und menschliche Natur, a. a. O., S. 214. Gernot Böhme verlegt das bereits als normativ durchschaute Primat der Natur von der Vergangenheit in die Zukunft, woraus seine Leibesphilosophie erwächst. G. Böhme, Die Natur vor uns. Naturphilosophie in pragmatischer Hinsicht, Kusterdingen 2002. Ders., Leibsein als Aufgabe. Leibphilosophie in pragmatischer Hinsicht, Kusterdingen 2003.

51 Vgl. zum Missverständnis der Lebenswelt (im Anschluss an Hans Blumenberg): B. Merker, Bedürfnis nach Bedeutsamkeit. Zwischen Lebenswelt und Absolutismus der Wirklichkeit, in: F. J. Wetz/ H. Timm (Hrsg.), Die Kunst des Überlebens. Nachdenken über Hans Blumenberg, Frankfurt a. M. 1999, S. 68-98.

52 Siehe N. Meuter, Anthropologie des Ausdrucks. Die Expressivität des Menschen zwischen Natur und Kultur, München 2006, S. 94-96, 115-125. Leider missversteht Meuter Plessners Primat der *Positionalität* über die *Organisationsform* als den umgekehrten Primat der Organisationsform über die Positionalität. Ebenda S. 108-109. Plessners Naturphilosophie ist keine Verlängerung der theoretischen Biologie von v. Uexküll. Dank der Grenzthese sind die „Stufen des Organischen", d. h. des Lebendigen, die Modi der Positionalität, d. h. Positionalitätsformen (mit nach innen gerichteten Organisationsformen).

schiedene Fundierungen der Temporalität aus Expressivität. Der Konflikt beider Richtungen ist ein altes und noch immer lehrreiches Thema.[53] Die Nachwachsenden auf
beiden Seiten entwachsen den alten Grabenkämpfen und differenzieren den Vergleich
für beide Seiten gewinnbringend. Die Anzeichen mehren sich, dass in der Hermeneutik
das natur- und sozialphilosophische Defizit Heideggers durch Rekurs auf Plessner aus-
geglichen werden soll. An die Stelle früherer Ignoranz oder pauschaler Einverleibung[54]
tritt die Aneignung der Schriften Plessners parallel zu denen Heideggers, wenngleich noch
immer begrenzt auf eine anthropologische Philosophie.[55] Anders Peter Sloterdijk. Er
kombiniert die alte Ignoranz gegenüber Schelers und Plessners Philosophischen Anthropologien mit der Flucht nach vorne, Heidegger ausgerechnet dadurch retten zu wollen,
dass er ihn – wider Heideggers eigenen „Affekt" – in den führenden Vertreter der historischen und philosophischen Anthropologie uminterpretiert.[56] Da dürfte sich Heidegger
im Grabe wälzen. Aber er selbst hatte in der Lage, von Schelers und Plessners Philosophischen Anthropologien – 1928 erschienen – arg bedrängt zu werden, dieser Flucht nach
vorne bereits vorgearbeitet, nachdem auch Ernst Cassirer sich in Davos auf diese Philosophischen Anthropologien berufen hatte.[57] Heidegger widmete 1929 sein Buch „Kant
und das Problem der Metaphysik" Max Scheler, der 1928 plötzlich verstorben war. Was
für eine Umarmung der Überwindung und Nachfolge von Scheler in der vermeintlichen
Führung der deutschsprachigen Philosophie gegen Cassirer! Und Heidegger eignete sich
in seinen Vorlesungen im Wintersemester 1929/30, auf die sich Sloterdijk stützt, die Unterscheidung zwischen Umwelt und Welt aus den Philosophischen Anthropologien an.[58]

53 Vgl. G. Arlt, Philosophische Anthropologie, Stuttgart 2001, II. Kapitel.
54 Siehe H.-G. Gadamer, Wahrheit und Methode. Grundzüge einer philosophischen Hermeneutik
    (1960), Tübingen 1986, S. 448-456.
55 Vgl. A. Hilt, Die Frage nach dem Menschen. Anthropologische Philosophie bei Helmuth Plessner
    und Martin Heidegger, in: G. Figal (Hrsg.), Internationales Jahrbuch für Hermeneutik, 4. Bd., Tü-
    bingen 2005, S. 316-318. Siehe im Anschluss an Plessner zu Heideggers impliziter Anthropologie
    und seiner Markierung des Kategoriengebrauchs: K. Haucke, Anthropologie bei Heidegger. Über
    das Verhältnis seines Denkens zur philosophischen Tradition, in: Philosophisches Jahrbuch der
    Görres-Gesellschaft, 105 (1998) II, S. 321-345. Ders., Welt oder Sein? Die gebrochene Neutralität
    menschlichen Daseins und Heideggers Parteilichkeit, in: W. Bialas/M. Gangl (Hrsg.), Intellektuelle
    im Nationalsozialismus, Frankfurt a. M. 2000, S. 135-175. T. Ebke, Helmuth Plessners „Doppel-
    aspekt" und Martin Heideggers „Zwiefachheit der Physis". Ein systematischer Vergleich auf der
    Grundlage ihrer kritischen Bestimmungen der Entelechie, Phil. Magisterarbeit, Universität Pots-
    dam 2006, 100 S.
56 Vgl. P. Sloterdijk, Domestikation des Seins. Die Verdeutlichung der Lichtung, in: Ders., Nicht ge-
    rettet. Versuche nach Heidegger, Frankfurt a. M. 2001, S. 152-154.
57 Vgl. zu Heidegger und Plessner als den Gegenspielern: H.-P. Krüger, Zwischen Lachen und
    Weinen. Bd. II, a. a. O., S. 128-143. Ders, Die Leere zwischen Sein und Sinn: Helmuth Plessners
    Heidegger-Kritik in „Macht und menschliche Natur" (1931), in: W. Bialas/W. Stenzel (Hrsg.), Die
    Wiemarer Republik zwischen Metropole und Provinz. Intellektuellendiskurse zur politischen
    Kultur, Weimar/Köln/ Wien 1996.
58 Vgl. M. Heidegger, Die Grundbegriffe der Metaphysik. Welt – Endlichkeit – Einsamkeit, in: Ders.,
    Gesamtausgabe, Bd. 29/30, Frankfurt a. M. 1983, S. 283-532. Dass hier Heidegger nicht nur von

Dies erwähnt Sloterdijk nicht, offenbar, weil er die Differenz zwischen Umwelt und Welt im Sinne der philosophischen Anthropologie von Arnold Gehlen liest, und wie sich in diesem Falle herausstellt zu Recht. Denn Sloterdijk versteht unter seinen „Sphären" die „Zwischen-Welten", die zwischen der Umwelt und Welt liegen und daher die Menschwerdung anthropotechnisch durch „Phantasie" erklären sollen.[59] Was Heidegger daseinsanalytisch und seinsphilosophisch fasste, verstand Gehlen anthropogenetisch im Kern als archaische Kulturtechniken. Dies kann für die Anthropogenese interessant sein, wird jedoch um den Preis erkauft, systematisch eine Philosophie der Personalität in Welthorizonten nicht zu entwickeln. Eine künstlich produzierte zentrische Positionalität kommt gesamtkonzeptionell nicht an Plessners exzentrische Positionalität und Unergründlichkeit heran. Sloterdijk überträgt die künstliche Produktion einer zentrischen Positionalität[60] in Sphären von kulturgeschichtlichen Makrophantasien des Körperleibes, z. B. „Brutkästen" im übertragenen Sinne, von ihm „radikale historische Anthropologie" genannt. Während Gehlen in kollektiven Körpern („Institutionen") denkt, entwirft Sloterdijk kollektive Leiber („Sphären"). Obgleich also beide die Körper-Leib-Differenz in Anspruch nehmen, nur in ihr verschieden markiert, legen beide keine Rechenschaft darüber ab, von woher, wozu, auf welche Art und Weise sie dies tun. Hannah Arendt würde sagen: Hier wird einmal mehr das Handeln und Sprechen von Personen in einer öffentlichen Welt abgebaut auf das Herstellen weltlicher Gegenstände aus dem Arbeiten und Konsumieren im Lebenskreislauf von unten heraus.[61] Das war typisch für die gefährliche Illusion von einer sich selber schaffenden Moderne des *bloßen Lebens*, welche glaubte, die Personalität der öffentlichen Welt als etwas Vormodernes (weil religiös oder von Sklavenhaltern Erfundenes) überwinden zu müssen. Gerade wenn man, wie Sloterdijk, keinen ideologischen Beitrag zum Weltbürgerkrieg mehr aus Heidegger/ Gehlen herausholen will, reicht eben kein Modellvorschlag zur Menschwerdung aus, die *vor* den Hochkulturen der Personalität in der „Achsenzeit" (K. Jaspers/S. Eisenstadt) liegt. Wir leben nicht vor der Achsenzeit, sondern in der Frage, wie die zukünftige Geschichtlichkeit der Personalität von Weltbürgern ermöglicht werden kann.[62] Der kollektive Brutkasten *ist* im Klimawandel längst *da,* auch das kollektiv phantasierte Vorlaufen in die Möglichkeit des eigenen Todes. Man gewinnt nicht aus und in ihnen die Kriterien für ihre Beurteilung und Veränderung.

Scheler, sondern auch von Plessner lernt, zeigte schon: H. Schmitz, Husserl und Heidegger, Bonn 1996, S. 368-389. Vgl. auch A. Hilt, Die Frage nach dem Menschen, a. a. O., S. 312f.

59 Siehe P. Sloterdijk, Domestikation des Seins, a. a. O., S. 162, 173, 194, 201.

60 Zu Gehlen im Unterschied zu Scheler und Plessner siehe: H.-P. Krüger, Die Fraglichkeit menschlicher Lebewesen, a. a. O., S. 23-29.

61 Siehe H. Arendt, Vita activa oder Vom tätigen Leben (1958), München/Zürich 1981, 6. Kapitel. Vgl. H.-P. Krüger, Die *condition humaine* des Abendlandes. Philosophische Anthropologie in Hannah Arendts Spätwerk, in: Deutsche Zeitschrift für Philosophie, Berlin 55 (2007) 4, S. 550-571.

62 Vgl. H.-P. Krüger, Die Aussetzung der lebendigen Natur als geschichtliche Aufgabe in ihr, in: Deutsche Zeitschrift für Philosophie, Berlin 52 (2004) 1, S. 77-83.

6. Geist in der lebendigen Natur

Schelers Konzeption des verlebendigten Geistes und Plessners Konzeption der exzentrischen Positionalität

Im Folgenden möchte ich Max Schelers Konzeption des Geistes und Helmuth Plessners Konzeption der exzentrischen Positionalität für heutige systematische Zwecke miteinander vergleichen. Die gegenwärtige analytische Diskussion kommt langsam bei dem an, was John Searle in seinem Buchtitel treffend „Die Wiederentdeckung des Geistes" (1993) nannte. Das individuelle Selbstbewusstsein, das im Sinne eines Erwachsenen der westlichen Welt schon immer zwischen Eigenem, Anderem und Fremdem meint, trennen zu können, kann nicht das letzte Wort der Philosophie sein. Es könnte sich um ein hermeneutisches Vorurteil mit der Folge von lauter Scheinproblemen (im Sinne Wittgensteins) handeln. Wenn eine *Philosophy of Mind* mehr sein will als die Fortsetzung Cartesianischer Trennungen, wenn sie diejenigen Versprechen einlösen möchte, welche in ihrer problematischen Übersetzung ins Deutsche als „Philosophie des Geistes" entstehen, sollte sie zu demjenigen fortschreiten, was elementarer Weise seit Hegel unter *Geist* verstanden wird, eben zu demjenigen Ich, welches Wir, und demjenigen Wir, welches Ich zu sein genannt werden darf. Nur in der Teilnahme an den Relationen zwischen verschiedenen Selbstbewusstseinen, so Hegel, könne man im Anderen bei sich selbst bleiben, mithin an Geistigem partizipieren.[1] Die analytische Renaissance des *Geistes* heute erfolgt einerseits im Übergang von der „individuellen" zu der „kollektiv geteilten Intentionalität",[2] andererseits in der Aufwertung von Emotionalität und Bewertungsfragen, die sich geschichtlich ändern und sich darin der Vernunft entziehen können.[3] Nimmt man nach dem 20. Jahrhundert die vernunftkritischen Konsequenzen der Wiederentdeckung des Geistes ernst, liegen Schelers und Plessners Konzeptionen näher als Hegels Geistesphilosophie, in der doch die Sprache der Vernunft das Grundmodell des Geistes bleibt.[4]

---

1 Vgl. G. W. F. Hegel, Phänomenologie des Geistes (1807), hrsg. v. J. Hoffmeister, Berlin 1971, S. 140, 458f.
2 Vgl. H. B. Schmid (Hrsg.), Schwerpunkt: Kollektive Intentionalität und gemeinsames Handeln, in: *Deutsche Zeitschrift für Philosophie*, Berlin 55 (2007) 3, S. 404-472.
3 Vgl. Ch. Taylor, Modern Social Imaginaries, London 2004.
4 Vgl. H.-P. Krüger, Historismus und Anthropologie in Plessners Philosophischer Anthropologie. Ein Rückblick auf Hegels „Phänomenologie des Geistes", in: V. Gerhardt/W. Jaeschke/B. Sandkaulen (Hrsg.), Gestalten des Bewusstseins. Genealogisches Denken im Kontext Hegels, Hamburg 2008.

Es sollen sowohl die Gemeinsamkeiten beider Konzeptionen als auch die Unterschiede zwischen ihnen hervortreten. Eine Vergleichbarkeit beider Konzeptionen ergibt sich im Hinblick auf die Frage, deren Antwort sie sein sollen: Worin besteht der letzte Ermöglichungsgrund für die Selbstspezifikation personaler Lebewesen als Menschen? Diese theoretische Frage hat einen quasi transzendentalen Charakter. Sie ist noch insofern transzendental, als in ihr nach den Ermöglichungsbedingungen von Erfahrung gefragt wird. Aber sie ist transzendental nur gewissermaßen, insofern mit der fraglichen „Erfahrung" nicht die der Erfahrungs*wissenschaft*, sondern die *Lebens*erfahrung gemeint ist. Insoweit wird die Antwort vom Bewusstsein eben in den Geist bzw. in die exzentrische Positionalität verlagert. Die Stellung und Beantwortung dieser theoretischen Frage erfordert verschiedene Methoden der Begegnung und Interpretation von Phänomenen, der kritischen Überprüfung, wie Begegnung und Interpretation einander zugeordnet oder nicht zugeordnet werden können, und ein Verfahren, wie Ermöglichungsbedingungen im Rückgang erschlossen werden.

Es besteht wohl Einvernehmen darüber, dass beide Autoren überhaupt phänomenologische, hermeneutische, sich selbstkritisch kontrollierende und transzendental rückschließende Methoden zu verwenden suchen. So dürfte es unstrittig sein, dass Plessner direkt an Schelers Methode anschließt, die Alternative entweder physisch oder psychisch außer Geltung zu setzen, d. h. sich gegen diese Fehlalternative durch ihre Indifferenzierung zu neutralisieren: Dadurch dass einem Phänomen ermöglicht wird, sowohl seine Physis als auch seine Psyche zugleich zeigen zu können, kann überhaupt erst einem spezifisch *lebendigen* Phänomen begegnet werden. Scheler und Plessner haben in bahnbrechender Weise das Thema lebendigen Verhaltens gegen seine Auflösung in Behaviorismus aufgerollt.[5] Es wird auch auf Konsens stoßen, wenn man daran erinnert, dass beide Autoren Fundierungsordnungen für die personale Lebensführung aufstellen, nicht aber für eine Philosophie, die unter dem Primat der reflexiven Erkenntnistheorie die Geltung von Wissensformen begründet. Aber darüber hinausgehend ist es in der Sekundärliteratur auch unklar und strittig, wie diese Methoden im Einzelnen in den Werken beider Autoren beschaffen sind und integriert werden können.

Dieses Kapitel hat zwei Teile. Ich beginne mit vier Dimensionen in Schelers Konzeption des Geistes, die ich für noch immer systematisch problembewusst halte. Ich reformuliere sie dem entsprechend kritisch gegen weitere Ansprüche, die Scheler auch mit dem Geist als einer spekulativen Metaphysik des letzten Seinsgrundes verbindet. Im zweiten Teil interessiere ich mich für Plessners Umstellung des Geistesproblems innerhalb der exzentrischen Positionalität, die den Geist naturphilosophisch einrahmt. Plessners Umstellung überzeugt mich für die systematischen Aufgaben der Philosophischen Anthropologie im Ganzen. Gleichwohl lässt sich – über Schelers historisches Verdienst, die Unternehmung der Philosophischen Anthropologie problemgeschichtlich in Gang

---

5 Vgl. M. Scheler, Die Stellung des Menschen im Kosmos (1928). Bonn 1986, S. 18. H. Plessner (unter Mitarbeit v. F. J. Buytendijk), Die Deutung des mimischen Ausdrucks. Ein Beitrag zur Lehre vom Bewusstsein des anderen Ichs (1925), in: Ders., Gesammelte Schriften VII, Frankfurt a. M. 1982, S. 83f., 88f., 125-129.

gesetzt zu haben, hinausgehend mit ihm auch heute noch für bestimmte Themen und Methoden Gewinn bringend arbeiten.

I. Vier problembewusste Dimensionen in Schelers Konzeption des Geistes

Scheler hebt in „Die Stellung des Menschen im Kosmos" (1928) hervor, dass seine Geisteskonzeption – im Unterschied zu vielen anderen – dreigliedrig ist und damit eine besondere Pointe hat. Er schreibt zu Recht, dass der Geistbegriff erst sinnvoll wird, wenn es um die Bezeichnung von Verhaltensmöglichkeiten geht, die „Intelligenz und Wahlfähigkeit"[6] qualitativ übersteigen. Intelligenz und Wahlfähigkeit und beiden entsprechender Spracherwerb bis zum Niveau zweijähriger Menschenkinder sind inzwischen – besser als zu Schelers und Plessners Zeiten – für Schimpansen nachgewiesen.[7] Scheler bezeichnet als „Geist" problembewusst dreierlei: a) die „Vernunft" im Sinne des sprachlich verfassten „Ideendenkens", b) eine „bestimmte Anschauung" von Phänomenen, nämlich eine Anschauung von solchen „Wesensgehalten" der Phänomene, die „ursprünglich" sind, also in der Lebensführung erkenntnismäßig nicht ableitbar und praktisch nicht ersetzbar sind, und c) eine „bestimmte Klasse *volitiver* und *emotionaler Akte* wie Güte, Liebe, Reue, Ehrfurcht, geistige Verwunderung, Seligkeit und Verzweiflung" (38), solcher Akte also, die eine Wertehaltung vollziehen. Ich nenne diese drei Dimensionen des Geistes kurz Vernunftideen, Anschauung und Wertung.

Im Unterschied zu Tieren ermögliche der Geist negativ eine existentielle Entbundenheit vom Organischen, insbesondere von der physischen und psychischen Zuständlichkeit des Organismus hier und jetzt in Triebform. Positiv ermögliche er eine Vergegenständlichung der Widerstands- und Reaktionszentren der Umwelt zu Sachzusammenhängen in einer Welt (vgl. 40). Die Vergegenständlichung betreffe nicht nur die Dinge der Umwelt zu Dingkategorien in dem Rahmen der Substanzkategorien von Welt (45). Sie beziehe sich auch auf die Vergegenständlichung der dem Menschen als Lebewesen „eigenen physischen und psychischen Beschaffenheit": „Das Tier hört und sieht – aber ohne zu wissen, *daß* es hört und sieht. Die Psyche des Tieres funktioniert, lebt – aber das Tier ist kein möglicher Psychologe und Physiologe!" (42). Diese Vergegenständlichung der Umwelt zu Welt und jene Selbstvergegenständlichung des Lebewesens Mensch in Welt werden durch Ideieren ermöglicht: Ideieren heißt, „unabhängig von der Größe und Zahl der Beobachtungen, die wir machen, und von induktiven Schlussfolgerungen, wie sie die Intelligenz anstellt, die *essentiellen* Beschaffenheiten und Aufbauformen der Welt an je *einem* Beispiel der betreffenden Wesensregion miterfassen." (51) In der Tätigkeit des Ideierens wird das empirische Dasein der Dinge, der Subjekte und der Welt anders

6 M. Scheler, Die Stellung des Menschen im Kosmos, a. a. O., S. 37. Im Folgenden werden die Seitenangaben dieser Ausgabe gleich im Text in Klammern gesetzt.
7 Siehe H.-P. Krüger, Intentionalität und Mentalität als *explanans* und *explanandum*. Das komparative Forschungsprogramm von Michael Tomasello, in: Deutsche Zeitschrift für Philosophie, Berlin 55 (2007) 5, S. 804-809.

als nochmals empirisch genommen. Es wird als Exemplum verstanden für einen bestimmten Wesenszusammenhang, der als unendlich mögliche Allgemeinheit gilt, nämlich „von *allen möglichen Dingen*, die dieses Wesens sind", „für alle möglichen geistigen Subjekte, die über dasselbe Material denken", und „für alle möglichen Welten", sofern sie im Dasein verwirklicht werden können (51).

Gleichwohl haben die Vergegenständlichung in Welt als Ermöglichung und die Selbstvergegenständlichung in möglichen Welten ihre Grenze am Geist selbst, womit wir in der vierten Dimension der Schelerschen Geisteskonzeption angekommen sind. Ontisch gesehen ist der Geist die Selbstermöglichung von unendlich möglichen Allgemeinheiten, nämlich im Wesenszusammenhang zwischen möglichen Gegenständen und möglichen Subjekten in möglichen Welten. Aber dieser Wesenszusammenhang manifestiert sich nicht anders als exemplarisch in wirklich daseiender Welt, nicht unabhängig von ihr, worin eine Fehlontologisierung des Aktcharakters von Geist bestünde. Mithin kann sich der Geist als die Selbstermöglichung von unendlich möglichen Allgemeinheiten *nicht selbst* vergegenständlichen:„Der Geist ist das einzige Sein, das selbst *gegenstandsunfähig* ist – er ist reine, *pure Aktualität*, hat sein Sein nur *im freien Vollzug seiner Akte.*" (48). Scheler heißt „Personen" die Träger solcher Akte. Das Wegweisende in Schelers Geisteskonzeption besteht nun darin, dass er die Differenz zwischen dem Geist, insofern er Vergegenständlichungen ermöglicht, und dem Geist, insofern er sich nicht selbst vergegenständlichen kann, als den „geschichtlichen Wandel" (52) begreift. Geist hat bekanntlich bei Scheler von sich aus weder Energie noch Kraft. Er existiert nur in geschichtlichen Manifestationen seiner Verlebendigung und der Vergeistigung des Lebens (vgl. 71, 81, 87). Nennen wir diese vierte Dimension d) in Schelers Geisteskonzeption kurz die der *Geschichtlichkeit.*

Scheler schließt seinen Rückschluss auf den Geist als der Ermöglichungsstruktur von Gegenständen und Personen im Weltzusammenhang mit der doppelten Hervorhebung, dass Geist „übersingulär" sei und nur im exemplarischen „Mitvollzug" (48f.) existieren könne. Damit gliedert sich die Ordnung der Geistesdimensionen neu. Ihre Darstellungsfolge entspricht nicht ihrer Fundierungsfolge, für die man „Die Stellung des Menschen im Kosmos" von hinten nach vorne zurück lesen muss. In der Darstellungsfolge beginnt man in den Begriffsnetzen der jeweils gegenwärtigen Diskussion, um in der Rekonstruktion des Wissens verständlich sein zu können. Zur Zeit Schelers war auf dem Hintergrund der gemeinsamen Kenntnis von Kant und Hegel klar, dass Vernunftideen zum Geist gehören, so wie es heute einleuchtet, dass die sprachliche Kommunikation von Gründen geistig genannt werden kann. Die Fundierungsfolge bezieht sich hingegen auf die funktionale oder/und zeitlich-genetische Ordnung, in der Phänomene im Leben *erfahren*, nicht wissenschaftlich *gewusst* und dargestellt werden.[8] Man verwechsele also nicht Fundierungsgründe, die die Ermöglichungsbedingungen von Lebenserfahrung freilegen, mit Darstellungsgründen, die z. B. Gründe in einer empirischen Kausalerklärung

---

8   Vgl. M. Scheler, Wesen und Formen der Sympathie, hrsg. v. M. S. Frings, Bonn 1985, S. 105.

oder Verstehensgründe in inferentiellen Relationen angeben.[9] Hatte Scheler anfangs in seine Geisteskonzeption eingeführt, als wäre sie nur eine Erweiterung der Vernunftideen auf die Anschauung ursprünglicher Phänomene, auf die Bindung an Wertehaltungen und in die Geschichtlichkeit der Vernunft hinein, geht es nun um eine Fundierung in der folgenden Reihenfolge: Der a) geschichtlich zu verstehende Mitvollzug des übersingulären Geistes betreffe b) „eine Wesensordnung, soweit es sich um den erkennenden Geist", c) „eine objektive Wertordnung, soweit es sich um den liebenden Geist", und d) „eine Zielordnung des Weltprozesses, soweit es sich um den Geist als wollenden handelt." (49). Demnach betrifft in der a) geschichtlichen Lebensführung b) der Erkenntnisaspekt des Geistes die Anschauung der Wesensordnung von Phänomenen. Diese Anschauung wird c) bewertet nach der sinngemäßen Ordnung des Gefühlslebens von Personen. Diese schon früher von Scheler entwickelte Grammatik des Gefühlslebens steht wertmäßig betrachtet unter dem Primat der Liebesbewegungen *(ordo amoris)*. Je nach Bewertung des als ursprünglich Angeschauten werden in den soziokulturellen Praktiken willentlich d) Ideen zur Veränderung des Weltprozesses gesetzt, Ideen, welche die Praktiken theoretisch und praktisch regulieren. Damit ist in der Fundierungsordnung das ursprüngliche a) der Vernunftideen zu d) geworden. Anschauung bleibt b) und Wertung bleibt c). Die Geschichtlichkeit, in der Darstellungsfolge d), rückt in der Fundierungsfolge vor auf a).

Diese Reihenfolge entspricht übrigens sehr gut der Fundierungsordnung im klassischen Pragmatismus, den Scheler durchweg als eine Ideologie des *homo faber* missverstanden hat (82). Die Anschauung problematischer, d. h. von der bisherigen Norm abweichender Phänomene und ihre Bewertung führen am besten zur Installierung von Ideen, welche die Praktiken, sich zu verhalten, verbessern, und dies im Hinblick auf die nicht intendierten Folgen. Daher werden im klassischen Pragmatismus auch die ursprünglichen Wertebindungen fraglich, nämlich angesichts nicht intendierter indirekter Konsequenzen regulatorischer Verbesserungen.[10]

Meine Interpretation von Schelers Fundierungsfolge in der „Stellung des Menschen im Kosmos" nimmt seine Vorrede ernst, in der er rückwirkend sein Lebenswerk als eine Philosophische Anthropologie begreift. Dementsprechend müssten alle dort erwähnten Abhandlungen neu rekonstruiert werden, aber auch die „Stellung des Menschen im Kosmos" müsste in den Zusammenhang dieser früheren Schriften gestellt werden. Meinem Vorschlag widerspricht in der „Stellung des Menschen im Kosmos" nur eines, für Schelers Selbstverständnis freilich Kardinales: Der Geist sei das Gegenprinzip zu dem des Lebens und außerhalb des Lebens zu veranschlagen. Diese Behauptung führt zu einer spekulativen Metaphysik über den letzten Seinsgrund in zwei Attributionen,

---

9 Die Frage nach Fundierungsordnungen, -reihen und -gründen und damit auch der geschichtlich-funktionale und geschichtlich-genetische Bezug des Gebens und Verlangens von Gründen in der Lebensführung fehlt in: R. B. Brandom, Begründen und Begreifen. Eine Einführung in den Inferentialismus, Frankfurt a. M. 2001.

10 Seit Peirce galt in den klassischen Pragmatismen für die phänomenologische Fundierung der semiotischen Rekonstruktion das Primat der Ästhetik über die Ethik und das Primat der Ethik über die Logik. Vgl. H.-P. Krüger, Zwischen Lachen und Weinen. Bd. II: Der dritte Weg Philosophischer Anthropologie und die Geschlechterfrage, Berlin 2001, S. 162 ff.

der des Dranges und der des Geistes (vgl. 37, 70, 87-93). Mich überzeugt diese Konstruktion, über die Scheler selbst sagt: „Wir sind ein wenig hoch gestiegen" (71), nicht, und zwar aus den drei folgenden Gründen:

Der erste Grund liegt in einem Selbstwiderspruch in Schelers Ausführungen. Einerseits gebührt ihm das Verdienst, den Lebensbegriff von seiner Fehlidentifikation mit dem Organismusbegriff weg zum *Verhalten* des Organismus zu seinen Medien und ins *Verhalten* des Organismus in und gegenüber seiner Umwelt erweitert zu haben (18). Andererseits zieht aber Scheler selbst diese Erweiterung und Verlagerung des Lebensbegriffes wieder ein, indem er bei der Einführung des Geistprinzips außerhalb und gegen das Lebensprinzip Leben erneut auf Organisches reduziert. Zweifellos hat Scheler Recht, wenn er schreibt, dass alle Geistesdimensionen als solche, d. h. in ihrer Wesensspezifik, vom Organismus entbunden sind. Daraus folgt aber nicht, dass geistiger Mitvollzug nicht auch als soziokulturell symbolische Interaktivität verstanden werden kann. Hier widerspricht der Geistesmetaphysiker Scheler dem Wissenssoziologen Scheler. Die Plausibilität des Kurzschlusses, vom Lebens- zum Geistprinzip überzugehen, beruht in einem Defizit, geistigen Mitvollzug zunächst einmal als soziokulturell symbolische Interaktivität auszubuchstabieren.

Auch der zweite Grund meiner Ablehnung des Schelerschen Kurzschlusses besteht in einem Selbstwiderspruch Schelers. Einerseits liegt eine große Leistung seiner Geisteskonzeption darin, die Wertedimension und die Dimension der geschichtlichen Differenz zwischen Vergegenständlichungspotential und eigener Gegenstandsunfähigkeit innerhalb des Geistes stark gemacht zu haben. Dadurch hat Schelers Geisteskonzeption gerade nicht die Probleme, die eine allein vernunftideelle Geisteskonzeption hat. Scheler vermeidet so, das Problem der Motivation zum Geist und das Problem der geschichtlichen Wirksamkeit und Veränderung von Geistigem außerhalb des Geistes, weil außerhalb der Vernunft stellen zu müssen. Andererseits aber verschenkt Scheler diese Vorzüge seiner Geisteskonzeption wieder, wenn er das Geistprinzip als außerhalb des Lebens und gegen das Leben gestellt sieht. Dadurch wird er seinen eigenen Orientierungen auf die geschichtliche Verlebendigung des Geistes und die geschichtliche Vergeistigung des Lebens wieder untreu.

Mein dritter Ablehnungsgrund hängt mit einer Entwicklungstendenz in der heutigen vergleichenden Verhaltensforschung und der neurobiologischen Hirnforschung zusammen. Es mehren sich die Befunde und Interpretationen dafür, dass zumindest Primaten, wahrscheinlich aber bereits Säuger und Vögel, sozial und kulturell leben, ohne darum wissen zu können und zu müssen. So wie es Bewusstsein im tierischen Verhalten ohne Selbstbewusstsein geben kann, so kann es soziales und kulturelles Verhalten unter Tieren geben, ohne dass diese Sozialität und Kulturalität selbstbezüglich sein müssten. Versteht man Kulturelles im Sinne von Schelers „Tradition" (29) als eine sozial assoziative Gewohnheitsbildung, welche die Öffnung des Verhaltens durch Triebe wieder schließt, ist heute nachgewiesen, dass es unter Makaken, Bonobos und Schimpansen verschiedene Populationskulturen innerhalb derselben Spezies gibt, die in der Generationenfolge sozial tradiert werden. Auch Schelers Einsicht, dass die Trieböffnung des Verhaltens nicht allein durch assoziative Gewohnheitsbildung, sondern auch durch eine Intelligenz beantwortet werden kann, die an den Organismus praktisch gebunden bleibt (vgl. 23f.,

32-36), hat sich in der freien Feldforschung, umso mehr unter Menschenaffen, die mit Menschen aufwachsen, weiter bestätigt.

All dies hat Konsequenzen für das Soziokulturelle von Personen. Für Personen muss offenbar von vornherein die Selbstreferenz des Soziokulturellen durch Symbole und Rollen in der Generationenfolge hoch veranschlagt werden. Was Scheler schon zur Intelligenz sagt, dass sie nämlich die Tradition der assoziativen Gewohnheitsbildung individuell abbaut, gilt umso mehr auf andere Weise für den Geist. Fragt man nach den hirnphysiologischen Korrelaten für Psychen, die zur Selbstreferenz des Soziokulturellen von Personen passen, muss man Schelers interessante Hypothese zur Großhirnrinde sogar noch konsequenter machen: Der Neocortex wäre dann nicht nur das Organ der Dissoziierung von Instinkten (vgl. 22f.), sondern zur Dissoziierung der vor allem subcortikalen Assoziationen. Diese Dissoziierung würde ohne Geist von außen in der Interaktion und ohne Selbstreferenz des Gehirnes und des Organismus im Ganzen schlichtweg zum Verhaltenszusammenbruch führen, weshalb Scheler zu Recht die Frage nach einer „schöpferischen Dissoziation" (23) aufwirft.

Nicht jede Physis ist psychisch geeignet, Geistiges mit zu vollziehen. Dies geht nicht ohne Selbstreferenz des Physischen, des Psychischen, des Soziokulturellen und des Geistigen. Ohne diese verschiedenen Selbstbezüglichkeiten könnte gar keine strukturelle Kopplung dieser verschiedenen Verhaltenslevels zustande kommen. Sie würden einfach auseinanderfallen oder müssten unter ein einziges, sie homogenisierendes Gesetz gezwungen gedacht werden. Daher begrüße ich seit Ende der 1980er Jahre die neurobiologische Erforschung neuronaler Selbstreferenzen im Unterschied zur Selbstreferenz von Symbolen und Sprache, von Bewusstsein und Soziokulturellem.[11] Die neurobiologische Forschung leidet nur an Selbstmissverständnissen und wird im alten dualistischen Kulturkampf verwendet, was mit ihrem kognitiven Gehalt, der Erkenntnis neuronaler Selbstreferenz, wenig zu tun hat.[12] Philosophisch ist hier und jetzt nur die Bemerkung wichtig, dass wir im Erkennen nicht hinter Luhmanns Pluralität von Selbstreferenzen noch einmal zurück gehen können in irgendein Einheitsprinzip, sei es des Seins aus sich selbst, der darwinistischen Natur oder eines alle Verhaltenslevel „durchlaufenden" Gesetzes. So verstand Gehlen (gegen Scheler) seine Definition des Menschen „als handelndes Wesen" im Sinne der „*Einheit* des Strukturgesetzes", „das *alle* menschlichen Funktionen von den leiblichen bis zu den geistigen beherrscht".[13] Die konjunktivische Welt, die o. g. möglichen Welten, die auch Luhmann im Sinnbegriff einfach voraussetzt, ist brüchiger, wie Plessner und Arendt gezeigt haben.

---

11 Vgl. H.-P. Krüger, Perspektivenwechsel, Berlin 1993, I. Teil.
12 Vgl. H.-P. Krüger (Hrsg.), Hirn als Subjekt? Philosophische Grenzfragen der Neurobiologie, Berlin 2007.
13 A. Gehlen, Der Mensch. Seine Natur und seine Stellung in der Welt, hrsg. v. K.-S. Rehberg, Frankfurt a.M. 1993, Teilbd. 1, S. 20. Aus der Sicht von Luhmanns Theorie vertritt Gehlen mit einem einheitlich durchlaufenden Strukturgesetz des Menschen einen vormodernen Standpunkt. Vgl. zur Unterscheidung der Vielzahl von Autopoiesen und deren strukturellen Kopplungen: N. Luhmann, Die Gesellschaft der Gesellschaft, Frankfurt a. M. 1997, 2. Teilbd., S. 778ff.

II. Plessners naturphilosophische Einrahmung des Geistes der Mitwelt in der exzentrischen Positionalität

Es ist auffallend, dass Plessner in seiner Naturphilosophie des Lebendigen, in den „Stufen des Organischen und der Mensch" (ebenfalls 1928), erst spät den Geistbegriff einführt. Er kommt erst als die Spezifikation der Mitwelt im Rahmen der exzentrischen Positionalität zur Explikation. Auf diese Weise holt Plessner im quasi transzendentalen Rückschlussverfahren ein, was er von Anfang an als Geistesdimensionen in Anspruch genommen hat. Am Ende, in den drei sog. anthropologischen Grundgesetzen, die irreduzible Ambivalenzen im Verhalten formulieren, wird das Potential des Geistes entfaltet. Hier gibt es für alle vier Dimensionen der Schelerschen Geisteskonzeption Äquivalente, die aber elaborierter sind, also für Vergegenständlichung und Selbstvergegenständlichung dank Ideen und Anschauung, Bewertung und geschichtlicher Differenz zum nicht Gegenstandsfähigen im nirgendwann und nirgendwo. In den beiden einleitenden Kapiteln spricht Plessner ebenfalls alle vier Geistesdimensionen sinngemäß an, so in seiner Kritik an cartesianischen Dualismen und in seinen kritischen Würdigungen von Husserl, Dilthey und Scheler. Insoweit kann in der Tat von einer Scheler und Plessner gemeinsamen Problemkonstellation gesprochen werden. In den Sachkapiteln drei bis sechs vor der exzentrischen Positionalität wird expressis verbis von zwei Geistesdimensionen Gebrauch gemacht, nämlich dem Ideieren anhand von Ding- und Substanzkategorien im Anschauen ursprünglicher Lebenslevel. So werden formulierbar: die Hypothese, dass lebende Körper ihre eigene Grenze realisieren, die Theorie der Daseinswesen der Lebendigkeit und der Unterschied zwischen den Organisationsweisen und den Positionierungsweisen lebendigen Daseins. Die Dimensionen der geschichtlichen Bewertung werden in der Darstellungsfolge erst am Ende in den Grundgesetzen eingeholt. Dies hat seinen sachlichen Grund in dem naturphilosophischen Anliegen, wie ein Seitenblick auf Plessners geschichtsphilosophisches Buch „Macht und menschliche Natur" (1931) zeigt, in dem mit den geschichtlichen Bewertungsfragen sogleich begonnen wird.[14]

Die Naturphilosophie schaut den Erfahrungswissenschaftlern der lebendigen Natur über die Schulter. Was nimmt die Erfahrungswissenschaft aus der vorwissenschaftlichen Weltauffassung in Anspruch, um Lebendiges überhaupt verstehen zu können? Was kann sie davon erklären, und was nicht? Die Naturphilosophie deckt kategorial auf und ordnet theoretisch, was in der allgemeinen Lebensführung praktisch vorausgesetzt werden muss, insofern es dort durch keine erfahrungswissenschaftliche Erklärung abgeleitet und durch keine erfahrungswissenschaftliche Technik ausgetauscht oder ersetzt werden kann. Damit hebt die Naturphilosophie nicht nur heraus, was in der personalen Lebensführung an Natur wesentlich bleibt, sondern auch, was künftige Naturforschung praktisch ermöglichen kann.

---

14 Vgl. zum Zusammenhang zwischen Plessners Natur- und Geschichtsphilosophie: H.-P. Krüger, Expressivität als Fundierung zukünftiger Geschichtlichkeit, in: B. Accarino/M. Schloßberger (Hrsg.), Expressivität und Stil. Helmuth Plessners Sinnes- und Ausdrucksphilosophie, Berlin 2008, S. 109-130.

Im Folgenden konzentriere ich mich auf die Geistesspezifik der Mitwelt im Rahmen der exzentrischen Positionalität.

Der Unterschied zwischen der zentrischen Positionalität von Tieren und der exzentrischen Positionalität von Menschen wird am leichtesten verständlich, wenn man von Plessners Interpretation der Köhlerschen Experimente mit Schimpansen ausgeht. Gewiss, letztere zeigen Intelligenz, gebrauchen und stellen begrenzt Werkzeuge her. Aber was den Schimpansen strukturell fehle, so Plessner, sei der „Sinn für's Negative".[15] Sicher, sie verhalten sich bereits nach Dingkonstanten und Artgenossen in ihrer Umwelt. Aber ihrer Umwelt fehlt der Weltcharakter. Sie bleibt triebgetönt, wird kein leerer und stiller Rahmen, in dem etwas oder jemand auftreten könnte. Schimpansen erwarten und umgehen nichts, das in leeren Welträumen und stillen Weltzeiten wie auf einer Bühne begegnen kann, nämlich nach Ding- und Substanzkategorien. Diese Kategorien haben in der Anschauung ihrer Phänomene einen aktuell abwesenden Kern von Überschuss, der hier und jetzt nur perspektivisch und fragmentarisch eingesehen und gehört werden kann, je nachdem, wie man sich selbst in der Welt positioniert. Exzentrische Positionalität heißt nun phänomenologisch nicht, dass die Verhaltenszentrierung überhaupt überwunden werden könnte, sondern dass sie wandern kann. Sie sitzt nicht fest im Organismus, nicht einmal in seiner Interaktivität mit der Umwelt, der sog. Frontalstellung. Die exzentrische Verhaltensbildung ist auch möglich und läuft mit von der Seite der Interaktivität her, von hinter oder über der Interaktivität stehend, jedenfalls von einer Seite außerhalb der Interaktivität und ihrem Organismus her, in diesem Sinne „exzentrisch". Diese dritte Verhaltensdimension macht das Personale aus, daher die berühmte dreigliedrige Definition einer Person: „Positional liegt ein Dreifaches vor: das Lebendige ist Körper, im Körper (als Innenleben oder Seele) und außer dem Körper als Blickpunkt, von dem aus es beides ist. Ein Individuum, welches positional derart dreifach charakterisiert ist, heißt *Person*." (293)

Für die Leistungen, die man in der erfahrungswissenschaftlichen Unterscheidung der Menschen von Tieren zu erbringen hat, wird praktisch unterstellt, dass von und für Personen zwischen Außenwelt und Innenwelt differenziert werden kann. Anderenfalls könnte man keine für das personale Verhalten funktionalen Korrelationen zwischen Physischem und Psychischem einrichten und messbar machen. Will man sich nicht damit begnügen, dass die Differenz zwischen Außen- und Innenwelt tautologisch oder paradox festläuft, muss man für die Ermöglichung dieser Differenz die Mitwelt als das Dritte kategorial freilegen. Erst von der Mitwelt her lässt sich zwischen der Außen- und der Innenwelt von und für Personen unterscheiden. Ansonsten müsste man alles zur Außenwelt erklären, wozu ein grenzenloser Szientismus neigt, oder alles als Innenwelt verstehen, wozu ein nicht minder grenzenloser Existentialismus tendiert. Statt in diesen Dualismus von Szientismus und Existentialismus zurückzulaufen, schlägt Plessner eine andere Lösungsrichtung ein. In der Außenwelt nimmt die Person leiblich „die absolute Mitte einer sinnlich-bildhaften Sphäre" ein. Sie kann aber von der Seite her „diese Stel-

---

15 H. Plessner, Die Stufen des Organischen und der Mensch. Einleitung in die philosophische Anthropologie (1928), Berlin/New York 1975, S. 270. Im Folgenden werden die Seitenangaben dieser Ausgabe gleich im Text in Klammern gesetzt.

lung zugleich relativieren" (303) in den Relationen austauschbarer Körper. Ihre Innenwelt erlebt die Person im Vollzug, aber nicht ohne auch von der Seite her „in erfassender Beziehung" zu dieser Innenwelt stehen zu können (303). Die gemeinsame Struktur von Innen- und Außenwelt, sich nämlich jeweils im Mittelpunkt und außerhalb desselben positionieren zu können, kann sich in der Mitwelt nicht einfach wiederholen. Aber was ermöglicht diese gemeinsame Struktur von Welt in Außen- und Innenwelt? Die Antwort lautet: Wenn man das Verhältnis der Person zu sich wie ein Verhältnis zwischen Personen versteht, d. h. als die „Wir-form des eigenen Ichs": „Die Mitwelt *trägt* die Person, indem sie zugleich von ihr getragen und gebildet *wird*. Zwischen mir und mir, mir und ihm liegt die Sphäre dieser Welt des Geistes." (303)

Personalität gibt es also nicht ohne die Verdopplung der Person zwischen sich. In diesem „zwischen sich" gibt es keine Trennung zwischen Eigenem und Anderem oder Fremdem. In der Sozial- und Kulturanthropologie führt Plessner diese Unterscheidung über das Doppelgängertum der Personen in ihrem Spiel in und mit Rollen ein. Aber man verwechsele diese anthropologische Durchführung nicht mit dem Rückschluss auf den Ermöglichungsgrund von Außen- und Innenwelt in der Mitwelt der „Stufen". Deren geistiger Charakter liegt vor der ganzen Unterscheidung zwischen Eigenem und Anderem oder Fremdem im Sinne der Personalpronomina singularis und pluralis, wie Plessner ausdrücklich vermerkt und worauf er in „Macht und menschliche Natur" (1931) ebenso ausdrücklich zurückkommt. Ob Geist primär unter dem Primat der Subjektivität (Henrich), der Dialogizität (Jaspers), der sprachlichen Intersubjektivität (Habermas) etc. ausgelegt werden soll, ist geschichtlich umkämpfte Interpretation der Mitwelt. Daher Plessners Hinweis auf Hegel, der in seiner „Phänomenologie des Geistes" solche Kämpfe um die vorherrschende Interpretation rekonstruiert hat. Sie wären gar nicht möglich, wenn der geistige Charakter der Mitwelt auf diese oder jene Auslegung übergeschichtlich festgelegt wäre. Die Kämpfe zehren von diesem Ermöglichungsgrund, der aber wirklich in Gefahr gerät, wenn das geistige Selbstverhältnis in Personalität überhaupt abgebaut wird, etwa, wie Hannah Arendt sagt, auf „bloßes Leben" in der Moderne reduziert wird.[16] Philosophisch-anthropologisch gesehen, ist dann die Unterscheidung vom Tiere nicht mehr zu leisten, weil es dafür keine personale Praxis als Voraussetzung gibt. Der Ausfall dieser Unterscheidungsleistung ist destruktiver, als man sich einen Rückfall ins Tierreich vorstellen könnte, denn Menschen haben keine tierische Verhaltenssicherheit.

Was folgt aus dem Gesagten für den Vergleich mit Schelers Geisteskonzeption? – Geist muss systematisch gesehen nicht mehr, kann aber historisch betrachtet als von außerhalb der lebendigen Natur und gegen sie veranschlagt werden. Geist muss nicht so situiert werden, weil dieser Ermöglichungsgrund als die Spezifik der Mitwelt innerhalb der exzentrischen Positionalität naturphilosophisch rekonstruiert werden kann. Die exzentrische Positionalität dreht zwar die Verhaltungsrichtungen aus den Organismen

---

16 Vgl. H. Arendt, Vita activa oder Vom tätigen Leben, München 1981, 43. bis 45. Unterkapitel. Vgl. zur Fortsetzung von Schelers Lebenswerk in Arendts Spätwerk H.-P. Krüger, Die *condition humaine* des Abendlandes. Philosophische Anthropologie in Hannah Arendts Spätwerk, in: Deutsche Zeitschrift für Philosophie, Berlin 55 (2007) 4, S. 605-626.

und deren umweltbezogenen Interaktionen seitwärts heraus daneben. Von daher eröffnet sich Welt, kann Interaktivität selbstreferenziell gesteigert werden in eine Vielzahl möglicher Welten. Aber gerade deshalb gibt es aus der exzentrischen Positionalität heraus keinen letzten Seinsgrund, sondern nur die negative Metaphysik einer Fraglichkeit, die in keiner ihrer hier und jetzt nötigen Antworten erlischt. Die „Hiatusgesetzlichkeit" (292) zwischen den drei Positionierungsrichtungen von Personen ist ein wirklicher, unaufhebbarer Bruch im personalen Verhaltensaufbau, der so geschichtsbedürftig bleibt. Aber daraus folgt nicht, dass personale Lebewesen im Leben der Natur nicht ermöglicht werden können, also nur von außerhalb und gegen das Leben der Natur. Dies würde nur folgen, wenn man die Heraus- und Rückbewegungen der Verhaltenszentrierung aus Interaktivität und in Interaktivität für unverträglich mit der lebendigen Natur hält, also die soziokulturelle Natur und ihre Ermöglichung aus der lebendigen Natur ausklammert. Diese Ausklammerung heißt aber, lebendige Natur mit zentrischer Positionalität enden zu lassen, was den alten Dualismus nur an neuer Stelle, nämlich zwischen Tier und Person, wieder eröffnet. Personale Lebewesen müssen insoweit nicht aus der lebendigen Natur herausfallen, als lebende Personen ihre Verhaltensambivalenzen formieren können. Die Bedingungen dafür, Personen durch eine angemessene soziokulturelle Natur in der lebendigen Natur halten zu können, werden in den asymmetrischen anthropologischen Grundgesetzen angegeben: „natürliche Künstlichkeit", „vermittelte Unmittelbarkeit" und „utopischer Standort" zwischen Nichtigkeit und Transzendenz (vgl. 309ff., 321ff., 341ff.).

Wird das Ausleben dieser Verhaltungsambivalenzen lebender Personen soziokulturell verunmöglicht, wird man geschichtlich den Geist erneut mit Scheler versucht sein, außerhalb und gegen die lebendige Natur denken und erkämpfen zu müssen. Das Problem verlagert sich also in der Durchführung noch einmal vom vertikalen Vergleich, der hier im Vordergrund stand, zum horizontalen Vergleich. In der Philosophischen Anthropologie hängt letztlich alles von dem stimmigen Zusammenhang beider Vergleichs- und damit Unterscheidungsreihen ab, des Vergleichs der menschlichen mit nichtmenschlichen Lebensformen („vertikal") und des Vergleichs der Soziokulturen von Menschen untereinander („horizontal"). (32, 34, 36). Scheler war in seiner sinngemäßen Ordnung des menschlichen Gefühlslebens unter dem Primat der Liebesbewegungen, d. h. in seinem *ordo amoris*, näher an Plessners Verschränkung von Leben und Geist als in seiner spekulativen Metaphysik. Dies versuche ich, für die weltgeschichtliche Aktualität der Hassbewegungen im nächsten Kapitel (7.) zu zeigen.

7. Hassbewegungen

Im Anschluss an Max Schelers sinngemäße Grammatik des Gefühlslebens

Einführung

Es ist merkwürdig, wie viele Hassbewegungen täglich Medienwellen in der globalisierten Welt schlagen, ohne dass dieses Thema in den Politik-, Sozial- und Kulturwissenschaften wirklich bearbeitet werden würde. Ich meine weniger die alltäglichen Widerwärtigkeiten, die auf einen zwischenmenschlich überschaubaren Kleinkrieg – etwa zwischen Wohnungs- oder Hausnachbarn – hinauslaufen, oder die vielen einzelnen Morde und Verletzungen an anderen oder an einem selbst, die irgendwie einem Hass oder Selbsthass entspringen können, aber oft nur im Affekt geschehen. Ich denke mehr noch an die Schreckenspolitik verbreitenden Terroranschläge von Mord- und Selbstmordkommandos, die man inzwischen häufig die „neuen" im Unterschied zu den „alten" Kriegen[1] im angelaufenen Weltbürgerkrieg[2] nennt und über deren Vorformen man sich angesichts von *sleepers* immer unsicherer wird. Natürlich werden alle diese Hassbewegungen vordergründig bekämpft, ich sage vordergründig, weil dies im Namen der Liebe, etwa der allgemeinen Menschen- oder der christlichen Nächstenliebe, geschieht. Und nicht selten werden diese Hassbewegungen auch einfach ein Böses oder das Böse genannt, womit sich schon wieder leicht Kriegspolitik betreiben lässt.

Diese vorschnellen Identifikationen schaffen indessen neue Probleme. Man weiß inzwischen auch um die *Banalität des Bösen* (Arendt) als einer realen Fehlstruktur im Modernisieren, die individuelle Intentionen unterläuft, und darum, dass die fürchterlichsten Konsequenzen politischer Feindschaft nicht auf Hassbewegungen zurückgehen müssen. Sie können nicht nur aus Strukturgründen eintreten, sondern auch mit ganz anderen als hässlichen, womöglich den besten Intentionen in Gang gesetzt werden, also gar im Namen von Liebe. Im Übrigen können Intentionen durch Diskurspraktiken für Körperbewegungen auch normalisiert werden, wie das Michel Foucault nannte. Die Formen totalitärer Herrschaft haben die bislang problematischste Kombination dreier Dimensionen aufgewiesen: die Fehlstrukturen (der Monopolisierung statt Pluralisierung), eine kollektiv abstrakte Liebe für die Menschheit als Gattung (vermittelt über die

---

1   So H. Münkler, Die neuen Kriege, Reinbek bei Hamburg 2002.
2   Vgl. H.-P. Krüger, Die Potenzialität des Menschseins. Zur Minimalanthropologie einer demokratischen Globalisierung, in: Deutsche Zeitschrift für Philosophie, 49 (2001) 6, S. 929-939.

Klasse) oder als Spezies (vermittelt über die Rasse) *und* eine quasi klinische Amputations-strategie gegenüber dem für krank und schwach an diesem Geschlecht Gehaltenen.[3]

Hassbewegungen stellen tatsächlich – allerdings dem Phänomene, nicht unbedingt der empirischen Reihenfolge nach – den *Gegensinn* zu Liebesbewegungen dar. Aber es ist eben auch auffallend, wie viel über Liebe und wie wenig über Hass geschrieben worden ist: Als ob nicht in dem Kreislauf von Liebe und Hass das Problem bestünde, aus dem man erst durch eine genaue Bedingungsanalyse ihres Ineinander-Umschlagens herauskäme. Immerhin begann das Philosophieren, denkt man an Plato, mit dem Lie-besthema und als selbst eine Form von Liebe, eben der zur Weisheit. Wie immer man in dem Streit über Bruch und Kontinuität zwischen griechischer Antike und Christentum Position bezieht, auch das Christentum versteht sich als eine Thematisierung der Liebe im Namen von Liebe, nun aber doch ausdrücklich wider den Hass. Die so reflexiv ge-wordene Liebe fällt indessen aus irdischer Ohnmacht mit einer Rückbeugung nach innen, nicht aber in die Welt hinaus zusammen. Womöglich hat eine Liebe, die ihren Widerpart an Hass nur dank eines Gottes *in sich* aufheben soll, Schwierigkeiten, allein *aus sich* menschlichen Lebewesen lebbar werden zu können. Bevor sich in der westli-chen modernen Philosophie seit Descartes und Kant der Dualismus von Emotionalität und Rationalität durchgesetzt hat, kam Blaise Pascal zweifellos das Verdienst zu, die Frage nach einer „logique du cœur" aufgeworfen zu haben. An dem Dualismus jedoch leiden wir in immer wieder veränderten Gestalten noch heute. Er repliziert sich auch gegenwärtig in der Trennung zwischen der Natur- und Kulturwissenschaft, in der die lebenswichtigen Themen untergehen.[4]

Die Aufwertung der Emotionalität gegenüber der Rationalität während des letzten Jahrzehntes sowohl in den Bio- als auch in den Kulturwissenschaften führt nicht weiter, solange sie in dem üblichen Dualismus verharrt. Der spitze Dualismus, entweder Emo-tion oder Ratio, verrät in der Hitze seiner Gefechte noch immer eine Vorliebe für das Ressentiment auf beiden Seiten, und diese Ressentiments sind gerade der schwierigste Teil, keinesfalls aber die Lösung des Problems. Die Thematisierung der Ressentiments wird meistens mit dem Schreckgespenst Nietzsche abgewehrt, als ob man die Struk-turprobleme ganzer Hochkulturen dem bösen Willen eines einzelnen Autors in die Schuhe schieben könnte. Die Voraussetzungen dualistischer Diskurse laufen so nur in der Fortsetzung einer Ersatzliebe fest, die den Hass auf die Gegenseite schon immer mit-schleppt, wofür allerdings Nietzsche nicht nur, aber auch selbst noch exemplarisch stand. Es gibt meines Wissens nur einen Philosophen, der aus Pascals Frage nach der Logik

---

3 Vgl. M. Foucault, In Verteidigung der Gesellschaft, Frankfurt a. M. 1999, S. 53-57, 303-310.
4 Schlägt man einerseits z. B. J. Butlers *Hass spricht. Zur Politik des Performativen* (Berlin 1998) auf, so erfährt man viel Streitbares über ihre Konzeption des Performativen, also über das „spricht", aber nichts Nennenswertes zum Thema „Hass", außer, dass er eben offenbar in Politik und Rechts-streitereien da ist. Und schaut man andererseits in bio-lebenswissenschaftliche Bücher der Emo-tionen- und Hirnforschung, sind die Autoren entweder redlich genug, zum Hassthema nichts zu sagen, da sie empirisch nur aktuale Gefühlszustände messen können, oder sie bestätigen die alte Inkongruenz, in Nebensätzen zum Liebesthema das Hassthema zu streifen, da auch da Hormone, Botenstoffe und Fortpflanzungsstrategien die Rolle von Kausalursachen spielen sollen.

des Herzens und aus Nietzsches Frage nach der Kultur und Politik schaffenden Rolle von Ressentiments konzeptionell etwas hat machen können: Ich gehe auf Max Schelers Phänomenologie der Liebes- und Hassbewegungen zurück, weil die gegenwärtige Diskussion noch nicht auf seinem Niveau angelangt ist.[5] Auch hier kümmere ich mich nicht um die üblichen Abwehrmechanismen. Gewiss, Scheler war Geistesmetaphysiker und hat lebensgeschichtlich seine religiösen Weltanschauungen gewechselt. Aber daraus muss man keinen Vorwand dafür machen, sich seinen phänomenologischen Leistungen und seiner philosophisch-anthropologischen Interpretation des eigenen Lebenswerkes an dessen Ende zu verschließen.[6] Es ist überhaupt kleinlich, sich an den schwächsten Stellen großer Autoren festzubeißen, als fiele dies nicht als der Kleinmut der Rezipienten auf.

Ich versuche nun, Schritt für Schritt in freiem Umgang mit Schelers phänomenologischen Analysen das Thema der Hassbewegungen einzukreisen, was nicht geht, ohne die Liebesbewegungen und damit die gesamte Sinnordnung des menschlichen Gefühlslebens anzusprechen. Gefühl ist nicht gleich Gefühl. Die größte Gefahr droht, wenn man die Sinnrichtung der Hassbewegungen verkennt, d. h. als eine andere der vielen möglichen Gefühlsweisen missversteht. Dem wird hoffentlich der erste Teil des Kapitels über einen – verglichen mit Scheler erweiterten – *ordo amoris* vorbeugen. Nach dieser Ortung der Liebes- und Hassbewegungen in einem größeren und keineswegs antirationalen, sondern Sinn ermöglichenden Spektrum des menschlichen Gefühlslebens können dann im 2. Teil die Spezifik der Hassbewegungen und ihr Zusammenhang zur Ressentimentbildung diskutiert werden.

I. Der *ordo amoris* als Grammatik der Sinnrichtungen menschlicher Gefühlsbewegungen

Der übliche Dualismus von entweder Emotionalität oder Rationalität verdeckt die dem menschlichen Gefühlsleben eigene sinngemäße Ordnung. Wir sind nicht emotional noch Tier und erst vernünftig Mensch. Sowohl unser Gefühls- als auch unser Vernunftleben, versteht man beide als interaktive Lebensäußerungen, sind spezifisch menschlich strukturiert. Wir sind nicht in der Vernunft Gott näher als im Gefühl. Eher träfe das Gegenteil zu, entfernten nicht beide Ausdrucksaspekte uns auch von ihm, dem Absoluten, wodurch

---

5   Vgl. die ausgezeichnete Rekonstruktion von Schelers Phänomenologie in: M. Schloßberger, Die Erfahrung des Anderen. Gefühle im menschlichen Miteinander, in: Buchreihe Philosophische Anthropologie, hrsg. v. H.-P. Krüger/G. Lindemann, Band 2, Berlin 2005. Vgl. zur aktuellen Diskussion: H. Landweer, „Phänomenologie und die Grenzen des Kognitivismus. Gefühle in der Phänomenologie", in: Deutsche Zeitschrift für Philosophie 52 (2004) 3, S. 467-486. Zuweilen wird zwar an Schelers Forschungsthemen erinnert, aber ohne ihn konzeptionell auszuschöpfen und weiterzuentwickeln: vgl. Martin Seel, „Zuneigung, Abneigung – Moral", in: Merkur, 58 (2004) 9/10, S. 776-779.

6   Vgl. M. Scheler, Die Stellung des Menschen im Kosmos [1928], Bonn 1995, S. 5-6.

beide, Vernunft und Gefühl, in ihrer menschlichen Spezifik hervortreten. Das menschliche Gefühlsleben ist in seiner körper-leiblichen Haushaltung der sprachlichen Urteilsbildung bedürftig, aber auch deren Basis und Grenze für dasjenige, was an symbolischen Übertragungen den Individuen lebbar bleiben kann. Diese phänomenologische Hinsicht ist eine andere Untersuchung als diejenige, welche sich mit der dekonstruktiven Eigenlogik selbstbezüglicher Schriftsprachen beschäftigt, die sich institutionengestützt verselbständigen können. Rationalisten haben häufig angenommen, das Gefühlsleben sei ungeordnet, weshalb von außerhalb desselben, eben aus dem institutionellen Sprachhandeln in und mit Gründen, Ordnung in es erst hereingebracht werden müsse. Umgekehrt haben Empiristen das Gefühlsleben oft so aufgefasst, als ob es aus festen Basiseinheiten, gleichsam Gefühlsatomen, bestünde, die nur oft genug wiederholt und miteinander assoziiert werden müssten, um größere lebensgeschichtliche Kombinationen zu ergeben, die sich dann symbolisch verdichten und sprachlich universalisieren lassen (Locke). Bevor man vorschnell entweder der rationalistischen oder der empiristischen Erklärungsstrategie folgt und das ihr jeweils Lästige ausklammert oder verharmlost, sollte man aber erst einmal fragen, um welche Phänomene es überhaupt geht. Gibt es das, was in diesen erkenntnistheoretischen *Reflexionen über* Leben ununterbrochen als normal unterstellt wird, tatsächlich *im* Leben: also einerseits eine emotionslose Rationalität oder andererseits eine ratiolose Emotionalität?

In den Extremfällen eines phänomenologischen Spektrums kann es das Entweder-Oder geben, und es mag auch sein, dass diese Extremfälle in Bürger- und Religionskriegen, die der Ausbildung von Dualismen problemgeschichtlich förderlich waren, überproportional vorhanden sind. Wir dürfen nicht vergessen, woran Stephen Toulmin erinnert hat, dass nämlich die modernen Dualismen im Kontext der europäischen Kriege des 17. und 18. Jahrhunderts ausformuliert worden sind und ihren bislang wirkungsmächtigsten Höhepunkt im europäischen Bürgerkrieg und im globalen Kalten Krieg des 20. Jahrhunderts hatten.[7] Aber müssen wir das Nachdenken von vornherein auf die Fortsetzung kriegerischer, also lebenstötender Entweder-oder-Entscheidungen festlegen? Oder lässt sich die Radikalität der Aufgabe anders verstehen, als sie in die unglaubliche Disziplin aufzulösen, im sofort resonanzfähigen *mainstream* der Dualismen mitzulaufen? Die Aufgabe bestünde dann darin, das ganze Spektrum des menschlichen Gefühlslebens anders aufzurollen, als es in der, gegenüber der Lebensführung verselbständigten Reflexion zwischen Empiristen und Rationalisten in der Erkenntnistheorie geschehen kann. Erfährt man über die Bedingungsanalyse der Entweder-oder-Extreme nicht mehr, wenn man sich zunächst des Spektrums der Möglichkeiten im Überblick annimmt und dann fragt, wann es gleichsam aus dem Ruder läuft? – Dazu empfiehlt sich zunächst eine sechsfache Unterscheidung im Hinblick darauf, die Vielfalt der Menschen möglichen Gefühle in einer diesen Gefühlen angemessenen „Grammatik"[8] beschreiben zu lernen.

---

7   Vgl. S. Toulmin, Kosmopolis. Die unerkannten Aufgaben der Moderne, Frankfurt a. M. 1991. Vgl.
     im vorliegenden Band Kapitel 4.5.
8   M. Scheler, Wesen und Formen der Sympathie (1913/1923), Bonn 1985, S. 22.

Die gegenwärtige Diskussion über Gefühle leidet an deren Reduktion auf Zustände, von denen ich unter A) ausgehe. Auf Zustände, die naturalistisch *states* und romantisch oft auch *Empfindungen* genannt werden, versprechen die bereits etablierten soziokulturellen Diskurse sogleich die passende Antwort, als gäbe es kulturgeschichtlich nichts mehr zu erforschen und als wären die Teilnehmer an Emotionen zu entmündigen. Gewiss, die Erlebensgehalte (aus der Teilnehmerposition der 1. Person) der Zustände (aus der Beobachterposition einer methodisch 3. Person) sagen als solche von sich aus nichts. Sie bringen erst dadurch etwas Bestimmtes zum Ausdruck, dass sie zu Gefühlsbewegungen gehören, die sich räumlich und zeitlich im Kontext entfalten können müssen. Ich gehe daher unter B) auf den Kontext von Handhabbarem und unter C) von nicht Handhabbarem ein. Diese beiden Kontexte, ob für einen selbst etwas handhabbar oder ob für einen selbst etwas nicht handhabbar ist, unterstellen aber bereits den Unterschied zwischen eigenem und anderem Ich. Dieser Unterschied zwischen dem eigenen und anderen Ich tritt indessen phänomenologisch erst D) in der Reihe zum spezifisch menschlichen Mitgefühl hervor. Diese Reihe stellt der Sinnordnung nach die Ermöglichungsbedingung des für einen selbst Handhabbaren und für einen selbst nicht mehr Handhabbaren dar. Alle diese Differenzen (von A) bis D)) werden aber nochmals von woanders, nämlich E) den spezifischen Liebes- und Hassbewegungen, her ermöglicht. Daraus folgt im letzten Unterpunkt F) die Frage nach den Vermittlungen der zuletzt genannten Bewegungen zu den anfangs erwähnten Phänomenen. Die Zustände sind wie Wörter, die aus sich keine Grammatik der Gefühle bilden können, sondern dazu des Rückweges der Sinngenerierung aus den Liebes- und Hassbewegungen bedürfen. Diese Rückkopplung erfolgt durch Leidenschaften und Affekte. Von A) bis F) werden die gravierendsten Fehlinterpretationen der Liebes- und Hassbewegungen abgewehrt, die aus ihnen Zustände, Kontexte, Oszillationen oder Leidenschaften und Affekte machen.

A) Gefühlszustände

Es gibt zweifellos Gefühlszustände, die man besser oder schlechter räumlich lokalisieren kann (z. B. im Bein oder Zahn, im Hals oder der Brust) und die Mindestintervalle (wie die sog. p-Welle von 300 Millisekunden) andauern müssen, um überhaupt bewusst werden zu können. Sie können als Zustände auch nicht bestimmte Intervalle überdauern, ohne als erneuerter Zustand (z. B. im Puckern des Zahnschmerzes) erfahren zu werden. Diese Zustände sagen allein aus sich überhaupt nichts aus. Man kann sie inzwischen – durch die neuen non-invasiven Methoden der Hirnforschung – leicht messen und darstellen, d. h. ihren leiblichen, an die 1. Person gebundenen Erlebensgehalt in der erfahrungswissenschaftlichen Methode der Beobachtung durch eine 3. Person verkörpern. Aber die Schwierigkeit sowohl für den Betroffenen als auch z. B. einen Arzt besteht in etwas anderem, wenn es sich denn um *problematische* Zustände handeln sollte: In welchen Kontext von Handhabbarem oder nicht Handhabbarem gehören diese Gefühlszustände? – Die Beispiele, die ich nannte, sind schon sprachlich etwas anderes als sich selbst genügende Zustände. Man weiß bei Zahnschmerzen heute, dass man sich nicht mit ihnen abfinden muss und was gegen sie zu tun ist. Die Redeweise von

Zuständen dieser oder jener Art unterstellt, dass für ihre Erlebensgehalte eine soziokulturell definierte Antwort an Handlungsmöglichkeiten bereits eingerichtet worden ist,
z. B. in der Gestalt von Zahnärzten, Zahnlabors und Krankenkassen, die aber kulturgeschichtlich nicht selbstverständlich ist.

B) Die Kontextualisierung der Zustände in einem für einen selbst Handhabbaren
an Strebensgefühlen respektive Handlungsmotiven

Die meisten Gefühlszustände sind uns vollkommen unproblematisch, weil wir sie in
diesem oder jenem Handlungszusammenhang mehr oder minder erwarten können. Sie
sind in diesem Sinne erlernt und handhabbar in einer zielintendierten Struktur zwischen
Mitteln und Zwecken, die durch Gefühlsstrebungen, heute meist „Motivationen" genannt, verbunden werden. Der Jogger weiß aus Erfahrung, dass seine Gefühlszustände
nach 150 Stufen auf dem Trümmerberg andere sind, als er sie davor unten im ebenen
Rosengarten noch hatte. Dabei spielen jetzt die Gefühlszustände eingeordnet in den
Tätigkeitszusammenhang eine klare Rolle. Hätte er die gleiche hohe Pulsfrequenz und
das gleiche Keuchen im Fernsehsessel, ohne auf den Berg gelaufen zu sein, sollte er
vielleicht doch einen Notarzt rufen. Es ändert sich aber nicht nur die Bedeutung der
Gefühlszustände je nach Handlungszusammenhang. Auch das Erstreben der Erfüllung
einer bestimmten Tätigkeitsart ist selbst eine hochemotionale Unternehmung, was überhaupt keinen Gegensatz zur Rationalität der Handlungsweise darstellen muss, sondern
gerade einen Zusammenhang mit dieser herzustellen vermag. Der von uns exemplarisch
eingeführte Jogger, ich bin es keinesfalls, kann aus Vernunftgründen widerwillig jeden
Abend Laufen gehen, weil die Diagnose seines Belastungs-EKGs ihm keine andere
Wahl mehr lässt. Vielleicht ist ihm sein Pensum auch eine gelungene Mischung aus
Entspannung, Freude an seiner Einheit mit der Parknatur und der Aussicht auf ein
kleines erotisches Kennenlern-Abenteuer. Womöglich ist ihm aber auch sein Joggen
längst zu einer Sucht geworden, von der er nur weiß, dass sie ihm besser als andere
Süchte bekommt.
    Wie dem auch sei: Der ganze Handlungszusammenhang selbst ist emotionsgeladen,
nicht nur seine Zustände, die dem Kontext gemäß verkettet werden und an dessen Erwartungen die zuständlichen Abweichungen bemerkt werden. Wir müssen also zunächst
den Gefühlsbegriff von Zuständen bzw. ihren Erlebnissen auf Handlungszusammenhänge erweitern, in denen sich Gefühle von einem Anfangspunkt aus durch Mittel
hindurch auf ein Ziel hin bewegen, d. h. als Gefühls*bewegungen* hervortreten, in die Zustände sinngemäß als Erlebnisse eingeordnet werden. Ich kann grundsätzlich, aus lebens-
geschichtlicher Erfahrung, diese Tätigkeitsart gerne ausüben, z. B. Lehre und Forschung,
dagegen andere Handlungsweisen, auch wenn ich ihre institutionelle Notwendigkeit
einsehe, nicht mögen, z. B. Verwaltungsvorgänge. Man missversteht Lust- oder Unlust-
gefühle, die wir gegenüber ganzen Tätigkeiten hegen, vollkommen, wenn man sie für
Gefühlszustände, auch nur für Zustände auf Zustände hält. Sie sind viel stabilere und
konfliktreichere Strukturen, die uns nicht nur mal, sondern zuweilen ein Leben lang
immer wieder über Stunden versenken, befriedigen oder frustrieren können.

C) Die Kontextualisierung der Zustände in einem für einen selbst nicht Handhabbaren an Stimmungen respektive Gemütsbewegungen

Es gibt nun aber nicht nur die Gefühlsstrebungen respektive Motivationen, die die Gefühlszustände in Richtung auf räumliche und zeitliche Verstetigung der Emotionalität im Handeln überschreiten. Es gibt auch Stimmungen (wie Heidegger, Binswanger und Bollnow sagten) oder Gemütsbewegungen, wie das schon länger hieß, die aber Scheler nicht gesondert ausgeführt hat. Stimmungen ordnen einerseits zwar Gefühlszustände in Kontexte ein, aber andererseits nicht in Kontexte einer bestimmten Art und Weise, tätig zu werden oder auch nur, eine Handlungsweise bewusst zu unterlassen, worin man auch noch tätig ist. In den Gemütsbewegungen liegt noch anderes vor als der bereits kultivierte Unterschied der *vita activa* von der *vita contemplativa*.[9] Das Problem geht bis auf die Temperamentenlehre in der griechischen Antike zurück und bis in die Psychosomatik und moderne Psychiatrie vor. Wie viel davon, gestimmt oder ungestimmt zu sein, zu Mute oder zu Unmute zu sein oder in seinem Gemüte bewegt zu sein, auch vererbt oder erworben sein mag: Es geht um eine längere, wenigstens Stunden wenn nicht Tage anhaltende und womöglich über Jahrzehnte wiederkehrende Gefühls*lage*, die Gefühls*zustände* deutlich überschießt, ohne in dem bestimmten Etwas einer Handlungsweise Befriedigung finden zu können. Es mag sich um eine depressive kranke Seele (W. James) oder um eine chronische Langweile (Heidegger) oder um eine reflexiv, mithin dem Inhalte nach *un*bestimmt gewordene Angst (Kierkegaard) oder um einen bis ins Nichts unbestimmten Ekel (Sartre) drehen, – auch die Gegenbeispiele des sonnig lebensbejahend bleibenden Gemütes gibt es: Stimmungen tönen so oder so anhaltend Situationen in einer emotionalen Farbe, die wohl Musik am besten zum Ausdruck zu bringen und zu therapieren vermag. Der wichtige Punkt hierbei ist, wie auch John Searle aus sprachanalytischer Sicht im Anschluss an den *common sense* wiederentdeckt hat, dass bei Stimmungen keine bestimmte Art von Gerichtetheit auf bestimmte Gegenstände vorliegt,[10] wie sie zweifellos in allen Tätigkeitszusammenhängen besteht, erwartet und erfüllt wird oder fehlschlägt. In Stimmungen wird nur beiläufig oder gar nichts gegenständlich Bestimmtes erwartet und getan, weshalb auch die daran gemessene Erfüllung oder Enttäuschung die Stimmung nicht umstimmt. Sie setzt sich anders fort, mag so zwar abgelenkt und unterbrochen werden, kommt aber bei anderem Anlass und anderer Gelegenheit doch wieder zum Vorschein.

Mit Plessner könnte man sagen: Das Zu-Mute- oder Zu-Unmute-Sein betrifft die *Szenerie* selber, auf deren Hintergrund und in deren Tönung überhaupt etwas oder jemand Bestimmtes als Vordergrund dem Sinne nach auftreten kann.[11] So übersetzt er

---

9 Vgl. H. Arendt, Vita activa oder Vom tätigen Leben (engl. 1958), München 1981.

10 Vgl. J. R. Searle, Die Wiederentdeckung des Geistes, Frankfurt a. M. 1996, S. 153, 162 f.

11 „Natur ist also nicht der bloße Rahmen, das Bühnenhaus und die Rückwand der Kulissen, sondern zugleich eine szenische Macht. [...] Hermeneutik fordert eine Lehre vom Menschen mit Haut und Haaren, eine Theorie seiner Natur, deren Konstanten allerdings keinen Ewigkeitsanspruch gegenüber der geschichtlichen Variabilität erheben, sondern sich selber zu ihr offenhalten, indem sie

Husserls Horizont, vor dem etwas sinngemäß auftauchen oder hinter dem etwas sinngemäß verschwinden kann. Das wirklich philosophische Problem besteht nicht in der
Bestimmtheit des Etwas oder Jemand, soweit sie durch Natur-, Sozial- und Kulturtechniken zu repräsentieren geht. Das Problem beginnt mit dem Rahmen, in dem etwas oder
jemand sich zeigen kann, und dieser Rahmen, der Bestimmung ermöglicht, liegt an der
Grenze zur Unbestimmtheit, die Bestimmung verunmöglicht. Das Interessante ist nun,
dass wir diese Grenze, auf der die Sinnermöglichung in die Verunmöglichung der Bestimmungen übergeht, in Gemütsbewegungen fühlen können. In der Gemütsbewegung
setzt sich etwas Unbestimmtes fort, das höchst ambivalent ist. Einerseits macht sie uns
unlustig, auf bestimmte Weise zu handeln, wodurch wir in ihr auch diese Erfüllungsart
entbehren und zu keiner Handlungssicherheit gelangen. Andererseits ist doch jede Stimmung verschieden von einer anderen Gemütsbewegung und macht uns nicht zu Ge-
nießern des schlechthin Unbestimmten und insofern von allem Befreiten. In ihr liegt
eine bestimmte Unbestimmtheit, eben die eines Bühnenbildes und nicht aller möglichen
Bühnenbilder auf einmal, wenn Sie so wollen, eines leeren Bühnenbildes, von dem man
nicht weiß, ob es leer bleibt oder in welchen Fokussierungsrichtungen es sich noch
bevölkern könnte. Zumindest ist für den Beobachter klar, dass nicht alle möglichen
Fokussierungen in dieses *framework* passen werden. Die Stimmungen oder Gemütsbewegungen gehen also in eine andere Richtung, aus dem Kontext des Handhabbaren
hinüber in den Kontext des für einen selbst nicht mehr Handhabbaren. Ihre rückbeugende
Gegenbewegung erfühlt gleichsam die Grenze, an der für einen selbst die Handlungs-
kontexte erst sinnvoll oder sinnlos werden können, sie aufflackern und abflackern,
sprudeln und versiegen. Da es sich um die Grenze des für einen selbst nicht mehr Handhabbaren handelt, lassen sich Stimmungen auch nur begrenzt manipulieren, d. h. nicht
handhaben ohne wiederzukehren, was in der westlichen Kultur medikamentöser Selbst-
manipulationen zu entsprechenden Spiralen führt. In diesen Spiralen wird man darauf
trainiert, nicht mehr Handhabbares ins Handhabbare zu ziehen, was aber nur in Grenzen
lebbar bleibt, also die Frage nach der Kultivierung des Umganges mit dem nicht mehr
Handhabbaren keineswegs erübrigt, sondern in der geschichtlichen Generationenfolge
erneut aufwirft. Die Geschichten der Philosophie und Literatur, der Künste, insbesondere
des Theaters und des Filmes enthalten viele Entdeckungen von Stimmungen respektive
Gemütsbewegungen an der außeralltäglichen Grenze des alltäglich Eingespielten.

D) Die phänomenologische Reihe zum spezifisch menschlichen Mitgefühl
   und damit dem gefühlten Unterschied zwischen eigenem und anderem Ich

Sowohl Strebensgefühle (respektive Handlungsmotive) als auch Gemütsbewegungen (im
Sinne der Stimmungen) unterstellen bereits den Unterschied zwischen eigenem und anderem Ich, der aber keineswegs selbstverständlich ist, vor allem nicht dessen bewusste

---

ihre Offenheit selber gewährleisten." H. Plessner, „Die Frage nach der Conditio humana" (1961),
in: ders., Gesammelte Schriften. Bd. VIII, Frankfurt a. M. 1983, S. 158.

Kultivierung. Strebensgefühle fokussieren vordergründig auf etwas oder jemanden in einer vorausgesetzten Szenerie. Gemütsbewegungen stimmen hintergründig die einge-spielte Szenerie um. Die Bewegungsrichtung im Fühlen ist so zwar umgekehrt, aber Handlungsmotive und Stimmungen können sowohl allein erlebt als auch in Gemein-schaft mit anderen vollzogen werden, ohne dass dadurch die in ihnen vorausgesetzte Differenz zwischen eigenem und anderem Ich getilgt werden würde. Sie ist dann nur anders verteilt. Diese Differenz kommt erst in einer anderen Phänomenreihe zur expli-ziten Anschauung, nämlich in der Reihe zum spezifisch menschlichen Mitgefühl.

Scheler unterscheidet in dieser Phänomenreihe zwischen 1. der Gefühlsansteckung, 2. der Einsfühlung, 3. der Einfühlung oder Empathie und 4. dem Mitgefühl oder der Sym-pathie.[12] Bei der Gefühlsansteckung geht es um situativ stabilisierte Gefühlszustände (wie z. B. das Gähnen, Lachkrämpfe von Backfischen, Gegröle Alkoholisierter), die unter den undifferenziert Beteiligten ansteckend wirken auf deren vegetative, also weit-gehend anonyme Vitalzentren, ohne dass sich deren bewusste Iche einschalten. Bei der Einsfühlung (etwa von Kleinkindern, in bestimmten Arten zu träumen oder in bestimm-ten Arten psychopathisch wirkender Erwachsener) kann zwar die Beobachterin/der Beobachter zwischen mindestens zwei bewussten Ich-Instanzen unterscheiden, nicht aber der/die Beteiligte. Der Teilnehmer hat entweder das andere Ich ins eigene Ich auf-gesogen (ideopathischer Fall) oder umgekehrt das eigene Ich im anderen Ich verloren (heteropathischer Fall, z. B. in der Hypnose). Beim Ein- und Nachfühlen, auch Empathie oder Imitation genannt, fühlen schon die Betroffenen selber – im Sinne einer emotiven Kognition – den Unterschied zwischen Eigenem und Anderem, aber nicht auf einmal und in jedem Moment, sondern im Prozess. Der Unterschied ist räumlich auf das Ein- und Ausfühlen in jemanden und aus jemandem und zeitlich auf das Vor- und Nachfüh-len des Gefühls des anderen verteilt. Es muss aber nicht mehr – wie bei der Gefühls-ansteckung – derselbe Gefühlszustand (z. B. Zahnschmerz) bei mir aktual entstehen, damit ich mich in ihn ein- oder ihn nachfühlen kann. Dafür muss ich den Zustand mir nur aktual vorstellen können. Es gibt beim Ein- und Nachfühlen auch keine Verwechs-lung oder Verschmelzung des eigenen und anderen Ichs mehr (wie im Einsfühlen).

Schließlich besteht die Spezifik der, wenn man so will erwachsenen Mitgefühle, auch Sympathie genannt, wie z. B. im Mitleid oder in der Mitfreude, in einer unver-meidbaren Ambivalenz. Die Gefühlslage des anderen Ichs wird in mein Gefühl einbe-zogen, aber *als* das Gefühl eines Anderen, nicht als mein eigenes. Weder kann derselbe Gefühlszustand aktualisiert werden, noch erlischt in diesem Mitfühlen der Unterschied zwischen eigenem und anderem Ich. Das Mitgefühl oszilliert zwischen dem eigenen und dem anderen Gefühl als solchen. Diese Ambivalenz braucht, um ausgelebt werden zu können, raumzeitlich Phasen ihrer Entfaltung, in der das Mitgefühl zwischen eigenem und anderem Ich oszillieren kann. Wer z. B. Trauerfälle erfahren hat, in denen einem der Verstorbene nicht zu fern war, kennt derart oszillierende Bewegungen, die umso schwieriger und zugleich lebensnötiger werden, je näher einem der Verstorbene stand. Der durch die Ambivalenz des Mitgefühles entstehenden Verhaltensunsicherheit wird

---

12 Vgl. M. Scheler, Wesen und Formen der Sympathie, a. a. O., S. 19-48 und S. 105-137.

nicht selten dadurch begegnet, dass man aus der Spezifik der Sympathie in die der Empathie oder gar Einsfühlung und Gefühlsansteckung zurückläuft, auch um den Preis des Äffisch-Werdens. Man merkt dann, dass diese Regression nur schwer zu spielen und schlecht zu schauspielern geht, ein Problem, dem im interkulturellen Vergleich Riten vorbeugen. Plessner entwirft auch hier und insgesamt zu philosophisch-anthropologischen Vergleichszwecken einen Spiel- und Schauspielansatz,[13] den Scheler nur stellenweise angedacht hat.

E) Die Liebes- und Hassbewegungen

Erst der Unterschied zwischen den Kontexten des Handhabbaren und des nicht mehr Handhabbaren, und zwar dies für ein Selbst, das zwischen Eigenem und Anderem oszilliert, wirft die Frage nach den Wertebindungen dieses Selbst auf. Das Selbst ist nicht entweder Eigenes oder Anderes, sondern der Grenzübergang zwischen Eigenem und Anderem. Das Selbst identifiziert sich in Grenzen mit Handlungsweisen, um eine bestimmte Person sein zu können, und es kommt in Grenzen mit anderen Szenerien als seiner eigenen zu sich. Was gibt aber im Wertekonflikt, der durch Identifikation lange verdeckt sein mag, letztlich den Ausschlag in allem Vorziehen und Nachsetzen dieser oder jener bestimmten Handlungsweisen für diese oder jene Person? Wo liegt schließlich die Grenze dieser und keiner anderen Person für ihr Selber-sein-Können im Unterschied zu ihrem Nicht-mehr-selber-sein-Können? Scheler fehlt noch systematisch Plessners Lösungsstrategie für diese Frage nach den Grenzen der menschlichen Verhaltensbildung, die im Übergang vom gespielten Lachen und Weinen ins *ungespielte* Lachen und Weinen erreicht werden.[14] Ingeborg Bachmann hat, wohl ohne Bewusstsein dieser Autoren, aber sehr treffend den hier systematisch nötigen Zusammenhang zwischen Plessners und Schelers Phänomenologie zum Ausdruck gebracht: „du lachst und weinst und gehst an dir zugrund, was soll dir noch geschehen"? – fragt sie in ihrem Gedicht „Erklär mir, Liebe, was ich nicht erklären kann".[15]

Max Scheler hat die Spezifik der Liebes- und Hassbewegungen – im Unterschied zu anderen Gefühlsbewegungen – in der Frage nach den letzten Wertebindungen eines Selbst verortet. Dieses Selbst muss sein Leben auf bestimmte Weise im Unterschied zu anders möglichen Weisen führen können, obgleich es ihm im Ganzen immer erneut unbestimmt wird. Dieses Problem der Grenze zwischen der Bestimmtheit und der Unbestimmtheit der Lebensführung kennen wir bereits als die erfühlte Fragehaltung der Gemüts- respektive Stimmungsbewegung. Dort ging es im Ergebnis um *horizontale* Szenerien für die Bestimmbarkeit respektive Abschottung von Gegenständen und Per-

---

13 Vgl. H.-P. Krüger, Zwischen Lachen und Weinen, Bd. I: Das Spektrum menschlicher Phänomene, Berlin 1999, 4.-6. Kapitel.
14 Vgl. H. Plessner, „Lachen und Weinen. Eine Untersuchung der Grenzen menschlichen Verhaltens" (1941), in: ders., Gesammelte Schriften Bd. VII, Frankfurt a. M. 1982, S. 359-384.
15 I. Bachmann, „Erklär mir, Liebe, was ich nicht erklären kann", in: dies., Ausgewählte Werke in drei Bänden, Band 1, Berlin u. Weimar, Aufbau Verlag, 1987, S. 97.

sonen. Die Frage nach dem szenischen Rahmen potenziert sich nunmehr zu der Fraglichkeit, wie die Grenze zwischen der Bestimmbarkeit und der Unbestimmbarkeit der Lebensführung *im Ganzen* gelebt werden kann. Auf diese Fraglichkeit antworten die Liebes- und Hassbewegungen, aus denen *vertikale* Szenerien resultieren, wie ich sie im Unterschied zu den horizontalen Szenerien der Stimmungen (Gemütsbewegungen) nennen möchte. Die vertikale Szenerie, nach der letztlich Bewertungen im dramatischen Konfliktfall gelebt werden, ist nicht empirisch vorgegeben, sondern resultiert aus dem, was Scheler zurecht die Liebes- und Hassbewegungen genannt hat, deren Grenzcharakter im ungespielten Lachen und Weinen (Plessner) erfahren werden kann.

Es geht um Bewegung, weil um die Frage nach derjenigen Sinnstruktur, die sich im Wechsel der Zustände und Kontexte als ein Selbst für Eigenes und Anderes allererst erschließen muss. Das Selbst ist nicht einfach da und spult sich dann nur noch ab, sondern *erschließt* sich als die Differenz zwischen Eigenem und Anderem in der Bewegung durch die Gefühlszustände und Kontexte des für ihn Handhabbaren und nicht Handhabbaren hindurch. Die Selbstbeziehung baut sich in dieser Bewegung durch Zustände und Kontexte und im Oszillieren zwischen Eigenem und Anderem *auf und ab*, je nachdem, was sie davon zu tragen und nicht zu tragen vermag. Das Selbst erschließt sich im phantasmatischen Vorlauf aus seiner Bewegung und seinem Oszillieren heraus auf sich, seine Vertikale, hin. Es aktualisiert sich in einer ihm letzthin vorlaufenden Szenerie, in deren Wertestrahlen alle lebensnötigen Möglichkeiten Sinn verliehen *bekämen*. Plessner nennt dies den *kategorischen Konjunktiv*, das unbedingt nötige Phantasma der Lebensführung im Ganzen, von dem her alles inhaltlich Mögliche darauf hin bewertet werden kann, ob es für die personale Struktur auch unbedingt nötig ist.

Wir haben schon an den Gemüts- bzw. Stimmungsbewegungen gesehen, dass sie dem Selbst nicht handhabbar sind, wie es Handlungsweisen und die darin einzuordnenden Zustände sind. Die Reihe zum Mitgefühl zeigte zudem, dass das Selbst nicht mit dem eigenen Ich identisch ist, das sich festzulegen wüsste, sondern zwischen Eigenem und Anderem oszilliert, darin sich sucht, versucht und versucht wird. Um so weniger können jetzt, da es um die Fundierung der Selbstbeziehung in der Unbestimmtheitsrelation der Lebensführung im Ganzen geht, die Liebes- und Hassbewegungen als eine bloße Verlängerung der Kontexte des Handhabbaren und der entsprechenden Gefühlszustände verstanden werden. In den Liebes- und Hassbewegungen handelt es sich *nicht* um die für die Lebensführung letzte Selbst*bestimmung* und Selbst*verwirklichung*, sondern um die für die Lebensführung im Ganzen nötige Selbst*ermöglichung von dem her, das nicht mehr in der Hand des Selbst liegt.* Das Selbst erschließt sich in der Grenze zu demjenigen, welches es überschreitet, d. h. von dem es getragen wird, ohne dieses selber tragen zu können. Es taucht für sich am Rande des nicht mehr durch sich selbst Bestimmbaren und Bedingbaren auf, an jenen Rändern, an welchen ihm Glück und Zufall begegnen, Unglück und Schicksal widerfahren können. Gewiss ist – kulturgeschichtlich gesehen – diese Grenze der menschlichen Selbstermöglichung durch Selbstüberschreitung im Gegensatz zu einem den Menschen göttlich Überschreitenden in religiöser Form produziert worden. Aber daraus folgt keineswegs, dass sich diese Grenzziehung durch die Säkularisierung erübrigt hätte, sondern nur, dass sie für die Sinnordnung der menschlichen Lebensführung im Ganzen eine kulturell schöpferische Aufgabe bleibt, die Scheler durch seine noch starke Bindung an die christliche Tradition auch verdeckt hat. Man verwechsele die religiöse *Antwort*, die in der Glaubengewissheit an die Transzendenz eines Göttlichen liegt, nicht mit der gerade erst in der Moderne massenhaft um sich greifenden *Frage* nach den Erfahrungen personaler Selbstüberschreitung, die seit den klassischen Pragmatisten (Ch. S. Peirce, W. James, J. Dewey, G. H. Mead) auch in der Philosophie immer wieder gestellt worden ist.[16] Wenn ich hier von horizontalen und vertikalen Szenerien spreche, so anerkenne ich damit das Problem, in der Lebensführung zu wertmäßigen Primaten und Prioritäten für Kontexte gelangen zu müssen, ohne Schelers noch in Analogie zum Christentum verfahrende Wertesemantik für die Lösung zu halten.

Scheler zitiert zustimmend Karl Jaspers Bemerkung, die auch mich für die in eine Liebesbeziehung Involvierten überzeugt: „Es sind nicht Werte, die entdeckt werden in der Liebe, sondern in der Liebe wird alles wertvoller."[17] Letztlich, so Scheler, sind die Akte von Liebe und Hass „nur erschaubar zu machen, nicht definierbar."[18] Wenn sie Scheler gleichwohl beschreibt, so aus einer phänomenologisch teilnehmenden Beobachterperspektive, wie man heute sagen könnte. Für den *Beobachter* erscheint die Liebe als eine Bewegung, die auf das „Höhersein eines Wertes" gerichtet ist. Dies heißt nun aber für die von Liebe Betroffene und in sie Involvierte, kurz: Teilnehmerin, keineswegs, dass sie ihre Bewegung als eine von einem niederen zu einem höheren Wert erklären könnte. Dem Teilnehmer sind überhaupt keine Werte als *Gegenstände gegeben*, weshalb auch der Vergleich zwischen Wertgegenständen und ein daran anknüpfendes Erstreben entfällt. Die Verwechselung der Liebesbeziehung mit den Handlungskontexten (B)) führt zu den Fetischformen und den Ersatzformen der Liebe, die als solche nicht ohne Kontrast zur Teilnahme an einer Liebesbeziehung verständlich werden. Der Liebende erlebt in der Unteilbarkeit und Einzigartigkeit des Geliebten (Neutrum) die *Erleuchtung einer ganzen Szenerie von Welt*. Die Liebe bringt das, was dem Beobachter wie das Höhersein eines Wertes vorkommt, dem Teilnehmer „*im Laufe ihrer Bewegung zum Auftauchen*".[19] Die Liebesbewegung ereignet sich endlos oder wenigstens lange auch gegen ihre empirischen Anlässe, gegen ihre empirischen Enttäuschungen oder auch gegen das Ausbleiben ihrer Erfüllung, was alles ebenfalls als Probe auf sie kultiviert werden kann, weil es für ihren Werte- statt nur faktischen Charakter spricht. Die Liebesbewegung ist nicht entweder ein ideales Sein des Sollens oder ein empirisches Sein der Existenz, sondern ein „*Drittes*, gegen diesen Unterschied noch Indifferentes",[20] welches das Zusammenspiel *bestimmter* Werte und der ihnen zugehörigen Fakten erst ermöglicht.

---

16 Vgl. zum Paradigmenvergleich der klassischen Pragmatisten mit Scheler bzw. Plessner: H. Joas, Die Entstehung der Werte, Frankfurt a. M. 1997; H.-P. Krüger, Zwischen Lachen und Weinen, Bd. II: Der dritte Weg Philosophischer Anthropologie und die Geschlechterfrage, Berlin 2001, II. Teil.

17 M. Scheler, Wesen und Formen der Sympathie, a. a. O., S. 157. Vgl. K. Jaspers, Psychologie der Weltanschauungen, Berlin 1919, S. 107f.

18 M. Scheler, *Wesen und Formen der Sympathie*, a. a. O., S. 155.

19 Ebenda, S. 160.

20 Ebenda, S. 162.

In welche Richtung geht nun aber die Hassbewegung? Sie ist nicht weniger als die Liebesbewegung bezogen auf Wertebindungen der Selbstermöglichung durch Selbstüberschreitung, allerdings sinngemäß in der umgekehrten Richtung. Hass ist für den ihn Ausübenden (Teilnehmer) selbst „ein positiver Akt" und keineswegs „ein bloßes ‚Sichabschließen' gegen das gesamte Reich der Werte überhaupt; er ist vielmehr mit einem *positiven* Hinblicken auf den möglichen niedrigeren Wert verknüpft",[21] bis hin zur Steigerung in den „Unwert" (Beobachter) der ganzen, für die Selbstermöglichung unabkömmlichen Szenerie hinein. Die Hassbewegung erfüllt sich mindestens in der Erniedrigung und Herabsetzung, am besten aber in der Zerstörung und endgültigen Vernichtung des geliebten Höherseins eines Wertes. Die Hassbewegung durchläuft alle bislang genannten Gefühlszustände, Kontexte und Oszillationen, nur in der zur Liebesbewegung entgegengesetzten Richtung. Sie erniedrigt deren Werterahmen des Auftauchens bis in den Unwert und die Vernichtung desselben. Es wäre also auch bei der Hassbewegung, wie schon bei der Liebesbewegung, vollkommen falsch, sie mit einer bestimmten emotionalen Zustands-, Kontext- oder Oszillationsart zu verwechseln. Hassbewegungen können alle diese Arten hochkompetent und hochkreativ durchlaufen, aber ihnen durchgängig eben eine umgekehrte Bewegungsrichtung für die Selbstermöglichung geben, wodurch die Vernichtungskraft und die Erfüllung der Hassbewegung nur umso größer werden. Dies gilt sowohl für den Hass auf Anderes als auch den Selbsthass, was Scheler ebenso für die Liebesbewegung demonstriert, noch ehe er die Liebesarten, Liebesformen und Liebesweisen zu anderen und einem selbst näher differenziert.

F) Der Rückweg durch Leidenschaften und Affekte respektive Süchte

Die letzte Frage in dem phänomenologischen Überblick über die Grammatik des Gefühlslebens betrifft den Rückweg von den Liebes- und Hassbewegungen in die anfangs unterschiedenen Oszillationen, Kontexte und Zustände. Letztere können sich, im Hinblick auf die Lebensführung im Ganzen, nicht aus sich selbst heraus bewerten, sondern werden aus dem Werterahmen, der die Selbstbildung ermöglicht hat, evaluiert und dementsprechend auch sprachlich beurteilt. Man kann – im Sinne der Habitualisierung – die Gefühlszustände mit Wörtern vergleichen und die genannten Oszillationen und Kontexte strukturell mit Satzbildungsarten parallelisieren, denen man entsprechende Sprechaktklassen und Textsorten als das zu Habitualisierende zuordnen könnte. Was dann aber die Performativität angeht, im Sinne der Wahrnehmung der 1. Person immer gerade hier und heute, so kann sie in ihrer lebensgeschichtlichen Dimension erst aus der Selbstermöglichung in den Liebes- und Hassbewegungen resultieren.[22] Wenn man sich nun mit Scheler fragt, wie die Zwischenergebnisse aus den Liebes- und Hassbewegungen zurückwirken auf die Oszillationen, Kontexte und Zustände, so lautet seine Antwort kurz

---

21 Ebenda, S. 155 f.
22 Vgl. zur Personalisierung und Individualisierung der Performativität: H.-P. Krüger, Zwischen Lachen und Weinen, Bd. II, a. a. O., S. 61-110.

gesagt: durch Leidenschaften und Affekte. Die Leidenschaften würden, im Sinne der aufbauenden und bejahenden Liebesbewegung, alles gleichsam hochreißen, und die Affekte würden der abbauenden und vernichtenden Hassbewegung entsprechend alles wertmäßig herunterreißen können. Schelers Hintergrund hierfür ist eine zu starke Bindung an christliche Werte, weshalb ich diesen nötigen Rückweg für einen fairen Vergleich mit anderen Kulturen anders gehe: Ich verstehe Leidenschaften als Überschreitungen und Süchte als Unterschreitungen in der performativen Ausübung von Personenrollen. Sowohl Leidenschaften als auch Süchte sind als individuell bedingte Abweichungen von den Rollen produktive Veränderungspotentiale und werden erst als *un*bedingte Phänomene zu wirklichen Problemen für ganze Kulturen und Gesellschaften, für die Individuen ohnehin.[23]

Hier muss die folgende Bemerkung genügen: Man verwechsele die Liebes- und Hassbewegungen nicht mit den Mechanismen ihrer habitualisierten Rückwirkung auf die genannten Oszillationen, Kontexte und Zustände. Liebesbewegungen sind nicht einfach Leidenschaften, sondern wirken durch *passions* zurück. Hassbewegungen sind nicht einfach Süchte oder Affekte, sondern wirken durch diese zurück. Diese Rückkopplungen verdichten und verkürzen die Komplexität des menschlichen Gefühlslebens zu einer definitiven Ökonomie. Sie vereinfacht nicht nur psychisch gesehen das Wagnis der Individualisierung, sondern verwandelt auch sozial betrachtet – durch Stilisierung von Schemata – die Unwahrscheinlichkeit personaler Begegnung und Bindung in eine gewisse Wahrscheinlichkeit.[24] Aber die Rückkopplungsmechanismen geben nicht aus sich den wertmäßigen Sinnhorizont vor, weshalb sie sich an diesem verkehren können zu der Erfahrung „Das habe ich nicht gewollt" oder „Das hat niemand gewollt", in den Stoff also, der von Tragödien und Komödien in dasjenige hinüber führt, welches in der betreffenden Kultur abschließend als nicht mehr änderbares Schicksal genommen wird. Therapien, die bei den Rückwirkungsmechanismen ansetzen, mögen gleichsam medikamentös und befristet erfolgreich sein. Sie sind es aber nicht kulturell im Hinblick auf die wertmäßige Selbstermöglichung durch Selbstüberschreitung der in Liebes- und Hassbewegungen Involvierten. Statt die Liebes- und Hassbewegungen selber produktiv zu kultivieren, würden sie so nur paralysiert, indem ihre Rückkopplungsmechanismen quasi anästhesiert werden, nämlich durch Sozial- und Körpertechniken zur Abspulung von Leidenschaften und Affekten respektive Süchten des Leibes, wie wir das aus der Werbung kennen.

---

23 Vgl. H.-P. Krüger, Zwischen Lachen und Weinen, Bd. I, a. a. O., S. 164-181.
24 Vgl. N. Luhmann, Liebe als Passion. Zur Codierung von Intimität, Frankfurt a. M. 1983.

II. Zur Spezifik der Hassbewegungen und ihrem Zusammenhang zur Ressentimentbildung

Nachdem wir nunmehr die gröbsten Missverständnisse der Liebes- und Hassbewegungen als Zustände, Kontexte, Oszillationen und ihre habitualisierenden Rückwirkungsmechanismen abgewiesen haben, also ihre Verwechselung mit all dem, wodurch sie sich hindurchbewegen und damit am Leben erhalten, bleibt nun doch die kardinale Frage nach der Spezifik der Hassbewegungen zu vertiefen. Was besagt die phänomenologische Hypothese, dass Hassbewegungen dem Sinne nach die zu den Liebesbewegungen umgekehrte Richtung einschlagen, was den Werterahmen angeht, der eine lebenstragende Selbstbeziehung in einer Szenerie von Welt ermöglicht? Scheler spitzt diese Hypothese sogar noch zu, wenn er nicht empirisch, wohl aber phänomenologisch, d. h. im Hinblick auf die Bildung einer Sinnordnung für die Lebensführung „vom *Primat der Liebe über den Hass*"[25] spricht. „*Unser Herz ist primär bestimmt zu lieben*, nicht zu hassen: Der Hass ist nur eine Reaktion gegen ein irgendwie falsches Lieben. Es ist nicht richtig, was so oft sprichworthaft gesagt wird: Wer nicht hassen kann, kann auch nicht lieben. Es ist vielmehr richtig: Wer nicht lieben kann, kann auch nicht hassen."[26]

Offenbar geht der strukturelle Beweggrund einer Hassbewegung mindestens auf die Verwirrung bis zur Umkehrung einer Liebesbewegung zurück. Dafür muss es natürlich empirisch Anzeichen geben, die sich aber nicht aus sich verstehen lassen, sondern in einer Umkehr der Bewegungsrichtung des Rahmens der Bewertung genommen werden. In stärkeren Fällen führt Scheler den Beweggrund einer Hassbewegung auf eine „*Enttäuschung* über das Stattfinden [...] eines Unwertverhaltes" oder über das Nicht-Stattfinden „eines positiven Wertverhaltes"[27] zurück. Aktuelle Beispiele für die Enttäuschung über das Stattfinden eines Unwertverhaltes wären Kindersoldaten, Kindergeiseln und sexuelle Kindesmissbräuche. In diesen Fallgruppen wird strukturell der menschliche Verhaltensaufbau verunmöglicht, in dem an die vitale die psychische und mentale Selbstbildung im Sinne der sich selber bejahenden Wertschätzung anschließen können muss. Beispiele für die Enttäuschung über das Nicht-Stattfinden positiver Werteverhalte sind alle Nichterfüllungen von Liebesbewegungen, insofern sie die Selbstermöglichung stark beeinträchtigen, also nicht durch symbolische Übertragung produktiv gewendet werden können. Im Extremfall kann sich das Ausbleiben von Liebeserfüllung zum lebenslangen Leerlauf jeder Liebesbewegung hoffnungslos steigern. Scheler potenziert diese ersten Strukturmöglichkeiten zum Einschlagen einer Hassrichtung nun nochmals dadurch, dass er den symbolischen Übertragungscharakter dieser Sinnrichtung hervorhebt, indem er den kausalen Eins-zu-eins-Zusammenhang zwischen einem Hassenden und der Hassbewegung für *nicht* nötig befindet. Der letztere Zusammenhang müsse nicht im Sinne einer persönlich schuldhaften Verursachung gegeben sein, sondern könne,

---

25 M. Scheler, „Ordo Amoris" (1916), in: ders., Von der Ganzheit des Menschen. Ausgewählte Schriften, hrsg. v. M. S. Frings, Bonn 1991, S. 24.
26 Ebenda, S. 25.
27 Ebenda.

so würde ich hier Scheler interpretieren, durch lange „Zwischenketten"[28] von Akteuren, mit denen man sich als Person identifiziert, kulturell habitualisiert werden, im Extremfall also die Generationen übergreifende Tradierung ganzer Subkulturen und Kulturen betreffen.

Zusammenfassend schreibt Scheler: „Der Hass ist also immer und überall *Aufstand unseres Herzens* und Gemütes *gegen eine Verletzung des ordo amoris* – gleichgültig, ob es sich um eine leise Hassregung eines individuellen Herzens handelt, oder ob in gewaltigen Revolutionen der Hass als Massenerscheinung über die Erde geht und sich auf herrschende Schichten richtet. Der Mensch kann nicht hassen, ohne dass er den Träger eines Unwertes nach allgemeiner Schätzung die Stelle einnehmen oder prätendieren sähe, die nach der objektiven Ordnung, welche den Dingen die Ordnung ihrer Liebenswürdigkeiten zuweist, dem Träger des *Wertes* zukäme, oder ohne dass ein Gut geringeren Ranges die Stelle eines Gutes höheren Ranges (und umgekehrt) einnähme."[29]

Im letzten Teil dieses Kernzitates geht Scheler von dem Wertrahmen, in dessen Szenerie Welt und Mensch liebenswürdig zusammenstimmen können oder aber daran gemessen hasswürdig auseinanderfallen müssen, über zur materialen Realisierung des *Frameworks* in einer dementsprechend angemessenen Güterverteilung, die den Lebewesen der Spezies Mensch nötig ist. In diesem material-apriorischen Wertegehalt besteht ohnehin die Eigenart seines Ethikentwurfes im Unterschied zu sowohl material-empirischen als auch formal-apriorischen Ethiken. Seine Ethik steht also im Gegensatz einerseits zum Utilitarismus und andererseits zum Kantschen Moraltypus. Legt man Schelers Zugang an die bislang einseitig auf ökonomische und machtpolitische Monopolbildungen hinauslaufende Globalisierung an, wird man Susan Sontags Interpretation der Terror-Attacken vom 11. September 2001 wenige Tage danach nicht mehr abwegig finden. Diese Hassbewegungen haben nicht zufällig die Symbole der Monopole ausbildenden Machtpolitik und Ökonomie, eben das Pentagon und das World Trade Center, betroffen. Diese Einsicht in den Symbolcharakter entschuldet keineswegs die Terroristen dafür, unschuldige Opfer ermordet zu haben, sondern macht verstehbar, warum die Attacken nicht durch die gezieltere Fortsetzung monopolistischer Machtpolitik und Ökonomisierung angemessen beantwortet werden können. Dies hat übrigens die Politik des Papstes Johannes Paul II., der über Max Scheler seine Habilarbeit geschrieben hat, symbolisch demonstriert.

Nun gibt es aber in diesen, der Sinnordnung inhärenten Strukturpotentialen zum Umschlagen von Liebes- in Hassbewegungen *keine Automatik*, sondern ein Bedingungsgefüge, das von den Formen, Arten und Modi der Liebesbewegungen abhängt. Scheler unterscheidet unter den *Formen* von Liebe und Hass die geistigen Bewegungen der Personen, die psychischen Bewegungen der Ichindividuen und die vitalen Bewegungen der Leiber.[30] Die empirisch-faktische Reihenfolge dieser drei Bewegungsformen ist in der Ontogenese vom Embryo bis zum Erwachsenen die umgekehrte zur

28 M. Scheler, „Ordo Amoris" (1916), in: ders., Von der Ganzheit des Menschen. Ausgewählte Schriften, a. a. O., S. 25.

29 Ebenda, S. 26.

30 Vgl. M. Scheler, Wesen und Formen der Sympathie, a. a. O., S. 170 ff.

phänomenologischen Sinnordnung, die bei den kulturalisierten und sozialisierten Personen beginnt. Die empirische Verteilung der phänomenologischen Aspekte ist auch sozial- und kulturgeschichtlich verschieden für Klassen und Schichten, was Scheler zu untersuchen in seiner Wissenssoziologie entworfen und in der Gegenwart z. B. Pierre Bourdieu in seiner Habitussoziologie gezeigt hat.[31] Unter den *Arten* von Liebe und Hass versteht Scheler „solche Unterschiede, die noch als besondere Qualitäten der Gemütsbewegung *selbst* für uns fühlbar sind, ohne dass wir auf die wechselnden Objekte und ihre gemeinsamen Merkmale hinzusehen brauchen, die Gegenstände der Gemütsbewegung werden.“[32] Beispiele wären Mutterliebe, kindliche Liebe, Heimatliebe, Vaterlandsliebe, Geschlechtsliebe und deren Umkehrbewegungen. Schließlich meint Scheler mit den *Modi* von Liebe und Hass Verbindungen solcher Akte mit sozialen Verhaltungsweisen und Mitgefühlserlebnissen, wie z. B. Güte, Wohlwollen, Dankbarkeit, Zärtlichkeit einerseits oder Neid, Scheelsucht, Eifersucht, Missgunst andererseits.[33]

Dieser genaueren Bedingungsanalyse des Umschlagens kann hier nicht mehr nachgegangen werden. Sie lehrt *summa summarum*, dass sich gegen die Umkehrung von Liebes- in Hassbewegung *direkt* überhaupt nichts machen lässt. Sie lässt sich nur *indirekt* dadurch erschweren, dass ihre Bedingungen entsprechend geändert werden, was in der Regel eine Mediation durch Dritte erfordert. Da es um die wertmäßige Selbstermöglichung geht, die man niemandem abnehmen kann, schlagen direkte Eingriffe fehl oder verschlimmern gar die Lage zur Ausweitung des Konflikts. Was man im Sinne Plessners als Dritte minimaler Weise tun kann und muss, ist die Wiederherstellung der Würde aller involvierten Personen gegen ihre Würdeverletzungen durch Schaffung räumlicher und zeitlicher Abstandnahmen. Dies entspricht in der gegenwärtigen politischen Philosophie am ehesten der von Avishai Margalit entworfenen „Politik der Würde“,[34] einer Umkehr im Politikverständnis, die Wolf Lepenies auch unter dem Aspekt der Mentalitätenpolitik angesprochen hat.[35]

Scheler hat nicht nur die Indirektheit in der Prävention des Umschlagens anhand der Bedingungsanalyse aufgezeigt, eine Art von Indirektheit, die ein „Weltalter des Ausgleich“[36] statt der fortwährenden dualistischen Auspolarisierung von lebensfremden Fehlalternativen erfordere. Er hat auch eine Kultivierung des Auslebens von Hass*gefühlen*, gleichsam ehe sie zu verstetigten Hass*bewegungen* werden, angeraten. Selbst die Hassbewegung stellt noch keineswegs jenes besondere Gift dar, das in der Philosophie seit Nietzsche *Ressentiment* heißt und diesem zufolge zur Fälschung der Wertetafeln geführt hat. Umgekehrt, so Scheler, gerade wenn wir auf Biegen und Brechen das

---

31 Vgl. P. Bourdieu/Loïc J. D. Wacquant, An Invitation to Reflexive Sociology, Chicago/Cambridge 1992.
32 M. Scheler, Wesen und Formen der Sympathie, a. a. O., S. 172.
33 Vgl. M. Scheler, Wesen und Formen der Sympathie, a. a. O., S. 174f.
34 Vgl. A. Margalit, Politik der Würde. Über Achtung und Verachtung, Berlin 1997.
35 Vgl. W. Lepenies, Benimm und Erkenntnis. Über die notwendige Rückkehr der Werte in die Wissenschaften, Frankfurt a. M. 1997.
36 Vgl. M. Scheler, „Der Mensch im Weltalter des Ausgleichs“ (1927), in: ders., Von der Ganzheit des Menschen, a. a. O., S. 135-160.

Ausleben der Hassbewegungen schon in den Hassgefühlen unterdrücken, statt es kontextweise zu kultivieren und ihm indirekt durch Ausgleich entgegenzuwirken, befördern wir die Ohnmacht, in der Rachegefühle, Neid, Scheelsucht, Hämischkeit, Schadenfreude, Bosheit und eben nicht zuletzt Hassgefühle in Ressentimentbildung umgelenkt werden. Nur dort liege eine Bedingung für die Ressentimententstehung vor, „wo eine besondere Heftigkeit dieser Affekte mit dem Gefühl der Ohnmacht, sie in Tätigkeit umzusetzen, Hand in Hand geht, und sie darum ‚verbissen‘ werden – sei es aus Schwäche leiblicher und geistiger Art, sei es aus Furcht und Angst vor jenen, auf welche die Affekte bezogen sind.“[37]

Das Ressentiment, im Sinne einer andauernden Einstellung, entsteht aus einer „systematisch geübten Zurückdrängung von Entladungen gewisser Gemütsbewegungen und Affekte“, und es hat „bestimmte Arten von Werttäuschungen und diesen entsprechenden Werturteilen“[38] zur Folge. Es gedeiht nicht schlechthin in einer *ohnmächtigen Lage*, sondern sofern diese kulturell auf eine bestimmte Weise *angenommen* wird: Sobald der ohnehin schon ökonomisch und machtpolitisch Ohnmächtige auch noch seine wertmäßige Selbstermöglichung von dem Vergleich mit den Werten der Mächtigen abhängig macht, gerät sie in den Sog des Vergleichs von Gütern, die der Realisierung der Werte der Mächtigen dienen. Dann wird auch noch die kulturelle Herausforderung, seine wertmäßige Selbstermöglichung durch Selbstüberschreitung zu schaffen, zugunsten der vorherrschenden Kultur abgegeben. Wird die eigene Wertschätzung als Person ersatzweise von diesem Gütervergleich als Wertevergleich abhängig gemacht, gibt es unter den relational Ohnmächtigen zwei Grundversionen, sich in ihrer Lage zu verhalten. Sie können den Weg des Strebers oder Aufsteigers einschlagen, sofern sie es schaffen könnten, oder den Weg des Ressentimentgeladenen, sofern sie den erstrebten Aufstieg wohl nicht wahrscheinlich schaffen werden. Die Unterdrückung schon der Hassgefühle und ihre massenweise Umlenkung ins Ressentiment führt nicht gerade in die glücklichste aller möglichen Kulturen, sondern in unsere eigene. Viele Biographien, die in Terrorismus münden, weisen Phasen des Aufstiegsstrebens und des Ressentimentladens innerhalb der westlichen Strukturen auf. Gleichwohl muss aber eine besondere Dramatik von Wertekonflikt auf dem Niveau der Selbstermöglichung durch Selbstüberschreitung hinzukommend von den Betroffenen erlebt werden. Die Säkularisierung und Pluralisierung sind für alle Fundamentalisten, gleich aus welcher Religion oder Weltanschauung sie herkommen, ein existenziell dramatischer Wertekonflikt. Es gibt nicht nur islamistisch-fundamentalistischen Terror, dessen zweifellos neue Züge nicht auf ihn beschränkt bleiben müssen. Es gab auch Oklahoma, die Ermordung des israelischen Ministerpräsidenten Rabin, die IRA, die RAF, die Roten Brigaden u. v. mehr.

Aber was wäre unter den Bedingungen der Globalisierung westlicher Strukturen noch das Eigene ohne das Andere? Agamben spricht die Globalisierung des Kleinbürgertums an, das zwar aus verschiedenen Kulturen stammt, aber international in eine vergleichbar unsichere und gegenüber der Herkunft Abstand nehmende Lage kommt. Er macht daraus

---

37 Max Scheler, Das Ressentiment im Aufbau der Moralen (1912), Frankfurt a. M. 1978, S. 7.
38 Ebenda., S. 4.

etwas vorschnell ein einziges „planetarisches Kleinbürgertum", in dem die unerhörte Gelegenheit stecke, das Uneigentliche anzunehmen.[39] Scheler hielt demgegenüber soziologisch gesehen die kleinbürgerlichen Schichten – von Handwerkern und kleinen Gewerbetreibenden bis zur subalternen Beamten- und Priesterschaft – für die der Ressentiment- und Hassbildung empfänglichsten.[40] Ihre Zwischenlage, die wenig später (seit den 1920er Jahren) auch und vor allem die Angestellten (S. Kracauer) betraf, seit den 1970er Jahren die Massenuniversitäten, seit den 1980er Jahren die Kultur- und Medienindustrien erreicht hat, offeriert Spannungen und Zerreißproben, in welche die von vornherein entweder Unterprivilegierten oder Überprivilegierten nicht geraten müssen. In solchen Zwischenlagen entstehen einerseits starke Strebensgefühle danach, anerkannte Werte zu erfüllen, oder eine Sucht nach Verhalten stabilisierenden Werten, weil die Verhaltensunsicherheit strukturell bedingt in den globalen Interdependenzen besonders groß ist. Andererseits stellt sich dieses Werteproblem in einem Positionsfeld, das nicht von vornherein als Teilnahme an entweder Macht oder Ohnmacht feststeht, sondern durch Aufstiegskampf künftige Teilnahme an Macht wenigstens individuell verspricht, allerdings um den Preis der ständigen strukturellen Bedrohung, doch im Abstieg erneut ohnmächtig zu werden und zu bleiben. Dies ist der doppelte Nährboden, seinem aufgestauten Hass im Aufstiegskampf Macht und Ausdruck verschaffen zu wollen, sei es strukturell angepasst oder auf geschichtlich unkonventionellem Wege, und gleichzeitig sich durch Ressentimentbildung vor dem zu zahlenden Preis, alle Opfer dieses Kampfes werden doch verlorene Liebesmüh sein, zu schützen. Gewiss stören die tätigen Hassentladungen die Ressentimentbildung und hemmen die Ressentiments das Ausleben der Hassbewegungen. Aber es handelt sich auch um zwei Wege eines Negativismus gegen ein für alle Kulturen wenigstens indirekt gemeinsames Minimum an positiven Werten, um zwei Optionen, die sich wie Rückversicherungen gegen die spekulative Unbill der Kreditmärkte ergänzen können.

Der Weltbürgerkrieg um die Teilhabe an Weltbürgerrechten hat erst begonnen. Hassbewegungen, welche die sich global sedimentierenden Ressentiments in akuten Krisenzeiten wie Pulver entzünden und entladen können, sind seine wichtigste interkulturelle Ressource aus dem menschlichen Gefühlsleben. Max Scheler hatte sie am Vorabend des europäischen Bürgerkrieges thematisiert, im Zeichen einer weiten, dem Menschen als Lebewesen angemessenen Gerechtigkeitsauffassung, die den kulturellen Werteschaden der im Kapitalismus üblich gewordenen ökonomischen Kompensation als Ressentiment offen legte: „Die *tiefste* Verkehrung der Wertrangordnung, welche die moderne Moral in sich trägt, ist aber die [...] bis in die konkretesten Wertschätzungen eindringende *Unterordnung der Lebenswerte unter die Nutzwerte.*"[41]

Die Scheler nicht mehr vergönnte, erst von Helmuth Plessner in Angriff genommene philosophisch-anthropologische Ausarbeitung der Frage nach dem strukturfunktionalen Minimum an Potentialitäten, die menschliche Lebewesen für die Wahrung ihrer Würde

---

39 Vgl. G. Agamben, Die kommende Gemeinschaft, Berlin 2003, S. 61.
40 Vgl. M. Scheler, Das Ressentiment im Aufbau der Moralen, a. a. O., S. 22f.
41 Ebenda, S. 97.

brauchen, bedurfte Schelers Neubegründung einer absoluten und positiven Wertemetaphysik nicht mehr. Liest man indessen Schelers phänomenologische Grammatik des menschlichen Gefühlslebens in dieser Richtung, enthält sie durchgängig eine differentielle Bewegungsdynamik, in der auch Hassbewegungen und Ressentimentbildungen auf indirekte Weise eine kulturelle Veränderung von geschichtlichem Rang ermöglichen.[42]

---

42 Vgl. H.-P. Krüger, „Die Aussetzung der lebendigen Natur als geschichtliche Aufgabe in ihr", in: Deutsche Zeitschrift für Philosophie, 52 (2004) 1, S. 77-83.

8. Die *condition humaine* des Abendlandes

Philosophische Anthropologie in Hannah Arendts Spätwerk[1]

In dem berühmten Fernsehinterview mit Günter Gaus von 1963 (das man im Jüdischen Museum Berlin sehen kann) sagte Hannah Arendt, dass sie sich als eine Politikwissenschaftlerin, nicht als eine Philosophin verstünde. Reißt man diesen Satz aus seinem Kontext heraus, könnte ihre Selbstauskunft sehr irreführend sein, da das einzige Maß für Philosophie, welches sie erwähnte, das Denken ihres Lehrers und Geliebten Martin Heidegger war. Ich respektiere ihre persönliche Generosität ihm gegenüber sehr, die ihr ganzes Leben hindurch auf überwältigende Weise in Übereinstimmung mit ihrem anspruchsvollen Verständnis der vielfältigen Dimensionen des Liebens (im Unterschied zum Geliebtwerden im Sinne Platos) anhielt. Zugleich emanzipierte sie sich aber Schritt für Schritt im Laufe ihres Lebens von Heidegger, indem sie seine unglaublichen Fehler in Politik und Philosophie erkannte. Nichtsdestotrotz gibt es in vielen ihrer Ausdrücke eine hermeneutische Konfusion ihrer persönlichen Beziehung mit ihrer philosophischen Überzeugung auch während der Dekaden ihres Exils, das 1933 in Paris begann. Daher möchte ich ihr Verständnis von Philosophie, dem Politischen und der Wissenschaft des Politischen etwas klarer im Hinblick darauf fassen, worin es auch unabhängig von Heidegger bestehen könnte.[2]

Im ersten Teil dieses Kapitels spezifiziere ich Hannah Arendts Zugang in drei Dimensionen – von der Phänomenologie über den Existentialismus als einer Hermeneutik zu der historischen Konzeption der *conditio humana* innerhalb der Heterogenität der abendländischen Geschichte. Im zweiten Teil gebe ich einen Überblick über ihr Begriffsnetz, das einen Vergleich westlicher Kulturen im Hinblick auf die *conditio humana* ermöglicht. Im letzten Teil situiere ich ihre Konzeption zwischen den Zugängen von

---

1 Ich danke dem *Swedish Collegium for Advanced Study* und der Volkswagenstiftung dafür, dass ich 2005/06 als Ernst Cassirer Gastprofessor in Uppsala arbeiten konnte, wo ich im Frühjahr 2006 für ein Hannah-Arendt-Seminar den folgenden Aufsatz entworfen habe. Eine gekürzte Variante habe ich im Januar 2007 auf der Stockholmer Arendt-Konferenz „Critical Encounters" vorgetragen, die dankenswerter Weise von den nordischen Goethe-Instituten und dem Moderna Museet in Stockholm veranstaltet wurde.
2 Jede/r, der/die die Differenzen der deutschen Philosophien des 20. Jahrhunderts kennt, kann nicht an den „Mythos von Heideggers Kindern" glauben. Siehe Richard Wolin, Heidegger's Children. Hannah Arendt, Karl Löwith, Hans Jonas, and Herbert Marcuse, Princeton, N. J. 2001.

Michel Foucault einerseits und Charles Taylor andererseits, d. h. in einer heute nötigen Debatte, in der Arendts Beitrag oft übersehen wird.

I. Arendts philosophisches Verständnis der *condition humaine*: Ihre Integration von Phänomenologie, Existentialismus und Philosophischer Anthropologie

Immerhin räumte sie fünf Jahre nach dem Beginn ihres zweiten Exils USA, in ihrem Artikel „Was ist Existenzphilosophie?" (1946), ein, dass Pragmatismus und Husserls Phänomenologie zu den modernsten und interessantesten Strömungen in der Philosophie der letzten hundert Jahre gehörten, wenngleich sie „epigonal" geblieben seien. Unglücklicher Weise folgt Arendt hier Heideggers Übervereinfachung, dass die abendländische Philosophie von Parmenides bis Hegel aus nichts anderem als der Wiederherstellung der Einheit von Denken und Sein bestanden haben soll, um in der Welt zuhause sein zu können. Dementsprechend sei jede Philosophie, welche diese Einheit nach Hegel erneut zu rekonstruieren versuche, nur „epigonal". Post-hegelianische Philosophie könne nur insofern „nicht-epigonal" genannt werden, als sie Heideggers Hebel akzeptiere, nämlich die Dichotomie zwischen der Essenz bestimmter Seiender und der Existenz des Menschen.[3] Sie rechnete zu den drei großen Existenzphilosophen ihrer Gegenwart „Scheler, Heidegger und Jaspers",[4] obgleich sie natürlich wusste, dass Heideggers und Jaspers' Philosophien miteinander unversöhnlich waren und sich Scheler, der 1928 plötzlich verstorben war, nicht zur Existenzphilosophie gezählt, sondern für den Begründer der Philosophischen Anthropologie gehalten hatte. In letzterer wurde der Gegensatz zwischen der Essenz und der Existenz durch eine neue Phänomenologie des Lebens unterlaufen, wie es sich von selbst unter bestimmten methodischen Bedingungen einer Personalität im Rahmen von Welt (statt Umwelt) zeigen könne. Dafür werde, so Scheler, als Ermöglichungsbedingung ein Geist in Anspruch genommen, der sich letztlich nicht mehr vergegenständlichen, sondern nur vollziehen kann.[5]

Ich bin problemgeschichtlich in Übereinstimmung mit Ernst Cassirers Buch „Substanzbegriff und Funktionsbegriff" (1910) davon überzeugt, dass sich die Erfahrungswissenschaften nicht mit dem Wesen der Seienden beschäftigen, sondern eine Erklärung der funktionalen Relationen, die unter bestimmten Bedingungen reproduzierbar sind, offerieren. Wenn aber das Wesen nicht an die moderne Erfahrungswissenschaft delegiert werden kann, dann müsse auch die Philosophie, so Dewey, nicht länger fehlidentifiziert werden mit einem „Asyl", wo der Mensch „Zuflucht sucht vor den Sorgen des Da-

---

3 Siehe H. Arendt, Was ist Existenzphilosophie? (1946), Frankfurt a. M. 1990, S. 6f., 14, 31f. Vgl. auch dies., The Human Condition (1958), Chicago 1998, S. 10f.
4 H. Arendt, Was ist Existenzphilosophie?, a. a. O., S. 5, 9.
5 Vgl. M. Scheler, Die Stellung des Menschen im Kosmos (1928), Bonn 1995, S. 5f., 37-42, 48f., 52, 77, 87f.

seins".[6] Gegen Heideggers neudualistischen Hebel, entweder Wesenserkenntnis oder Existenzerschließung, lässt sich fragen: Warum sollte es für die personale Lebensführung nicht *wesentlich* sein, sowohl Aktivitäten als auch Passivitäten zu *vollziehen*? „Das lebende Geschöpf erfährt, erleidet die Folgen seines eigenen Verhaltens. Diese enge Verbindung zwischen Tun und Leiden oder Auf-sich-nehmen bildet das, was wir Erfahrung nennen. Unverbundenes Tun und unverbundenes Leiden sind beide keine Erfahrung."[7] Heideggers ganze Dichotomie bricht im Vergleich mit anderen Neubeginnen des Philosophierens von Anfang an, d. h. im ersten Drittel des 20. Jahrhunderts, zusammen. Es schaut wie die Bühne für eine sehr spezielle Selbstaufführung aus, nämlich des Stückes, dass es in der modernen Philosophie keine Alternative zu Heideggers Existentialismus geben könne. Für die unzweideutige Mitwirkung an diesem Stück Geschichte der Philosophie braucht man wie Arendt viel Liebe, die das Geliebte für unvergleichlich hält.

Arendt hebt jedoch eine zweite grundsätzliche Bedingung für nicht-epigonales Philosophieren im Gegensatz zu allen modernistischen Philosophien einschließlich der Heideggers hervor. Sie betont die Aufgabe, *nach* Kant gegen die „moderne Hybris" zu verstehen, „dass der Mensch nicht Schöpfer der Welt ist".[8] Mit der Ergänzung von „*nach* Kant" durch „und *nach* Darwin" teile ich ihre Aufgaben*stellung*: Kants dualistisches Verständnis des Menschen als Naturwesen unter dem Kausalgesetz und als Vernunftwesen unter dem Sittengesetz führt in ein Paradox, das schwerlich *gelebt* werden kann. Wenn Menschenwesen sowohl Kausalität unterliegen als auch sich in Moralität selbstbestimmt binden, wo liegen dann die kausalen Schranken und wo verlaufen dann die moralischen Grenzen zwischen Kausalität und Moralität? Dieses Lebensproblem wird spätestens in dem, was Karl Jaspers, Arendts Doktorvater, die „Grenzsituationen" nannte, unabweisbar, d. h. in Situationen, in denen man seine Grenzen erreicht, zum Beispiel angesichts des Todes, einer Krankheit, im Kampf und in der Liebe, durch Zufall und in Schuld.[9] In solchen außerordentlichen Grenzsituationen fehlt reine Reflexion sowohl in dem Sinne, dass sie allein zur Bewältigung der Situation nicht ausreicht, als auch in dem Sinne, dass sie in solchen Situationen nicht allein auftritt. Daher ist Arendts Verweis auf Jaspers' Verständnis von Kommunikation, der privaten und öffentlichen Kommunikation,[10] überzeugend. Personalität braucht Distanz davon, nur ein Ding zu sein. Sie wird ermöglicht im Kampf gegeneinander und in der Liebe miteinander in einer „Mitwelt", welche in Chiffren, d. h. in Symbolen, die die profane Welt der Manipulationen transzendieren, geteilt wird.[11]

Bevor ich Arendts philosophischen Zugang genauer spezifiziere, soll noch ein Blick auf die übliche Institutionalisierung der Politikwissenschaft vor einem anderen Missverständnis bewahren. Es ist klar, dass Arendt stets jede Art von Politikwissenschaft

---

6 J. Dewey, Die Erneuerung der Philosophie (1923), Hamburg 1989, S. 163.

7 Ebenda, S. 132.

8 H. Arendt, Was ist Existenzphilosophie?, a. a. O., S. 11. Vgl. ebenda, S. 6, 13, 31, 37f.

9 Vgl. schon K. Jaspers, Psychologie der Weltanschauungen, Berlin 1919.

10 Vgl. K. Jaspers, Philosophie II: Existenzerhellung (1932), München 1994, Erster Hauptteil.

11 Vgl. H. Arendt, Was ist Existenzphilosophie?, a. a. O., S. 19, 27, 43f.

kritisiert hat, die wie *social engineering* funktioniert. Erschöpft sich die Verwendung von Statistiken des Sozialverhaltens darin, Politiker dabei zu beraten, wie sie den Populismus der nächsten Wochen und die nächste Wahl überleben, kommt man nicht an die praktischen Gründe für die langfristige Veränderung des bürokratischen Gehäuses einer Massengesellschaft heran. Politikwissenschaftliche Politikberatung trägt so im Namen der Wahrscheinlichkeit gegen das Unwahrscheinliche zu der Problematik politischer Strukturen bei, statt zu helfen, sie im Hinblick auf den geschichtlichen Sinn von Politik zu verändern.[12] Arendts Alternative bestand in ihrem Engagement dafür, die öffentliche Sphäre von Bürgern aufzubauen und so das Politische als das Potential für neu zu praktizierende Politikformen erneut zu entdecken. Sie hat dieses Engagement in vielen öffentlichen Debatten unter Beweis gestellt, sich mutig zwischen die Stühle des Zeitgeistes gesetzt, denkt man an ihre Bücher „Elemente und Ursprünge totaler Herrschaft" (1951) hinsichtlich des Nationalsozialismus und Stalinismus, „Eichmann in Jerusalem. Ein Bericht von der Banalität des Bösen" (1963) und ihre Essaysammlung „Crises of the Republic" (1972) einschließlich ihrer Empfehlung zivilen Ungehorsams unter bestimmten Bedingungen wie denen des Vietnam-Krieges. In allen diesen Fällen war sie mit Fehlstrukturen angesichts geschichtlicher Herausforderungen beschäftigt. Daher konnte sie sich nie innerhalb desjenigen Dualismus von Entweder-Oder in der gegebenen Struktur platzieren, der gerade das politische Feld dominierte. Sie kämpfte – aus wohl überlegter Überzeugung – gegen die vorherrschende Struktur und damit beide Seiten des aktuellen Dualismus, wie sie auch von beiden Seiten dieses Dualismus bekämpft wurde, rechts und links, Zionisten und Antisemiten, Republikanern und Demokraten. Ungeachtet ihrer Profession, nur eine Politologin sein zu wollen, diente sie nicht als solche in dem institutionell vorherrschenden Sinne, informell Politiker zu beraten oder öffentlich die neuesten Meinungsumfragen in den Medien zu präsentieren. Man muss schon ihre Ironie und ihre provokative Bescheidenheit in der Intonation des anfangs erwähnten Interviews mithören, das viel zu oft wortwörtlich genommen wird.

Wie sollen wir dann aber ihren Anspruch interpretieren, sie sei nur eine Politikwissenschaftlerin im Unterschied zu einer Philosophin? Wie war es ihr möglich, Strukturfragen in der langfristigen Perspektive von geschichtlichen Herausforderungen zu stellen, statt einfach ihrem Job nachzugehen? Sie selbst spricht oft von „politischer Philosophie",[13] also einer Philosophie des Politischen. – Mir scheint, wir dürfen ihren hohen Anspruch und ihre historische Rolle als eine philosophische Fundierung der Politikwissenschaft in dem folgenden Sinne verstehen: In ihrem Spätwerk ab Mitte der 1950er Jahre bis zu ihrem Tod 1975 vereinte sie drei verschiedene philosophische Richtungen, deren Explikation helfen könnte, die Fragen ihres neuen Forschungsprogramms besser interpretieren und methodisch kontrollieren zu können. Sie integrierte die Phänomenologie, den Existentialismus als Hermeneutik und die Philosophische Anthropologie auf eine nicht immer ihr selbst bewusste Weise, da sie alle drei Richtungen habitualisiert hatte. Meine Rekonstruktion ihrer „Besinnung auf die Bedingungen, unter denen, soviel

---

12 Siehe H. Arendt, The Human Condition, a. a. O., S. 42ff.
13 Vgl. ebenda, S. 12, 26, 220-230, 249, 299-302.

wir wissen, Menschen bisher gelebt haben", möge explizieren, was ihr Anspruch beinhaltet, „dem nachzudenken, was wir eigentlich tun, wenn wir tätig sind".[14]

Erstens: Phänomenologie. Arendt benutzt *mit* Husserl die phänomenologische Methode, etwas einzuklammern, was heißen soll, es als Urteil außer Geltung zu setzen,
damit die Begegnung mit dem Sachzusammenhang hervortreten und modifiziert werden
kann. Husserl richtete jedoch die „Methode der Einklammerung" auf die „natürliche
Einstellung" zur Welt und auf die auf die natürliche Welt bezogenen Wissenschaften. So
sollte man, sich ausgerechnet des Urteils über die Existenz des Phänomens enthalten,
um umso deutlicher seinen Sinnzusammenhang freizulegen. Die versprochene Sache lief
auf einen Sinn hinaus, der im Gegensatz zu seiner empirischen Existenz verstanden
wurde. So geriet die Technik der Einklammerung schon wieder in den Dienst des nur
modifizierten Dualismus zwischen Transzendentalem und Empirischem. Arendt verwendet demgegenüber die Einklammerungstechnik *gegen* Husserls Interpretation dieser
Methode, die transzendentale Konstitution durch Bewusstsein im Sinne der Subjektivität reflexiv erschließen zu müssen.[15] Gelegentlich verweist sie direkt oder indirekt auf
Max Scheler ohne weitere Erläuterungen, auf den Pionier der neuen Phänomenologie
des Lebendigen, in der die Einklammerungstechnik anders als bei Husserl ausgerichtet
wurde.[16]

Ich verstehe Arendts Verwendung von Husserls *Methode* gegen Husserls *Theorie* in
Schelers Sinne. Scheler nahm die Struktur der Intentionalität, in welcher Bewusstsein
auf etwas gerichtet ist und damit einen bestimmten Inhalt hat, als eine Relation, die
primär gelebt und nicht wie in der Erkenntnistheorie primär reflektiert wird. Erst se-
kundär werde Intentionalität zu einem Objekt der Reflexion, dann nämlich, wenn nach
der Vertrauenswürdigkeit einer problematisch gewordenen Intentionalität für die Produktion von Wissen gefragt werde. Damit wurde der Weg dafür frei, im primären Leben
das Bewusstsein von etwas als ein bewusstes Lebewesen zu nehmen. So handelt es sich
nicht mehr um ein Bewusstsein, das durch Reflexion vom Sein getrennt wird, sondern
um ein bewusstes Sein zu leben. Was „Bewusstsein" hieß, wurde in eine Art und Weise,
Leben zu vollziehen, transformiert. Alle Cartesianischen und Kantischen Dichotomien
resultieren aus der reflexiven Trennung des Bewusstseins vom Leben bewussten Seins,
in dem Bewusstsein als Dimension, sich zu verhalten, existiert, d. h. vollzogen wird.

---

14 H. Arendt, Vita activa oder Vom tätigen Leben (1967), München 1998, S. 13f.

15 Vgl. E. Husserl, Die phänomenologische Methode. Ausgewählte Texte I, hrsg. v. K. Held, Stutt-
    gart 1985, S. 139-146. Arendt hebt gegen die Konstitutionslogik die Bedingtheit der Menschen-
    natur hervor, die es selbst im Falle einer planetarischen Auswanderung, deren Bedingungen der
    Mensch selbst geschaffen hätte, noch immer gäbe. Selbst dann wäre fraglich, ob dieser Nachfahre
    gegenüber sich selbst einen archimedischen Punkt einnehmen könnte, der seit der Neuzeit von
    Menschen sich gegenüber beansprucht wird. H. Arendt, The Human Condition, a. a. O., S. 10,
    248, 322f.

16 Vgl. ebenda, S. 2, 5, 9. Während in der englischen Originalausgabe die Anspielungen auf Scheler
    fehlen, erwähnt Arendt in ihrer deutschen Ausgabe Schelers Buch „Die Stellung des Menschen im
    Kosmos" (1928) im Text wie selbstverständlich, ohne eine Anmerkung zu machen. Vgl. H. Arendt,
    Vita activa oder Vom tätigen Leben, a. a. O., S. 9, 342, 347.

Phänomenologisch gesprochen ist auch Arendt an einem gelebten Bewusstsein interessiert, das auf Phänomene als seinen Inhalt gerichtet ist, statt an einem reflexiven Bewusstsein, das außer dem bewussten Sein lebendigen Verhaltens von seinem Inhalt getrennt ist und so nur durch Rückwendung auf sich, d. h. von Bewusstsein auf Bewusstsein, intern referieren kann. Im Leben kann Selbstreflexion nicht das Öffnen der Augen und Ohren für Phänomene ersetzen. Dieses Öffnen statt Schließen des Geistes unterscheidet menschliche Wesen als *Lebewesen* von der bloßen Korrektheit im Sinne der diskursiven Disziplinformationen.[17] Der Titel von Arendts unvollendetem und posthumen Werk „Das Leben des Geistes" (1978) ist eine große Anspielung auf Max Scheler.[18] Es enthält ihre Lebenserfahrung. Sie konnte nicht mit geschlossenen Augen und Ohren jüdischen Kindern helfen, aus dem von Deutschland besetzten Frankreich zu fliehen.

Zweitens: Arendt verwendet den Existentialismus als eine extreme Hermeneutik, die im Unterschied zur Untersuchung der Alltagskulturen auf das geschichtlich Außerordentliche orientiert. Wenn man, wie Arendt im Anschluss an Scheler, den Zugang zu den Phänomenen von seiner transzendentalen Interpretation, die absolute Subjektivität konstituiere diese Phänomenbegegnung, abkoppelt, dann muss man eine andere Interpretation dieser Phänomene vorlegen. Üblich ist bis heute die Bemühung des Common Senses, der als Ausgangspunkt einleuchtet, aber bei geschichtlichen Langzeituntersuchungen nicht ausreicht, da er sich selbst geschichtlich verändert. Er wirft auch synchron das Problem auf, wie mit anderen gegenwärtigen Kulturen umzugehen sei, insofern diese vom westlichen Common Sense abweichen. Wir stehen mithin vor einem hermeneutischen Problem, das weiter greift, als in dieser oder jener Methode projektiert wurde, historische Texte wie die Bibel oder Gedichte auslegen zu lernen. Arendt knüpft wohl daher erneut an Scheler an, an seine philosophisch-anthropologische Unterscheidung zwischen der „Umwelt" von Lebewesen und der „Welt" von lebenden Personen.[19] Als Lebewesen brauchen auch Menschen eine Umwelt. Aber als Menschen sind diese Lebewesen nicht mehr wie Tiere senso-motorisch vorangepasst an eine spezielle Umwelt. Menschen müssen ihre Umwelt erst künstlich in der Form einer bestimmten Kultur einrichten. Diese kulturell bestimmte Umwelt wird von einer Welt her ermöglicht, in der sich Menschen als Personen sammeln können, wodurch sie Abstand von ihren organismischen Verhaltensnöten gewinnen. Kultur resultiert aus derjenigen Interpretation der Phänomene, welche letztere im Generationen übergreifenden Prozess der Habitualisierung reproduzierbar macht. Die Angehörigen einer bestimmten Kultur nehmen ihr

---

17 Vgl. zu Schelers problemgeschichtlicher und theoretisch-methodischer Weichenstellung: H.-P. Krüger, Die Fraglichkeit menschlicher Lebewesen, in: Ders./G. Lindemann (Hrsg.), Philosophische Anthropologie im 21. Jahrhundert, Berlin 2006, S. 24f., 27. Ders., Haßbewegungen. Im Anschluss an Max Schelers sinngemäße Grammatik des Gefühlslebens, in: Deutsche Zeitschrift für Philosophie, 54 (2006) 6, S. 867-883.

18 Vgl. M. Scheler, Der Formalismus in der Ethik und die materiale Werteethik, Halle 1916. Ders., Vom Umsturz der Werte, Leipzig 1919. Ders., Die Sinngesetze des emotionalen Lebens. I. Band: Wesen und Formen der Sympathie, Bonn 1923.

19 H. Arendt, Vita activa oder Vom tätigen Leben, a. a. O., S. 9.

entsprechend bestimmte Dinge und Ereignisse für selbstverständlich, nicht aber andere Dinge und Ereignisse. Sie erwarten, dass bestimmte Dinge auf eine bestimmte Weise geschehen, und sie erwarten, dass andere reziprok ihre Erwartungen erwarten. Insoweit ist jede bestimmte Kultur eine bestimmte Hermeneutik im weiten Sinne, ein menschliches Leben zu führen. Die Muster und Normen einer bestimmten Kultur bilden den Kontrast für Abweichungen davon, die in eine fremde Welt von Ambivalenzen führen, welche weder derselben Kultur attribuiert noch durch sie kontrolliert werden können. Diese weite Auffassung von der Hermeneutik des Selbstverständlichen in allen bestimmten Kulturen war einerseits durch Nietzsche, an den Arendt direkt anschließt, und andererseits seit der geschichtlichen Lebensphilosophie von Wilhelm Dilthey und ihrer Systematisierung durch Georg Misch in den 1920er Jahren bekanntes Problemgut geworden.

Die philosophische Frage betraf längst die *Konsequenzen* dieser *Pluralität* der Kulturen in sowohl der Geschichte als auch der Gegenwart. Besteht die Konsequenz dieser Pluralität in einem totalen Historizismus und Relativismus, die jede Brücke zwischen den verschiedenen Kulturen ausschließen? Oder ist es möglich, wie es von der Philosophischen Anthropologie entworfen wurde, die verschiedenen Kulturen miteinander zu vergleichen und daher voneinander zu unterscheiden? Im Gegensatz zur Philosophischen Anthropologie (erst Schelers, dann Plessners) hat der Existentialismus eine andere Interpretation der Phänomenologie in den 1920er Jahren vorgelegt. Arendt verwendet die existentialistischen Fragen nach der menschlichen Endlichkeit zunächst begeistert, um ihre phänomenologische Aufmerksamkeit interpretieren zu können. Aber nach dem Zweiten Weltkrieg ist ihr Interesse an Heideggers Variante der existentialistischen Philosophie längst geschrumpft und deutlich von Identifikation in Kritik umgekehrt. Sehe man von Nietzsche ab, interessiere Heideggers Philosophie nur noch als „die erste absolut und ohne alle Kompromisse weltliche Philosophie" der „Unheimlichkeit in der doppelten Bedeutung von Heimatlosigkeit und furchteinflößend".[20] Er habe in „Sein und Zeit" (1927) die menschliche Endlichkeit als die „absolute Selbstischkeit",[21] da ohne jede Teilnahme an Formen der Andersheit, herausgestellt. Demgegenüber lasse sich nur im Anschluss an Jaspers' Kommunikationsbegriff ein „neuer Begriff der Menschheit als der Bedingung für die Existenz des Menschen"[22] gewinnen. Mit Jaspers und gegen Heidegger versteht Arendt die Endlichkeit des Menschen als den sehr modernen Antipoden zur Selbstkonstitution des Menschen. Sie verwendet Jaspers' „Grenzsituationen", um den Kern der modernen Philosophie von Descartes bis Heidegger, d. h. um den Anspruch darauf, dass Subjektivität bzw. Existenzialität konstituieren könne, herauszufordern. Sie versucht, die moderne Hybris, welche sich in den Ideologien der grenzenlosen Selbstbestimmung und Selbstverwirklichung von Individuen und Kollektiven ausspricht und in der Souveränität im Sinne der unbedingten Autonomie des Nationalstaates institutionalisiert worden ist, zu begrenzen. Arendt experimentiert mit einer ex-

20 H. Arendt, Was ist Existenzphilosophie?, a. a. O., S. 34.
21 Ebenda, S. 37.
22 Ebenda, S. 47.

tremen, an die Existenz in der geschichtlichen Veränderung gehenden Hermeneutik, um die Grenzen der Selbstkonstitution hervortreten zu lassen. Daher schafft ihre Interpretation einen starken Kontrast zu der üblichen Kulturanalyse des alltäglichen Lebens, das in konventionellen Bahnen aufgeführt wird. Um diese, innerhalb einer bestimmten Alltagskultur liegenden, empirischen Wahrscheinlichkeiten geht es Arendt von vornherein nicht. Diesbezüglich historische Kritiken prallen an ihrem komparativen Spätwerk ab. Dass sich der Alltag in den von ihr untersuchten Kulturen anders verstanden hat, als sie es in ihrer vergleichenden Interpretation der geschichtlich außerordentlichen „Grenzsituationen" herausstellt, versteht sich gerade von selbst, d. h. aus dem hermeneutischen Zirkel der jeweiligen Kultur heraus, um dessen Unterbrechung es Arendt geht.

Drittens: Obgleich Arendts Spätwerk eine anthropologische Wende in den Vergleich der verschiedenen Epochen des Abendlandes nimmt, bleibt ihr Verhältnis zur Philosophischen Anthropologie ambivalent. Sie folgt Heideggers Kritik an der Philosophischen Anthropologie, ohne diese Kritik selbst in den Werken von Max Scheler und dann seines Nachfolgers Helmuth Plessner, der 1933 über Istanbul von 1934 bis 1951 in den Niederlanden im Exil lebte, zu überprüfen. Immerhin verweist sie auf Arnold Gehlens Zusammenfassung biologischer und psychologischer Erkenntnisse über die Verwandtschaft von Handeln und Sprechen, ohne dessen bioanthropologische These vom Mängelwesen des Menschen zu übernehmen.[23] Zunächst darf man nicht vergessen, dass Heidegger in seiner Marburger Zeit, als Arendt bei ihm studierte, selbst eine „radikale phänomenologische Anthropologie" angestrebt hat.[24] Für Heidegger hatte später die Philosophische Anthropologie nur zwei Optionen. Als eine Generalisierung der erfahrungswissenschaftlichen Anthropologien könnte sie zu dem falschen Glauben an die Determination des Wesens des Menschen werden, der entsprechend Menschen nicht mehr frei wären. Oder sie könnte, eingedenk ihrer theoretischen und methodischen Unbestimmtheit, eine Subdisziplin der Philosophie bleiben, was sie seit Kants Zeiten war. Im letzteren Falle könnte die philosophische Anthropologie nur eine regionale Ontologie ergeben, welche nicht die Aufgabe einer Fundamentalontologie übernehmen kann.[25] Dieser Aufgabe sei nur Heideggers eigene Philosophie der Existenzialität gewachsen, insofern sie zu dem „existenzialen Apriori der philosophischen Anthropologie"[26] ausgearbeitet werde. Gegenüber diesen beiden Optionen schlug Plessners Philosophische Anthropologie eine dritte Richtung ein. Aber Arendt hat nicht in Betracht gezogen, dass die Philosophische Anthropologie als eine „allgemeine Hermeneutik" durch eine „Philosophie der lebendigen Natur" und ihres geschichtsbedürftigen „Bruches" im Verhalten einer „exzentrischen Positionalität"[27] fundiert werden könnte. Meines Wissens gibt es nur einen vertrauenswürdigen Bericht darüber, dass Arendt überhaupt eines der Bücher von Plessner gelesen hat, nämlich seine Studie „Lachen und Weinen. Eine Untersuchung

---

23 Vgl. H. Arendt, Vita activa oder Vom tätigen Leben, a. a. O., S. 459.
24 M. Heidegger, Phänomenologische Interpretationen zu Aristoteles, Stuttgart 2003, S. 38.
25 Vgl. M. Heidegger, Kant und das Problem der Metaphysik (1929), Frankfurt a. M. 1991, S. 208-213.
26 M. Heidegger, Sein und Zeit (1927), Tübingen 1993, S. 131.
27 H. Plessner, Die Stufen des Organischen und der Mensch. Einleitung in die philosophische Anthropologie (1928), Berlin-New York 1975, S. 28-32, 292.

der Grenzen menschlichen Verhaltens" (1941), da sie zu Jaspers Thema der „Grenzsituationen" passte.[28] – Gleichwohl arbeitete Arendt ihre eigene anthropologische Wende in den Vergleich der geschichtlichen Epochen des Abendlandes aus. Wie war ihr dies möglich?

Arendt hat mit großer Originalität die existentialistische Einsicht in die Endlichkeit des Menschen in die Bedingtheit eines menschlichen Lebens transformiert. Sie versteht solche Grundbedingungen des menschlichen Lebens als eine anthropologisch vergleichbare Faktizität, nicht als eine existentialistische Selbstinterpretation. Diese anthropologisch *vergleichbare Faktizität* führt aus dem hermeneutischen Zirkel innerhalb einer bestimmten Kultur heraus, wenn man ihrer je *verschiedenen Interpretation* im historischen Wandel der Kulturepochen nachgeht. Zwischen den beiden Weisen, in denen sich das „Faktum menschlicher Pluralität" manifestiere, d. h. zwischen der „Gleichheit" und der „Verschiedenheit" der Menschen, gibt es *keinen* ontologischen Kurzschluss: Das Verschiedene ist nicht ein Unterschiedenes, das aus der Besonderung des Gleichen in dem Sinne hervorginge, in dem „jede Bestimmung eine Negation, ein Anders-als mitaussagt".[29] Im Sinne Schelers, den man hier als Lesehilfe ergänzen muss, wechselt Arendt von der Ontologie, d. h. aus der Lehre von dem, was als Seiendes gedacht werden kann, ins Ontische, d. h. in den lebendigen Vollzug von Personalität, der als letzte Ermöglichungsbedingung personaler Leistungen erschlossen wird:[30] „Im Menschen wird die Besonderheit, die er mit allem Seienden teilt, und die Verschiedenheit, die er mit allem Lebendigen teilt, zur Einzigartigkeit, und menschliche Pluralität ist eine Vielheit, die die paradoxe Eigenschaft hat, dass jedes ihrer Glieder in seiner Art einzigartig ist."[31] Für Arendt bestehen die anthropologischen Grundbedingungen: in dem Leben selbst

---

28 Siehe M. Plessner, Die Argonauten auf Long Island, Berlin 1995, S. 93. Vgl. zu Parallelen in einer bestimmten Bejahung von Entfremdung zwischen Arendt und Plessner oder Gehlen (ohne Berücksichtigung Schelers): R. Jaeggi, Welt und Person. Zum anthropologischen Hintergrund der Gesellschaftskritik Hannah Arendts, Berlin 1997, S. 57,76, 82-84. Hinsichtlich der verschiedenen Philosophischen Anthropologien von Scheler, Plessner und Gehlen vgl.: H.-P Krüger/G. Lindemann (Hrsg.), Philosophische Anthropologie im 21. Jahrhundert, Berlin 2006, S. 23-29. Vgl. zur transatlantischen Erweiterung des Diskussionsfeldes der Philosophischen Anthropologie: H.-P. Krüger, Zwischen Lachen und Weinen. Bd. II: Der dritte Weg Philosophischer Anthropologie und die Geschlechterfrage, Berlin 2001, II. Teil. Vgl. zur Einbeziehung anderer deutsch-jüdischer Emigranten: ders., Philosophical Anthropologies in Comparison: The Approaches of Ernst Cassirer and Helmuth Plessner, in: Papers of the Swedish Ernst Cassirer Society, ed. by M. Rosengren & O. Sigurdson, Gothenburg 2007.

29 H. Arendt, Vita activa oder Vom tätigen Leben, a. a. O., S. 213f.

30 Die Differenz zwischen Ontologischem und Ontischem wird oft fälschlicher Weise Heidegger zugeschrieben, der sie nur in seinem Sinne existenzphilosophisch uminterpretiert hat. Da es Arendt um die Öffentlichkeit des Handelns und Sprechens von Personalität geht, die Heidegger während der 1920er Jahre abgebaut hat, folgt sie Scheler, der die Irreduzibilität der Personalität (im Sinne der Verschiedenheit und Einzigartigkeit, nicht ontologischer Unterschiedenheit) hervorgehoben hat. Vgl. M. Scheler, Wesen und Formen der Sympathie (1923/1926), Bonn 1985, S. 76, 218. Ders., Die Stellung des Menschen im Kosmos, a. a. O., S. 74, 77.

31 H. Arendt, Vita activa oder Vom tätigen Leben, a. a. O., S. 214.

(im Sinne einer gemeinverständlichen Biologie der Reproduktionsnöte von Organismen) und der bisherigen Erdgebundenheit, die sich in der Zukunft der Raumfahrt auf andere Planeten verschieben könnte, in der Natalität (dem Geborenwerden) und der Mortalität (der Unvermeidlichkeit des Todes), in der Weltlichkeit (der künstlichen Herstellung von Umwelt) und der Pluralität (jede Person ist *nolens volens* verschieden von jeder anderen und doch unter bestimmten Aspekten anderen Personen gleich zu setzen).[32] Diese Grundbedingungen stellen eine faktische Herausforderung dar, durch welche jede Kultur in Frage gestellt wird und auf die jede Kultur antworten muss. Aber die Antworten auf die Frage, *was* Menschen sind, schließen nicht die Frage, *wer* Menschen sind.[33] Auf diese Weise wird Philosophische Anthropologie nicht mehr mit der vermeintlich letzten Determination der Essenz des Menschen verwechselt, als ob es keine offene Zukunft mehr geben könnte. Vielmehr handelt es sich um eine hypothetische Beschreibung der faktischen Bedingtheit, welche menschliches Leben herausfordert und auf eine kulturelle Weise beantwortet werden muss. Die spezifischen Charaktere einer bestimmten Kultur werden in der Geschichte variieren und für das anthropologische Problem der Bedingtheit eine kontingente Antwort, d. h. auch anders möglich, sein. Es ist aber nicht kontingent, dass es eine Kultur gibt, die faktische Bedingungen interpretiert, z. B. als zu ignorierende oder zu vermeidende, als zu suchende oder anders ernst zu nehmende, wie immer partikulär diese Orientierungen *en detail* ausfallen mögen.

Es gibt nun zwei Grundrichtungen, in denen man auf die Grundbedingungen antworten kann. Man kann, strukturell gesehen, ihre Behandlung auf eine aktive oder auf eine abständig passive Weise kultivieren. Dementsprechend nennt Arendt diese Grundrichtungen die *vita activa* und die *vita contemplativa*. Weiter ist es möglich, beide Weisen zu leben gegeneinander zu separieren oder miteinander zu integrieren, indem die eine die jeweils andere dominiert. Die Variationen in solchen Kombinationen und die Substitutionen der einen Manifestationsweise durch die andere fallen in der Differenzierung der Epochen auf. Arendt nutzte ihr enormes Wissen von der abendländischen Tradition, in der sie durch ihr Studium der Altphilologie, der Philosophie und der Theologie einschließlich ihrer Dissertation über Augustinus' Liebesbegriff (1929) aufwuchs. Ihr Kulturenvergleich reichte von der griechischen Antike über das Römische Reich und das christliche Mittelalter durch die Neuzeit (seit dem 17. Jahrhundert) und die Französische und Amerikanische Revolution hindurch bis in die moderne Welt des ihr gegenwärtigen 20. Jahrhunderts hinein, von der sie nicht zu wissen vorgab, ob sie sich noch zu ihrer Lebenszeit ändern würde.[34] Ich verstehe ihr Spätwerk als eine philosophisch-anthropologische Wendung der Phänomenologie und der existentialistischen Hermeneutik in die Aufgabe, die abendländischen Epochen geschichtlich zu differenzieren. Dabei wird diejenige Spannung, die innerhalb der Moderne zwischen dem hybriden Anspruch der Selbstkonstitution und der existentialistischen Erfahrung von Endlichkeit aufbricht, in einen Rahmen transformiert, der den Vergleich all dieser ge-

---

32 Ebenda, S. 21, vgl. ebenda, S. 16f.
33 Vgl. ebenda, S. 20f.
34 Vgl. H. Arendt, Vita activa oder Vom tätigen Leben, a. a. O., S. 14f.

schichtlichen Epochen eröffnet. Die der Moderne interne Spannung wird im geschicht-
lich-anthropologischen Vergleich neu verteilt auf die Formen der *vita activa* und der
vita contemplativa, die zwar terminologisch, nicht aber begrifflich von Augustinus
übernommen werden, da dessen christliche Umwertung der Antike vor der modernen
Umwertung des Christentums liegt. Dadurch könne die „hierarchische Ordnung", die
der Unterscheidung zwischen den Formen der *vita activa* oder der *vita contemplativa*
„von Anfang an anhaftete",[35] problematisiert werden.

II. Überblick über Arendts Begriffsrahmen der *Human Condition* und ihre Hauptergebnisse

Ich erprobe nun meine Lektürehypothese an Arendts Text, indem ich dieser Hypothese
entsprechend selegiere, damit der kategoriale Rahmen von Differenzen für eine geschichtlich umkämpfte Dynamik hervortreten kann. Die *vita activa* besteht bekanntlich
aus drei Grundtätigkeiten, nämlich „Arbeiten", „Herstellen" und „Handeln/Sprechen",
die auf drei Grundbedingungen antworten. Es lohnt sich aber bei Arendt, ihre beiden
Originalausgaben im Vergleich zu lesen, die englische mit der deutschen, um den begrifflichen Sinn besser verstehen zu lernen, zumal die deutsche Ausgabe bedeutend
länger und reicher an insbesondere philosophischen Ausführungen ist.[36] Es ist wohl
korrekt, ihr „Arbeiten" mit „labour" zu übersetzen, aber es kann hilfreich sein, für die
Übersetzung ihres Begriffes vom „Herstellen" außer „work" auch „production" und ihrer
Begriffe des „Handelns" (action) und „Sprechens" (speech) auch die Überschneidung
beider Ausdrücke in „communicative interaction" zu berücksichtigen.

a) Für „Arbeiten" ist „labour" insofern überzeugend, als z. B. so auch das Gebären
von Kindern in der englischen Übersetzung der Bibel zum Ausdruck gebracht wird. Aber
ihr „Arbeiten" hat nichts mit dem spezifisch modernen Sinn der „labour movement"
oder der „division of labour" zu tun (so seit Adam Smith[37]). Ihr Begriff von der Arbeits-
tätigkeit „entspricht dem biologischen Prozess des menschlichen Körpers, der in seinem
spontanen Wachstum, Stoffwechsel und Verfall sich von Naturdingen nährt, welche die
Arbeit erzeugt und zubereitet, um sie als die Lebensnotwendigkeiten dem lebenden Organismus zuzuführen. Die Grundbedingung, unter der das Arbeiten steht, ist das Leben

---

35 H. Arendt, Vita activa oder Vom tätigen Leben, a. a. O., S. 27.
36 Um nur ein Beispiel zu erwähnen, vergleiche man den Absatz über work = herstellen. In der ame-
    rikanischen Ausgabe fehlt die ganze zweite Hälfte des Absatzes, in der Arendt worldliness =
    Weltlichkeit in Bezug auf Husserl erläutert. H. Arendt, The Human Condition, a. a. O., S. 7. Dies.,
    Vita activa oder Vom tätigen Leben, a. a. O., S. 16. Ich danke herzlich Lars Johanson, Barbro
    Klein, Donald Stilo und Björn Wittrock für die hilfreiche Diskussion der Vor- und Nachteile ver-
    schiedener Übersetzungen während meines Aufenthaltes am Swedish Collegium for Advanced
    Studies in Uppsala.
37 Vgl. H. Arendt, The Human Condition, a. a. O., S. 103f., 160f., 210f.

selbst."(16)[38] b) Die Übersetzung von „Herstellen" durch "work" könnte zu eng verstanden werden, denkt man an „hard work for the people involved", und ist irreführend, wenn man damit den Unterschied zwischen konkreter Arbeit (work) und abstrakter Arbeit (labour) verbinden würde, der in der klassischen Politischen Ökonomie und im Marxismus herausgearbeitet worden ist. Ihr „Herstellen" ist vor allem darauf gerichtet, dass Dinge (im phänomenologischen Sinne von Gegenstandsklassen) entstehen, die für künftige Generationen überdauern und damit Generationen übergreifend Welt ermöglichen, statt in jeder Generation gleichsam wieder bei Null anfangen zu müssen. Insofern kann oft „production" die bessere Übersetzung als „work" sein. Es geht hier, bei aller „individuellen Vergänglichkeit", um die „potentielle Unvergänglichkeit des Geschlechts" dank einer „künstlichen Welt von Dingen": „die Welt bietet Menschen eine Heimat in dem Maße, in dem sie menschliches Leben überdauert, ihm widersteht und als objektiv-gegenständlich gegenübertritt. Die Grundbedingung, unter der die Tätigkeit des Herstellens steht, ist Weltlichkeit, nämlich die Angewiesenheit menschlicher Existenz auf Gegenständlichkeit und Objektivität."(16) c) Ihr „Handeln" meint gerade nicht, wie häufig ansonsten, eine Relation zwischen Ziel und Mitteln, die außerhalb der Sprache existiert (und daher als Resultat unter b) gehören würde). Da Arendt auf den Zusammenhang von Handeln und Sprechen aus ist, könnte man besser von „kommunikativer Interaktion" reden.[39] „Erst durch das gesprochene Wort fügt sich die Tat in einen Bedeutungszusammenhang" (218) in der „Mitwelt" zwischen den Menschen. Im Gegensatz zur Güte, in der Menschen füreinander handeln, und zum Verbrechen, in dem sie gegeneinander handeln, gehen Menschen im Miteinander des Sprechens und Handelns ein Risiko ein, „weil niemand weiß, wen er eigentlich offenbart, wenn er im Sprechen und Handeln sich selbst unwillkürlich mitoffenbart. Dies Risiko, als ein Jemand im Miteinander in Erscheinung zu treten, kann nur auf sich nehmen, wer bereit ist, in diesem Miteinander auch künftig zu existieren" (220). Im Miteinander des Handelns und Sprechens antwortet die Person auf die Frage, wer sie angesichts der Grundbedingung der Pluralität sei. Das Handeln bedürfe einer Pluralität, „in der zwar alle dasselbe sind, nämlich Menschen, aber dies auf die merkwürdige Art und Weise, dass keiner dieser Menschen je einem anderen gleicht, der einmal gelebt hat oder lebt oder leben wird." (17)

Der folgende zusammenfassende Absatz führt nicht nur die allgemeine Bedingtheit des menschlichen Lebens hinzu, sondern zeigt auch, wie Arendt die o. g. existentialistische Interpretation der Endlichkeit in eine anthropologische Faktizität überführt, die plurale Bewertungsprobleme in ihrer Beantwortung und damit das Politische herausfordert: „Alle drei Grundtätigkeiten und die ihnen entsprechenden Bedingungen sind nun nochmals in der allgemeinsten Bedingtheit menschlichen Lebens verankert, dass es nämlich durch Geburt zur Welt kommt und durch Tod aus ihr wieder verschwindet. Was die Mortalität anlangt, so sichert die Arbeit das Am-Leben-Bleiben des Individuums

---

38 Fortan gebe ich gleich im Text nach den Zitaten in Klammern die Seitenzahlen aus: H. Arendt, Vita activa oder Vom tätigen Leben, a. a. O., an.

39 Vgl. die Diskussion anderer Übersetzungsmöglichkeiten („expressive" versus „communicative action", „agonal" versus „narrative action") in: S. Benhabib, The Reluctant Modernism of Hannah Arendt, London 1996, S. 124f., 199.

und das Weiterleben der Gattung; das Herstellen errichtet eine künstliche Welt, die von der Sterblichkeit der sie Bewohnenden in gewissem Maße unabhängig ist und so ihrem flüchtigen Dasein so etwas wie Bestand und Dauer entgegenhält; das Handeln schließlich, soweit es der Gründung und Erhaltung politischer Gemeinwesen dient, schafft die Bedingungen für eine Kontinuität der Generationen, für Erinnerung und damit Geschichte. Auch an der Natalität sind alle Tätigkeiten gleicher Weise orientiert, da sie immer auch die Aufgabe haben, für die Zukunft zu sorgen, bzw. dafür, dass das Leben und die Welt dem ständigen Zufluss von Neuankömmlingen, die als Fremdlinge in sie hineingeboren werden, gewachsen und auf ihn vorbereitet bleibt. Dabei ist aber das Handeln an die Grundbedingung der Natalität enger gebunden als Arbeiten und Herstellen. Der Neubeginn, der mit jeder Geburt in die Welt kommt, kann sich in der Welt nur darum zur Geltung bringen, weil dem Neuankömmling die Fähigkeit zukommt, selbst einen neuen Anfang zu machen, d. h. zu handeln. [...] Und da Handeln ferner die politische Tätigkeit par excellence ist, könnte es wohl sein, dass Natalität für politisches Denken ein so entscheidendes, Kategorien-bildendes Faktum darstellt, wie Sterblichkeit seit eh und je und im Abendland zumindest seit Plato der Tatbestand war, an dem metaphysisch-philosophisches Denken sich entzündete." (17f.)

Sobald man nun nach der Reproduzierbarkeit der *vita activa* und ihrer Bedingtheit im Ganzen fragt, kommt eine Dynamik ins Spiel, welche die Entfaltbarkeit von Arendts Ansatz zeigt. Menschen leben nicht nur unter den Bedingungen, welche ihnen die Natur als Mitgift gewährt, sondern im Resultat ihrer eigenen Tätigkeiten „darüber hinaus unter selbstgeschaffenen Bedingungen, die ungeachtet ihres menschlichen Ursprungs die gleiche bedingende Kraft besitzen wie die bedingenden Dinge der Natur." (19) Da Arendt anthropologisch gesehen Menschen nicht für reine Bewusstseins- oder Sprachwesen im Gegensatz zu Naturwesen hält, braucht sie keinen dualistischen Hebel, um den Übergang ihrer Ausgangskonstellation in Selbstreproduktion etwa so zu denken, als ob nunmehr das Reich der Freiheit (selbstgeschaffene Bedingungen) über das Reich der Notwendigkeit (natürliche Bedingungen) hereinbrechen könnte. Das ganze anthropologische Integrationsproblem – von der Körperlichkeit bis zur Personalität – dieser Lebewesen bleibt in der Selbstreproduktion als für das Verhalten eine Antwort herausfordernde Frage erhalten. Denn Arendt begeht alle im dualistischen Entweder-Oder üblichen Denkfehler nicht, wodurch sie in der Tat der Philosophischen Anthropologie nahe kommt. Weder verwechselt sie eine Bedingtheit, also Grenze im Verhalten, mit einem Determinismus (Kausalmechanismus), den man immerhin ausnutzen kann, oder gar mit einer absoluten, d. h. unbedingten Bedingung, die zum Fatum gerinnen würde (vgl. 20f.). Noch verwechselt sie Freiheit mit dem üblichen Fehlverständnis von Souveränität: „Wären Souveränität und Freiheit wirklich dasselbe, so könnten Menschen tatsächlich nicht frei sein, weil Souveränität, nämlich unbedingte Autonomie und Herrschaft über sich selbst, der menschlichen Bedingtheit der Pluralität widerspricht. Kein Mensch ist souverän, weil Menschen, und nicht der Mensch, die Erde bewohnen" (299).

An diesem Wendepunkt, an welchem Grundbedingungen auch selbstgeschaffene Bedingungen werden und selbstgeschaffene Bedingungen auch eine Naturkräften vergleichbare Rolle übernehmen, erreichen wir das Problem, Verantwortung für die indirekten Folgen zu übernehmen, wie John Dewey diesbezüglich viel klarer als Hannah Arendt gesagt hatte.[40] Was kann wem im Hinblick auf welche Grundbedingungen und Tätigkeiten langfristig zugeordnet werden, insoweit Folgen unabsehbar bleiben und begonnene Prozesse nicht wieder rückgängig gemacht werden können (vgl. 279)? Wo verlaufen die Grenzen für eine bestimmte Verantwortung hinsichtlich bestimmter selbstgeschaffener Bedingungen, und für wen? Welche Tätigkeitsdimensionen oder Dinge sind auf eine immer während Weise schön, die „dem doppelten Eingriff des Menschen, seinem Herstellen neuer Dinge und seinem Verzehren dessen, was ist, entzogen ist"? (23) Dieses Problem kann in dem Kontrast zwischen Ewigkeit und Unsterblichkeit erfahren werden: „Unsterblichkeit ist ein Währen und Dauern in der Zeit, ein todloses Leben, wie es griechischer Auffassung nach der Natur und den olympischen Göttern zu eigen war." (28) Die philosophische Erfahrung des Ewigen, die Plato für ‚unaussprechbar' und Aristoteles für ‚wortlos' gehalten hat „und deren Begriff später in dem Paradox eines ‚stehenden Jetzt' (*nunc stans*) erscheint, kann sich nur außerhalb des Bereichs menschlicher Angelegenheiten vollziehen, wie sie nur den treffen kann, der die Pluralität der Menschengesellschaft verlassen hat." (30f.)

Indem wir die *Grenzen* dessen, was angesichts der Grundbedingungen hier und heute überschaubar getan werden kann, erreicht haben, sind wir auch schon in die *vita contemplativa* hinübergewechselt. Sie bezieht sich auf die Bedingtheit des menschlichen Lebens im Ganzen, insofern es hier und jetzt absehbar nicht mehr durch Aktivitäten geändert werden kann. Die *vita contemplativa* überschreitet die Grenzen der *vita activa*. Erstere besteht aus den folgenden drei Formen: zu denken, zu wollen und zu urteilen. Denken ist der stille und innere „Dialog zwischen mir und mir selbst" (93, 370). Es fundiert den Sinn, der im Leben vorausgesetzt wird. Denken ist verschieden von Resultaten, die durch Logik und Erfahrungswissenschaft kontrolliert werden können. Während Arendt darin Heidegger folgt, betont sie gegen ihn in ihrem Spätwerk, dass Denken, obgleich Denkende zeitweise außerhalb der Welt von Dingen und Wahrnehmungen in der Einsamkeit leben, doch an den Körper und die Wahrnehmung von Imaginationen, ja, an politische Freiheit (414) gebunden bleibt. Seine Aufgabe besteht in der Gewissensbildung für das Handeln. Im Denken werden Abwesenheiten, abwesende Personen oder Dinge, vergegenwärtigt. Das Wollen ist auf die Zukunft gerichtet. Es ist arbiträr und hält sich weder an die Vernunft noch an den Verstand. Wollen kann nichts wollen oder sogar wollen, überhaupt nicht mehr zu wollen. Es kann in Formen des Nihilismus führen (333).[41] Wollen ist in der Zeitrichtung dem Urteilen entgegengesetzt, das mit dem Vergangenen beginnt. Urteilen erfordert, was Kant die Erweiterung der Denkungsart nannte. Diese Erweiterung besteht in der Einbeziehung anderer möglicher Standpunkte in die eigene Urteilsfindung. Urteilen hängt von dem fiktiven Dialog mit anderen Personen ab.[42]

Die drei Formen der *vita contemplativa* stellen im weiten Sinne gewiss Betätigungsformen und nicht Formen der Untätigkeit dar. Aber für sie ist charakteristisch, dass sie

---

40 Siehe J. Dewey, Die Öffentlichkeit und ihre Probleme (1927), Bodenheim 1996, S. 29-44.
41 Siehe H. Arendt, Vom Leben des Geistes 2: Das Wollen, München 1989, S. 17, 66, 120, 160ff.
42 Vgl. ebenda, S. 210f.. Siehe auch H. Arendt, Vom Leben des Geistes 3: Das Urteilen, Texte zu Kants politischer Philosophie, hrsg. v. R. Beiner, München 1985, S. 49f.

im Hinblick auf die Grenzen der drei Formen der *vita activa* in deren Antwort auf die Grundbedingungen des menschlichen Lebens einen Abstand vom immer leben wie hier und jetzt kultivieren, der die Sinnfrage im Ganzen zu stellen gestattet und deren Beantwortung praktiziert oder verfehlt, was zur Personalität gehört. Die Kultivierung dieses Abstandes und seines Wagnisses für die personale Lebensführung im Ganzen muss nicht mit bestimmten historischen Inhalten wie der platonischen Wesensschau oder Kontemplation aus vormodernen Verhältnissen identifiziert werden, was nur die Terminologie und viele Beispiele von Arendt nahe legen. Sie bezieht sich aber auch auf Brecht, Kafka, Rilke, Heisenberg etc., um die Kultivierung der Grenzfragen nach Sinn als Aufgabe in der Moderne gegen die Gefahren ihrer totalitären Entgrenzungen freizulegen.

Inzwischen wird die Spannung in Arendts Konzeption zwischen einerseits den anthropologischen Grundbedingungen und andererseits deren Beantwortung in ihrer aktiven Bewältigung und in der abständigen Kultivierung ihrer Grenzen deutlicher. Die existentialistische Hermeneutik wandert insbesondere in die Sinnfragen danach, wie die Grenzen der Bewältigung anthropologischer Grundbedingungen kultiviert werden können. Arendt hat diese Spannung nicht entworfen, um sie nach einer Seite aufzulösen, sei es zugunsten der Bedingtheiten oder der kulturellen Antworten, sondern um sie geschichtlich auszutragen. Dafür fehlt aber noch der dritte Schritt, die Gewinnung eines phänomenologischen Zuganges zu den Phänomenen in Raum und Zeit. Wie sind die Grundbedingungen und das Verständnis von ihnen miteinander verbunden? Hinsichtlich der Räumlichkeit ist Arendt mit der „Lokalisierung der Tätigkeiten" (89ff.) beschäftigt. Im Hinblick auf die Zeitlichkeit ist sie vor allem an der Differenz zwischen der lebendigen Teilnahme an überraschenden Ereignissen und der Ausbildung eines „Gedächtnisses" für den geschichtlichen Sinn solcher Ereignisse interessiert (vgl. 113f., 203f., 263f., 395ff.). Das Politische als die Ermöglichung empirischer Politiken wird aus dem Öffentlichen heraus verstanden, das räumlich und zeitlich in Differenz zum Privaten existiert. Anderenfalls könne Politik nicht auf eine Weise sinnvoll verstetigt werden, die der Herausforderung der Pluralität in der menschlichen Existenz antwortet. Politik würde dann immer abhängiger von der Androhung und Ausübung beschränkter Gewaltressourcen, also spätestens mit deren Erschöpfung enden. Arendts Hypothese über die politisch angemessene Differenz zwischen Öffentlichem und Privatem erwuchs in ihrer Kritik an totalitären Herrschaftsordnungen.[43] „Die elementarste Bedeutung dieser beiden Bereiche besagt, dass es Dinge gibt, die ein Recht auf Verborgenheit haben, und andere, die nur, wenn sie öffentlich zur Schau gestellt werden, gedeihen können." (89f.)

Das Öffentliche hat zwei elementare Bedeutungen. „Es bedeutet erstens, dass alles, was vor der Allgemeinheit erscheint, für jedermann sichtbar und hörbar ist, wodurch ihm die größtmögliche Öffentlichkeit zukommt. Dass etwas erscheint und von anderen genau wie von uns selbst als solches wahrgenommen werden kann, bedeutet in der Menschenwelt, dass ihm Wirklichkeit zukommt." (62) Der Begriff des Öffentlichen bezeichnet zweitens „die Welt selbst, insofern sie das uns Gemeinsame ist und als solches

---

43 Vgl. H. Arendt, Elemente und Ursprünge totaler Herrschaft (1951), München 1986, S. 706-716, 718-729.

sich von dem unterscheidet, was uns privat zu eigen ist, also dem Ort, den wir unser Privateigentum nennen." (65) Diese Welt ist nicht einfach die Natur oder Erde, sondern „wie der Inbegriff aller nur zwischen Menschen spielenden Angelegenheiten, die handgreiflich in der hergestellten Welt zum Vorschein kommen" (66). Wie „jedes Zwischen verbindet und trennt die Welt diejenigen, denen sie jeweils gemeinsam ist". Menschen öffentlich zu versammeln heiße, sie „zu trennen und zu verbinden", so dass sie nicht „über einander und ineinander fallen" (66). „Nur die Existenz eines öffentlichen Raumes in der Welt und die in ihm erfolgende Verwandlung von Objekten in eine Dingwelt, die Menschen versammelt und miteinander verbindet, ist auf Dauerhaftigkeit angewiesen. Eine Welt, die Platz für Öffentlichkeit haben soll, kann nicht nur für eine Generation errichtet oder nur für die Lebenden geplant sein; sie muss die Lebensspanne sterblicher Menschen übersteigen." (68) Arendt verbindet mit der öffentlich geteilten Welt die für lebende Personen spezifische Wirklichkeit, was auch im Umkehrschluss heißt, dass der Verlust dieser öffentlich geteilten Welt Wirklichkeitsverlust bedeutet. „Das von Anderen Gesehen- und Gehörtwerden erhält seine Bedeutsamkeit von der Tatsache, dass ein jeder von einer anderen Position aus sieht und hört." (71) „So ist Realität unter den Bedingungen einer gemeinsamen Welt nicht durch eine allen Menschen gemeinsame ‚Natur' garantiert, sondern ergibt sich vielmehr daraus, dass ungeachtet aller Unterschiede der Position und der daraus resultierenden Vielfalt der Aspekte es doch offenkundig ist, dass alle mit demselben Gegenstand befasst sind." (72) Nur die öffentliche Sphäre enthält alle Ermöglichungsbedingungen, die dafür nötig sind, dass angemessen geurteilt werden kann.

Für Arendt hat auch das Private eine elementare Doppelbedeutung. Erstens: Je exklusiver privat ein menschliches Leben ist, desto mehr ist es „beraubt" von der öffentlichen Wirklichkeit: „Beraubt nämlich der Wirklichkeit, die durch das Gesehen- und Gehörtwerden entsteht, beraubt einer ‚objektiven', d. h. gegenständlichen Beziehung zu anderen, [...] beraubt schließlich der Möglichkeit, etwas zu leisten, das beständiger ist als das Leben." (73) Zweitens: In einem „nicht privativen Sinne" kann das Private als der „Ort von Geburt und Tod" in dem Bereich des Haushalts und des Eigentums verstanden werden, die für die familiäre Reproduktion nötig sind. Eigentum zu haben hieß, wie man seit der griechischen Antike für die Ermöglichung der Personalität weiß, „einen angestammten Platz in der Welt sein eigen zu nennen" (77). Die Geborgenheit im Privaten und unantastbare Verborgenheit des Privaten vor dem Öffentlichen entsprachen „der nüchternen Tatsache, dass der Mensch nicht weiß, woher er kommt, wenn er geboren wird, und nicht weiß, wohin er geht, wenn er stirbt. Das Geheimnis des Anfangs und des Endes sterblichen Lebens kann nur da gewahrt werden, wo die Helle der Öffentlichkeit nicht hin dringt." (77)

Soweit zur Erinnerung an die wichtigsten Bedeutungselemente in Arendts begrifflichem Rahmen. Natürlich gibt es nun beide Wege, den von den historischen Inhalten zu ihren Begriffen und umgekehrt, worüber sich trefflich streiten lässt. Meine Auswahl hier folgte Arendts Bemerkungen, dass ihr begrifflicher Rahmen gerade dadurch eine „Besinnung" (13) zu leisten vermag, weil er nicht die Formen der *vita activa* und der *vita contemplativa* „auf ein immer gleichbleibendes Grundanliegen ‚des Menschen überhaupt' zurückführe": Die Vita contemplativa sei der Vita activa „weder überlegen

noch unterlegen" (27). Ein ähnliches Problem kennen wir in der Philosophischen Anthropologie, deren Kriterien für den Vergleich der Soziokulturen von *homo sapiens
sapiens* weder ausschließlich vormoderner noch exklusiv moderner Art sein dürfen, um
die ideologische Selbstbestätigungssucht der Ethnozentrismen von vornherein zu vermeiden. Ich nehme einmal mehr Arendts Bemerkungen im Sinne Schelers: Geistige
Einsichten werden exemplarisch erlernt, indem man Phänomene wahrnimmt und vorstellt. Ein exemplarisches Phänomen reicht als Darstellung für die Begriffsstelle im
Begriffsrahmen aus, um davon verschieden die Frage beantworten zu können, wie
häufig es an welchen geschichtlichen Orten und zu welchen geschichtlichen Zeiten in
der empirischen Verteilung als Relatum vorkommt. Ein kognitives Urteil sollte nicht die
Untersuchung des Geschichtlichen vorwegnehmen, sondern aus ihr erst gewonnen
werden. Ich bin nicht kompetent und befürchte, dass niemand kompetent genug ist, um
schon Arendts Rekonstruktionen der historischen Inhalte, die ihr Begriffsrahmen ermöglicht, abschließend beurteilen zu können. Mein Eindruck ist der, dass die Realisierung ihres Forschungsprogramms eher am Anfang als bereits am Ende steht, sobald
man nämlich das Programm nicht mit der persönlichen Lebensleistung der Autorin, und
d. h. auch nicht mit ihrer Selbsttreue im Lieben, verwechselt.

Während Arendt ihre Konzeption von der *vita activa* in ihrem Buch *The Human
Condition* (1958) fertig stellen konnte, hat sie ihre Entwürfe zur Konzeption der *vita
contemplativa* nicht vollenden können. Sie erschienen posthum unter dem Titel *The Life
of the Mind* (1978) in drei Bänden zum Denken, Wollen und, am wenigsten ausgearbeitet, zum Urteilen. Erst beide Bücher zusammen ergänzen sich zu Arendts Spätwerk. Meine hiesige Selbstbeschränkung auf die Vita activa entspricht nicht nur dem
Ausarbeitungsstand von Arendts Bänden. Sie erfolgt vor allem aus Raum- und Zeit-
gründen, berücksichtigt aber gleichwohl Arendts Ausblicke auf „Das Leben des Geistes".
Für Arendt selbst hatte ihre vergleichende Untersuchung zwei Hauptergebnisse. Erstens:
Von der Neuzeit bis in die Moderne setzte sich der Niedergang der *vita contemplativa*
und der Aufstieg der *vita activa* durch. Dies bedeutete in der kulturellen Werte-
hierarchie des Abendlandes nicht nur die Umkehr in der Vorherrschaft derart, dass an
die Stelle der antiken und mittelalterlichen Dominanz der *vita contemplativa* nunmehr
die moderne Dominanz der *vita activa* getreten ist. In den totalitären Ordnungen kommt
es sogar zu einer Ersetzung der *vita contemplativa* durch die *vita activa*. Zweitens: In
dem allgemeinen Anwachsen aller Formen der *vita activa* in der Moderne kommt es zu
einer Vorherrschaft des Arbeitens *(animal laborans)* über das Herstellen *(homo faber)*,
das noch in der Neuzeit kulturell führte, und über das Sprechen und Handeln in der
politischen Öffentlichkeit, die im Vergleich mit der antiken Herrschaft unter Freien
marginalisiert wurde. Diese „modernen Umkehrungen" (27) des Werterahmens äußern
sich in der Auflösung der Unterscheidung zwischen Privatem und Öffentlichem derart,
dass das anfangs privat verstandene Leben zum Gegenstand einer Öffentlichkeit wird,
die zunächst nach dem Modell des Herstellens und sodann dem der Arbeitsgesellschaft
verstanden wird. Die modernen Umkehrungen werden insofern totalitär, als sie zu einer
Abschaffung der politischen Öffentlichkeit und damit der gesamten Unterscheidung
zwischen Öffentlichem und Privatem führen. Totalitären Ideologien gemäß gelten Personen wie Dinge nur als Mittel zur Verwirklichung des Endzwecks der totalen, d. h.

entgrenzten Herrschaftsordnung. Die wichtigste Konsequenz der individuellen und kollektiven Selbstkonstitutionen in der Moderne besteht darin, dass sie tatsächlich in Formen totaler Herrschaft geführt haben: Jede/r kann – wie auch jedes Ding – gemacht (produziert) werden, ohne eine andere als totalitär-ideologische Begrenzung der Aktivitäten durch Formen der Kontemplation von Personalität im Denken, in der Willensbildung und im Urteilen. Es entfällt dann die Begrenzung des Arbeitens in der „Massengesellschaft" (52, 59) durch die kommunikative Interaktion in öffentlichen Sphären (Handeln und Sprechen) und durch die Fürsorge für Kinder, Behinderte und ältere Menschen in der Generationenfolge (welche zu Arendts Arbeitsbegriff im Unterschied zu dem der Jobholder-Gesellschaft gehören würde). Richard Sennett hat viele Aspekte von Arendts Analyse für den historischen Wandel in Metropolen vom Ende des 18. Jahrhunderts bis zur Mitte des 20. Jahrhunderts bestätigt, so in seinem Buch *The Decline of the Public Sphere: The Tyranny of Intimacy* (1976).

III. Ein Ausblick: Arendts Spätwerk zwischen den Diskursformationen des Machtwissens (Foucault) und den hermeneutischen Ontologien der Epochen des Westens (Ch. Taylor)

Bislang fehlt meines Wissens eine systematische Debatte über Arendts Konzeption der im Abendland herausgebildeten *conditio humana* im Vergleich mit zwei anderen Wettbewerbern zu der Frage, was die Geschichte des Westens in der Gegenwart bedeuten kann. Ich meine einerseits die Diskursformationen eines Macht-Wissens, die vom mittleren Foucault entworfen worden sind, und andererseits die hermeneutischen Ontologien der westlichen Epochen, wie sie Charles Taylor von seinen „Quellen des Selbst" (1989) bis zu seinem jüngeren Buch über „Social Imaginaries" (2004) rekonstruiert hat. Ich fokussiere hier auf diese beiden Rivalen, weil Seyla Benhabib bereits die Gemeinsamkeiten und die Differenzen zwischen Arendts Ansatz und Habermas' „Theorie des kommunikativen Handelns" herausgearbeitet hat.[44] Gleichwohl glaube ich, dass man in Arendts Spätwerk weder einen „phenomenological essentialism" noch einen „anthropological universalism"[45] finden kann. Benhabib ist – wie auch andere Sekundärliteratur zu Arendts Philosophie – nicht mit Schelers, gegenüber Husserl neuer Phänomenologie und seiner Wende in die Begründung der Philosophischen Anthropologie vertraut. Die späte Arendt verwendete die Phänomenologie und den Existentialismus als Methoden in Schelers Sinne, dessen Anthropologie nicht zirkulär, sondern philosophisch ermöglicht wird. Dabei hat sie – wie bereits Plessner – die positive Spekulation, die es auch in Schelers Geistesmetaphysik gab, weggelassen. Aber sie ist deutlich seiner geschichtlichen Auffassung vom Geist als einem gelebten und daher auch gefühlten Werterahmen für Welt gefolgt. Da es in Arendts Spätwerk keinen – unphilosophischen – anthropo-

---

44 S. Benhabib, The Reluctant Modernism of Hannah Arendt, a. a. O., S. 50, 124, 199ff.
45 Ebenda, S. 123-126, 157, 195-197.

logischen Universalismus (etwa reiner Faktizität) gibt, braucht man ihr Spätwerk auch nicht, wie Benhabib meint, durch einen „moral universalism" als normativer Kraft zu ergänzen.[46] Arendt hat eine geschichtliche (nicht historisch-faktische) Anthropologie der Epochen des Abendlandes ausgearbeitet, um angesichts der Herausforderung der Pluralität gerade nicht einen innermodernistischen Zirkel kultivieren zu müssen. Wir brauchen in der Gegenwart eine vergleichbare Anstrengung in den „Oriental Studies" und in den „Asian Studies", da die Gleichung zwischen Moderne und Westen angesichts der „multiple modernities" nicht mehr aufrecht zu erhalten geht. In dieser Hinsicht wäre es sehr interessant, sich auf die Studien von Shmuel Eisenstadt bis Björn Wittrock über Achsenzeit und Moderne einzulassen,[47] zumal es sich dabei auch um ein Thema handelt, das auf Karl Jaspers' Geschichtsphilosophie zurückgeht.[48]

Beschränkt man sich auf den Kontext der Selbstkritik, die der westlichen Tradition von Moderne eigen ist, lohnt der Vergleich der Konzeptionen von Arendt, Foucault und Taylor. Der späte Foucault hat sich schon in die Richtung bewegt, die der Titel der Workshops von Hubert Dreyfus und Paul Rabinow mit ihm in Berkeley anzeigt: „Jenseits von Strukturalismus und Hermeneutik". Seine letzten Bände der „Geschichte der Sexualität" schließen eine Wieder-Entdeckung intersubjektiver Praktiken in der Spätantike und dem Mittelalter ein, wodurch seine ursprüngliche Betonung des Bruches zwischen Antike und Christentum viel differenzierter geworden ist. Gleichwohl, sein früher Tod hinterließ ein unvollendetes Werk. Auf der anderen Seite begann Taylor mit Interessen an einer philosophischen Anthropologie aus analytischer Sicht bereits in den 1970er Jahren, und inzwischen scheint er, in einer eher postanalytischen Konstellation auf sie zurückzukommen, nachdem er seine Studien zur Herausbildung der neuzeitlichen Identität im Westen mit dem Schwerpunkt vom 16. bis zum 19. Jahrhundert vorgelegt hatte.[49] Natürlich können wir von ihm noch viel erwarten, vielleicht auch eine Auseinandersetzung mit Arendt.

Der mittlere Foucault und der mittlere Taylor formulierten Konzeptionen, die vergleichsweise einen Gegensatz bilden. Taylor entfaltete das Primat des hermeneutischen

---

46 Siehe S. Benhabib, The Reluctant Modernism of Hannah Arendt, a. a. O., S. 193-203.

47 Vgl. B. Wittrock, Cultural crystallization and civilization change: Axiality and modernity, in: E. Ben-Rafael/Y. Sternberg (Hrsg.), Comparing Modernities. Pluralism versus Homogeneity, Leiden/Boston 2005, S. 83-123.

48 Siehe K. Jaspers, Vom Ursprung und Ziel der Geschichte, München 1949. Charles Taylor teilt die Problemstellung der „multiple modernities" unter Verweis auf Eisenstadt und Jaspers, weshalb er sich um eine Spezifikation der „social imaginaries" in der „Western modernity" bemüht, da er dies für die nicht-westlichen Modernen nicht zu leisten vermag: Ch. Taylor, Modern Social Imaginaries, Durham-London 2004, S. 1f., 202. Obgleich Taylor durchgängig um den hohen Stellenwert einer „philosophical anthropology" (problemgeschichtlich zwischen Locke und Rousseau) in dem innermodernen Streit zwischen liberalen und kommunitaristischen Tendenzen bestens Bescheid weiß, geht er weder auf Arendts geschichtliche Anthropologie noch auf einen Philosophischen Anthropologen des 20. Jahrhunderts ein.

49 Vgl. zur Einordnung der Beiträge von Foucault und Taylor in eine breiter verstandene Diskussion der Gegenwartsphilosophien: H.-P. Krüger, Zwischen Lachen und Weinen. Bd. II: Der dritte Weg Philosophischer Anthropologie und die Geschlechterfrage, Berlin 2001, 1. Kapitel.

Selbstverständnisses, das sich zwischen den Eliten und den Alltagskulturen von Epoche zu Epoche wandelt. Er ging von den Verständnissen eines Selbst aus, das in den Dokumenten der Philosophie, Literatur und den Künsten jeweils neu artikuliert wurde, und setzte es sowohl zu den Alltagskulturen als auch den historisch außerordentlichen Ereignissen und deren Konsequenzen in Beziehung. Das Selbstverständnis im weiten Sinne reicht von demjenigen Selbstverständlichen, das nicht thematisiert wird, über neue Artikulationen eines Selbstverständnisses, die im Streit auffallen, bis zu den Begründungen und geschichtlichen Narrativen, die einen epochalen Rahmen setzen. Es ist wie ein Horizont, an welchem bestimmt Seiendes erwartet und nicht erwartet werden kann und dementsprechend in Aktivitäten oder Nichtaktivitäten beantwortet zu werden vermag. Insoweit handelte es sich um eine Art von Fundamentalontologie, aber primär innerhalb einer jeden Epoche, nicht im kumulierenden Durchgang durch die Epochen hindurch, womit Taylor näher zu Heidegger als zu Hegel stand. Was Taylor die Fundamentalontologie einer Epoche nannte, ist breiter, als es die Regionalontologien der Wissenschaften dieser Zeit sein können.[50] Die wissenschaftlichen Selektionen und institutionellen Trennungen aus den viel weitergehenden Möglichkeiten, sich praktisch selbst zu verstehen, führen zu „The Malaise of Modernity" (1991), die darin besteht, die verschiedenen Verfahren der Märkte, staalichen Planung, kollektiven Vorsorge und Demokratie nur schwer aufeinander abstimmen zu können.

Im Vergleich mit Arendt fällt auf, dass es bei Taylor kein Äquivalent für ihren Zusammenhang zwischen den anthropologischen Grundbedingungen und deren Beantwortung in Grundformen der Betätigung (im o. g. Sinne erster und zweiter Ordnung) gibt. Insbesondere fehlt bei ihm die faktische Herausforderung der verschiedenen Kulturen und Epochen in einem anthropologisch vergleichbaren Sinne, als ob aus heutiger Sicht nicht zwischen einer faktisch vergleichbaren Infragestellung und ihrer hermeneutisch verschiedenen Beantwortung differenziert werden könnte. Die anthropologisch vergleichbare Faktizität erscheint so als etwas, dessen Fragestruktur schon immer in den Antworten verschwunden ist, d. h. in der hermeneutischen Überdetermination durch Antworten, deren Fragen man nicht mehr kennt. Dadurch rutschte Taylors *tertium comparationis* in das hermeneutische Selbstverständnis, dessen Zirkel nicht historisch-faktisch unterbrochen wird, sondern durch verschiedene philosophische Konzeptionen wie die von Heidegger, Hegel und der analytischen Philosophie ausformuliert wird. Auf diese Weise konnten Relativismus und Historismus nicht wirklich begrenzt werden, wenngleich innerhalb einer Epoche Philosophie das Wort letzter Geltung zu behalten schien. An diesem Primat der Hermeneutik, welche in Praktiken des sich schon immer selbst und *als ein Selbst* Verstehenden situiert wird, ändert sich nichts dadurch, dass Taylor sie inzwischen akzentweise verschoben interpretiert, d. h. von einem liberalen Kommunitarismus zu einem kommunitaristischen Liberalismus übergehen könnte.[51] Dadurch tritt, aus Arendts konzeptioneller Perspektive, nur umso deutlicher die Frage

---

50 Siehe Ch. Taylor, Sources of the Self. The Making of the Modern Identity, Cambridge 1989, Kapitel 2 und S. 25.

51 Vgl. Ch. Taylor, Modern Social Imaginaries, a. a. O., 3. Kapitel „The Specter of Idealism".

hervor, ob es sich bei dem hermeneutischen Primat des Selbst über die Grundbedingt-heit des menschlichen Lebens um eine kollektiv geteilte, weil historisch sedimentiere Struktur des Vorurteils handelt, die sich immer wieder – auch nach ihren faktischen Zu-sammenbrüchen – dazu ermächtigt, von ihren Grenzen absehen zu können. Genau darin bestand Arendts Behauptung, wenn sie von den totalitären Tendenzen der abendländi-schen Moderne sprach (vgl. 410-412), die sich nicht unter „Nationalsozialismus" und „Stalinismus" abhaken lassen.

Während in Taylors Zugang die Perspektiven der historischen Teilnehmer überwie-gen, deren implizite und explizite Selbstverständnisse, die intern rekonstruiert werden sollen, erscheinen die Bücher des mittleren Foucault so, als ob sie aus der Perspektive eines äußeren Beobachters geschrieben worden wären, der ein Ethnologe von einem anderen Stern sein könnte. Man verwechsele das Resultat der Untersuchungen von Foucault, die Geschlossenheit der Diskursformationen in sich und die Brüche zwischen ihnen, nicht mit dem, was dieser Autor selbst theoretisch und methodisch tut, um dieses Resultat behaupten zu können. Er führt seine Leser nicht in die Teilnahme an einer historisch anderen Praxis durch die Brücke des Selbst hinein, sondern unterbricht schon phänomenologisch den Zugang zu dieser Praxis, indem er sie auf einen verwundernden, weil präzise zu beobachtenden Abstand bringt.[52] Ein solcher Beobachter gelangt zu dem Urteil, dass es zwischen Formationen der diskursiven Erzeugung von Wissen und Macht-praktiken einen genealogischen und reproduzierbaren Zusammenhang gibt, ja, dass es zwischen solchen epochalen Zusammenhängen Brüche gibt. Wer so über Zusammen-hänge und Brüche urteilt, kann selbst in seinem theoretisch-methodischen Tun nicht einer dieser Formationen bzw. Praktiken angehören. Er nimmt – durch genealogisches und archäologisches Verfahren, nicht teil an dem, worüber er urteilt. Dieser Beobachter provoziert das ihm gegenwärtige wie auch das historische Selbstverständnis, indem er in der Beschreibung der Monumente und Dokumente historischer Praktiken strikt se-miotischen Methoden folgt.[53] Es gibt z. B. Regeln in diskursiven Praktiken, nach denen Wörter und Dinge im anonymen Tun miteinander in Verbindung gesetzt werden. Dem-nach hänge die soziale Produktion des Wissens von Machtbeziehungen ab und führe sie ihrerseits zu Machteffekten. Die Frage nach dem historischen Selbstverständnis, etwa danach, wie authentisch oder nicht-authentisch sich das Selbst dabei vorkommt, wird bei Foucault befremdlich durch die Frage nach der Produktivität der Machtverhältnisse ersetzt. Und letztere gelten als umso produktiver, je stärker sie die diskursive Plurali-sierung aus den Humanwissenschaften als Verfahren der Normalisierung von Abwei-chungen inkorporieren, statt dem alten Souveränitätsideal hierarchischer Staats- und Gesetzesverhältnisse zu folgen.[54] Die als normal produzierten Subjekte fühlen sich frei dazu, sich selbst in die Humanisierung aller Verhältnisse einzupassen. Foucault hob her-vor, dass die Humanisierung im Rahmen eines anthropologischen Zirkels stattfindet, in

---

52 Vgl. M. Foucault, Überwachen und Strafen. Die Geburt des Gefängnisses (1975), Frankfurt a. M. 1976, I. Kapitel „Marter".

53 Vgl. M. Foucault, Die Archäologie des Wissens (1969), Frankfurt a. M. 1973.

54 Vgl. ders., Sexualität und Wahrheit. Bd. 1: Der Wille zum Wissen, Frankfurt a. M. 1977, S. 119-124, 165-173.

dem der Mensch in einer doppelten Rolle auftritt. Einerseits wird er seit dem Ende des 18. Jahrhunderts als erfahrungswissenschaftliches Objekt produziert. Andererseits versteht er sich als das Subjekt der Selbstnormierung.[55] Verdeckt anfangs der Dualismus von Materie und Geist den Zirkel, tritt dieser Zirkel im historischen Wandel zur Bio-Politik hervor, in der die früher für transzendental gehaltenen Ermöglichungsbedingungen ihrerseits zu faktischen Resultaten der Produktion werden.[56] Ähnlich, wenngleich verhaltener, meinte Arendt, „dass der Mensch sich anschicken könnte, sich in die Tiergattung zu verwandeln, von der er seit Darwin abzustammen meint" (411). In dem anthropologischen Zirkel des säkular modernen Selbstverständnisses kann man sich im Normierungskampf für die Menschenrechte dafür als Humanist feiern, dass man den erfahrungswissenschaftlichen Reproduktionstechnologien aus den Bio- und Humanwissenschaften, einer Art von „fröhlicher Wissenschaft" (Nietzsche), zur faktisch universellen Geltung verhilft.

Arendts Konzeption der Besinnung auf die *conditio humana* bricht nicht in den üblichen Dualismus, entweder Ökonomie der Macht (methodisch dank eines Primats der Beobachtung über die Teilnahme) oder authentisches Selbstverständnis (methodisch durch ein Primat der hermeneutischen Teilnahme über die Beobachtung), auseinander. Sie wollte aus der westlich-innermodernen Fehlalternative zwischen der Einnahme des archimedischen Punktes im Universum (vgl. 330-341) und der bereits zitierten „absoluten Selbstischkeit" herausführen. Arendts Verfahren gehört weder dem anthropologischen Zirkel (vgl. 408) noch dem geschichtshermeneutischen Selbstverständnis dagegen an, noch folgt es Foucaults Modell von der Ökonomie der Macht, das bei ihm an die Stelle von Nietzsches Übermenschen und des Seins beim späten Heidegger tritt, zum Glück im Sinne des Artaudschen Theaters. Liest man Arendt fair und lässt man all ihre heute leicht historisierbare selektive Aufmerksamkeit beiseite, kann man doch rekonstruktiv einsehen, dass sie problembewusst jede anthropologische Wesensdefinition, die zu einem „festgestellten Tier" (Nietzsche) führen würde, vermeidet. Dies gelingt ihr durch die Unterscheidung zwischen den anthropologischen Grundbedingungen, die personales Leben in Frage stellen, und den kulturellen Betätigungsformen, die auf jene Bedingtheit antworten *(vita activa)* und die Grenzen der Antwort kultivieren *(vita contemplativa)*. Diese Unterscheidung zwischen Grundbedingungen, der *vita activa* und der *vita contemplativa* gibt – bei allen persönlichen Vorlieben der Autorin - keine ahistorisch hierarchische Ordnung vor, sondern ermöglicht eine historische Untersuchung, welche den geschichtlichen Zusammenhang und damit Wandel zwischen den Relata der Unterscheidung aufdeckt. Dank ihres Begriffsrahmens kann man historische Materialien anthropologisch zu beobachten erlernen, wie man ebenso dank ihrer phänomenologischen und existentialistisch-hermeneutischen Methode erlernen kann, an Geschichte teilzunehmen. Gewiss hat sie die drei Methoden, die sie verwendete, nicht in Lehrbuchform unterschieden, was Entdeckern selten gelingt, da sie noch in ihrer Entdeckung

---

55 Siehe ders., Die Ordnung der Dinge. Eine Archäologie der Humanwissenschaften (1966), Frankfurt a. M. 1971, S. 410-426.

56 Siehe ders., In Verteidigung der Gesellschaft. Vorlesungen am Collège de France (1975–76), Frankfurt a. M. 2001, S. 253-256, 284-300.

stehen, weshalb sich spätere Rekonstruktionen empfehlen. Aber grundsätzlich können sich diese drei Methoden gegenseitig kontrollieren in einer Art von teilnehmender Beobachtung der Geschichten und beobachtender Teilnahme an Geschichte, d. h. auch politischem Engagement. Die Fortentwicklung ihres Zuganges kann in der gegenwärtigen Diskussion über die Heterogenität der abendländischen Tradition und über die totalitären Tendenzen in der westlichen Moderne, die eine grenzenlose Selbstermächtigung zur Selbstproduktion des Menschengeschlechts betreffen, helfen.

Trotz aller Affinitäten[57] kann man Arendts geschichtliche Anthropologie des Abendlandes nicht einfach der Philosophischen Anthropologie (im Sinne Schelers und Plessners) zurechnen. Die Philosophische Anthropologie war bereits Ende der 1920er Jahre weiter gegangen, als wohin der Vergleich von Arendts Konzeption mit denen des mittleren Foucault und des mittleren Taylor führen kann. Das allen Dreien gemeinsame Defizit an einer Philosophie der lebendigen Natur, in der Menschen als Personen sich unter Lebewesen fraglich vorkommen, mag seit dem sog. „linguistic turn" kaum auffallen. Sprachanalyse und Hermeneutik haben stark zu einem prinzipiellen Urvertrauen in die Sprache geführt, als könnte sie uns von allen Scheinproblemen befreien oder alle philosophischen Probleme richtig stellen. Aber in jeder Erklärung von und durch Sprache werden nichtspezifisch sprachliche Voraussetzungen dafür in Anspruch genommen, dass der Erwerb und die Veränderung der Sprache möglich waren, sind und sein werden. Personale Lebewesen sind auch nicht darin festgestellt, in der Sprache leben oder in ihrer sprachlichen Selbstdefinition aufgehen zu müssen. Gerade in den Wissenschaften, in denen doch Sprache erworben und verändert wird, werden Formen von Intentionalität und Mentalität verwendet, die nicht gleichzeitig dort erklärt und verstanden werden können, nicht einmal von Sprachforschern und Sprachphilosophen, die als auch nur personale Lebewesen den geschichtlichen Zusammenhang von Natur und Kultur letztlich vollziehen. Anderenfalls gäbe es tatsächlich nichts weiter als einen abschließenden Zirkel, der auch die künftige Erforschung des Wunders, personal leben zu können, verunmöglichen würde, indem hier und heute endgültig für das Ende der Geschichte gesorgt werden müsste. Der Vorteil an erfahrungswissenschaftlicher Bestimmung, Bedingung und Verendlichung, der durch methodische Kontrolle gewonnen wird, lässt sich gerade nicht auf die Unbestimmtheit, Unbedingtheit und Unendlichkeit des Ganzen personaler Lebenspraxis übertragen, das nicht mehr methodisch kontrolliert werden kann. Es ist die Aufgabe der Naturphilosophie, diese Wissens- und Glaubengrenzen in den naturwissenschaftlich-technischen Praktiken freizulegen, ja, diese Grenzen als die praktische Ermöglichung auch künftiger Forschung aufzuweisen. Die erfahrungswissenschaftlich anthropologische Unterscheidung der Menschen von anderen Lebensformen unterstellt Praktiken, in denen Personen abständig zu sich als Lebewesen existieren können, d. h. insbesondere nicht ihre „Mitwelt" mit ihrer „Außenwelt" oder „Innenwelt"[58] verwechseln. In Ergänzung zu dem „horizontalen" Vergleich der Soziokulturen von Menschen

---

57 Vgl. V. Gerhardt, Mensch und Politik. Anthropologie und Politische Philosophie bei Hannah Arendt, in: Heinrich-Böll-Stiftung (Hrsg.), Verborgene Tradition – Unzeitgemäße Aktualität, Berlin 2007, S. 218 f.

58 H. Plessner, Die Stufen des Organischen und der Mensch, a. a. O., S. 293-308.

untereinander hat Plessner auch die praktischen Ermöglichungsstrukturen des „vertikalen" Vergleichs der menschlichen mit den nichtmenschlichen Lebensformen[59] rekonstruiert. Was in dem horizontalen Vergleich, auf den sich die Beiträge von Arendt, Foucault und Taylor hinsichtlich des Abendlandes konzentrieren, vorausgesetzt wird, dass nämlich der Mensch kein festgestelltes Tier ist, wird erst in dem vertikalen Vergleich einsichtig. Auch und gerade die modernen Biowissenschaften unterstellen praktisch, um ihre anthropologische Unterscheidungsleistung zustande bringen zu können, einen Strukturbruch in der Verhaltungsbildung lebender Personen. Dieser „Hiatus"[60] besteht zwischen der „zentrischen Organisationsform" (der Binnendifferenzierung des Organismus mit Gehirn) und der „exzentrischen Positionalität" (der Zentrierung des Verhaltens von außerhalb der organismischen Mitte her, daher *ex*-zentrisch, aber mit Rückbezug auf diese Mitte des „mir/mich" hin, daher immer noch ex-*zentrisch*). Personen begegnen lebenden Phänomenen in der Differenz zwischen Körper (dem im Leben Austauschbaren und Vertretbarem) und Leib (dem im Leben nicht Austauschbarem und nicht Vertretbarem).

Gäbe es diesen plastischen Strukturbruch in der lebendigen Natur nicht, wäre auch die enorme Pluralität seiner geschichtlichen Verschränkungsweisen keine Möglichkeit, leben zu können. Damit wäre auch der allein horizontale Vergleich eine weitere Ausprägungsform des historistisch kollektiven Vorurteils in der westlich säkularen Moderne, sich selbst erschaffen zu können, was Arendts Intention zuwider laufen würde. Nimmt man ihre Intention gegen die Selbstvergottung des Menschen ernst, kann man philosophisch den horizontalen Vergleich nicht ohne den vertikalen Vergleich gleichsam in der *Kampfesluft* diskursiver Selbstermächtigungen hängen lassen. Beide Vergleichsreihen können sich gegenseitig methodisch kontrollieren, um aus dem anthropologischen Zirkel herauszutreten: „Mensch-Sein ist das Andere seiner selbst Sein. Erst seine Durchsichtigkeit in ein anderes Reich bezeugt ihn als offene Unergründlichkeit."[61] Daher habe ich hier von Plessner her Arendts Zusammenhang zwischen Grundbedingungen und Kultivierungsformen als den Zusammenhang zwischen der Fraglichkeit (Strukturbruch) und ihrer geschichtsbedürftigen, aber geschichtlich nicht feststellbaren Beantwortung interpretiert.

Für Heidegger-Schüler war es noch erlaubt, auf Scheler zu verweisen, da Heidegger Scheler wirklich respektierte und nach dessen Tod 1928 darin nachfolgen wollte, nun selbst die deutsche Philosophie anzuführen. Auch Cassirer hatte in der berühmten Debatte mit Heidegger in Davos (1929) mit Schelers und Plessners Philosophischer Anthropologie gegen Heidegger argumentiert. Umso dringender war eine symbolisch demonstrative Geste wie die geworden, das nächste Buch Scheler zu widmen, was Heidegger 1929 mit „Kant und das Problem der Metaphysik" auch tat.[62] Aber es wäre

---

59 Ebenda, S. 32-36.
60 H. Plessner, Die Stufen des Organischen und der Mensch, a. a. O., S. 292.
61 Ders., Macht und menschliche Natur. Ein Versuch zur Anthropologie der geschichtlichen Weltansicht (1931), in: Ders., Gesammele Schriften V, Frankfurt a. M. 1981, S. 225.
62 Vgl. zu Heideggers ausführlicher Wertschätzung von und Kritik an Scheler: M. Heidegger, Die Grundbegriffe der Metaphysik. Welt – Endlichkeit – Einsamkeit (Freiburger Vorlesung Wintersemester 1929/30), in: M. Heidegger, Gesamtausgabe. II. Abteilung, Band 29/30, Frankfurt a. M. 1983,

von Heidegger-Schülern einfach taktlos gewesen, wenn sie auf Helmuth Plessner, den lebenden Antipoden Heideggers, verwiesen hätten. Plessners Witwe, die kürzlich verstorbene Monika Plessner, berichtete in ihren Erinnerungen von einem Treffen zwischen Arendt und ihrem Mann mit Plessner und seiner Frau auf Long Island im September 1962, als Plessner seine Gastprofessur an der *New School for Social Research* in Manhattan begann, bevor er dann wie Jaspers in die Schweiz übersiedelte. Es scheint so, als hätte dieses Treffen in einer Atmosphäre der Verlegenheit auf beiden Seiten stattgefunden. Plessner hatte seine Studien zu den Grenzen des menschlichen Verhaltens im Lachen und Weinen im holländischen Exil geschrieben und 1941 in Bern erscheinen lassen. Während Arendts Mann, Heinrich Blücher, in der geselligen Runde bei einer anderen Emigrantin den Schlager „Püppchen, Du bist mein Augenstern" gesungen haben soll, habe sich zwischen Hannah Arendt und Helmuth Plessner kurz folgender Dialog entsponnen: Arendt: „Wie konnten Sie nur im Exil über ‚Lachen und Weinen' schreiben?" – Plessner nach einer Verwunderung: „Aber warum denn nicht?" – Arendt: „Weil man damals doch alle Kraft zur Erhaltung seiner Menschenwürde brauchte." Plessner soll nach einem Zögern unvermittelt gefragt haben: „Sind Sie eigentlich musikalisch, gnädige Frau?" Und während Arendt den Kopf schüttelte, habe Blücher, der gespannt zugehört hatte, wieder zu pfeifen angefangen: „Ich küsse Ihre Hand, Madame."[63]

S. 283-532. Heidegger selbst hatte Arendt in der leidenschaftlichen Phase beider im Frühjahr 1925 ein Buch Schelers zu lesen gegeben. Leider ist nicht belegt, um welches Buch es sich gehandelt hat. Aber passend wäre die überarbeitete Neuausgabe der „Wesen und Formen der Sympathie" von 1923 gewesen. Siehe H. Arendt/M. Heidegger, Briefe 1925 bis 1975 und andere Zeugnisse, hrsg. v. U. Ludz, Frankfurt a. M. 1998, S. 32. Heideggers „Sein und Zeit" erschien 1927 als Band 8 in dem von Husserl und Scheler herausgegebenen „Jahrbuch für Philosophie und phänomenologische Forschung".

63 M. Plessner, Die Argonauten auf Long Island, a. a. O., S. 93.

9. *Animal symbolicum* und *homo absconditus*

Die Philosophischen Anthropologien von Ernst Cassirer
und Helmuth Plessner im Vergleich[1]

1939–1940 hielt Ernst Cassirer Vorlesungen zur Geschichte der Philosophischen Anthropologie an Göteborgs Högskola.[2] Er war 1933 ins Exil gezwungen worden und zunächst nach Oxford gegangen, bevor er dann von 1935 bis 1941 in Göteborg lehrte und forschte, von wo aus er nach New Haven an die Yale University weiterzog. 1944 in New York an der Columbia University angekommen, verstarb er schon 1945. 1941–42 arbeitete er in Yale seine in den 1920er Jahren formulierte Philosophie der symbolischen Formen zur systematischen Antwort auf die anthropologische Frage „Was ist der Mensch?" um: Der Mensch, so lautet seine Antwort, ist das *animal symbolicum*,[3] d. h. dasjenige Lebewesen, das sich durch symbolische Formen spezifiziert und in symbolischer Formung vollzieht. In dieser Wesensdefinition des Menschen besteht zweifellos eine große und differenzierte Erweiterung der Auffassung vom Menschen in der rationalistischen Philosophietradition, die ihn als das *animal rationale* verstand. Cassirers symbolische Formen, die von Mythos und Religion über Sprache, Kunst und Geschichte bis zur Wissenschaft reichen, gehen viel weiter, als es eine Wesensspezifikation des Menschen vom Primat der wissenschaftlichen Erkenntnis her zu leisten vermag, in dem entsprechende Anschauungs- und Verstandesformen vernünftig synthetisiert werden. 1942–43 entwarf Cassirer sein Buch „An Essay on Man", das damals noch den Untertitel „A Philosophical Anthropology" trug,[4] dann aber – nach einigen Umarbeitungen – 1944 mit dem neuen Untertitel „An Introduction to a Philosophy of Human Culture"[5] erschien.

1 Ich danke dem *Swedish Collegium for Advanced Studies*, mich 2005–06 als Ernst Cassirer Gastprofessor nach Uppsala eingeladen zu haben. Der Volkswagenstiftung gebührt Dank für ihre Förderung. Auf Einladung der *Swedish Ernst Cassirer Society* hielt ich im Juni 2006 an der Universität Göteborg die *Cassirer Lecture*, aus der das folgende Kapitel hervorgegangen ist. Auch für diese Einladung sage ich herzlichen Dank.
2 E. Cassirer, Nachgelassene Manuskripte und Texte. Bd. 6: Vorlesungen und Studien zur philosophischen Anthropologie, Hamburg 2005, S. 3-162.
3 Ebenda, S. 411.
4 Ebenda, S. 345.
5 E. Cassirer, Versuch über den Menschen. Einführung in eine Philosophie der Kultur (engl. 1944), Frankfurt a. M. 1990.

Bedeutet diese Änderung des Untertitels philosophisch etwas Systematisches? Die von Cassirer nachgelassenen Schriften zur philosophischen Anthropologie wurden erst 2005 publiziert. Aber die Beantwortung dieser Frage erfordert vor allem einen Rückgang auf Cassirers Auseinandersetzung mit den Philosophischen Anthropologien von Max Scheler und Helmuth Plessner seit 1928 in Deutschland. Daher das Thema des Vergleichs dieser Philosophischen Anthropologien, der nicht nur deshalb, weil Scheler plötzlich 1928 verstorben war, auf Plessner konzentriert wird,[6] sondern auch aus inhaltlichen Gründen. Sie betreffen ein anderes systematisches Aufgabenverständnis von Philosophie. Wenngleich Cassirer das transzendentalphilosophische Programm Kants enorm ausweitet auf eine Mehrzahl von symbolischen Formen, so scheint ihm doch die philosophische Anthropologie nur die Vollendigung dieses Programms zu sein. Demgegenüber verfolgt Plessner eine gleichsam zweite kopernikanische Wendung der ersten kopernikanischen Wende Kants. Die philosophische Subdisziplin der philosophischen (kleingeschrieben) Anthropologie wird für ihn zur Neuschöpfung der Philosophie, wenn sie die lebens- und forschungspraktischen Voraussetzungen der anthropologischen Fragen und Antworten untersucht. Dies kann man dadurch markieren, dass „Philosophische" in dem Ausdruck *Philosophische Anthropologie* groß geschrieben wird.[7] Diese philosophische Unternehmung unterscheidet sich von „anthropologischer Philosophie" u. a. dadurch, dass sie das Wesen des Menschen nicht mehr im Ganzen positiv, sondern aus praktischen Gründen negativ bestimmt, nämlich in der Unergründlichkeit des Menschen, d. h. im *homo absconditus*, fasst.

1. Zum geschichtlichen und systematischen Hintergrund der Diskussion um Philosophische Anthropologie und Cassirers Position in ihr

Cassirers Auseinandersetzung mit der Philosophischen Anthropologie geht zurück auf das Jahr 1928, in dem das kleine, aber dicht geschriebene Büchlein „Die Stellung des Menschen im Kosmos" von Scheler und das große, nicht minder dicht komponierte Werk „Die Stufen des Organischen und der Mensch" von Plessner erschienen waren. Cassirer erkannte sogleich die nicht nur anthropologische, sondern auch philosophische Herausforderung durch beide Autoren. Er wollte von Anfang an zweifellos, wie es seine Art war, differenziert Stellung beziehen. Seine ehrgeizige Hypothese bestand darin, dass es seiner Philosophie der symbolischen Formen gelingen würde, die philosophische

---

6 Vgl. zur Ergänzung das 6. Kapitel im vorliegenden Band.

7 Siehe die vorzügliche Sozial- und Kulturgeschichte der Probleme einer „Philosophischen" Anthropologie (im Unterschied zur „philosophische Anthropologie" genannten Subdisziplin der Philosophie): J. Fischer, Philosophische Anthropologie. Eine Denkrichtung des 20. Jahrhunderts, Freiburg/München 2008. Philosophisch-systematisch kann die dortige Annahme, es handele sich um einen *einheitlichen* Denkansatz, nicht überzeugen. Siehe H.-P. Krüger, Die Fraglichkeit menschlicher Lebewesen. Problemgeschichtliche und systematische Dimensionen, in: H.-P. Krüger/G. Lindemann (Hrsg.), Philosophische Anthropologie im 21. Jahrhundert, Berlin 2006, S. 18, 23ff.

Anthropologie zu begründen. Dann wäre die philosophische Anthropologie ein Begründungsresultat und eine mittelbare Bestätigung der Philosophie der symbolischen Formen, also ihre Subdisziplin. Demgegenüber hatten Scheler und Plessner die Philosophien, insbesondere die Transzendentalphilosophie, nicht nur einer anthropologischen Kritik unterworfen, sondern ihrerseits, wenngleich auf sehr verschiedene Weise, nochmals philosophisch den Ermöglichungsgrund anthropologischer Forschungen und Resultate freigelegt. Gelänge ihre Doppelkritik, anthropologisch an der Philosophie und philosophisch an der Anthropologie, dann wäre die Philosophische Anthropologie tatsächlich eine eigene philosophische Unternehmung mit eigenem transdisziplinären Forschungsprogramm, das sich der Philosophie der symbolischen Formen entzöge. Der Streit ging nicht darum, *ob* Mythos, Religion, Sprache, Künste, Wissenschaften und Geschichte Spezifika des Menschen seien, sondern *wie*, d. h. in welchem theoretischen und methodischen Sinne dies gezeigt, verstanden und erklärt werden könne. Man konnte alle diese Phänomene auch anders aufrollen, als sie wie Cassirer für transzendentale Ermöglichungsbedingungen menschlicher Leistungen zu halten. Was wäre der Fall, wenn sie keinen transzendentalen, sondern einen historisch-empirischen Status hätten? Dann wären sie – in dem alten Spiel zwischen Empirischem (Erkenntnis *a posteriori*, aufgrund von Erfahrung) – und Transzendentalem (Erkenntnis *apriori*, vor der Erfahrung sie ermöglichend) historisch-anthropologische Fakten. Warum aber sollten sie dann das letzte Wort in der Philosophie sein? Wie konnte sich Cassirer des transzendentalen statt empirischen Status der symbolischen Formen so sicher sein? Wären sie als Fakten nicht ihrerseits einer philosophischen Rekonstruktion ihrer Ermöglichung zu unterziehen? Die Philosophie, die dies zu leisten vermöchte, wäre keine Philosophie der symbolischen Formen mehr. Sie wäre Philosophische (großgeschrieben) Anthropologie. „Es ist Aufgabe einer Philosophischen Anthropologie, genau zu zeigen, wie aus der Grundstruktur des Menschseins, [...] alle spezifischen Monopole, Leistungen und Werke des Menschen hervorgehen: so Sprache, Gewissen, Werkzeug, Waffe, Ideen von Recht und Unrecht, Staat, Führung, die darstellenden Funktionen der Künste, Mythos, Religion, Wissenschaft, Geschichtlichkeit und Gesellschaftlichkeit."[8]

Scheler hatte die philosophische Aufgabe der Philosophischen Anthropologie schließlich bejaht durch seine Philosophie des Geistes und des Lebens und der metaphysischen Einheit beider als dem letzten Seinsgrunde. In „genau dem selben Augenblicke, da sich der ‚Mensch' aus der ‚Natur' *heraus*stellte und sie zum Gegenstand seiner Herrschaft und des neuen Kunst- und Zeichenprinzips machte, – *in eben demselben Augenblicke* musste der Mensch auch sein Zentrum irgendwie *außerhalb* und jenseits der Welt verankern."[9] Die Spannung zwischen Geist und Lebensdrang werde historisch ausgetragen, wofür man letztlich spekulativ einen Grund des Seins aus sich als Ermöglichung annehmen könne. „Geist und Drang, die beiden Attribute des Seins, sie sind, abgesehen von ihrer erst werdenden gegenseitigen Durchdringung – als Ziel –, auch in sich nicht

---

8   M. Scheler, Die Stellung des Menschen im Kosmos (1928), Bonn 1986, S. 87.
9   Ebenda, S. 89.

fertig: sie *wachsen an sich selbst* eben in diesen ihren Manifestationen in der Ge-schichte des menschlichen Geistes *und* in der Evolution des Lebens der Welt."[10]

Im Unterschied zu Scheler hatte Plessner die philosophische Aufgabe der Philoso-phischen Anthropologie durch eine Philosophie der lebendigen Natur und – in deren Rahmen – durch eine *exzentrische Positionalität* genannte Lebensform einzulösen versucht. Sie beinhaltet – bei allen strukturellen Korrelationen zwischen Physis, Psyche und Geist – doch einen strukturellen Bruch zwischen den physischen, psychischen und geistigen Verhaltensdimensionen personaler Lebewesen. Dieser Bruch kann funktional nicht anders als geschichtlich zur Einheit vollzogen werden. Daher rühren die wesens-spezifischen Ambivalenzen des personalen Verhaltens in *natürlicher Künstlichkeit*, *vermittelter Unmittelbarkeit* und von einem *utopischen Standort zwischen* Nichtigkeit und Transzendenz her.[11] Bei Plessner hatte nur noch die tätige Art und Weise der Verschränkung von Inhalt und Form letztlich transzendentalen Status.[12] Dabei betonte Plessner, um Zirkel des eigenen Zentrismus (Anthrpozentrismus, Ethnozentrismus) zu vermeiden, die Indirektheit des methodischen Verfahrens und damit auch der möglichen Bestätigungen oder Widerlegungen von Hypothesen auf Umwegen. „Ohne Philosophie des Menschen keine Theorie der menschlichen Lebenserfahrung in den Geisteswissen-schaften. Ohne Philosophie der Natur keine Philosophie des Menschen. [...] Die Theorie der Geisteswissenschaften braucht Naturphilosophie, d. h. eine nicht empirisch restrin-gierte Betrachtung der körperlichen Welt, aus der sich die geistig-menschliche Welt nun einmal aufbaut, von der sie abhängt, mit der sie arbeitet, auf die sie zurückwirkt."[13] Cassirer kannte offenbar nicht die früheren Schriften von Plessner zu einer ästhesiolo-gischen Einheit der Sinne für geistige Funktionen (1923) und zu einer Sozialan-thropologie des gesellschaftlich-öffentlichen Spiels als Kritik an den Ideologien der Vergemeinschaftung von Individuen (1924).[14] Auch die 1931 von Plessner folgende geschichtsphilosophische Fundierung der Philosophischen Anthropologie[15] hat Cassirer wohl nicht mehr zur Kenntnis genommen. Sie setzte ausdrücklich die Wesensdefinition des Menschen in seine Unergründlichkeit.[16] Die naturphilosophische Fundierung betraf den „vertikalen" Vergleich der menschlichen Lebensform mit den nicht humanen Le-bensformen von Tieren und Pflanzen. Die geschichtsphilosophische Fundierung bezog

10 Ebenda, S. 92.
11 Vgl. H. Plessner, Die Stufen des Organischen und der Mensch. Einleitung in die philosophische Anthropologie (1928), Berlin/New York 1975, S. 292f., 309f., 321f., 341f.
12 Siehe ebenda S. 322f. Siehe 5. Kapitel im vorliegenden Buch.
13 Ebenda S. 26.
14 Siehe H. Plessner, Die Einheit der Sinne. Grundlinien einer Ästhesiologie des Geistes (1923), in: Ders., Gesammelte Schriften III, Frankfurt a. M. 1980. H. Plessner, Grenzen der Gemeinschaft. Eine Kritik des sozialen Radikalismus (1924), in: Ders., Gesammelte Schriften V, Frankfurt a. M. 1981.
15 Siehe H. Plessner, Macht und menschliche Natur. Ein Versuch zur Anthropologie der geschicht-lichen Weltansicht (1931), in: Ders., Gesammelte Schriften V, Frankfurt a. M. 1981, S. 135-234.
16 Siehe 4. Kapitel im vorliegenden Band.

sich auf den „horizontalen"[17] Vergleich der verschiedenen Soziokulturen von Menschen untereinander. Die Philosophische Anthropologie erfordert also eine anspruchsvolle Doppelfundierung aus beiden, methodisch unabhängig von einander erfolgenden Vergleichsreihen heraus, um Anthropozentrismen und Ethnozentrismen zu vermeiden.

Cassirer bereitete 1928 das Erscheinen des dritten Bandes seiner „Philosophie der symbolischen Formen" für das Jahr 1929 vor. Dort kündigte er an, dass der vierte Band eine systematische Kritik der Gegenwartsphilosophie unter dem Titel „Geist und Leben"[18] beinhalten wird, aber dieser vierte Band wurde nie fertig gestellt. Immerhin gibt es jedoch drei andere Texte von Cassirer, die die Richtung des vierten Bandes im Hinblick auf die Kritik der Philosophischen Anthropologie angeben. Ich gehe hier auf sie ein, weil sie eine genauere Argumentation enthalten als die späteren Texte, vor allem als der „Essay on Man". Erstens wissen wir dank Berichten von Teilnehmern, dass Cassirer in der berühmten Kontroverse mit Heidegger in Davos 1929 mit der Philosophischen Anthropologie von Scheler und Plessner gearbeitet hat. Er nutzte sie in seiner Kritik an Heideggers Anspruch, in dem Buch „Sein und Zeit" (1927) die Fundamentalontologie entworfen zu haben. Die Herausgeber von Cassirers Werken haben angekündigt, dass die Publikation der drei Davoser Vorträge vorbereitet wird.[19] Zweitens wurde 1930 von Cassirer der brillante Essay „‚Geist' und ‚Leben' in der Philosophie der Gegenwart"[20] publiziert, der den Titel des vierten Bandes der Philosophie der symbolischen Formen vorwegnimmt. Dieser Aufsatz enthält eine ausführliche kritische Diskussion der Schelerschen Philosophischen Anthropologie, ohne auf Plessners Begründung einzugehen. Drittens: Cassirer verweist m. W. nur in seiner „Metaphysik der symbolischen Formen" auf die beiden genannten Bücher von Scheler *und* Plessner.[21] Da dieses Manuskript nicht nur das umfänglichste, sondern auch argumentativ differenzierteste ist, werde ich mich im Folgenden vor allem auf dieses beziehen.

Zunächst übernimmt Cassirer von Scheler und Plessner die Unterscheidung zwischen Umwelt und Welt, die beide in Auswertung der theoretischen Biologie von J. von

---

17 H. Plessner, Die Stufen des Organischen und der Mensch, a. a. O., S. 32 u. 36. Zur Gleichrangigkeit beider Fundierungen vgl.: O. Mitscherlich, Natur *und* Geschichte. Helmuth Plessners in sich gebrochene Lebensphilosophie, Berlin 2007.

18 E. Cassirer, Philosophie der symbolischen Formen. Dritter Teil: Phänomenologie der Erkenntnis, Berlin 1929, S. VIII-IX.

19 Cassirers Manuskript „Grundprobleme der philosophischen Anthropologie (unter dem Gesichtspunkt der Existenzanalyse Martin Heideggers)" wird enthalten sein in: Davoser Vorträge. Vorträge über Hermann Cohen. E. Cassirer, Nachgelassene Manuskripte und Texte. Bd. 17, Hamburg (in Vorbereitung).

20 E. Cassirer, „Geist" und „Leben" in der Philosophie der Gegenwart, in: E. Cassirer, Geist und Leben. Schriften, hrsg. v. E. W. Orth, Leipzig 1993, S. 32-60. Klar ist durch Texte aus Cassirers „Zur Metaphysik der symbolischen Formen" auch, dass er eine phänomenologische Fundierung plante, nämlich durch die drei „Basisphänomene" des „Ich" als Bewusstseinsstrom, der Außenwelt in Bezug auf ein „Du" und des „Werks". Siehe Ch. Möckel, Das Urphänomen des Lebens. Ernst Cassirers Lebensbegriff, Hamburg 2005, S. 309-314.

21 E. Cassirer, Zur Metaphysik der symbolischen Formen, Hamburg 1995, S. 36-37, 43-44, 60 u. 63. Die Seitenzahlen stehen fortan gleich oben im Text in Klammern.

Uexküll gewonnen hatten. Demnach sind Tiere von ihrem Bauplan abhängig, dem gemäß sie sich jeweils *ihrer* (nicht *unserer* oder *der*) Umwelt empfänglich zeigen, sie erkunden und erlernen können. Sie bilden (dem Bauplan gemäß) instinktiv (starr ange-boren), assoziativ-gewohnheitsmäßig und intelligent (situativ einsichtsvoll) ihr Verhal-ten aus, insbesondere Reflexketten zwischen Merken (Sensorik) und Wirken (Motorik), wodurch die Anpassung an jeweils *ihre* Umwelt zustande kommt. Demgegenüber zeichnet den Menschen als Lebewesen zusätzlich und wesensspezifisch ein geistiges Vermögen aus, das ihm symbolisch durch Zeichenfunktionen Welt eröffnet. Welt be-gegnet phänomenologisch in der Anschauung als eine Leere, in der räumlich und zeitlich etwas begegnen kann. Vom Standpunkt solcher Weltrahmen sind Umwelten nur Ausschnitte im Vordergrund von Hintergründen. Eine Welt gliedert sich nicht nach den Zuständen des Organismus, sondern nach ihm äußeren Sachverhalten. Diese Gegen-stände, deren allgemeiner Kern hier und jetzt immer nur perspektivisch abgeschattet erscheint, korrelieren strukturell mit einem personalen Selbstbewusstsein (Ich-Bewusst-sein). Und diese weltliche Korrelation zwischen Gegenständen und personalen Selbst-bewusstseinen steht vor dem Problem ihrer Transzendenz oder Immanenz in Mythos, Religion und Säkularisierung der Geschichte.[22] In dem späteren „Essay on Man" fallen die Verweise auf Schelers und Plessners Unterscheidung zwischen Umwelt und Welt weg. Ihr begrifflicher Sinn wird direkt an Schelers und Plessners Bezugsautoren (von Uexküll, Wolfgang Köhlers Schimpansenversuche, Gestaltpsychologen) und neueren Autoren erarbeitet.[23]

Cassirer teilt auch den nächsten Schritt in dem philosophisch-anthropologischen Problembewusstsein von Scheler und Plessner. Die dualistische Alternative, entweder Leben oder Geist, ist insoweit unplausibel, als die *Einheit* von Leben und Geist doch *vollzogen* wird. Sie wird im Hinblick auf bestimmte *funktionale Leistungen,* wie eben z. B. mimetischen, darstellenden oder dichterischen Sprechens, der bildenden Künste, der Erfahrungswissenschaft, vollzogen.[24] Die Auflösung der dualistischen Fehlalternative in eine monistische Lösung zugunsten einer Seite des Gegensatzes ist nicht weniger unplausibel. Geist ist nicht *nur* eine Lebensform wie *andere auch* oder deren Krankheit (L. Klages), Leben nicht *nur* eine *Realisierung* von Geist wie andere auch, z. B. eine *mechanische* Realisierung. Für diese monistischen Auflösungen ist der Gegensatz zwi-schen Leben und Geist zu groß. Als Lösungsrichtung bleibt die Frage, wie Leben und Geist jeweils in sich derart dynamisch verstanden werden können, dass sich *Leben in sich umkehrt und Geist in sich selbst negiert.* Auf diese Weise könnten sie sich für ein-ander öffnen und ineinander greifen, sich – wie Plessner sagen würde – „verschränken". Sehr treffend schreibt Cassirer: Fasse man Leben und Geist in „ihrem reinen Vollzugs-

---

22 Vgl. ebenda den Bogen von S. 43, 62-65 über 70-73, 84 bis 108f. Vgl. E. Cassirer, Geist und Leben, a. a. O., S. 36-38, 42, 46f. Vgl. M. Scheler, Die Stellung des Menschen im Kosmos, a. a. O., S. 39-54, 77-81. H. Plessner, Die Stufen des Organischen und der Mensch, a. a. O., S. 63-66, 201f., 247-250, 293-308, 342ff.

23 Siehe E. Cassirer, Versuch über den Menschen, a. a. O., II. u. III. Kapitel. Immerhin würdigt Cas-sirer Schelers Problembewusstsein ebenda S. 45.

24 Siehe E. Cassirer, Geist und Leben, a. a. O., S. 44f.

sinn, so gewinnt die Antithese zwischen beiden alsbald eine andere Bedeutung. Der Geist braucht nicht mehr als ein allem Leben fremdes oder feindliches Prinzip betrachtet, sondern er kann als eine Wendung und Umkehr des Lebens selbst verstanden werden – eine Wandlung, die es in sich selbst erfährt, in dem Maße, als es aus dem Kreise des bloß *organischen* Bildens und Gestaltens in den Kreis der ‚Form', der *ideellen* Gestaltung, eintritt.“[25] Und zum Geist: „Alle leidenschaftlichen Anklagereden gegen den Geist, an denen die moderne philosophische Literatur so reich ist, können daher den Umstand nicht vergessen machen, dass hier in Wahrheit nicht das Leben gegen den Geist, sondern dass der letztere wider sich selbst streitet. Und dieser Widerstreit ist freilich sein eigentliches Schicksal; ist sein ewiges Pathos, dem er nicht entgehen kann. [...] Die Paradoxie seines Wesens besteht eben darin, dass diese Verneinung ihn nicht zerstört, sondern ihn erst wahrhaft konstituiert. Erst in dem ‚Nein', das er sich entgegenstellt, dringt er zu seiner eigentlichen Selbstbejahung und Selbstbehauptung durch: erst in der Frage, die er sich entgegenhält, wird er ganz er selbst. [...] Der Mensch als das der Frage allein *fähige* Wesen ist und bleibt sich auch das durchaus problematische, das ewig-frag*würdige* Wesen.“[26]

In dieser gelungenen und doppelten, sowohl vom Leben als auch vom Geist her öffnenden Aufgabenstellung der Philosophischen Anthropologie haben wir die größte Übereinstimmung Cassirers mit Plessner erreicht, denn sie enthält eine Kritik an Schelers oben genannter spekulativer Lösungsrichtung. In der Tat widerspricht sich Scheler selbst mit seiner Spekulation vom letzten *Seins*grunde, da er gleichzeitig wie Cassirer auch die struktur-funktionale Betrachtungsweise und den Vollzugscharakter des menschlichen Wesens betont.[27] Cassirer hat Plessners Formulierung der doppelten Aufgabenstellung, die Philosophische Anthropologie in der indirekten Überkreuzung zwischen Naturphilosophie und Sinnesphilosophie so anzulegen, dass der Mensch als Subjekt-Objekt sowohl der Natur als auch der Kultur begriffen werden kann, erkannt und ausdrücklich vermerkt (35f.).[28]

Gleichwohl kommt in der prinzipiellen Übereinstimmung sogleich eine Differenz zum Vorschein. Die „prinzipielle Übereinstimmung“ Cassirers mit Scheler und Plessner bezieht sich darauf, „dass die Wendung zur ‚Gegenständlichkeit' die eigentliche Grenzscheide zwischen der Welt des Menschen und der aller anderen organischen Wesenheiten bildet.“: „Dieser Zusammenhang tritt jetzt vor allem in Plessners Darstellung“ hervor, scheint aber auch – über seine kurze Skizze hinausgehend – „Schelers Grundanschauung“ zu sein (60). Da Plessner in seinen beiden Schlusskapiteln (über die Sphären des Tieres und des Menschen) den Zeichencharakter der Vermittlungen aufgezeigt habe, kommt nun aber die Differenz zum Vorschein, nämlich in der ungenierten Gestalt, das Projekt der Philosophischen Anthropologie schlichtweg zu übernehmen. „Und an diesem Punkt lassen sich nun die Ergebnisse einer kritisch gesinnten und kritisch fundierten *Naturphi-*

---

25 Ebenda S. 52f.
26 Ebenda S. 54f.
27 Vgl. 6. Kapitel im vorliegenden Buch.
28 Cassirer referiert und zitiert hier: H. Plessner, Die Stufen des Organischen und der Mensch, a. a. O., S. 31f.

losophie unmittelbar an die Ergebnisse der Philosophie der symbolischen Formen anknüpfen und als mittelbare Bestätigung für deren Grundthese gebrauchen." (60). Diese Einverleibung oder Subsumption erfolgt durch den großen Namen „kritischer", also irgendwie Kants Transzendentalphilosophie fortsetzender Philosophie, was für Plessner eine viel zu pauschale Bezeichnung wäre. Dieser Übernahmeversuch ist höchst merkwürdig, denn so verdienstvoll Cassirers symbolische Formen sein mögen, sie leisten nicht die Umkehr des Lebens in sich selbst und aus sich selbst. Diese Leistung kommt Plessners naturphilosophischer Fundierung der Philosophischen Anthropologie zu.

Um Cassirers Einverleibung von Plessners Philosophischer Anthropologie unter dem Obertitel der „kritischen Philosophie" zu verstehen, müssen wir auf Cassirers Selbstverständnis zurückgehen. Er identifiziert sich tatsächlich mit Kants Programm kritischer Philosophie, obgleich er weiß, dass er längst durch seine Philosophie der symbolischen Formen die Vernunftphilosophie überschritten hat. Diese symbolischen Formen übernehmen die transzendentale Stellung der Vernunft, indem sie die Vernunft mit Anschauungs- und Darstellungsformen, mit Formen des Verstandes und der produktiven Einbildungskraft verknüpfen. Was jetzt noch fehle, laut Kants ursprünglichem Plan, sei eine entsprechende philosophische Anthropologie. Auf die vier Fragen aus Kants Logik (mit der 4. Frage: Was ist der Mensch?) und Kants „Anthropologie in pragmatischer Hinsicht" verweisend, spricht Cassirer vom „Primat der Anthropologie im System der Philosophie": Dieses Primat ist „im System der Transzendentalphilosophie selbst nicht zur Durchführung und zur vollkommenen Ausreifung gelangt. Denn dieses System ist, seiner eigentlichen Grundtendenz nach, an der Frage des *‚quid juris'*, nicht an der des *‚quid facti'* orientiert." (33)

Hier besteht also ein theoretisch-methodisches Problem, das Cassirer selbst für die im Kantschen Sinne „kritische" Philosophie einräumt: Zumindest die philosophische Anthropologie kann nicht von den faktischen Fragen zugunsten der Ermöglichungs- und Rechtfertigungsfragen absehen, denn der Vollzug des Menschenwesens erfolgt nicht nur der Möglichkeit und Normativität nach, sondern eben auch faktisch bzw. wirklich. Ansonsten wäre er kein Argument gegen den Dualismus und einen verdinglichenden Monismus (s. o.). Die der Sonderstellung des Menschen entsprechende Stellung der Anthropologie besteht gerade darin, dass sie als notwendiger und integrierender Bestandteil „sowohl der empirischen Naturforschung als auch der reinen ‚Wesensforschung" (35) antrete. Daher passt die Philosophische Anthropologie nicht in Kants Rahmen. Sie muss den *Zusammenhang* zwischen *quid facti* und *quid juris* erforschen, weil in ihm und seinen Grenzen die Wesensspezifikation personaler Lebewesen gerade *vollzogen* wird. Die Philosophische Anthropologie kann nicht die für die Transzendentalphilosophie bequeme Arbeitsteilung fortsetzen, nach der sich die Erfahrungswissenschaften mit den faktischen Inhalten beschäftigen mögen, während der Philosophie die Formen vorbehalten blieben.

Wie soll nun das Primat der Anthropologie im System der Transzendentalphilosophie endlich eingeholt und vollendet werden? Wenn Cassirer auf Plessners „Stufen" zu sprechen kommt, auf die „Janushafigkeit" des Menschen und auf den „Riß" im menschlichen Dasein, bringt er seine symbolischen Formen in Stellung: Die „prinzipielle Entscheidung über jenen ‚Wesensbegriff' vom Menschen, die hier gesucht wird", werde

„nirgends anders als von Seiten einer ‚Philosophie der symbolischen Formen' [...] erfolgen können. Denn diese Formen eben sind es, die die Ebene des geistigen Tuns des
Menschen vorzüglich bezeichnen und die gewissermaßen die allgemeinen Bestimmungs-
elemente dieser Ebene in sich schließen." (36) – So konstitutiv die symbolischen Formen
für geistiges Tun sein mögen, wie ist ihr *Zusammenhang* mit den physischen und
psychischen Verhaltensdimensionen lebendiger Körper? „Der scheinbare Dualismus,
der Riss im ‚Dasein' ist in Wahrheit nichts anderes als die Folge jener notwendigen
Dualität der ‚Sicht'. Er besagt, dass das Leben, ohne von sich selbst abgefallen, ohne
schlechthin ‚außer sich' geraten zu sein, sich selber durchsichtig, sich selbst *gegenständlich* geworden ist. An dieser Wendung vom blossen An-sich-Sein zum Für-sich-
Sein arbeitet jede einzelne symbolische Form in ihrer Weise und mit ihren Mitteln mit,
und durch sie wird, zugleich mit den objektiven Gestaltungen der Kultur, nun auch jene
neue Weise, jener eigentümliche Modus der *Bewusstheit* erreicht, die sich im Menschen
darstellt." (59f.)

Hier wird Plessner mit Hegel gegen Heidegger verstärkt. Cassirer empfiehlt Hegels
Weg vom An-sich-Sein zum Für-sich-Sein gegen Heideggers existenziale Extase des
menschlichen Daseins. Aber um Hegels „Aufhebung" konnte es weder bei Plessner noch
bei Heidegger gehen. Plessners Heidegger-Kritik wird ganz anders angelegt.[29] Cassirer
ruft auffallend oft Hegel an und stellt gar seine symbolischen Formen als die phänomenologische Leiter im Sinne von Hegels *Phänomenologie des Geistes* dar (84). Dann
jedoch müsste man diese Formen als Formungen eines historisch-faktischen Inhalts
verstehen, von dem sie sich durch eine reflexive Bewegung emanzipieren können. Aber
wie wollte Cassirer Hegels Dialektik, die auch eine Realdialektik und letztlich logisch
an eine Ontologie gebunden war, in den transzendentalen Rückgang auf Ermöglichungsstrukturen einbauen? – Dazu sagt er nichts. Der Rückgang auf Hegel passt nicht zu
Cassirers Hauptargumentation, die Ontologie in eine funktionale Methodologie zu überführen (53).

Es entsteht der Eindruck, dass Cassirer viele andere Autoren aufruft, uminterpretiert
und versucht, in die Durchführung und Vollendung der kritischen Transzendentalphilosophie einzubauen, damit seiner Philosophie der symbolischen Formen die Begründung
der entsprechenden philosophischen Anthropologie gelingen kann. Präsent sind außer
Hegel Friedrich v. Schiller, Wilhelm v. Humboldt und Johann Gottfried Herder. Während
man bei Schiller noch sagen kann, dass er Kants Primat der erkenntniskritischen Besinnung philosophisch teilte, also in seinem Selbstverständnis nicht aus Kants Rahmen
ausbrach, ist dieser Ausbruch aber doch bei Humboldt und umso mehr bei dem schärfs-
ten Kant-Kritiker Herder der Fall. Zweifellos hat Cassirer recht, wenn er diese drei
Autoren für die Philosophische Anthropologie in Erinnerung bringt. Die Philosophische
Anthropologie ging im 18. und 19. Jahrhundert u. a. von Schillers Ästhetik und Spiel-
theorie, Humboldts Unterscheidung zwischen *ergon* und *energeia*, Herders Sprach-,

---

29 Siehe 10. u. 11. Kapitel im vorliegenden Band.

Geschichts- und Lebensthemata aus.[30] Aber wie passt dies alles theoretisch-methodisch in den Rahmen eines Kantschen Programms, das durch die symbolischen Formen und deren philosophische Anthropologie vollendet werden soll?

So wenig theoretisch-methodisch klar wird, wie Cassirer ohne eine Naturphilosophie die Philosophische Anthropologie begründen könnte, so klar tritt aber das Motiv hervor, warum er so scharf interveniert und sogar Disziplin fordert. Er will „in wirklicher Schärfe" den Dienst bezeichnen, „den eine systematisch ausgebaute ‚Philosophie der symbolischen Formen' für die Grundlegung einer ‚philosophischen Anthropologie' zu leisten vermöchte. Sie könnte für sie in zweifacher Hinsicht fruchtbar werden – sie würde ihr, Kantisch gesprochen, ebenso wohl als ‚Propädeutik' wie als ‚Disziplin' dienen. Sie würde ihr den Grund und Boden bereiten – und sie würde zugleich verhüten, dass sie diesen sicheren Grund verlässt, dass sie sich in Spekulationen verliert, die durch keine ‚mögliche Erfahrung' bestätigt oder widerlegt werden können."(53) Sieht man von Schelers Spekulation ab, die es bei Plessner nicht gibt, richtet sich die Hauptkritik von Cassirer auf Ludwig Klages, der den Geist als Widersacher des Lebens missversteht, Henri Bergson, dessen Intuition den Irrationalismus ermächtigt, und Oswald Spengler, der die Bedeutungs- und Darstellungsfunktion der Sprache auf ihre Ausdrucksfunktion reduziert (45-47, 57, 102-104). Zeithistorisch kann man verstehen, warum für Cassirer damals diese Kritik im Vordergrund stand. Aber sie betraf nicht Scheler, schon gar nicht Plessner. Beide hatten ihrerseits in ihren Schriften diese intuitionistischen und irrationalistischen Strömungen der Lebensphilosophie bereits kritisiert, weil sie innerhalb des üblichen Dualismus der Fehlidentifikation von Leben mit Irrationalität und Geist mit Rationalität befangen blieben.[31]

Das methodisch-theoretische Sachproblem besteht bis heute in der Frage, wie man „eine vor-mythische, eine vor-sprachliche, eine vor-theoretische Welt" in der lebendigen Natur, mithin eine „Erlebnis-Wirklichkeit" (49), die nicht die unsere ist, thematisieren kann. Und Cassirer weist, ganz wie Scheler und Plessner lange vor ihm und besser als er,[32] drei bis heute übliche Verfahren als vollkommen unangemessen ab. Wir kommen weder durch „Analogie-Schluss" noch durch „Induktion" noch durch „ästhetische Ein-

---

30 Vgl. zur „ästhetischen Umstimmung" mit Schiller und Natorp: E. Cassirer, Zur Metaphysik der symbolischen Formen, a. a O., S. 43, 55 und zu Herders „Ursprung der Sprache" ebenda S. 68. Vgl. zu Schiller, Hegel, Humboldt in der genannten Reihenfolge: E. Cassirer, Geist und Leben, a. a. O., S. 48, 53, 57. Vgl. zum Bezug auf W. v. Humboldt bereits: H. Plessner, Untersuchungen zu einer Kritik der philosophischen Urteilskraft (1920), in: Ders. Gesammelte Schriften II, Frankfurt a. M. 1981, S. 106ff. Zu Humboldt und Herder vgl. H. Plessner, Die Einheit der Sinne, a. a. O., S. 164-178. Vgl. zur Problemgeschichte von Schiller bis Plessner: K. Haucke, Das liberale Ethos der Würde. Eine systematisch orientierte Problemgeschichte zu Plessners Begriff der Würde, Würzburg 2003.

31 Siehe zur Kritik an Bergson und Spengler u. a.: H. Plessner, Die Stufen des Organischen und der Mensch, a. a. O., S. 4-14.

32 Vgl. M. Scheler, Wesen und Formen der Sympathie (1913/1923), Bonn 1985, insbesondere Kapitel „C. Vom fremden Ich", S. 209-258. H. Plessner, Die Deutung des mimischen Ausdrucks. Ein Beitrag zur Lehre vom Bewusstsein des anderen Ichs (1925), in: Ders., Gesammelte Schriften VII. Frankfurt a. M. 1982, S. 67-129.

fühlung" in diese anderen Erlebnis-Wirklichkeiten so hinein, dass methodisch-theoretisch etwas Sinnvolles daraus folgt. Diese Versprechen lassen sich methodisch nicht bestätigen und nicht widerlegen, und was sollte theoretisch dabei an Beurteilbarem herauskommen, wenn jeder anders dichtet, anders projiziert, eine andere Intuition hat? Gleichwohl akzeptiert Cassirer, wieder ganz im Einvernehmen mit Scheler und Plessner und durch Verweis auf den gemeinsamen Referenzautor aus der theoretischen Biologie, eben von Uexküll, die phänomenologische Einsicht im Unterschied zu jeder erfahrungswissenschaftlichen Theorie: „Keine Theorie vermag das Faktum zu beseitigen, dass innerhalb der ‚natürlichen Weltansicht' uns Tiere nicht als Maschinen, sondern als ‚belebte' Wesen – dass sie uns nicht als bewegte Körper, sondern als beseelte Leiber erscheinen. Die Welt des ‚Es' besteht hier nicht ursprünglich als eine selbständige Größe – sondern sie ist nur aus einer gegebenen Welt des ‚Du' durch eine methodische Abstraktion zu gewinnen."(50) Leben gilt Cassirer schon lange (seit seinem Leibniz-Buch von 1902) als ein nicht ableitbares, nicht konstruierbares und nicht metaphysisch erklärbares „Urphänomen".[33]

Bei aller Erweiterung und Differenzierung bleibt es noch immer unklar, wie nun Cassirer theoretisch-methodisch von den symbolischen Formen zum Urphänomen des Lebens und umgekehrt gelangen möchte. Einerseits könne man *nicht außerhalb* der symbolischen Formen anschauen, darstellen und bedeuten, also Cassirers symbolische Funktion erfüllen, die alle symbolischen Formen durchzieht. Andererseits könne man sich doch, „mitten im Vollzug dieser Kategorien, auf deren ‚Ursprung' zurückwenden", um „nach ihrem Grund und ihrer Bedeutung" zu fragen: „Der Vollzug als solcher erscheint jetzt wie angehalten, wie in einem bestimmten Punkte unterbrochen: und in dieser Unterbrechung erst ist er ‚festgestellt', ist er zum Bewusstsein erhoben. Aber der Akt der *Negation*, die hierin liegt, kehrt sich nicht sowohl gegen die Substanz des Geistes als vielmehr gegen seine anfängliche *Funktion*. Der Geist gibt sich selbst nicht in seiner Wesenheit preis; sondern er durchschreitet diese seine Wesenheit in einer zwiefachen Bewegung: Sein diskursiver Gang hat nunmehr einen doppelten ‚Sinn', gewissermaßen ein positives und ein negatives Vorzeichen, erhalten. Wenn in seiner unmittelbaren Lebendigkeit alle seine Energien auf den *Aufbau* der einzelnen Formwelten gerichtet waren – so kann jetzt eine Art ‚Abbau' derselben versucht werden. Aber dieser Abbau kann freilich niemals im ontologischen, sondern er kann nur in rein methodischem Sinne verstanden werden." (52)

Cassirer ist inzwischen davon überzeugt, dass Menschen *schon immer in den symbolischen Formen* Leistungen vollziehen. Diese Einsicht wird zu der *anthropologischen Voraussetzung seines Philosophierens*. Nehmen wir einmal an, sie stimme, dann können die Phänomene des Lebens nur innerhalb dieser geistigen Leistungen durch die Selbstnegation des Geistes in Gestalt eines negativen und positiven Vorzeichens von einem Funktionswert thematisiert werden. Wenn Leben von Menschen schon immer symbolisch geformt vollzogen wird, dann kann man nur im Rahmen der Selbstnegation des

---

33 Diese von Goethe herkommende Anerkennung der Phänomenologie des Lebendigen hat umfassend nachgewiesen: Ch. Möckel, Das Urphänomen des Lebens, a. a. O., S. 383-394.

Geistes durch das transzendentale Rückschlussverfahren auf die Phänomene des Lebens als das letztlich nicht mehr Ableitbare, nicht mehr Konstruierbare und nicht mehr vollständig Erklärbare zurückgehen. Genau dies will Cassirer erreichen, indem in das freizulegende „Ganze" nicht mehr nur wie bisher in der Transzendentalphilosophie „die Formen des Geistes", sondern nun auch „die Formen des Lebens" einbezogen werden (52). Wie komme man logisch vom Zuständlichen des Tieres zum Gegenständlichen des Menschen? Nun, indem man „in das Zwischenreich der ‚symbolischen Formen' eingeht, wenn man die verschiedenartigen Bild-Welten betrachet, die der Mensch *zwischen* sich und die Wirklichkeit stellt: nicht um die letztere von sich zu entfernen und abzustoßen, sondern um sie in dieser Abrückung erst in das Blickfeld zu bekommen."[34] Die symbolischen Formen „sind die großen Etappen auf dem Wege, der von dem Greif- und Wirkraum, in dem das Tier lebt und in den es gleichsam gebannt bleibt, zum Anschauungs- und Denkraum, zum geistigen ‚Horizont', hinführt."[35]

In welchem Sinne „sind" die symbolischen Formen diese großen Etappen? – Anthropologisch gesehen sind sie es in dem Sinne einer Hypothese zu der Wesensspezifikation des Menschen, die empirisch verifiziert oder falsifiziert werden müsste. Dafür braucht man eine Ontologie. Diese Konsequenz will aber Cassirer gerade vermeiden. Da die Anthropologie eine „philosophische" ist, kann sie nur indirekt überprüft werden. Also kommt erst einmal wieder eine transzendentalphilosophische Wendung in dem Sinne, es handele sich um Ermöglichungsbedingungen menschlicher Leistungen: „Ob diese Wendung, die nicht sowohl der Inhalt, als der Modus des ‚Erlebens' im Menschen erfährt, ein Werk der symbolischen Formen ist, oder ob umgekehrt die letzteren nur den Ausdruck, das charakteristische ‚Symptom' für diese Wendung darstellen: diese Frage ist im Grunde ebenso müßig, wie sie unbeantwortbar ist. Denn erfassbar sind für uns beide Bestimmungen immer nur in ihrem reinen ‚Zumal': wir haben hier nirgends ein ‚Vor' oder ‚Nach' selbständiger Elemente, sondern immer nur eine Korrelation von Momenten vor uns. Und vom Standpunkt der reinen *Analyse*, die mit den Fragen der *Genese* nicht vermengt werden darf, ist hier nur das eine wesentlich: dass das Grundverhältnis, das wir hier vor uns haben, insofern noch einer näheren Determination fähig ist, als es sich in den verschiedenen Formen in sich selber wiederum abstuft. [...] Und diese Ungleichheit (der verschiedenen symbolischen Formen: HPK) bietet sich uns nun als ein neues methodisches Mittel dar, kraft dessen wir den in sich einheitlichen Prozeß der ‚Anthropogonie' in einzelne Phasen auseinanderbreiten können. Der Wechsel des Blickpunkts, der sich beim Übergang von der einen Form in die andere vollzieht, liefert uns verschiedene perspektivische Ansichten, aus deren Zusammenfassung sich für uns erst das vollständige Bild dieser Anthropogonie ergibt." (64f.)

Diese indirekte Überprüfung der anthropologischen Hypothese liefe nun aber auf eine Kulturphilosophie hinaus, welche die symbolischen Formungen in ihrer Objektivierung zu Kulturformen begreift und sich an die entsprechenden Kulturgeschichten hält, um Übergänge abzustufen und aus diesen heraus ein vollständigeres Gesamtbild der An-

---

34 E. Cassirer, Geist und Leben, a. a. O., S. 51.
35 Ebenda.

thropogonie zu ermitteln. Ganz vollständig wird dies nie sein, bleibt es doch an Perspektiven gebunden, die ihren Vollzug selbst nicht analytisch zerlegen können, mithin in ihm etwas Unbeantwortbares in Anspruch nehmen. Darin besteht das spätere, aber eben auch bescheidenere Projekt des „Essay on Man" als einer Einleitung in die Kulturphilosophie. Dieses Projekt hält sich an eine solche philosophischen Anthropologie, die als Disziplin der Transzendentalphilosophie taugt. Demgegenüber gehören bei Plessner die symbolischen Formen methodologisch gesehen zum semiotischen Organon der anthropologischen Vergleiche und thematisch betrachtet zur kulturphilosophischen Dimension des horizontalen Vergleichs.[36] Sein Projekt einer Philosophischen Anthropologie muss beide Vergleichsreihen, die horizontale und die vertikale, unabhängig voneinander fundieren, um aus dem anthropologischen Zirkel der Moderne und seinen empirisch-transzendentalen Dubletten herauszutreten.[37]

Für Cassirers Kulturphilosophie wäre insbesondere Plessners naturphilosophischer Umweg zur Infragestellung der Kulturformen überflüssig oder ein bloßes Anwendungsgebiet geworden. Nicht dem existenzphilosophischen Inhalte nach, aber der Struktur der Argumentation nach hatte Heidegger ganz ähnliche Einwände gegen die Philosophische Anthropologie wie Cassirer, nur primär ontologisch statt methodologisch. Für Heidegger war philosophische Anthropologie nur als eine „Regionalontologie" seiner „Fundamentalontologie" denkbar.[38] Für Cassirer soll sie eine Disziplin seiner Philosophie der symbolischen Formen werden. Ähnlich, wie sich Cassirer aus der Philosophischen Anthropologie die Unterscheidung zwischen Umwelt und Welt angeeignet hat, tat dies auch Heidegger in seiner berühmten Differenzierung zwischen der *Weltlosigkeit* des Steines, der *Weltarmut* des Tieres und der *Weltbildung* durch den Menschen.[39] Die naturphilosophische Infragestellung des geistig-kulturellen Selbstverständnisses, das beide schon gegeneinander hatten, sowohl Cassirer als auch Heidegger, wollen beide nicht. Die Aneignung und Uminterpretation der Umwelt-Welt-Unterscheidung wird in beiden Philosophien zum Filter, der vor den Möglichkeiten des auf natürliche Weise möglichen Andersseins personaler Lebewesen schützt.

Bei Cassirer ist es das Festhalten am „Fortgang" der symbolischen Formen der Zivilisation und der kopernikanischen Wendung, bei Heidegger das Gegenteil durch Rückgang vor die Zivilisation und ihre kopernikanische Wendung. Cassirer hat kein kritisches Verhältnis zur Revolutionierung der Denkungsart durch eine kopernikanische Revolution, sondern möchte diese „Copernikanische Drehung" vom Gegenstandsbewusstsein ins Selbstbewusstsein für alle symbolischen Formen durchführen (vgl. 79). Erneut kann man zeitgeschichtlich verstehen, warum Cassirer 1928 für einen „Fortgang" der symbolischen Formen gegen Heideggers fundamentalontologischen Rückgang hinter sie plä-

---

36 Vgl. H.-P. Krüger, Der dritte Weg Philosophischer Anthropologie und die Geschlechterfrage, in: Ders., Zwischen Lachen und Weinen. Bd. II, Berlin 2001, S. 118-128, 271f., 288, und im vorliegenden Band Kapitel 5.3.
37 Siehe 4. Kapitel im vorliegenden Band.
38 Siehe M. Heidegger, Kant und das Problem der Metaphysik (1929), Frankfurt a. M. 1973, S. 208-213.
39 Siehe M. Heidegger, Die Grundbegriffe der Metaphysik. Welt – Endlichkeit – Einsamkeit (1929/30), Frankfurt a. M. 193, Zweiter Teil, zweites Kapitel.

diert. Aber Cassirer gibt keine faktischen und strukturellen Bedingungen dafür an, warum und wie der Fortgang der funktionalen Ermöglichungsstrukturen gelingen sollte und kann. Der Zusammenhang zwischen Normativität und ihren Fakten gehört für ihn doch nicht in die Aufgabe der Philosophie als Transzendentalphilosophie: „Wir haben im gesamten Verlauf der Untersuchung, an deren Ende wir nunmehr stehen, diesen Fortgang aufzuweisen versucht, – wir haben zu zeigen versucht, wie der Weg der menschlichen Erkenntnis von der ‚Darstellung‘ zur ‚Bedeutung‘, vom Schematismus der Anschauung zur symbolischen Erfassung reiner Sinnzusammenhänge und reiner Sinn-Ordnungen hinführt. Aber alle diese Ordnungen, so sehr wir sie als ein Absolutes, als ein An-sich-Bestehendes denken mögen, sind freilich ‚für‘ den Menschen nur, sofern er an ihrem Vollzug mitarbeitet. [...] an diesem Ziele: an dem Übergang vom Reich der ‚Natur‘ in das Reich der ‚Freiheit‘ mitarbeitet." (109)

Was ist das für ein Mensch, von dessen Mitarbeit in den symbolischen Formen alles abhängt, der er sich aber auch verweigern kann? Stimmt dann noch seine Wesensdefinition als *animal symbolicum*? Diese Definition kann schwerlich seine *anthropologische* Wesensspezifikation treffen, da er sich auch gegen sie wenden kann. Zumindest der Fortgang in den symbolischen Formungen erscheint nunmehr als ein normativer Wunsch aus dem geistigen Horizont der klassischen Aufklärung im Sinne von Kants Fortschreiten: Der Mensch *soll* diese Bestimmung annehmen. Aber es war Heidegger, der auch im Namen der Freiheit[40] das Gegenteil verkündete. Macht das nicht skeptisch gegen das ganze Vokabular von Natur *versus* Freiheit als Reichen, die sich schwerlich *nicht* ontologisch denken lassen? War da nicht Cassirer selbst schon weiter, als er von der Selbstumkehr im Leben und von der Selbstnegation des Geistes im Vollzug oben sprach?

Nach Max Schelers plötzlichem Tod 1928 begann Heidegger, seinen Wunsch umzusetzen, Scheler in der Führung der deutschen Philosophie zu beerben. Er widmete demonstrativ sein Buch „Kant und das Problem der Metaphysik" (1929) eben diesem. Dies war ein symbolischer Akt nach dem Disput mit Cassirer in Davos. Plessner publizierte seine Heidegger-Kritik in „Macht und menschliche Natur" (1931, siehe dazu das 11. Kapitel in diesem Band). 1933 wurde auch Plessner ins Exil gezwungen, zunächst nach Istanbul, dann ab 1934 in die Niederlande, bevor er 1951 nach Göttingen zurückkam. Geboren 1892 gehörte er der gleichen Generation wie Heidegger (Jahrgang 1889) an, wenngleich auf ganz andere Weise als dieser. Plessner war also 18 Jahre jünger als Cassirer, was in der Intellektualgeschichte viel bedeutet. Er hatte, von Hause aus Zoologe und während der Münchner Räterepublik politisch engagiert, im Max Weber-Kreis Georg Lukács und Ernst Bloch kennen gelernt, die verschiedenen philosophischen Richtungen durchlaufen, von Husserl über Windelband bis Drieschs Vitalismus, dank Josef König und Nicolai Hartmann auch den Hegelianismus und dank Georg Misch schließlich die Systematisierung von Diltheys Lebensphilosophie. Angesichts so vieler Grenzgänge durch das Beste, welches das philosophische Deutschland zu bieten gehabt hatte, entstand keine Verpflichtung mehr auf Kant, sondern vielmehr bereits in der Habilschrift von 1920 in Köln die Frage, was man Neues aus Kants Kritik der

---

40 Vgl. G. Figal, Martin Heidegger. Phänomenologie der Freiheit, Frankfurt a. M. 1988.

Urteilskraft in der indirekten Fragemethode philosophisch machen könne. Plessner nahm wohl daher selten auf Cassirer Bezug und fasste seine Kritik der Philosophie der symbolischen Formen als einer „anthropologischen Philosophie"[41] erst 1963 zusammen.

2. Anthropologische Philosophie oder Philosophische Anthropologie?

Cassirer war zu wahrhaftig, zu ehrlich und zu korrekt, um irgendeinen Etikettenschwindel betreiben zu können. Man sieht diesem Kampf um eine echte Selbstverständigung und Besinnung auch in seinen zu Lebzeiten nicht veröffentlichten Arbeiten zu einer philosophischen Anthropologie zu. Vielleicht war er sogar dadurch zu bescheiden, dass er alles noch in dem Denkrahmen Kants als der ursprünglich höchsten Autorität der deutschsprachigen Philosophie unterzubringen versuchte, als Modifikation, Erweiterung, Durchführung, Vollendung eines ursprünglichen Plans, im Ausgleich mit Leibniz' monadologischem und Goethes und Schillers ästhetischen Gegengewichten zur reinen Vernunftphilosophie. Diese lebensgeschichtliche Verpflichtung tritt zurück vor einem amerikanischen Publikum, für das andere Autoritäten zählen und das gemeinverständlich, ohne Rücksichtnahme auf innerdeutsche philosophische Auseinandersetzungen, Fakten und Argumente hören möchte.

Der alte Cassirer unterzieht sich im Exil jahrelang der Tortur, das Manuskript dementsprechend umzuschreiben (*rewriting* genannt), und gemessen an dem Maßstab, ein derart breiteres Publikum erreichen zu können, hat er erstaunlich viel philosophischen Gehalt doch noch in seinem vorletzten Buch retten und vermitteln können. Die anfänglich erwähnte Änderung des Untertitels des *Essay on Man* in „An Introduction to a Philosophy of Human Culture" war eine richtige systematische Selbstbegrenzung des Anspruches, der mit diesem Buch erhoben werden kann. Für diese Einschätzung gilt indessen ein anderer Maßstab, eben der, dass Cassirer bei einer philosophischen Anthropologie bleibt, die zu seiner Philosophie der symbolischen Formen passt, und letztere leistet ein kulturphilosophisches Angebot an die Kulturwissenschaften und Kulturgeschichten dieser Formen. Cassirer war klar, dass sein Projekt keine natur- und geschichtsphilosophische Doppelfundierung einer Philosophischen Anthropologie im Sinne Plessners, also im Hinblick auf den vertikalen und horizontalen Vergleich, zustande bringt. Insofern war es rechtens, dass er auf Plessner überhaupt nicht mehr referierte, zumal diese innerdeutsche Diskussion dem amerikanischen Publikum nicht bekannt sein konnte. Für die philosophisch Interessierten verweist er immer wieder auf die Bände seiner Philosophie der symbolischen Formen aus den 1920er Jahren.

---

41 H. Plessner, Immer noch Philosophische Anthropologie?, in: Ders., Gesammelte Schriften VIII, Frankfurt a. M. 1983, S. 242f. Plessner verwies auf Cassirers symbolische Korrelation zwischen einer bestimmten Kultur und einem bestimmten Bild von der Natur. H. Plessner, Das Problem der Natur in der gegenwärtigen Philosophie, in: Ders., Gesammelte Schriften IX, Frankfurt a. M. 1985, S. 65. Grundsätzlich kritisierte Plessner die Reduktion der Philosophie auf Sprach- und Kulturphilosophie. Siehe H. Plessner, Die Stufen des Organischen und der Mensch, a. a. O., S. 25.

Im ersten Teil seines *Essay on Man* ist Cassirer mit der Frage „Was ist der Mensch?" beschäftigt. Er gewinnt sie aus der Geschichte der Philosophie anhand exemplarischer Formulierungen und Antworten von Platos Sokrates und Aristoteles über Augustinus und Pascal, Montaigne und Diderot bis Herder und Schiller, aber auch aus der theoretischen Geschichte der Wissenschaften von Wilhelm v. Humboldt und Charles Darwin über Johann v. Uexküll, die Gestaltpsychologie und Kurt Goldstein bis zur damals jüngsten Primatenforschung (R. M. Yerkes). Nach dieser Auswahl ist es plausibel, die anfangs genannte Wesensdefinition vom *animal symbolicum* als Hypothese einzuführen:

„Der Begriff der Vernunft ist höchst ungeeignet, die Formen der Kultur in ihrer Fülle und Mannigfaltigkeit zu erfassen. Alle diese Formen sind symbolische Formen. Deshalb sollten wir den Menschen nicht als *animal rationale*, sondern als *animal symbolicum* definieren. Auf diese Weise können wir seine spezifische Differenz bezeichnen und lernen wir begreifen, welcher neue Weg sich ihm öffnet – der Weg der Zivilisation."[42]

Im zweiten Teil des Buchs, „Mensch und Kultur" überschrieben, fasst Cassirer seine symbolischen Formen in der Reihenfolge von Mythos und Religion über Sprache und Kunst bis zur Geschichte und modernen Wissenschaft zusammen. So soll die hypothetisch geäußerte Wesensdefinition des Menschen kulturphilosophisch entfaltet und eingelöst werden. Dabei firmieren die symbolischen Formen als die *Strukturen*, die die Produktion der menschlichen Kultur *funktional* ermöglichen. Daher spielt der Anschluss an den Strukturalismus eine große Rolle, der damals die Sprach- und Kulturwissenschaften durchzog. „Das Eigentümliche des Menschen, das, was ihn wirklich auszeichnet, ist nicht seine metaphysische oder physische Natur, sondern sein Wirken. Dieses Wirken, das System menschlicher Tätigkeiten, definiert und bestimmt die Sphäre des ‚Menschseins'. Sprache, Mythos, Religion, Kunst, Wissenschaft, Geschichte [...] sind keine isolierten, zufälligen Schöpfungen. Sie werden von einem gemeinsamen Band zusammengehalten. Aber dieses Band ist kein *vinculum substantiale*, wie es die Scholastik gedacht und beschrieben hat; es ist vielmehr ein *vinculum functionale*." (110) Wieder kann man den Schluss des Buches zeitgeschichtlich gut verstehen als Ausdruck einer Hoffnung: „Im ganzen genommen könnte man die Kultur als den Prozeß der fortschreitenden Selbstbefreiung des Menschen beschreiben. Sprache, Kunst, Religion und Wissenschaft bilden unterschiedliche Phasen in diesem Prozeß. In ihnen allen entdeckt und erweist der Mensch eine neue Kraft – die Kraft, sich eine eigene, eine ‚ideale' Welt zu errichten. Die Philosophie kann die Suche nach einer grundlegenden Einheit dieser idealen Welt nicht aufgeben. Sie übersieht nicht die Spannungen und Reibungen [...]. Aber diese Vielfalt und Disparatheit bedeutet nicht Zwietracht und Disharmonie. Alle diese Funktionen vervollständigen und ergänzen einander. Jede von ihnen öffnet einen neuen Horizont und zeigt uns einen neuen Aspekt der Humanität." (345f.)

---

42 E. Cassirer, Versuch über den Menschen, a. a. O., S. 51. Im jetzigen 2. Unterkapitel gebe ich die Seitenangaben dieser Ausgabe oben eingeklammert im Text an.

Man sieht, dass dieses Einführungsbuch nicht die Fragen beantworten kann, die in der Lektüre der problembewussten „Metaphysik der symbolischen Formen" und des Aufsatzes „‚Geist' und ‚Leben'" bereits entstanden waren. Dies trifft auch auf die zwischenzeitlichen Manuskripte aus Cassirers Nachlass zur philosophischen Anthropologie zu, mit der einen Ausnahme der Göteborger Vorlesungen zur Geschichte der philosophischen Anthropologie. Sie sind philosophiegeschichtlich interessant, ohne systematisch etwas Neues zu erbringen. Die Lektüre des *Essay on Man* führt auf die drei folgenden Fragen zurück: Wie können die symbolischen Formen einerseits als *Phasen* eines zur Selbstbefreiung des Menschen fortschreitenden Prozesses verstanden werden? Wie können diese Formen andererseits als ganz verschiedene, je in sich autonome Funktionen aufgefasst werden? Und wie können sich diese Formen zumindest künftig als einander in der Humanität vervollständigend und ergänzend verstehen? – Da Cassirer bei der erkenntnistheoretischen Einsicht bleibt, „dass wir zwischen genetischen und systematischen Problemen klar trennen müssen" (184f.), sind diese drei Fragen in seinem Sinne klar unterscheidbar. Für die Lösung des *Zusammenhanges* der drei Fragen scheide die neukantianische Lösungsrichtung (Windelband, Rickert) aus, nach der die naturwissenschaftlichen Urteile nomothetisch sein, also allgemeine Gesetze liefern sollen, während die geschichtswissenschaftliche Urteilsform ideographisch sei, also die Besonderheit der beschriebenen Tatsachen erfasse. „Ein Urteil bildet stets eine synthetische Einheit; es enthält ein Moment der Universalität und ein Element der Partikularität. Beide Elemente stehen nicht in einem Gegensatz zueinander; sie setzen einander voraus und durchdingen einander." (285) Wenn man alle symbolischen Formen als geschichtliche Größen ernst nehmen will, scheidet Carnaps vermeintliche Lösungsrichtung ohnehin aus. Eine „eindeutige Entsprechung zwischen grammatischen und logischen Formen" lässt sich „nicht erwarten" (198). Da Cassirer inzwischen mit Morris' Unterscheidung zwischen der Syntax, Semantik und Pragmatik sprachlicher Symbole arbeitet, scheidet nicht nur das Primat der Syntax (Carnap) aus, sondern auch das der Pragmatik. Die „philosophische Synthese" suche nicht „nach der Einheit der Wirkungen, sondern nach der Einheit des Handelns; nicht nach der Einheit der Erzeugnisse, sondern nach der Einheit des schöpferischen Prozesses." (114) Dieser Prozess werde methodisch aufschließbar, hier folgt Cassirer Dilthey, als „Semantik", d. h. „Hermeneutik" (297). Um in den geschichtlichen Wandel des Interpretationsprozesses der symbolischen Formen hineinzukommen, brauche man eine „Phänomenologie der menschlichen Kultur". Um diesen Prozess orientieren und verarbeiten zu können, suche man philosophisch immer noch „formal" (117) nach „der Einheit der übergreifenden Funktion" (114f., 201f.) dieses Prozesses, ohne geschichtsphilosophisch ein Ziel anzugeben (313). Es gebe sowohl innerhalb einer jeden symbolischen Form als auch zwischen ihnen eine „Dialektik" (vgl. 201, 229).

Der *Essay on Man* ist eher in all dem bemerkenswert, das er als vermeintliche Lösung abweist, denn in der Vorführung der Lösung selbst. Immerhin scheint nun aber auch Cassirers Lösungsrichtung auf eine Kombination aus Phänomenologie, Hermeneutik und Dialektik hinauszulaufen, um letztlich die für die menschliche Kultur, d. h. laut obigem Zitat für die Humanität funktionalen Ermöglichungsstrukturen an symbolischen Formen freizulegen. Eine solche Methodenkombination ist in der Tat kardinal, um im

Kantischen Sinne indirekt verfahren zu können, also theoretische Hypothesen bilden und überprüfen zu können. Ohne die Lösung dieses Problems der Methodenkombination tappt man nur in dem anthropologischem Zirkel der Moderne (Foucault) herum, verdoppelt man anthropologische Fakten in ihren Ermöglichungsbedingungen und umgekehrt diese anthropologischen Ermöglichungsstrukturen in ihnen entsprechenden Fakten. Man verbleibt in der Korrelation von Dubletten,[43] also in einem Zirkel, ohne in eine weltliche und mediale Drittheit zu gelangen, von der her mit den Dualismen umgegangen werden kann.[44] Dafür spricht bei Cassirer, dass er noch immer an den Dualismen von Inhalt und Form, von Substanz und Funktion, von Genese und Logik, von Rückschritt und Fortschritt in einem bestimmten Sinne festhält. Es ist nicht so, dass er sich aus dem jeweiligen Dualismus herausdreht, um von außerhalb mit den beiden Seiten der Unterscheidung umgehen zu können. Es ist vielmehr so, dass er innerhalb des jeweiligen Dualismus sich auf die eine Seite stellt, sie markiert, von ihr her den Dualismus verwendet, gegen die andere Seite desselben Dualismus: für Form gegen Inhalt, für Funktion gegen Substanz, für Logik gegen Genese, für Fortschritt gegen Rückschritt. Was heißt dies in der Konsequenz? Sind dann andere Vollzüge, anders markierte Tätigkeiten „unmenschlich", „ahuman" oder nur „an sich", aber noch nicht „für sich" human, noch „uneigentlich" statt „eigentlich" menschlich? Ist Cassirer auch, und zwar gerade in dem *vinculum functionale*, in diesem allein funktionalem Band aller symbolischen Formen, in dem anthropologischen Zirkel der Moderne von empirisch-transzendentalen Dubletten gefangen?

Von der geschichtlichen Lebensphilosophie Diltheys herkommend, der sich der späte Cassirer angenähert hat, hat Bernhard Groethuysen das Problem einer „anthropologischen Philosophie" 1936 in die Diskussion eingeführt.[45] Auf den ersten Blick wollte er damit nur sichern, dass nicht eine ausgewählte Sammlung von anthropologischen Fakten durch leichte Überverallgemeinerung zu einer naiven philosophischen Anthropologie geadelt werde. Vielmehr müsse Philosophie diese vermeintliche Verallgemeinerung, deren Berechtigung man nicht kenne, reflexiv in Frage stellen. Die Schlussregel dieser Verallgemeinerung gehöre selbst dem historischen Prozess an und sei geschichtlich gesehen keineswegs selbstverständlich. Insofern sollte zunächst einmal in dem Übergang von einer „philosophischen Anthropologie" zu einer „anthropologischen Philosophie" die geschichtliche Reflexion gestärkt und damit die philosophische Aufgabe verstanden werden. Indessen besteht darin noch nicht die Lösung des Problems. Nach diesem ersten Reflexionsschritt konnte Cassirer sagen, den leiste er dadurch, dass er von den anthropologischen Fakten transzendental auf die symbolischen Formen zurück gehe. Aber diese Logik der mit Kant typisch modernen Philosophie überzeugt die ge-

43 Siehe 4. Kapitel im vorliegenden Band.

44 Vgl. H.-P. Krüger, Die Antwortlichkeit in der exzentrischen Positionalität. Die Drittheit, das Dritte und die dritte Person als philosophische Minima, in: Ders./G. Lindemann (Hrsg.), Philosophische Anthropologie im 21. Jahrhundert, Berlin 2006, S. 164-183.

45 B. Groethuysen, Towards an Anthropological Philosophy, in: Philosophy and History. Essays presented to Ernst Cassirer, ed. Raymond Klibansky and H. J. Patan, Oxford 1936, S. 88. Vgl. ders., Philosophische Anthropologie, in: Handbuch der Philosophie, München/Berlin 1931, Bd. 3, S. 1-207.

schichtlich-hermeneutische Lebensphilosophie nicht. Warum sollte dieses logische Selbstverständnis einer bestimmten Moderne über diese hinaus Geltung beanspruchen können?
Weshalb wäre eine bestimmte Moderne nicht nur der Maßstab anderer Moderneauf-
fassungen, sondern gar für alle nicht-modernen Menschheitskulturen?

In den *vor*modernen Kulturen, und darin besteht der zweite Reflexionsschritt in der
Entfaltung des Problems, das Groethuysen aufwirft, war eine „anthropologische Philo-
sophie" gerade *nicht* in einen anthropologischen Zirkel involviert. Philosophie setzte ein
und endete da mit der Teilhabe an nonhumanen Substanzen wie dem Kosmos oder Gott
als dem vollkommenen Sein. Menschliche Lebewesen wurden thematisiert anhand dieses
Maßstabes, inwiefern sie an solchen Substanzen teilhaben konnten und inwiefern nicht.
Aber in modernen Zeiten rannte die Philosophie insofern in den anthropologischen
Zirkel hinein, als sie nur noch funktionale Relationen und deren faktische Resultate
anerkannte. Sie übernahm das Selbstverständnis der modernen Erfahrungswissenschaft,
wie es Cassirer so meisterlich in seinem frühen Buch „Substanzbegriff und Funktionsbegriff" (1910) beschrieben hatte. Daher kam seine eigene *Redeweise von Funktionen*,
die ihn nun einholte und an der er doch festhielt, obgleich er seit langem die Wissenschaft nur als eine von vielen symbolischen Formen begriff. Wenn also Cassirers moderne Philosophie einerseits den Menschen in Begriffen seiner Selbstbefreiung durch
die symbolischen Formen fasst, andererseits die Funktionalität dieser Formen an ihren
tatsächlichen Leistungen misst, dann gerät diese Philosophie in einen *anthropologischen Zirkel*. Der Zirkel besteht dann in der Selbstbefreiung durch symbolische Formen
hindurch, deren geschichtlich gelebte Wertsetzungen im Funktionsbegriff kaschiert werden. Die Selbstbefreiung geschieht dadurch, dass das Subjekt Mensch und das Objekt
Mensch an den funktionalen Korrelationen zwischen Subjekt und Objekt zu beurteilen
sind. Diese Korrelationen fasst Cassirer als symbolische Formen auf, deren Band *Humanität* heißt. Diese Philosophie kann nicht von woanders als dem menschlichen Selbst,
diesem Subjekt-Objekt, her ihren eigenen modernen *Zentrismus* in Frage stellen, begrenzen, beurteilen. Der moderne Mensch wird dafür in Anspruch genommen, künftig
den modernen Menschen produzieren zu können.

Damit ändert sich die Bedeutung des Ausdrucks „anthropologische Philosophie"
nochmals. Unter modernen Voraussetzungen bezeichnet er gar keine *selbständige Philosophie* mehr. Er ist vielmehr Ausdruck eines hermeneutischen Vorurteils, das in der
europäisch bestimmten Moderne überwiegt. Ihr hermeneutischer Zirkel ist der anthropologische Zirkel in der Gestalt empirisch-transzendentaler Dubletten. Die Verlockung
in dem Pathos von Heidegger bestand gerade darin, aus einer philosophischen Anthropologie, die in anthropologische Philosophie umschlägt, dadurch herauszuführen, dass
die ganze Unterscheidung zwischen vormodern und modern nochmals unterlaufen wird,
um die Selbständigkeit des Philosophierens wiederzugewinnen. Die Aufgabe der „Neuschöpfung der Philosophie"[46] leistet Plessner auf ganz andere Weise. Er rekonstruiert
gerade diejenigen lebens- und forschungspraktischen Präsuppositionen, an die die *modernen* erfahrungswissenschaftlichen Anthropologien gebunden bleiben, ohne sie ver-

---

46 H. Plessner, Die Stufen des Organischen und der Mensch, a. a. O., S. 30.

stehen und erklären zu können. Diese Anthropologien nehmen etwas in Anspruch, das sich ihrem Zirkel entzieht, eben in der lebendigen Natur die exzentrische Positionalitätsform und in der künftigen Geschichtlichkeit die eigene Unergründlichkeit. Cassirer verstand nicht die Tragweite des von Groethuysen aufgeworfenen Problems. Er dachte, es läge an Groethuysens Projekt, das die historische Rekonstruktion der anthropologischen Philosophien, die reflexiv waren, im Unterschied zu den philosophischen Anthropologien, die naiv waren, an der Schwelle der Moderne beendete (350). Oswald Schwemmer hat schon in den Titel seines Cassirer-Buchs treffend die richtige Aussage gelegt, wenngleich er wohl damit seinerzeit nicht die Grenze Cassirers markieren wollte: Cassirer ist durch und durch ein „Philosoph der europäischen Moderne", auch und gerade in der seinem Werk immanenten Spannung zwischen Renaissance und Aufklärung.[47] Gerald Hartung hat zwar Einblick in die Aporien der philosophischen Anthropologie genommen, aber nicht begriffen, dass eben auf sie die Philosophische Anthropologie antwortet. Ohne den natur- und geschichtsphilosophischen Umweg Plessners gibt es keine Befreiung vom anthropologischen Zirkel der europäischen Moderne. Cassirers Kulturphilosophie steht auf einer Seite der europäisch-modernen Dualismen, also in ihnen.[48]

Plessner spricht in seiner zusammenfassenden Kritik von 1963 Cassirers Philosophie als einen „Spätidealismus" an, da sie sich systematisch gesehen nicht aus logischen oder anderen, sondern aus moralischen Gründen auf die fortschreitende Selbstbefreiung des Menschen „im Aufbau einer idealen Welt" konzentriere. Sie sei, darin der Diltheyschen Philosophie ähnlich, auf „Kultur als Leistung" begrenzt. Dieser Spätidealismus habe „positivistischen Charakter", da die funktionalistische Verarbeitung der Empirien der neue Positivismus seiner Zeit war. An die Stelle der philosophischen „Fragen, von deren Beantwortung meine humane Existenz abhängt, ist die Untersuchung der Formen getreten, in denen sich der Mensch spezifisch äußert. An seinen Früchten sollt ihr ihn erkennen. Warum es gerade diese Früchte sind und keine anderen, kann die Theorie uns nicht sagen, denn ihr funktionaler Verband verrät nichts darüber. Der Funktionsverband muss sich an die nun einmal gegebenen Manifestationen halten, [...] Das Subjekt ist immer schon in seinen Leistungen verschwunden, die darum eben das Subjekt symbolisch repräsentieren. Ihr Funktionssinn bleibt dunkel, weil man nicht weiß, für wen sie funktionieren."[49] Wollte man den Funktionssinn zum Problem machen, müsste man „von einem außerhalb des Horizontes gegebenen Standort aus" argumentieren, „auf den die Verklammerung menschlicher Leistungen mit dem menschlichen Organismus hinweist": „Cassirer weiß zwar auch, dass der Mensch ein Lebewesen ist, aber er macht philosophisch davon keinen Gebrauch. Tierische Ausdrucksformen dienen ihm nur als Kontrastmittel, um gegen ihren Hintergrund die spezifisch menschlichen Ausdrucksfor-

---

47 O. Schwemmer, Ernst Cassirer. Ein Philosoph der europäischen Moderne, Berlin 1997, S. 15f., wo er sich ausdrücklich von Stephen Toulmins Erweiterung und Neufassung der Moderne distanziert. Vgl. dagegen im vorliegenden Buch 4. Kapitel.

48 Vgl. dagegen: G. Hartung, Das Maß des Menschen. Aporien der philosophischen Anthropologie und ihre Auflösung in der Kulturphilosophie Ernst Cassirers, Weilerswist 2003.

49 H. Plessner, Immer noch Philosophische Anthropologie?, a. a. O., S. 242f.

men abzuheben. [...] Wo die körperliche Dimension beginnt, hört für sie (Cassirer und Dilthey) die Philosophie auf."[50] Wenn Plessner Cassirers Philosophie ebendort eine „anthropologische Philosophie" nennt und diese Bezeichnung in Anführungszeichen setzt, bezieht er sich offenbar auf Groethuysen und Cassirers Missverständnis dieses Einwandes in dem *Essay on Man*, weshalb Plessner auch gleich Dilthey mitbehandelt. Bezogen auf Cassirer meint „anthropologische Philosophie" also, sich von den erfahrungswissenschaftlichen Anthropologien faktische Leistungen vorgeben zu lassen und diese im wissenschaftlichen Geiste der Zeit nun funktionalistisch zu systematisieren im Hinblick auf ihre Ermöglichungsstrukturen. Die philosophische Aufgabe beschränkt sich auf die systematische Ermöglichung des bekannten Faktischen, im Falle Cassirers auch noch thematisch auf die Kulturformen als Gebiet und auf die Moral als das Normativ der Zeit begrenzt.

M. E. ist dies eine richtige Einschätzung des *Essay on Man*: Cassirer beginnt mit drei Arten von damals gut bekannten anthropologischen Fakten: mit der Vielfalt der anthropologischen Fragen und Antworten in der Geschichte von Humankulturen, mit den biologischen Erkenntnissen über die Schwierigkeiten von Menschenaffen in der Erzeugung von Symbolen und mit medizinischen Fakten über Mängel im Symbolverstehen, z. B. bei Aphasie. Dann schlägt er die symbolischen Formen als jene Strukturen vor, welche die entsprechenden Leistungen funktional ermöglichen, in Übereinstimmung mit weiteren anthropologischen Fakten. Diese anthropologische Philosophie ist das Gegenteil von Plessners Philosophischer Anthropologie, denn sie bestätigt den anthropologischen Zirkel der westlichen Moderne durch einen weiteren Definitionsvorschlag funktionaler Art.[51] Cassirer transformierte Kants transzendentale Frage nach der Korrelation zwischen dem Objekt und Subjekt in die funktionale Korrelation zwischen anthropologischen Fakten und symbolischen Formen, die Humankulturen als faktische Leistungen zu produzieren ermöglichen. Man kann sich fragen, ob diese transzendentale Art zu philosophieren, auch wenn sie erweitert und differenziert wird, sich je dem Problem stellen kann, was es bedeutet, wenn sich eine Soziokultur zur *Produktion des Menschen selbst ermächtigt*. Sind wir wirklich vom Prinzip her grenzenlos frei, uns selbst durch Aktivitäten zu konstituieren, führen diese nur zu Fakten schaffenden Resultaten? Was ist das nur für eine Moral der empirisch-transzendentalen Überrumpelung von Anderem und Fremdem auch in unseren eigenen Selbstbeziehungen, statt Verantwortlichkeit für indirekte, zumeist nicht intendierte Folgen der Funktionen herzustellen? Die Funktionen werden anhand ihrer indirekten Folgen zum Problem, das eine gänzlich neue Art und Weise des Politischen aus dem Öffentlichen im Unterschied zum Privaten zu seiner Lösung bedarf, wie es Dewey erkannt hat.[52]

Cassirer hat am Ende seines Lebens den faktischen Rückschlag der von ihm moralisch erwarteten Moderne in „The Myth of the State" (posthum 1946 erschienen) erlebt und dokumentiert. Der anthropologische Zirkel der europäischen Moderne ist nicht nur

---

50 Ebenda, S. 243.
51 Vgl. zum modernen Charakter der Funktionalisierung von Rollen H. Plessner, Zur Anthropologie des Schauspielers (1948), in: Ders., Gesammelte Schriften VII, Frankfurt a. M. 1982, S. 402-418.
52 Siehe dritter Teil im vorliegenden Buch.

ein erkenntnislogisches und moralisches Problem, sondern vor allem ein politisch-praktisches Problem der Selbstermächtigung im Namen des Menschen hier und heute angesichts einer Zukunft von Konsequenzen, die uns grundsätzlich in die Relation zur Unbestimmtheit versetzen. Macht als Verhalten zur Unbestimmtheit[53] wird der Ausgangspunkt für Plessners politische Anthropologie, die ebenfalls das Verhältnis von Privatem und Öffentlichem neu aufrollt.[54] So verschieden Dewey, Plessner und auch Arendt[55] die Unterscheidung zwischen Öffentlichem und Privatem anlegen, um aus dem Öffentlichen das Politische neu fundieren zu können, für diese ihre Gemeinsamkeit gibt es in Cassirers Philosophie kein Äquivalent.[56]

3. Plessners frühe Symbolfunktion und die Änderung ihres Status: Vom transzendentalen Anspruch zur semiotischen Selbstkontrolle

Cassirer hat vollkommen Recht, wenn er immer wieder betont, dass es zur Wesens-*spezifik* von Menschen gehört, keinen *unmittelbaren* und *direkten* Zugang zur Natur zu haben. Ihr Zugang ist grundsätzlich vermittelt durch symbolische Formen, die soziokulturell erlernt werden und den Kontakt zur Welt indirekt gestalten. Auch Plessner hat diese anthropologische Einsicht gegen nur introspektive und nur intuitionistische Philosophien, darunter von Bergson oder Klages, verwendet. Es reicht philosophisch nicht aus, den Erlebnisstrom zu beschwören und das Repertoire nicht-sprachlicher Ausdrücke gegen die Zumutungen der symbolischen Vermittlung in Stellung zu bringen, ja, daraus kurzschlüssig den – zudem als allein rationalistisch missverstandenen – Geist für eine Krankheit des Lebens zu halten. Aber die anthropologischen Fakten für eine symbolische Vermittlung werden aus der Perspektive von erfahrungswissenschaftlichen Standardbeobachtern unter reproduzierbaren Bedingungen ermittelt. Sie werden selbst reflexiv erzeugt. Solche Fakten beantworten nicht eine *andere* Frage, die im Laufe der Lebensführung immer wieder auftritt, und zwar für diejenigen, die ihr Leben führen und diese Aufgabe im Ganzen nicht wegdelegieren können, solange sie eben leben. Das anthropologische Wissen wird auf reflexive Weise in den Natur- und Geisteswissenschaften sowie der Philosophie produziert. Es wird nicht in dem Sinne *gelebt*, wie man *knowing how* hat, sich hier und jetzt verhalten zu können, im Unterschied zum *knowing that* (G. Ryle), dass man reflexiv weiß, was nach Gesetzen oder Regeln unter bestimmten Bedingungen wahrscheinlich sein wird. Auch Cassirer redet die Phänomene, den Ausdruck, die physiognomische Erfahrung nicht weg. „So problematisch indes sich alle

---

53 Vgl. H. Plessner, Macht und menschliche Natur, a. a. O., S. 188.
54 Vgl. H. Plessner, Grenzen der Gemeinschaft, a. a. O., S. 94-120, 133.
55 8. Kapitel im vorliegenden Buch.
56 Vgl. zu Cassirers andersartigen Thematisierung des Politischen: V. Gerhardt, Vernunft aus Geschichte. Ernst Cassirers systematischer Beitrag zu einer Philosophie der Politik, in: H.-J. Braun/H. Holzhey/ E. W. Orth (Hrsg.), Ernst Cassirers Philosophie der symbolischen Formen, Frankfurt a. M. 1988, S. 232-243.

Theorien über das Urphänomen des Ausdrucks, je tiefer man ihnen nachdenkt, erweisen – so klar und bestimmt steht es selbst, *als* Phänomen vor uns."[57]

In den symbolischen Formen zu *leben* ist etwas anderes, als sie zu *rekonstruieren*. Nachdem ein bestimmtes Problem in der Lebensführung, etwa eine Krankheit, aufgetreten ist, wird man sich in der Therapie medizinisch behandeln lassen, aber nicht, um Arzt oder Anthropologe zu werden, sondern in der Hoffnung, nach der Genesung auch wieder unvermittelt lebendige Phänomene erfahren und auf direkte Weise genießen zu können. Ohne erneute Habitualisierung könnten wir keine der spezifisch menschlichen Tätigkeiten wie z B. das Fahrradfahren, Wind- und Wellen-Surfen, Autofahren, Singen und Klavier spielen, Sprechen und Schreiben erneut ausüben. In allen Aktivitäten und Passivitäten, sich zu verhalten, wird eine Balance von Naivität und Reflexivität erlernt. Naivität kann nicht im Ganzen des Lebens Reflexivität ersetzen, und umgekehrt gilt ebenso, dass auch Reflexivität im Ganzen des Lebens nicht Naivität ersetzen kann. Das menschliche Verhalten ist im Ganzen nicht lebenslang festgestellt, jedenfalls nicht, ohne dass diese Feststellung problematisch würde. Es ist zu plastisch, wenngleich nicht beliebig plastisch. Es alterniert in ambivalenten Wechseln zwischen Scham und Verhaltenheit einerseits, Geltungsdrang und Anerkennungsbedürfnis andererseits. Plessner hatte solche, spezifisch menschliche Verhaltens*ambivalenzen*, die eines würdevollen Ausgleichs bedürfen, in seiner Sozialanthropologie des Spieles in und mit Rollen thematisiert, unter dem Titel der ontisch-ontologischen „Zweideutigkeit" der menschlichen Psyche bzw. Seele (Aristoteles) in der Lebensführung.[58] Die kommunitaristische Verhaltensfixierung hat ihre Grenzen in der öffentlichen Gesellschaft und im Privatleben der Individuen. – Gibt es für dieses Problem der *lebendigen* Verhaltensambivalenzen in den *symbolischen* Formen einen angemessenen Zugang?

Was noch der späte Cassirer für möglich und ausreichend hielt, erhoffte sich auch der frühe Plessner, in seiner funktionalen *Einheit der Sinne. Grundlinien einer Ästhesiologie des Geistes* (1923) zu erreichen. Während der Cassirer-Renaissance erkannte Ernst Wolfgang Orth, dass Plessner eine symbolische Funktion entdeckt hat, die der von Cassirer ähnlich ist, nur, dass sie eben bereits vier Jahre früher als Cassirers erschienen war.[59] Daher wird verständlich, warum Plessner nicht auf Cassirer verweisen musste, um die Symbolfrage behandeln zu können. Cassirer unterscheidet in der symbolischen Formung zwischen den drei Funktionen des Ausdrucks, der Darstellung und der reinen Bedeutung. Unter „Ausdruck" wird verstanden, dass überhaupt eine Auffassung von Sinn erfolgt, in der aber nicht zwischen Sinn und Substrat unterschieden werden kann. Mit „Darstellung" ist gemeint, dass eine Idealisierung und Objektivierung von Sinn wie in der Sprache und Kunst stattfindet. Dies schließt ein, den Sinn von seiner Sinnlichkeit unterscheiden, oder in anderer Terminologie: seine Bedeutung von seinem Zeichen dif-

---

57 E. Cassirer, Das Symbolproblem und seine Stellung im System der Philosophie (1927), in: Ders., Symbol, Technik, Sprache. Aufsätze aus den Jahren 1927–1933, hrsg. v. E. W. Orth u. J. M. Krois, Hamburg 1985, S. 9f.

58 Siehe H. Plessner, Grenzen der Gemeinschaft, a. a. O., S. 62–68., 74f., 82, 103.

59 E. W. Orth, Von der Erkenntnistheorie zur Kulturphilosophie. Studien zu Ernst Cassirers Philosophie der symbolischen Formen, Würzburg 1996, S. 233f.

ferenzieren zu können. Mit „reiner Bedeutung" werden formale und abstrakte Operationsformen der Mathematisierung exakter Wissenschaften bezeichnet. Diese Operationsformen haben sich von der Anschauung emanzipiert und brauchen daher in ihrer Anwendung einen Rückbezug auf Anschauung.[60] Plessner unterscheidet die drei folgenden Funktionen der Symbolisierung: thematische Prägnanz, syntagmatische Präzisierbarkeit und schematische Darstellbarkeit. Bei Plessner entspricht die thematische Prägnanz dem, was Cassirer Ausdruck nennt, die syntagmatische Präzisierbarkeit dem, das Cassirer Darstellung heißt, und die schematische Darstellbarkeit der reinen Bedeutung im Sinne Cassirers.[61]

Plessner baut in seiner Ästhesiologie des Geistes die geistigen Funktionen, die Personen „oben" ausüben können, von „unten" her auf, d. h. von den Leibeshaltungen her, welche die Personen einnehmen können müssen, um eine entsprechende geistige Leistung erbringen zu können. Dazu muss der Möglichkeit nach das Bewusstsein einerseits anschauende, auf Phänomene gerichtete, und andererseits auffassende, das Phänomen hermeneutisch als dieses (und nicht jenes) verstehende Haltungen einnehmen können. Zudem muss es der Möglichkeit nach zu einer Korrelation der Reihe der Anschauung und der verstehenden Reihe der Auffassung kommen können. In dieser Korrelation besteht der erste große, hier nur verkürzt wiederzugebende Schritt dieses Buchs. „Darstellbarer, präzisierbarer und prägnanter Gehalt erschließen sich in je besonders charakterisierten Haltungen, die wiederum besonderen Anschauungen den Rahmen geben: Darstellbare Gehalte *treffe* ich *an*, präzisierbarer Gehalte *werde* ich *inne*, prägnante Gehalte *erfüllen* mich."[62] Für jede Aufgabe braucht man eine ihr entsprechende Berücksichtigung der Spezifik einer jeden Sinnesmodalität (Sehen, Hören, Berühren, Propriozeption) und der Integration dieser Sinnesmodalitäten, um z. B. aufrecht stehen und handeln oder ungestört beobachten zu können. Dies ist aber nicht nur für das präsentative Bewusstsein nötig, sondern mehr noch für repräsentative Haltungen, die sich von der aktualen Anwesenheit des Angeschauten, Vernommenen, Berührten in der Gemeinschaftsbildung emanzipieren. Für die drei repräsentativen Funktionen stehen folgende drei soziokulturelle Praktiken Modell, die mental über die physisch-psychische Korrelation für das präsentative Bewusstsein hinausgehen müssen. „Darstellbare Gehalte der antreffenden Anschauung werden schematisch begriffen. Dies ist die Funktion der Wissenschaft. Präzisierbare Gehalte der innewerdenden Anschauung werden syntagmatisch bedeutet. Die ist die Funktion von Sprache und Schrift. Prägnante Gehalte der erfüllenden Anschauung werden thematisch gedeutet. Dies ist die Funktion der Kunst." (154) Natürlich ist diese analytische Funktionsteilung methodisch, nicht im ontologischen Sinne umkehrbar eindeutig gedacht. In jeder Praktik kann es zu einer Integration aller Funktionen kommen, aber unter der Dominanz für eine bestimmte Funktion. Die spezifisch geistige Haltung setzt nicht nur Präsentation und Repräsentation, d. h. eine entsprechende praktische Einrichtung der Rolle des Bewusstseins voraus, sondern auch

---

60 Vgl. E. Cassirer, Das Symbolproblem und seine Stellung im System der Philosophie, a. a. O., S. 10-17.

61 E. W. Orth, Von der Erkenntnistheorie zur Kulturphilosophie, a. a. O., S. 234.

62 H. Plessner, Einheit der Sinne, a. a. O., S. 87. Ich gebe fortan im jetzigen 3. Unterkapitel die Seitenzahlen dieser Ausgabe eingeklammert im obigen Text an.

die Negativität des Sinnes (Horizont oder Vordergrund von einem Hintergrund) und das negative und positive Vorzeichen eines Wertes, an dem die Leistungen in der soziokulturellen Praktik beurteilt werden können. „Ermittelt sind diese Konkordanzen von Sinngebung und Anschauung nicht psychologisch, sondern geltungstheoretisch nach dem Prinzip der reinen Verbindung beider Richtungen des Bewusstseins, der präsentativen und der repräsentativen, zu einem Geltungsgebiet von eigener Wertgesetzlichkeit." (276f.)

Schließlich, und darin besteht der zweite große Schritt des Buchs, handelt es sich nicht nur um Auffassungsweisen, die sich von Anschauungsweisen emanzipieren und an diese zurück gekoppelt werden müssen, sondern um re-produzierbare Verhaltensantworten auf Verhaltensfragen. „Es gibt in der Tat eine der Stufenordnung des Sinnes und der Ordnungsfunktionen streng entsprechende Stufenordnung der Haltungen des Leibes, in welcher statischer und dynamischer Ausdruck der thematischen, Zeichengebung der syntagmatischen, Handlung der schematischen Sinngebung entsprechen." (220f.) Hier werden die Stellungen des Bewusstseins nicht gegenüber den Verhaltungen verselbständigt, sondern so eingerichtet, dass auf Verhaltensanforderungen in Situationen geistig geantwortet werden kann, also insbesondere gehandelt, kommuniziert und/ oder Ausdruck kultiviert werden kann. „Wenn aber das Wort Geist überhaupt eine Berechtigung haben soll, so muss es, da es umfassender ist als Verstand und Vernunft im theoretisch-diskursiven Sinne, die Einheit aller Auffassungsweisen bedeuten, in denen wir verstehen, nach denen wir etwas zum Ausdruck bringen können." (279) Auf die jeweils funktionale Koordination der Sinnesmodalitäten durch Sprache zwischen Thema (Grenzfall: reine Musik) und Schema (Grenzfall: reine Mathematik) kann ich hier nicht mehr eingehen. In jedem Fall von *personalem* Verhalten gilt: In die Verbindung der funktionsspezifischen Arten „gehen der Geist als Einheit der Sinngebung, sowohl im Ganzen als in seiner thematischen und schematischen Funktion, der Körperleib als Einheit der Haltung, sowohl im Ganzen wie in den Formen der Ausdruckshaltung und der Handlung, ein." (298) Personale Lebewesen gibt es, insofern geistige und körperleibliche Verhaltungen in der Generationenfolge integriert werden können.

Plessners Ästhesiologie des Geistes kombiniert drei moderne Arten und Weisen von Praktiken zu einem Modell der Sinnproduktion von personalen Lebewesen. Die Praktiken der Künste im weiten Sinne stehen funktional Pate für die Erschließung der Themata und die prägnante Kultivierung des Ausdrucks: Sie *verdichten* Sinn. Die Praktiken der Sprache und Schrift stehen Modell für syntagmatische Ordnungsbildungen, die in der Kommunikation präzisierbar sind: Sie *klären* Sinn. Die Praktiken der Wissenschaften schaffen Schemata, mit denen man handelnd auf Verhaltensprobleme antworten kann und die sich technisch akkumulieren lassen: Sie *verdünnen* Sinn in seiner Vergegenständlichung. Man könnte dieses semiotische Ineinandergreifen von Funktionen der Welterschließung sowohl synchron als auch diachron erproben. Als historischer Prozess lädt dieses Modell ein zum Durchlaufen der Sinnverdichtung über Sinnklärung bis zur Sinnverdünnung und erneuter Sinnverdichtung in der Generationenfolge. Als systematisches Prozessmodell genommen kann man nach der Integration spezifischer Funktionsautonomien zu einem Gesamtprozess personaler Lebewesen in der Generationenfolge fragen. Und korreliert man beides, wird man womöglich der Gleichzeitigkeit des Ungleichzeitigen inne. Was bei Cassirer fehlt, ist die praktische Reihe der körperleiblichen Haltungen, ohne die es Geist in der Generationenfolge nicht geben kann. Was bei Plessner im Vergleich mit Cassirer fehlt, sind vor allem Mythos und Religion. Aber da müsste man genauer nachfragen, ob nicht auch Cassirer rückwärts aus der Moderne heraus zurück schließt auf das, was fehlt, und auf das, was eintritt, wenn Ausdruck und Anschauung den Geist im Ganzen dominieren, also kein angemessenes Gegengewicht an diskursiven und wissenschaftlichen Praktiken haben.

Worin besteht das Problem mit diesem Gesamtmodell an Welterschließung für personale Lebewesen? – Es ist zu avantgardistisch modern. Als Maßstab für eine Philosophische Anthropologie scheidet es aus, da es nur eine, wenngleich hoch anregende Interpretation der europäischen Moderne bietet, ja diese darin kritisiert, die öffentliche Integration der drei funktionalen Praktiken nicht zustande zu bringen, was Folgen in jeder dieser autonomen Praktik hätte. Gleichwohl setzt dieses Modell die funktionale Autonomisierung dieser Praktiken in der Moderne voraus. Daran gemessen gäbe man nicht allen Soziokulturen des *homo sapiens* die gleiche faire Chance im horizontalen und vertikalen Vergleich. Es bleibt also relevant für die semiotische Selbstkontrolle der Philosophischen Anthropologie, als semiotisches Organon,[63] damit sie nicht ihr eigenes Verfahren der Sinnproduktion auf andere und fremde Kulturen überträg oder diese gar daran misst. Plessner musste nicht nur selbst schon in der *Einheit der Sinne* 1923 einräumen, dass er noch keine Theorie der Person habe. Diese Theorie wurde erst in den *Stufen* naturphilosophisch nachgeholt. Vor allem dachte er 1923 noch, dass die *Einheit der Sinne* das materiale Apriori freilegen könne (19, 21). Seine Ästhesiologie beanspruchte also noch einen transzendentalen Status, ganz wie Cassirer an seiner Symbolisierungsfunktion als Ermöglichungsgrund bis zum Ende festhielt. Dies gab Plessner auf, indem er die Einheit der Sinne als eine „Anthropologie der Sinne" (1970) in seinem Alterswerk reformulierte. Sachlich änderte sich nicht die Grundidee, wohl aber wurde der transzendentale Anspruch von ihr fallengelassen. Woher hätte man auch wissen sollen, dass gerade dieses hochmoderne Modell die funktionalen Ermöglichungsstrukturen aller möglichen Soziokulturen personaler Lebewesen anzugeben vermöchte, ohne diese alle erforscht zu haben? – Es taugt zur semiotisch-methodischen Selbstkontrolle und innermodernen Selbstkritik, nicht aber material als transzendentaler, also universeller Ermöglichungsgrund. Plessner historisiert die ganze Relation von a priori und a posteriori nicht nur in die Epochen hinein, sondern – wie oben erwähnt – in den Vollzug, d. h. in die tätige Verschränkung von physischen, psychischen und geistigen Verhaltensdimensionen hinein.

Was folgt aus diesem Unterkapitel? – Erstens: In Plessners Philosophischer Anthropologie fehlt kein semiotisches Organon zur methodischen Selbstkontrolle der eigenen Forschung. Er hatte seine Symbolisierungsfunktion unabhängig von Cassirer und früher als dieser entwickelt. Ein Vergleich beider würde sich lohnen.[64] Zweitens: Es ist nicht

---

63 Siehe Anmerkung 33.

64 Vgl. V. Schürmann, Anthropologie als Naturphilosophie. Ein Vergleich zwischen Helmuth Plessner und Ernst Cassirer, in: E. Rudolph/I. O. Stamatescu (Hrsg.), Von der Philosophie zur Wissenschaft. Cassirers Dialog mit der Naturwissenschaft, Hamburg 1997, S. 133-170.

so, dass man Cassirer und Plessner unter dem Obertitel der kritischen Transzendental-philosophie vereinigen könnte, etwa in dem Sinne, Cassirer liefere die symbolischen Formen und Plessners Ästhesiologie des Geistes das materiale Apriori. Selbst die Rück-nahme des transzendentalen Anspruches auf den *Vollzug* bedeutet in beiden Philosophien nicht dasselbe. Der *Vollzug der Einheit* in dem Verhaltens*bruch* zwischen physischen, psychischen und geistigen Dimensionen ist etwas anderes als der *Vollzug* der *symbo-lischen Formen,* die je in sich der Spannung zwischen dem negativen und positiven Vorzeichen ihres Funktionswertes unterliegen. Für Scheler und Plessner ist der Vollzug eine Drittheit, also nicht identisch mit einer Seite eines bestimmten Dualismus, d. h. auch: weder ontisch noch ontologisch. Drittens: Cassirer denkt die Selbstnegation des Geistes über das negative und positive Vorzeichen des Wertes in einer symbolischen Funktion, z. B. über wahr und falsch. Dabei geht es *nicht* um *gelebte* Verhaltensam-bivalenzen, sondern um die Beurteilbarkeit der Erfüllung einer bestimmten symboli-schen Funktion. Leben bleibt bei Cassirer als Urphänomen gegeben und den symboli-schen Formen vorausgesetzt. Es wird nicht als Umkehr in sich selbst und aus sich selbst heraus geführt. Diese Idee griff Cassirer von Plessner auf, konnte sie aber nicht durch-führen. Es gibt bei Cassirer keinen theoretisch-methodisch kontrollierbaren Zusammen-hang der symbolischen Formen mit den Verhaltungen der Körperleiber in der Genera-tionenfolge. Das nimmt Cassirer nichts von seiner Leistung als Problemhistoriker in der Überschneidung von Wissenschafts- und Philosophiegeschichte, aber sie steht auf einem anderen Blatt. Viertens: Plessners Historisierung der Korrelation zwischen Empirischem und Transzendentalem betrifft nicht nur die Themen und Gegenstände seiner Unter-suchungen, sondern auch das theoretisch-methodische Selbstverständnis seiner Werke. Was 1923 noch transzendental behandelt werden konnte, wurde 1970 zu einem interdis-ziplinären Vorschlag aus der allgemeinen Anthropologie. Der Zusammenhang zwischen Anthropologie und Philosophie unterliegt in dieser Philosophischen Anthropologie selbst einem geschichtlichen Wandel. Um dies zu verstehen, brauchen wir einen vierten und letzten Schritt, inwiefern sich nämlich die kopernikanische Wendung nochmals auf sie selbst anwenden lässt.

4. Cassirers Vollendung von Kants erster Kopernikanischen Revolution und Plessners Programm für eine zweite Kopernikanische Wendung

Ich verstehe Cassirers Philosophie der symbolischen Formen wie er selbst (vgl. 1. Un-terkapitel hier) als eine Vollendung von Kants Kopernikanischer Wendung in der Philosophie. Er geht mit Kant über Kant hinaus, um ihn zu vollenden. Über Kant hinauszugehen bedeutet für Cassirer: Die kopernikanische Wendung der Denkungsart ist nicht länger vorwiegend auf die Leistungen der Erfahrungswissenschaft (Newton) und der Moral (Rousseau) zu fokussieren. Natürlich müssen diese beiden Leistungen weiterhin aktualisiert und philosophisch kritisch rekonstruiert werden. Aber die Rekon-struktion der Ermöglichungsbedingungen dieser Leistungen in der Theorie und Praxis des transzendentalen Subjekts reicht längst nicht mehr aus. Cassirer erweiterte deutlich

Kants Frage nach den Ermöglichungsbedingungen menschlicher Leistungen dadurch, dass er die o. g. Vielzahl von symbolischen Formen als Antwort ausarbeitete. Die Vollendung von einem derart erweiterten und differenzierten Transzendentalprogramm kommt schließlich darin zum Ausdruck, dass sie sich eine Beantwortung der Frage nach dem Wesen des Menschen zutraut, eben die Antwort *animal symbolicum*. Die Durchführung dieser Antwort fällt, den symbolischen Formen als den Medien des Geistes gemäß, nur kulturphilosophisch aus. Der Vergleich mit Plessners Philosophischer Anthropologie ergab, dass der Philosophie der symbolischen Formen weder eine naturphilosophische noch eine geschichtsphilosophische Fundierung der Disziplin philosophische Anthropologie gelingt. Ich respektiere Cassirers kulturphilosophischen Beitrag zu einer philosophischen Anthropologie neben anderen Vorschlägen zu einer derart allgemeinen und integrativen Anthropologie als Subdisziplin der Philosophie. Diese Subdisziplin generalisiert und integriert die funktionalen Ermöglichungsstrukturen anthropologischer Fakten, die aus den verschiedenen erfahrungswissenschaftlich orientierten Anthropologien kommen, wie z. B. der historischen Anthropologie, der Sozial- und Kulturanthropologie, der biologischen und medizinischen Anthropologie, der Ethnologie. Aber diese generalisierende Integration anthropologischer Teilerkenntnisse ergibt noch keine philosophische Fundierung anthropologischen Fragens und Antwortens, d. h. nicht die Aufgabe einer Philosophischen Anthropologie. Darüber war sich Cassirer in der Auseinandersetzung mit Scheler und Plessner klar geworden. Er ließ seinen ursprünglichen Versuch, die Philosophische Anthropologie durch seine Philosophie der symbolischen Formen begründen zu wollen, in seinem *Essay on Man* aus guten Gründen fallen.

Wir haben gesehen, worin Plessner die Aufgabe der Philosophischen Anthropologie gesehen hat. Es gibt die vertikale und die horizontale Vergleichsreihe, und es ist am schwersten, diese beiden anthropologisch verallgemeinernd zu integrieren. Eine derartige Subdisziplin philosophische Anthropologie müsste diejenige generelle Anthropologie, welche sie zu entwickeln sucht, auf sich selbst schon anwenden können, wollte sie den Menschen, also auch seine Anthropologie, vollständig erklären. Sie gerät in einen anthropologischen Zirkel, aus dem ihr auch die Gestalt der empirisch-transzendentalen Dubletten zwischen faktischen Inhalten und deren Ermöglichungsformen nicht heraushilft. Wenn diese Arbeitsteilung zwischen empirischer und transzendentaler Wissenschaft geschichtlich nicht überzeugt, kann man sich an die Aufgabe der Philosophie erinnern, die Lebensführung zu orientieren. Man kommt dann an den Fragen nach dem Wesen des Menschen und seiner Lebensführung im Ganzen nicht vorbei. Und will man hier nicht den nächsten Fehler begehen, nämlich diesen Anthropozentrismus vertikal oder jenen Ethnozentrismus horizontal vertreten, wodurch die Resultate des Vergleichs schon im vorhinein feststehen, kommt man naturphilosophisch nicht an den Verhaltungsambivalenzen der exzentrischen Positionalität und geschichtsphilosophisch nicht an der Unergründlichkeit personaler Lebewesen vorbei, eben kurz: nicht am *homo absconditus*. Auch diese Lösungsrichtung muss sich in der Rekonstruktion der erfahrungswissenschaftlichen Teilanthropologien indirekt bewähren können, aber in dem Sinne, deren lebenspraktische und forschungspraktische Präsuppositionen freizulegen. Dabei handelt es sich nicht um irgendwelche Voraussetzungen, sondern um solche, die von den Teilanthropologien gemacht werden, ohne durch sie verstanden und erklärt werden zu können. Dadurch werden die Grenzen der anthropologischen Erkenntnisse für die Lebensführung so thematisiert, dass nicht die Verallgemeinerung und Vervollständigung dieser Erkenntnisse zu Konsequenzen führt, welche die Lebens- und Forschungspraxis personaler Lebewesen verunmöglichen oder wesentlich beeinträchtigen.

Dies ist kein spekulatives Problem, sondern das Grundproblem der politischen Praxen seit dem 20. Jahrhundert. Von der Beantwortung anthropologischer Fragen hängen alle gesellschaftlichen Praktiken ab. Dabei handelt es sich nicht nur um die totalitären Extreme vom Klassenmenschen oder Rassenmenschen, der Reduktion auf soziale oder biologische Herkunftsmerkmale, nach denen Bürgerkriege und Weltkriege geführt wurden. Aber selbst sie könnten sich auf neue Weise in Kultur- oder Religionskriegen wiederholen. Dabei geht es auch um die Regeln der Exklusion und Inklusion in den ganz „normalen" und „disziplinierten" Praktiken der westlichen Kombination aus globalisiertem Kapitalismus und rechtsstaatlich-parlamentarischer Demokratie von Nationalstaaten.[65] Zu dieser Kombination gehört inzwischen der Aufstieg der *life sciences* und der entsprechenden Umgestaltung soziokultureller Praktiken (siehe 2. Kapitel). Man kann die Geschichte auch als eine Serie von ungeplanten anthropologischen Experimenten untersuchen, die ungewollte Konsequenzen gezeitigt haben, um für die Zukunft daraus etwas zu lernen, und sei es nur die Vermeidung bereits bekannter Struktur- und Funktionsfehler. Plessner hat einen solchen politisch-anthropologischen Blick in die deutsche Geistesgeschichte vom 16. bis 20. Jahrhundert in seinem Buch „Die verspätete Nation" (1935/1959) ausgearbeitet. In der ptolemäischen Welt war das irdische Leben der Menschen das Zentrum, um das sich alles naiv drehte. Zugleich war dieses Zentrum nicht das Höchste. Es nahm nur abgestuft, durch die Unterscheidung zwischen Profanem und Heiligem, am höheren Sein des Kosmos oder Gottes teil. Mit der kopernikanischen Wendung als dem Muster für die moderne Weltauffassung enthüllt sich der alte Zentrismus von woanders her, aus der Himmelsmechanik. Die Perspektive der Beobachtung wird exzentriert aus dem irdischen Leben heraus in den Kosmos hinein. Von dort aus kann man sehen, dass die Sonnenaufgänge und -untergänge ein Schein sind, der sich daraus erklären lässt, dass die Erde sich wie andere Planeten auch um die Sonne dreht. Es wird nicht nur exzentriert, sondern zugleich immer mehr profanisiert. Die exzentrische Perspektive rechnet, sie macht technisch verfügbar. Die Säkularisierungsschübe werten nicht nur das Profane auf und das Heilige ab. Sie haben die Konsequenz, das Heilige ins Private abzuschieben und das Profane öffentlich zu behandeln. Die öffentliche Aufwertung betrifft also eine Profanität, die mechanisch exzentriert, während die religiöse Wertfrage als ein kindlicher Schein erscheint, den man bestenfalls privat tolerieren kann. Worin besteht nun das – gewiss nicht intendierte, aber in den Konsequenzen deutlich werdende – Problem? Der Mensch wandert nicht sakral, sondern profan dorthin, an den archimedischen Punkt, wo früher der heilige Kosmos respektive Gott war. Er übernimmt die Rolle Gottes als des Schöpfers. Der Mensch

---

65 Vgl. 3. Kapitel im vorliegenden Buch.

schafft sich selbst. Es findet nicht nur eine *Entgötterung*[66] der Welt im Sinne ihrer Profanisierung statt, sondern zugleich eine *Selbstvergottung des Menschen* in dieser profanen Welt. „Ein um sein Jenseits (noch in der Form einer Vernunft, eines Sinnes) vermindertes Diesseits ist eben kein Diesseits mehr."[67] Unter den modernen Bedingungen des „Hochkapitalismus" greift ein struktureller Zwang der „jeweiligen Selbstüberholung" um sich im Namen „einer neuen Lebensmacht, die ihre eigene Logik gebiert, den Händen ihrer Urheber entgleitet und die menschliche Existenz von ihrer materiellen Seite her, in der man seit den ältesten Zeiten ihre ‚natürliche' Wurzel sah, aus dem Gleichgewicht bringt."[68]

Die kopernikanische Wendung wird zum Modell aller weiteren Revolutionen in der Moderne, von Kant über Marx bis Nietzsche und Freud. Immer neue Exzentrierungsschübe erklären die Lebensführung zu einem naiven Schein, den es aufzudecken, zu enthüllen, zu demaskieren und praktisch zu ersetzen gelte. Der Mensch wird reihum – historisch, sozial, kulturell, psychologisch etc. – zum *„animal ideologicum"*[69] erklärt, das sich befreien müsse. Es setzt sich – in Deutschland extrem – ein wechselseitiger Verdacht und Enthüllungszwang der Personalität auf den Abbau zum *bloßen Leben* hin durch.[70] Der nächste Schritt zu den Kultur- und Weltanschauungskriegen ist nun auch noch die Auflösung der Unterscheidung zwischen Privatem und Öffentlichem durch revolutionäre Praktiken und Therapien zugunsten politisch reiner *Selbstbehauptung* des Kollektivs oder Individuums. Wir kennen die Folgen der Generalisierung und Vervielfältigung des Modells von der kopernikanischen Revolutionen in Bürgerkriegen und Weltkriegen. Inzwischen wurde auch Plessners Thematisierung der *neuen Lebensmächte* als das Problem der normalisierenden und disziplinierenden Biomächte (M. Foucault) wiederentdeckt.

Was Plessner diesen Konsequenzen entgegensetzt, ist gewiss nicht die Rückkehr in eine vormoderne ptolemäische Welt, aber die Frage, wie ein personales Lebewesen noch laufen kann, wenn ihm gleichsam jedes Standbein durch eine Exzentrierung genommen wird. Die Exzentrierungsschübe brauchen lebensweltliche Rezentrierungsschübe der Verhaltensführung auf die leibgebundene Personalität hin, um lebbar werden zu können. Anders können die exzentrischen Verhaltungsambivalenzen nicht in Gang kommen. Das Modell der kopernikanischen Wendung rechtfertige keinen Mythos von der Selbsterschaffung, sondern nur eine „Achsenverlagerung",[71] womit Plessner auf die „Achsenzeit" (A. Weber, K. Jaspers) anspielt, also auf die Herausbildung von mehreren, nicht nur jüdisch-christlichen Hochreligionen der Personalität um 500 Jahre vor und nach Christi Geburt. Es ist eben der Maßstab hochkultivierter Personalität, der in der einseitig kopernikanisch verstandenen Moderne auf bloßes Leben hin abgebaut wird. Die

---

66 H. Plessner, Die verspätete Nation. Über die politische Verführbarkeit bürgerlichen Geistes (1935/ 1959), Frankfurt a. M. 1974, S. 101, 147-149.

67 Ebenda, S. 184.

68 Ebenda, S. 87.

69 Ebenda, S. 120f., 132, 137.

70 Vgl. auch H. Plessner, Die Aufgabe der Philosophischen Anthropologie, a. a. O., S. 45.

71 H. Plessner, Die verspätete Nation, a. a. O., S. 83, 88, 120f., 131.

Moderne kann, philosophisch-anthropologisch gesehen, nicht *in* ihrem Gegensatz zur Vormoderne begriffen werden, als ob es da noch keinen *homo sapiens sapiens* gegeben hätte. Vielmehr gilt es, diese Moderne im philosophisch-anthropologischen Vergleich mit den Errungenschaften vormoderner Soziokulturen, eben den Hochkulturen der Personalität, in ihrem ideologischen Charakter quasi göttlicher Selbstschöpfung zu begrenzen. Der moderne Mythos von der Selbstschöpfung des Menschen stellt den personalen Charakter menschlicher Lebewesen im Abbau auf das bloße Leben in Frage. Im philosophisch-anthropologischen Vergleich kommt man nicht umhin, die o. g. Differenzen zwischen profan und sakral, exzentrisch und rezentrisch, privat und öffentlich neu aufzurollen,[72] nicht aus Willkür oder Belieben, sondern angesichts der hochproblematischen Konsequenzen bisheriger Modernisierungen.

Worüber sich Cassirer am Ende seines Lebens wundern muss, über diesen innermodernen Rückschlag statt Fortgang in den Mythos, ihn hatte Plessner seit den 1930er Jahren anhand der katastrophalen Konsequenzen der europäischen Moderne in seiner Philosophischen Anthropologie problematisieren können. Spätestens seit Dilthey bestand in der systematischen Problemgeschichte moderner Philosophie die Frage, was es konsequenter Weise bedeutet, die kopernikanische Wendung nochmals auf sich selbst anzuwenden. „Indem sich die historische Relativierung zur Radikalität steigert und damit die in der europäischen Denkgeschichte festgehaltene Zentralperspektive auf den ,vernünftigen' Menschen durchbricht, das heißt ihn als Exzentrum fasst – Kants kopernikanische Wendung noch einmal auf sie anwendet, ohne in die verlassene ontologische Konzeption zurückzuschwenken –, trifft sie auf das Problem einer Philosophischen Anthropologie",[73] im Falle Diltheys freilich begrenzt auf die Frage nach Deutungsprinzipien in den Geisteswissenschaften. Während Cassirers Philosophie die europäische Moderne durch eine philosophische Anthropologie zu vollenden sucht, antwortet Plessners Philosophische Anthropologie auf die problematischen Konsequenzen dieser europäischen Moderne. Die Konsequenzen geraten philosophisch in den Blick, sobald man das Modell der kopernikanischen Wendung auf sich selbst anwendet. Es entstehen dann die Wege, die wir hier aufgezeigt haben: Entweder schlägt diejenige philosophische Anthropologie, welche die Transzendentalphilosophie vollenden sollte, um in eine anthropologische Philosophie, oder man nimmt die Mühen eines natur- und geschichtsphilosophischen Umweges auf sich, um eine Philosophische Anthropologie des *homo absonditus* in Gang zu setzen, welche nicht die Übernahme der Rolle Gottes als des Schöpfers legitimieren kann.

Nach diesen gewichtigen Differenzen zwischen Cassirers und Plessners Philosophien wollen wir aber nicht ihre stärkste Gemeinsamkeit vergessen: Beide halten an Kants Forderung nach der Indirektheit des methodisch-theoretischen Verfahrens gegen die weltanschauliche Bestätigungssucht im Philosophieren fest. Wir haben oben gesehen, dass Cassirer da, wo er Plessner am nächsten kommt, die Transzendentalphilosophie für

---

72 Siehe H. Plessner, Die Frage nach der Conditio humana (1961),in: Ders., Gesammelte Schriften VIII, Frankfurt a. M. 1983, S. 195-217.
73 H. Plessner, Immer noch Philosophische Anthropologie?, a. a. O., S. 242.

die Einsicht öffnet, sowohl die phänomenologische und hermeneutische als auch die dialektische und transzendental zurück schließende Methode verwenden zu müssen, um zentristische Zirkel vermeiden zu können. In welchem theoretischen Verfahren diese vier philosophischen Methoden neu formuliert und kombiniert werden können, habe ich für die Philosophische Anthropologie bereits andernorts zu zeigen versucht.[74]

---

74 Siehe H.-P. Krüger, Ausdrucksphänomen und Diskurs. Plessners quasitraszendentales Verfahren, Phänomenologie und Hermeneutik quasidialektisch zu verschränken, in: Ders./G. Lindemann (Hrsg.), Philosophische Anthropologie im 21. Jahrhundert, Berlin 2006, S. 187-214.

10. Historismus und Anthropologie in Plessners Philosophischer Anthropologie

Ein Rückblick auf Hegels *Phänomenologie des Geistes*

1. Das Auseinanderfallen der Hegelschen Geistesphilosophie in den Gegensatz von Historismus und Anthropologie

200 Jahre nach dem Erscheinen von Hegels „Phänomenologie des Geistes" ist Anlass genug, sich dem enormen Anspruch dieses Autors erneut zu stellen. Er hat nicht die letzte große philosophische Integration vorgelegt, denkt man etwa an John Dewey in der ersten Hälfte des 20. Jahrhunderts, wohl aber die letzte große geistesphilosophische Synthese. In der „Vorrede" und am Ende dieser „Phänomenologie", im Abschnitt über das „absolute Wissen", geht sie als die Einleitung in das Programm seines Systems über. Die einheitliche Geiststruktur entäußere sich in Anderes, d. h. in sinnliche Wahrnehmung, Natur als Raum und Geschichte als Zeit, und reflektiere sich darin.[1] Bleibe man nicht *analytisch* bei den Gegensätzen der Reflexion stehen, sondern entfaltete man sie reflexiv zu Widersprüchen im Hinblick auf das Ganze, werde die systematische Explikation dieses Ganzen *spekulativ* möglich.[2] Diese Explikation erfolgt dann durch eine Selbstorganisation in der Relationierung von Begriffen, die laut der spekulativen Interpretation im Verständnis des Ganzen von Sätzen in Anspruch genommen werden. Damit würden in der „Wissenschaft der Logik" Prinzipien formulierbar, deren Durchführung sich im Reichtum der Realphilosophien von Natur und Geist zu bewähren hat, insbesondere auch darin, die Geschichten vom Zufälligen zugunsten des begrifflich Allgemeinen im Fortgang der Weltgeschichte zu befreien. So sehr Hegels Programm bereits die soziokulturellen Voraussetzungen und kulturgeschichtlichen Hintergründe im Ganzen für positives Wissen freilegt, sosehr bleibt es doch am kognitiven Primat der Selbstreferentialität von Wissen im Ganzen orientiert. Seine Phänomenologie reicht dem allgemein gebildeten Bewusstsein seiner Zeit die Leiter, damit es auf dem Wege der Selbsterfahrung die spekulative Systematisierung der letzten Ermöglichungsweisen von Wissen ersteigen kann. Am Ende der „Phänomenologie" räumt Hegel zwar ein, dass eine historisch „neue Welt und Geistesgestalt" ebenso unbefangen von vorne bei ihrer Unmittelbarkeit des Lebens anzufangen habe: Aber er erwarte doch – durch „Er-Innerung" und

---

1 Siehe G. W. F. Hegel, Phänomenologie des Geistes (1807), hrsg. v. J. Hoffmeister, Berlin 1971, S. 558.
2 Vgl. ebenda, S. 51.

„begriffne Organisation" in der „begriffenen Geschichte" – einen Neuanfang auf einer „höhern Stufe", so dass die Teilhabe an der Unendlichkeit absoluten Wissens fortgesetzt werden könne, statt als die „Schädelstätte des absoluten Geistes" dem Vergessen anheim gestellt zu werden.[3]

Diese geistesgeschichtliche Synthese zerbricht in der Generationenfolge nicht nur an der Wirkungsgeschichte des Darwinismus, welche die Problemlage der biologischen und medizinischen Wissenschaften emanzipiert und das allgemeine öffentliche Bewusstsein in den westlichen Ländern verändert hat. Hinzutraten die Autonomisierung der Sozial- und Geisteswissenschaften oder später Humanwissenschaften und die Krise der Physik seit dem Beginn des 20. Jahrhunderts. Seit dem Ende des 19. Jahrhunderts setzte sich deutlich in allen Hauptländern des Westens der Kampf der Expertenkulturen um die kulturelle Hegemonie im allgemeinen öffentlichen Bewusstsein von Nationalstaaten durch, was, hegelianisch gesprochen, die Formen des „objektiven Geistes" verändert hat. Wolf Lepenies hat vom Kampf der drei Kulturen gesprochen, unter Einbeziehung der literarisch-künstlerischen Intelligenz neben der natur- und sozialwissenschaftlichen Intelligenz, um die intellektuelle Vorherrschaft in den westlichen Nationalstaaten, so England, Frankreich und Deutschland.[4] Vergisst man nicht die – oft im Stillen arbeiten- den – Technikerbauer, die bürokratisch normalisierenden Sozial- und Kulturingenieure und die öffentlichen Medienmacher, kommt man leicht auf fünf bis sieben Subkulturen, die um die Vorherrschaft in der Auslegung des sozialen Seins kämpfen. Die National- staaten kamen zu früh (Spanien, die Niederlande), zu spät (Deutschland, Italien, Polen) oder zur rechten Zeit mit ausreichend kritischer Masse (England, Frankreich), was Imperiengründungen anging, die in Kriegen der Kolonialisierung, des Handels und um die Weltherrschaft ausgefochten wurden. Seit den 1920er Jahren dämmerte, was nach 1945 offenbar war, dass nämlich das Jahrhundert weltgeschichtlich den USA gehören würde.

Erst nach dem Ende des Kalten Krieges konnte kurzzeitig der Eindruck entstehen, als ob man Hegels geistesphilosophische Synthese modifiziert als das „Ende des Menschen" (F. Fukuyama) im Sinne der Vorherrschaft des Westens interpretieren könnte. Der Sieg der Marktwirtschaft, des Rechtsstaates und einer – im Sinne des Christentums und sei- ner Säkularisierung – sozial ausgleichenden Demokratie waren zumindest im Westen alternativlos geworden. Inzwischen sieht, in der Vielzahl neuer Kriege und Auseinan- dersetzungen die Weltgeschichte wieder offener als in einer einfachen Expansion der westlichen Moderne aus. Sie ist auch und gerade in den öffentlichen Medien rückver- wiesen an mentale Ressourcen, die Hegel die religiösen, künstlerisch-ästhetischen und philosophisch-wissenschaftlichen Formen des absoluten Geistes genannt hatte. Was im Ganzen an Unbestimmtheit und Unbedingtheit mentaler Hintergrund einer Schädelstätte geworden war, die aus inneren und äußeren Befriedungsgründen besser vergessen blieb, während man Tatsachen schuf, rückt nun doch in den Vordergrund des Streites, da offen-

---

3 Ebenda, S. 564.
4 Siehe W. Lepenies, Die drei Kulturen. Soziologie zwischen Literatur und Wissenschaft, München/ Wien 1985.

bar die christlich säkularisierte Vollendung solcher Tatsachen von Anderen anders wahrgenommen, anders beurteilt und anders bewertet wird.

Unter den Splittern einer historisch gescheiterten geistesphilosophischen Synthese waren zwischen den beiden Weltkriegen vor allem zwei Fragmente wirkungsmächtig hervorgetreten, weil sie vieles in einem exklusiven Gegensatz versammeln konnten: entweder Historismus oder Anthropologie. Diese beiden bilden in wandelbarer Terminologie einen verfestigten Gegensatz, der im medialen Bewusstsein nur wenig Rücksicht nimmt auf akademische Feinunzen. Die Entdeckung des Historismus bestand in der geistigen Individualität einer anderen als der eigenen kulturgeschichtlichen Epoche. Die *andere* Epoche sollte in der *ihr eigenen* ursprünglichen und unmittelbaren Beziehung zu ihrem Absoluten (L. v. Ranke) verstanden werden. Die tendenzielle Geschlossenheit der Epochen in sich machte sie individuell, sowohl unteilbar in sich als auch in ihrer unverwechselbaren Pointe unvergleichlich mit anderen Epochen. Historismus meint so häufig, gerade den anthropologischen Vergleich verschiedener Kulturen oder Epochen miteinander als zu oberflächlich unterlaufen zu können. Was Hegel den „Weltgeist" geheißen hatte, der in aller historischen Zufälligkeit doch sich – einer ontologischen Logik folgend – durch konkrete Allgemeinheiten hindurch entwickelte, war auf Epochen- oder gar Volksgeister zusammengeschrumpft, die sich in sich organisch differenzieren sollten und zwischen denen sich aber Zufälligkeiten ausbreiten konnten. Während der Historismus primär von oben, d. h. geistig, und von innen her, d. h. im hermeneutischen Selbstverständnis einer Epoche respektive Kultur, ansetzt, rollt die Anthropologie von unten und von außen her ihren Vergleich auf, d. h. von dem Problem der Spezifikation des Menschen im Verhalten der Lebewesen her. In der alten Werteterminologie formuliert liegt also der Gegensatz zwischen von oben und innen gegen von unten und außen. Zudem fiel dieser Gegensatz mit einem weiteren zusammen. Während die Anthropologie die spezifische Bestimmung des Menschen wie alle Erfahrungswissenschaft in Gesetzen positiviere, d. h. methodisch und theoretisch reproduzierbar fixiere, weise der Historismus gerade die historische Variabilität und das nicht Reproduzierbare des Menschen nach. So kommt im Historismus die historische Variabilität des Menschen als *eines anderen* in Stellung gegen die ahistorischen Konstanten des Menschen als *desselben* in der Anthropologie.

Was Hegel „Geist" nannte, nämlich im Anderen bei sich selbst bleiben zu können, und für den sog. subjektiven, objektiven und absoluten Geist verschieden durchführte, ist in den Gegensatz von Historismus oder Anthropologie auseinander gefallen. Friedrich Meinecke bekannte sich in „Die Entstehung des Historismus" (1936) klar für die Geisteswissenschaften zu der historistischen „Ersetzung einer generalisierenden Betrachtung geschichtlich-menschlicher Kräfte durch eine individualisierende Betrachtung."[5] Es ist m. E. richtig, die historistische Gegentendenz zur Erfahrungswissenschaft wie Meinecke als ein weltanschauliches Moment der europäisch westlichen Kultur aufzufassen, denkt man sie im weiten Sinne über die spezifischen Methodenproblemen

---

5　F. Meinecke, Die Entstehung des Historismus (1936), in: Werke Bd. III, hrsg. v. H. Herzfeld, C. Hinrichs, W. Hofer, München 1965, S. 2.

in den Geschichtswissenschaften hinausgehend. Sie bricht nicht erst seit Vico, Herder und Wilhelm von Humboldt immer wieder phasenweise durch, wie Stephen Toulmin es in seinem Buch „Kosmopolis. Die unerkannten Aufgaben der Moderne" (1991) bis ins 20. Jahrhundert gezeigt hat.[6] Man kann ihre Motive in der Gegenwartsphilosophie als erneut wirksam sehen, wenngleich auf je verschiedene Weise, so in Emmanuel Levinas' existenzhermeneutischer Phänomenologie der Unendlichkeit im Angesichte des Anderen, in Paul Ricoers hermeneutischer Phänomenologie des Konfliktes zwischen narrativen Interpretationen oder in Charles Taylors hermeneutischen Epochen-Ontologien der „Quellen des Selbst". Aber diese Autoren ringen bereits kritisch mit Heidegger gegen Foucaults machtförmige Diskurspraktiken und deren Brüche. Wie hat der Gegenentwurf zu Heideggers existenzial- und seins-hermeneutischer Wende der Husserlschen Phänomenologie in Plessners Philosophischer Anthropologie ausgesehen?

2. Plessners Projekt einer „Philosophischen Anthropologie" im Unterschied zu „anthropologischen Philosophien"

Philosophische Anthropologie zielt auf die Wesenserkenntnis des Menschen im Ganzen seiner physischen, psychischen und mentalen Lebensdimensionen. Aber die erfahrungswissenschaftlichen Anthropologien können nur je nach ihren Methoden und Theorien bestimmte Aspekte des Menschen klar machen. Sie differenzieren in Bio- und medizinische Anthropologie, in Sozial- und Kulturanthropologie, in geschichtliche Anthropologie aus. Wie ist jedoch der Zusammenhang zwischen dem Natur-, Sozial- und Kulturwesen Mensch in seiner geschichtlichen Veränderung? Im Hinblick auf diese Frage ist es sicher sinnvoll, in einem ersten Schritt Vorschläge zu unterbreiten, wie transdisziplinär integrativ und generalisierbar der Zusammenhang zwischen den erfahrungswissenschaftlich bestimmten Aspekten begriffen werden kann. Was ist in ihnen gesichert, was fehlt derzeit oder prinzipiell zwischen ihnen, und wie können sie gegenstandsbezogen, methodisch und theoretisch überbrückt werden? Diese Art von Untersuchung kann man eine interdisziplinär generalisierende und in diesem Sinne philosophische Anthropologie, „philosophisch" kleingeschrieben, nennen, die es auch in Plessners Werk gibt. Dann ist eine Subdisziplin der Philosophie für deren Orientierungsfunktion gegenüber den Erfahrungswissenschaften gemeint.

Aber diese Subdisziplin hat merkwürdige Rückwirkungen auf die theoretische und praktische Philosophie, von denen diese Subdisziplin nur eine Anwendung sein sollte. Es ist nicht nur so, dass der generalisierbare Zusammenhang zwischen den erfahrungswissenschaftlichen Teilanthropologien dem dualistischen Mainstream der tradierten Philosophien widerspricht. In der – vermeintlich bloßen – Anwendung der theoretischen und praktischen Philosophie auf die erfahrungswissenschaftlichen Anthropologien werden auch die Voraussetzungen der tradierten Philosophien immer fraglicher. Die er-

---

6 Siehe hierzu Kapitel 4.5.

fahrungswissenschaftlichen Anthropologien nehmen andere Voraussetzungen für sich in Anspruch, als sie die tradierten Philosophien erwarten lassen. Plessner nennt daher in einem zweiten Schritt diese Rückfragen an die Philosophie der Anthropologien seine „Philosophische Anthropologie", „Philosophisch" dann später groß geschrieben, als selber einer „Neuschöpfung der Philosophie",[7] wie es in den „Stufen des Organischen und der Mensch" (1928) heißt.

Wie ist es zu verstehen, dass die traditionell dualistischen Philosophien selbst angesichts des philosophischen Zusammenhanges der Resultate und Voraussetzungen erfahrungswissenschaftlicher Anthropologien fraglich werden, also einer Neuschöpfung der Philosophie bedürfen? Es ist nicht im Sinne eines Szientismus gedacht, den Plessner lebenslang kritisiert hat, da er als auch Zoologe wusste, wie Erfahrungswissenschaft funktioniert im Unterschied zu den Legitimationsfiguren, um die sich Philosophen – über die Erfahrungswissenschaft redend – streiten. Plessner nannte, noch über den Szientismus hinausgehend, alle Philosophien, die sich eine anthropologische Wesensdefinition des Menschen zutrauen, „anthropologische Philosophien". So habe selbst Ernst Cassirer gemeint, den Menschen als das „animal symbolicum" definieren zu können, woraus sich der geschichtlich lebende Mensch als eine funktional bestimmte Kombination der symbolischen Formen ergeben soll.[8] Der erste Schritt, einen generalisierbaren Zusammenhang zwischen den erfahrungswissenschaftlichen Anthropologien herzustellen, mündet oft in eine „anthropologische Philosophie". Es fehlt dann aber immer noch der zweite Schritt in der „Überwindung des Anthropozentrismus", die kopernikanische Revolutionierung der ersten kopernikanischen Revolution der Denkungsart. Und Plessner meint mit „Philosophischer Anthropologie" eine solche kopernikanische Revolution in zweiter Potenz.[9] Wie ist sie zu verstehen?

In gewisser Weise uralt, sokratisch-kantisch, nämlich als die Ermittlung der Grenzen von Geltungsansprüchen im Wissen und Glauben der personalen Lebensführung. Wenn sich unter modernen Bedingungen in der Lebensführung etwas ändert bezüglich des Verhältnisses von Glauben und Wissen, dann durch die Voraussetzungen und Resultate erfahrungswissenschaftlicher Erkenntnispraktiken. Und wenn von diesen Erkenntnispraktiken noch etwas für die Lebensführung relevant ist, dann sind es deren Anthropologien für das personale Selbstverständnis. Es ist für die Individuen in ihrer Lebensführung nicht beliebig, in welche gesellschaftliche Reproduktion von anthropologischen Voraussetzungen und Resultaten sie geraten, etwa nach welchen Kriterien sie behandelt werden und was sie selber daraus machen können. Plessner gehört zu den ersten, die

---

7   H. Plessner, Die Stufen des Organischen und der Mensch. Einleitung in die philosophische Anthropologie (1928), Berlin-New York 1975, S. 30.

8   Vgl. H. Plessner, Immer noch Philosophische Anthropologie? (1963), in: Ders., Gesammelte Schriften VIII, Frankfurt a. M. 1983, S. 242-243. Zu Cassirer s. Kapitel 9 im vorliegenden Buch.

9   Vgl. ebenda, S. 242, 246. Birgit Sandkaulen betont problembewusst den ersten Schritt, d. h. Plessners anthropologische Kritik an den dualistisch radikalen Philosophien, ohne den zweiten Schritt, d. h. Plessners philosophische Kritik an sowohl naturalistischen als auch historistischen Anthropologien zu berücksichtigen. B. Sandkaulen, Helmuth Plessner: Über die „Logik der Öffentlichkeit", in: Internationale Zeitschrift für Philosophie, H. 2 (1994), S. 270f.

das entdecken, was später Foucault den anthropologischen Zirkel der Moderne nannte, aus dem auch die humanwissenschaftlichen Praktiken nicht heraus, sondern in den sie immer weiter hineinführen. Es kommt zu einem sich selber tragenden Wettlauf zwischen apriorischen Ermöglichungen und aposteriorischen Realisierungen des Menschseins, von einer transzendental-empirischen Dublette zur nächsten in der Generationenfolge. Was innerhalb einer jeden, hoch spezialisierten Diskurspraktik empirisch klar gemacht werden kann, wird zwischen ihnen quasi transzendental transferiert. Auch die Politik wird, obgleich sie grundsätzlich anders gestaltbar wäre, so Plessner in „Macht und menschliche Natur" (1931), auf den Legitimationsmodus der Teilhabe am Menschsein umgestellt. Diese Teilhabe wird – je nach historischen Bedingungen – hier und jetzt realpolitisch oder durch die Intensivierung der Freund-Feind-Verhältnisse eingeschränkt und zugleich für in der Zukunft universell realisierbar versprochen.[10] Denkt man an die Legitimation jüngster Kriegsführungen oder der Folgen lebenswissenschaftlicher Praktiken, wird man schwerlich die Aktualität des anthropologischen Themas leugnen können. Die Verwirklichung des Humanitätsideals hängt – in ihrer endlosen Zwischenzeit – von der praktischen Handhabe anthropologischer Kriterien ab, nach denen hier und jetzt entschieden wird, was und wer Menschenantlitz trägt.

Da das anthropologische Thema in der westlichen Moderne für die alte philosophische Frage nach den Grenzproblemen in der personalen Lebensführung relevant ist, markiert Plessner in der Bezeichnung „Philosophische Anthropologie" im Unterschied zu „anthropologischen Philosophien" die inhaltliche Fokussierung seiner Philosophie gegen das rein prozedurale Leerlaufen in Formen als dem letzten Refugium modernen Philosophierens. Aber wie soll dieses Thema anthropologischer Inhalte doch philosophisch angegangen werden? Was heißt hier theoretisch und methodisch das Philosophische an dieser Anthropologie im Unterschied zu den erfahrungswissenschaftlichen Anthropologien?

Die moderne Naturwissenschaft richtet laut Plessner Fragen an die Natur, und zwar derart methodisch eingerichtet, dass Verhaltensaspekte der Natur als eine Antwort genommen werden können, die theoretisch zu beurteilen ist. Natur wird gleichsam, Kantisch gesprochen, für bestimmte reproduzierbare Situationsarten in den Zeugenstand gerufen, wobei die Scientific Community einen fairen Prozess der Beweisaufnahme zur Beurteilung verschiedener Hypothesen garantieren muss. Es wird also nicht direkt und aufs Geradewohl von Zufall zu Zufall zugefragt, sondern ein gegenstandsbezogen indirektes und in der Form sozial vermitteltes, nämlich öffentliches Verfahren durchgeführt. Im Falle der Naturwissenschaft wird die Frage so eingerichtet, dass sie nicht nur vom Prinzip her *beantwortbar* ist, sondern *tatsächlich* beantwortet werden kann. Als tatsächliche Antwort am Ende zählt, was auf logische Alternativen zugespitzt mit Ja oder Nein beantwortet, dazu passend experimentell als Artefakt *gemacht* und operational in quantifizierbaren Relationen *berechnet* werden kann. Diese tatsächlichen Beantwortungen dementsprechend eingegrenzter Fragen sind unter bestimmten Bedingungen

---

10 H. Plessner, Macht und menschliche Natur. Ein Versuch zur Anthropologie der geschichtlichen Weltansicht (1931), in: Ders., Gesammelte Schriften V, Frankfurt a. M. 1981, S. 189-190, 193-194.

reproduzierbar, also an deren Einrichtung gebunden soziokulturell transferierbar. Darin bestehe der moderne Zweck der naturwissenschaftlichen Erkenntnispraktik.

Aber ein Blick von Kants dritter Kritik zu den biomedizinischen, Geistes-, Sozial- und Kultur- Wissenschaften zeige, dass erfahrungswissenschaftliche Erkenntnisprak- tiken auch anders sinnvoll eingerichtet werden können. Erfahrungswissenschaftliche Fragen müssen nicht *exklusiv* zur Garantie ihrer *tatsächlichen* Beantwortung geschlos- sen werden.[11] Auch in der Naturwissenschaft gibt es offene, d. h. nicht im Sinne der tatsächlichen Beantwortung entscheidbare Fragen, nämlich solche der Erklär*barkeit* und Versteh*barkeit*, etwa im Ringen mit der Grundlagenkrise der Physik. Wenngleich erfah- rungswissenschaftliche Erkenntnispraktiken nicht auf die Garantie der tatsächlichen Be- antwortung ihrer Fragen hin geschlossen werden können, weil ihnen das ihre eigene Forschungszukunft nähme, bleiben sie doch an das Prinzip der Beantwortbarkeit ihrer Fragen gebunden. Sie brauchen dann als Wissenschaft noch immer ein methodisch- theoretisch indirektes Frageverfahren, sollen sie nicht einfach in Genres der Literatur und Kunst, der Darstellung von Alltagsexpression oder in die Selbstbestätigung gemein- schaftlicher Weltanschauungen aufgelöst werden.

Vor einem in dieser Hinsicht vergleichbaren Problem stehen alle Lebenswissen- schaften, sowohl die bio-medizinischen als auch die soziokulturellen, insofern nämlich ihr Gegenstand *lebt*, d. h. irgendwie schon sich *auf sich* bezieht. Soll Lebendigkeit erfahrungswissenschaftlich thematisiert werden, ist die Zirkelgefahr besonders groß, lässt sich doch hier nicht leicht der distanzierende Abstand im Sinne von Experiment und berechenbarer Beobachtbarkeit einrichten. Auch die Untersucher *leben*, und ihre Spezifikation als Untersucher gilt es, methodisch und theoretisch unterscheidbar zu hal- ten von dem, was ihren Gegenständen laut Aussagen zukommen soll. Man muss min- destens vier Aspekte im Untersuchungsverfahren differenzierbar sichern, um methoden- abhängige Ergebnisse theoretisch beurteilen zu können. a) Es ist methodisch ein Zugang zur Lebendigkeit der Phänomene nötig, so dass diese sich von selber zeigen können, also spezifizierbar Spielraum und Spielzeit gewährt bekommen. b) Was sie von sich aus zeigen, muss methodisch kontrollierbar als dieses und nicht als jenes genommen, d. h. verstanden werden. c) Es ist methodisch kontrollierbar nach dem *Zusammenhang* zwi- schen der Gebungsweise der Phänomene, sich zu zeigen (a), und ihrer Nehmungsweise, sie so und nicht anders zu verstehen (b), zu fragen. Inwiefern ist dieser Zusammenhang fixiert (z. B. angeboren) oder anderer Interpretation offen, z. B. symbolisch übertrag- bar? Für die Beantwortung dieser Frage ist es nötig, die Grenzen der Korrelierbarkeit zwischen Gebung und Nehmung der Phänomene zu eruieren. Solche Grenzen treten an für die Korrelierbarkeit kritischen Grenzphänomenen hervor, die Gegeninterpretationen verlangen. d) Eine erfahrungswissenschaftliche Theorie ordnet begrifflich den Phänomen- bereich und seine Interpretationsmöglichkeiten nach Erklärungs- und Verstehensrela- tionen durch. Insofern unter bestimmten Bedingungen Korrelationen reproduzierbar sind, kann erklärt, anderenfalls verstanden werden. Über Modelle werden die Hypothesen so

---

11 Siehe ebenda, S. 180-182.

durch die Methoden a) bis c) getestet, dass praktisch Korrekturschleifen im Untersuchungsprozess entstehen.

Selbst wenn man dieses Minimum in lebenswissenschaftlichen Erkenntnispraktiken einrichten könnte, wäre die Aufgabe der Theorie und Methoden in der Philosophie anders anzusetzen. Philosophie kommt weder um die Wesensfrage noch um die Ganzheitsfrage herum, weil sich die personale Lebensführung zwischen Wissen und Glauben *nicht* von diesen Grenzfragen befreien lässt, auch und gerade in der Moderne nicht. Wie soll dann aber in der Philosophischen Anthropologie als philosophischer Forschung verfahren werden? – Bei Plessner gewiss nicht weniger indirekt und vermittelt als schon in den Erfahrungswissenschaften.[12] Das trennt ihn unversöhnlich von allen intuitionistischen Lebensphilosophien irgendwelcher Unmittelbarkeitsbeschwörung (Bergson, Klages). Die Philosophische Anthropologie geht einen anspruchsvollen Umweg, um zum Ziel gelangen zu können. Sie untersucht diejenigen Präsuppositionen, welche aus dem Common Sense stammen, aus den vorwissenschaftlichen Weltauffassungen, und von den erfahrungswissenschaftlichen Anthropologien verwendet werden. Diese Voraussetzungen sind vage, oft metaphorisch oder reflexiv, aber immerhin historisch in Lebenspraktiken akkumuliert und von in Grenzen gemeinsamer oder übertragbarer Bedeutung. Die Erfahrungswissenschaft beginnt und endet nicht bei Null im radikalen Zweifel an allem, sondern in den Präsuppositionen des Common Sense und in deren Veränderung, nicht Abschaffung. Anders wäre sie selbst in der Generationenfolge nicht mental reproduzierbar, soziokulturell vermittelbar und rekrutierbar. Selbst ihre revolutionärsten Auswirkungen auf den Common Sense, etwa der Darwinismus, führen nicht zu einer *vollständigen Ersetzung von Verstand und Vernunft* in der Lebensführung aller. Dazu gehören auch die Experten, die in der Frage, was in ihrer Lebensführung im Ganzen wesentlich wird, Laien bleiben.

Beispiele für Präsuppositionen aus dem Common Sense, die in den erfahrungswissenschaftlichen Anthropologien verwendet werden, sind solche Unterscheidungen wie lebendig-nicht lebendig, bewusst-nicht bewusst, selbstbewusst-nicht selbstbewusst, geistig-nicht geistig, natürlich-künstlich, sozial-nicht sozial, kulturell-nicht kulturell, normal-abweichend, mächtig-ohnmächtig, eigen-anders bzw. fremd, etc. Gewiss schränken die Erfahrungswissenschaften die Common Sense-Präsuppositionen radikal auf diejenigen Bedeutungen und denjenigen Sinn ein, in denen sie erklären und in dem sie verstehen können. Dies bleibt ihnen unbenommen und in ihrer Diskussion. Aber Philosophen können sich für die *Differenz* zwischen den genannten Präsuppositionen und deren erfahrungswissenschaftlicher Einschränkung interessieren. Diese Differenz erscheint der erfahrungswissenschaftlichen Bestimmung oft als ein luxurierender Überschuss, den man auch mit einem berühmten Rasiermesser wegschneiden könne.

Aber ist diese Differenz auch in der personalen Lebenspraxis *ersetzbar*? – Dies ist eine andere Frage als die, ob auf die Vagheiten und Vorurteile der gesunden Menschenvernunft in der Erfahrungswissenschaft verzichtet werden könne: Sicher kann man das. Und dies ist auch eine andere Frage als die Antwort, die viele andere Philosophien seit Husserl und Wittgenstein zu geben versucht haben: durch die Verteidigung der Lebenswelt oder der

---

12 Vgl. H. Plessner, Die Stufen des Organischen und der Mensch, a. a. O., S. 78-79.

Lebensformen. Weder sie, die transzendentale Lebenswelt, noch die Sprachspiele geschichtlich habitualisierter und damit veränderbarer Lebensformen retten den gesunden
Menschenverstand als die letzte Urteilsinstanz in der Philosophie. Warum sollte diese Rettung des vermeintlichen Ursprunges besser sein als eine künftige Veränderung des Lebens?
Warum wäre es letztlich schlechter, Lebenswelt oder Lebensformen zu verändern? Auf
der einen Seite scheitern die avantgardistischen Experimente, die personale Lebenspraxis
durch expertenkulturelle Leistungen revolutionär zu ersetzen. So lautete Plessners un-
freundliche Botschaft an alle avantgardistischen Revolutionäre, die endlich die Wurzel
allen Übels ziehen wollen. Dagegen arbeitet er die individuellen und gesellschaftlichen
Grenzen sowohl familiarer als auch rationaler Gemeinschaftsformen heraus, so in den
„Grenzen der Gemeinschaft" (1924). Andererseits macht auch die Konservierung der
Lebenswelt oder Lebensformen nicht urteilsfähig. Sie ist nur ein historisches Vor-Urteil
über die gemeinschaftliche Unschuld des Ur-Sprunges von Rousseau bis Heidegger.

Erst durch die Untersuchung der Differenz zwischen den lebenspraktisch nötigen
Präsuppositionen und ihrer erfahrungswissenschaftlichen Veränderung kommen wir doch
noch ins Philosophieren. Es geht in Plessner Terminologie um die Differenz zwischen
Körperhaben und *Leibsein* für Personen in ihrer Lebensführung, nicht in der Erkenntnis
der Erkenntnis oder in dem Wissen des Wissens. In welcher Hinsicht sind Personen durch
ihre Verkörperung mindestens vertretbar, womöglich austauschbar oder sogar ersetzbar
und in welcher Hinsicht sind sie dies nicht, d. h. sind sie leibhaftig, oder man könnte
mit Austin auch sagen: performativ. Die Philosophische Anthropologie steht mithin vor
der Aufgabe, die Differenz zwischen den Common Sense-Präsuppositionen und deren
Veränderung in den Erkenntnispraktiken der erfahrungswissenschaftlichen Anthropologien zu untersuchen. Diese Differenz ist ihr, nun philosophisch präzisiertes, nicht mehr
anthropologisch vorgegebenes Thema. Welche Dimensionen dieser Präsuppositionen sind
als historische Vorurteile zu verabschieden? Und welche Dimensionen dieser Präsuppositionen sind als künftige Ermöglichung personaler Lebenspraxis unverzichtbar? Letztere werden als „Kategorien" in der Philosophischen Anthropologie rekonstruiert, um
eine Art „Kategorischen Konjunktiv"[13] anzugeben, den auch künftige Experten personal
in der Ganzheitlichkeit ihrer Lebensführung als wesentlich in Anspruch nehmen werden.
Die Philosophische Anthropologie rekonstruiert kategorial diejenigen Präsuppositionen,
die erfahrungswissenschaftliche Anthropologien ermöglichen, ohne in letzteren erklärt
und verstanden werden zu können. Sie ordnet ihre kategorialen Differenzen theoretisch,
so in der Naturphilosophie als die Differenz zwischen Organisations- und Positionalitätsformen, in der Sozialphilosophie als die Differenz zwischen gemeinschaftlichen und
gesellschaftlichen Interaktionsformen personaler Individuen, in der Kulturphilosophie
als die Differenz zwischen dem Spielen *in* und dem Spielen *mit* Personenrollen, deren
Grenze zwischen dem symbolisch Übertragbarem und dem nicht mehr Spielbarem markiert wird, in der politischen Geschichtsphilosophie als die Differenz zwischen der
personalen Zurechenbarkeit und Unzurechenbarkeit von Machtformen angesichts von
Ohnmachtformen.

---

13 Ebenda, S. 116, 216.

3. Plessners Exzentrierung des Gegensatzes von Historismus oder Anthropologie im Vergleich mit Hegel

Wie geht nun Plessner mit dem exklusiven Gegensatz Historismus oder Anthropologie um? Er exzentriert diesen Gegensatz, d. h. er setzt uns aus ihm heraus, so dass dieser Gegensatz als das Zentrum des modernen westlichen Selbstverständnisses fragwürdig wird. Die Exzentrierung ist zwar eine reale Möglichkeit, sein zu können, aber keine notwendige Überwindung oder Aufhebung des Gegensatzes im Hegelschen Sinne. Gleichwohl ist diese Exzentrierung vom Problemniveau her mit einer Hegelschen Aufhebung vergleichbar, da beide antidualistisch entworfen sind, ohne die Errungenschaft der Personalität in einem Rahmen von Welt preiszugeben. Gerade in ihrer Fundierung geht Plessner auf Hegels Phänomenologie zurück, d. h. auf das Ich, welches Wir, und das Wir, welches Ich ist,[14] das von Plessner die „Wir-form des eigenen Ichs"[15] genannt wird. Bei aller Gemeinsamkeit von Hegel und Plessner in der Bejahung der Entfremdung im äußeren und allgemeinen Verhalten gegen den Kult individueller Innerlichkeit ist doch Plessners Fundierungsweise eine andere, als Hegel Personalität im Weltrahmen spekulativ-systematisch begründete.

Um dies zu begreifen, muss ich noch einmal auf die vier Aspekte lebenswissenschaftlicher Erkenntnispraktiken zurückkommen, nun aber im Hinblick auf die kategoriale Rekonstruktion der praktisch nötigen Präsuppositionen. Plessner instrumentiert andere Philosophien zu Methoden seines Projekts. Für ihn verwechseln Phänomenologie, Hermeneutik, Dialektik und Transzendentalismus ihre methodischen Errungenschaften mit einer philosophischen Theorie. Eine einzelne Methode ergibt aber noch keine Philosophie. Dadurch entstehe jedes Mal ein Zirkel derart, dass die Methode nur aufweist, was ohnehin für theoretisch richtig gehalten werde. Demgegenüber instrumentiert Plessner diese vier Methoden so, dass sie sich gegenseitig korrigieren können, also theoretisch etwas erbringen, was man nicht sowieso schon gewusst hat, als wäre die philosophische Forschung nur zum Schein. Er nennt seine theoretische Umfunktionierung der vier Methoden „die neue Möglichkeit einer Verbindung apriorischer und empirischer Betrachtung nach dem Prinzip der Unergründlichkeit des Menschen".[16]

A) Husserls phänomenologische Methode wird von ihrer theoretischen Antwort, es müsse die transzendentale Subjektivität herauskommen, entkoppelt. Stattdessen wird im (Anschluss an M. Scheler) anders eingeklammert, d. h. zugunsten von faktisch indikatorischen Merkmalen dafür, dass etwas zugleich physisch und psychisch i. w. S. ist. Damit wird der Zugang zu Phänomenen gesichert, die als „lebendige" kandidieren können.

B) Die Hermeneutik (von Dilthey und Misch) wird vom Leben, das schon immer Leben versteht, abgekoppelt, um die Nehmungsweisen dessen, was sich als Phänomen zeigt, differenzieren zu können. Als Ausgangsdifferenz gilt der Unterschied zwischen Ausdruck (fixiert), Ausdrucksverstehen (von assoziativ bis intelligent erlernt) und Ver-

---

14 Vgl. G. W. F. Hegel, Phänomenologie des Geistes, a. a. O., S. 140, 313f.
15 H. Plessner, Die Stufen des Organischen und der Mensch, a. a. O., S. 303.
16 H. Plessner, Macht und menschliche Natur, a. a. O., S. 160, 175.

ständnismöglichkeiten,[17] die nur über dreistellige (z. B. sprachliche) Symbole mit mentaler Selbstreferenz geändert werden können. Diese Ausgangsunterscheidung wird weiter differenziert in den Verstehensprozess von musikalisch-künstlerischer, d. h. stimmiger Themeneröffnung über deren sprachliche Präzisierung bis zu ihrer erfahrungswissenschaftlichen Schematisierung, so in Plessners personal funktionaler „Einheit der Sinne", einer semiotischen „Ästhesiologie des Geistes" (1923).

C) Dialektik wird nicht platonisch oder hegelianisch aufgefasst, sondern als Untersuchung der Krise in der Zuordnung zwischen der Gebungsweise lebendiger Phänomene (a) und ihrer Nehmungsweise (b). Dialektik deckt dann die Grenzen der Korrelierbarkeit zwischen Phänomenologie und Hermeneutik auf. Daher muss sie methodisch gesehen bei Plessner in die Entdeckung kritischer Phänomene gehen, kann sie nicht im Gespräch (H. G. Gadamer) oder in der spekulativen Rekonstruktion begrifflicher Selbstreferenzen und deren Negationsformen bestehen. Da das Wort „Dialektik" so missverständlich ist, verwendet es Plessner selten affirmativ.[18] Aber eingedenk dessen kann doch seine Untersuchung der Grenzen menschlichen Verhaltens im ungespielten „Lachen und Weinen" (1941) als bestes Beispiel dafür gelten, wie er dialektische Krisen als methodisch sinnvolle versteht. Die Zuordnungsmöglichkeiten zwischen Ausdruck als der Eröffnung und Handeln als der Antwort in Interaktionen brechen zusammen im Weinen oder gegeneinander hervor im Lachen. Ein nicht minder relevantes Beispiel für die Vergleichbarkeit mit Hegels phänomenologisch-dialektischer Veränderung der Selbst-Erfahrung liegt in Plessners Übergang von der Interpretation der Köhlerschen Experimente mit Schimpansen zur Spezifik des Menschen vor. Natürlich können Schimpansen, dies hat auch die jüngste Verhaltensforschung gezeigt, Werkzeuge herstellen und Zeichenpotentiale erlernen, die dem Niveau von Menschenkindern im 3. Lebensjahr entsprechen. Laut Plessner fehlt ihnen etwas anderes, nämlich der „Sinn für das Negative", in dem „Geist" anheben kann.[19] Schimpansen leben schon sozial und kulturell in Feldverhalten und mit Dingkonstanten, aber sie können keine Sachverhalte in sinnlich leerem Raum und sinnlich leerer Zeit erwarten. Sie beurteilen nicht das sinnlich Anwesende am symbolischen Kontrast des mental Abwesenden.

D) Schließlich befreit Plessner die transzendentale Methode, nach den Ermöglichungsbedingungen *wissenschaftlicher* Erfahrung zu fragen, doppelt. Sie wird ausgeweitet auf das Problem, nach den Ermöglichungsbedingungen der *Lebens*erfahrung zu fragen.[20] Und sie wird von ihren bisherigen theoretischen Antworten emanzipiert, es müsse das transzendentale Subjekt oder das Sein im Selbstverstehen eines Daseins, das absolute Leben oder der absolute Geist sein. Es gehe minimaler Weise nicht – als letzter wiss-

---

17 Ders., Die Stufen des Organischen und der Mensch, a. a. O., S. 23.
18 Vgl. jedoch ebenda, S. 115, 305. Der späte Plessner scheint, diesen Zusammenhang zu einer dialektischen Phänomenologie, den Sandkaulen zu Recht anmahnt (Anmerkung 8), vergessen zu haben. Siehe ebenda, S. XXIII. Vgl. zur Differenzierung der vielfältigen Bezüge auf Hegels Philosophie: H.-P. Krüger, Zwischen Lachen und Weinen. Bd. II: Der dritte Weg Philosophischer Anthropologie und die Geschlechterfrage, Berlin 2001, S. 293-312.
19 Siehe H. Plessner, Die Stufen des Organischen und der Mensch, a. a. O., S. 270-271, 306-308.
20 Ebenda, S. 30.

barer Ermöglichungsgrund – ohne Personalität im Rahmen von Außen-, Innen- und Mit-Welt. Aber wer könnte mehr wissbar als dies erschließen, ohne *im Ganzen* glauben zu müssen, was freigestellt bleibt?[21]

Was bedeutet diese Viererkombination aus Phänomenologie, Hermeneutik, Dialektik und transzendentaler Negativität des Absoluten für den Umgang mit dem Gegensatz von Anthropologie und Historismus? Anthropologie wird bei Plessner naturphilosophisch und der Historismus wird geschichtsphilosophisch fundiert, und zwar so, dass beide in ihren Geltungsansprüchen ernst genommen werden. Der Historismus erscheint sich als die größte europäisch-westliche Selbstlosigkeit, insofern er andere Epochen an dem ihnen Eigenen gelten lassen will, was bedeute, auf das eigene Eigene als den Maßstab des fremden Eigenen zu verzichten. Demgegenüber erscheint ihm die Anthropologie als der europäisch-westliche Maßstab, der an die anderen Epochenkulturen angelegt wird. Umgekehrt erscheint der Anthropologie der Historismus als die Projektion des europäisch-westlichen Eigenen auf andere Kulturen und Naturen. Keine andere Kultur und keine Natur legen von sich aus solchen Wert auf die eigene Individualität gegen deren Entfremdung in den Weisen des Allgemeinen und Äußeren. Diese Urteile von Anthropologie und Historismus über sich und den jeweiligen Gegensatz stimmen, wenn man beide, Anthropologie und Historismus, einem indirekten Untersuchungsverfahren aussetzt. Sie stimmen sogar so sehr, dass sie sich nicht ersetzen, nicht einmal das Primat über ihren Gegensatz ausüben können.[22]

Plessners naturphilosophische Rekonstruktion derjenigen Präsuppositionen, die naturwissenschaftliche Vergleiche ermöglichen, führt zu dem Unterschied zwischen Organisationsformen (der möglichen Binnendifferenzierung von Organismen) und Positionalitätsformen (ihren Verhaltungsmöglichkeiten zu Medien, in Umwelt oder Welt). Insbesondere der naturanthropologische Tier-Mensch-Vergleich nehme, um Tiere und Menschen als Gegenstände vergleichen zu können, eine „exzentrische Positionalität" in Anspruch. Diese ermögliche Lebensformen von Personen, denen etwas und jemand vor einem Welthorizont begegnen können. Solche Personen kommen sich von außen als Körper und als in einem Körper seiend vor. Wie ist diese gegensinnige Verhaltungsrichtung (von innen nach außen, von außen nach innen) möglich, ohne in einer Tautologie und in einem Paradox die Untersuchung aufgeben zu müssen? Sie ist insofern möglich, als Personen dafür eine dritte Raumperspektive einnehmen, von der her die Körper-Leib-Differenz gebildet werden kann. Und sie ist insofern verhaltensmöglich, als sie aus einer dritten Zeitperspektive, der der Zukünftigkeit, sich in der Unterscheidung zwischen Vergangenheit und Gegenwart vorweg sind. Damit wird für anthropologische Vergleiche, insbesondere mit Anthropoiden, eine Bruchstruktur im Verhalten als Ermög-

---

21 Vgl. näher zu der Theorie und den Methoden in Plessners Philosophischer Anthropologie meine Kapitel in: H.-P. Krüger/G. Lindemann (Hrsg.), Philosophische Anthropologie im 21. Jahrhundert, Berlin 2006.

22 Vgl. zur „Unentscheidbarkeit des Vorrangs" zwischen geschichtlicher Lebensphilosophie, Anthropologie und Politik, wenn es um die Lebenssituation als „Unbestimmtheitsrelation" *im Ganzen* geht, d. h. nicht *in* den Grenzen *einer autonomisierten* Handlungspraxis der Moderne: H. Plessner, Macht und menschliche Natur, a. a. O., S. 218-219.

lichung beansprucht. Sie besteht aus jeweils drei Relata, die weder *vollständig* ausein-anderfallen noch *gänzlich* zusammenfallen können. So kann von dem jeweils dritten Relatum her unterschieden werden, nämlich von der Person her zwischen Körper und Leib, von der Zukunft her zwischen Vergangenem und Gegenwärtigem und von der Welt her zwischen dem Äußeren und Inneren der Körper. Dementsprechend nimmt die Weltstruktur eine dreigliedrige Relation dreigliedriger Relationen an in Außenwelt, Innenwelt und Mitwelt, die man minimaler Weise praktisch unterstellen müsse, wenn anthropologische Vergleiche leistbar sein sollen. Da diese Relationen noch immer für Lebewesen vollziehbar bleiben müssen und von dem jeweils dritten Relatum her verän-dert werden können, ist diese Bruchstruktur nicht anders als auf künftige Geschicht-lichkeit hin lebbar.

Plessner entfaltet den Vollzug dieses Hiatus in drei Verhaltensambivalenzen, der na-türlichen Künstlichkeit, der vermittelten Unmittelbarkeit und des Utopischen (nirgendwo, nirgendwann) zwischen Nichtigkeit und Transzendenz. Solange Personen im Weltrahmen leben, werden die Unterscheidungen zwischen jeweils erstem und zweitem Relatum *verschränkt*, eben vom jeweils Dritten her. Diese Verschränkung ist eine *Ex-Zentrierung* der Position, weil die Person, welche die Seiten der Unterscheidung verschränkt, sich insoweit außerhalb der Unterscheidung positioniert. Anderenfalls brechen die Verhal-tungsambivalenzen auseinander, z. B. in Dualismen des Entweder-Oder, oder sie brechen in sich zusammen, z. B. in Einheitsmythen. Die Person fällt dann mit einer Seite der Unterscheidung gegen die andere Seite derselben zusammen (Frontalstellung), oder sie fällt in die Auflösung der Unterscheidung hinein. Fällt sie mit einer Seite oder der Auf-lösung der Unterscheidung ineins, handelt es sich um eine *Zentrierung* der Positionali-tät. Sie bleibt zentrisch organisierten Lebewesen, zu denen der Mensch als Organismus gehört, nötige Möglichkeit, sein zu können. Die ex-zentrische Positionalität ist weder die vollständige noch zeitlich endgültige Überwindung oder Aufhebung der zentrischen Positionalität, die für zentrisch organisierte und sich zentrisch verhaltende Lebewesen charakteristisch ist. Es macht dann aber immer noch kategorial einen Unterschied, ob bereits ex-zentriertes Verhalten *künstlich* re-zentriert wird, oder ob gar nicht re-zentriert werden kann, weil nicht ex-zentriert werden kann. Dieses Verhältnis (zwi-schen Ex- und Rezentrierung im Sich-Positionieren) und seine Verteilung auf die Mitglieder der Gattung Mensch hängt nicht mehr allein von der naturphilosophisch rekonstruierten Ermöglichung im Ganzen ab, sondern von deren historischen Reali-sierungsbedingungen.

Hier ist nur die systematische Pointe Plessners hervorzuheben: Der anthropologische Vergleich von Menschen mit anderen Lebewesen wird von einer exzentrischen Posi-tionalität lebenspraktisch ermöglicht, oder man verbleibt in Tautologie und Paradox, d. h. bricht insofern die Vergleichsleistung in solchen Grenzen ab wie: Tier ist Tier, Mensch ist Mensch. Der Mensch ist Tier und Nicht-Tier. Die exzentrische Positionalität ist aber keine in sich homogene und zeitlose Wesensstruktur des Menschen im Gan-zen, sondern eine zeitliche Art und Weise, Positionen ex- und re-zentrieren zu kön-nen. Personen können ihre Ex- und Re-Zentrierung anders denn als Menschsein verstehen, was historisch-faktisch ohnehin der Fall war und es erneut werden könnte. Die naturphilosophische Fundierung befreit vom anthropologischen Zirkel. Sie legt frei, was anthropologische Erkenntnis ermöglicht, ohne aus dieser anthropologischen Erkenntnis folgen zu können.

Plessners geschichtsphilosophische Fundierung des Historismus führt kategorial zu dem Unterschied zwischen Formen der Macht, d. h. der Zurechenbarkeit des Geschehens auf Menschen, und der Ohnmacht, d. h. der Unzurechenbarkeit desselben auf sie. Dies erscheint auf den ersten Blick wegen der Bezugnahme auf Menschen als eine naive Anthropologie, ist es aber nicht. Es handelt sich um das Resultat der Ernstnahme der historistischen Selbstlosigkeit. Denn was soll die Individuation des anderen Eigenen im Unterschied zum eigenen Eigenen heißen? Dazu muss man methodisch annehmen, dass sich Eigenes doch *von sich aus* zeigen und *verschieden*, nämlich als solches angemessen oder unangemessen, genommen werden kann. Dafür müsste man in der Forschung Tests einer quasi dialektischen Krise in der Zuordnung zwischen phänomenologischem und hermeneutischem Befund organisieren. In der Geschichte wären Kriege und andere Erfahrungen der Negativität solche Krisen, in denen z. B. politisch Freund-Feind-Verhältnisse intensiviert werden können. Es werde dann Welt in eine künstliche Umwelt aufgelöst, d. h. re-zentriert statt ex-zentriert.[23]

Für die Unterscheidung zwischen eigenem und anderem Eigenem wird demnach einerseits ein Eigenes in Anspruch genommen, das ein Sich im Verhalten, d. h. weder Eigenes oder anderes Eigenes, sondern einfach sich eigen ist, ohne eben darum wissen zu müssen. Andererseits geht es um ein falsch oder richtig zugeschriebenes Eigenes, das sich eigen oder sich anders ist im Vergleich mit anderem Eigenen und Anderem. Im ersten Fall unterstellt man so etwas wie: Leben versteht Leben, insofern es einfach sich ausdrückt (Dilthey). Dieser Ausdruck ist aber im Sinne individualisierender Zuordbarkeit gerade uneigen, weil er bestimmungsarm in der äußeren Oberfläche lebendigen Verhaltens überhaupt angetroffen wird. Davon lenke die Organismusmetapher nach innen im Historismus ab, als ob Leben nicht schon immer nach außen im Ausdrucksverhalten zu Medien und Umwelt bestünde. Im zweiten Fall setzt man Erfahrungen der Negativität voraus, so dass die Zuordnung zwischen Ausdrucksphänomen und seinem Verstehen stimmen oder nicht stimmen kann. Wenn die Zuordbarkeit von eigenem und anderem Eigenen geschichtlich tatsächlich und als solche aufeinander treffen, dann in Handel und Krieg, und nicht in Selbstlosigkeit. Man kommt dann gerade nicht an der Politik vorbei, auch nicht an dem von Carl Schmitt gestellten Problem, dass Politik totalisieren, also mehr sein kann als nur *ein* autonomer Handlungsbereich unter vielen.

Im Historismus steckt großenteils ein idealistisches Projekt von oben, vom Geiste in freier Reflexion her, die sich den Lebewesen und Kämpfen entzieht.[24] Aber wird dies der Geschichte, die bedingend ist und bedingt wird, gerecht? Warum hörte sie dann nicht in der Zufälligkeit, in der sie begonnen und zwischen den in sich organischen Kulturen existiert haben soll, auch womöglich wieder einfach auf? Die historistische Selbstlosigkeit enthält nur eine andere Annahme vom Ende der Geschichte, als es von

---

23 Vgl. ebenda S. 198-200.
24 Dies schließt nicht aus, sondern ein, dass Idealismus in – damit problematische – Politik umgesetzt werden kann. Was den deutsch antiwestlichen Weg in der historistischen Tendenz Europas angeht, stimmt Plessner Ernst Troeltschs Analyse zu. Vgl. ebenda, S. 167-168.

der Anthropologie impliziert wird. Wenn alles historisch relativiert werden kann, warum dann nicht die geschichtliche Zeitlichkeit selber? Wenn man bei dem Motiv der Selbstlosigkeit bleibe, so Plessner, dann müsste man im Historismus konsequenter Weise Mischs Dilthey-Interpretation folgen. Statt das Wesen des Menschen innerhalb einer jeden Kulturepoche definieren zu wollen, müsste man es als offene, mithin in der Beantwortung auch künftig geschichtsbedürftige Frage verstehen. Man müsste also das Prinzip der Unergründlichkeit des Menschen, d. h. ihn als offene Frage, im Untersuchungsverfahren für *theoretisch* verbindlich nehmen.[25] So würde man *methodisch* frei dazu, phänomenologische und hermeneutische Befunde aus der Geschichte einzuholen, die sich in die künftige Geschichtlichkeit hinein kritisieren können. So könnte es sinnvoll werden, das Wagnis einzugehen, noch Geschichte machen zu wollen, statt im Museum zu enden oder erbaulich auf Ruinen zu schauen.

Die systematische Pointe von Plessners geschichtsphilosophischer Fundierung der historischen Forschung besteht demnach in Folgendem: Wenn die moderne Hypothese von der historischen Selbsterschaffung des Menschen theoretisch beurteilbar werden möge, dann geht dies nicht ohne methodische Möglichkeiten zu ihrem Scheitern oder ihrer Begrenzung. Die größte Selbstlosigkeit des Menschen bestehe aber darin, nicht nur schon immer ein soziokulturhistorisches Selbstsein, sondern auch „das Andere seiner selbst Sein" zu sein: „so als das Andere seiner selbst *auch* er selbst ist der Mensch ein Ding, ein Körper, ein Seiender unter Seienden, welches auf der Erde vorkommt, eine Größe der Natur".[26] Wenn Geschichtsforschung das Unvergleichliche ermitteln will, muss sie den anthropologischen Umweg gehen. Anders hätte sie noch nicht einmal Monumente und Dokumente anderer Epochen von doch Menschen im Unterschied zu anderen Lebewesen oder reinen Göttern aufgenommen: „Denn der Begriff des Menschen ist nichts anderes als das ‚Mittel', durch welches und in welchem jene wertedemokratische Gleichstellung aller Kulturen in ihrer Rückbeziehung auf einen schöpferischen Lebensgrund vollzogen wird."[27] Plessners geschichtsphilosophische Fundierung befreit anthropologisch von dem Zirkel der historistischen Selbsterschaffung.

Was lehrt Plessners Umgang mit dem Gegensatz von Anthropologie oder Historismus? Beide haben je von sich und über ihre Gegenseite Vorurteile, die im politisch-ideologischen Kampf verwendet werden können. Es geht dann um die Rezentrierung ihrer Positionen und um die Vorherrschaft dieser Verhaltenszentrierungen in der europäisch-westlichen Moderne, d. h. um Macht. Eine solche Geschichte der Vorherrschaft in der Auslegung des Seins hat Plessner in seinem Buch „Das Schicksal deutschen Geistes im Ausgang seiner bürgerlichen Epoche" (1935), ab 1959 bekannt geworden unter dem Titel „Die verspätete Nation", vorgelegt. Nimmt man hingegen Anthropologie und Historismus philosophisch als Erkenntnis- und Lebenspraktiken in sich konsequent, könnte man sich aus ihrem exklusiven Gegensatz öffentlich heraussetzen. Beide bilden dann keine Entweder-Oder-Alternative, sondern nehmen sich gegenseitig for-

---

25 Vgl. ebenda, S. 190f.
26 Ebenda, S. 225.
27 Ebenda, S. 186.

schungs- und lebenspraktisch als Ermöglichung in Anspruch. Eine naturphilosophisch fundierte Anthropologie legt den Bruch zwischen den physischen, psychischen und geistigen Verhaltensdimensionen menschlicher Lebewesen frei, dessen Verschränkung nicht anders als durch künftige Geschichtlichkeit ermöglicht werden kann.[28] Eine geschichtsphilosophische Fundierung des Historismus deckt seine Inanspruchnahme anthropologischer Präsuppositionen auf, um überhaupt die Zuordnung von eigenem Eigenen und anderem Eigenen in Grenzen ermöglichen zu können. Insoweit entsteht, statt einer Exklusion beider Seiten des Gegensatzes, eine Komplementarität beider Fundierungen für ein westliches Europa, das künftig „entbinden", d. h. sein lassen kann.[29] Sie können sich gegenseitig ergänzen und korrigieren in einem bei Plessner merkwürdig Kantischen, nicht Hegelschen Sinne: Die Übertragung der Bestimmung, Bedingung und Verendlichung auf Unbestimmtheit, Unbedingtheit und Unendlichkeit im Ganzen verwickelt in eine Dialektik des Scheins. Die europäisch-westliche Moderne ist nicht säkularisiert, solange sie historistisch und anthropologisch den Menschen *vergottet*, d. h. zum Träger positiver Allprädikate macht. Diese Fehlübertragung galt schon Kant als Fanatismus, ob im Namen einer Religion oder im Namen des Atheismus. Plessner kritisiert Hegels System als das selbstmächtige Absolute einer vergangenen Epoche.[30] Aber Plessner spielt doch auch zustimmend auf Hegels „Phänomenologie" an, wenn er von der „im Sinne ihrer Überwindung verwirklichten Skepsis"[31] spricht, so in seiner Groninger Antrittsrede „Die Aufgabe der Philosophischen Anthropologie" (1936).

Diese Kritik Plessners an Hegel und jene Anspielung Plessners auf Hegel widersprechen sich nicht. Plessners Philosophische Anthropologie steht nicht mehr wie Hegels Philosophie des Geistes unter dem systematischen Primat der letzten Einheit, um die Begründung von Wissen zu wissen, sondern unter dem Primat einer personalen Lebenspraxis, in welcher Wissensbegründungen weder vollständig und hinreichend noch rechtzeitig erfolgen können. Was Plessner als „Skepsis" anspricht, ist kein erkenntnistheoretischer Zweifel mehr, der nach quasi religiöser Verhaltenssicherheit durch Wissensbegründung verlangt, sondern eine lebenspraktische Skepsis unter pluralen Geistesbedingungen, die zudem ihre physischen und psychischen Existenzbedingungen nie vollständig aufheben können. Daher betont Plessner gegen Hegel die Heterogenität über das Homogene im Heterogenen und die Differenz über die Einheit der Differenz. Die „Hiatusgesetzlichkeit" zwischen den physischen, psychischen und geistigen Dimensionen der *conditio humana* brauche zwar lebenspraktisch eine Verschränkungsmöglichkeit, d. h. einen Kategorischen Konjunktiv, aber dieser folge keiner geistesphilosophischen Synthese: „Für Hegel ist wohl das Negative, der Mangel, der Schmerz, die Zerstörung eine dem Positiven gleichwertige Macht, aber an ihrer Weltgeborgenheit, Geistnatur rüttelt er nicht. Es gibt bei ihm keine Intermundien, es gibt nicht wie etwa für Leibniz

---

28 Vgl. H. Plessner, Die Stufen des Organischen und der Mensch, a. a. O., S. 332-341.
29 Vgl. H. Plessner, Macht und menschliche Natur, a. a. O., S. 164, 228-230.
30 Siehe ebenda, S. 223.
31 H. Plessner, Die Aufgabe der Philosophischen Anthropologie (1936), in: Ders., Gesammelte Schriften VIII, Frankfurt a. M. 1983, S. 41.

echte Risse, von keiner Welt überbrückte hiatus irrationalis."[32] In der Unbestimmtheitsrelation der personalen Lebensführung im Ganzen nimmt man selbst eine Verschränkungsmöglichkeit in Anspruch, die misslingen kann.[33] Plessner nannte ihr Minimum
seit seiner Habilschrift „Untersuchungen zu einer Kritik der philosophischen Urteilskraft" (1920) die Wahrung der Würde von Personen. Wer in die Frage nach dem Wesen
des Menschen im Ganzen gestellt ist, antwortet auf sie hier und jetzt im Vollzug, ohne
sie für jedermann und alle Zeiten schließen zu können. Daher gehe man in ihrer Beantwortung *hic et nunc* eine Verantwortung ein, nämlich für das Primat der Fraglichkeit
über die endgültige Bestimmtheit der Antwort. So könne personales Leben doch sinnvoll, eben erneut Aufgabe werden.[34]

---

32 H. Plessner, Die Stufen des Organischen und der Mensch, a. a. O., S. 151.
33 Problemgeschichtlich hebt Sandkaulen zu Recht hervor, dass Plessner die gesellschaftliche Öffent-
    lichkeit gegen die Gemeinschaftsidee stark gemacht hat. B. Sandkaulen, Helmuth Plessner: Über
    die „Logik der Öffentlichkeit" a. a. O., S. 270f. Daher habe ich in der systematischen Reformu-
    lierung auf die Verschränkungsmöglichkeit von Gemeinschafts- und Gesellschaftsformen für die
    Personalisierung von Individuen abgehoben. Vgl. H.-P. Krüger, Zwischen Lachen und Weinen,
    Bd. I: Das Spektrum menschlicher Phänomene, Berlin 1999, 4. – 6. Kapitel.
34 Vgl. H. Plessner, Macht und menschliche Natur, a. a. O., S. 187-191.

11. Die Leere zwischen Sein und Sinn

Plessners Kritik an Heideggers *Sein und Zeit*
in *Macht und menschliche Natur*

1. Aktuelle Relevanzen und Referenzen zur Einführung

Martin Heidegger, geb. 1889, und Helmuth Plessner, geb. 1892, gehören der gleichen Generation an, die wie in einem Zeitraffer in ihrem dritten Lebensjahrzehnt durch einen enormen weltgeschichtlichen Bruch herausgefordert wird: von der Kriegsbegeisterung 1914 bis zur Niederlage am Ende des ersten Weltkrieges, von Revolutionen und Konterrevolutionen auf dem damals noch weltgeschichtlich führenden Kontinent Europa bis zum Kampf für und wider die Weimarer Demokratie zwischen Westeuropa und Sowjetrussland und dem sich abzeichnenden Aufstieg der Vereinigten Staaten von Amerika, der sich durch deren Isolationismus verzögerte. Heidegger und Plessner fangen an, neu zu philosophieren. Sie sind jung genug, um sich im Durchlauf des geschichtlich Akkumulierten handwerklich bilden und zugleich von den alten Schulen und Richtungen abnabeln zu können. Sie sind alt genug, um das Akkumulierte kompetent durch Gegenentwürfe in Frage stellen zu können. Ihr soziokultureller Werdegang konnte indessen gegensätzlicher kaum sein: Heidegger, der mit Schuld kämpfende arme Klosterschüler, der die Existenzialität von unten durch Abbau ihrer personalen Verkrustungen oben befreit; Plessner, das durch Bildung freie Kind der bürgerlichen, westlich orientierten Oberschicht, das vom Vater her und selbst als Zoologe einen ärztlichen Blick auf dasjenige ausbildet, das unten und oben fehlt. Für Plessner und Heidegger waren Husserls Phänomenologie und Diltheys geschichtliche Lebensphilosophie die beiden wichtigsten Anregungen dafür, in der Philosophie neu anschauen und verstehen zu lernen.

Seit Mitte der 1990er Jahre wächst das Interesse daran, Heideggers Existenzialphilosophie und Plessners Philosophische Anthropologie mit einander zu vergleichen. Das alte Stereotyp, es hätte vor 1933 in der deutschen Philosophie keine qualifizierten Alternativen zu Heideggers Philosophie gegeben, stimmt in keiner Weise. Dabei habe ich als solche Alternativen weder die neukantianische Vernunftphilosophie noch den dann auch in die Emigration gezwungenen logischen Positivismus vor Augen. Letzterer verurteilte alles, was nicht seiner Vorstellung von Erfahrungswissenschaft entsprach, als Metaphysik im pejorativ gemeinten Sinne. Aber wie die postempiristische Wende in der Wissenschaftsphilosophie und Wissenschaftsgeschichte gezeigt hat, hatte er nicht einmal recht mit seinen Demarkationskriterien für Wissenschaftlichkeit,[1] ganz zu schweigen

---

1 Siehe H.-J. Rheinberger, Historische Epistemologie zur Einführung, Hamburg 2007, 4.-6. Kapitel.

von der Unmöglichkeit, die philosophische Orientierung der Lebensführung nach dem Modell der Erfahrungswissenschaft gestalten zu können. Selbst die neukantianische Erweiterung der Vernunftphilosophie vom Schwerpunkt der *Kritik der reinen Vernunft* auf die *Kritik der praktischen Vernunft* und schließlich auf die *Kritik der Urteilskraft* reichte nicht mehr aus, den massiv entdeckten Themen der Geschichtlichkeit, des Lebens, der Sprache im Vergleich der Soziokulturen von Menschen untereinander und mit non-humanen Lebensformen gerecht werden zu können.[2] Am weitesten ging hier Ernst Cassirers Philosophie der symbolischen Formen, deren Grenzen im 9. Kapitel erörtert wurden. Daher hatte ich schon früher die Aufmerksamkeit auf das Bündnis zwischen den Anhängern von Diltheys Kritik der historischen Vernunft und der Philosophischen Anthropologie gelenkt. Dieses Bündnis bestand im Kern zwischen Georg Misch, der seit 1936 im vorzeitigen Ruhestand war und 1939 nach England emigrieren musste, und Helmuth Plessner, der sich über den Umweg Istanbul (1933) ab 1934 dank F. J. Buytendijk nach Groningen retten konnte. Beide hatten „an die Stelle des Seins das Leben treten lassen".[3] Auch andere Zeitgenossen wie Nicolai Hartmann, Karl Löwith und Josef König, etwas später wirkungsgeschichtlich ebenso Maurice Merleau-Ponty, bezeugen, dass Ende der 1920er und zu Beginn der 1930er Jahre Heidegger und Plessner die eigentlichen Gegenspieler in der deutschsprachigen Philosophie waren.[4]

In der neueren problemgeschichtlichen Literatur hat Gerhard Arlt in seiner soliden Einführung in die Philosophische Anthropologie die wichtigsten Aspekte des Plessners-Heidegger-Streites erwähnt.[5] Wolfgang Eßbach hat treffend Plessners „anthropologische Außenpolitik" als eine Alternative zu beiden Grundvarianten „anthropologischer Innen-politik" charakterisiert, einerseits zu Arnold Gehlens kompensatorischer Anthropologie und andererseits zu Heideggers Existenzialphilosophie, ohne diesen Gedanken in einem Vergleich mit Heidegger auszuführen.[6] Verglichen mit Plessner, darüber stimmen alle Autoren überein, fehlt Heidegger systematisch die leibliche Kommunikation und eine Theorie der Personalität. Hermann Schmitz ging in seiner sehr interessanten Rekonstruktion von Heideggers Transformation der Husserlschen Philosophie so weit zu sagen, dass sich Heidegger vor der Kritik an seinem Buch *Sein und Zeit* (1927) durch eine Annäherung an Plessners exzentrische Positionalität 1927 bis 1929 zu retten versuchte, also vor Heideggers sogenannter *Kehre*. Dabei übernimmt Heidegger sogar Plessners Terminologie in seiner Davoser Entgegnung auf Cassirer, wie auch umgekehrt

2 Siehe 10. Kapitel im vorliegenden Buch.

3 G. Misch, Der Aufbau der Logik auf dem Boden der Philosophie des Lebens. Göttinger Vorlesun-gen über Logik und Einleitung in die Theorie des Wissens, hrsg. v. G. Kühne-Bertam/F. Rodi, Frei-burg/München 1994, S. 211.

4 Siehe H.-P. Krüger, Der dritte Weg Philosophischer Anthropologie und die Geschlechterfrage, in: Ders., Zwischen Lachen und Weinen. Bd. II, Berlin 2001, S. 128-143.

5 G. Arlt, Philosophische Anthropologie, Stuttgart-Weimar 2001, II. Kapitel. Vgl. auch schon: G. Arlt, Anthropologie und Politik. Ein Schlüssel zum Werk Helmuth Plessners, München 1996.

6 W. Eßbach, Der Mittelpunkt außerhalb. Helmuth Plessners philosophische Anthropologie, in: Der Prozeß der Geistesgeschichte, hrsg. v. G. Dux/Ulrich Wenzel, Frankfurt a. M. 1994, S. 16f.

Cassirer mit Schelers und Plessners Philosophischen Anthropologien Heidegger kritisierte.[7]

Die auffälligste, daher aber auch leicht zu missverstehende Parallele zwischen Heideggers und Plessners Philosophien besteht in einer Art und Weise von Exzentrizität, deren Vorformen in Schelers Phänomenologie und Anthropologie des Geistes zu finden sind.[8] Während der Heidegger von *Sein und Zeit* die Exzentrizität an die individuelle Existenz bindet, verschränkt sie Plessner mit der Positionalität (Verhaltensform) in der lebendigen Natur unter bestimmten Strukturbedingungen eines Verhaltenbruches.[9] In der exzentrischen Positionalität ist das Verhaltenszentrum nicht festgestellt, weder im Organismus (zentrische Organisationsform) noch in seinen Interaktionen mit der Umwelt (zentrische Positionalität). Es kann aus dem Organismus und seinen Interaktionen heraustreten, neben ihn und sie treten, ihm und ihnen vorweg und hinterher sein und von daher, von dem Anderen her, das Verhalten bilden. Gleichwohl kann personales Verhalten auch nicht dort fixiert werden. Die exzentrierende Verhaltensrichtung bedarf der rezentrierenden Verhaltensrichtung zurück auf den Körperleib. Die Zentrierung der Verhaltensbildung gleicht den Bruch zwischen Organismus, seinen Umweltinteraktionen und deren Dezentrierung in einem Weltrahmen durch die Verschränkung von Verhaltensambivalenzen aus, damit diese Ambivalenzen nicht auseinander brechen. Daher stehen personale Lebewesen vor der Aufgabe, ihr *Leibsein* mit dem *Körperhaben* zu verschränken. Eine Person hat Körper, insoweit sie diese durch andere Körper vertreten, austauschen und ersetzen kann. Eine Person ist Leib, insofern sie Körper nicht vertreten, nicht austauschen und nicht ersetzen kann. Eine Person kann nicht *leben*, wenn ihr Leibsein und ihr Körperhaben gänzlich auseinanderfallen. Daher haben alle personalen Verhaltensambivalenzen eine leibliche Markierung derjenigen Seite einer Ambivalenz, von der her sie Unterscheidungen lebend vollziehen. Diese leibliche Markierung fehlt in der Dekonstruktion Derridas, da letztere an Heidegger anknüpft. Über den späten Heidegger, nach seiner sog. Kehre, könnte man sagen, dass er die Markierung der Seite, von der her die Unterscheidungen verwendet werden, erneut wechselt: War zunächst die markierte Seite die der individuellen Existenz, sodann 1933–34 der Gemeinschaftsdienst, wird schließlich vom Sein her markiert. Das Sein verselbständigt sich dadurch vom Dasein und der Existenz, sowohl der individuellen als auch der gemeinschaftlichen Existenz. Dieses Sein ist da und dort, wo und wann Gott war und erneut werden könnte. Im Sinne Plessners handelt es sich um ein Nirgendwo und Nirgendwann, also um einen „utopischen Standort",[10] der aber wieder transzendent wird.

---

7 H. Schmitz, Husserl und Heidegger, Bonn 1996, S. 374. Vgl. 9. Kapitel im vorliegenden Band.

8 Siehe 6. Kapitel.

9 Vgl. ausführlich zu dem seltenen, nur Plessner eigentümlichen Verschränken von Exzentrizität und Positionalität: V. Schürmann, Positionierte Exzentrizität, in: H.-P. Krüger/G. Lindemann (Hrsg.), Philosophische Anthropologie im 21. Jahrhundert, Berlin 2006, S. 83-102. H.-P. Krüger, Die Antwortlichkeit in der exzentrischen Positionalität. Die Drittheit, das Dritte und die dritte Person als philosophische Minima, in: Ebenda, S. 164-183. Vgl. 5. Kapitel.

10 Was die anthropologische Verfassung personaler Lebewesen angeht, so besteht die sie strukturell ermöglichende, letzte exzentrische Position in einem utopischen Standort, der zwischen Nichtigkeit

Plessner kritisiert auch den Versuch in Heideggers Spätphilosophie, eine große Befreiung vom Anthropozentrismus zu versprechen, als würde diese Emanzipation nicht gerade durch die Philosophische Anthropologie geleistet: „Mit der Abdankung der Lebensphilosophie zugunsten der Philosophie der Existenz rückt unweigerlich das Problem der Verklammerung spezifisch menschlicher Monopole mit dem menschlichen Organismus außer Sichtweite. Was aber will die Überwindung des Anthropozentrismus bedeuten, die zwar die Erkenntnis der Geschichtlichkeit menschlichen Wesens und seiner Weltbilder in sich aufgenommen hat, aber von seiner Natur nicht mehr Notiz nimmt, als sie zum Sterben braucht? [...] Die Fixierung auf die Sprache als das Haus des Seins [...] ist das ontologische Gegenstück zur Liquidationstechnik aller metaphysischen Fragen mit Hilfe der Linguistic Analysis."[11]

Plessners exzentrische Positionalität lässt sich weder in irgendeine Form der Dezentrierung noch in irgendeine Form der Rezentrierung auf das Verhältnis zwischen Organismus und Umwelt auflösen. Sie besteht aus der geschichtlichen Ausbalancierung beider Zentrierungsrichtungen der Verhaltensbildung unter den Strukturbedingungen eines Bruchs zwischen physischen, psychischen und mentalen Verhaltensdimensionen. Dieses Problem wird auch durch einen Blick auf aktuelle philosophisch-systematische Umgangsweisen mit Heidegger und Plessner deutlich. In der Philosophie der kommunikativen Vernunft von Habermas bildet die sprachliche Intersubjektivität den Dreh- und Angelpunkt, um Personalität durch Perspektivenwechsel im Diskurs fassen zu können. Aber diesen sprachlich vergesellschafteten und individuierten Personen fehlen Körperleiber. Angesichts der neuen medizinisch-therapeutischen Möglichkeiten, ins menschliche Genom einzugreifen, leiht sich Habermas die philosophisch-anthropologische Unterscheidung zwischen Leibsein und Körperhaben für die Personen seiner Theorie aus.[12] Dabei ist er unbekümmert über die Frage der philosophischen Kompatibilität zwischen seiner und Plessners Philosophie. Der von Habermas geforderte Fundierungsstatus einer Gattungsethik passt weder zu dieser noch zu jener Philosophie. Klar ist nur, dass die existenzphilosophischen Fragen, die Habermas zunächst mit Kierkegaard erörtert, mit den Anleihen aus der Philosophischen Anthropologie nachmetaphysisch gestellt werden, also unter Umgehung von Heidegger. Diese Plessner-Rezeption erfüllt die Aufgabe, an der Stelle, an welcher in der Hermeneutik sonst eine Heidegger-Rezeption üblich ist, den Rekurs auf Heidegger zu erübrigen.

Anders verhält es sich bei Bernhard Waldenfels. Er greift immer wieder auf Plessner als einen Standardautor der Phänomenologie und Hermeneutik zurück, darunter insbe-

---

und Transzendenz liegt. Da im Falle von Heideggers Spätphilosophie von dort her statt leiblich markiert wird, neigt sich dieser utopische Standort wieder zur Transzendenz. Vgl. H. Plessner, Die Stufen des Organischen und der Mensch. Einleitung in die philosophische Anthropologie (1928), Berlin/New York 1975, S. 341-346.

11 H. Plessner, Immer noch Philosophische Anthropologie? (1963), in: Ders., Gesammelte Schriften VIII, Frankfurt a. M. 1983, S. 245f.

12 Siehe J. Habermas, Die Zukunft der menschlichen Natur. Auf dem Weg zu einer liberalen Eugenik? Frankfurt a. M. 2001, S. 27f., 64f., 89f.

sondere auf Plessners Verschränkungsaufgabe im Begriff des „Leibkörpers".[13] Aber so leicht lässt sich Plessners Philosophische Anthropologie nicht eingemeinden von einer Phänomenologie des Fremden, dessen Status an das Sein in Heideggers Spätphilosophie erinnert. Dieses Fremde fällt wie das Sein in seiner Unzugänglichkeit auf, indem es sich im Zugang entzieht, überschießt wie dieses an Fraglichkeit jede Antwort hier und jetzt und wird wie das Sein durchweg affirmiert, als könnte es nur göttlich, nicht aber teuflisch sein.[14] Die Durchführung dieses Fremden erfüllt auch alle humanitären Hoffnungen der Gegenwart, die Heidegger in seinem Humanismusbrief kritisiert hat. Wenn eine derartige strukturelle Gemeinsamkeit zwischen Sein und Fremdem politisch zu derart entgegen gesetzten Auslegungen führt, ist die Verklammerung für die lebenden Personen durch die Zeiten hindurch allzu lose geraten. Es fehlt bei Waldenfels das Schwergewicht des Habitus. So viel Dezentrierung macht misstrauisch, ob es wirklich sie ausbalancierende Rezentrierungen auf Körperleiber gibt. Genau an dieser Stelle geht auch Waldenfels auf Distanz gegenüber Plessner. Plessner setze zwar Fremdheit und Feindschaft nicht gleich, halte aber strukturell diesen Kurzschluss mit Carl Schmitt für eine reale Möglichkeit zu leben.[15] – Zeugt denn von diesem Kurzschluss nicht die Weltgeschichte der Kriege, auch wieder die jüngste? Und sollte Philosophische Anthropologie ihn nicht aufdecken? – Dagegen gelingt Waldenfels problemlos die Aneinanderreihung von Heidegger, Freud und Plessner, wenn es um das Unheimliche als das Heimliche nicht im Eigenen, sondern im Anderen und als Anderes geht.[16]

Wieder gibt es, systematisch betrachtet, anscheinend eine funktionale Stelle, an der sich Heidegger und Plessner ergänzen und zusammenstimmen können, so Waldenfels, oder an der Plessner Heidegger ersetzen kann, so indirekt Habermas. So sehr man sich über die – während des letzten Jahrzehnts wachsende – systematische Plessner-Rezeption freuen kann, so stark wirft sie indirekt und direkt die Frage nach dem Verhältnis zwischen der Philosophischen Anthropologie Plessners und Heideggers philosophischen Ausformungen einer hermeneutisch-ontologischen Phänomenologie auf. Dies betrifft nicht nur die hier einleitend erwähnten Autoren, sondern viele weitere.[17]

Im Hinblick auf die politische Philosophie der Weimarer Republik hat Joachim Fischer überzeugend Plessners Sonderstellung in der deutschsprachigen Diskussion herausgearbeitet, die Waldenfels missversteht. Plessner richtete in seinem Essay „Macht und menschliche Natur" aus dem kritischen Jahr 1931 einen eindringlichen Appell an das deutsche Bürgertum, die nationalstaatlich souveräne Entscheidung für das Europäertum *nicht* abzugeben. Er kämpfte für ein Europäertum, „das im Zurücktreten von seiner Monopolisierung der Menschlichkeit das Fremde zu seiner Selbstbestimmung nach

13 Siehe u. a. B. Waldenfels, Grenzen der Normalisierung. Studien zur Phänomenologie des Fremden 2, Frankfurt a. M. 1998, S. 186-188.

14 Vgl. ders., Sinnesschwellen. Studien zur Phänomenologie des Fremden 3, Frankfurt a. M. 1999, S. 136f.

15 Ders., Topographie des Fremden. Studien zur Phänomenologie des Fremden 1, Frankfurt a. M. 1997, S. 48.

16 Ebenda, S. 44.

17 Vgl. das Ende des 5. Kapitels im vorliegenden Buch.

eigner Willkür entbindet und mit ihm in einer neu errungenen Sphäre von Freiheit auf gleichem Niveau das fair play beginnt."[18] Plessners Politisierung des sich für unpolitisch haltenden deutschen Geisteslebens „sollte Diltheys Hermeneutik aus der Passivität der Erlebenseinstellung, der Organizität von Kultur, herausholen und umgekehrt sollte der hermeneutische Bezug auf den konkreten europäischen Kulturhorizont (Carl: HPK) Schmitts Begriff des Politischen aus seiner dezisionistischen Handlungsbeliebigkeit lösen. Kultur durch den Menschen als schöpferische Macht war genuin immer schon Zivilisation als politischer Kampf um diese Schöpfung: auch das Bild vom Menschen als ‚offene Frage' der gegenwärtigen europäischen Kultur war eine schöpferische und durch Teilhabe an der ‚Öffentlichkeit' politisch zu sichernde Leistung im erneuten Beantworten von neuen und unvorhersehbaren Situationen."[19]

2. Selbstermächtigung durch die Einheit des Seins oder Selbstbegrenzung durch die geschichtliche Differenz zwischen Ontischem und Ontologischem

Für Heidegger bestand in seinem Buch *Sein und Zeit* (1927) die Spezifik seiner Philosophie in der Stellung der Frage nach dem Sinn von Sein. Diese Frage nennt Heidegger „die Fundamentalfrage der Philosophie überhaupt" und „das Kardinalproblem".[20] Er kündigt die Beantwortung dieser Frage durch die Zeitlichkeit (als der Ermöglichung von Zeit im empirischen Sinne) an. Zudem geht Heidegger von dem ontisch-ontologischen Vorrang des Daseins aus (SuZ S. 13f.). Das Dasein ist und versteht sich als Seiendes. Die Beantwortung der Frage nach dem Sinn von Sein durchläuft eine Existentialanalyse, die für Heidegger den Status der „Fundamentalontologie" hat. Anders als in dem hermeneutischen Sinne geläufig handele es sich nicht einfach um die Freilegung des für selbstverständlich Genommenen. Diese Freilegung erfolge vielmehr in Richtung auf die „Ausarbeitung der Bedingungen der Möglichkeit jeder ontologischen Untersuchung" (SuZ S. 37). Es geht Heidegger um „nicht beliebige und zufällige, sondern wesenhafte Strukturen [...], die in jeder Seinsart des faktischen Daseins sich als seinsbestimmende durchhalten" und „die vorbereitende Hebung des Seins dieses Seienden" ermöglichen (SuZ S. 17). Am Dasein sei eine „Fundamentalstruktur" freizulegen, eine „ursprünglich und ständig ganze Struktur", durch deren Analyse der existentiale Sinn, d. h. das Sein des Daseins als „die Sorge", angezeigt werden könne (SuZ S. 41). Heidegger sieht seine Aufgabe darin, „die *am Leitfaden der Seinsfrage* sich vollziehende

---

18 H. Plessner, Macht und menschliche Natur. Ein Versuch zur Anthropologie der geschichtlichen Weltansicht (1931) , in: Ders., Gesammelte Schriften V, Frankfurt a. M., 1981, S. 228.

19 J. Fischer, Plessner und die politische Philosophie der zwanziger Jahre, in: Politisches Denken. Jahrbuch 1992, hrsg. v. V. Gerhardt/H. Ottmann/M. P. Thompson, Stuttgart 1993, S. 70.

20 M. Heidegger, Sein und Zeit (1927), Tübingen 1987, § 7, S. 27 und 37. Die Seitenangaben aus dieser Ausgabe erfolgen fortan oben im Text nach der Abkürzung SuZ und in Klammern gesetzt.

Destruktion des überlieferten Bestandes der antiken Ontologie auf die ursprünglichen Erfahrungen" (SuZ S. 22) zu leisten. Nun soll aber diese Destruktion gerade nicht den negativen Sinn der Abschüttelung der ontologischen Tradition haben, sondern eine „positive Absicht" (SuZ S. 23) verfolgen, eben die Existentialanalyse als Fundamentalontologie zu fassen.

Das Merkwürdige an Heidegger besteht wohl darin, dass er die existenziale Sinnfrage als die fundamentalontologische Seinsfrage versteht und umgekehrt die fundamentalontologische Seinsfrage als die existenziale Sinnfrage. Der Sinn von Sein wird zunächst transzendental auf das Sein von Sinn zurückgeführt. Diese Art, da zu sein, nennt Heidegger Dasein (SuZ § 4f.). Dieses Dasein zeichne sich aber ontisch dadurch aus, dass es sich in seinem Sein schon immer selbst verstehe: „Seinsverständnis ist selbst eine Seinsbestimmtheit des Daseins. Die ontische Auszeichnung des Daseins liegt darin, daß es ontologisch *ist*." (SuZ S. 12). Dieser ontologische Charakter des Daseins wird später als der existenziale Sinn, es selbst oder nicht es selbst zu sein, gefasst. Wie immer nun die einzelnen Durchführungen bei Heidegger noch ausfallen mögen, was zeitgeschichtlich auch positiv zu besprechen wäre: Will man ihn bei seinem transzendentalen Anspruch ernst nehmen, könnte man sagen: Er versucht, Seinssinn auf das Sinnsein des Daseins und dieses Sinnsein (als eine ontisch-existentielle Frage) wieder auf den ontologisch-existenzialen Seinssinn (SuZ S. 12) zurückzuführen. In der umgekehrten Richtung expliziert er diese Rückführungen als Ermöglichungen.

Demnach interessiert sich Heidegger für die Wiederholung von Seinssinn als Sinnsein und von Sinnsein als Seinssinn. Dies nennt er das Offenbare, welches sich an ihm selbst zeige, also für ihn ein *Phänomen* ist (SuZ S. 31). Was von der phänomenologischen Einheit des Sinnseins als Seinssinn und des Seinssinnes als Sinnsein abweicht, ermöglicht Heidegger die Redeweise vom Verdeckten, Verschütteten, Verborgenen, Verfallenen. Die phänomenologische Einheit von Sinn und Sein im Offenbaren erhält schließlich eine ursprungsphilosophische Deutung, die die defizienten Modi des Verfallenseins als ein historisches Dazwischen auszulegen gestattet. Die Freilegung des Sinnes von Sein beansprucht gegen die Tradition 1927 die Verwirklichung individuell existenzialen Selbstseins und mausert sich um 1933 zum gemeinschaftlich existenzialen Anspruch auf Revolution. Heidegger fasst sein Philosophieverständnis wie folgt zusammen: „Philosophie ist universale phänomenologische Ontologie, ausgehend von der Hermeneutik des Daseins, die als Analytik der *Existenz* das Ende des Leitfadens alles philosophischen Fragens dort festgemacht hat, woraus es entspringt und wohin es zurückschlägt." (SuZ S. 38)

Wenn dies die Phänomenologie bei Heidegger ist, fällt zunächst die Ungeschiedenheit von Methode und Theorie auf, die Plessner generell an der Phänomenologie kritisiert.[21] Die phänomenologische Methode ist eine Technik des Ein- und Ausklammerns, um Phänomenen begegnen und sie beschreiben zu können. Diese Methode enthält noch keine theoretischen Urteile, wie Phänomene zu bewerten seien. Bei Heidegger gibt es, wie schon bei Husserl, eine Konfusion zwischen der Methode und dem

---

21 Siehe hier 5. Kapitel.

Urteil. Heidegger fällt Urteile, die am Offenbaren gemessen werden. Vom Offenbaren her urteilend erlangt alles andere einen *defizienten Seinsmodus*. Wenn darin also Heideggers Phänomenologie besteht, fragt man sich in hermeneutischer Richtung: Warum müsste überhaupt dieses Selbstverständnis selbstverständlich werden, nämlich Sinn als Sein und Sein als Sinn zu verstehen? In der europäischen Philosophietradition macht gerade und erst die Differenz zwischen Sinn und Sein Sinn: Was ontologisch die Bestimmung von Seiendem ermöglicht, wobei dieses bestimmt Seiende sich gerade dem je meinigen existenzialen Sinn widersetzen kann, kann nicht seinerseits mit existentialem Sinn zusammenfallen. Oder wir haben dann den Sinn der Differenz zwischen Ontologischem und Existenzialem, d. h. unsere Selbstbegrenzung erübrigt. Diese Erübrigung liefe wenigstens latent auf die grenzenlose Selbstermächtigung hinaus, die je meinige Existenzialität – wie in der Phantasie eines Ohnmächtigen – als die universale Fundamentalontologie zu behaupten. Existenzialität privilegiert ihren Sinn durch ihr Verhältnis zum Sein im Unterschied zu Seiendem. Um sich nicht von vornherein lächerlich zu machen oder nur Mitleid für seine Fragestellung zu ernten, versucht Heidegger von Anfang an, durch Bezugnahme auf Autoritäten aufzutrumpfen.[22]

Heidegger führt selbst, allerdings unter dem rhetorischen Titel der „Vorurteile" (SuZ S. 3f.), gewichtige philosophische Argumentationen von Aristoteles und Kant dafür an, dass die Frage nach dem Sein überhaupt, geschieden von dem zu bestimmenden Seienden, sinnlos wird. Auch der umgekehrte Fall ist bedenkenswert. Die Frage nach existenzialem Sinn – als den Bedingungen der Ansprechbarkeit je meiner freien Selbstbindung – muss keineswegs einen ontologischen Status haben. Dieser Zusammenfall von Existenzialem und Ontologischem setzte voraus, dass die ganze Differenz zwischen Privatem und Öffentlichem aufgegeben werden müsste.[23] Individueller Sinn von der eigenen Existenz ist privat freigestellt, auch individuelle Ontik, solange sie nicht andere beeinträchtigt. Aber nicht jede individuelle Sinnfrage und ontologische Seinsfrage muss Anspruch auf gesellschaftlich öffentliche Geltung erheben und einlösen können. Sinn- und Seinsfragen werden gerade in der gesellschaftlichen Öffentlichkeit pluralisiert. Aber selbst wenn wir davon absehen, würde die Verklammerung von Sinnsein und Seinssinn auch der Individualität nicht gerecht. Wenn es eine Einheit von Sinn und Sein gibt, dann im Ineffabilen der individueller Eigenart. In der „ontisch-ontologischen Zweideutigkeit" der *anima* (Seele), wie Plessner seine Hauptthese seit den *Grenzen der Gemeinschaft*

---

22 Heidegger ist schwer vom Gestus der Selbstbehauptung, wie er zuweilen Unterprivilegierten kompensatorisch in ihrem Aufstiegskampf eignet, geprägt. Um Selbsterhaltung geht es nicht erst in seiner Rektoratsrede von 1933. Vgl. zu dem dadurch „seltsamen Kontrast" bei Heidegger: G. Figal, Heidegger zur Einführung, Hamburg 1992, S. 137. H. Ebeling spricht in seiner Analyse des § 59 in SuZ von einem „schlechthin ‚anarchischen' Quasi-Handeln" eines „augenblicklich jeweilig zu ‚allem' und ‚nichts' entschlossenen Selbstbehauptungsquantums ohne Sinn und Verstand für das, was ‚ein Gewissen haben' meint", und verweist zum „Kleinbürgeraufstand des Philosophen" zu Recht auf: H. Ott, Martin Heidegger. Unterwegs zu seiner Biographie, Frankfurt a. M. 1988. H. Ebeling, Martin Heidegger. Philosophie und Ideologie, Reinbek bei Hamburg 1991, S. 36 und 12.

23 Vgl. H. Plessner, Grenzen der Gemeinschaft. Eine Kritik des sozialen Radikalismus (1924), in: H. Plessner, Gesammelte Schriften V, Frankfurt a. M. 1981, S. 55, 95ff., 133.

(1924) ausdrückt, fallen Sinn und Sein gerade auseinander. Dieses Auseinanderfallen macht zwar die Sucht nach ihrer gemeinschaftlich geteilten Einheit verständlich. Aber ein philosophischer Anspruch auf eine Fundamentalontologie sollte mehr einlösen können, als diese Sucht zum Ausdruck zu bringen. Wenn sich Individualität nicht im Gemeinschaftsverlangen auflöst, sondern öffentlich zu sich kommt, gilt der ganze Hebel von Heideggers Konstruktion nicht. Es leuchtet dann die folgende Frage nach einem Sein als etwas Ontischem höchstens privat oder gemeinschaftlich, nicht aber im Sinne eines gesellschaftlich öffentlichen Anspruches ein: „Die Seinsfrage ist dann aber nichts anderes als die Radikalisierung einer zum Dasein selbst gehörigen wesenhaften Seinstendenz, des vorontologischen Seinsverständnisses." (SuZ S. 15)

Man konnte damals, am Ende der 1920er Jahre, sicherlich noch den Hauptstrom der europäischen Philosophie dafür kritisieren, dass in ihm das Primat des Seienden über Sinnfragen vorherrschte oder Sinnfragen sogar in erkenntnistheoretisch-ontologische Fragen aufgelöst wurden. Aber was versuchte Heidegger, dagegen vorzuschlagen? Wollte er das Primat zugunsten von Sinn über Seiendes umkehren? Wenn ja, warum dann ausgerechnet über die Frage nach dem Sinn von Sein und dem Sein von Sinn? Oder wollte er umgekehrt zum Szientismus den Effekt erzielen, die Fragen nach Seiendem auf dem Umwege über das Sein in Sinnfragen gar aufzulösen? – Sowohl die Frage nach dem Sinn von Sein als auch die Frage nach dem Sein von Sinn vereinheitlichen Heterogenes. Plessner hatte gegenüber dem positiven Einheitsverlangen in Differenzen einen gleichsam „ärztlichen Blick"[24] auf die soziokulturelle Problemlage in modernen Gesellschaften entwickelt. Dieser Blick radikalisiert Hegels Einsicht in die Notwendigkeit von Entfremdung zwischen Seins- und Sinnfragen zur Unaufhebbarkeit dieser Entfremdung.[25] Dabei kritisierte Plessner nicht weniger scharf als Heidegger die Vernunftphilosophie, aber eben als eine Gemeinschaftsideologie der Sache, während Heidegger an dem alten Vorrang der Ontologie festhielt, ja, diesen ontisch festschrieb. Das ist ein anthropologisches Resultat, bevor die anthropologische Untersuchung begonnen hat, also eine anthropologische Präsuppostion des eigenen Philosophierens.

3. Sich im Sein der Seienden oder sich als geschichtlich Offenes verstehen

Das Problem des geschichtlichen Sinn- und Selbstverständnisses war in der Diltheyschen Lebensphilosophie gerade nicht im Status einer Fundamentalontologie aufrollt worden. Der Anspruch der Fundamentalontologie folgt dem Vorbild der *Kritik der reinen Vernunft*, welche das Ideal der messenden Wissenschaft für die Naturwissenschaften als konstitutiv entwickelt. Was für die wissenschaftliche Erkenntnis theoretisch konstitutiv sei, gelte nicht nur – wie in der moralischen Praxis – als ein regulatives Ideal, nach dem

---

24 M. Foucault, Die Geburt der Klinik. Eine Archäologie des ärztlichen Blicks (1963), München 1973, S. 208-210.

25 Vgl. H. Plessner, Grenzen der Gemeinschaft, a. a. O., S. 28, 70ff.

man die Praxis reguliert. In der Fassung der Diltheyschen Philosophie, die Georg Misch ihr systematisch gab, ging es nicht um einen Nachfahren des Musters der *Kritik der reinen Vernunft*, das im Neukantianismus gehandhabt und auch von Heidegger im Sinne der Transzendentalanalyse als Fundamentalontologie (SuZ S. 23f., 26) imitiert wurde. Heidegger selbst kommt im § 77 von *Sein und Zeit* auf Dilthey und Misch zu sprechen, nicht ohne zu erwähnen, dass seine Auseinanderlegung des Problems der Geschichte „aus der Aneignung der Arbeit Diltheys erwachsen" (SuZ S. 397) sei. Allerdings folgt Heidegger nicht Misch, während Plessner bereits in seinem Hauptwerk „Stufen des Organischen und der Mensch" (1928) ausdrücklich Mischs Dilthey-Interpretation würdigte und daraus die Konsequenz der „Konstituierung der Hermeneutik als philosophische Anthropologie, Durchführung der Anthropologie auf Grund einer Philosophie des lebendigen Daseins"[26] zog. Misch hat dann demonstrativ in Plessners *Philosophischem Anzeiger* Heideggers Vereinnahmung von Dilthey für das Programm von *Sein und Zeit* 1929/30 unter dem Titel der Artikelserie „Lebensphilosophie und Phänomenologie" widersprochen.[27] Daran knüpft wieder Plessner in seinem Essay *Macht und menschliche Natur* (1931) unmittelbar an. Es geht also um einen schon jahrelang zwischen einerseits Heidegger und andererseits Misch und Plessner geführten Streit über die problemgeschichtlich und systematisch nötige Weichenstellung zu nichts geringerem als der „Neuschöpfung der Philosophie."[28]

Plessner sieht sich nicht weniger als Heidegger zunächst Dilthey verpflichtet, woraus Plessner aber gerade andere Konsequenzen zieht als Heideggers Variante einer neuerlichen und in sich differenzierungsfähigen Einheit von Sinnsein und Seinssinn im sich selbst offenbarenden Phänomen. Plessner schreibt in „Macht und menschliche Natur": „Unter Berufung auf Dilthey hat in unserer Zeit Heidegger eine solche Existentialanalyse des menschlichen Daseins als Grundlegung der Gesamtphilosophie in Angriff genommen. Aber die von ihm wie selbstverständlich behandelte Einstellung dieser Analyse auf eine Ontologie als die Lehre vom Sinn des Seins nimmt das Sich-als-Sein-Verstehen der Existenz zur Voraussetzung. Gerade von Dilthey aus hat Misch widersprochen."[29] Warum auch sollte sich die *Existenz als Sein statt als Seiendes*, oder *besser noch als Lebendes*, in der Ermöglichung seiner existenzialen Selbstfindung verstehen? – Plessner hatte schon im Vorwort zu seinen *Stufen des Organischen* (1928) Heideggers Grundsatz nicht anerkannt, „daß der Untersuchung außermenschlichen Seins eine Existentialanalytik des Menschen notwendig vorhergehen müsse. Diese Idee zeigt ihn (Heidegger: HPK) noch im Banne jener alten Tradition (die sich in den verschiedensten Formen des Subjektivismus niedergeschlagen hat), wonach der philosophisch Fragende sich selbst existentiell der Nächste und darum der sich im Blick auf das Erfragte Liegende ist. Wir verteidigen im Gegensatz dazu die These – die der Sinn unseres na-

---

26 H. Plessner, Die Stufen des Organischen und der Mensch, a. a. O., S. 31.

27 Diese Artikelserie erschien als Buch: G. Misch, Lebensphilosophie und Phänomenologie. Eine Auseinandersetzung der Dilthey'schen Richtung mit Heidegger und Husserl, Bonn 1930.

28 H. Plessner, Die Stufen des Organischen und der Mensch, a. a. O., S. 30.

29 H. Plessner, Macht und menschliche Natur, a. a. O., S. 210. Fortan wird auf diese Ausgabe gleich im obigen Text mit MmN referiert.

turphilosophischen Ansatzes ist –, daß sich der Mensch in seinem Sein dadurch auszeichnet, sich weder der Nächste noch der Fernste zu sein, durch eben diese Exzentrizität
seiner Lebensform sich selber als Element in einem Meer des Seins vorzufinden und
damit trotz des nichtseinsmäßigen Charakters seiner Existenz in eine Reihe mit allen
Dingen dieser Welt zu gehören.“[30] Einig waren sich Heidegger und Plessner im Vollzugscharakter menschlichen Lebens, den eine Generation früher auch schon immer
Scheler hervorgehoben hatte. Der Vollzug hatte Seiendes zur Voraussetzung, Bedingung
und Folge, ging aber selbst nicht in Seiendem auf, war selbst nicht Seiendes, das man
wie ein Ding nach Gegenstandsklassen erklären könnte.

Plessner teilt mit der Lebensphilosophie die Frage danach, wie sich menschliches
Dasein schon immer selbst versteht, nämlich laut Dilthey zwischen *Ausdruck* und
Erleben, d. h. in derjenigen Differenz, die *Sinnverstehen* ermöglicht. Die Frage ist dann
aber die Frage nach dem Sinn von Seiendem, besser: von Lebendem – im weitesten
Umfange von Ausdrückbarem und Erlebbarem genommen, das sich in dieser Differenz
schon immer selbst zu verstehen gibt. Es handelt sich gerade nicht um die Frage nach
dem Sinn von Sein überhaupt. Warum? a) Seiendes, z. B. ein ästhetisches oder historisches Ereignis, muss nicht in einem ontologischen Sinn für die Wissenschaft sinnvoll
sein. Es muss sich nicht zur gattungsmäßigen Wesensbestimmung einschließlich des Ausschlusses unwesentlicher Eigenschaften, die anders Seienden zukommen, eignen. Sein
phänomenaler Sinn kann in der Lebensführung gerade in seiner irreduziblem ästhetischen
oder geschichtlichen Charakter liegen. b) Umgekehrt gesehen wird der ontologische
Zugriff auf das Sein überhaupt statt bestimmte Seiende gerade auch für die Erkenntnis
sinnlos. In diesem Zugriff verfangen sich die Erkenntnisgrenzen von menschlichen
Lebewesen in einer transzendentalen Dialektik des Scheins (Kant). Aus Plessners le-
bensphilosophischer Sicht geht es – nicht minder als bei Heidegger – um den Eigensinn
der *Individuation* gegenüber der *Subsumtion* unter gattungsmäßige Wesensbestimmun-
gen und gegenüber des mit der Subsumtion verbundenen dualistischen *Ausschlusses*
anderer Eigenschaften. Aber für ihn führt Heideggers Übertragung der Ontologie auf
Sinn schlechthin in die Leere von Sinn.

Heidegger stellt ausgerechnet diese Frage nach dem Sinn von Sein, nicht die nach dem
geschichtlichen Sinn von Seiendem. Er umgeht die Frage nach dem Grenzfall von Lebendem, das sich schon immer selbst ausdrücken muss, um sich verstehen zu können und
insofern des Historischen auch faktisch, in zeitlicher Sukzession zwischen Ausdruck und
Erleben, bedürftig wird. Lebendes begegnet nicht als entweder Physisches oder Psychisches, sondern zeigt sich selbst darin, dass es sowohl auf physische als auch auf psychische Weise existiert. Heidegger suggeriert Sinn genau da, wo Ontologie sinnlos wird,
da Geschichte eintritt, und er suggeriert Sinnlosigkeit genau da, wo Ontologie Sinn machen könnte, nämlich bezogen auf Seiendes, auch auf den Menschen als Lebewesen. Statt
mit der Differenz zu arbeiten, die vollzogen wird, sucht Heidegger nach einer solchen
Überschreitung von Differenz, die Unteilbarkeit sichert. Heidegger schreibt: „*Sein ist das
transcendens schlechthin.* Die Transzendenz des Seins des Daseins ist eine ausgezeich-

---

30 H. Plessner, Die Stufen des Organischen und der Mensch, a. a. O., S. Vf.

nete, sofern in ihr die Möglichkeit und Notwendigkeit der radikalsten *Individuation* liegt." (SuZ S. 38) Wenn das Dasein nicht sich *selbst*, d. h. nicht schon *lebend*, individuiert, dann wird es auch durch keine Transzendenz des Seins seines Daseins individuiert werden. Zumindest gerät dann diese Individuation nicht auf lebendige Weise im Vollzug.

Statt mit Heidegger in alter Tradition „das *Wesen des* Daseins diesseits und vor aller Individuation" zu fassen, d. h. *ohne* Kants Autonomie-Problem der freien Selbstnahme und *ohne* die europäisch-historische Selbsterfahrung des Daseins „in seiner gewordenen Individuation", fordert Plessner anderes: „Indem die Entscheidung über das Wesen des Menschen nicht ohne seine konkrete Mitwirkung, also in keiner neutralen Definition einer neutralen Struktur gesucht werden kann, sondern nur in seiner Geschichte" (MmN S. 187), sei dieses Historische nicht wieder zu ontologisieren. Vielmehr gelte es umgekehrt, die Ermöglichung von Ontologien aus dem Historisch-Faktischen und seiner geschichtlichen Ermöglichung heraus zu begreifen. Für Plessner bildet die Unterscheidung zwischen Historischem (faktisch geronnener Geschichte) und Geschichtlichem (der künftigen Ermöglichung von Geschichte) keine Unterabteilung der Differenz zwischen Ontischem und Ontologischem. Er arbeitet mit der Differenz dieser Unterscheidungen, statt diese Differenz noch einmal überschreiten zu können. Sofern die zur Beantwortung der Frage nach dem Wesen des Menschen historische Entscheidung ausstehe, steht er in einer Relation der Unbestimmtheit zu sich selbst. „In dieser Relation der Unbestimmtheit zu sich faßt sich der Mensch als Macht und entdeckt sich für sein Leben, theoretisch und praktisch, als offene Frage." (MmN S. 188) Die geschichtliche Beantwortung dieser Machtfrage versteht Plessner als historisch bedingt und Geschichte bedingend (MmN S. 190).

Um das darin enthaltene existentielle Entscheidungsmoment begreifen zu können, sei Individuation in einem doppelten Sinne von Individualisierung zu verstehen. Wozu Heidegger die Transzendenz braucht, dies liegt für Plessner schon im natürlichen und kulturellen Lebensaspekt des Daseins als dem Anderssein seines existentiellen Selbstseins. Individualisierung im doppelten Sinne, sei es der unteilbaren Einheit oder sei es der Unersetzbarkeit und Unvertretbarkeit eines Wesens, ist für Plessner der Prozess der Relationierung von Anderssein und Selbstsein. Dieser Prozess hebt dank eines Grenzverhältnisses an, das Lebewesen zu sich bereits in ihrem Lebenskreis haben. Demnach erhält die spezifisch existentialistische Selbstbefragung, die zur Entscheidung führt, erst dadurch den ihr eigentümlichen Sinn, dass sie medial durch zwei *anders* vermittelte Selbstverhältnisse fundiert wird. Einerseits individuieren Lebewesen „nach Graden der Verwandtschaft" durch organismische Selbstorganisation (eines „äquipotentiellen Systems"), die funktional ihrem Lebenskreis (J. von Uexküll) entspreche. Andererseits individualisieren wir uns in den und gegen die Wir-Rollen der Kulturgemeinschaft, die die Vertretbarkeit und Ersetzbarkeit der Einzelnen für die Gemeinschaft in der Generationenfolge sichern. Daher brauchen diese Einzelnen zu ihrer Individualisierung eine gesellschaftliche Öffentlichkeit als des Realisierungsmodus.[31]

---

31 H. Plessner, Die Stufen des Organischen und der Mensch, a. a. O., S. 136f, 195, 232, 343. Ebenda, S. 345 verweist Plessner hinsichtlich der öffentlichen Gesellschaftsformen im Unterschied zu den Gemeinschaftsformen auf seine „Grenzen der Gemeinschaft" von 1924.

Heideggers Mühe zur Einführung einer kleingeschriebenen *transzendenz*, die nicht
mehr fraglos als Antwort dienen soll, sondern in der Schwebe der Frage gehalten wird,
wiegt nur schwer Heideggers Angst vor dem durch Plessner thematisierten natürlichen
und gesellschaftlichen Anderssein des existenzialen Selbstseins auf. Plessners Rückgang auf das natürliche und gesellschaftliche Selbstsein im Unterschied zum existenzialen Selbstsein hat nicht den Anspruch einer vollständigen Erklärung (Ableitung bzw.
Bestimmung) der Änderung des Selbstseins, sondern der bestimmteren Stellung des
Problems der Unbestimmtheit zu sich, der unvorhersehbaren, „d. h. nur geschichtlich
erfahrbaren Änderung seines (des Menschen: HPK) Selbst und seiner (des Menschen:
HPK) Selbstauffassung". (MmN S. 229) Es hängt nicht alles an der Existenzialität, die
sich ohne ihre Weisen, noch anders als existenzial selbst zu sein, überfordert. Diese
Selbstüberforderung kommt in der dramatischen Inszenierung von Entschiedenheit und
Entschlossenheit bei Heidegger zum Ausdruck. Statt zur „Bodenlosigkeit der sog. Existenz" vorzudringen und „den ganzen Rahmen" neuzeitlicher Philosophie, d. h. die „These
vom ontologisch-gnoseologischen Vorrang des Subjekts", durch das Medium lebendigen Daseins in Frage zu stellen, bemühe sich Heidegger nur innerhalb dieser Tradition (MmN S. 206-209, 162) um eine in sich differenzierungsfähige Einheit zwischen
Existenzialem und Ontologischem. Heidegger gebe nicht den Vorrang des subjektiven
Selbstseins auf. Dieses Selbstsein solle vielmehr nun wie natürlich respektive selbstverständlich als existenziales gelten (MmN S. 210, 214). Bar seiner natürlichen und gesellschaftlichen Daseinsdimensionen bleibe bei Heidegger innerhalb des traditionellen
Rahmens übrig „die Konzeption eines von Umwelt und Mitwelt abgedrängten und auf
sich zurückgeworfenen Subjekts und korrelativ dazu einer auf Sicherung der Realität
ihrer Gegenstände bedachten Erkenntnis", also auch nur eine in „Geschichtsverläufen
errungene" Konzeption (MmN S. 208).

Heidegger sucht – gleichsam wie ein Zauberer – jenen Punkt, an welchem das traditionell tiefste Existentialverständnis als die sich traditionell höchste ontologische Bestimmbarkeit „entspringen" kann und an welchem umgekehrt die traditionell höchste
ontologische Bestimmbarkeit in das traditionell tiefste Existentialverständnis „zurück-
schlagen" kann, wohin er aber nur „unterwegs" sei (SuZ S. 436f.). Fiele das Tiefere mit
dem Höheren und das Höhere (SuZ S. 38) mit dem Tieferen zusammen, könnte sich
also der Existentialismus gleichsam als der Szientismus selbst und der Szientismus gleichsam als der Existentialismus selbst vorkommen, bliebe nach dieser Einheit von Höhe-
rem und Tieferem nur noch eine fraglose Oberfläche. Diese aber könnte als solche nicht
mehr gesehen werden, fehlte doch die Perspektive von außerhalb dieser nivellierten
Grenze, eben eine bei Plessner „exzentrische" Position, von der aus die Selbstbeobachtung dieser Oberfläche als Grenze noch möglich wäre. Käme die szientistische Auf-
rüstung der tiefsten Seele in der existentialistischen Annahme des Szientismus an,
entstünde ein kurzschlüssiges Zentrum der grenzenlosen Selbstermächtigung, das von
keiner Position mehr außerhalb dieses Zentrums begrenzt werden dürfte.

Immerhin, so Plessner in seinem Vorwort zur zweiten Auflage der *Stufen des Organischen* (1964), wiederhole Heidegger nicht Schopenhauers „ungeheuerlichen Anspruch
einer Weltdeutung", den „Sinn von Sein" für den „Sinn des Seins" zu halten, insofern
denn Heidegger die ontologische Differenz zwischen Sein und Seiendem beachte. „Der

Theomorphie des Menschen im Sinne Schelers entspricht die Ontomorphie in Heideggers Sinn."[32] Falle nun noch Heideggers zweite falsche Voraussetzung, dass die „Seinsweise des körpergebundenen Lebens nur privativ", also vom *existierenden* Dasein her, „zugänglich sei", entstehe das eigentliche Problem, „ob nämlich ‚Existenz' von ‚Leben' nicht nur abhebbar, sondern abtrennbar sei und inwieweit Leben Existenz fundiere."[33] Während für Plessner auch die von Heidegger in „Sein und Zeit" behandelten Phänomene der Stimmung, Sorge und Angst gerade geeignet sind, „die Verklammerung der Existenz mit etwas Anderem" anzuzeigen („denn nur leibhaftes Wesen kann gestimmt sein und sich ängstigen. Engel haben keine Angst. Stimmung und Angst unterworfen sind sogar Tiere"), beharre Heidegger auf einer abgetrennten und daher „freischwebenden Existenzdimension", weshalb „kein Weg von Heidegger zur philosophischen Anthropologie, vor der Kehre nicht und nach der Kehre nicht", führe.[34]

Die Frage nach der Einheit verschieden Seiender, also für Heidegger nach dem Sein der Seienden, kann schon inner-europäisch als Analogie von Seiendem zu Seiendem innerhalb dieser dazwischen (medial) seienden Seiendheit gedacht werden, ohne dass sich bei Aristoteles oder Dilthey das Sein überhaupt auch nur fragehalber zum Fundamentum der Seienden verfestigt. Es bleibt, wie der spätere Wittgenstein sagt, eine Familienähnlichkeit, oder wie schon Hegel wusste: das Allgemeine im Sinne der an ein Medium gebundenen Gemeinschaft mit Anderen, nicht im Sinne des Ausschlusses von Anderem.[35] Die Seinsfrage kann auch im Sinne Kants gerade als die Grenzbestimmung der reinen Vernunft begriffen werden, die zu überschreiten erkenntnismäßig keinen Sinn macht, weil die bloße Selbstanwendung der Vernunft keine Erfahrung mehr von anders Seiendem ermöglicht. Heidegger überträgt nur dieses Problem der zirkulären Selbstermächtigung der Vernunft wider die Erfahrung auf den Zirkel der Existenzialität. Eine Dialektik des Scheins entsteht so und so.

Statt wie Heidegger die „Geschichte in die Vergangenheit und in die Zukunft hinein einem außergeschichtlichen Schema der Geschichtlichkeit" (MmN S. 190f.) zu unterwerfen, eben dem der Existenzialität, denkt Plessner Kants Kritik der reinen und Diltheys Kritik der historischen Vernunft zusammen: „Theoretisch definitiv ist die Wesensbestimmung des Menschen als Macht oder als eine offene Frage nur insoweit, als sie die Regel gibt, eine inhaltliche oder formale theoretische Fixierung als ... *fernzuhalten*, [...] Zugleich ist diese Bestimmung theoretisch richtig (im Kantschen Sinne sogar konstitutiv), weil sie den Menschen in seiner Macht zu sich und über sich, von der er allein durch Taten Zeugnis ablegen kann, trifft. Man darf nur nicht dabei übersehen, daß ihm in dieser Wesensaussage das Kriterium für die Richtigkeit der Aussage selbst *überantwortet* ist." (MmN S. 191). Heideggers Berufung auf die Autorität von Aristoteles und Kant (SuZ S. 3, 10f.) wäre nur sinnvoll gewesen, wenn er die Frage nach dem Sein von Seiendem als die Grenzfrage der Ontologie eingeführt hätte und den Sinn von Sein diesseits der Grenze als das Ende der Möglichkeit von gattungsmäßigen Wesensbestim-

---

32 H. Plessner, Die Stufen des Organischen und der Mensch, a. a. O., S. Xf.
33 Ebenda, S. XIII.
34 Ebenda, S. X.
35 Vgl. G. W. F. Hegel, Phänomenologie des Geistes, Berlin 1971, S. 91-101.

mungen, die bei Grenzüberschreitung allein noch den Sinn familienähnlicher Meta-
phorik oder eines *Widerstreits* im Sinne Lyotards annehmen können.

Ich halte Jean-François Lyotards Philosophie des *Widerstreits*[36] für die beste Heidegger immanente Ersetzung der Frage von Heidegger nach dem Sinn von Sein durch
das Sein von Sinn. An die Stelle von Heideggers Suggestion einer in sich differenzierungsfähigen Einheit zwischen Seinssinn und Sinnsein tritt bei Lyotard die Heterogenität der füreinander inkommensurablen Diskursarten. Mit dieser Heterogenität lässt
sich in der Form eines *Widerstreits* umgehen. Sinn macht dann der Widerstreit, nicht das
Sein des Seienden, dessen Sinn wieder im Sich-als Sein-Verstehen liegen soll, welches
den Widerstreit gerade in der sinn-suggestiven Verlängerung einer ontologischen Frage
ins Absolute hinein verbirgt. Heidegger selbst scheint in seiner Kehre oder in seinen
Kehren nach *Sein und Zeit* zwar noch nicht den Widerstreit entdeckt, wohl aber bemerkt
zu haben, dass sich die Sinnfrage nach dem Sein allein metaphorisch in sich ver-
laufenden Familienähnlichkeiten behandeln lässt. Es gilt dann eben nicht mehr, was
Heidegger aber früher behauptet hatte: „Jede Erschließung von Sein als des transzen-
dens ist transzendentale Erkenntnis." (SuZ § 7) Transzendentale Erkenntnis erschließt die
Ermöglichung gemeinsamer Erfahrung von anders her als aus dem nur transzendental
Seienden. Heideggers transcendens soll demgegenüber die Überschreitung der sich in-
dividuierenden Erschließung existenzialen Selbstseins zu universaler Fundamentalontologie ermöglichen.

Heidegger lässt seinen in „Sein und Zeit" noch transzendentalen Anspruch später
fallen, wenn man Gadamer folgen darf.[37] Die Verselbständigung des Seinssinnes vom
Sinn der Seienden lässt sich nur metaphorisch behaupten, wie schon Hegel an Hölderlin
gelernt hatte. Plessner setzte bei Daseienden als Lebenden an, eben in jenem „mittleren"
Bereich des Lebendigen[38], in dem sich der Bruch der kosmologischen Einheit von
Mikro- und Makro-Kosmos ereignet hat. Obgleich dort das onto-theologische Band
zerrissen liegt, wirken dort die cartesianischen Dualismen am unangemessensten. Leben-

---

36 Vgl. zusammenfassend zu Lyotards Philosophie: H.-P. Krüger, Perspektivenwechsel, Berlin 1993.
    Zweiter Teil, 2. Kapitel. Vgl. von J.-F. Lyotard, Heidegger und „die Juden", Wien 1988, S. 63-110.

37 Obgleich Gadamer die Legende vom alternativlosen Heidegger nach dem zweiten Weltkrieg ver-
    treten hat, vermerkte er in dem Heidegger-Abschnitt seines Hauptwerks von 1960: „Als Heidegger
    seine transzendentalphilosophische Selbstauffassung von ‚Sein und Zeit' zu revidieren unternahm,
    mußte ihm folgerichtigerweise das Problem des Lebens neu in den Blick kommen. So hat er im
    Humanismus-Brief von dem Abgrund gesprochen, der zwischen Mensch und Tier klafft. Kein
    Zweifel, daß Heideggers eigene transzendentale Grundlegung der Fundamentalontologie in der
    Analytik des Daseins eine positive Entfaltung der Seinsart des Lebens noch nicht gestattete." H.-G.
    Gadamer, Wahrheit und Methode, Grundzüge einer philosophischen Hermeneutik, Tübingen 1960,
    S. 249. – Wo hätte denn Heidegger wenigstens in seinem Spätwerk die Seinsart des Lebens positiv
    entfaltet? – Dies ging gerade durch die Annahme des Dualismus nicht. Vgl. ebenda S. 420f, wo
    Plessner undifferenziert und falsch für Gadamers hermeneutische Ontologie vereinnahmt wird.

38 H. Plessner, Die Aufgabe der Philosophischen Anthropologie (1937), in: Ders., Gesammelte Schrif-
    ten VII, Frankfurt a. M. 1983, S. 36. Vgl. schon (1928): ders, Stufen des Organischen und der Mensch,
    a. a. O., S. 70, wo es heißt, „dass es die ‚belebten' Dinge der Welt sind, die nicht nur dem Sein ange-
    hören, sondern auch das Sein in irgendeinem Sinne als Welt haben, mit ihm und gegen es leben."

diges folgt weder einfach der Immanenz des Bewusstseins noch einfach der Ausdehnung von Materiellem. Es ermöglicht geistig Seiendes auf leibliche Weise.

Auch umgekehrt leuchtet der Weg von der ontologischen Seinsfrage zur phänomenologischen Sinnfrage nur unter bestimmten Bedingungen ein, wie etwa der, daß es zwischen beiden einen quasi kosmologischen Zusammenhang gibt. Die ontologische Frage nach der Gattungs- und Artbestimmung von Seiendem ist unmittelbar sinnvoll, nicht aber mehr die Frage nach dem Sinn von Sein überhaupt, soweit es Gattungs- und Artbestimmungen von Seiendem übersteigt. Deshalb hat selbst Hegel, was Heidegger gleich in § 1 von SuZ kritisiert, das Sein als den Grenzbegriff aller möglichen Kopula-Verbindungen das Unmittelbare und das Unbestimmte genannt, das nur auf dem Wege der Negation – nämlich durch die Differenz zwischen Meinen und Sagen – vermittelt und bestimmt werden kann.[39] Für die Frage nach dem Sinn von Sein überhaupt ergäbe sich erst wieder Sinn, wenn man, wie in Teilen der christlichen Tradition den – von Hegel als „Erbauung" kritisierten – religiösen Sinn unterstellt, dass durch allgemeinste Gattungsbestimmung zur allmächtigen, allwissenden und allgütigen Substanz aufzusteigen sei, um glaubend an ihr teilhaben zu können. Wie desorientierend eine derartige Konfusion von Sinn und Sein im Absoluten anzunehmen wirkt, kennt man auch in praktischer Hinsicht aus der Tradition der innerchristlichen Kritik von Th. v. Aquin und Nikolaus v. Kues bis Blaise Pascal. An deren Geist knüpft Kant an, wenn er das Ding an sich für die unerkennbare Grenze hält, diesseits derer zu praktischem Behufe eine Selbstbindung der Freiheit erfolgen müsse, aber nicht jenseits von dieser Grenze.

Heidegger sucht den Sinn von Sein genau da, wo er verloren gegangen ist. Das kosmologische Band ist zerrissen. Darum weiß er zwar, aber er hält dieses Wissen nicht aus. Der Atheismus ist, wie längst Hegel wusste, noch immer durch seine Negation des Theismus an letzteren gebunden. Das wirkliche Heidentum verstand sich aus keiner Negation des christlichen Abendlandes. Wer konvertiert, den holt seine Herkunft, die er gerade fliehen wollte, wieder ein. Das neue alte Selbst erlangt so nie die spontane Fülle des wirklichen Heidentums. Es ist nur Wiederholung seiner selbst, Wiederholung auch noch in der Gebärde radikaler Destruktion. Außerhalb der europäischen Geistesgeschichte, ohne deren Negation, ergibt auch der Nihilismus keinen Sinn, weil er nichts zu negieren hätte. Er bliebe ein Sturm im Wasserglas. Hegel, der schon als junger Mann mit Pascals „Gott ist tot" vertraut wurde, setzte daher auf den sich *vollbringenden Skeptizismus*[40], und Plessner nimmt diese Wendung der Skepsis wider die Skepsis auf, führt sie aber skeptischer als Hegel durch, ohne Hegels zeithistorische Rehabilitierung des Protestantismus (MmN S. 205).[41]

Plessner folgt Mischs Interpretation von Diltheys Lebensphilosophie: „Den Primat hat das Prinzip der offenen Frage oder das Leben selbst." (MmN S. 202) Die Lebensphilosophie setzt in diesem Sinne die Befreiung von absolutistischen Selbstanmaßungen und Selbstüberforderungen, wie sie in der Übernahme der Rolle Gottes entstehen, fort.

---

39 G. W. F. Hegel, Phänomenologie des Geistes, a. a. O., S. 82-87.
40 Ebenda, S. 67.
41 Vgl. auch H. Plessner, Die Aufgabe der Philosophischen Anthropologie, a. a. O., S. 41, 46.

Plessner erweitert und transformiert den Respekt vor der Unergründlichkeit Gottes, vor dem *deus absconditus,* zum Respekt vor der Unergründlichkeit des menschlichen Wesens, vor dem *homo absconditus.* Die Verneinung der absoluten Bestimmung hält die Frage nach dem menschlichen Wesen gerade offen, wodurch die Freiheit zur geschichtlichen Selbstbestimmung dieses Wesens von neuem ermöglicht und zum Problem wird. *Plessner pluralisiert und historisiert die transzendentale Frage.* Der „schöpferische Verzicht" auf die eigene „Vormachtstellung des europäischen Wert- und Kategoriensystems", der auch den souveränen Respekt vor der eigenen Unergründlichkeit zur Darstellung bringt, wird zur Bedingung der Ermöglichung von Objektivität, Universalität und neuer Selbstentdeckung (MmN S. 158, 164, 185f., 201). Die in unserer Kulturtradition existentialistisch gesehen *tieferen* und ontologisch gesehen *höheren* Formalbegriffe, wie auch der nach dem menschlichen Wesen, werden nicht in ängstlicher Sorge um die Behauptung des je meinigen Selbstes gebraucht, um Anderes abzuwerten, sondern werden, wie Plessner schreibt, als Mittel oder Medium benützt, um uns andere Selbstverständnisse durch Vergleichbarkeit zu eröffnen (MmN S. 159, 186, 221). Keine Angst vor dem Vergleich!

4. Die transzendentale Idee vom Sein als Naturrecht oder die anderen Weisen, als selbst zu sein

Heideggers Existenzialanalyse leide noch an dem Missverständnis, das lebensphiloso-phische Prinzip der Rückführung auf Leben für eine transzendentale Erklärung aus der Hermeneutik der „natürlichen Bewußtseinshaltung", dem schon immer Selbstverständlichen, heraus zu halten. Aber auch diese „Vorgabeoperation" könne ihrerseits nochmals historisiert werden (MmN S. 213f.). Die Existenzialanalyse leide an einer methodischen Apriorität, die nicht „in der Zirkulation zwischen Erfahrung und dem, was sie möglich macht", d. h. in der „Relation zwischen Apriori und Aposteriori", in Bewegung bleibt (MmN S. 174, 213f.), sondern durch ihren Umschlag in Fundamentalontologie der eigenen Kultur eine Vorzugsstellung einräumt: „Indem sich ihr durch die methodische Anweisung das Eigentliche des Daseins als die Daseinheit (Menschheit) präsentiert, die allererst den Menschen zum Menschen macht, wird die Menschheit im Menschen zum Wesen des Menschen. Die Bedingungen der Möglichkeit, Existenz als Existenz anzusprechen, *haben zugleich* den Sinn, Bedingungen der ‚Möglichkeit' zu sein, Existenz als Existenz zu führen. Eine Vorzugsstellung der Kultur, in der diese Möglichkeit faktisch (oder nur möglicherweise faktisch) ist, vor anderen Kulturen, welche diese Möglichkeit von sich aus nicht haben, ist damit gegeben." (MmN S. 159) Stattdessen orientiert Plessner auf ein Wechselspiel zwischen transzendentalen Fragen nach der Ermöglichung menschlichen Lebens und den kulturell variierenden Antworten auf diese Fragen im Geschichtsprozeß, der „wie die Weltgeschichte als das Weltgericht begriffen sein soll, das keinen seiner Urteilssprüche *ohne Revisionsmöglichkeit* fällt." (MmN S. 232) Plessner verknüpft apriorische und aposteriorische Bestimmungsversuche des menschlichen Wesens so, dass sie sich gegenseitig in Frage stellen können, statt absolutistisch in einer „Feststellung" (Nietzsche) dieses Wesens festzulaufen. Demgegenüber könne Heidegger nur in der Perspektive der „Innerlichkeit" stehen, nicht wie die Lebensphilosophie, die innerhalb ihrer Perspektive auch außerhalb dieser stehe (MmN S. 209, 222ff.). Wenn wir uns, so Plessner, nach dem Muster kopernikanischer Revolutionen durchschaut haben als Subjekte, die sich selbst täuschen und an Objekte verlieren können, dann könnten wir – eingedenk dieses kontingenten Charakters unserer Selbstsetzungen – so souverän sein, uns dem Anderssein unserer selbst zu öffnen. Wenn Plessner von der „wertedemokratischen Gleichstellung aller Kulturen in ihrer Rückbeziehung auf einen schöpferischen Lebensgrund" (MmN S. 186) spricht, so nicht, weil er ein Vorurteil für den Westen hat oder dem protestantischen Bekenntnis-Spiel folgt, ein guter Mensch sein zu wollen, sondern weil er diese Gleichstellung für die Konsequenz aller an Kant anschließenden Kant-Überwindungen bis Dilthey in unserer eigenen Kultur hält. Das Selbstverständnis durch vereinheitlichende Sinnbestimmung als Seinsbestimmung und damit auch durch dualistischen Ausschluß des Anderen ist *selbst,* und zwar zugleich in der eigenen Kulturtradition, fraglich geworden. Wende man die kopernikanischen Revolutionen nur auf sich selbst an, beginne die Souveränität diesseits der als ontologische Selbstsetzungen durchschauten subsumtiven Einheiten oder dualistischen Ausschlüsse von Andersseienden.

Plessner interpretiert Nietzsches „größte Selbstlosigkeit" aus dem „Willen zur Macht" als das Problem, die „säkularisierte Vergottung des Menschen, die in der christlichen Überzeugung von der Menschwerdung Gottes vielleicht ihr Ur- und Gegenbild hat" (MmN S. 149f.), einer „letzten Selbstrelativierung" zu überantworten. Diese denkt er nach dem Muster der Außenpolitik eines gesellschaftlichen, insofern neuen Liberalismus, der von füreinander „souveränen" (MmN S. 141-143, 231f.) Staaten ausgeht, nicht nach dem Muster der Innenpolitik einer gemeinschaftsideologischen Praktik, wie dies die „großen Weltanschauungsparteien" versuchten (MmN S. 139).

Die „souveräne Form zu philosophieren" beginne in dem Aushalten der Ambivalenz des *Kompositums Mensch,* in dem *Auch* und *Und* der Perspektiven und ihrer Aspekte schon innerhalb unserer eigenen Kultur (MmN S. 227f.). Ob Historismus oder Soziologismus, ob Biologismus oder Idealismus, ob Nietzsche oder Marx, es gebe – schon innerdeutsch gesehen – keine Gedankenströmung, die nicht meine, Kant mit Kant übertroffen, das wahre Transzendentale entdeckt, die letzte Rückführung bewerkstelligt zu haben. Das Ergebnis sei offenbar eine innere Pluralisierung der transzendentalen Frage, und Plessner sieht seine Aufgabe darin, die deutsche Geistesgeschichte immanent anderen Traditionen zu öffnen, statt an dieser lächerlichen Rhetorik der radikalsten Überwindung aller Überwindungen teilzunehmen. In der Moderne, vor allem ihrer deutschen Variante, hält sich das „Man" selber für revolutionär. Plessner ist richtig von Fischer der Außenpolitiker unter den deutschen Philosophen genannt worden.[42] Dieses Projekt unterwirft nicht andere Kulturen der eigenen Innenpolitik, die hinter jeder Proklamierung von Revolution steckt. Plessner ist derjenige, der die Konsequenz der eigenen inneren Pluralisierung denkt, im Sinne des Respekts anderer Daseinsarten als einer Er-

---

42 J. Fischer, Plessner und die politische Philosophie der zwanziger Jahre, a. a. O., S. 53-77.

möglichungsbedingung dafür, selbst zu sein auf andere (souveräne) Weise, also als
Selbstrespekt vor der eigenen Zukunft, die nicht der eigenen Vergangenheit geopfert
werden muss. Souveräner Selbstrespekt ist nicht Selbstbehauptung gegen Andere, die ja
auch das Anderssein eigenen Selbstseins betrifft, sondern Ermöglichung des Wechsels
zwischen den Perspektiven der Nähe und Ferne, distanzierter Nähe und weder der Nähe
noch der Ferne, d. h. in einem offenen Spektrum möglicher Perspektiven. „Als exzentrische Position des In sich – Über sich ist er das Andere seiner selbst: Mensch, sich
weder der Nächste noch der Fernste – und auch der Nächste mit seinen ihm einheimi-
schen Weisen, auch der Fernste, das letzte Rätsel der Welt." (MmN S. 230) Plessners
Nietzsche-Interpretation als den Weg des sich *vollbringenden Skeptizismus* war lange
vor Heideggers Rückwendung auf Nietzsche und bleibt die Alternative zur Konzeption
von Sein und Zeit.[43]

Das Absolute ist nicht das Jenseits des Historischen, nicht das Unbedingte, Unbestimmte und Unendliche, sondern das historisch Unbedingte, historisch Unbestimmte
und historisch Unendliche, das die historische Bedingung, die historische Individuation
und die historische Bestimmung ermöglicht. Ein Selbstverständnis, das sich spontan, oder
wie Plessner transformiert, „zentrisch" für absolut hält, wird durch transzendentale,
oder wie Plessner sagt, exzentrische Befragung nach seiner Ermöglichung als ein historisch Bedingtes, Endliches und Bestimmtes aufgewiesen. Durch diese Historisierung
wird die Frage nach dem Wesen des Menschen zur erneuten Beantwortung frei, mit der
dann erneut entsprechend verfahren wird.

Methodisch erfordert ein derartiges Verfahren „von Individuation zu Individuation"
(MmN S. 186) ein Minimum an Perspektivdifferenz, eben ein Äquivalent für Diltheys Differenz zwischen Ausdruck und Erleben, das Plessner seit den „Stufen des Organischen" als den methodischen Doppelaspekt zweier Aktivitätsrichtungen (von innen
nach außen und umgekehrt[44]) entfaltet als den menschenspezifischen Wechsel zwischen
zentrischer und exzentrischer Positionalität ausgearbeitet hatte.[45] Lebewesen verhalten
sich insofern zentrisch, als sie spontan aus ihrem Körperleib heraus und in diesen hinein
agieren, d. h. ohne Reflexion auf diesen den Körperleib als das existentielle Zentrum
ihrer Verhaltenskoordinierung betätigen. Lebewesen verhalten sich insofern exzentrisch,
als sie von einer Position aus, die selbst außerhalb des Zentrums Körperleib liegt, dieses
Zentrum als eine Differenz behandeln können, nämlich als die Differenz zwischen Leibsein und Körperhaben. Mit dieser Differenz ist die Spannung zwischen zwei Aktivitätsrichtungen gemeint, die organisch ermöglicht und soziokulturell zu Haltungen ausbalanciert werden. Der Selbstcharakter menschlichen Daseins hat damit bei Plessner diese
Grenzfunktion, zwischen den exzentrierenden und den rezentrierenden Aktivitätsrichtungen zu vermitteln, d. h. Erfahrung im weitesten Sinne zu ermöglichen. Plessner
denkt die wechselseitige Ermöglichung des Natur-, Sozial- und Kulturwesens Mensch.

---

43 Gadamer hat Nietzsche als eine spätere Alternative von Heidegger angemerkt, nicht aber Plessners
    frühere Nietzsche-Interpretation. H.-G. Gadamer, Wahrheit und Methode, a. a. O., S. 262.
44 Siehe H. Plessner, Die Stufen des Organischen und der Mensch, a. a. O., S. 9–107.
45 Vgl. ebenda, S. 289–309.

Der methodische Doppelaspekt an Perspektivendifferenz soll einerseits Tautologien oder Paradoxien vermeiden, wie sie im Sinne der Kantischen transzendentalen Dialektik eintreten, d. h. wenn sich die Vernunft auf sich selbst anwendet, statt das Selbstsein anders Seiendem auszusetzen. Es klingt wie eine Radikalisierung von Hegels Geistauffassung, daß nämlich Geist im Anderssein bei sich selbst bleibe, wenn Plessner gegen Heideggers Perspektiven der Innerlichkeit schreibt: „Mensch-Sein ist das Andere seiner selbst Sein." (MmN S. 225). Der methodische Doppelaspekt beugt andererseits seiner Gerinnung zum ontologischen Dualismus dadurch vor, dass sich die differenten Positionen auf einen Wechsel einlassen, eben auf eine Exzentrierung der zentrischen Position oder auf eine Rezentrierung des Exzentrums. Dadurch prozessieren Ambivalenzen, die nur unter historisch fragwürdigen Blockierungen des Positionswechsels zu ontologischen Dualismen auswachsen. Ob nun die Sinnbestimmung durch die Subsumtion unter eine Einheit erfolgt oder ob sie durch dualistischen Ausschluss erfolgt, beide Arten solchen Selbstseins halten das Anderssein des Selbstseins nicht aus. Es ist zweitrangig, ob der Geist die Materie subsumiert oder die Materie den Geist, oder wie immer sonst das vorherrschende Selbstverständnis artikuliert wird. Subsumiert wird allemal Ausgeschlossenes, wodurch sich das Selbst ausschließt und eine Möglichkeit seiner selbst sich subsumiert. Das neuzeitliche, absoluter Sicherheit bedürftige Selbst ist gleichsam ein hochgerüstetes, das mit seiner eigenen Rüstung bis zur Unkenntlichkeit verwächst und erst entsichert werden muss. Es bedarf einer „Selbstentsicherung" sei es durch Spielformen der Ambivalenz, sei es durch Grenzsituationen des Weinens und Lachens, in denen die eingeübte Selbstbeherrschung verloren geht.[46]

Plessner sieht in Heideggers Philosophie die Aufkündigung des lebensphilosophischen Prinzips der offenen Frage durch die fundamentalontologische Verabsolutierung eines historischen und existentialen Selbstverständnisses. Dadurch bleibe Heidegger der alten naturrechtlichen Bewußtseinshaltung verhaftet, das eigene existentielle Selbstverständnis für das natürliche Bewußtsein zu halten – eine für Plessner ironische Verkehrung des Existentialismus in den Positivismus und damit in den Primat der Anthropologie über Philosophie und Politik. *Plessner hält der Konzeption von Sein und Zeit Carl Schmitt vor, um diese Verkehrung des Existentialismus in den Positivismus, um diesen Umschlag des tiefsten deutschen Existential-Wesens in die für Oberfläche gehaltene westliche Demokratie mit ihren naturrechtlichen und positivistischen Selbstsetzungen, vorzuführen – eine Meisterleistung an Diplomatie im damaligen innerdeutschen Richtungsstreit!*

Auf Heideggers Umweg lasse sich auch, wenngleich erst durch andere natürliche Selbstverständnisse, nämlich die der „positivistisch gebildeten Demokratien des Westens", bei Schmitts Problem der Souveränität, der Rechtsetzung und bei der heutigen Aufgabe, daß sich Politik „zivilisiert", ankommen, wenn nämlich der in Heideggers *Sein und Zeit* demonstrierte „politische Indifferentismus des Geistes" überwunden werde, der „den durch das Luthertum tragisch erzeugten Riß zwischen einer privaten Sphäre des Heils der Seele und einer öffentlichen Sphäre der Gewalt säkularisiert". (MmN S. 168, 200, 233f.) Es sei

---

46 Vgl. H. Plessner, Lachen und Weinen. Eine Untersuchung der Grenzen menschlichen Verhaltens (1941), in: H. Plessner, Gesammelte Schriften VII, Frankfurt a. M. 1982, insbesondere S. 359-384.

aber längst möglich, eine wissende Haltung „des auf die Bodenlosigkeit des Wirklichen gewagten Wissens" einzunehmen (MmN S. 214). Die lebensphilosophische Fundierung sei keine Fundamentierung durch eine Fundamentalontologie, sondern eine Fundierung im Sinne der medialen Vermittlung (MmN S. 232). Plessner empfiehlt, diese ganze Rhetorik der einen in sich selbst kreisenden und dadurch schon immer sich selbst privilegierenden Perspektive, sie sei existentialistisch oder materialistisch oder sonstwie beschaffen, „endlich einmal ad acta zu legen", diese unendliche Kette „wahrer Fundierungen" unter der Annahme einer quasi natürlichen Rangordnung (MmN S. 214). Das Selbst rüstet sich in SuZ aus Angst im Vorlaufen zum Tode ein und gerät in seinem Versuch erneuter Selbstbeherrschung in eine Art von panisch leerer Entschlossenheit

Plessner lernt aus Heideggers Darstellung eine andere Lektion, als sie Heidegger beabsichtigt hatte: „Gerade in seiner Relativität einer christlich-griechischen Konzeption begriffen, kommt am Menschen als dem Zurechnungssubjekt seiner Welt das andere seiner selbst, das Gegenteil davon, die Unzurechnungsfähigkeit zum Vorschein; beginnt an der Geschichte das menschliche Leben, welches das Mächtige ist, auf seine Ohnmacht hin durchscheinend zu werden." (MmN S. 224f.) Man dürfe aber dieser Einsicht „nicht die Form einer Fundierung geben, als ob das Ohnmächtige das Mächtige trüge oder gar aus sich hervorgehen ließe; dann wäre ja das Prinzip der Unentscheidbarkeit (von Prinzipiellem im Prinzipiellen: HPK) preisgegeben und ein Primat der (ontologischen) Philosophie anerkannt." Plessner schreibt weiter: „Keines von beiden ist das Frühere. Sie setzen einander nicht mit und rufen einander nicht logisch hervor. Sie tragen einander nicht und gehen nicht ontisch auseinander hervor. Sie sind nicht ein und dasselbe, nur von zwei Seiten aus gesehen. Zwischen ihnen klafft Leere. Ihre Verbindung ist Undverbindung und Auchverbindung. So als das Andere seiner selbst *auch* er selbst ist der Mensch ein Ding, ein Körper, ein Seiender unter Seienden, [...] Er ist auch das, worin er sich nicht selbst ist, und er ist es in keinem äußerlicheren und geringeren und nachgeordneteren Sinne." (MmN S. 225f.)

In dem, was hier Plessner als Leere anspricht, in der Hoffnung, in dieser doch noch eine Undverbindung gewinnen zu können, eröffnet sich das, was Lyotard später den *Widerstreit* zwischen den einander heterogenen Diskursarten nennen wird. Plessner setzt gegen Heideggers Versuch, Phänomenologie und Ontologie, Sinn und Sein ineinander zu überführen, fort: „Exzentrische Positionalität als Durchgegebenheit in das Andere seiner Selbst [...] ist die offene Einheit der Verschränkung des hermeneutischen in den ontisch-ontologischen Aspekt: der Möglichkeit, den Menschen zu verstehen, und der Möglichkeit, ihn zu erklären, *ohne* die Grenzen der Verständlichkeit mit den Grenzen der Erklärbarkeit zu Deckung bringen zu können." (MmN S. 231) Nur dadurch, daß sich beide Grenzen nicht decken, bleibt die Frage nach der Einheit von Seinssinn und Sinnsein offen. Statt wie Heidegger mit seiner Frage nach einer nochmaligen Einheitsidee der Transzendenz in die Suggestion der Schließbarkeit dieser Frage zu geraten, fragt Plessner nach der Verstehen ermöglichenden Differenz von Positionen respektive Perspektiven.

Die hier letzte Pointe Plessners betrifft nicht nur seine schon erwähnte Pluralisierung und Historisierung der transzendentalen Frage, aus der das Problem der Souveränität und damit eines neuen Liberalismus entstand, sondern seine Erweiterung der traditionell transzendentalen Frage zu der Frage nach der Verunmöglichung menschlichen Sinnverstehens. Der Selbstverlust bis zur Selbstzerstörung menschlichen Daseins beginnt für Plessner genau da, wo Heidegger meint, die privatime Bestimmbarkeit personaler Existenzführung in etwas anderem verbergen zu können, nämlich darin, die phänomenologische Sinnfrage auf das Sein zu richten, um sie rückwirkend in dem Anspruch einer Fundamentalontologie beantworten zu können. Dieses Können, auch eine Möglichkeit des ins biotische Nichts gestellten Lebewesens Mensch, ist sein Abschluss, die Schließung der Frage nach ihm selbst als einem Anderen. Die Schließung der Frage ermöglicht, was Plessner die Phänomene der „Unmenschlichkeit" nennt, eben die Verunmöglichung menschlichen Daseins.

Genau dies hat Heidegger an Mischs Dilthey-Interpretation nicht begriffen. Heidegger versteht nicht, dass der transzendentale Rückschluss aus dem Historischen auf das Geschichtliche, in dem letztlich Zeit schematisch wie Sein gedacht wird, seinerseits im Zeichen der Unergründlichkeit des menschlichen Wesens zum *historisch* Absoluten negiert werden muß, um geschichtlich erneut menschliche Freiheit als existentiale Selbstbindung ermöglichen zu können. Heidegger gesteht zwar in dem problemgeschichtlich äußerst wichtigen § 77 von SuZ ein, daß die von ihm „vollzogene Auseinanderlegung des Problems der Geschichte [...] aus der Aneignung der Arbeit Diltheys erwachsen" und durch die Thesen des Grafen Yorck „bestätigt und zugleich gefestigt" (SuZ S. 397) worden sei. Aber Mischs bahnbrechende Dilthey-Interpretation wird in einer Anmerkung von Heidegger ad acta gelegt (SuZ S. 399). Stattdessen endet der Paragraph mit der demutsvollen Versicherung, „den Geist des Grafen Yorck zu pflegen, um dem Werke Diltheys zu dienen." (SuZ S. 404).

Nachdem Heidegger die vom Grafen Yorck gestellte Aufgabe einer Herausarbeitung der „generischen Differenz zwischen Ontischem und Historischem" seitenlang zitiert hat, geht Heidegger zu seinem Programm von SuZ über. Wo Misch zur Bodenlosigkeit des Absoluten vorgedrungen war, redet Heidegger wieder von dem „*fundamentalen Ziel* der ‚Lebensphilosophie‘" (SuZ S. 403), das natürlich aus Heideggers Sicht – wir kennen dies aus seiner Behandlung von Aristoteles und Kant – „einer *grundsätzlichen* Radikalisierung" bedarf. Und worin soll diese bestehen? Nun, man kennt dies aus Schellings Frühschriften und Hölderlins „Urtheil und Seyn", jetzt ca. 130 Jahre später wiederholt, als ob Hölderlin nicht daran zerbrochen wäre und es nie einen Hegel, geschweige Nietzsche, gegeben hätte. Ontisches und Historisches seien in eine „*ursprünglichere* Einheit der möglichen Vergleichshinsicht und Unterscheidbarkeit" zu bringen: „Die Idee des Seins umgreift ‚Ontisches‘ *und* ‚Historisches‘. *Sie* ist es, die sich muß generisch differenzieren lassen." (SuZ S. 403) Wohlgemerkt: Heideggers „und" ist nicht die Leere zwischen Sinn und Sein, sondern eine Idee, in der sich aus dem Sinn von Sein und dem Sein von Sinn, eben aus dem Existential-Ontologischen und aus dem Ontologisch-Existentialen, Ontisches und Historisches ausdifferenzieren lassen können sollen, worin dann Heidegger das Historische – im Zeit-Schema der Geschichtlichkeit transzendental verdoppelt – auch sich selbst verbirgt. Heideggers Philosophie ist ein Musterbeispiel für dasjenige, welches Foucault die transzendental-empirischen Dubletten genannt hat.[47]

---

47 Siehe 4. Kapitel im vorliegenden Band.

III. TEIL: DIE PRAGMATISTISCHE KRITIK DER US-AMERIKANISCHEN MODERNE

12. Klassische Pragmatismen, Sprachanalysen und Neopragmatismen

1. Die strittige Lage in der Gegenwart

Im Vorwort wurde schon erwähnt, dass die Vereinigten Staaten von Amerika in vielerlei Hinsicht bereits in der ersten Hälfte des 20. Jahrhunderts vor Aufgaben standen, vor die sich Westeuropa erst nach dem II. Weltkrieg und ganz Europa erst nach der Auflösung der Sowjetunion realpolitisch gestellt sahen: Wie ist es möglich, im kontinentalen Maßstab die kapitalistische Marktwirtschaft, die parlamentarische Demokratie und die kulturell-geistige Entwicklung aufeinander abzustimmen? Und wie ist dies vor allem möglich, unter den Bedingungen der Pluralität von Kulturen und von Ethnien bzw. Rassen? Der zentrale Referenzpunkt war keine in sich „homogene" und „autonome" Entwicklung von Nationalstaaten mit „ihren" Volkswirtschaften und „ihren" Kulturen, an dem Europa vor allem durch Deutschland in dieser ersten Hälfte des 20. Jahrhunderts scheiterte. Insoweit war es sinnvoll, sich nach dem II. Weltkrieg und seit dem Beginn der gesamt-europäischen Einigung nach 1989/90 erneut zu fragen, was man auch philosophisch aus den USA lernen könnte. Die häufige Antwort, die man seit den 1990er Jahren hörte, lautete: Neopragmatismus.

Was Neopragmatismus als Philosophie bedeuten soll, ist höchst umstritten, so in der Spannbreite der US-amerikanischen Diskussion der älteren Generation zwischen Hilary Putnam, Nicholas Rescher und Richard Rorty. Die Sache wird keineswegs einfacher, wenn man die mittlere Generation von dort berücksichtigt, etwa Robert Brandom und Richard Shusterman. Deshalb sollte man, um keine falschen Erwartungen zu wecken, erst einmal von Neopragmatismen im Plural sprechen. Die Beantwortung der Frage, was das „Neo-" in dieser Bezeichnung bedeuten könnte, macht einen Vergleich mit dem klassischen Pragmatismus unumgänglich. Was der nun wiederum philosophisch sein könnte, ist auch umstritten. Selbst wenn man sich hier nur auf die bislang wirkungs-geschichtlich einflussreichsten Denker einschränkt, also auf Charles Sanders Peirce und William James in der ersten und auf John Dewey und George Herbert Mead in der zweiten Begründergeneration,[1] sollte man auch hier im Plural reden, also von klassischen Pragmatismen. Schließlich interessieren alle diese differenzierten Zusammenhänge zwischen Neopragmatismen und klassischen Pragmatismen nicht rein historisch, schulpolitisch oder um ihrer selbst willen. Der Streit über die bessere oder schlechtere

---

1   Siehe I. Scheffler, Four Pragmatists, London/New York 1974.

Wiederbelebung der pragmatistischen Philosophien wird zwecks der Erfüllung systematischer Aufgaben in der Gegenwartsphilosophie geführt. Diese habe ich in Bezug auf das philosophische Problem des anthropologischen Zirkels in der westlichen Moderne in den beiden ersten Teilen dieses Buches dargelegt.

In der Diskussion besteht Einigkeit darüber, dass geschichtlich und systematisch gesehen zwischen den Klassischen Pragmatismen und den Neopragmatismen die sprachanalytische Wende des angloamerikanischen Philosophierens lag. In dem Maße, in dem sich dieser analytische „linguistic turn" als begrenzt herausstellte, in diesem Maße erfolgte das „Revival of Pragmatism".[2] *Neopragmatismen antworten auf die Grenzen der Sprachanalyse durch Wiederbelebung klassischer Pragmatismen.* Bei all dieser Gemeinsamkeit hängt es nun aber von dem genauen Verständnis der Grenzen der Sprachanalyse ab, wie der Schnitt zwischen dem Neuen und dem Klassischen am jeweiligen Pragmatismus ausfällt. Rorty wollte aus der sprachanalytischen Philosophie die Metaphysikkritik bewahren, weshalb er die klassisch-pragmatistischen Erfahrungskonzeptionen als eine Metaphysik ablehnte. Putnam sieht dagegen mit den klassischen Pragmatisten die philosophische Aufgabe darin, die Vielfalt und den Zusammenhang menschlicher Erfahrungsweisen zu würdigen, einschließlich der religiösen Erfahrung. Dies schließt metaphysische Grenzbestimmungen ein statt aus.

Um die heutige Diskussion verstehen zu können, muss man auch in Rechnung stellen, dass die Sprachanalyse in mindestens zwei Strängen praktiziert worden ist. Das von den verschiedenen Sprachanalysen minimaler Weise geteilte Anliegen bestand darin, durch die Klärung von Bedeutungen einem Feiern der Sprache (Wittgenstein) entgegenzutreten, dessen metaphysisches Opfer man z. B. in Weltanschauungskriegen wurde. Die metaphysikkritische Klärung von Bedeutungen konnte aber in dem einen Strang eng im Anschluss an die mathematisierte Erfahrungswissenschaft verstanden werden. Dadurch wurden derartige Kunstsprachen zum syntaktischen und formalsemantischen Fokus auch des ganzen Philosophierens. Nennen wir diesen Strang der Sprachanalyse von *artificial languages* ihren engeren Sinn. Oder ihre metaphysikkritische Aufgabe wurde in einem weiteren Sinne im Anschluss an die lebensweltlich unersetzbare Umgangssprache gestellt, so z. B. in John Austins *ordinary language analysis.*

Zu diesem Strang der Sprachanalyse im weiten Sinne gehört wirkungsgeschichtlich auch Ludwig Wittgensteins Therapie, durch die Rekontextualisierung von Sprachen in Lebensformen Scheinprobleme überwinden zu wollen. Dieser Strang der Sprachanalyse im weiten Sinne hatte bereits eine sprachpragmatische Wende eingeleitet und insofern den neopragmatischen Streit vorbereitet. Alle Neopragmatisten sind durch Wittgenstein hindurchgegangen, woraus aber nicht folgt, dass „Wittgensteinianer" und „Neopragmatisten" eine identische Menge bilden würden. Man könnte semiotisch im Sinne von Charles W. Morris noch eine Vergleichbarkeit im Hinblick auf den Unterschied zwischen Syntax, Semantik und Pragmatik herstellen. Dies hat Robert Brandom revita-

---

2   M. Dickstein (Ed.), The Revival of Pragmatism. New Essays on Social Thought, Law, and Culture, Durham/London 1998.

lisiert.[3] Aber die Arten zu zweifeln und der Umgang mit ihnen ist bei dem Kontinentaleuropäer Wittgenstein einerseits und in den philosophischen Pragmatismen der Amerikaner andererseits verschieden. Insofern steht Austin innerhalb des zweiten Stranges der Sprachanalyse den Pragmatismen sogar näher als Wittgenstein. Austin hat nämlich den Zusammenhang von sprachlichem Verhalten und Handeln thematisiert und wollte auf eine philosophisch revolutionäre Erklärung hinaus, die etwas anderes ist als Wittgensteins Therapie der Besinnung auch im Zeigen und Schweigen.[4]

Wir können also letztlich die Kriterien für „pragmatisch" nicht allein aus dem Streit zwischen den verschiedenen Sprachanalysen, insbesondere zwischen ihrem engeren und weiteren Strang, gewinnen. Weder problemgeschichtlich noch systematisch betrachtet konnten sich die Neopragmatismen allein daraus entwickeln. Der Rückgang auf die klassischen Pragmatismen war und ist unersetzbar, um verstehen zu können, warum es sich überhaupt um philosophische *Pragmatismen* handeln könnte.

Es gab bekanntlich schon zwischen Peirce und James Streit über die Frage, was Pragmatismus im Philosophieren heißen soll, weshalb Peirce seine Version in *Pragmatizismus* umbenannte, im Unterschied zu James *radikalem Empirismus*. Auch ich glaube, dass es in den Schriften der verschiedenen pragmatistischen Autoren viel miteinander Unvereinbares gibt, zumal diese auch alle noch verschiedene Phasen in der Erstellung ihres Lebenswerkes hatten. Mir scheint James darin Recht zu haben, dass die fragliche Einheit im methodischen Verfahren einer Denkbewegung besteht, die auch bei Peirce – im Sinne seiner *community of investigators* – als ein Generationen übergreifender Prozess selbstkritischen Lernens entworfen worden war. Insofern muss man von vornherein Dewey und Mead, die zweite Begründergeneration, berücksichtigen, die bereits auf die Frage nach dem Zusammenhang zwischen den Versionen von Peirce und James geantwortet hat.

Für eine derartig komplexe Herangehensweise sprechen auch die Wirkungsgeschichten der klassischen Pragmatismen. Man konnte z. B. Peirce als Semiotiker und Wissenschaftsphilosophen weitgehend getrennt von der pragmatistischen Bewegung im Ganzen, vor allem von Dewey, rezipieren. Diese höchst selektive Rezeption geschah nicht nur in der Sprachanalyse im engeren Sinne. Sie fand auf andere Weise auch durch Karl Otto Apel und Jürgen Habermas oder auch Nicholas Rescher seit Ende der 1960er Jahre statt. Es sind so pragmatische Transzendentalphilosophien oder pragmatische Idealismen entstanden. Die Neopragmatismen aber kritisieren solche transzendentalen oder idealistischen Vereinnahmungen des philosophischen Pragmatismus. Richard Bernstein forderte dagegen eine Detranszendentalisierung, der Habermas erst seit 1999 bereit war entgegenzukommen,[5] während sie Apel kategorisch ablehnte. So uneinig sich Neopragmatisten wie Rorty und Putnam in vielerlei Hinsicht sind, sie stimmen zumindest darin überein, dass erst der sachlich anerkennende Umgang mit Deweys Version

---

3 R. B. Brandom, Pragmatik und Pragmatismus, in: M. Sandbothe (Hrsg.), Die Renaissance des Pragmatismus, Weilerswist 2000, S. 29f., 42f., 47f.

4 Vgl. H.-P. Krüger, Der dritte Weg Philosophischer Anthropologie und die Geschlechterfrage, in: Ders., Zwischen Lachen und Weinen. Bd. II, Berlin 2001, S. 61-69, 71-74, 86-89.

5 Vgl. J. Habermas, Wahrheit und Rechtfertigung, Frankfurt a. M. 1999, S. 17f., 30f.

des klassischen Pragmatismus den Ausschlag dafür gibt, ob man überhaupt von philosophischem Pragmatismus reden kann. Deweys Philosophie ist bei Rorty seit seinem Buch *Contingency, Irony, and Solidarity* (1989) und bei Putnam seit seinem Buch *Renewing Philosophy* (1992) der übereinstimmende Gradmesser für und der eigentliche Streitpunkt im Neopragmatismus.

Erst durch die Dewey-Diskussion wird auch klar, wie sich Pragmatismen von den französischen quasitranszendentalen Philosophien unterscheiden, die verschieden von Foucault und Derrida in den 1960er Jahren konzipiert worden waren. Obgleich Derrida mit Peirces Semiotik die Phänomenologien des Unmittelbaren kritisiert hat, ist die daraus entsprungene Dekonstruktion doch kein philosophischer Pragmatismus geworden. Derrida verteidigte mit aller Entschiedenheit das quasitranszendentale Vorgehen, aber allein im Sinne seiner Dekonstruktion. Dass jedoch die Spezifik philosophischer Fragens nur in einer solchen Variante von Dezentrierung liegen dürfe, ist eine Auffassung, der kein Neopragmatist zustimmen würde.

Schließlich wird das Problem, ein Minimalverständnis von der methodischen Einheit im Verfahren der klassischen Pragmatismen zu gewinnen, noch durch Folgendes kompliziert: Dewey lehnt zwar das klassisch Kantische Apriori ab, also ein überhistorisches Vor-jeder-Erfahrung, das im Gattungssubjekt des Selbstbewusstseins erschlossen wird und empirische Erfahrung ermöglichen soll. Aber Dewey lehnt keineswegs ein funktionales und geschichtliches Apriori ab. In Deweys sich selber tragendem *process of inquiry* gibt es einen geschichtlich phasenweisen Wechsel in der Ausübung apriorischer und aposteriorischer Funktionen. Die klassischen Pragmatisten haben sowohl Kant als auch Hegel transformiert. Daher sind die Redeweisen von quasitranszendentalen Transformationen einerseits und Detranszendentalisierungen andererseits noch zu undifferenziert. Sie sind nur sinnvoll, um den Vergleich zwischen den verschiedenen westlichen Philosophien zu beginnen, nicht aber, um ihn in leer werdenden Oberbegriffen zu beenden. Ich habe zur Präzisierung vor allem des Vergleichs der Philosophien von Dewey und Plessner den Rahmen einer Philosophischen Anthropologie vorgeschlagen, der der Gegenwartsphilosophie fehlt.[6] Die Aufgabe weiter differenzierender Forschung betrifft auch die neopragmatistische Diskussion. An ihr nehmen Schüler von Wilfrid Sellars sprachanalytischer Transformation der Transzendentalphilosophie teil. Zudem ist durch Brandom die Verbindung zur amerikanischen Hegel-Renaissance gegeben. In gewisser Weise reproduziert sich also auch in der heutigen neopragmatistischen Diskussion die Spannung zwischen Kant und Hegel, vor der bereits die klassischen Pragmatisten einmal standen.

Aus Darstellungsgründen geht es im Folgenden zunächst um die klassischen Pragmatismen (2.), sodann um die Neopragmatismen (3.). Am Ende des Kapitels (4.) komme ich auf die Ausgangsfragen zurück, um dann im zweiten Kapitel anhand der Philosophie von John Dewey den Syntheseversuch aus Peirces Semiotik und James' Phänomenologie genauer zu fassen. Im dritten Kapitel gehe ich auf den Vergleich mit

---

6   Siehe H.-P. Krüger, Der dritte Weg Philosophischer Anthropologie und die Geschlechterfrage, in: Ders., Zwischen Lachen und Weinen. Bd. II, Berlin 2001, 1. u. 2. Kapitel.

der Philosophischen Anthropologie von Plessner ein, um so den Bogen zum ersten und zweiten Teil des vorliegenden Buches zurückzuschlagen.

2. Klassische Pragmatismen

Der Pragmatismus ist eine philosophische Bewegung, welche die Verselbständigung der wissenschaftlichen und philosophischen Erkenntnis gegenüber dem menschlichen Verhalten im Sinne des Common Sense kritisiert. Erkenntnisse werden auf die künftige Verbesserung des menschlichen Verhaltens zeitlich ausgerichtet und an ihrer Wirksamkeit für diese Verbesserung beurteilt. Daher nannte der semiotische Begründer des Pragmatismus, Charles Sanders Peirce (1839–1914), diese philosophische Richtung einen „Kritischen Commonsensismus".[7] Auch William James (1842–1910), der zweite und phänomenologische Begründer, nannte sie einen „neuen Namen für alte Denkmethoden", die man an ihren methodischen Früchten, nicht aber Dogmen erkenne.[8] Die wissenschaftliche und philosophische Reflexion könne den Common Sense beraten, nicht aber in der Lebensführung im Ganzen ersetzen.[9] Es ist falsch, den philosophischen Pragmatismus mit „Pragmatismus" im umgangssprachlichen Sinne von Konformismus oder Utilitarismus zu verwechseln, weshalb Peirce an seinem Lebensende von „Pragmatizismus"[10] im Gegensatz zu den popularphilosophischen Schriften von James sprach. Gegen diese Fehlidentifikationen haben sich auch die wichtigsten Vertreter der zweiten Begründergeneration des philosophischen Pragmatismus klar ausgesprochen, John Dewey (1859–1952) und George Herbert Mead (1863–1931). Es ist auch falsch, den philosophischen Pragmatismus für eine Pragmatik im Unterschied zur Syntax und Semantik der Sprache zu halten, da sich die frühere Semiotik von Peirce dieser späteren Unterscheidung von Charles W. Morris nicht beugt.[11]

Worin bestehen die wichtigsten systematischen Beiträge von Peirce, James und Dewey für die pragmatistische Bewegung als einer gemeinsamen Methode? Um diesen gemeinsamen Rahmen herauszuschälen, gehe ich nun diese drei Denker kurz durch:

a) Pragmatisten folgen grundsätzlich Peirces Kritik an der modernen Philosophie, soweit sie sich als Fortsetzung des von Descartes eingeschlagenen Weges einer Philosophie des Selbstbewusstseins im Gegensatz zur natürlichen Welt versteht. Diese mo-

---

7 Ch. S. Peirce, Ein Überblick über den Pragmatizismus (1907), in: Ders.: Schriften zum Pragmatismus und zum Pragmatizismus, hrsg. v. K.-O. Apel, Frankfurt a. M. 1970, S. 531.

8 W. James, Der Pragmatismus. Ein neuer Name für alte Denkmethoden (1907), Hamburg 1977, S. 27f., 32f.

9 Vgl. zu diesem roten Faden, der alle klassischen Pragmatismen durchzieht, die hervorragende Gesamtdarstellung in: John J. Stur (Hrsg.), Pragmatism and Classical American Philosophy, Oxford 2000.

10 Ch. S. Peirce, Was heißt Pragmatismus? (1905), in: Ders.: Schriften zum Pragmatismus und zum Pragmatizismus, a. a. O., S. S. 432.

11 J. Dewey, Peirces Theorie der sprachlichen Zeichen, des Denkens und der Bedeutung (1946), in: J. Dewey, Erfahrung, Erkenntnis und Wert, hrsg. v. Martin Suhr, Frankfurt a. M. 2004, S. 77f.

derne Philosophie wird abgelehnt, weil sie die Vernunft in der Gestalt eines auf sich rückbezüglichen Bewusstseins vom menschlichen Verhalten *(conduct)* durch die Annahme zweier Substanzen (Descartes) oder zweier Welten (Kant) trennt. Die pragmatistische Ablehnung der modernen Bewusstseinsphilosophie erfolgt nicht nur wegen dieser ontologischen Vorurteile, sondern auch aus methodischen Gründen, um den öffentlichen Charakter des Philosophierens gegen seine Privatisierung zu gewährleisten: „1. Wir haben kein Vermögen der Introspektion, sondern alle Erkenntnis der inneren Welt ist durch hypothetisches Schlussfolgern aus unserer Erkenntnis äußerer Fakten abgeleitet. 2. Wir haben kein Vermögen der Intuition, sondern jede Erkenntnis wird von vorhergehenden Erkenntnissen logisch bestimmt. 3. Wir haben kein Vermögen, ohne Zeichen zu denken. 4. Wir haben keinen Begriff von einem absolut Unerkennbarem."[12] Im Pragmatismus wird anerkannt, dass menschliche Lebewesen physisch endlich, psychisch partikulär und geistig Teilnehmer an einer „unbegrenzten Gemeinschaft" sprachlicher und nichtsprachlicher Zeichen sind.[13]

Als Begriff zählt im pragmatistischen Sinne, was in der künftigen Praxis heute denkbar einen Unterschied machen wird. Dieser Umgang mit Begriffen erfordere die Entdeckung und Erfindung eines konjunktivischen Seins an künftigen Handlungsmöglichkeiten. Im Unterschied zu dem, was ist, welches im Indikativ (Aussagesatz) ausgedrückt wird, und dem, was getan werden muss, welches im Imperativ (Befehlssatz) gefordert wird, erschließen Menschen im Konjunktiv des Sprachverhaltens die Möglichkeiten, die unter bestimmten Bedingungen sein würden, müssten, sollten oder könnten.[14] Das konjunktivische Sein *(would being, should being, could being)* fungiert im Pragmatismus als Mittel, um die in der Zukunft verwirklichbaren Möglichkeiten aufdecken zu können, deren Realisierbarkeit sich aber heute erst mit bestimmter Wahrscheinlichkeit schätzen lässt.[15] Damit grenzt sich die von Peirce am Vorbild der experimentellen Forschung entwickelte pragmatistische Methode sowohl vom mechanischen Determinismus als auch vom Moralisieren im Sinne eines ohnmächtigen Sollens ab. Da experimentelle Forschung auf die Konditionierung von Handlungsmöglichkeiten ausgerichtet und fehlbar ist, kann sie kein Religionsersatz sein, weshalb das Religiöse in den pragmatistischen Philosophien ein eigenes Thema bleibt.[16]

Peirce mutet es der Philosophie zu, dass sie nicht wie die „Wissenschaftstheorie" der „überprüfenden", sondern der „entdeckenden Wissenschaft" angehört: „Die Philosophie ist in dem Sinne eine *positive* Wissenschaft, als sie entdeckt, was wirklich wahr ist; doch beschränkt sie sich auf die Gruppe jener Wahrheiten, die aus der alltäglichen

---

12 Ch. S. Peirce, Einige Konsequenzen aus vier Unvermögen (1868), in: Ders.: Schriften zum Pragmatismus und zum Pragmatizismus, a. a. O., S. 42.

13 Ders., Die Lehre vom Zufall (1878), in: Ders.: Schriften zum Pragmatismus und zum Pragmatizismus, a. a. O., S. 218, 220.

14 Ders., Ein Überblick über den Pragmatizismus (1907), in: Ders.: Schriften zum Pragmatismus und zum Pragmatizismus, a. a. O., S. 503f., 518f., 530f.

15 Vgl. ders., Vorlesungen über Pragmatismus (1903), Hamburg 1973, S. 19-21.

16 Siehe H. Joas, Die Entstehung der Werte, Frankfurt a. M. 1997.

Erfahrung erschlossen werden können."[17] Damit avanciert die *Phänomenologie*, die das in den Phänomenen universell Gegenwärtige untersuche, zu der Fundierung der normativen Wissenschaften, die für die Rekonstruktion problematischer Verhaltensgewohnheiten in Handlungsweisen „dasjenige, was sein sollte, von dem, was nicht sein sollte", unterscheiden: Der Übergang aus der Phänomenologie in die normativen Unterscheidungen erfolge ästhetisch. Daran schließe die ethische Unterscheidung zwischen Richtigem und Falschen an.[18] Von der ethischen Theorie des selbstkontrollierten oder überlegten Handelns gelange man zur Logik als der Theorie selbstkontrollierten oder überlegten Denkens, wenn man Denken nicht mit Bewusstsein verwechsele oder im Bewusstsein ansiedele, sondern als „Zeichen"[19] begreife. Peirce nennt die selbstkontrollierte Verhaltensänderung „Denken".[20] Dafür müssen logisch gesehen die Induktion und Deduktion in den Dienst einer neuen Erklärungshypothese, der „Abduktion",[21] gestellt werden. Verhaltensänderungen werfen nicht nur positiv zu klärende Fragen, sondern auch metaphysische Fragen nach den Grenzen der Selbstkontrolle auf.[22]

Was „Korrespondenz" oder „Übereinstimmung" mit der Realität genannt wird, bedeutet bei Peirce nicht „Abbildung" oder „Widerspiegelung" von Gegenständen im Denken, sondern, im Verhalten auf Fragen des Verhaltens zu *antworten*. Daher korrespondieren seine Phänomenologie und seine Semiotik miteinander. „Es ist nämlich jedes Symbol in einem sehr strikten Sinne ein lebendiges Wesen."[23] In diesem Rahmen der Phänomenologie (Verhaltensfragen) und der semiotischen Rekonstruktion von Antworten in neuen Verhaltensweisen taucht die Wahrheitsfrage doppelt auf. Der Weg der Wahrheit unterscheidet sich erstens von anderen Weisen, auf Verhaltensprobleme zu antworten, so von dressierter „Hartnäckigkeit", von hierarchischer „Autorität" oder von einer „Metaphysik" nach Geschmacksurteilen. Demgegenüber verdiene nur der Weg der experimentellen Erforschung von Verhaltensänderungen durch die Gemeinschaft der Untersucher den Namen der Wahrheit.[24] Dieser Weg sei nicht nur methodologisch besser, sondern passe auch ontologisch in die „Evolution der Natur": Wenn man nämlich in ihr auch Unbestimmtheit, Spontaneität und Zufall anerkenne, könnten die Naturgesetze selbst als „Ergebnisse der Evolution" verstanden werden.[25]

Auf diesem Weg entsteht die Wahrheitsfrage zweitens nicht im Sinne eines Cartesianischen, sondern „lebendigen Zweifels" im „Laufe des Lebens, das dir neue Überzeugungen aufzwingt und die Kraft gibt, alte Überzeugungen zu bezweifeln.": Wenn du „jedoch mit Wahrheit und Falschheit etwas anderes" meinst, „dann sprichst du von En-

---

17 Ch. S. Peirce, Phänomen und Logik der Zeichen (1903), Frankfurt a. M. 1983, S. 39f.
18 Vgl. ebenda S. 40f.
19 Ebenda S. 57.
20 Ders., Was heißt Pragmatismus?, a. a. O., S. 437.
21 Ders., Vorlesungen über Pragmatismus, a. a. O., S. 263-267.
22 Vgl. ders., Phänomen und Logik der Zeichen, a. a. O., S. 42.
23 Ebenda, S. 46.
24 Siehe ders., Die Festlegung einer Überzeugung (1877), Ders.: Schriften zum Pragmatismus und zum Pragmatizismus, a. a. O., S. 160-171.
25 Ders., Vorwort zu: Mein Pragmatismus, in: Ebenda, S. 145.

titäten, über deren Existenz du nichts wissen kannst und die Ockhams Rasiermesser sauber wegrasieren würde."[26] Wahrheit laufe auf Falsifikation in dem Sinne hinaus, dass sie eine Überzeugung erreichen würde, die „unangreifbar für jeden Zweifel ist".[27] Baue man Philosophie nicht auf „Bewusstseinszustände" auf, sondern auf die symbolisch vermittelten Verhaltensweisen der Forschergemeinschaften, werde die Wahrheit im Unterschied zur Falschheit der Aussagen indirekt erschlossen als dasjenige, was im Sinne lebendigen Verhaltens „nicht bezweifelt werden" kann: Dann verwechsele man nicht das Individuum mit einer Person: „Ihre Gedanken sind das, was sie ‚zu sich selbst sagt', d. h. jenem anderen Selbst sagt, das im Strom der Zeit gerade ins Leben tritt."[28] „Die Logik wurzelt im sozialen Prinzip".[29] Sie beschränkt sich auf das, „was wir kontrollieren können", d. h. sie baut auf den „instinktiven Geist" (die „anthropomorphen", „zoomorphen", „physiomorphen" Verhaltenselemente) als einer „Tatsache" auf.[30]

b) James wendet sich erst spät, d. h. am Ende der 1890er Jahre,[31] dem Pragmatismus zu. Er radikalisiert die zeitliche Einordnung des Erkenntnisproblems in menschliche Verhaltensänderungen in seinem „radikalen Empirismus". James deutet Peirces pragmatische Methode von der individuellen und sozialen Lebensführung her phänomenologisch. Dem Common Sense entsprechend werde der „Begriff der Wahrheit" zu dem „Weg, auf dem wir von einem Stück der Erfahrung zu andern Stücken hingeführt werden, und zwar zu solchen, die zu erreichen die Mühe lohnt".[32] James konzipiert die Einsicht, „dass auch die Wahrheit ihre Paläontologie und ihre Verjährungsfrist hat": In dieser „genetischen Wahrheitstheorie" ist „die Wahrheit *eine Art des Guten* und nicht, wie man gewöhnlich annimmt, eine davon verschiedene, dem Guten koordinierte Kategorie [...] *Wahr heißt alles, was sich auf dem Gebiete der intellektuellen Überzeugung aus bestimmt angebbaren Gründen als gut erweist*."[33] Das tatsächliche Absolvieren des Weges der Wahrheit als einem Gut der Lebensführung ist jedoch an viele anspruchsvolle Bedingungen geknüpft: „*Wahre Vorstellungen sind solche, die wir uns aneignen, die wir geltend machen, in Kraft setzen und verifizieren können. Falsche Vorstellungen sind solche, bei denen dies alles nicht möglich ist.* Das ist der praktische Unterschied, den es für uns ausmacht, ob wir wahre Ideen haben oder nicht. Das ist der Sinn der Wahrheit, denn nur in dieser Weise wird Wahrheit erlebt."[34]

Unter den für den Wahrheitsweg erforderlichen Lernbedingungen ist die Einrichtung eines Prozesses der Verifikation, d. h. der Herstellung von Fakten (aus lateinisch: *factum*,

---

26 Ders., Was heißt Pragmatismus?, a. a. O., S. 435f.
27 Ebenda, S. 436.
28 Ebenda, S. 438.
29 Ders., Die Lehre vom Zufall (188), in: Ders.: Schriften zum Pragmatismus und zum Pragmatizismus, a. a. O., S. 218.
30 Ders., Vorlesungen über Pragmatismus, a. a. O., S. 285f.
31 Vgl. H. Pape, Der dramatische Reichtum der konkreten Welt. Der Ursprung des Pragmatismus im Denken von Ch. S. Peirce und W. James, Weilerswist 2001, S. 107.
32 W. James, Der Pragmatismus. Ein neuer Name für alte Denkmethoden, a. a. O., S. 79f.
33 Ebenda, S. 42.
34 Ebenda, S. 76.

von Gemachtem), die dem Gut der Wahrheit dienen, der Kern: „Die Vorstellung *wird* wahr, wird durch Ereignisse wahr *gemacht.* Ihre Wahrheit ist tatsächlich ein Geschehen, ein Vorgang, und zwar der Vorgang ihrer Selbst-Bewahrheitung, ihre Veri-fikation. Die Geltung der Wahrheit ist nichts anderes als eben der Vorgang des Sich-Geltend-Machens."[35] Wahrheit als Gut lässt Erkenntnisprozesse mit anderen soziokulturellen Prozessen vergleichbar werden: „Wahrheit ist für uns nur ein allgemeiner Name für Verifikationsprozesse, so wie Gesundheit, Reichtum, Körperkraft Namen für andere Prozesse, denen man nachstrebt, weil es lohnt, ihnen nachzustreben."[36] Das Unterscheidungskriterium der Verifikation ist für James nicht ausschließend, sondern eine Zusatzqualifikation soziokultureller Prozesse: „Die Wahrheit lebt tatsächlich größtenteils vom Kredit. Unsere Gedanken und Überzeugungen gelten, solange ihnen nichts widerspricht, so wie die Banknoten so lange gelten, als niemand ihre Annahme verweigert."[37] Diese Pluralisierung der Wahrheitsfrage sei nicht nur aus Gründen der „Zeitökonomie" nötig, sondern auch durch eine neue Ontologie, d. h. das „pluralistische Universum", möglich.[38]

c) Für Dewey heißt Philosophieren *nach* Darwin, dass die spezifisch geistige Entwicklung von Menschen nicht mehr im Gegensatz zur Welt der lebendigen Natur in einer dazu transzendenten Welt des Geistes verankert werden kann. Vielmehr müsse sie als qualitativ eigenständige Phänomengruppe alles Lebendigen (James) durch semiotische Spezifikation im Rahmen des Kontinuums der Natur (Peirce) verstanden werden. Die Situierung des Geistes in der lebendigen Natur werde dadurch denkmöglich, dass Leben nicht organizistisch fehlgedeutet, sondern als eine Interaktion zwischen Organismus und Umwelt begriffen wird. Erfolge diese Interaktion funktional in einer wechselseitigen Anpassung von Organismus und Umwelt aneinander (soziokulturelle Lebensform) und durch Transformation in Zeichen, sei Geistiges in der Natur situiert. Dewey bekennt sich zu einem uneingeschränkten Naturalismus, den er aber auf keinen Physikalismus oder Biologismus reduziert, sondern soziokulturell erweitert und durch Teilhabe an sprachlicher Kommunikation spezifiziert. Daher nennt er ihn „kultureller Naturalismus".[39]

Geht man wie Dewey von physikalischen (unbelebten), psycho-physischen (belebten) und sprachlich-mentalen (geistigen) Interaktionsebenen im menschlichen Verhalten aus, wird die „Situation" in der Umwelt vom Lebewesen hier und jetzt verschieden „erfahren", d. h. in verschiedenen Zusammenhängen zwischen „Tun und Erleiden"[40] beantwortet. Dabei laufen die habitualisierten Resultate früherer Reflexionsprozesse in den nicht mehr reflexiven Erfahrungsweisen mit. Pragmatisch betrachtet entsteht aber das Bedürfnis nach einer reflexiven, d. h. sprachlich-mental vermittelten Kontrolle der Situation erst, insofern sie auf problematische Weise unbestimmt, d. h. gefühlt „unstimmig" ist. Mit solchen Situationen kann man dementsprechend erst fertig werden, „nach-

---

35 Ebenda, S. 78.

36 Ebenda, S. 90f.

37 Ebenda, S. 82f.

38 W. James, Das pluralistische Universum (1907), Darmstadt 1994, S. 210f.

39 J. Dewey, Logik. Die Theorie der Forschung (1938), Frankfurt a. M. 2002, S. 35.

40 Ders., Die Erneuerung der Philosophie (1920), Hamburg 1989, S. 132.

dem sie mittels einer analytischen Auflösung und einer synthetischen Übersicht in der Phantasie in einen Plan organisierten Handelns gebracht worden sind."[41] Die pragmatische Philosophie ordnet nicht nur die Entstehung, sondern mehr noch die Folgen reflexiver Erkenntnisprozesse in die zeitliche Organisation der menschlichen Verhaltensbildung, nämlich in deren situativ nötige Verbesserung ein. Daher spricht man von „Meliorismus".[42] Dafür dürfe reflexive Erkenntnis nicht nur kontemplativ verstanden werden, sondern müsse sie, wie der Erfolg der Erfahrungswissenschaften zeige, in Form „experimenteller" Lernprozesse einer soziokulturell kooperativen „Intelligenz"[43] organisiert werden. „Intelligenz" ist die Kurzbezeichnung für Methoden der Beobachtung, des Experimentierens und des reflektierenden Schließens.[44]

Mit der funktionalen Integration reflexiv vermittelter Erfahrungen in den Prozess der Verhaltensverbesserung fällt für Dewey auch der skandalöse „Dualismus von ‚Wissenschaft' und ‚Moral'" zugunsten der stets zu erneuernden Herstellung von „Verantwortlichkeit" weg.[45] Es gebe weder am Anfang noch am Ende kognitiven Lernens eine Trennung zwischen Fakten und Werten, sondern den sich situativ ändernden Zusammenhang zwischen beiden. Deweys Lernmodell der Teilhabe am Lebendigen enthält ein Ethos der *situativen* Angemessenheit von Mitteln und Werten, die sich nicht *über*, sondern *im* Lebensvollzug final erfüllen und ästhetisch vollenden *(consummation)* können.[46] Dementsprechend gelte es, in den reflexiven Zwischenphasen die Trennung zwischen über-situativen Zielen *(ends-in-itself)* und angeblich von Werten unabhängigen Mitteln gerade zu überwinden. Umgekehrt komme es darauf an, just den Zusammenhang zwischen angemessenen Zielen *(ends-in-view)* und dafür relevanten Mitteln einzurichten. Um die Finalisierung, d. h. die Verbesserung im Lebensvollzug, leisten zu können, werden die soziokulturell verfügbaren Zweck-Mittel-Relationen, der „Logik individualisierter Situationen" gemäß,[47] instrumentiert, wodurch auch das Erwünschte im Lichte des Wünschenswerten beurteilt werden kann. In diesem Sinne nennt Dewey seine Variante von Pragmatismus früh und kurz „Instrumentalismus".[48] Man darf darüber die Gegenbewegung in Deweys Konzeption, die Generierung neuer und vollendeter ästhetischer Erfahrung, an die man sich dem Werte nach bindet, nicht vergessen (vgl. 13. Kapitel im vorliegenden Band).

Deweys Grundüberzeugungen widersprechen dem dualistischen Hauptstrom moderner Philosophie grundsätzlich, soweit dieser am Primat reflexiver Erkenntnis festhält und daher in das ebenso unausweichliche wie unlösbare Problem des lebensverneinenden Dualismus von materieller oder geistiger Welt verfalle. Dieser Mainstream unter-

---

41 Ders., Einleitung zu den *Essays in experimenteller Logik*, in: Ders., Erfahrung, Erkenntnis und Wert, a. a. O., S. 100.

42 Ders. Die Erneuerung der Philosophie, a. a. O., S. 222.

43 Ebenda, S. 132.

44 Ebenda, S. 13f., 35.

45 Ebenda, S. 207.

46 Ebenda, S. 213.

47 Ebenda, S. 214.

48 Ders., Einleitung zu den *Essays in experimenteller Logik*, a. a. O., S. 113.

stellt den nicht-reflexiven Voraussetzungen der Anfangsphase und den nicht-reflexiven Folgen der Endphase von Lernprozessen immer wieder reflexiv erzeugte Gegensätze (Objekte-Subjekte, Fakten-Werte, Materie-Geist). Diese Unterstellungen nennt Dewey die philosophischen Fehlschlüsse, denen *reine Zuschauer* der menschlichen Lebensführung unterliegen.[49] Dewey erkennt, dass die Auflösung der modernen Gesellschaft in lauter funktional autonome Handlungsbereiche (der „reinen" Wissenschaft, Kunst, Wirtschaft, Politik etc.) indirekte Folgeprobleme katastrophalen Ausmaßes (Weltkrieg, Weltwirtschaftkrise) zeitigt, die nur auf dem Wege *öffentlicher Prozesse*, die radikaldemokratische Politikformen ermöglichen, gelöst werden könnten.[50] Auch darauf komme ich im nächsten Kapitel genauer zurück. Dewey entwirft in seinen späten Monographien neue „Interpenetrationen",[51] d. h. wechselseitige Durchdringungen zwischen Wissenschaften, Künsten, Wirtschaften, Techniken, Bildungen, Politiken für neue Öffentlichkeiten. Gegen die bisherige institutionelle Selektion von Diskursen bestehe das Potential für die Integration autonomer Teilfunktionen zu gesellschaftlich innovativen Lernprozessen in der sprachlichen Kommunikation, die „auf einzigartige Weise sowohl Mittel wie Ziel" ist: „Sie ist Mittel, insofern sie uns von dem andernfalls überwältigenden Druck der Ereignisse befreit und uns in den Stand setzt, in einer Welt von Dingen zu leben, die Sinn haben. Sie ist Ziel als Teilhabe an den Objekten und Künsten, die für eine Gemeinschaft von Wert sind, eine Teilhabe, durch die Bedeutungen im Sinne der Kommunion erweitert, vertieft und gefestigt werden".[52]

Deweys Logik für Untersuchungsprozesse *(processes of inquiry)* stellt *keine Demarkation* der reinen Wissenschaft von anderen soziokulturellen Prozessen dar, die im logischen Positivismus und durch Popper angestrebt wurde, sondern eine *innovative Interpenetration.* Sie integriert funktional das Verfahren der Rechtsprechung (Urteilsfindung für problematische Situationen) mit der Spezifik experimenteller Forschung (kognitive Verwendung von Propositionen als Expertisen) und den technologischen Operationen materialer Urteilsvollstreckung (exemplarische Problemlösung der Ausgangssituation). Diese Integration erfolgt in sechs funktionsspezifischen Phasen eines Untersuchungsprozesses, um das, was Peirce *Denken* genannt hat, auszuführen.[53] Um das Ziel und Ende einer *bestimmten* Forschung zu bezeichnen, spricht er von der entsprechenden „warranted assertion",[54] d. h. der durch diese Forschung gestützten Behauptung. Sie besteht darin, mit dem Substrat gemäß der Problemlösung auf bestimmte und bedingte Weise handeln zu können. Geht man über diese bestimmte Forschung hinaus, was „Erkenntnis" heißt, d. h. in die Fortsetzung der Forschung als „eine fort-

---

49 Vgl. J. Dewey, Die Erneuerung der Philosophie, a. a. O., S. 162-170.
50 Siehe J. Dewey, Die Öffentlichkeit und ihre Probleme (1927), Bodenheim 1996.
51 J. Dewey, Erfahrung und Natur (1925), Frankfurt a. M. 1995, S. 360, 392.
52 Ebenda. S. 201.
53 Siehe H.-P. Krüger, Der dritte Weg Philosophischer Anthropologie und die Geschlechterfrage, a. a. O., Kapitel 2. 2. Ders., Prozesse der öffentlichen Untersuchung. Zum Potential einer zweiten Modernisierung in John Deweys *Logic*, in: H. Joas (Hrsg.), Philosophie der Demokratie. Beiträge zum Werk von John Dewey, Frankfurt a. M. 2000, S. 194-234.
54 J. Dewey, Logik, a. a. O., S. 20, 22.

laufende Aufgabe" hinein, nennt er die forschungsgestützte Behauptbarkeit *(warranted assertibility)* den Zweck sich selbst tragender Forschung.[55] Um das Missverständnis der Wahrheit als absoluter Glaubensgewissheit zu vermeiden, erläutert er, was erfolgreiche Forschung im Sinne einer sich selbst regulierenden Praxis ist. „Erfolgreich" heiße: „operativ in einer Weise, die auf lange Sicht oder bei Fortdauer der Forschung dazu tendiert, Ergebnisse hervorzubringen, die entweder in weiterer Forschung bestätigt oder durch die Verwendung derselben Verfahren korrigiert werden. Diese leitenden logischen Prinzipien sind nicht *Prämissen* des Folgerns oder des Arguments. Sie sind Bedingungen, die erfüllt werden müssen, so dass ihre Erkenntnis ein Prinzip der Lenkung und der Überprüfung ergibt."[56]

3. Neopragmatismen

Die Bezeichnung „Neopragmatismus" hat sich für die Wiederbelebungsversuche des klassischen Pragmatismus nach der sprachanalytischen Philosophie, d. h. nach dem sogenannten *linguistic turn*, eingebürgert. Je nachdem, worin die Vorzüge und Grenzen der analytischen Wende der Philosophie in die Sprache gesehen werden, fällt die Vorstellung von dem, was am Pragmatismus wiederbelebt oder fallen gelassen wird, verschieden aus. Umgekehrt wird von den heutigen Vertretern des klassischen Pragmatismus die sprachanalytische Auswahl dessen, was in der Philosophie als Pragmatismus gelten soll, kritisiert. *Neopragmatismus* bezeichnet eine Problemkonstellation zwischen je zwei Positionen gegen eine jeweils dritte Position über die Themen und Aufgaben der Philosophie heute, nicht aber eine gemeinsame Theorie und Methode. Für die Etablierung des Neopragmatismus waren der Streit zwischen Rorty und Putnam sowie die Stellungnahmen von Dritten (Joseph Margolis, Nicholas Rescher, Richard Shusterman u. a.) seit den 1990er Jahren entscheidend. In dieser Diskussion steht oft Deweys Werk für den klassischen Pragmatismus im Ganzen, da es den semiotischen Begründungsstrang von Peirce und den phänomenologischen Begründungsstrang von James zu integrieren suchte.

Zur Verdeutlichung dieser Problemkonstellation stelle ich im folgenden a) die Position von Rorty, b) die von Putnam und c) weitere Positionen kurz dar.

a) Der Terminus „Neopragmatismus." wurde durch Rorty (1931–2007) zur Unterscheidung vom „klassischen Pragmatismus" (aus der ersten Hälfte des 20. Jahrhunderts) verbreitet. Für ihn „gibt es zwei große Unterschiede zwischen den klassischen Pragmatisten und den Neopragmatisten", nämlich „den Unterschied zwischen Aussagen über die ‚Erfahrung', wie sie von James und Dewey vorgebracht wurden, und Aussagen über die ‚Sprache' im Stile Quines und Davidsons. Der zweite Unterschied ist der zwischen der Voraussetzung, es gebe so etwas wie die ‚wissenschaftliche Methode', deren Anwendung die Wahrscheinlichkeit der Wahrheit der Überzeugungen des Betreffenden

---

55 Ebenda, S. 22.
56 Ebenda, S. 27.

erhöhe, und der stillschweigenden Preisgabe dieser Voraussetzung."[57] Für Rorty haben wir Sprachbenutzer in der westlichen Welt keine Möglichkeit, „uns außerhalb der diversen Vokabulare in unserem Gebrauch zu stellen und ein Metavokabular zu finden, das irgendwie *alle möglichen* Vokabulare, alle möglichen Weisen des Denkens und Urteilens erfasst."[58] Er nennt alle Versuche, durch ein Metavokabular eine natur- oder wesensgemäße Ordnung zu schaffen, welche die im westlichen Liberalismus errungene Trennung zwischen Öffentlichem und Privatem aufhebt, in kritischer Absicht „Metaphysik".[59]

Rorty ist einerseits von der sprachanalytischen Auffassung naturalistischer Kausalerklärungen (i. S. Donald Davidsons) überzeugt. Demgegenüber stellten die klassisch pragmatistischen Philosophien der *Erfahrung* eine nicht mehr vertretbare Metaphysik des „Panpsychismus"[60] dar. Man brauche zwischen dem Physiologischen und Sprachlichen *nichts Drittes*, d. h. hier spezifisch Psychisches, da sich dieses anhand von Beobachterinformationen in der sprachlichen Zuschreibung propositionaler Einstellungen *klären* lasse.[61] Statt der Erfahrungsmetaphysik passe aber zur naturalistischen Kausalerklärung Deweys Kontinuum aus Zwecken und Mitteln, in dem sich Zwecke historisch in Mittel und Mittel historisch in Zwecke transformieren können.[62]

Andererseits vertritt Rorty einen postmodernen Historismus. Ursachen seien nicht Gründe. Gründe könnten historisch kontingent, d. h. auch als anders mögliche gegeben werden, da eine Sprache einen ganzheitlichen Charakter (Holismus) habe und zwischen verschiedenen Sprachen im *Ganzen* nicht nach bestimmten Kriterien entschieden werden könne.[63] Rortys postmoderner Historismus kritisiert vor allem den Szientismus, d. h. „die Lehrmeinung, dass die Naturwissenschaft ein höheres Recht genießt als andere Kulturgebiete, dass irgendetwas an der Naturwissenschaft sie in engere Verbindung mit der Realität bringt, als dies bei anderen menschlichen Tätigkeiten der Fall ist."[64] Rorty hält die klassisch pragmatistische Verabschiedung der modernen Philosophie, insbesondere ihren Primat erkenntnistheoretischer Begründungen in Analogie zur kulturellen Überlegenheit der Naturwissenschaft, für nicht radikal genug. „Deweys und James' Versuch, eine ‚konkretere', holistischere und weniger dualismusgeplagte Konzeption von Erfahrung vorzulegen, wäre unnötig gewesen, wenn sie nicht versucht hätten, ‚wahr' zu einem Prädikat von Erfahrungen zu machen, und es statt dessen ein Prädikat von Sätzen hätten bleiben lassen."[65] Ihr Hauptfehler habe in der Annahme

---

57 R. Rorty, Hoffnung statt Erkenntnis. Eine Einführung in die pragmatische Philosophie, Wien 1994, S. 26f.

58 R. Rorty, Kontingenz, Ironie und Solidarität, Frankfurt a. M. 1989, S. 16f.

59 Ebenda, S. 12, 14.

60 R. Rorty, Dewey zwischen Hegel und Darwin, in: H. Joas (Hrsg.), Philosophie der Demokratie. Beiträge zum Werk von John Dewey, Frankfurt a. M. 2000, S. 21f.

61 Vgl. ebenda, S. 22f.

62 Vgl. ebenda, S. 37-39.

63 Ders., Kotingenz, Ironie und Solidarität, a. a. O., S. 25f., 31.

64 Ders., Dewey zwischen Hegel und Darwin, a. a. O., S. 24.

65 Ebenda, S. 30.

bestanden, „eine angemessene philosophische Reaktion auf Darwin erfordere eine Art von Vitalismus – einen Versuch, das Vokabular der Erkenntnistheorie mit dem der Evolutionsbiologie" zu verschmelzen: Daher hätten sie die Frage nach der „Korrespondenz zwischen der Erfahrung und der Wirklichkeit" nicht einfach fallen gelassen, sondern gegen die falsche Beantwortung dieser Frage durch „Abbildung" eine andere Art von „Übereinstimmung" zwischen Organismus und Umwelt in der Erfahrung gesucht.[66]

Verstehe man indessen die naturalistische Kontinuität Natur-Mensch historistisch als kontingent, könne man sich der heute größten philosophischen Herausforderung stellen, wie dies Dewey zu seiner Zeit getan habe, nämlich die verschiedenen Kulturen mit einer weltweiten Demokratie zu versöhnen.[67] Unter den Neopragmatisten ist Deweys Orientierung auf die Demokratie als das Bewahrenswerte unstrittig. Strittig aber ist der philosophische Stellenwert dieser Orientierung. Sind Menschen nur historisch durch den Zufall ihrer Geburt und die Gewöhnung in ihrer Lebensführung für oder gegen die Demokratie, wie es Rorty behauptet? – Für ihn gilt der Vorrang der Solidarität vor der Objektivität und der Vorrang der Demokratie vor der Philosophie, die er mit dem Primat an der Wahrheitsorientierung weitgehend identifiziert, historisch in den westlichen liberalen Gesellschaften.[68] – Oder gibt es für die Orientierung auf demokratische Tendenzen noch eine philosophische Argumentation?

b) Hilary Putnam (geb. 1926) bejaht die Frage nach der philosophischen Argumentation für die Demokratie im Gegensatz zu Rorty, der ihre Bejahung mit Fundamentalismus und Szientismus verwechsle. Rorty, so kritisiert Putnam, schwanke fruchtlos hin und her zwischen einem „linguistischen Idealismus", der mit dem *linguistic turn* auf dem Bruch zwischen uns Sprachbenutzern und allen anderen beharrt und in Derridas Textualität ende, und einem „sich selbst widerlegenden Szientismus", der alles, die Sprache als Verhalten eingeschlossen, einer naturalistischen Kausalerklärung unterwerfen zu können meint.[69] Die szientistische Metaphysik sei nur historisch in Zeiten der Entstehung von Demokratie gegen andere absolutistische Weltbilder verständlich gewesen, leuchte jedoch nicht mehr in Zeiten der Selbstvervollkommnung bereits bestehender Demokratien ein. Auch Putnam geht es nicht um eine rationalistische Fundamentalphilosophie, die als Fundamentalphilosophie dem sich selbst korrigierenden Charakter von Demokratie unangemessen wäre. Gleichwohl bleibe gerade nach der „Entzauberung der Welt" (M. Weber) und angesichts der Pluralität der Kulturen das pragmatische Problem unvermeidlich, zwischen besseren und schlechteren Lösungsvarianten unterscheiden können zu müssen. Dafür seien solche Wertmaßstäbe besser als absolute Fixierungen, die historisch in einem Prozess begründet geändert werden können. „Peirce, James und Dewey hätten gesagt, dass man demokratisch betriebener Forschung vertrauen muss; nicht weil sie unfehlbar sei, sondern weil wir nur durch den Prozess der Forschung selbst herausfinden, wo und wie unsere Verfahren der Revision bedürfen. (Diese Pragmatisten hätten hinzugefügt, dass das, was wir über Forschung im Allgemei-

---

66 Ebenda, S. 31f.
67 R. Rorty, Philosophie & die Zukunft. Essays, Frankfurt a. M. 2001, S. 18-25.
68 Siehe R. Rorty, Solidarität oder Objektivität? Drei philosophische Essays, Stuttgart 1988.
69 Siehe H. Putnam, Pragmatismus. Eine offene Frage, Frankfurt a. M. 1995, S. 32.

nen gelernt haben, sich auf Forschung im Bereich der Ethik im besonderen anwenden lässt.)."[70]

Putnam vertritt mit Dewey im Gegensatz zu Rorty einen „normativen Wissenschaftsbegriff", der material-instrumentell mehr als eine Diskursethik (Habermas) enthält und der Frage nach den „Grenzen der Intersubjektivität"[71] ausgesetzt wird. Es gehe nicht nur um Rede- und Denkfreiheit, reziproke Chancen zur Teilnahme am wissenschaftlichen Diskurs, sondern um den geschichtlichen Wechsel in Deweys Ziel-Mittel-Kontinuum. In diesem könne mit der Verwandlung von Zielen in Mittel und von Mitteln in Ziele für die Konsequenzen kooperativen Handelns experimentiert werden. Was Dewey einen „Untersuchungsprozess" der sozial kooperativen Intelligenz genannt habe, betreffe nicht nur die Effektivierung der Mittel für vorgegeben Zwecke, sondern auch die Evaluation von alten und neuen Zwecken, also eine viel umfassendere Rationalitätsauffassung als die Vorstellung von allein instrumenteller Rationalität.[72] Angesichts der Grenzen der Intersubjektivität habe Dewey nicht die Wahrheitsfrage aufgelöst in eine bestimmte forschungsbasierte Behauptung hier und heute *(warranted assertation)* oder die forschungsbasierte Behauptbarkeit im Allgemeinen *(warranted assertibility)*.[73] Das Bedeutende an Deweys Philosophie sei seine Konzeption der *Interpenetration* (wechselseitigen Durchdringung) statt der geläufigen Dichotomie (entweder Tatsachen oder Werte[74]), insbesondere die Interpenetration von Wissenschaft und Demokratie. Pragmatisch, d. h. im Hinblick auf die Folgen des Handelns, betrachtet, bedürfe die Demokratie zu ihrer kulturellen Selbsterhaltung durch Selbstreform der Wissenschaft und brauche die Wissenschaft zu ihrer Selbstentwicklung ihre eigene Demokratisierung. Daher rehabilitiert Putnam Deweys ungewöhnlichen Zugang zur Logik als der Theorie von Untersuchungsprozessen, der es gerade nicht um die Abgrenzung (Demarkation) der vermeintlich reinen Wissenschaft von der Gesellschaft gehe. Verstehe man Untersuchungsprozesse als diese Interpenetration, stelle Epistemologie nicht mehr den Missbrauch der Logik für die Selbstlegitimation rationaler Herrschaft dar, sondern die Produktion einer Hypothese in der philosophischen Untersuchung real möglicher Untersuchungsprozesse. „Dewey's *Logic* conceives of the theory of inquiry as a product of the very sort of inquiry that it describes: *epistemology is hypotheses.*"[75]

Wenn „gute" Wissenschaft den Respekt vor Autonomie, symmetrischer Reziprozität und Diskursethik erfordere, dann nicht deshalb, weil sie angeblich nach algorithmischen Standards höchste rationale Sicherheit verkörpere, sondern umgekehrt: weil ihre „*non-algorithmic standards by which scientific hypotheses are judged depend on cooperation and discussion structured by the same norms. Both for its full development and for its full application to human problems, science requires the democratization of inquiry.*"[76]

---

70 Ebenda, S. 83.

71 Ebenda, S. 84.

72 H. Putnam, Words & Life, ed. by James Conant, Cambridge/London 1994, S. 198, 213.

73 Vgl. ebenda, S. 202.

74 Vgl. ebenda, S. 80.

75 Ebenda, S. 216.

76 Ebenda, S. 73.

Umgekehrt werde die Demokratie als die bessere Gesellschaftsform nicht dadurch gerechtfertigt, dass man an sie wie an jede andere Gesellschaftsform historisch glauben oder nicht glauben kann. Vielmehr habe Dewey erkannt, dass sie als ein sich selbst korrigierender Prozess des soziokulturellen Experimentierens mit politischen Hypothesen zu begreifen und zu gestalten ist. Demokratie selbst nehme den Charakter von Untersuchungsprozessen an. Fehlt der Demokratie dieses Qualifikationsniveau, entstünde in einer kulturell pluralen Gesellschaft, in der kein einheitliches Weltbild allen gemeinsam ist, eine unkalkulierbare Problemlage.[77] Für sie habe Dewey keine szientistische Lösung, wie Rorty meine, sondern deren Gegenteil vorgeschlagen: „Das Dilemma, dem die klassischen Verfechter der Demokratie gegenüberstanden, ergab sich deshalb, weil sie alle von der Voraussetzung ausgingen, dass wir über unser Wesen und unsere Fähigkeiten schon Bescheid wissen. Dewey dagegen vertritt die Ansicht, dass wir weder unsere Interessen und Bedürfnisse noch unsere Fähigkeiten kennen, ehe wir uns wirklich am politischen Geschehen beteiligen. Aus dieser Ansicht ergibt sich außerdem, dass es keine endgültige Antwort geben kann auf die Frage, wie wir eigentlich leben sollten. Daher sollten wir sie stets offen lassen, um weiter darüber diskutieren und damit experimentieren zu können. Genau deshalb brauchen wir auch die Demokratie."[78]

c) Joseph Margolis fordert für die systematische „Neuerfindung des Pragmatismus" ein Bündnis des Neopragmatismus mit den kontinentaleuropäischen Philosophien der Zeitlichkeit. Nach dem Patt in der Diskussion zwischen Rorty und Putnam bestehe die Hauptfrage in der „Analyse der Condition humaine, die in jedem Teilbereich unseres Forschens zu stellende Frage nach dem Verhältnis zwischen Natur und Kultur."[79] Es gebe keine rein *inner*sprachlichen Kriterien für die erfolgreiche Bezugnahme auf Außersprachliches und für die erfolgreiche Prädikation von Außersprachlichem, da der Zusammenhang zwischen Sprachlichem und Nichtsprachlichem in der praktischen Art und Weise (adverbial) des Mittuns erlernt werde.[80] Daher bleibe die pragmatistische Naturphilosophie als Ausweg aus dem hermeneutischen Zirkel des *linguistic turn* und aus dem empiristischen Zirkel des Szientismus die systematisch aktuelle Aufgabe. Richard Shusterman verbindet seine heutige Reformulierung der klassischen Pragmatismen mit einer kritischen Auseinandersetzung mit europäischen Philosophien dank des späten Wittgensteins als Brücke.[81] Seine „Philosophy of Mindfulness and Somaesthetics" bietet, wie schon Deweys Konzeption der „Körper-Geister", eine Alternative zu dem seit Descartes und Kant üblichen Dualismus von Leib und Seele bzw. Körper und Geist.[82] Es sei grundsätzlich möglich, eine pragmatistische Rekonstruktion und Evaluation der leiblichen Erfahrung zu leisten, die vor der spezifisch sprachlichen Interpre-

77 Vgl. ebenda, S. 198.
78 H. Putnam, Für eine Erneuerung der Philosophie, Stuttgart 1997, S. 238.
79 J. Margolis, Die Neuerfindung des Pragmatismus, Weilerswist 2004, S. 224.
80 Vgl. ebenda, S. 78.
81 Vgl. R. Shusterman, Philosophie als Lebenspraxis. Wege in den Pragmatismus, Berlin 2001.
82 Siehe ders., Body Consciousness. A Philosophy of Mindfulness and Somaesthetics, Cambridge 2008.

tation liegt und sowohl von der Hermeneutik als auch der Dekonstruktion übergangen werde, weil sie für keinen Fundamentalismus tauge.[83]

Hans Joas hat gleichzeitig die klassischen Pragmatismen und die europäischen Lebensphilosophien rekonstruiert und zum üblichen Verständnis des individuellen als eines teleologischen Handelns alternative Modelle soziokulturell kooperativen Handelns entwickelt.[84] Überzeugend spricht er von dem „Paradox" der „Sakralisierung der Demokratie" und der „Säkularisierung der Religion" in Deweys naturphilosophischer Anthropologie der kommunikativen Erfahrung von „Selbst-Transzendierungen".[85] Die Natur geistiger Lebewesen wird im Pragmatismus in der Tat nicht szientistisch als eine homogene Struktur verstanden, sondern als ein Strukturbruch zwischen der physikalischen (unbelebten), der psycho-physischen (belebten) und der sprachlich-mentalen Verhaltensdimension begriffen. In der Negativität problematischer Situationen bleibt sich dieses Naturwesen fraglich. Es steht vor der öffentlichen Aufgabe, einen geschichtlich seine disparaten Verhaltensdimensionen integrierenden Untersuchungsprozess einzurichten, der in keiner abschließenden Wesensdefinition des Menschen zum Erliegen kommt. In dieser systematischen Pointe künftiger Interpenetrationen ist der klassische Pragmatismus mit Plessners Philosophischer Anthropologie vergleichbar. Dafür braucht man keine westlich ethnozentrische Trennung (Rorty), sondern die geschichtlich stets erneuerte Unterscheidung zwischen Privatem und Öffentlichem.[86] Bei aller Parallelität mit Joas und mir hebt Michael Hampe stärker auf die Metaphysik im klassischen Pragmatismus, die Prozessphilosophie von Alfred North Whitehead und auf das Fehlen von Hermeneutik im klassischen Pragmatismus ab.[87]

Nicholas Rescher (geb. 1928) hat früher und unabhängig von dem Streit zwischen seinen beiden Generationsgenossen Rorty und Putnam seine eigene Synthese aus den Pragmatismen, der Prozessphilosophie und einem angloamerikanischen Neoidealismus vorgelegt, der die Spezifik des Geistes soziokulturell systematisiert. Dabei brachte er von Anfang an gegen die übrige spätere Diskussion zur Geltung, dass sich insgesamt nur der philosophische Pragmatismus von Peirce systematisch fortsetzen lasse, d. h. das semiotische Modell von der Untersuchungsgemeinschaft im zeitlichen Prozess, während James' Individualismus und Psychologismus dafür keine Anknüpfungspunkte biete und Deweys Philosophie nur für die sozialen Dimensionen öffentlicher Untersuchungsprozesse von Belang sei. Das Realismusproblem müsse neu auf dem Niveau nicht von atomistischen Eins-zu-Eins-Zurechnungen, sondern auf dem Level von Methoden und theoretischen Systematisierungen gestellt werden, um lösbar werden zu können.[88] Die

---

83 Vgl. ders., Vor der Interpretation. Sprache und Erfahrung in Hermeneutik, Dekonstruktion und Pragmatismus, Wien 1996.

84 Siehe H. Joas, Die Kreativiät des Handelns, Frankfurt a. M. 1992.

85 H. Joas, Die Entstehung der Werte, Frankfurt a. M. 1997, S. 172-193.

86 Siehe H.-P. Krüger, Der dritte Weg philosophischer Anthropologie und die Geschlechterfrage, a. a. O., 2. Kapitel.

87 Vgl. M. Hampe, Erkenntnis und Praxis. Zur Philosophie des Pragmatismus, Frankfurt a. M. 2006.

88 Siehe N. Rescher, Methodological Pragmatism, Oxford 1976. Ders., Realistic Pragmatism, Albany 1999. Ders., Cognitive Pragmatism, Pittsburgh 2001.

Autoren in Stuhr (2000) widersprechen der Annahme von einer unüberbrückbaren Spaltung im klassischen Pragmatismus zwischen Peirce und James, indem sie den integrativen Charakter der Lebenswerke von Dewey und G. H. Mead herausarbeiten.

4. Zwischenbilanz

Am Ende dieses Einleitungskapitels in den III. Teil möchte ich die drei wichtigsten Missverständnisse der klassischen Pragmatismen zusammenfassen. Dadurch stellt sich die gegenwartsphilosophische Aufgabe der Renaissance klassischer Pragmatismen anders als in den sprachanalytischen Neopragmatismen dar:

a) Seit Charles W. Morris ist es üblich geworden, zwischen der Syntax, Semantik und Pragmatik von Zeichen zu unterscheiden. Diese Unterscheidung bezog sich im Kontext der sprachanalytischen Wende insbesondere auf sprachliche Zeichen. Daraus folgte wirkungsgeschichtlich eine Fehlidentifikation, nämlich die Vorstellung, die klassischen Pragmatisten hätten das Primat der Pragmatik über die Syntax und die Semantik natürlicher oder künstlicher Sprachen vertreten. Das ergäbe natürlich keine Philosophie. Daher verteidigt Brandom das Primat seiner inferenziellen Semantik, von ihm „normativer Pragmatismus" genannt, gegenüber dem Primat der Pragmatik im Rahmen einer Sprachanalyse, das er „instrumentellen Pragmatismus" heißt.[89] Die sprachanalytische Dreier-Unterscheidung kann den klassischen Pragmatismen nicht unterstellt werden, weil deren maßgebliche Semiotik, die von Peirce, anders konzipiert worden ist. Sie ist weder auf die Sprache begrenzt noch auf das Primat der Syntax (Carnap) oder wenigstens einer formalen Semantik festgelegt. In Peirces Semiotik geht es gerade um den *zeitlichen* Zusammenhang *vor*sprachlicher, sprachlicher und *nach*sprachlicher Zeichenpotentiale im Kontext der Verbesserung des Verhaltenszyklus menschlicher Lebewesen. *Es handelt sich um eine Philosophische Anthropologie.* Daher setzt die Peircesche Semiotik eine ihr entsprechende Phänomenologie voraus, die problematische Abweichungen – im Guten wie im Schlechten – von den Verhaltensgewohnheiten entdeckt. Die pragmatische *Maxime* stellt *keine Pragmatik* dar, sondern orientiert auf den *Übergang* von der *Phänomenologie* problematischer Phänomene in ihre *semiotische Rekonstruktion* zur Verbesserung des Verhaltenszyklus und zurück von der semiotischen Rekonstruktion über die neue Habitualisierung besserer Habits in eine erneute Phänomenologie. Genau dieser systematische Zusammenhang zwischen phänomenologischer Entdeckung und semiotischer Rekonstruktion problematischer Phänomene fehlt der analytischen Philosophie. Da auch Helmuth Pape, ein hervorragender Historiker und Editor, die pragmatische Maxime nicht systematisch in dem Übergang zwischen Phänomenologie und Semiotik verortet, hält er sie allein für keine Philosophie.[90] Ich habe demgegenüber die pragmatische Maxime in diesem Übergang situiert, woraus man die

---

89 R. B. Brandom, Pragmatik und Pragmatismus, a. a. O., S. 47-58.
90 H. Pape, Der dramatische Reichtum der konkreten Welt, a. a. O., S. 21-23, 343-345.

Paradigmen-Konkurrenz innerhalb der pragmatistischen Bewegung als einer Einheit im Gegensatz zu Dritten verstehen kann.

b) Ich halte, ähnlich wie Margolis, die neopragmatistische Diskussion für noch immer geprägt durch die sprachanalytische Philosophie, und zwar in der folgenden Hinsicht. In ihr wird mit der Dichotomie zwischen „discursive creatures and non-discursive creatures" gearbeitet, ohne dass es etwas Drittes, Drittheiten im Sinne von Peirce, geben dürfte. Diese Dichotomie ist besonders plastisch und durchgängig von Rorty unter Verweis auf D. Davidson vertreten und auch von Brandom nicht überwunden worden. Demgegenüber arbeiten alle klassischen Pragmatisten mit drei unterschiedlichen Verhaltenslevels menschlicher Lebewesen, nämlich dem unterbewussten, dem vorreflexiv bewussten und dem durch sprachliche Dezentrierung selbstbewussten Interaktionsniveau. Daher gibt es in der Verbesserung menschlicher Verhaltenszyklen echte Spezifikationsprobleme, diese drei Interaktionslevels im Lebensprozess zeitlich neu koordinieren zu müssen. Man versteht die klassisch-pragmatistische Umstellung des primär erkenntnistheoretischen Realismusproblems in die Verbesserung jener geschichtlichen Praktiken, die neues Verhalten in Grenzen generieren können, nicht, wenn man meint, die *Spezifik* des menschlichen Verhaltens läge normativ schon *fertig vor auf der Diskursebene*, als ob menschliche Lebewesen nicht die Spezifik ihrer Verhaltensbildung erst *geschichtlich durch Teilnahme an und Distanznahme von der lebendigen Natur herausprozessieren müssten*. So beeindruckend Brandoms Projekt von „Making it explicit"[91] ist, die *Explikation* des Normativs, das bereits in sprachlichen Praktiken *implizit* enthalten ist, stellt selbst eine zeitliche Phase dar. Sie hat Folgen in neuen Implizitheiten und bleibende Voraussetzungen an Implizitheiten, da sie keine vollständige Explikation ein für alle Mal sein kann. Der zeitliche Wechsel zwischen Explizitheit und Implizitheit ist selbst nur eine *Variante von zeitlichen Exzentrierungen und Rezentrierungen in den Praktiken personaler Lebewesen*.

Da in den klassischen Pragmatismen die Zeitlichkeit nicht durch Normativismus ersetzt wird, geht es in ihnen auch nicht – wie oft im Neopragmatismus – um die defensive Verteidigung des in den Lebensformen der Mittelschicht bereits normativ Gegebenen, sondern um eine Umwertung der Werte auf künftig bessere Lebensformen in der ganzen Gesellschaft hin. Dieser Atem der weltgeschichtlichen Veränderung ist heute in der Kurzatmigkeit von Moden („Turns") untergegangen. An die Stelle der Zeitlichkeit im klassischen Pragmatismus ist heute Normativität getreten. Man könnte von einem sprachlich normierten Kantianismus sprechen, der zu den Lebensformen der akademischen Mittelschichten im „planetarischen Kleinbürgertum" (G. Agamben) passt. Sie brauchen Normativismus, zuweilen wie ein Filter, manchmal wie einen Schutzpanzer, wider den Naturalismus ihrer Umwelten, die dann geschichtlich alles durcheinander zu bringen scheinen.

---

91 R. B. Brandom, Making It Explicit. Reasoning, Representing & Discursive Commitment, Cambridge/London 1994.

c) Da die klassischen Pragmatismen kein sprachanalytisches Selektionsfilter wie die bisher neopragmatische Diskussion hatten, war auch ihr Zugang zur Hegelschen Philosophie ein anderer. Dies fällt bei den Themen der Unmittelbarkeit im Unterschied zur Vermitteltheit und der Substantialität im Unterschied zur Subjektivität und Reflexivität auf. Diese Hegelschen Unterscheidungen wurden nicht dahingehend missverstanden, als könnten je Unmittelbarkeit durch Vermitteltheit, Substantialität durch reflexive Subjekt-Objekt-Differenzen überwunden werden. Alle klassischen Pragmatisten haben die Herausforderung Darwins angenommen, die philosophisch darin besteht, den Geist nicht mehr außerhalb, sondern innerhalb der lebendigen Natur begreifen zu lernen. Lebewesen, auch menschliche Lebewesen, können auf Unmittelbarkeit, Spontaneität, Substantialität nicht verzichten. Sie haben da keine Wahl. Da in den klassischen Pragmatismen funktionale Entsprechungen für diese Hegelschen Unterscheidungen elaboriert wurden, entsteht eine Vergleichbarkeit mit der Philosophischen Anthropologie im engeren deutschen Sinne. Die Verhaltensbildung personaler Lebewesen erfolgt grundsätzlich ambivalent, weil sie Brüche verschränkt oder misslingt.

Durch den Bezug zu Hegel wurde in den klassischen Pragmatismen auch der Frage nachgegangen, von welcher jeweils letzten Drittheit her die besser oder schlechter praktikablen Differenzen gewonnen und beurteilt werden können. Die Metaphysik Hegels konnte nicht einfach abgeschafft, sondern als Grenzfrage des Handelbaren ernst genommen werden. Es gibt, sobald mentale Lebewesen zeitlich situiert werden, Grenzen des Handelns und Machbaren, die für die Lebensführung, also philosophisch, von Belang sind. Dies passt nicht zu der noch immer sprachanalytisch geerbten Vorstellung, es gäbe Philosophie ohne metaphysische Grenzfragen. So meint Rorty, Deweys Metaphysik der Erfahrung durch eine klare Trennung zwischen Öffentlichem und Privaten überwinden zu können. Demgegenüber hatte Dewey die geschichtlich-künftige Neuproduktion der ganzen Unterscheidung zwischen Privatem und Öffentlichem entworfen und nicht deren Konfusion vertreten. Man könnte von *negativer Metaphysik* im Sinne der *Negativität* (statt der Positivität) des *Ganzen* sprechen.

In der neopragmatistischen Diskussion wurde auf der Linie von Putnam über Margolis zu Shusterman die Spezifik der klassischen Pragmatismen gegen das sprachanalytische Rezeptionsfilter freigelegt. Es wird so – im Vergleich mit der europäischen Philosophie – eine Art und Weise von Philosophischer Anthropologie sichtbar. Demgegenüber führte Rorty das alte dualistische Spiel wieder ein, in der neuen Gestalt der Arbeitsteilung zwischen Naturalismus und postmodernem Historismus. Naturalistisch wissen wir, was wir sind. Metaphorisch dürfen wir uns neu erfinden. Er vertrat defensiv, weil aus linker Ohnmacht, einen westlichen Ethnozentrismus. Die anthropologische Kritik der Philosophie und die philosophische Kritik der Anthropologie erscheinen von einem solchen Standpunkt als unnötige metaphysische Umwege. Da vertrat Rorty lieber direkt einen „Patriotismus" und eine „Kulturpolitik" zur „Verabschiedung der Philosophie", wie Titel und Untertitel seiner Bücher lauteten. Philosophie stört in der Tat Politik.

13. Öffentliche Untersuchungsprozesse, die Instrumentierung der Werte und die Vollendung in der ästhetischen Erfahrung

Nachdem ich im vorangegangenen Kapitel die Forschungslage im Streit um klassische Pragmatismen, Sprachanalysen und Neopragmatismen umrissen habe, geht es nun um eine Spezifizierung der Philosophie von John Dewey, die im Mittelpunkt des Streites steht. Dewey gilt als der bedeutendste pragmatistische Philosoph und als einer der einflussreichsten Intellektuellen der USA in der ersten Hälfte des 20. Jahrhunderts. Über philosophischen Pragmatismus kann niemand mitreden, der oder die das Werk dieses Kosmopoliten nicht kennt, dessen weltbürgerliche Erfahrung auf keiner erzwungenen Emigration beruht, wie im Falle jener deutsch-jüdischen Autoren, deren philosophische Konzeptionen im II. Teil des vorliegenden Buches ausgewertet wurden.

Da die *Trennung* zwischen der Kontextualisierung und der Systematisierung eines philosophischen Werkes nicht überzeugt, versuche ich zunächst den *Zusammenhang* beider herzustellen. Ich gehe von der Entstehung und Entwicklung der Philosophie Deweys bis zu ihrer systematischen Reife aus (1.). Sodann entfalte ich diese Reife für die Konzeption von öffentlichen Interkommunikationen. Das *Inter* (Zwischen) bezieht sich auf sprachliche *und* nichtsprachliche Kommunikationen *zwischen* modernen Handlungsbereichen, die ansonsten (seit Max Weber) oft als getrennt von einander verstanden werden, da jeder Bereich nur jeweils seiner Autonomie folge (2.). Dieses *Zwischen* der Kommunikation bei Dewey betrifft auch eine doppelte Bewegung in öffentlichen Lernprozessen, nämlich einerseits die Instrumentierung vorhandener Werte und andererseits die Ausbildung neuer Wertebindungen in der Vollendung der ästhetischen Erfahrung. Auch dieser *Zusammenhang* zwischen der Instrumentierung und Neubildung von Werten wird meistens verdeckt in der *Trennung* von Mitteln und Zwecken, als ob letztere nur aus alten Werten folgen könnten. Das Argument für die Autonomie möglichst vieler moderner Handlungsbereiche, so der Wirtschaft, der Politik, des Rechts, der Künste etc., bestand in der Annahme, dass anderenfalls wieder – wie in der *Vor*moderne – ein hierarchisches Zentrum der ganzheitlich verstandenen Gesellschaft entstehen könnte. Dies ist mit dem *Inter* bei Dewey nicht gemeint. Daher wird (3.) die öffentliche und zeitlich befristete Qualität dieser Interkommunikationen ausgeführt. Es handelt sich nicht darum, ein hierarchisches Zentrum zu institutionalisieren. Gleichwohl reicht auch die Autonomie vieler Bereiche und damit die Beschwörung alter Werte in der Gestalt neuer Funktionen nicht aus. Diese Autonomien nach Funktionswerten zeitigen ihrerseits Probleme an indirekten Folgen, die es zu lösen gilt. Versteht man diese Aufgabenstellung in der Moderne, folgt daraus, dass das Politische experimentell immer neu ausgebildet werden muss. Deweys Philosophische Anthropologie antwortet auf diese modernen Probleme aus indirekten Handlungsfolgen und ist daher modernekritisch, aber nicht auf eine vormoderne Weise. Damit wird der Weg dafür frei, sich im letzten Kapitel dieses Buches dem Vergleich der Philosophischen Anthropologien von Dewey und Plessner zu stellen.

1. Kontextualisierung der Entstehung und Entwicklung von Deweys Werk

1.1. *Curriculum vitae* und Hauptwerke

Dewey wurde am 20.10.1859 in Burlington, Vermont, als dritter von vier Söhnen des Kleinhändlers Archibald Sprague Dewey und seiner Frau Lucina Rich Dewey geboren, die aus der evangelischen Elite stammend als Erwachsene zu einem Congregational Pietismus übertrat und sich als Philanthropin betätigte. Während seines Studiums an der University of Vermont (1875–79) wurde Dewey im Kontext eines liberalen Protestantismus bei H. A. P. Torrey mit Kants Philosophie als einem Gegengewicht zum Darwinismus bekannt. Nach Lehrtätigkeit an High Schools und ermutigt von dem hegelianischen Herausgeber des „Journal of Speculative Philosophy", W. T. Harris, studierte Dewey ab 1882 an der Johns Hopkins University. Er hörte dort bei dem Neohegelianer G. S. Morris, der ihn 1884 mit einer Dissertation über Kants Psychologie promovierte. Im gleichen Jahr folgte Dewey Morris an die University of Michigan, wo er mit einer Unterbrechung (1888–89 Minnesota) bis 1894 lehrte. 1886 heiratete Dewey Harriet Alice Chipman (1859–1927), die in Michigan das Lehramt studiert hatte und Deweys soziales Interesse entwickelte.

In Michigan befreundete sich Dewey mit seinen Kollegen James Hayden Tufts (1862–1942) und George Herbert Mead (1863–1931), mit denen er 1894 gemeinsam an die University of Chicago ging, wo Dewey die Leitung der Institute für Philosophie (einschließlich Psychologie) und für Pädagogik übertragen bekommen hatte. In dem Industrialisierungs- und Einwanderungszentrum Chicago entwickelte Dewey nicht nur seine Form von pragmatistischer Philosophie und die von ihm getragene „Chicago School"[1] in der Philosophie und Sozialpsychologie. Er engagierte sich auch mit seiner Frau in dem Kreis der Sozialreformer um Jane Addams (in Hull House), wodurch er 1894 den Streik der Pullman-Arbeiter und dessen Niederschlagung miterlebte, und in einer Reform der öffentlichen Bildung, für die er als Musterschule die Laboratory School (1896–1904) an der Universität einrichtete.

Dewey folgte im Februar 1905 dem Ruf an die Columbia University in New York City, wo er bis 1930 lehrte und bis 1939 als Emeritus wirkte. Er setzte sich 1917–18, zur Zeit von Woodrow Wilsons neuer Diplomatie der offenen Tür, für den Eintritt der USA in den ersten Weltkrieg und danach für den Völkerbund und einen internationalen

---

1   W. James, The Chicago School (1904), in: Ders., Essays in Philosophy, Cambridge 1978, S. 102.

Gerichtshof ein. All dies sollte international die von Dewey konzipierte radikale Demokratie gegen alle möglichen Imperialismen, was realpolitisch auch der US-Politik widersprach, befördern. Ab Ende 1921 trat er für eine völkerrechtliche Ächtung des Krieges als einem Mittel der Demokratisierung von unten ein, da sich die Folgen eines erneuten Weltkrieges für keine Demokratie förderlich regulieren ließen. Gleichzeitig befürwortete Dewey in den USA (bis 1936 aktiv) die Gründung einer dritten Partei und ab Mitte der 1930er Jahre (während des Spanischen Bürgerkrieges und bis zum Eintritt der USA in den zweiten Weltkrieg) andere als kriegerische Hilfen der USA für die Demokratien gegen den Nationalsozialismus, Faschismus und Stalinismus.[2]

Im Januar 1919 reisten die Deweys nach Japan und im Mai 1919 nach China, wo Dewey bis Juli 1921 seine pragmatistische Rekonstruktion der Philosophie und seine Konzeption einer pluralistischen, internationalen und partizipatorischen Demokratie gegen Staatskapitalismus und gegen Staatssozialismus vortrug. 1924 folgte Deweys Reise in die Türkei, 1926 nach Mexiko, 1928 in die Sowjetunion und im April 1937 erneut nach Mexiko, wo er als Vorsitzender der „Kommission zur Untersuchung der Anklagen gegen Leo Trotzki", die auf den stalinistischen Schauprozessen erhoben worden waren, Trotzki als Zeugen vernahm. Im Dezember 1937 kam die Kommission zu dem Ergebnis, dass es keine Beweise für Trotzkis Schuld gibt, und bezeichnete sie die Moskauer Prozesse als eine „farcenhafte Travestie der Gerechtigkeit".[3]

Während der New Yorker Zeit hat Dewey seine Philosophie in einer ganzen Reihe von Hauptwerken ausgearbeitet: 1908 erschien die (gemeinsam mit Tufts verfasste) „Ethics", 1916 seine Konzipierung des Zusammenhanges zwischen „Demokratie und Erziehung",[4] 1920 seine programmatische Kritik am dualistischen Hauptstrom westlicher Philosophie in „Die Erneuerung der Philosophie", 1922 seine philosophisch-sozialpsychologische Anthropologie „Die menschliche Natur",[5] 1925 die reife Gesamtkonzeption seiner Philosophie „Erfahrung und Natur", 1927 seine Konzipierung des Politischen in „Die Öffentlichkeit und ihre Probleme", 1929 seine pragmatistische Kritik an der Trennung von Erkenntnis und Handeln in „Die Suche nach Gewissheit" zugunsten einer neuen kopernikanischen Wende in den Common Sense,[6] 1934 seine weite Ästhetik „Kunst als Erfahrung" und seine eine demokratische Zivilreligion ermöglichende Religionsphilosophie „A Common Faith", 1938 seine Konzipierung eines wissenschaftsgestützten Prozesses öffentlicher Untersuchungen in der „Logik: Die Theorie der Forschung", 1939 seine Positivismuskritik in der „Theorie der Wertschätzung" und 1949 die (zusammen mit A. F. Bentley geschriebene) erneute Kritik an der reflexiven Verselbständigung der Erkenntnis vom Können in „Knowing and the Known". Von Deweys

---

2   Vgl. in kritischer Bewertung erwähnt von R. B. Westbrook, John Dewey And American Democracy, Ithaca/London 1991, S. 202-212, 265-273, 469-480. Wenngleich ich selten mit den Bewertungen dieses Autors übereinstimme, so entnehme ich doch alle biographischen Fakten diesem, dafür allseits geschätzten Buch.

3   Ebenda, S. 481.

4   Siehe ders., Demokratie und Erziehung (engl. 1916), Weinheim/Basel 1993.

5   Siehe ders., Die menschliche Natur. Ihr Wesen und Verhalten (engl. 1922), Stuttgart/Berlin 1931.

6   Siehe ders., Die Suche nach Gewissheit (engl. 1929), Frankfurt a. M. 1998.

intellektueller Leistung – über die Anlässe seiner Kritik an allein formalen Liberalismus- und Demokratieauffassungen und an nur technokratischen Politiken des „New Deal" hinausgehend – zeugen noch immer seine Essaysammlungen „Philosophie und Zivilisation" (1931),[7] 1939 „Freedom and Culture" und 1946 „Problems of Men". – Dewey starb am 1. Juni 1952 in New York City.

1.2. Entwicklung des Werkes

1930 anerkannte Dewey in seinem Rückblick „Vom Absolutismus zum Experimentalismus", „dass die Bekanntschaft mit Hegel einen dauernden Eindruck in meinem Denken hinterlassen hat."[8] Sie befreite einerseits von dem „provinziellen" Konflikt zwischen der Intuitionslehre der schottischen Philosophie, die theologisch für die Religion verwendet wurde, und dem sensualistischen Empirismus der englischen Philosophie, der „die Realität aller höheren Objekte wegerklärte."[9] Dewey verstand den „Hegelianismus", vermittelt durch G. S. Morris, im Sinne der schottischen Philosophie des Common Sense-Glaubens „an die Existenz einer äußeren Welt": Philosophie hatte so nicht die Aufgabe, diese Existenz zu beweisen, sondern der Frage „nach der Bedeutung dieser Existenz" nachzugehen, wie es Hegel in dem objektiven Typus seines Idealismus „mit einer realistischen Epistemologie"[10] getan hatte. Hegels Synthesis von Subjekt und Objekt, Materie und Geist, des Göttlichen und des Menschlichen durch Kultur, Institutionen und Künste hindurch wirkte als eine „Befreiung" von der neuenglischen Kultur der „Trennungen in Gestalt der Isolierung des Selbst von der Welt, der Seele vom Körper, der Natur von Gott".[11] Andererseits brachte Dewey seinen „Hegelianismus" des neuen industriellen und kommerziellen Zeitalters, vermittelt durch Harriet Martineau, mit Auguste Comtes Philosophie zusammen. Dabei interessierte aber nicht dessen „Dreistadien-Gesetz", sondern Comtes „Auffassung vom desorganisierten Charakter der modernen westlichen Kultur, die auf einem desintegrativen ‚Individualismus' beruht, sowie seine Idee einer Synthesis der Wissenschaft, die eine regulative Methode für ein organisiertes soziales Leben sein soll."[12]

In dieser Spannung zwischen schottischer, englischer, deutscher und französischer Philosophie schloss sich Dewey im Kontext der Chicagoer Bildungsreform der von Charles Sanders Peirce und William James inaugurierten pragmatistischen Transformation der modernen, d. h. von Descartes und Kant her verstandenen Philosophie an. Deweys Beitrag zu dieser Bewegung beginnt mit der von ihm gegründeten Chicagoer Schule, die 1903 „Studies in Logical Theory" publizierte, und reichte zunächst bis zu

---

7 Ders., Philosophie und Zivilisation (engl. 1931), Frankfurt a. M. 2003.
8 Ders., Vom Absolutismus zum Experimentalismus (1930), in: Ders., Erfahrung, Erkenntnis und Wert, hrsg. v. Martin Suhr, Frankfurt a. M. 2004, S. 21.
9 Ebenda, S. 15.
10 Ebenda, S. 19.
11 Ebenda, S. 19f.
12 Ebenda, S. 20.

seiner Spezifikation der menschlichen Natur in dem Buch über „Human Conduct"
(1922). Systematisch wird in dieser mittleren Schaffensperiode erstmals der folgende
Zusammenhang zwischen vier Grundüberzeugungen entwickelt:

Erstens: Philosophieren heißt, zeitlich gesehen, *nach* Darwins Theorie der natürlichen Entstehung der Arten von Lebewesen keineswegs biologisieren, wohl aber, sich
einer *neuen Aufgabe* zu stellen. Die spezifisch geistige Entwicklung von Menschen als
Lebewesen muss nicht mehr im Gegensatz zur Welt der lebendigen Natur in einer dazu
transzendenten Welt des Geistes verankert werden. Vielmehr kann sie als qualitativ
eigenständige Phänomengruppe alles Lebendigen (James) durch semiotische Spezifikation im Rahmen des Kontinuums der Natur (Peirce) verstanden werden. Die Situierung
geistiger Spezifik in der lebendigen Natur wird dadurch denkmöglich, dass Leben *nicht
organizistisch* missverstanden wird. Vielmehr wird es als eine solche *Interaktion* zwischen Organismus und Umwelt begriffen, welche strukturell eine wechselseitige Anpassung beider (von Organismus und Umwelt zu einer soziokulturellen Lebensform) und
funktional die Transformation dieser Lebensform durch vollständige Zeichen (Sprache)
erlaubt. Dewey bekennt sich zu einem uneingeschränkten Naturalismus, den er aber auf
keinen Physikalismus oder Biologismus reduziert, sondern soziokulturell erweitert und
durch Teilhabe an sprachlicher Kommunikation spezifiziert.

Zweitens: Dewey geht von drei Interaktionslevels im menschlichen Verhalten (conduct) aus, nämlich von physikalischen (unbelebten), psycho-physischen (belebten) und
sprachlich-mentalen (geistigen) Verhaltensdimensionen. Dann werde die „Situation"
(hier und jetzt) in der Umwelt von dieser Art und Weise von Lebewesen verschieden
„erfahren", d. h. in verschiedenen Proportionen von „Erleiden und Tun"[13] beantwortet,
z. B. instinktmäßig, gewohnheitsmäßig, religiös etc. genommen. Dabei laufen die habitualisierten Resultate früherer Reflexionsprozesse nebenher in den nicht-reflexiven Erfahrungsweisen mit. Pragmatisch betrachtet entsteht aber das Bedürfnis nach einer
reflexiven, d. h. sprachlich-mental vermittelten Kontrolle der Situation erst, insofern sie
auf problematische Weise unbestimmt, d. h. gefühlt „unstimmig" ist, da es unter ihren
Umständen „zu einander entgegen gesetzten Reaktionen" kommt: Diese können nicht
gleichzeitig in einer offenen Handlung gezeigt werden. Man werde mit ihnen erst fertig,
nachdem sie mittels einer „analytischen Auflösung und einer synthetischen Übersicht in
der Phantasie in einen Plan organisierten Handelns gebracht worden sind."[14] Die pragmatische Philosophie ordnet nicht nur die Entstehung (Genese), sondern mehr noch die
Folgen (Konsequenzen, Rückwirkungen) reflexiver Erkenntnisprozesse in die zeitliche
Organisation der menschlichen Verhaltensbildung, nämlich in deren situativ nötige Verbesserung („Meliorismus"[15]), ein. Dewey nannte seine Variante der Relativierung des
alten Primates reflexiver Erkenntnis vom Standpunkt des Primates nicht-reflexiver Erfahrungsweisen in der Verbesserung menschlichen Verhaltens „Instrumentalismus" im

---

13 Ders., Die Notwendigkeit einer Selbsterneuerung der Philosophie (1917), in: Ders., Erfahrung,
   Erkenntnis und Wert, a. a. O., S. 151.
14 Ders., Einleitung zu den „Essays in experimenteller Logik" (1916), in: ebenda, S. 100.
15 Ders., Die Erneuerung der Philosophie (engl. 1920), Hamburg 1989, S. 222.

Anschluss an James' „radikalen" Empirismus.[16] Damit reflexive Erkenntnis wirklich das Verhalten verbessernde Konsequenzen in der Zukunft zeitigen kann, dürfe sie nicht nur kontemplativ und bewusstseinsintern verstanden werden. Vielmehr müsse sie, wie der Erfolg moderner Erfahrungswissenschaften zeigt, in Form „experimenteller" Lernprozesse organisiert werden. Es handelt sich dann um eine soziokulturell kooperative „Intelligenz",[17] die es nur *mit* den ihr entsprechenden physischen und sozialen Operationsweisen gibt. Der experimentelle Lernprozess halte an, bis die auf problematische Weise „unbestimmte" Ausgangssituation in eine „bekannte" Endsituation verwandelt werden könne.[18] Außer dieser Rückwirkung gebe es die indirekten Produkte einer Reflexion, d. h. ihr Definieren einer sprachlichen Bedeutung und ihre material exemplarischen Problemlösungen in Spezimen. Diese würden in einer Hinsicht zu Bedingungen künftiger Reflexionsprozesse, so in der soziokulturellen Akkumulation von material bewährten Zeichenrelationen als Vorrat für reale Operationspotentiale, und in anderer Hinsicht zu Mitteln, die unmittelbare Signifikanz in späteren Erfahrungen zu bereichern, welche nur im ästhetischen Lebensvollzug vollendet (consummated) werden kann.[19] Kurzum: Was Dewey einen *experimentellen Lernprozess* nennt, ersetzt die alte Redeweise von Erkenntnisobjekten und Erkenntnissubjekten mit all ihren Scheinproblemen.

Drittens: Mit der funktionalen Integration reflexiv vermittelter Erfahrungen in den Prozess der Verhaltensverbesserung fällt für Dewey auch der skandalöse „Dualismus von ‚Wissenschaft' und ‚Moral'"[20] zugunsten der Herstellung von „Verantwortlichkeit" weg.[21] Man müsse zwischen dem Vordergrund, in dem Bewusstsein auf Sichtbares und Anwesendes hin fokussiert wird, und dem Hintergrund an qualitativ unbestimmbarer Ganzheitlichkeit innerhalb der „sich ständig wandelnden Szene"[22] von Situationen unterscheiden. Diese Differenz entspricht auch in der europäischen Phänomenologie dem Weltbegriff als Szenerie (Plessner). Damit entfalle sowohl die Trennung als auch die Konfusion der Fokussierung im Vordergrund (positive Bestimmbarkeit von Dingen) mit ihrer wertmäßigen Einordnung als „res" im Hintergrund, d. h. als Angelegenheit für den Vollzug der Lebensführung im Ganzen (z. B. bei Krankheit[23]). Es gibt weder am Anfang noch am Ende eine Trennung zwischen Fakten und Werten, sondern den sich situativ ändernden Zusammenhang zwischen beiden, z. B. in der Interaktion von Patient und Arzt. Deweys Lernmodell der Teilhabe am Lebendigen enthält ein neoaristotelisches Ethos der situativen Angemessenheit von Mitteln und Werten, die sich nicht über, sondern im Lebensvollzug final erfüllen und ästhetisch vollenden mögen. „Moralische Güter und Ziele existieren nur, wenn irgendetwas getan werden muss. Die Tat-

---

16 Ders., Einleitung zu den „Essays in expermenteller Logik", a. a. O., S. 113.

17 Siehe J. Campbell, Understanding John Dewey. Nature and Cooperative Intelligence, Chicago/La Salle 1995.

18 J. Dewey, Einleitung zu den „Essays in experimenteller Logik", a. a. O., S. 132.

19 Ebenda, S. 105, 109.

20 J. Dewey, Vom Absolutismus zum Experimentalismus, a. a. O., S. 23f.

21 J. Dewey, Die Erneuerung der Philosophie, a. a. O., S. 143f., 207.

22 Ders., Einleitung zu den „Essays in experimenteller Logik", a. a. O., S. 96f.

23 Ebenda, S. 96.

sache, dass etwas getan werden muss, beweist, dass es Mängel, Übel in der bestehenden Situation gibt. Dieses Übel ist immer ein spezifisches Übel. Folglich muss das Gute der Situation auf der Grundlage genau des Defekts und Problems, das korrigiert werden soll, entdeckt, entworfen und erlangt werden."[24] Dementsprechend gelte es, in den reflexiven Zwischenphasen die *Trennung* zwischen den über-situativen Zielen, die sich selbst (a priori) genügen *(ends-in-itself)* sollen, und rohen (a posteriori), da angeblich von Werten unabhängigen Mitteln gerade zu *überwinden*. Umgekehrt komme es darauf an, gerade den Zusammenhang zwischen angemessenen Zielen *(ends-in-view)* und dafür relevanten Mitteln einzurichten. Um die Finalisierung, d. h. die Verbesserung im Lebensvollzug, leisten zu können, werden die soziokulturell verfügbaren Zweck-Mittel-Relationen für das Besondere (der „Logik individualisierter Situationen" gemäß[25]) instrumentiert. Dadurch könne auch das Erwünschte *(desired)* im Lichte des Wünschenswerten *(desirable*[26]) beurteilt werden. „Die Nichtigkeit und Verantwortungslosigkeit von Werten, die lediglich final und nicht ihrerseits Mittel zur Bereicherung anderer Lebensbetätigungen sind, sollte augenscheinlich sein."[27] Dies gelte nicht nur für Gesellschaften, insofern an deren vermeintlichen Werten kein Individuum interaktiv teilnehmen kann, sondern auch in der lebensgeschichtlichen Individualisierung der Selbstbildung, die „a process of discovering what sort of being a person most wants to become"[28] darstellt. Unter modernen Bedingungen komme es darauf an, „to foresee consequences in such a way that we form ends which grow into another and reinforce one another", so dass es zur Herausbildung eines – die konfligierenden Lebensziele – einschließenden Guten („inclusive good"[29]) kommen kann.

Viertens: Dewey war sich darüber im Klaren, dass seine Grundüberzeugungen dem dualistischen Hauptstrom moderner Philosophie grundsätzlich widersprachen, da dieser am Primat reflexiver Erkenntnis festhielt und daher in das ebenso unausweichliche wie unlösbare Problem des lebensverneinenden Dualismus von materieller oder geistiger Welt verfiel. Dieser Mainstream unterstellte immer wieder reflexiv erzeugte Gegensätze (Objekte oder Subjekte, Fakten oder Werte, Materie oder Geist) den nicht-reflexiven Voraussetzungen der Anfangsphase und den nicht-reflexiven Folgen der Endphase von Lernprozessen. Diese Unterstellung nannte Dewey, genetisch und logisch gesehen, die philosophischen Fehlschlüsse *(philosophical fallacies)*, denen reine „Zuschauer" *(spectators)* der menschlichen Lebensführung unterliegen, statt an deren Verbesserung teilzunehmen.[30] Die bisherige „Moderne" leide noch an der „Mischung eines miteinander

---

24 Ders., Die Erneuerung der Philosophie, a. a. O., S. 213.
25 Ebenda, S. 214.
26 J. Dewey/J. H. Tufts, Ethics (1908), in: J. Dewey, The Collected Works. The Middle Works, vol. 5, Carbondale 1985, S. 263.
27 Ders., Die Erneuerung der Philosophie, a. a. O., S. 216.
28 J. Dewey/J. H. Tufts, Ethics (1932), in: Dewey, J., The Collected Works. The Later Works, vol. 7, Carbondale 1985, S. 287.
29 Ebenda, S. 210.
30 J. Dewey, Die Erneuerung der Philosophie, a. a. O., S. 162-170.

unverträglichen Alten und Neuen":[31] Einerseits wurde nach der wissenschaftlichen, industriellen und politischen Revolution Materielles zur Produktion von Neuem freigegeben. Andererseits wurde der vorwissenschaftliche, vorindustrielle und vordemokratische Geist mit seinen anachronistischen Beweislasten und Regeln institutionell konserviert. „Der frühere ‚Krieg' wurde nicht durch einen absoluten Sieg eines der beiden Kombattanten beendet, sondern durch einen Kompromiss in Gestalt einer Trennung von Bereichen und Zuständigkeiten. Diese Beilegung des Konflikts mit Hilfe der Teilung war der Ursprung der Dualismen, die das Hauptproblem der ‚modernen' Philosophie gewesen sind. In der Praxis ist in den dann erfolgenden Entwicklungen dieser ‚Vergleich' durch Aufteilung der Sphären und Zuständigkeiten vollständig zusammengebrochen", nämlich in Weltkriegen und Weltkrisen.[32] Dewey ersetzt daher die für ihn kompensatorische „Vernunft", die das „Nest samt der Brut an Dualismen" moderner Philosophie symbolisiere, durch „Intelligenz" als die „Kurzbezeichnung" für Methoden der Beobachtung, des Experiments und des reflektierenden Schließens.[33]

Ab 1925, mit dem Buch „Erfahrung und Natur", wird Deweys Philosophie zu einer sich selber tragenden Unternehmung, deren monographische Teile neue „Interpenetrationen"[34] entwerfen. Sie modellieren die für eine reflexive Moderne funktionspragmatisch nötige wechselseitige Durchdringung von Handlungsbereichen und Handlungsarten, die in der bisherigen Fehlmodernisierung von Gesellschaft und Kultur getrennt wurden, so in „reine" Wissenschaft, Kunst, Wirtschaft, Technik, Bildung, Philosophie etc. Gegen die bisherige institutionelle Selektion von Diskursen bestehe das Potential für die Integration autonomer Teilfunktionen zu gesellschaftlich innovativen Lernprozessen in der sprachlichen Kommunikation, sofern diese in der Transformation der physikalischen und psycho-physischen Interaktionslevels kontextualisiert werde. „Kommunikation ist auf einzigartige Weise sowohl Mittel wie Ziel. Sie ist Mittel, insofern sie uns von dem andernfalls überwältigenden Druck der Ereignisse befreit und uns in den Stand setzt, in einer Welt von Dingen zu leben, die Sinn haben. Sie ist Ziel als Teilhabe an den Objekten und Künsten, die für eine Gemeinschaft von Wert sind, eine Teilhabe, durch die Bedeutungen im Sinne der Kommunion erweitert, vertieft und gefestigt werden."[35]

So entwirft Deweys Ästhetik[36] die kommunikative Integration ästhetischer Alltagserfahrung, die organisch nötige Erfüllungen des Lebensvollzuges vollendet *(cosummatory experience)*, mit dem autonomen Sinn an Möglichkeiten in der spezifisch künstlerischen Erfahrung. Letztere greife experimentell auf kognitive Bedeutungen (wissenschaftsförmige Mittel-Konsequenzen) für eine imaginierte Finalisierung der Lebensführung zurück. Ähnlich stellt Deweys Logik[37] für öffentliche Untersuchungsprozesse eine innovative Interpenetration der problematisch gewordenen klassischen

---

31 Ebenda, S. 39.
32 Ebenda, S. 12f., 25f.
33 Ebenda, S. 13f., 35.
34 J. Dewey, Erfahrung und Natur (engl. 1925), Frankfurt a. M. 1995, S. 360, 392.
35 Ebenda, S. 201.
36 Siehe J. Dewey, Kunst als Erfahrung (engl. 1934), Frankfurt a. M. 1980.
37 Siehe ders., Logik. Die Theorie der Forschung (engl. 1938), Frankfurt a. M. 2002.

(reinen) Moderne dar. Sie integriert funktional das Verfahren der Rechtsprechung (Urteilsfindung für problematische Situationen) mit der Spezifik wissenschaftlicher Forschung (kognitive Verwendung von Propositionen als Expertisen) und den technologischen Operationen materialer Urteilsvollstreckung (exemplarische Problemlösung der Ausgangssituation).[38]

Angesichts der Folgeprobleme der großindustriellen Marktgesellschaft *(Great Society)* und ihrer nationalstaatlich begrenzten Verfasstheit entwickelt Dewey seine Hypothese von der Neuentdeckung des Politischen aus dem *Öffentlichen*. Im Unterschied zum *Privaten*, d. h. allen *direkten* Interaktionsarten, deren Probleme sich unter den Interaktionspartnern selbst regulieren lassen, beziehe sich das Öffentliche nur auf solche *indirekte* Interaktionsarten, deren Folgen auf indirekte Weise für die von ihnen Betroffenen problematische Wirkungen zeitigen, sei es im Guten oder im Schlechten.[39] Die davon Betroffenen bilden dann faktischer *und* legitimer Weise eine Öffentlichkeit, wenn sie – durch die Interkommunikation zwischen den Experten- und Laienkulturen hindurch – eine Hypothese über die Verursachung der problematischen Folgen entwickeln und ihr Interesse an der Problemlösung im Kampf mit den Gegeninteressen anderer Gruppen organisiert vertreten. Aus der wechselseitigen Verstärkung solcher Öffentlichkeiten und ihres Kampfes gegen die Verselbständigung ihrer staatlich werdenden Vertreter könnte, gestützt auf die lokalen Gemeinschaften, eine „Great Community" als das stets zu erneuernde Gegengewicht zur „Great Society" hervorgehen.[40] Als Idee betrachtet, sei die Demokratie „die Idee des Gemeinschaftslebens selbst".[41]

Dewey hat den *Naturbegriff* gegen dualistische Bewertungen (als entweder gut oder schlecht) *ambivalent* gebildet, d. h. als eine Unterscheidung zweier Seiten, welche die *Aufgabe darstellen*, einen besseren oder schlechteren *Zusammenhang* dieser beiden Seiten herzustellen. „Natur" bezeichne die „Verbindung des Zufälligen und Stabilen, des Unvollständigen und Wiederkehrenden": Dieser Zusammenhang bedinge unaufhebbar „alle erfahrene Befriedigung" ebenso „wie unsere Zwangslagen und Probleme".[42] In der unvollendeten neuen Einleitung zu „Erfahrung und Natur" plante er 1951, den Erfahrungsbegriff durch den anthropologischen Kulturbegriff zu ersetzen, um das innerhalb des Dualismus übliche Missverständnis der Erfahrung als subjektives Erlebnis zu vermeiden.[43] Gleichwohl bleibt seine „Behandlung menschlicher Probleme im Zusammenhang mit ihrer Stellung in der Natur, so wie Natur zu einer bestimmten Zeit verstanden wird",[44] als *Aufgabe* erhalten. Wir werden im übernächsten Unterkapitel sehen, wie Dewey einen positiv bestimmten Naturbegriff als ideologisch kritisiert. Rortys Vorwurf gegen Dewey, er habe eine szientistische Naturkonzeption vertreten, ist

---

38 Siehe ausgeführt in: H.-P. Krüger, Der dritte Weg Philosophischer Anthropologie und die Geschlechterfrage, in: Ders., Zwischen Lachen und Weinen. Bd. II, Berlin 2001, Kapitel 2. 2.

39 J. Dewey, Die Öffentlichkeit und ihre Probleme (engl. 1927), Bodenheim 1996, S. 27, 29f., 44.

40 Ebenda, S. 123-126, 175f.

41 Ebenda, S. 129.

42 Ders., Erfahrung und Natur, a. a. O., S. 74.

43 Vgl. ebenda, S. 450f.

44 Ebenda, S. 415.

vollkommen haltlos. Wenn nämlich der *Natur menschlicher Lebewesen der Struktur-bruch* zwischen den drei Interaktionslevels (physisch, physisch-psychisch, geistig) *wesentlich* ist, bleibt sich diese Natur *in der Negativität* problematischer Situationen *fraglich*. So kann sie als die *öffentliche Aufgabe* verstanden werden, einen geschichtlich integrierenden Prozess einzurichten, der in keiner abschließenden Wesensdefinition des Menschen zum Erliegen kommt. In dieser systematischen Pointe, welche die Autonomie moderner Praktiken vom Standpunkt ihrer Interpenetrationen kritisiert, ist Dewey mit Plessners Philosophischer Anthropologie vergleichbar.

Auch Margolis fordert für die systematische „Neuerfindung des Pragmatismus" ein Bündnis des Neopragmatismus mit der kontinentaleuropäischen Philosophie der Zeitlichkeit. Sowohl Putnams interner Realismus als auch Rortys Ethnozentrismus seien Beispiele für einen Kulturrelativismus, den es kohärent auszuarbeiten gelte.[45] Ein pragmatischer Realismus (im Gegensatz zur reduktionistischen Naturalisierung) könne nur ein konstruktiver Realismus der soziokulturell relativen Praktiken sein. In deren Sprachspielen verändere sich der Zusammenhang zwischen diskursivem Wissen *(savoir)* und dem (nicht primär diskursiven) Können *(savoir-faire)* geschichtlich.[46] Es gebe keine rein innersprachlichen Kriterien für erfolgreiche Bezugnahme und Prädikation auf Außersprachliches, da der Zusammenhang zwischen Sprachlichem und Nichtsprachlichem in der praktischen Art und Weise (adverbial) des Mittuns erlernt werde.[47]

2. Öffentliche Interkommunikationen: Die intelligente Instrumentierung und ästhetische Neubildung von Werten im Verhalten *(conduct)*

Erstens: Der vorherrschende Dualismus und das Fehlverständnis von Deweys Philosophie

Es ist sehr schwer, John Deweys Philosophie auch nur verstehen zu lernen, geschweige, sie praktizieren zu können. Sie wird häufig in ein dualistisches Selbstverständnis rückübersetzt, das sie überwinden wollte. Dem vorherrschenden Dualismus entsprechend soll etwas entweder körperlich bzw. materiell oder geistig bzw. ideell sein. Diese exklusive Alternative hat weitreichende Folgen. Was für materiell oder körperlich gehalten wird, darf prinzipiell manipuliert oder instrumentiert werden. Wem hingegen Geistiges oder Ideelles zugeschrieben werden kann, der soll als ein seiner selbst bewusstes Subjekt gelten. Ein Subjekt müsse frei bleiben von Manipulation und Instrumentierung für etwas anderes als sich selbst. Diese dualistische Semantik ist aber nicht nur eine über Jahrhunderte sedimentierte Mentalität. Ihren Gewohnheiten entsprechen auch institutionelle Arbeitsteilungen. Die Beweislasten sind dementsprechend verteilt. Dewey

---

45 J. Margolis, Die Neuerfindung des Pragmatismus, Weilerswist 2004, S. 200-204.

46 Ebenda, S. 219.

47 Ebenda S. 78f. Daher rechnet auch Günter Abel stets mit drei Interpretationsstufen. Siehe G. Abel, Zeichen der Wirklichkeit, Frankfurt a. M. 2004, S. 139, 147.

weiß darum, wie er in „Reconstructions in Philosophy" (1920) betont hat. Er versteht dort den Dualismus der Vernunft als die Semantik für eine Art von Waffenstillstand zwischen einerseits der Konservierung abendländischen Geistes und andererseits der wissenschaftlich-technischen, ökonomischen und politischen Revolution.[48] Denkt man innerhalb dieses Dualismus, steht man vor der Frage: Entweder Verteidigung der alten Werte oder ihre Instrumentierung für praktische Veränderungen in Wirtschaft, Wissenschaft, Technik und Politik. Aber diese Alternative ist für Dewey die falsche Frage.

Niklas Luhmann sprach am Ende des 20. Jahrhunderts empirisch treffend von binären Schematismen, die als Code moderner Subsysteme fungieren, so der Wirtschaft, des Rechts, der Massenmedien. In der Wirtschaft gelte dann als Code, entweder zahlen oder nicht zahlen zu können, im Recht, ob etwas legal oder nicht legal, in den Massenmedien, ob etwas Neuigkeit oder nicht Neuigkeit sei. Diese ausschließenden Alternativen kennen nicht nur nichts Drittes. Sie werden durch symbiotische Mechanismen ergänzt, wie man sie aus der Werbung kennt. In ihnen werden vor allem auditive und visuelle, das Lebewesen Mensch ansprechende Zeichen dafür mobilisiert, dass die Handlungsofferte, d. h. in der Wirtschaft: Kaufen, angenommen statt abgelehnt wird. Diese Instrumentierung symbiotischer Mechanismen für binäre Schematismen steigert mithin die Selbstreproduktion von exklusiven Alternativen. Wer meint, besonders klar dadurch zu denken, dass er ausschließliche Alternativen einfordert, erfüllt diese Aufgabe, im Sinne der Selbstreferenz solcher Systeme zu funktionieren. Luhmann hoffte, dass sich dieses Problem durch weitergehende Selbstbeobachtung innerhalb eines jeden Subsystems nach dem Modell der Ausbildung einer Zentralbank im Wirtschaftssystem lösen lässt. Aber er musste auch einräumen, dass die ökologischen Gefahren des Blindfluges solcher selbstreferentiellen Systeme womöglich doch neue strukturelle Kopplungen zwischen den funktionsspezifischen Systemen erfordern könnten.[49]

Geht man von diesem mentalen und sozial institutionalisierten Dualismus aus, missversteht man Deweys Philosophie der lebendigen Natur und der geschichtlichen Aufgabe, wie sich menschliche Lebewesen spezifizieren können. Dem genannten Dualismus entgeht jedes Dritte: das Lebendige, das geschichtlich Zeitliche und das Semiotische. Das Lebendige *ist nicht* die Summe physischer und psychischer Eigenschaften, sondern *vollzieht* diese Differenz zwischen Physis und Psyche hier und jetzt. Das Zeitliche *ist nicht* die Differenz aus Vergangenheit und Zukunft in der Gegenwart. Es wird als diejenige Einheit der Differenz hier und jetzt *vollzogen*, welche diese Differenz wieder freigibt. Das Semiotische *ist nicht* die zeichenhafte Vermittlung von *actio* und *reactio*, sondern *vollzieht* diese Vermittlung im Aufschub oder in der Unterbrechung. Diese drei Formen des Lebendigen, Zeitlichen und Semiotischen eines – für dualistische Fehlalternativen – Dritten waren seit Herder, Hegel und W. v. Humboldt in der Philosophie thematisiert worden. Seither lautete immer wieder die Lektion: Dabei handelt es sich *nicht um Seiendes* im Sinne der Eigenschaften von Dingen. Vielmehr handelt es sich um

---

48 Vgl. J. Dewey, Die Erneuerung der Philosophie, a. a. O., S. 34f., 88ff.
49 Vgl. N. Luhmann, Die Gesellschaft der Gesellschaft, Zweiter Teilband, Frankfurt a. M. 1997, S. 864f.

Tätigkeiten, die ausgeführt werden, d. h. weder um bloße *Fähigkeiten* (Kant) noch um *Dispositionen* (i. S. der Verhaltensforschung). Diese drei Formen waren jenseits des Atlantiks durch Peirce und James erneut konzipiert worden, ehe sie durch Mead und Dewey elaboriert wurden. Diesseits des Atlantiks hatten Dilthey, Cassirer und Plessner das Historische, Symbolische und Lebendige neu, d. h. ohne einen positiven Absolutismus, thematisiert.[50]

An der Thematisierung dieser Formen eines Dritten scheitert gegenwärtig der vorherrschende Dualismus erneut. Weder lebendige Phänomene der Lebensführung noch gegenwärtige Phänomene von der Art, in einer geschichtlichen Herausforderung zu stehen, noch Phänomene der gleichzeitigen Teilnahme an semiotischen Interaktionslevels verschiedener Praktiken lassen sich einer dualistischen Fehlalternative zuordnen. Dualistische Entweder-Oder-Entscheidungen töten das lebendige Zusammenspiel materieller und ideeller Aspekte ab, das aber für die Lebendigkeit von Phänomenen so charakteristisch ist. Sie lösen die Spezifik geschichtlicher Herausforderungen, nämlich konstitutiv mit Unsicherheit und Unbestimmtheit umgehen zu müssen, in die Anmaßung einer posthistorischen Selbstbestimmung auf, und sei es der, sich selber das Fatum zu bereiten. Und sie selegieren und blockieren die Potentiale von Kommunikationsprozessen zugunsten allein solcher Resonanzen und Relevanzen, die der Selbstbestätigung der jeweiligen dualististischen Vorstrukturierung entsprechen.

Da jedoch der dualistische Mainstream an lebendigen, geschichtlichen und semiotischen Phänomenen scheitert, hat die um sich greifende Renaissance der Philosophien eines Dritten auch große Chancen, allen voran die Philosophie Deweys. Man verspiele diese Chancen nicht, indem man seine Philosophie in den Dualismus zurück übersetzt, statt aus demselben herauszukommen. Für die Fehlübersetzung haben solche Schlagwörter wie „Pragmatismus" und „Instrumentalismus" eine unglückliche Rolle gespielt, weil deren umgangssprachliche Fehlassoziationen die Rezeptionen der Philosophie Deweys erschwert oder gar verhindert haben.

Zweitens: Instrumentale und finale Funktionen der Kommunikation
oder vom *kleinen Gott*

Ich beginne noch einmal mit einem Kernzitat von Dewey, das am Ende des berühmten 5. Kapitels seines reifen Werkes „Experience and Nature" von 1925 steht, um das dort kritisierte „große Übel" der Trennung instrumentaler und finaler Funktionen der Kommunikation genauer zu verstehen: „When the instrumental and final functions of communication live together in experience, there exists an intelligence which is the method and reward of the common life, and a society worthy to command affection, admiration, and loyalty."[51] In Deweys Kommunikationskonzeption geht es um die Überwindung

---

50 Vgl. dazu den II. Teil, insbesondere den Überblick im 11. Kapitel des vorliegenden Bandes.
51 J. Dewey, Experience and Nature, in: Ders.: The Later Works, vol. I, Ed. Jo Ann Boydston, Carbondale/Edwardsville 1981, S. 161.

einer asozialen Intelligenz und einer intelligenzlosen Sozialität, indem Intelligenz sozial eingebunden und ein Sozialzusammenhang intelligent rekonstruiert wird. Intelligenz bedeutet, durch beobachtenden Abstand zur Binnenhermeneutik der Handelnden die Handlungs*konsequenzen* zu erfassen. So kann die probabilistische Regel ermittelt werden, nach der diese Konsequenzen unter bestimmten Bedingungen auftreten. Dieser Regelzusammenhang lässt sich anhand seiner Bedingungen im Sinne der modernen Experimentalwissenschaft stabilisieren und instrumentieren. Die Frage ist nur – von Anfang an bis zum Ende einer intelligenten Rekonstruktion – warum und wozu sie erfolgen soll, zu welcher *Finalisierung sie eine angemessene Instrumentierung* darstellt. Das Verfahren der intelligenten Rekonstruktion unterstellt Kriterien, nach denen beurteilt werden kann, welche Handlungskonsequenzen als unproblematische und damit keiner Untersuchung würdige und welche Konsequenzen als problematische gelten können, weshalb sie einer Problemlösung durch das Untersuchungsverfahren bedürfen.

Auf diese Frage nach der Entstehung von Kriterien für die Beurteilung von etwas als problematisch oder als Problemlösung antwortet die andere Seite von Deweys Konzeption der Kommunikation. Kommunikation bedeutet nicht nur die intelligente Rekonstruktion, sondern auch die Teilnahme am Kommunikationsprozess und die Teilhabe an Objekten, die in diesem Prozess als wertvolle generiert werden. *Kommunikation* ist für Dewey eine gleichzeitige *Doppelbewegung der Instrumentierung* von Relationen und ihrer *Finalisierung* zu gemeinsam erfüllter Erfahrung. Der schwer zu übersetzende Begriffskomplex „consummation of experience" meint, je nach Phase im Prozess, eine Vervollkommnung oder Vollendung einer gemeinsamen Erfahrung in ihrem Vollzug oder in ihrer Erfüllung hier und jetzt. Sobald man den instrumentellen Aspekt der Kommunikation von dem der Bildung von Werten in der geteilten „consummation of experience" trennt, ist das übliche dualistische Missverständnis wieder da. Dieses hat leider auch Habermas durch seinen Gegensatz zwischen kommunikativem Handeln einerseits und instrumentellem bzw. strategischem Handeln andererseits reproduziert.[52] „Communication is uniqueley instrumental and uniquely final. It is instrumental as liberating us from the otherwise overwhelming pressure of events and enabling us to live in a world of things that have meaning. It is final as a sharing in the objects and arts precious to a community, a sharing whereby meanings are enhanced, deepened and solidified in the sense of communion."[53]

Für Dewey liegt ein Kommunikationsprozess nur in dem Maße vor, in dem die intelligente Instrumentierung von Handlungskonsequenzen bestimmter Werte auch zu einer erneuten Wertebildung in der Erfüllung gemeinsamer Erfahrung führt. Instrumentalismus bedeutet mithin nicht, wie der Dualismus sie missversteht, die Abschaffung von Werten, sondern deren Neubildung in kommunikativ geteilter Erfahrung. Ohne diese Neubildung könnte die Instrumentierung bestimmter Werte als „ends-in view" nicht als angemessenes Mittel einer erneuten Finalisierung Sinn machen. *Diejenigen Werte, die*

---

52 Vgl. J. Habermas, Theorie des kommunikativen Handelns. Bd. 1: Handlungsrationalität und gesellschaftliche Rationalisierung, Frankfurt a. M. 1981, p. 384, 439, 446.
53 J. Dewey, Experience and Nature, a. a. O., p. 161.

instrumentiert werden, um bestimmte Handlungskonsequenzen zu befördern oder abzustellen, *sind keineswegs identisch mit denjenigen Werten, nach denen neu finalisiert wird*. Deshalb weigert sich Dewey beharrlich, metaphysisch über Werte und Wesenheiten als solche zu reden, ohne sie zeitlich im Verlauf der Praxis einzuordnen. Stattdessen setzt er dasjenige, was instrumentiert wird, und dasjenige, wonach finalisiert wird, in ein historisch bestimmtes Verhältnis. Dem dient auch die Unterscheidung zwischen unmittelbar oder spontan erfüllter Erfahrung und vermittelter oder intelligent relationierter Erfahrung. Nur für die letztere gilt das experimentalwissenschaftliche Verfahren der Intelligenz als das entwickeltste Paradigma, während für die Kultivierung der spontanen Erfüllung in neuen Erfahrungen die Künste und Literaturen als das Muster des Vorgehens hervorgehoben werden.

Neue Wertbindungen generieren historisch in dramatischen Episoden, die das Bewusstsein aus dem habituell Gewöhnlichen herausreißen und sich narrativ in Rollenmustern verstetigen lassen. Deweys Pragmatismus ist also überhaupt kein Utilitarismus, sondern eine anspruchsvolle Doppelbewegung im Kommunikationsprozess. Daher versteht er Philosophie auch als die allgemeine Methode der Wertekritik, so zusammenfassend im letzten Kapitel seines Buchs „Erfahrung und Natur". An die Stelle derjenigen Werte, die in einem intelligenten Lernprozess kritisch verändert werden müssen, weil sie problematische Handlungsfolgen zeitigen, treten neue Wertebindungen in kommunikativ geteilter Erfahrung, die in einem weiten Sinne von der Aisthesis der Alltagskultur bis hin zum Verfahren der künstlerisch-literarischen Expertenkulturen konzipiert wird. Nicht jede ästhetische Erfahrung führt sogleich zur Generierung und Bindung an neue Werte. Wohl aber, je ganzheitlicher sie das bisherige Selbstverständnis der Person in der Richtung auf Lebensbejahung überschreitet.[54] Die *der Verweltlichung immanente Transzendenz*, die Dewey entwirft, leitet sich nicht von einem Gott her, der außerhalb der natürlichen Welt steht. Diese Art von traditionell religiöser und ästhetischer Transzendenz ist zu dualistisch im Gegensatz zur Natur gefühlt und daher auch zu kontemplativ im Sinne von Lebensohnmacht gedacht worden. Daher verabschiedet Dewey das Modell, der Mensch könne sich nur als „kleiner Gott" sinnvoll vorkommen. Deweys Entwurf einer immanenten Transzendenz kommt aus der Teilnahme des Menschen an der lebendigen Natur: „When man finds he is not a little god in his active powers and accomplishments, he retains his former conceit by hugging to his bosom the notion that nevertheless in some realm, be it knowledge or esthetic contemplation, he is still outside of and detached from the ongoing sweep of inter-acting and changing events; and being there alone and irresponsible save to himself, is as a god. When he perceives clearly and adaequately that he is within nature, a part of its interactions, he sees that the line to be drawn is not between action and thought, or action and appreciation, but between blind, slavish, meaningless action and action that is free, significant, directed and responsible."[55]

---

54 Vgl. zur Spezifik von Ganzheitserfahrungen *(adjustment)* im Unterschied zur eher passiven Anpassung (accomodation) und zur eher aktiven Anpassung *(adaptation)*: H. Joas, Die Entstehung der Werte, Frankfurt a. M. 1997, S. 175-187.

55 J. Dewey, Experience and Nature, a. a. O., p. 324.

Drittens: Die Dewey-Rezeption als gegenwartsphilosophische Sonde

Es gab viel informationstheoretische und sprachanalytische Kritik an Deweys Kommunikationskonzeption. Sie sei zu komplex, man könne sie nicht klar machen in Alternativen, sie nicht anwenden in technischen Früchten, wodurch sich dieser Pragmatismus selbst widerlegt haben soll. Man kann inzwischen aber auch getrost wieder die Gegenfrage stellen, ob die informationstechnologischen und sprachanalytischen Versprechen seit den 1950er Jahren, die Deweys Philosophie bis in die 1980er Jahre in die Vergessenheit gebracht haben, gehalten worden sind.[56] Die alten Euphorien sind einer Ernüchterung gewichen, die eine erneute Besinnung auf das philosophisch Wesentliche erfordert. Menschliche Kommunikation lässt sich nicht in die Bit-Verdichtung technischer Übertragungen und Speicherungen auflösen, wenngleich dadurch – mit neuen Selektionsproblemen – befördern. Und menschliche Lebewesen lassen sich auch nicht darauf reduzieren, bestimmten Sprachregeln zu entsprechen, um den propositionalen Gehalt zu sichern.[57] Sie müssen immer erneut erworben werden können, und sie können sich eben auch geschichtlich ändern. Dadurch kommt man wieder beim Erklärungsbedürftigen an.

Die Eigenart von Deweys Kommunikationsphilosophie wird durch Konfrontationen mit anderen Positionen in der Gegenwartsphilosophie deutlicher. Dafür eignet sich außer der sprachanalytischen Philosophie in besonderem Maße Derridas Dekonstruktion, weil sie sich von Peirce herleitet. Derrida hat früh in seiner „Grammatologie" (1967) die semiotischen Vermittlungen der Interpretation, die Peirce herausgearbeitet hatte, gleichsam zum Explodieren der Abwesenheit wider die Phänomenologie der Anwesenheit (Husserl) gebracht. Er vertrat wie kein anderer das sich selbst vermittelnde Eigenleben desjenigen Modells der Urschrift, das den Gegensatz zwischen Rede und Schrift unterlaufe. Dadurch wurde die *face-to-face*-Kommunikation menschlicher Lebewesen mit Haut und Haaren hier und heute enorm marginalisiert.

So schrieb Derrida zusammenfassend: „Peirce kommt der von uns intendierten Dekonstruktion des transzendentalen Signifikats sehr nahe, welches letzten Endes dem Verweis von Zeichen zu Zeichen immer eine feste Grenze setzt. Wir haben den Logozentrismus und die Metaphysik der Präsenz als den gebieterischen, mächtigsten, systematischen und nicht unterdrückbaren Wunsch nach einem solchen Signifikat identifiziert. Peirce indes sieht im Indefiniten des Verweises das entscheidende Kriterium, mit dessen Hilfe man feststellen kann, dass es sich tatsächlich um ein Zeichensystem handelt. Der Anbruch der Bezeichnungsbewegung macht zugleich deren Unterbrechung unmöglich. Das Ding selbst ist ein Zeichen. Für Husserl ist diese Voraussetzung jedoch schlechthin unannehmbar; mit ihrem ‚Prinzip der Prinzipien' bleibt seine Phänomeno-

---

56 Siehe T. Burke, Dewey's New Logic. A Reply to Russel, Chicago/London 1994.

57 Ernst Tugendhat hält die anthropologische Kernfrage, was den Menschen spezifiziere, durch Verweis auf die „propositionale Sprachstruktur" für beantwortet. Gleichwohl hält er eine Theorie des „menschlichen Verstehens" für nötig, das über das „Sprachverstehen" hinausgehe. E. Tugendhat, Anthropologie als „Erste Philosophie", in: Deutsche Zeitschrift für Philosophie, Berlin **55** (2007) 1, S. 10f.

logie die radikalste Restauration der Metaphysik der Präsenz."[58] Zweifellos gibt es in Peirces Semiotik ein Spielpotential in den Relationen der Zeichen, das sich von der Vergegenwärtigung und der ursprünglichen Gewärtigung der Dinge emanzipieren kann. Aber es ist eben nicht so, dass Peirce seine Phänomenologie in seine Semiotik auflöst. Vielmehr lebt sein ganzes philosophische Programm und dasjenige der anderen Pragmatismen gerade von der Spannung zwischen der Phänomenologie der Verhaltensprobleme und der semiotischen Rekonstruktion der Lösungspotentiale.[59]

Ehe man also wieder ohne philosophisches Bewusstsein von der Dekonstruktion in den nächsten *Präsentismus* hineinstürzt, der uns dann in der Generationenfolge erneut eine Dekonstruktion bescheren wird, kann man sich fragen, in welcher Richtung die begonnene Renaissance von Deweys Philosophie das Problem anders zu stellen gestattet. Wie ordnet Dewey selbst konzeptionell die Sprache in seine Kommunikationsauffassung ein? Diese Frage führt zu einer doppelten Antwort, nämlich was Dewey im engeren Sinne unter menschlicher Sprache versteht (4.) und wie er den Zusammenhang zu nichtsprachlicher Kommunikation näher fasst (5.). Schließlich: Wie lässt sich die bislang nur angedeutete Kommunikationsauffassung gesellschaftstheoretisch durchführen? Deweys Konzeption von der Interpenetration moderner Handlungsbereiche wird insbesondere in seinem Modell für die öffentlich-politische Rekonstruktion von Fehlmodernisierungen deutlich (6.).

Viertens: Der Konjunktiv oder die Spezifik der menschlichen Sprache

Was versteht Dewey unter menschlicher Sprache? Er thematisiert sie als eine spezifische Form der Interaktion zwischen mindestens einem Sprecher und einem Hörer, die zu einer Gruppe gehören oder von einer Gruppe ihre Sprechgewohnheiten erworben haben.[60] Sprache wird von den Interaktionspartnern kooperativ in Bezug auf ein Drittes gebraucht, ein Ding oder ein Ereignis, das durch die sprachliche Kommunikation zu einem Objekt mit einer bestimmten Bedeutung in der Sprache wird. Verhalten ist insofern kooperativ, als „die Reaktion auf die Handlung eines anderen die gleichzeitige Reaktion auf ein Ding voraussetzt, das in das Verhalten des anderen eingeht, und dies auf beiden Seiten."[61] Der Sinnzusammenhang schwebt im Hinblick auf diese dreirelationale Struktur des Kooperierens im Ganzen vor. Die Bedeutung ist eine spezielle Ausdifferenzierung zur Bezeichnung von Konsequenzen der Interaktion, die nicht mehr unmittelbar und zufällig anfallen, sondern wegen ihrer Signifikanz durch die Einhaltung von Bedingungen stabilisiert werden. Dewey sieht die wesentliche Eigentümlichkeit von Sprache oder Zeichen (i. S. von Peirces dreirelationalen Zeichen) in der *Teilnahme*, d. h. darin, sich auf den *Standpunkt einer Situation versetzen zu können, an der wenigstens zwei Parteien teilhaben können.* Dies unterscheide menschliche Sprachverwendungen von der

---

58 J. Derrida, Grammatologie, Frankfurt a. M. 1983, S. 85f.
59 Siehe 12. Kapitel im vorliegenden Buch.
60 Vgl. J. Dewey, Erfahrung und Natur, Frankfurt a. M. 1995, S. 184.
61 Ebenda, S. 179.

Egozentrik signalisierender Akte anderer Säuger.[62] Die Zuordnung zwischen Mitteln und Konsequenzen erfolgt nicht durch bedingte Reflexe (Behaviorismus), sondern vom Standpunkt der Teilnahme an der kooperativen Situation, die den Wechsel zwischen den Perspektiven ihrer Teilnehmer erfordert.

In dem Maße, in dem zwischen die unmittelbaren Erfüllungen der kooperativen Erfahrung sprachliche Zeichen treten, können anhand dieser Stellvertreter und Surrogate die Kooperationen immer vermittelter werden. Die Sprache sei das Werkzeug der Werkzeuge im Sinne der „Pflegemutter aller Signifikanz".[63] Sie ist im metaphorischen Sinne dasjenige Werkzeug, das durch Selbstanwendung neue Werkzeuge ermöglicht. Sie ermöglicht es, Konsequenzen, die für mittelbare Kooperationen signifikant sind, emphatisch für den Finalisierungssinn herauszuheben und ihnen eine klar ausdifferenzierte Bedeutung zu verleihen. Erst und nur sprachliche Kommunikation lässt sich – potentiell unendlich – auf sich selbst anwenden und in ihr selber fortsetzen. Sie ermöglicht so die instrumentierende und finalisierende Doppelbewegung, von der wir innerhalb der Kommunikation ausgegangen waren. Je stärker selbstreferentiell die Sprachverwendung wird, sie sich durch Selbstanwendungen in sich – wie im Schriftmodell – kontinuiert, umso kontingenter und konjunktivischer wird sie. Dewey verwendet von Anfang an in seiner Spezifikation der menschlichen Sprache im Unterschied zur Egozentrik signalisierender Akte anderer Tiere den *Konjunktiv*. Es gehöre zum Wesen des Sprachverstehens, dass Interaktionspartner B wahrnehme, „welche Rolle das Ding in A's Erfahrung spielen könnte" und umgekehrt Interaktionspartner A das Ding so sehe, „wie es in B' Erfahrung vorkommen könnte."[64] Vergleichbar hielt Plessner die Sprache für das beste Beispiel, an dem man den kategorischen Konjunktiv, der die *conditio humana* spezifiziert, erläutern kann.

Sprache ermöglicht in ihrem Konjunktiv *Welten* mittelbarer Kooperation, die auf andere Art und Weise möglich sind als die *Umwelten*, die unmittelbar in der Wahrnehmung gegeben sind. Die Spezifik der Sprache kann daher nicht als der *Eindruck* einer bestimmten Umwelt (Widerspiegelungstheorie) und auch nicht als der *Ausdruck* einer ihr vorgängigen Mentalität (Mentalismus) begriffen werden, was Dewey mehrfach ausdrücklich vermerkt. Da die sprachlichen Zeichen eine Umkehrung des Primates der Kontaktaktivitäten zugunsten der Distanzaktivitäten ermöglichen,[65] ermöglicht ihre Selbstanwendung neue Welten. Diese Umkehrung erläutert Dewey, wie so oft, nicht weiter, sondern setzt sie mit dem Werk seines Freundes Mead als erklärt voraus. Die Parallelen zwischen Meads und Plessners Philosophischen Anthropologien zum Thema der Gewärtigung von Dingen und Ereignissen und ihrer Vergegenwärtigung sind ganz erstaunlich.[66] Beide gehen im bioanthropologischen Vergleich von den Nahsinnen (tak-

---

62 Vgl. ebenda, S. 177.
63 Ebenda, S. 185, vgl. S. 169.
64 Ebenda, S. 178.
65 Vgl. ebenda, S. 259.
66 Siehe das leider vergessene Werk von G. H. Mead, The Philosophy of the Present. Ed. by A. E. Murphy with Prefatory Remarks by John Dewey, Chicago 1932. H. Plessner, Die Einheit der Sinne.

tilen, olfaktorischen) und den Fernsinnen (Sehen) bzw. den Bedingungen, unter denen Hören und Sehen eher als Fernsinn oder als Nahsinn fungieren, aus. Im Vergleich mit Tieren fällt die genannte Umkehrung zugunsten der Distanzaktivitäten, die mit den Fernsinnen möglich werden, über die Kontaktaktivitäten, die mit den Nahsinnen verbunden sind, beim Menschen auf. Die Sprache koppelt primär visuelle und auditive Strukturen zu Verhaltens*möglichkeiten*, in deren Rahmen die Kontaktaktivitäten (vor allem mit der Hand, aber auch mit der Haut, der Bewegung, den Geschmacksorganen, dem Riechen, der Propriozeption) eine prüfende Funktion gewinnen, die sie aus sich nicht haben können, da ihre Sinnesmodalität in hohem Maße unmittelbar antwortet. Die Kontaktaktivitäten geraten so in einen – semiotisch durch relationale Kontraste möglichen – Erwartungshorizont, ob nämlich dieses oder jenes gegenwärtig der Fall sei. Diese Erwartungen ergeben sich aber aus den Distanzaktivitäten. Was also die Nahsinne spontan nicht zu leisten vermögen, wird in einen anderen Rahmen gestellt. Diese Vermittlung muss erst erlernt werden, vor allem durch die sprachliche Kopplung der verschiedenen Sinnesmodalitäten zu situativen Einheiten mit Vorder- und Hintergründen.

Vom Standpunkt dieser konjunktivischen, zunächst durch Erzählen, Tanzen und Singen, später auch literarisch und wissenschaftlich erschlossenen Welten können die empirisch immer gerade begegnenden Umwelten geschichtlich verändert werden. Deweys häufiger Vergleich der sprachlichen Zeichen mit Verkehrs-, Geld- oder Rechtszeichen hat keinen reduktiven Sinn, sondern den hervorzuheben, dass die semiotische *Vermittlung* von Kooperationen in der praktischen Folge und in der logischen Konsequenz zu *sozialen Wirklichkeiten sui generis* führt.[67] Die sprachlich vermittelten Zuordnungen von Eindrücken und Ausdrücken sind nicht hinreichend in der aktuellen Wahrnehmung gegeben, sondern resultieren ihrerseits aus der sprachlichen Kommunikation, indem letztere *habitualisiert* wird. Dewey braucht also weder eine materialistische Widerspiegelung noch ein transzendentalidealistisches Subjekt als letztes Erklärungsprinzip. Er kann umgekehrt diese Phänomene der alltäglichen Widerspiegelung und des außeralltäglichen Gattungssubjekts als kulturgeschichtliche Zwischenprodukte der sprachlichen Kommunikation konzipieren. Es handelt sich um historische Interpretationen derjenigen Ordnungsfunktionen, in denen Sprache verwendet werden soll, obgleich oder gerade weil sie auch anders verwendet werden kann. Im Anschluss an Mead ist mittelbar auch Deweys grundsätzliche Position zur Situierung der Sprache in kommunikativer Teilhabe durch Michael Tomasello in die Menschen und andere Primaten ontogenetisch vergleichende Psychologie erneut eingeführt worden.[68]

Grundlinien einer Ästhesiologie des Geistes (1923), in: Ders., Gesammelte Schriften III, Frankfurt a. M. 1980. Ders., Anthropologie der Sinne (1970), in: Ebenda, S. 317-393.

67 Vgl. J. Dewey, Erfahrung und Natur, a. a. O., S. 174, 194 ff.

68 Siehe M. Tomasello, Constructing a Language. A Usage-Based Theory of Language Acqusition, Cambridge/London 2003.

Fünftens: Reintegration der Selbstreferenz von Sprache in den Verhaltenszyklus

Obgleich Dewey die Selbstreferenz der sprachlichen Kommunikation herausarbeitet, die unmittelbare Kooperationen überschießt und zu sozialen Wirklichkeiten eigener Art führt, thematisiert er doch zugleich die *Grenzen der Verselbständigung von Sprache* gegenüber den mittelbaren Kooperationen der Kommunikation. Ihm gilt die Selbstreferenz der Sprache nie als das ausschließende Wesensmerkmal des Menschen, sondern als diejenige Spezifikation, die den Charakter von Menschen, Lebewesen zu sein, einschließen muss. Sein sprachlich-kommunikatives Spezifikationsverfahren ist das der *Inklusion, nicht* der *Exklusion* des Naturwesens Mensch. Das sprachanalytische *linguistic turn* und Derridas Dekonstruktion haben zu dem Dualismus von sprachlichem Handeln und nichtsprachlichem Verhalten geführt, d. h. in eine Sackgasse, der Deweys Konzeption von vornherein vorgebeugt hat.

Dewey thematisiert den Zusammenhang zwischen unbelebter, belebter und geistiger Natur als die Menschen eigentümliche Aufgabe, zwischen drei Weisen des Interagierens eine *zeitliche Integration* herbeizuführen. Er spricht von drei Ebenen interaktiver Felder: „Die erste, der Schauplatz engerer und äußerlicherer, wenngleich qualitativ in sich verschiedenartiger Interaktionen, ist physisch; ihre spezifischen Merkmale sind die Eigenschaften des von der Physik entdeckten mathematisch-mechanischen Systems, die die Materie als eine allgemeine Eigenschaft definieren. Die zweite Ebene ist die des Lebens. Qualitative Unterschiede, wie die von Pflanze und Tier, von niederen und höheren tierischen Formen, sind hier noch auffälliger; aber trotz ihrer Vielfalt haben sie Qualitäten gemeinsam, die das Psycho-Physische definieren. Die dritte Ebene ist die der Vergemeinschaftung, der Kommunikation und der Teilhabe. Diese ist intern noch weiter differenziert, da sie aus Individualitäten besteht. Sie ist durch ihre Vielfältigkeit hindurch freilich durch gemeinsame Eigenschaften charakterisiert, die den Geist als Intellekt definieren; als Besitz von und die Reaktion auf Bedeutungen."[69]

Die Aufgabe, alle drei Interaktionslevels, an denen menschliche Lebewesen teilnehmen müssen, zeitlich immer erneut integrieren zu können, kommt in Deweys kategorialer Neuschöpfung zum Ausdruck, von *Körper-Geistern* zu sprechen: „Körper-Geist bezeichnet einfach, was wirklich stattfindet, wenn ein lebendiger Körper in Situationen von Diskurs, Kommunikation und Partizipation verwickelt ist. In dem Bindestrich-Ausdruck Körper-Geist bezeichnet ‚Körper' das fortgesetzte und konservierte, das registrierte und allmählich anwachsende Wirken der Faktoren, die mit dem Rest der Natur, der unbelebten wie der belebten, kontinuierlich verbunden sind; während ‚Geist' die charakteristischen Eigenschaften und Konsequenzen bezeichnet, die Merkmale anzeigen, die erst dann erscheinen, wenn der ‚Körper' in eine weitere und komplexere Situation von größerer wechselseitiger Abhängigkeit verwickelt wird."[70] Vom Standpunkt der integrativen Aufgabe in der Verhaltensbildung stellt sich auch die Funktion des *Bewusstseins* anders als in dem üblichen Dualismus dar. Es hat die *intermediäre*

69 J. Dewey, Erfahrung und Natur, a. a. O., S. 261.
70 Ebenda, S. 272.

Funktion, Lebendiges als Geistiges und Geistiges als Lebendiges aktuell zu nehmen. Es ist ein Grenzübergang, der an beiden Verhaltensdimensionen teilhat, um als Übergang fungieren zu können. Diese Teilhabe versteht man aber nicht aus dem Bewusstsein selbst heraus, sondern aus dem Verhaltensprozess. Der geistige Unterschied zwischen Anwesendem und Abwesendem ist „nicht bewusstseinsimmanent", sondern muss an das Bewusstsein von außen herangetragen werden.[71] Es ist daher grundsätzlich falsch, das Bewusstsein als paradigmatischen Ausgangspunkt für eine Philosophie des Geistes zu nehmen. An der *Verwechselung des Bewusstseins mit Geist* litt die analytische Standardtheorie in der sog. *philosophy of mind* von Anfang an. „Geist ist kontextgebunden und beharrlich; Bewusstsein ist fokal und flüchtig. Geist ist sozusagen strukturell, substantiell; ein konstanter Hintergrund und Vordergrund; perzeptives Bewusstsein ist Prozess, eine Reihe von Hiers und Jetzts."[72] Der Weltrahmen, der den mentalen Hintergrund für szenische Wechsel im Vordergrund abgibt, ist eine soziokulturelle Leistung der Kommunikation, nicht der einzelnen Bewusstseine.

Deweys zeitliches Verfahren der *Selbstspezifikation durch Inklusion in die Interaktionslevels der Natur* setzt der exklusiven Verselbständigung selbstreferentieller Zeichenrepertoires deutliche Grenzen. Letztere bleiben sowohl ihrer Entstehung als auch ihrer phasenweisen Einmündung nach an die anderen Interaktionslevels gebunden. *Signifikante Symbole* sind solche, die die *integrative Kopplung* aller drei Interaktionsweisen bewerkstelligen. In ihnen liegt Deweys Alternative zu den anfangs erwähnten symbiotischen Mechanismen im Sinne Luhmanns vor. Will man wirklich menschliche Verhaltensweisen geschichtlich ändern, muss man sie prozessual rekonstruieren und ihrer erneuten Habitualisierung Rechnung tragen. Es muss dann zu einer Rückkopplung selbstreferentieller Sprachkulturen, die Selbstbewusstsein ermöglichen, an unmittelbare Gefühlsqualitäten des Verhaltens kommen, die wieder als unbewusste Gewohnheiten sedimentiert werden können. Dieses Problem wird von allen Philosophien grundsätzlich verkannt, die die Spezifik von Menschen außerhalb der Natur und gegen die Natur in sprachlich oder mental reinen Selbstreferenzen veranschlagen. Das Scheitern ist dann vorprogrammiert, mit all den Folgen, die Ressentiments haben. Dewey hat eine Alternative zu diesem großen Thema Nietzsches vorgeschlagen. Wenn Deweys Philosophie eine Lektion enthält, dann ist es zweifellos die, dass menschliche Lebewesen nicht ohne Bumerangeffekte die Rolle Gottes oder eines Gottes-Substitutes außerhalb der Natur übernehmen können. Diese Art von Vernunft ist für endliche Lebewesen unvernünftig.

Sechstens: Öffentliche Interkommunikationen

Dewey hat nicht die klassischen Modernismen der *reinen* Wissenschaft, der reinen Kunst, der reinen Wirtschaft, der reinen Politik, des reinen Rechts und so weiter fortgesetzt. Vielmehr hat er sich mit den Folgeproblemen dieser Reinhaltskulte bestimmter Selbst-

---

71 Ebenda, S. 302.
72 Ebenda, S. 289.

referenzen auseinandergesetzt und darin Fehlmodernisierungen erkannt. Es ist eine gefährliche Illusion, sich die Moderne so vorzustellen, als könne man sie in der Form einiger funktionstüchtiger Maschinen institutionalisieren, die dann schon von allein laufen werden, am besten wie in einem *perpetuum mobile*. Dewey ist der philosophische Wegbereiter einer reflexiven oder zweiten Moderne (Beck/Giddens), d. h. einer Lösungsrichtung für die Folgenprobleme der ersten und nur halben Modernisierungswelle. Sein alternativer Konzipierungsvorschlag besteht kurz gesagt in Folgendem: Das Politische kann durch einen öffentlichen Prozess der Interkommunikation zwischen relevanten Experten- und Laienkulturen anhand der Folgeprobleme der ersten Modernisierung ermöglicht werden. In dem Maße, in dem dies nicht gelingt, haben wir es mit Weltkrisen wie der Weltwirtschaftskrise oder Weltkriegen zu tun, so Dewey erneut in seiner Einleitung von 1946 zur Zweitausgabe seines Buches „The Public and Its Problems" (1927).[73] Deweys Öffentlichkeitskonzeption entspringt keinem frommen Wunsch nach harmonischer oder moralischer Einheit, sondern eröffnet einen Weg, der gleichermaßen *legitim und Fakten schaffend* ist. Eine Öffentlichkeit wird negativ geboren, nämlich als die Gemeinschaft all derjenigen, die von *in*direkten Handlungsfolgen auf problematische (darunter hinderliche oder förderliche) Weise betroffen sind. Damit entfallen direkte Handlungsfolgen, an deren Erzeugung und Regulierung man in etablierten Gemeinschaften oder privaten Assoziationen beteiligt ist, als öffentliches Thema. Es geht so Dewey um keine heute so häufige Ersatz-Öffentlichkeit der Intimisierung, Privatisierung oder des unproblematisch Trivialen.[74] Wer aber auf problematische Weise von *in*direkten Handlungsfolgen betroffen ist, wie es z. B. seinerzeit die Lappen durch nuklear verseuchte Wolken aus Tschernobyl waren, hat keine andere Wahl als die Teilnahme an der Ausbildung einer entsprechenden Öffentlichkeit, soll das Problem je gestellt und gelöst werden. Vergegenwärtigt man sich die Folgenprobleme der ersten und reinen, d. h. der selbstreferentiellen Modernisierung vermittelter Kooperationen, ist schon die Wahrnehmung, geschweige Beurteilung problematischer indirekter Handlungsfolgen nicht ohne die Interkommunikation der Laienkulturen mit den relevanten Expertenkulturen zu leisten.

Nun hat aber eine Öffentlichkeit nicht nur die Aufgabe, eine Problematik durch interkulturelle Kommunikation überhaupt stellen zu können. Sie muss auch ihren bewussten oder unbewussten Erzeugern zugeordnet, zugerechnet und, sofern es sich um eine regulierungsfähige Materie handelt, einer regulären Problemlösung zugeführt werden. Dies bedeutet politischen Kampf um die Beweislastenverteilung und die Stabilisierung einer zunächst diffusen oder gelegentlichen Öffentlichkeit durch ihre eigene politische Organisation, damit sie Wirkungen entfalten kann. Die in der interkulturellen Kommunikation aufgestellten Hypothesen zur Problemstellung und seiner Lösung eröffnen also politische Konflikte nicht nur mit den vermeintlichen oder wahrscheinlichen Verursachern, sondern auch um die angemessene Organisation und Repräsentation der betref-

---

73 Siehe J. Dewey, Die Öffentlichkeit und ihre Probleme, Bodenheim 1996, S. 182 ff.

74 Vgl. R. Sennett, Verfall und Ende des öffentlichen Lebens. Die Tyrannei der Intimität, Frankfurt a. M. 1983.

fenden Öffentlichkeit selber. Hier wird das Politische entzündet, das faktischer und legitimer Weise empirische *Politiken als Lösungshypothesen* ermöglicht. Dabei diskutiert Dewey alle möglichen Staatsformen als die Organisationsformen der Öffentlichkeit, eingedenk der Eigeninteressen ihrer Experten und Repräsentanten, woraus sich eine gewaltenteilige Demokratie als das vergleichsweise günstigste Prozedere ergibt.

In dem Maße, in dem die öffentliche Begründung des Politischen und seiner staatlichen Organisationsformen gelingt, in diesem Maße werden Politik und Staat geschichtlich neu entdeckt. Sie haben keinem Determinismus zu folgen und keine überhistorische Wesenheit zu verwirklichen, sondern die öffentlich eruierte Problematik *in*direkter Handlungsfolgen zu lösen. Eine empirisch bestimmte Politik wäre dann wie eine Lösungshypothese in einem stetigen experimentellen Lernprozess zu begreifen. Die Konsequenz wäre die Herausbildung und Stabilisierung von Interpenetrationen, d. h. der wechselseitigen Durchdringung funktionsspezifischer Handlungsbereiche, bis das jeweils bestimmte Problem gelöst wird, also auf Zeit. So hat Dewey in seiner „Logic. The Theory of Inquiry" (1938) die Interpenetration dreier Handlungsbereiche entworfen. Was er einen Untersuchungsprozess in sechs Phasen nennt, lässt wissenschaftliche Forschungsprozesse mit operativen Technologien und juristischen Verfahren für Präzedenzurteile miteinander verschränken.[75] Diese Untersuchungsverfahren passen zu seiner Öffentlichkeitskonzeption als der dafür nötigen Expertise. Vom Standpunkt der von ihm auch in seinem Buch „Kunst als Erfahrung" entworfenen Interpenetrationen löst sich der traditionelle Gegensatz zwischen kommunitären Gemeinschaften und liberaler Gesellschaft auf. Die *Grenzen zwischen Privatem, Gemeinschaftlichem und Gesellschaftlichem werden in öffentlichen Lernprozessen neu gezogen.* Der *Great Society* wird durch eine öffentlich produzierte *Great community* al pari geboten.

Wer in der Moderne lebt, kommt aus dieser Aufgabe in der Generationenfolge nicht heraus. Dies bedeutet nicht, dass die Funktionswerte der ausdifferenzierten Handlungsbereiche aufgelöst werden. Es bedeutet wohl aber, dass sie nicht mehr für die abschließende Lösung gehalten werden. Sie schaffen ihrerseits indirekte Folgenprobleme struktureller Art, die sich nicht auf die Zugehörigkeit zu einer bestimmten Klasse oder Schicht beschränken lassen. Falls die Moderne irgendwie noch menschenmöglich sein möge, kann das Politische nicht in einen funktional autonomen Handlungsbereich eingesperrt und Berufspolitikern überlassen werden. Die *asymmetrischen* Folgeprobleme, etwa ökologische, kümmern sich in der Tat nicht darum, in die *funktionsspezifischen* Handlungsbereiche und zu der *Symmetrie unter Personen* zu passen. Insoweit hat der *moderne Konstruktivismus Grenzen*, die entweder in Krisen als Leiden erfahren oder in experimentellen Lernprozessen besser oder schlechter bewältigt werden. Aber aus dem asymmetrischen Inhalt der Folgeprobleme wie Bruno Latour zu schlussfolgern, dass sich die Symmetrie unter Personen in der *Herstellung einer neuen Verantwortlichkeit* erübrigt hat, ist vorschnell. Entweder verkehrt sich dieser Schluss expertokratisch, oder

---

75 Vgl. H.-P. Krüger, Prozesse der öffentlichen Untersuchung. Zum Potential einer zweiten Modernisierung in John Deweys „Logic. The Theory of Inquiry", in: H. Joas (Hrsg.), Philosophie der Demokratie. Beiträge zum Werk von John Dewey, Frankfurt a. M. 2000, S. 194-234.

er verpufft ohne praktischen Effekt, da sich alle auf anonym unverantwortliche Prozesse herausreden können.[76] Die Verselbständigung des Funktionalismus verliert den Maßstab, für wen und was etwas Funktion sein möge.

3. Die öffentliche Begrenzung der steten Erneuerung des Politischen

Deweys pragmatistische Philosophie des Politischen bricht mit beiden, in der westlichen Welt vorherrschenden Traditionen, sowohl der des politischen Aristotelismus als auch der der Vertragstheorien in allen ihren Formen. Stattdessen entwirft er für die geschichtliche Ermöglichung von Politik und Staat aus Öffentlichkeit eine funktionale Hypothese: Alle, die von indirekten Handlungsfolgen anderer im Guten oder im Schlechten betroffen sind, bilden faktischer und legitimer Weise eine Öffentlichkeit. Diese Öffentlichkeit überschreitet im Erfolgsfalle unter bestimmten Bedingungen vier funktionale Schwellen, die zeitlich nicht nacheinander liegen müssen. Erstens lässt Öffentlichkeit durch die Interkommunikation zwischen Laien- und Expertenkulturen das Problem der indirekten Handlungsfolgen anderer kognitiv wahrnehmbar, beurteilbar und zurechenbar werden (Aufklärung der Problemstellung). Zweitens bildet sie ein gemeinsames Interesse an den praktischen Lösungsmöglichkeiten des Problems durch ihre politische Repräsentation in Staatlichkeit aus, soweit es sich um regulierungsfähige Materien handelt (praktische Selbstfindung der Öffentlichkeit in politisch organisierter Form). Drittens schützt die Öffentlichkeit ihr praktisches Lösungspotential vor dysfunktionalen Verkehrungen ihrer politischen Repräsentation durch ihre Demokratisierung im engeren politischen und weiteren sozialen Sinne. Viertens: Insoweit die sich überlappenden verschiedenen Öffentlichkeiten zu einer *Großen Gemeinschaft* integriert werden können, vermag diese die *Große Gesellschaft* in der *Moderne* zu regulieren. – Diese Interpretation wird nun an dem einschlägigen Text in extenso erläutert und überprüft.[77]

Im ersten Kapitel „Die Suche nach der Öffentlichkeit" (20) wirft Dewey den „politischen Philosophien" (Spekulation über das Wesen des Staates) und der „Politikwissenschaft" (Sammlung von den Tatsachen des Politischen, 22, 24) vor, die Öffentlichkeit an der verkehrten Stelle zu suchen: „Das Schlimmste daran aber ist, dass durch die Suche an der falschen Stelle – nach kausalen Kräften statt nach Folgen – das Ergebnis der Suche willkürlich wird. Es wird unkontrollierbar und die ‚Interpretation' geht ins Blaue. Daher rührt die Verschiedenartigkeit widerstreitender Theorien und der Mangel an Übereinstimmung der Meinungen." (32) Orientiere man hingegen die „Erklärung" (44) der „Sozialphilosophie" (20) an der „Naturphilosophie" (33) naturwissenschaftlicher Erklärungen, gebe es weder eine *Trennung* zwischen „Tatsachen" und ihren interesse- und wertebedingten „Bedeutungen" (20) noch die mythische *Einheit* von Tat-

---

76 Vgl. zur Diskussion über asymmetrische und symmetrische Relationen im Sinne von Bruno Latour das 1. Kapitel im vorliegenden Band.

77 Im Folgenden verweise ich auf die Seitenangaben dieser Ausgabe gleich in Klammern im obigen Text: J. Dewey, Die Öffentlichkeit und ihre Probleme, a. a. O.

sachen und ihren Bedeutungen. Gegen die Trennung heißt es: „Politische Tatsachen bestehen nicht unabhängig vom menschlichen Verlangen und Urteil." (22). Gegen differenzlose Einheiten schreibt er: Weder stehe den „Tatsachen ihre Bedeutung ins Gesicht geschrieben" (20), so dass sie nur gesammelt zu werden brauchten, noch helfen „intellektuelle Gespenster" weiter, die „den" Begriff „des" Staates überhaupt definieren, um ihren normativen Wünschen wie in einer „Mythologie" Kraft anzudichten: „Den Ursprung des Staates damit zu erklären, daß man sagt, der Mensch ist ein politisches Tier, bedeutet, sich in einem verbalen Kreis zu bewegen. [...] Solche Theorien verdoppeln bloß die zu erklärenden Wirkungen in eine sogenannte kausative Kraft. Sie ähneln der notorischen Macht von Opium, Menschen wegen seiner einschläfernden Kraft zum Einschlafen zu bringen." (24f.). In solchen Zirkelschlüssen bewegten sich die Anhänger des Aristoteles nicht weniger als die des Hl. Thomas oder die der Vernunft und des Willens (vgl. 21, 23). „Die vor uns stehenden Alternativen sind nicht eine durch Tatsachen begrenzte Wissenschaft einerseits und die unkontrollierte Spekulation andererseits. Die Wahl ist eine zwischen blinder, vernunftloser Attacke und Verteidigung auf der einen Seite und umsichtiger Kritik unter Anwendung intelligenter Methoden und eines bewußten Kriteriums auf der anderen Seite." (23).

Die in den politischen „Phänomenen" (20, 22) enthaltenen Tatsachen *und* Werte seien *so* zu *unterscheiden*, dass der *Zusammenhang* zwischen der Frage nach ihrem „*de facto*" (ihrer faktischen Existenz) und ihrem „*de jure*" (ihrer „Legitimität", 22) *methodisch* kontrollierbar (20) hergestellt werden kann. Da im Unterschied zu physikalischen Fakten die sozialen Tatsachen nicht „unabhängig von menschlichem Begehren und Streben das sind, was sie sind", sei umso wichtiger der Unterschied „zwischen den Tatsachen, die das menschliche Handeln bestimmen, und Tatsachen, die vom menschlichen Handeln bestimmt werden." (23). Dabei interessieren für die Spezifik politischer Phänomene nicht nur die „*conditiones sine qua non*" (notwendigen Bedingungen) menschlicher Gesellschaften, sondern insbesondere die „*hinreichenden* Bedingungen des Gemeinschaftslebens" (26). Zu den notwendigen, aber nicht ausreichenden Bedingungen gehöre die „Tatsache der Assoziation, eines wechselseitig verbundenen Handelns, das die Tätigkeit einzelner Elemente beeinflußt." (34). Wolle man die Spezifik politischer Phänomene sowohl methodisch beobachtbar als auch theoretisch beurteilbar werden lassen, könne man weder der Physik noch rein intentionalen Handlungstheorien folgen. Letztere denken so in den „Begriffen der Urheberschaft" (30), „dass irgendeine geheimnisvolle Stelle kollektive Beschlüsse fasst" (31). Dewey kritisiert alle Vorurteile der „Autorschaft" (31) über das Politische, sei es eines individuellen oder eines kollektiven „Täters der Taten" (30): „Die wirkliche Alternative zu den bewussten Handlungen von Individuen ist nicht das Handeln der Öffentlichkeit; es sind routinierte, impulsive und andere unreflektierte Handlungen, die ebenfalls von Individuen ausgeführt werden." (31)

Daher beginnt Dewey pragmatisch bei den „Handlungs- und Erwartungsgewohnheiten" (25), soweit sie anhand ihrer „Folgen" (26) *problematisch* werden: „Wir nehmen dann als Ausgangspunkt die objektive Tatsache, daß menschliche Handlungen Folgen für andere haben, daß einige dieser Folgen wahrgenommen werden und daß ihre Wahrnehmung zu dem anschließenden Bestreben führt, die Handlung zu kontrollieren, um einige der Folgen zu sichern und andere zu vermeiden." (27) Beginne man bei den problematischen Folgen, können diese von zweierlei Art sein: „jene, welche die direkt mit einer Transaktion befaßten Personen beeinflussen und diejenigen, welche andere außer den unmittelbar Betroffenen beeinflussen. In dieser Unterscheidung finden wir den Keim der Unterscheidung zwischen dem Privaten und dem Öffentlichen. Wenn die indirekten Folgen anerkannt werden und versucht wird, sie zu regulieren, entsteht etwas, das die Merkmale eines Staates besitzt. Wenn die Folgen einer Handlung hauptsächlich auf die direkt in sie verwickelten Personen beschränkt sind oder für auf sie beschränkt gehalten werden, ist die Transaktion eine private. Wenn A und B ein Gespräch miteinander führen, ist die Aktion eine Trans-Aktion: Beide sind an ihr beteiligt; [...] wahrscheinlich gehen die nützlichen oder schädlichen Folgen nicht über A und B hinaus, die Handlung liegt zwischen ihnen; sie ist privat. Wenn sich jedoch herausstellt, daß die Folgen der Unterhaltung über die zwei direkt Betroffenen hinausgehen, daß sie das Wohl vieler anderer beeinflussen, dann bekommt die Handlung einen öffentlichen Charakter, ob das Gespräch nun von einem König und seinem Premierminister oder von Catilina und einem Mitverschwörer geführt wird oder von Kaufleuten, die die Monopolisierung eines Marktes planen." (27, vgl. auch 37)

Dewey trifft diese Unterscheidung zwischen Privatem und Öffentlichem gegen ihre weit verbreitete Fehlidentifikation mit der anderen „Unterscheidung zwischen Individuellem und Sozialem" (27): „Privates" ist als Transaktion ohnehin weiter als „Individuelles". Es kann zudem „sowohl durch indirekte Folgen als auch durch direkten Vorsatz sozial wertvoll sein" (28). „Überdies kann das Öffentliche nicht mit dem gesellschaftlich Nützlichen identifiziert werden. Eine der höchst regelmäßigen Aktivitäten der politisch organisierten Gemeinschaft war und ist das Kriegführen." (Ebd.). Es sei zwar richtig, dass nur „individuelle menschliche Wesen" handeln können, es also keinen „kollektiven unpersönlichen Willen" gibt (vgl. 31). Aber daraus, dass „die Form des Denkens und Entscheidens individuell ist", folge keineswegs, dass „auch ihr Inhalt, der Stoff, etwas ganz persönliches ist. Selbst wenn ‚Bewußtsein' die gänzlich private Sache wäre, für die es die individualistische Tradition in der Philosophie und Psychologie hält, wäre immer noch wahr, dass es Bewußtsein *von* Gegenständen ist, nicht von sich selbst." (34)

Die Gegenstände liegen jedoch nicht vor, sondern entstehen aus dem Problem, „die Folgen menschlichen Handelns (Fahrlässigkeit und Untätigkeit eingeschlossen) differenziert und gründlich wahrzunehmen und Mittel und Wege ins Werk zu setzen, diese Folgen zu beaufsichtigen" (33). Wer an derart öffentlichen Problemlösungen teilnimmt, müsse nicht dem Inhalte nach ein allein individualistisches oder privatistisches Bewusstsein ausbilden, sondern könne auch ein öffentlich geteiltes Problembewusstsein entwickeln. Man lerne, den Unterschied „zwischen Personen in ihrer privaten und in ihrer amtlichen oder repräsentativen Eigenschaft" zu machen: „Die vorgeführte Qualität ist nicht Autorschaft, sondern Autorität, die Autorität anerkannter Folgen, um das Verhalten zu kontrollieren, das weitreichende und dauerhafte Ergebnisse von Wohl und Wehe erzeugt und verhindert." (31) Diese Lernmöglichkeit zur Beurteilung der politischen Organisation von Öffentlichkeit als Problemlösung werde von vornherein ausgeschlossen in dem Fehlschluss von der Individualität des Handelns darauf, „daß der

Staat, die Öffentlichkeit, eine Fiktion ist, eine Maske für das private Streben nach Macht und Stellung" (33). Nimmt man vorab an, die Menschennatur könne ohnehin nur individualistisch und privatistisch sein, erscheine der Staat „entweder als ein Monster, das zerstört, oder als ein Leviathan, der verehrt werden muß." (34) Indessen zeige aber der Tier-Mensch-Vergleich für Menschen die Möglichkeit als Tatsache auf, „daß die Folgen vereinten Handelns einen neuen Wert annehmen, wenn sie beobachtet werden. Denn die Beachtung der Folgen zusammenhängenden Handelns zwingt die Menschen dazu, über den Zusammenhang selbst nachzudenken; sie macht diesen zu einem Gegenstand der Aufmerksamkeit und des Interesses." (35) „Was" ein Mensch „glaubt, erhofft und erstrebt ist das Ergebnis von Assoziation und Verkehr." (36).

Deweys Unterscheidungskriterium für Öffentliches sichert, dass weder alle gesellschaftlich relevanten Assoziationen noch die privaten Transaktionen zur Veröffentlichung und gegebenenfalls zur Verstaatlichung anstehen (vgl. 37-39). Seine „Hypothese" wird wie folgt zusammengefasst: „Die indirekt und ernstlich – zum Guten oder zum Schlechten – Beeinflußten bilden eine Gruppe, die hinreichend unterschieden ist, um Anerkennung und einen Namen zu fordern. Der gewählte Name ist *die Öffentlichkeit*. Diese Öffentlichkeit wird von Repräsentanten organisiert und zur Wirkung gebracht, die [...] sich um ihre besonderen Interessen kümmern, – mit Methoden, die dazu bestimmt sind, die vereinigten Handlungen von Individuen und Gruppen zu regulieren. Dann und insofern verbindet die Assoziation sich mit einer politischen Organisation und etwas, das eine Regierung sein kann, entsteht: die Öffentlichkeit ist ein politischer Staat." (44) „Die Regierung ist nicht der Staat, denn dieser schließt die Öffentlichkeit ebenso ein wie die Regierenden, die mit besonderen Rechten und Pflichten ausgestattet sind." (38) Öffentlichkeit und ihre politische Organisation sind also nicht vorgegeben, sondern eine Aufgabe angesichts des Problems indirekter Folgen. „Die Bildung von Staaten muß ein experimenteller Prozeß sein." (42) Solche Prozesse unterliegen „Irrtum" und sind „fehlbar" (39) wie anderes Menschenwerk auch. Historisch wechseln „Fortschritt" und „Rückschritt" (40). Deweys Hypothese gebe allein die Funktion der Lösung indirekter Handlungsfolgen für andere vor, d. h. sie sei „rein formal" (42): „In jedem Zeitalter und an jedem Ort ist die Öffentlichkeit eine andere." (Ebd.). „Die neuerschaffene Öffentlichkeit bleibt lange unfertig, unorganisiert, weil sie keine der geerbten politischen Behörden nutzen kann. [...] Die Öffentlichkeit, welche die politischen Formen hervorbrachte, verschwindet, aber die Macht und die Besitzgier bleiben auf Seiten der Beamten und Behörden, die von der sterbenden Öffentlichkeit eingesetzt wurden. Deshalb wird der Wandel der Staatsformen so oft nur durch Revolution bewirkt." (409)

Im zweiten Kapitel „Die Entdeckung des Staates" (46) erläutert Dewey seine „funktionale" Hypothese (61, 71) anhand der „Bedingungen" des Problems indirekter Folgen (46f.). Dadurch ermögliche die Hypothese eine „durchgehende empirische oder *historische* Behandlung der Wandlungen in den politischen Formen und Verhältnissen, frei von jeder erdrückenden begrifflichen Vorherrschaft, wie sie unvermeidlich ist, wenn ein ‚wahrer' Staat postuliert wird, gleich, ob dieser als ein bewußt erzeugter oder als ein nach eigenem inneren Gesetz sich entwickelnder gedacht wird." (53) Unter den Bedingungen der fraglichen Folgen werden drei hervorgehoben, nämlich der „weitreichende

Charakter der Folgen, ob nun im Raum oder in der Zeit, ihre bestimmte, gleichförmige und wiederkehrende Natur und ihre Irreparabilität." (66) Da es sich hier um Bedingungen handelt, die „keine scharfe und klare Grenze" haben, werden diese Grenzbedingungen durch „Auseinandersetzungen" (ebd.) errungen.

Erstens habe sich jede Theorie des Politischen dem „Test" (50) der „auffälligen" und damit erklärungsbedürftigen „Tatsache einer Pluralität von Staaten" zu stellen, deren „zeitliche und geographische Eingrenzung" (47) sich ändern. Diejenige Indirektheit der Folgen, welche die spezifisch politische Problematik entzündet, könne weder Direktheit noch gar nichts bedeuten. Ein Teil des Problems der Entdeckung einer Öffentlichkeit bestehe darin, „eine Linie zwischen dem zu Nahen und Intimen und dem zu Entfernten und Unverbundenen zu ziehen" (48, vgl. 50). Die Bedingungen für Nähe und Entfernung ändern sich je nach den Möglichkeiten der „materiellen Kultur", des „Transportes" und der „wechselseitigen Kommunikation" (51). „Die Entwicklung besserer Denkmethoden führt zu Beobachtungen von Folgen, welche bis dahin dem mit gröberen intellektuellen Werkzeugen gerüsteten Blick verborgen blieben. Auch eine beschleunigte intellektuelle Wahrnehmung ermöglicht die Erfindung neuer politischer Einrichtungen." (53) Deweys funktionale Hypothese erkläre die „Relativität der Staaten", statt deren „Absolutheit" zu unterstellen (ebd., wie z. B. in Hegels „mythischer Geschichtsphilosophie", 47). Diese Relativität zeige sich u. a. in den geschichtlichen Tendenzen, etwas, das früher als privat galt, später der öffentlichen Regulierung zu unterwerfen, oder umgekehrt, etwas, das vorher als öffentlich galt, nachher zu privatisieren (z. B. religiöse Glaubensbekenntnisse, vgl. 54-56).

Zweitens kritisiert Dewey erneut die „Theorie der kausalen Urheberschaft" in der Gestalt des einzelnen und des „allgemeinen Willens", der ein Legitimationsproblem hat und Kraft haben soll, die sich in Gewalt äußert. Weder könne man anderen den Glauben an einen „mystischen und transzendenten absoluten Willen" bzw. an eine „absolute Vernunft" vorschreiben, um eine letzte fraglose Legitimationsinstanz zu haben, noch lasse sich vermeiden, dass für die von einem Staat Unterworfenen „der Grund für den Gehorsam in der überlegenen Kraft" hervortrete: „Aber dieser Schluß ist eine klare Einladung zur Kraftprobe, um zu sehen, wo die überlegene Kraft liegt. Damit ist die Idee der Autorität in Wirklichkeit aufgegeben und ersetzt worden durch die der Gewalt." (58) Als Alternative könne mit der funktionalen Frage nach indirekten Folgen das Problem der faktischen *und* der legitimen Reproduzierbarkeit von Öffentlichkeit in staatlicher Form anders gestellt werden, ohne in Gewalt oder eine absolut positive Wissensform ausweichen zu müssen, die es gerade für die problematischen indirekten Folgen nicht gibt. „Es geht nicht allein darum, dass die vereinigten Beobachtungen einer Menge mehr erfassen als die einer einzelnen Person. Eher darum, daß die Öffentlichkeit selbst, indem sie nicht in der Lage ist, alle Folgen vorherzusagen und abzuschätzen, bestimmte Dämme und Kanäle errichtet, damit die Handlungen innerhalb der vorgeschriebenen Grenzen bleiben und insofern mäßig voraussagbare Folgen tragen. Die Vorschriften und Gesetze des Staates werden deshalb mißverstanden, wenn sie als Befehle betrachtet werden." (58) Rechtsvorschriften seien – wegen des Nicht-Wissens um die Folgen – „Strukturen, die das Handeln kanalisieren" (59), um es reproduzierbarer, d. h. die gewünschten Folgen wahrscheinlicher zu machen (vgl. 62, 64), wie z. B. „die

Regeln des Straßenverkehrs" (60). Auch „die ‚Verbote' des Strafrechts" (59) richteten wahrscheinliche Folgen für das Überschreiten von bestimmten Bedingungen ein. „Vernunft drückt eine Funktion aus", Vernünftigkeit sei eine „Sache der Anpassung von Mitteln an Folgen", z. B. in der Form von „Verjährungsgesetzen" (61).

Das Reproduktionsproblem von Öffentlichkeit und Staat löse sich mithin, so lässt sich Dewey zusammenfassen, in dem Maße, in dem Öffentlichkeit und ihre politische Organisationsform das Problem der anstehenden indirekten Folgen lösen können, d. h. die öffentlich-politischen Vertreter in dieser Problemlösung Autorität gewinnen. Das Ausmaß der Reproduktion des Öffentlichem hat schon immer von der Grenzziehung zum Privaten abgehangen, aber diese Grenzziehung ist in „einer Zeit der Entdeckungen und Erfindungen", in welcher „die Innovation selbst zu einer Gewohnheit geworden" (62) ist, zur permanenten Herausforderung der Handlungsstrukturen avanciert. „Ein neues Projekt ist etwas, daß durch private Initiative unternommen und zum Laufen gebracht werden muß." (Ebd.) Es setze sich „hinterrücks durch" und könne „nicht als das Werk des Staates" vorgestellt werden, der einmal etabliert auf der Seite des Gewohnten und Wahrscheinlichen steht, nicht aber der „Abwendung" davon, der „unberechenbaren Störung" (ebd.). Aus diesem Widerspruch zwischen den *sich ergänzenden Funktionen des Privaten und Öffentlichen* resultierten die heutigen Diskussionen darüber, wie der Staat „jene Sicherheitsbedingungen gewährt, welche notwendig sind, wenn Privatpersonen sich erfolgreich mit dem Entdecken und Erfinden befassen sollen", oder, inwiefern „Transport- und Kommunikationsmittel" (63) eher privat oder öffentlich verwaltet werden sollen. Statt solche Fragen der Verteilung zwischen „Privateigentum" und „öffentlichem Eigentum" im Namen eines „pauschalen ‚Individualismus' versus ‚Sozialismus'" (64) vorab entscheiden zu wollen, sollten die Antworten konkret der Lösung des jeweiligen Folgenproblems dienen, welche ein *Verhältnis* des Neuen und Experimentellen zum Gewohnheitsmäßigen und Selbstverständlichen zustande bringen muss (ebd.).

Drittens können sich Folgen indirekt als „schwerwiegend" und insbesondere als „irreparabel" erweisen, die „wahrscheinlich" darauf zurückzuführen sind, dass „die an einer Transaktion beteiligten Parteien von ungleicher Stellung sind" (65). Dies betrifft z. B. „Kinder und andere Abhängige (wie die Geisteskrankheiten, die dauerhaft Unselbständigen)" oder auf andere Weise ungleich gestellte „Frauen" und „Arbeiter": Die Frage nach dem „Existenzminimum" ist eine öffentliche, insofern es um „schwerwiegende indirekte Folgen für die Gesellschaft" gehe (66). Wenn etwa die Kindheit nicht genutzt wird, „sind die Folgen nicht wiedergutzumachen" oder wird die künftige „Selbsthilfe" der Betroffenen nicht ermöglicht (65).

Alle drei Grenzbedingungen des Öffentlichen und Staatlichen im „funktionalen" Sinne, „nicht im Sinne einer besonderen Struktur", müssen „experimentell entdeckt werden", statt aus einem „Apriori-Begriff von der inneren Natur und den inneren Grenzen des Individuums auf der einen Seite und des Staats auf der anderen Seite ein für allemal" abgeleitet werden zu können (67). „Der Text beschäftigt sich mit den modernen Verhältnissen, aber die vorgetragene Hypothese soll ausreichende Allgemeingültigkeit besitzen", nämlich in der „Ausübung analoger Funktionen", wie immer diese historisch benannt werden (68). Empirie sei, „wie alles Menschliche, von gemischter Qualität" (71).

Dewey verbindet seine Anerkennung von tatsächlicher Pluralität nicht mit der pluralistischen „Doktrin", der Staat könne und dürfe nur die Rolle eines „Schiedsrichters" spielen (73). Der Inhalt in dem „gegenseitigen Verhältnis von Öffentlichkeit, Regierung und Staat" (67) hänge von dem Folgeproblem ab, um dessen Regulierung es gehe. Aus dieser Problemlösung ergebe sich der Maßstab zur Beurteilung auch in dem negativen Sinne, dass „ihr Fehlen" (51) empirisch-historisch auffällig wird. So heißt es über den Staat im historischen Orient: „Er regiert, aber er reguliert nicht" (49).

Im dritten Kapitel „Der demokratische Staat" (74) kommt Dewey auf das Problem der „doppelten Eigenschaft", nämlich der privaten und der öffentlichen Rolle von Amtsträgern (i. S. „der Ausübung einer Funktion", nicht eines „inhärenten Wesens" oder einer „strukturellen Natur" (75)) zurück. Die politische Organisation einer Öffentlichkeit durch Ämter wirft die Frage nach der „Dominanz" des Privaten oder Öffentlichen auf und „führt in den Individuen zum Konflikt zwischen ihren wahrhaft politischen Zielen und Taten und denjenigen, die sie in ihren nicht-politischen Rollen besitzen. Wenn die Öffentlichkeit besondere Maßnahmen ergreift, die dafür sorgen, daß der Konflikt minimiert wird und daß die repräsentative Funktion die private beherrscht, dann wird eine politische Institution repräsentativ genannt". (Ebd.) Die Geschichte (von der „Gerontokratie" über die politische Karriere militärischer Führer oder von Priestern und Medizinmännern bis zu Erbdynastien) zeigt, wie wenig die Ausübung der Herrschaftsrollen von politischen Fähigkeiten abhing und wie sehr sie im Dienste privater Rollen stand (vgl. 76f.). Aber die Forderung, so heute vom Sozialismus für die Industrie, dass sie „aus den Privathänden genommen" und in öffentliche Hände gehört, ist schnell erhoben. „Die Öffentlichkeit verfügt aber leider über keine anderen Hände als die einzelner menschlicher Wesen." (79) Dewey versteht die „*politische* Demokratie" als den geschichtlichen Versuch, „erstens den Kräften entgegenzuarbeiten, die in so hohem Maße den Besitz der Herrschaft durch zufällige und belanglose Faktoren bestimmt haben, und zweitens der Tendenz entgegenzuwirken, politische Macht in den Dienst privater statt öffentlicher Zwecke zu stellen." (79f.)

Dewey versteht die „geschichtliche Tendenz" der politischen Demokratie aus geschichtlich negativen Erfahrungen heraus. Er kritisiert ihre „Legende" oder ihren „Mythos", nach welchem „diese Bewegung aus einer einzigen deutlichen Idee entstand und von einem einzigen ungebrochenen Impuls vorangetrieben wurde, um sich zu einem vorbestimmten Ziel hin zu entfalten, entweder triumphal und glorreich oder verhängnisvoll katastrophisch." (80). „Die politische Demokratie ist eine Art Netto-Folge aus einer riesigen Menge reaktiver Angleichungen an eine riesige Zahl von Situationen entstanden, ... Die maßvolle Verallgemeinerung, die Einheit der demokratischen Bewegung sei in dem Bestreben zu finden, in der Folge früherer politischer Institutionen erlittene Übel abzustellen, erfaßt, daß sie Schritt für Schritt vor sich ging und daß jeder Schritt ohne Vorwissen irgendeines Endergebnisses unternommen wurde, und größtenteils unter dem unmittelbaren Einfluß einer Menge voneinander abweichender Impulse und Parolen." (81). Dabei waren die Bedingungen der Verbesserungsbemühungen, die „wissenschaftlichen und wirtschaftlichen Umwälzungen", „in der Hauptsache nicht-politischer Natur" (ebd.). Die intellektuellen Parolen besaßen historisch „einen negativen Sinn", „selbst wenn sie positiv zu sein schienen. Freiheit stellte sich als ein Selbst-

zweck dar, obwohl sie tatsächlich Befreiung von Unterdrückung und Tradition bedeutete. Da es – für die intellektuelle Seite – notwendig war, für die Aufstandsbewegungen
eine Rechtfertigung zu finden, und da die etablierte Autorität auf der Seite der Institutionen stand, lag der natürliche Ausweg in der Berufung auf eine den protestierenden
Individuen innewohnende unveräußerliche heilige Autorität. So wurde der ‚Individualismus' geboren" (82), „die Berufung auf das Individuum als einem unabhängigen und
isoliertem Wesen", das „von Natur aus" wie „ein nacktes Individuum" Rechte habe
(83). Es wurde auch von den philosophischen Erkenntnistheorien legitimiert, gleich, ob
es wie bei Locke um die primär empfindende oder wie bei Descartes um die primär
rationale „Natur des Individuums" ging, und erhielt von der introspektiven Psychologie
eine gleichsam „‚wissenschaftliche' Befugnis" (84).

Hinzu kam ein anderer Legitimationsstrang, der der Veränderung der Wirtschafts- und
Handelsweise, der ebenfalls „im Namen *der* Natur" vorgetragen wurde (A. Smith, J.
Mill). „Die ökonomische Theorie des *Laissez-faire*, die auf dem Glauben an wohltätige
Naturgesetze, welche die Harmonie von persönlichem Gewinn und gesellschaftlichem
Nutzen herbeiführten, beruhte, wurde unbekümmert mit der Naturrechtslehre ver-
mischt. Sie hatten beide die gleiche praktische Wirkung, und was bedeutet unter
Freunden schon Logik?" (85) Sowohl die Freisetzung der Individuen als auch der
Kapitalwirtschaft von alten und einschränkenden Institutionen waren „zutiefst künstlich", „in dem Sinn, in dem die Theorie das Künstliche verurteilte. Sie lieferten die
menschengemachten Mittel, mit denen die neuen Regierungsbehörden erfaßt und
entsprechend den Wünschen der neuen Klasse von Geschäftsmännern benutzt wurden." (89) Es kam zu einer „Verschiebung und Entstellung der demokratischen Formen" (ebd.) und zu einer Ungleichzeitigkeit zwischen den theoretischen Spiegeln
(vgl. 81) und den realgeschichtlichen Veränderungen: Vereinfachend gesagt, „‚das
Individuum', um das die neue Philosophie sich zentrierte, war in Wirklichkeit gerade
in dem Moment dabei völlig unterzugehen, in dem es von der Theorie in die Höhe
gehoben wurde." (89, vgl. auch 90).

Genauer gesagt: „Der Einfall der neuen und vergleichsweise unpersönlichen und
mechanischen Formen kombinierten menschlichen Verhaltens in die Gemeinschaft ist
die herausragende Tatsache des modernen Lebens." (91) Dewey bezeichnet diese Ver-
haltensformen (im Anschluss an G. Wallas) als die „Große Gesellschaft" im Unterschied
zu den „face-to-face-Assoziationen" (C. H. Cooley). „Die *Große Gesellschaft*, erschaffen aus Dampf und Elektrizität, mag eine Gesellschaft sein, aber eine Gemeinschaft ist
sie nicht." (Ebd.) Während sie sich als die Akkumulation indirekter und nicht intendierter Folgen (vgl. 96f.) durchsetzte, beschrieb die Ausformulierung der Doktrin des
Individualismus, „was im Mittelpunkt des Denkens und der Absichten" in der gebildeten „Mittelklasse" (92) stand. Das Stimmrecht lieferte für das Volk und das Mehr-
heitsprinzip für die „Einbildungskraft das Bild von Individuen, wie sie in ihrer ungehin-
derten individuellen Souveränität den Staat erschaffen." (93) Gegenüber dem damaligen
Glaube an das sich selbst durchsichtige Bewusstseinsmedium werde inzwischen allgemein zugestanden, „daß Verhalten aus Bedingungen entsteht, die zum größten Teil außerhalb des Aufmerksamkeitszentrums liegen": Es werde aber kaum anerkannt, dass die
Bedingungen des konkreten Verhaltens „viel mehr" sozialer als organischer Art sind, „was

die Äußerung *verschiedener* Bedürfnisse, Absichten und Handlungsmethoden angeht." (95) Es gibt keine menschliche Kindheit ohne die „Unterstützung durch asso-
ziiertes Handeln", „künstliche" Mittel, „Lernen von anderen" (96). Die industrielle
und wirtschaftliche Revolution „sind keine natürlichen, das heißt, ,angeborenen', organischen" Prozesse, sondern Prozesse der „Zivilisation" und „akkumulierten Kultur",
die „Anleitung und Kommunikation" im Erwerb brauchen (95f.). „Die Athener kauf-
ten keine Sonntagszeitungen, investierten nicht in Aktien, noch wollten sie Autos."
(97) „Die Disparität zwischen den Ergebnissen der industriellen Revolution und den
bewußten Absichten der an ihr Beteiligten ist ein bemerkenswertes Beispiel für das
Ausmaß, in dem die indirekten Folgen vereinigten Handelns die direkt beabsichtigten
Ergebnisse – jenseits der Berechenbarkeit – übertreffen." (Ebd.) Gleichwohl war die
„Verdrängung der alten juristischen und politischen Institutionen" keine vollständige,
berücksichtigt man die Ehe und das Privateigentum (98, vgl. 93). Das wirkliche Problem „betrifft die Bedingungen, unter denen die Institution des Privateigentums rechtlich und politisch funktioniert." (99) Angesichts der Großen Gesellschaft ist „die
demokratische Öffentlichkeit zum größten Teil noch immer unfertig und unorganisiert." (Ebd.)

Im 4. Kapitel „Das Erlöschen der Öffentlichkeit" wird die an ein „Wunder" gren-
zende Integrationsleistung der USA (der Einwandererströme verschiedener Rassenzuge-
hörigkeit, vgl. 103-105) nicht primär als eine politische begriffen, sondern auf die
Große Gesellschaft zurückgeführt. Letztere habe zwar die früheren Formen von Öffentlichkeit und Politik (in „Gemeinschaften von Angesicht zu Angesicht" 103) zurück-
gedrängt, könne aber selbst nicht zu neuen Formen führen, die wiederum sie integrieren
würden. „Wir haben, kurz gesagt, die Praktiken und Ideen lokaler Stadtversammlungen
geerbt. Aber wir leben, handeln und haben unser Dasein in einem kontinentalen Na-
tionalstaat. Wir werden von nicht-politischen Banden zusammengehalten, und die politischen Formen und Rechtsinstitutionen wurden *ad hoc*, auf improvisierte Weise ge-
streckt bzw. zusammengeschustert, um ihren Aufgaben gerecht werden zu können. Die
politischen Strukturen legen Kanäle, durch welche nicht-politische, industrialisierte
Ströme fließen. Eisenbahnen, Reise- und Transportverkehr, Handel, Post, Telegraph und
Telefon, Tageszeitungen bringen genug Ähnlichkeiten in den Ideen und Empfindungen
hervor, um die Sache als Ganzes am Laufen zu halten, denn sie erzeugen Wechselwir-
kung und gegenseitige Abhängigkeit." (103) An die Stelle der ursprünglich hehren
Ideale sei im faktischen Verhalten ein gemeinsamer Glaube hinterrücks an die „Doktrin
des ökonomischen Determinismus" getreten, vom „Big Business" in seiner Lobpreisung
bis zu den „radikalen Sozialisten" (106) in ihrer Kritik am Gegebenen. Die „außer-
legalen Vertretungen" in den „intermediären Gruppen sind der Führung der politischen
Geschäfte sehr nah." (107) Die Krise der politischen Demokratie führt zu „Gleichgül-
tigkeit", „Verachtung" und „Apathie" (109).

Es sei wahr, dass die neuen Aufgaben („Hygiene, das öffentliche Gesundheitswesen,
die Beschaffung von gesundem und angemessenem Wohnraum, Verkehr, Städteplanung,
die Lenkung und Verteilung der Einwanderer, Personenauswahl und Personalverwaltung,
die richtige Ausbildung und Vorbereitung kompetenter Lehrer, die wissenschaftliche
Ordnung der Besteuerung, eine effiziente Fondverwaltung und so fort") „technische

Angelegenheiten" seien, für die man entsprechende „Experten" brauche. Aber darin erschöpfe sich nicht „das ganze politische Feld" (111), das vor dem technischen Beistand liegt und sich anders bemerkbar macht: „Indirekte, weitreichende, andauernde und schwerwiegende Folgen vereinten und interaktiven Verhaltens bringen eine Öffentlichkeit hervor, die ein gemeinsames Interesse an der Kontrolle dieser Folgen besitzt. Das Maschinenzeitalter hat jedoch das Ausmaß der indirekten Folgen so gewaltig erweitert, vervielfacht, gesteigert und verkompliziert, es hat – mehr auf einer unpersönlichen denn einer gemeinschaftlichen Basis – solche ungeheuren und kompakten Handlungseinheiten geformt, daß die resultierende Öffentlichkeit sich nicht identifizieren und erkennen kann. Und diese Entdeckung ist offenbar eine Vorbedingung jeglicher wirksamen Organisation. So lautet unsere These hinsichtlich der Verdunkelung, welche die öffentliche Idee und das öffentliche Interesse erfahren haben. Gemessen an den uns zur Verfügung stehenden Mitteln, gibt es zu viele Öffentlichkeiten und zu vieles von öffentlichem Interesse, mit dem wir fertig werden müssen. Das Problem einer demokratisch organisierten Öffentlichkeit ist hauptsächlich und wesentlich ein intellektuelles Problem, in einem Maße, das gegenüber den politischen Geschäften vorangegangener Zeitalter ohne Vergleich ist." (112) Das „Ausmaß des *Großen Krieges*", des „Weltkrieges", der sich wie „die Bewegung einer unkontrollierten Naturkatastrophe" ausgebreitet habe, zeige, dass die Große Gesellschaft „existiert und daß sie nicht integriert ist" (113). Sie äußerte sich „im Kampf um Rohstoffe, um entfernte Märkte und in erschreckend hohen Staatsschulden" (114). „Der Krieg selbst war eine normale Kundgebung des zugrunde liegenden nicht-integrierten Zustands der Gesellschaft." (115)

Angesichts dieser neuen Lage versagen die „traditionellen allgemeinen Prinzipien" (117). Die „Ironie der Geschichte" betrifft die „Progressisten" *und* zugleich die „Konservativen", die „Individualismus-Doktrin" *und* zugleich die „praktische Bedeutung des Terminus ‚Liberalismus'" (118). Während die „politische Klasse" wieder das alte Rezept von „Brot und Spielen" aufnimmt, haben die „Mitglieder einer unfertigen Öffentlichkeit" einfach „zu viele Möglichkeiten des Genusses und auch der Arbeit" (121). Die politische Bedeutung der ländlichen Gemeinden zerstäubt in der „Mobilität", der „Sucht nach Bewegung und Geschwindigkeit" (122). „Die neue Ära, der menschlichen Beziehungen, in der wir leben, ist eine, die durch die Massenproduktion für entfernte Märkte, durch Telegraphen und Telefon, billige Druckerzeugnisse, Eisenbahn und Dampfschiffahrt gekennzeichnet ist." (123) Aber für diese Große Gesellschaft gibt es keine angemessenen „Symbole", die das Fühlen und Denken kontrollieren könnten. Die Aufgabe ihrer Integration nennt Dewey die „Große Gemeinschaft": „allein Kommunikation kann eine große Gemeinschaft erschaffen. Unser Babel ist keines der Sprachen, sondern eines der Zeichen und Symbole, ohne die gemeinsam geteilte Erfahrung unmöglich ist." (124)

Im 5. Kapitel „Die Suche nach der *Großen Gemeinschaft*" verdeutlicht Dewey, dass das Anliegen seiner Schrift nicht darin bestehe, „Ratschläge für zweckmäßige Verbesserungen in den politischen Formen der Demokratie zu erteilen", sondern darin, das intellektuelle Problem zu behandeln, das der „fundamentalen Veränderung der Maschinerie" voraus liege (127). Man müsse von der politischen Demokratie zur „Demokratie als einer sozialen Idee" (125) übergehen, um die Frage nach einer der Idee „angemesseneren Maschinerie" neu stellen zu können, statt bisherige „kumulative Resultate" für sakrosankt zu erklären (126). Es gehe intellektuell um „die Suche nach Bedingungen, unter denen die Große Gesellschaft eine Große Gemeinschaft werden kann." (128) Die demokratische Idee „in ihrem allgemeinen sozialen Sinn" bestehe vom „Standpunkt des Individuums aus gesehen" darin, „nach Vermögen einen verantwortlichen Beitrag zur Bildung und Lenkung der Tätigkeiten derjenigen Gruppen zu leisten, denen man angehört, und nach Bedarf an den Werten teilzuhaben, welche die Gruppen tragen. Vom Standpunkt der Gruppe erfordert sie die Befreiung der Potenzen der Gruppenmitglieder in Einklang mit ihren gemeinschaftlichen Interessen und Gütern. Da jedes Individuum mehreren Gruppen angehört, kann diese Bedingung nur dann erfüllt werden, wenn die verschiedenen Gruppen frei und umfassend in Verbindung mit anderen Gruppen interagieren." (128)

Von der sozialen Idee der Demokratie als der „Idee des Gemeinschaftslebens selbst" (129) her könne die bislang vernachlässigte Brüderlichkeit überhaupt verstanden werden und können Freiheit und Gleichheit gegen ihre bisherigen Missverständnisse neu formuliert werden. Brüderlichkeit sei „ein andere Name für die bewußt geschätzten Güter, die aus einer Assoziation entstehen, an der alle teilhaben, und die dem Verhalten eines jeden eine Richtung geben. Freiheit ist die gesicherte Entbindung und Erfüllung persönlicher Potenzen, welche sich nur in einer reichen und mannigfaltigen Assoziation mit anderen ereignen: das Vermögen, ein individualisiertes Selbst zu sein, das einen spezifischen Beitrag leistet und sich auf seine Weise an den Früchten der Assoziation erfreut. Gleichheit bezeichnet den ungeschmälerten Anteil, den jeder einzelne Angehörige der Gemeinschaft an den Folgen des assoziierten Handelns hat. Dieser ist gerecht, weil er nur am Bedürfnis und an der Fähigkeit, nützlich zu sein, gemessen wird, nicht an äußeren Faktoren, die den einen berauben, damit ein anderer nehmen und haben kann." (129)

Diese Reformulierung ist frei von der „individualistischen" Psychologie (136) und der „natürlichen" Ökonomie (133f.) aus der Entstehungsgeschichte der politischen Demokratie zugunsten der künftigen „Transformation" der Großen Gesellschaft auf eine Große Gemeinschaft hin, welche „die Kommunikation zwischen die Industrie und ihre letztendlichen Folgen setzt" (135). Diese Neuformulierung stehe im Einklang mit den Entwicklungspotentialen in der „Sozialforschung" und in den „Humanwissenschaften", so zersplittert und „infantil" deren gegenwärtiger Zustand auch sei (vgl. 142-145). „Wir werden als organische Wesen geboren, die mit anderen verbunden sind, wir kommen aber nicht als Mitglieder einer Gemeinschaft auf die Welt. [...] Alles spezifisch Menschliche ist erlernt, nicht angeboren, auch wenn es ohne die angeborenen Strukturen, welche den Menschen von anderen Lebewesen trennen, nicht erlernt werden könnte. [...] Lernen, menschlich zu sein, bedeutet, durch das Geben und Nehmen der Kommunikation einen tatsächlichen Sinn dafür zu entwickeln, ein individuell unterschiedenes Mitglied einer Gemeinschaft zu sein" (133, vgl. 131).

Worin bestehen dann aber intellektuell, d. h. „hypothetisch", die für die genannte Transformation „erforderliche" (nicht hinreichende) „Spezifikation" der Bedingungen (135)? – Erneut beginnt Dewey bei der Gewohnheit, weil sich in ihr alles spezifisch Menschliche überkreuzt. Die „organische Struktur des Menschen" hat sie zur Folge, die

„die Hauptquelle des menschlichen Handelns" darstellt (136). Ihr Einfluss „ist entscheidend, weil alles spezifisch menschliche Tun erlernt werden muß, und die Seele,
das Fleisch und Blut des Lernens sind gerade die Erzeugung von Angewohnheiten."
(137). Gewohnheit schließe Denken nicht aus, bestimme aber „seine Bahnen. Das
Denken ist in den Zwischenräumen der Gewohnheiten versteckt." (Ebd.) Es könne
selber, soziokulturell eingerichtet und habitualisiert, zur „zweiten Natur" einer „spezialisierten Gewohnheit" wie bisher unter Wissenschaftlern, Philosophen und Lite-
raten werden (138f.). Geschichtliche Veränderungen finden „kumulativ" durch die
Veränderung der Gewohnheiten statt, nicht durch die „Schaffung einer *tabula rasa*",
der Hoffnung „unverdrossener Revolutionäre" und der Ängstlichkeit „erschrockener
Konservativer" (139).

Faktisch revolutioniert „die technologische Anwendung des komplexen Apparates,
der die Wissenschaft ist", längst die Bedingungen, „unter denen das assoziierte Leben
verläuft", ohne dass es die Menschen verstünden (141). „Die Hauptbedingung für eine
demokratisch organisierte Öffentlichkeit ist eine Art von Wissen und Einsicht" über
indirekte Folgen, „die noch nicht existiert" (142), aber erzeugt werden könnte. „Gegenwärtig erfolgt die Anwendung der physikalischen Wissenschaft eher *auf* die menschlichen Angelegenheiten als *in* ihnen. Das heißt, sie ist äußerlich, sie geschieht im
Interesse ihrer Folgen für eine besitzende und gewinnsüchtige Klasse. Anwendung *im*
Leben würde bedeuten, daß die Wissenschaft angeeignet und verbreitet würde" (148).
Dazu müssten die menschlichen Angelegenheiten selbst anders als bisher in den Sozial-
und Humanwissenschaften thematisiert und deren Resultate in die öffentliche Kommunikation eingebracht werden. Dies erfordere, die bisherige Trennung zwischen reiner
und angewandter Wissenschaft aufzugeben (vgl. 147f.) und das Problem der allgemein
verständlichen „Präsentation" nach dem Vorbild der Künste zu lösen (vgl. 154f.). Diese
mentalen Potentiale der neuen technischen Medien lassen sich nur *gegen* die bisherige
Fixierung der öffentlichen Meinungsbildung auf unverstandene „Neuigkeiten" und
schockierende „Sensationen" (152) im Rahmen des „bestehenden Geldsystems" (154)
freisetzen.

Die systematische Aktualität von Deweys Öffentlichkeitsbuch ist in geschichts-,
rechts- und politikphilosophischer Hinsicht als eine Pionierleistung in der Herausbildung
der deliberativen Demokratieauffassung anerkannt worden, wenngleich im deutschen
Sprachraum merkwürdiger Weise erst *nach* 1989/90 und ohne Einbettung dieses Buchs
in das Gesamtwerk von Deweys Philosophie der Interpenetrationen.[78] Dabei geht die
Einsicht in Deweys Philosophische Anthropologie verloren, die nichts mehr mit jenen
politisch-anthropologischen Setzungen zu tun hat, welche ideologiegeschichtlich die
Konstitution der bürgerlichen Zivilisation gegen Feudalformen legitimierten. Wie wir
oben sahen, kritisiert Dewey ausdrücklich diese Annahmen von einer unveränderlichen
Menschennatur als Ideologie aus der Zeit des Überganges. Seine *Philosophische Anthro-*

---

78 Vgl. J. Habermas, Faktizität und Geltung. Beiträge zur Diskurstheorie des Rechts und des demokratischen Rechtsstaats, Frankfurt a. M. 1992. H. Brunkhorst (Hrsg.), Demokratischer Experimentalismus. Politik in der komplexen Gesellschaft, Frankfurt a. M. 1998. D. Jörke, Demokratie als
   Erfahrung. John Dewey und die politische Philosophie der Gegenwart, Wiesbaden 2003.

pologie antwortet auf die indirekten Folgeprobleme der Modernisierung.[79] „Als Idee betrachtet, ist die Demokratie nicht eine Alternative zu anderen Prinzipien assoziierten Lebens. Sie ist die Idee des Gemeinschaftslebens selbst. Sie ist ein Ideal im einzig verständigen Sinn eines Ideals: nämlich, die bis zu ihrer äußersten Grenze getriebene, als vollendet und vollkommen betrachtete Tendenz und Bewegung einer bestehenden Sache." (129) Zu Recht spricht Hans Joas von dem „Paradox" der „Sakralisierung der Demokratie" und der „Säkularisierung der Religion" in Deweys naturphilosophischer Anthropologie der kommunikativen Erfahrung von „Selbst-Transzendierungen".[80] Es gibt keine Säkularisierung im Gegensatz zur Profanierung der Religion, ohne dass in ihrer Verweltlichung von Hinter- und Vordergründen die Unterscheidung des Heiligen vom Profanen immanent eingeführt wird. Gelingt diese immanente Transzendenz nicht, erfolgt die totalitäre Umfunktionierung religiös-mythischer Bedürfnisse für eine destruktive Profanierung. Deweys Paradox, in der Säkularisierung der Religion die Demokratie als die Idee des Gemeinschaftslebens selbst zu sakralisieren, trifft erneut kritisch den Nerv der US-amerikanischen Demokratie.[81]

---

79 Vgl. H.-P. Krüger, Der dritte Weg Philosophischer Anthropologie und die Geschlechterfrage, a. a. O., 2. Kapitel. S. Rost, John Deweys Logik der Untersuchung für die Entdeckung des Politischen in modernen Gesellschaften, Münster 2003.

80 H. Joas, Die Entstehung der Werte, Frankfurt a. M. 1997, S. 172-193.

81 Siehe D. Allen, Democracy, Inc.: The Press and Law in the Corporate Rationalization of the Public Sphere, Champagne-Urbana 2005. R. Asen/D. Brouwer (Eds.), Counterpublics and the State, New York 2001.

14. Die öffentliche Natur menschlicher Lebewesen

Gemeinsamkeiten und Differenzen zwischen Deweys und Plessners Philosophischen Anthropologien

Wenn ich im Vorwort von *Kosmopoliten nolens volens* sprach, dann in dem für Philosophinnen wie Hannah Arendt und Philosophen wie Ernst Cassirer, John Dewey, Helmuth Plessner und Max Scheler voraussetzbaren Sinne. Für sie voraussetzbar war gewiss nicht die Selbsternennung von Kosmopoliten heutigentags, an der Chantal Mouffe berechtigte Kritik geübt hat.[1] Es gibt zweifellos eine Schere zwischen der Proklamation der Menschenrechte für alle Menschen und deren einklagbarer Rechtsgestalt, die nach wie vor an nationalstaatliche Bürgerrechte gebunden bleibt. Aber diese Schere lässt sich nicht dadurch schließen, dass transnationale Organisationen, die von nationalstaatlichen Regierungen unabhängig sind, einstweilen die kosmopolitische Stellvertretung aller übernehmen, die bislang nicht durch eine weltbürgerliche Demokratie repräsentiert werden. So begrüßenswert solche Initiativen *zivilgesellschaftlich* sind, sie lösen das Problem der rechtspolitischen Institutionalisierung nicht, wie *föderal* Weltbürgerrechte in einer multipolaren Weltordnung etabliert werden können. In dem Maße, in dem diese Etablierung nicht gelingt, entstehen für die von der westlichen Moderne Ausgeschlossenen Gründe und Motive, die für Kriege um die Teilnahme an Weltbürgerrechten sprechen können.[2]

Voraussetzbar war den hier behandelten Autoren der Kantische Sinn von Kosmopolitismus.[3] Es geht dann um eine Aufgabenstellung, die über die Rechtsgestalt des Nationalstaats hinausführt, ohne den ewigen Frieden auch nur in ferner Zukunft für die endgültige Realität unter den Menschen zu halten. In seiner unnachahmlich spröden Art hielt Kant das Menschengeschlecht für „eine nach- und nebeneinander existierende Menge von Personen", die „das friedliche Beisammensein nicht *entbehren* und dabei dennoch einander beständig widerwärtig zu sein nicht *vermeiden* können; folglich durch wechselseitigen Zwang unter von ihnen selbst ausgehenden Gesetzen zu einer beständig mit Entzweiung bedrohten, aber allgemein fortschreitenden Koalition in eine *weltbürgerliche Gesellschaft (cosmopolitismus)* sich von der Natur bestimmt fühlen: welche an sich unerreichbare Idee aber kein konstitutives Prinzip (der Erwartung eines mitten in der lebhaftesten Wirkung und Gegenwirkung des Menschen bestehenden Friedens),

---

1 Ch. Mouffe, Eine kosmopolitische oder eine multipolare Weltordnung?, in: Deutsche Zeitschrift für Philosophie, Berlin 53 (2005) 1, S. 74-81.
2 Soweit waren wir im 3. Kapitel des vorliegenden Buchs gekommen.
3 So H. Nagl-Docekal, Einleitung in den Schwerpunkt „Kosmopolitismus", in: Deutsche Zeitschrift für Philosophie, Berlin 53 (2005) 1, S. 46.

sondern nur ein regulatives Prinzip ist".[4] Wenn die praktische Orientierung auf ewigen Frieden nicht als Realitätsprinzip, aber immerhin als ein regulatives Prinzip gelten darf, selbst dann wird von Kant im dritten Definitivartikel zum ewigen Frieden das „Weltbürgerrecht" auf die „Bedingungen der allgemeinen *Hospitalität* eingeschränkt": „Es ist kein *Gastrecht*, worauf dieser (d. h. ein „Fremdling": HPK) Anspruch machen kann (wozu ein besonderer wohltätiger Vertrag erfordert werden würde, ihn auf eine gewisse Zeit zum Hausgenossen zu machen), sondern ein *Besuchsrecht*, welches allen Menschen zusteht, sich zur Gesellschaft anzubieten vermöge des Rechtes des gemeinschaftlichen Besitzes der Oberfläche der Erde, auf der als Kugelfläche sie sich nicht ins Unendliche zerstreuen können, sondern endlich sich doch nebeneinander dulden müssen, ursprünglich aber niemand an einem Orte der Erde zu sein mehr Recht hat, als der andere."[5] Für Kant war klar, dass die europäische „Eroberung" anderer Erdteile ein *„inhospitables* Betragen" und eine „Ungerechtigkeit"[6] darstellt.

Während Scheler 1928 verstorben war, Cassirer 1938 die schwedische Staatsbürgerschaft erhielt, Plessner 1951 von Groningen nach Göttingen zurückkehrte, um über New York 1962–63 nach Zürich und schließlich zum Sterben nach Göttingen erneut zurückzugehen, forderte Arendt, die das Schicksal der Staatenlosen von 1933 bis zu ihrer US-Staatbürgerschaft 1951 erfahren hatte, das Recht staatenloser Menschen darauf, Rechte zu haben.[7] All dies musste Dewey nicht am eigenen Leibe erleben. Aber er hat sich in seinen häufigen und ausgedehnten Weltreisen dem Elend auf der Welt ausgesetzt, mehrere ausländische Kinder adoptiert und seine Konzeption der radikalen Demokratie auch für die internationalen Beziehungen entwickelt (vgl. Kapitel 12. 1. hier). Keiner der hier besprochenen Autoren befürwortete eine Interpolation des Nationalstaats in einen Weltstaat. Für alle war das Missverständnis und die Fehlinstitutionalisierung von „Souveränität" im Sinne nationalstaatlicher Selbstbestimmung und Selbstverwirklichung, die nichts über sich glaubte, zu groß, um von der Übertragung dieses Modells auf die globale Ebene die Lösung erwarten zu können. So wenig sie alle noch Kants Transzendentalphilosophie der Vernunft zu folgen vermochten, so hatte sich aber doch Kants anthropologische Einsicht in die unaufhebbare Zwieschlächtigkeit des Menschengeschlechts bewährt.

Scheler war zu früh verstorben, um seine falsche Kritik am Pragmatismus, den er für eine einseitige Instrumentierung der Werte hielt, noch korrigieren zu können. Aus dem Arendt-Kapitel wissen wir, wie sehr sie den philosophischen Pragmatismus für epigonal hielt, wenngleich sie später immerhin bemerkte, er sei kein einfacher Empirismus, was etwas über ihre Vorurteile aussagte. Plessner bezeugt erst nach dem II. Weltkrieg mehrfach seine Wertschätzung für George Herbert Meads symbolischen Interaktionismus,

---

4 I. Kant, Anthropologie in pragmatischer Hinsicht, Stuttgart 1983, S. 290.
5 I. Kant, Zum ewigen Frieden. Ein philosophischer Entwurf (1795), in: Ders., Rechtslehre. Schriften zur Rechtsphilosophie, hrsg. v. H. Klenner, Berlin 1988, S. 306.
6 Ebenda, S. 307.
7 Siehe S. Benhabib, The Rights of Others. Aliens, Citizens and Residents, Cambridge 2004.

ohne diese aber auszuführen.[8] Einzig Cassirer zitiert in seinem „Versuch über den Menschen" (1944) an zwei Stellen Dewey, um mit ihm den scheinwissenschaftlichen Gebrauch des Instinktbegriffs zu kritisieren und die Gefühlsqualitäten als Anfangs- und Endpunkt von Episoden ernst zu nehmen, die in Mythen interpretiert werden.[9] Niemand von den hier diskutierten Europäern setzt sich wirklich mit der pragmatistischen Philosophie auseinander, abgesehen von den gelegentlichen Verweisen auf die Psychologie von James. Gewiss blieb, unter den erzwungenen Lebenswidrigkeiten, dazu kaum Zeit, zumal alle im Falle ihrer Emigration bereits philosophisch ausgebildet waren. Gleichwohl sagt dies etwas über das geringe Rezeptionsniveau der US-amerikanischen Philosophie schon im Deutschland der 1920er Jahre aus.[10] Umso dringender war in dieser Hinsicht die Wende zur Aneignung amerikanischer Philosophien seit den 1960er Jahren, die dann aber in erster Linie die Sprachanalysen betraf. Die heutige Selbstverständlichkeit des philosophischen Austauschs zwischen Europa und Nordamerika musste erst seit den 1980er Jahren errungen werden und ist nun umgekehrt asymmetrisch.

Es gab kaum eine philosophische Frage, die in einer deutsch-amerikanischen Diskussion so viele Missverständnisse auszulösen vermochte, wie die Frage nach dem *Transzendentalen*. Schnell konnte der Eindruck bei amerikanischen Kolleginnen und Kollegen entstehen, als verberge sich dahinter etwas Transzendentes, weil lauter Bezugnahmen folgten, deren Diskurs man nicht kannte oder für der privaten Religionsfreiheit geschuldet hielt. So mied man einen vermeintlich, weil aus amerikanischer Sicht privaten Bezirk der Deutschen oder fragte nach den Folgen für den Common Sense und die Welt, wie sie uns doch gemeinsam zugänglich sei. Das Missverständnis wurde so nur größer, eben gegenüber diesen, aus deutscher Sicht, vermeintlichen Empiristen. Natürlich wussten auch diese „empiristischen" Kolleginnen und Kollegen, dass das Philosophieren etwas mit der Aufdeckung und dem Denken von Möglichkeiten zu tun hat, da sich die Empirien und der Common Sense ändern. Es gibt auch dort die Analyse von Voraussetzungen (i. S. der Präsuppositionen), welche für bestimmte Leistungen als wichtige Ermöglichungsbedingung in Anspruch genommen werden, ohne in diesen Leistungen erklärt und abgeleitet werden zu können. – Lassen wir die gegenseitige Karikatur: Man kann keine Philosophie dazu zwingen, ihre Begriffswelt einfach aufzugeben. Ihr Selbstverständnis besteht darin, dadurch Phänomene und Probleme zur Sprache zu bringen, die sich nicht anders oder besser ausdrücken lassen. Aber worum man sich bemühen kann, ist doch eine Übersetzung zu versuchen, soweit man eben

---

8 Vgl. H. Plessner, Einleitung zur deutschen Ausgabe, in: P. L. Berger/Th. Luckmann, Die gesellschaftliche Konstruktion der Wirklichkeit. Eine Theorie der Wissenssoziologie, Frankfurt a. M. 1970, S. S. XV. C. Dietze, Nachgeholtes Leben. Helmuth Plessner 1892-1985, Göttingen 2006, S. 462.

9 E. Cassirer, Versuch über den Menschen. Einführung in eine Philosophie der Kultur (1944), Frankfurt a. M. 1990, S. 108f., 125f.

10 Vgl. zu den Ausnahmen: H. Joas, Pragmatismus und Gesellschaftstheorie, Frankfurt a. M. 1992. G. Irrlitz, Rechtsordnung und Ethik der Solidarität. Arthur Baumgarten (1884–1966): Philosoph des frühen deutschen Pragmatismus, in: Deutsche Zeitschrift für Philosophie, Berlin 56 (2008) 3, S. 343-363.

kommt, bis man das nicht mehr, noch nicht oder nie angemessen Übersetzbare erreicht hat, also das Idiom als Lebensform. In diesem Sinne einer begrenzten Übersetzbarkeit möchte ich im Folgenden die klassischen Pragmatismen und Philosophischen Anthropologien auf beiden Seiten des Atlantiks, insbesondere Deweys und Plessners Philosophien, miteinander vergleichen.

Erstens: Die Umstellung der theoretischen Frage nach der Natur und ihre hypothetische Beantwortung

Das gegenüber dritten Philosophien Ungewöhnliche, das diese beiden Philosophien einander so nahe bringt, besteht in einer einfachen Frage: Wie ermöglicht eine spezifikationsbedürftige Teilnahme an der lebendigen Natur diejenigen personalen Leistungen, die wir praktisch für menschliche Leistungen halten? – Hier ist die philosophisch scheinbar vertraute Frage nach den Ermöglichungsbedingungen umgestellt worden. Sie bezieht sich nicht mehr, wie bei Kant, auf die Ermöglichungsbedingungen der erfahrungswissenschaftlichen Erkenntnis, und ist auch nicht mehr unter dem Primat einer Erkenntnistheorie von Subjekt und Objekt stehend formuliert. Die transzendentale Frage wird ausgeweitet und neu differenziert für viele Dimensionen der geschichtlichen Erfahrung, in der man wie selbstverständlich als Mensch da ist und als solcher angesprochen wird. Dies begegnet in der modernen Lebensführung des Common Sense (der vorwissenschaftlichen Weltanschauung, der Lebenswelt) als fragwürdig, weil es strittige Kriterien für das Menschsein aus einer Pluralität von Experten- und Laienkulturen gibt. Befragt man so die lebendige Natur und ihre personale Spezifikation, kann der Naturbegriff kein erfahrungswissenschaftlicher sein. Er muss philosophisch entworfen und rekonstruiert werden, da die Erfahrungswissenschaften auch der Natur nur eine von vielen funktionalen Leistungen darstellen, nach deren Ermöglichung gefragt wird. Philosophische Kategorien markieren Grenzen der Lebensführung, sind also keine erfahrungswissenschaftlichen Begriffe.

Diese ermöglichende Natur, so die letzte hypothetische Auskunft in beiden Philosophien, ist grundlegend, d. h. der Struktur und Funktion nach, ambivalent, nämlich eine Verhaltensambivalenz, die doch als Einheit (Integration) hier und jetzt vollzogen werden kann. Aus dem Aufgabencharakter dieser Ambivalenz kommt die personale Lebensform nicht heraus, ohne ihre eigenen Ermöglichungsbedingungen zu gefährden oder gar zu destruieren. Es gilt das Primat der Frage über die Antwort. Letztere ist immer erneut hier und jetzt positiv nötig, aber in dieser Lebensform nicht die letzte Antwort, sondern gleichsam immer die vorletzte, solange personal gelebt werden wird.

Man kann in dieser Neuthematisierung von Natur, *neu* gemessen am dualistischen Hauptstrom moderner Philosophie seit Descartes und Kant und damit an der *Mechanisierung* von Natur, die philosophische Konsequenz aus Darwins Sieg in der Biologie und der Sedimentierung dieses Sieges im Common Sense sehen. Damit ist nicht gemeint, das Philosophieren würde dem Biologisieren abgeschaut. Keiner der hier besprochenen Autoren war je Darwinist. Aber so wie Kant gefragt hatte, wie es möglich sei, dass es eine funktionierende Physik von Newton gibt, fragen klassische Pragmatisten und Philosophische Anthropologen, wie es möglich sei, dass Menschen in der Natur personale Leistungen vollbringen können. Die Beantwortung dieser Frage setzt eine andere Naturkonzeption frei als die alleinige Mechanisierung.

Man kann in dieser neuen Naturphilosophie auch eine Wiederbelebung der aristotelischen Auffassung von der ersten und der zweiten Natur sehen. Demnach nehmen, aus heutiger Sicht: Menschen teil an der unbelebten und belebten Natur, der Erstnatur, wie andere Lebewesen auch. Aber spezifisch ist ihnen eine soziokulturelle Zweitnatur, die sie erlernen und habitualisieren müssen. Schaut man indessen genauer methodisch hin, wird schnell einsichtig, dass es in den klassischen Pragmatismen und Philosophischen Anthropologien keine kosmologische Deckung gibt.[11] Ihr methodisches Verfahren ist anders als in Aristoteles' Werken. Auf beiden Seiten des Atlantiks überließ man das „Verhalten" *(conduct)* nicht dem Behaviorismus der Zeit, sondern thematisierte es auf philosophische Weise.

Zweitens: Öffentliche Integration (Dewey) respektive Verschränkung (Plessner) philosophischer Methoden

Der Vergleich beider Philosophien bezieht sich nicht nur auf die theoretische Frage und deren hypothetische Beantwortung. Er betrifft auch das methodische Verfahren, wie die philosophische Untersuchung angelegt, durchgeführt und selbstkritisch überprüft werden kann. Dabei muss man nicht zum Opfer historisch gewachsener Schulgrenzen werden. Es gibt vier Aspekte, unter denen die Methoden in beiden Philosophien vergleichbar werden.

a) Phänomenologie als Methode der Begegnung mit Lebendigem

Man kann auch an den deutschen Phänomenologen studieren, hier für Scheler und Plessner gezeigt, dass *Phänomenologie* nicht in dem Sinne transzendental sein muss, in dem Husserl in eine Theorie des transzendentalen Subjekts auf Kant zurück gegangen ist. Sie kann als Technik des Einklammerns respektive Ausklammerns methodisch anders gehandhabt und von der Theorie des Selbstbewusstseins losgelöst werden. Sie ermöglicht dann die Begegnung mit Lebendigem, das sich von sich aus zeigt, indem es Verhaltensspiel hat zwischen physischen und psychischen Anhaltspunkten in der Aktion und Reaktion. Diese phänomenologische Methode liegt der Phänomenologie in den klassischen Pragmatismen viel näher. Auch letztere beruht auf dem Primat der Teilnahme

---

11 Vgl. zu den drei in der westlichen Philosophie üblichen Naturalismen (Hume, Descartes, Aristoteles: J. McDowell, Mind, Value, & Reality, Cambridge/London 1998, p. 196f., 334f.

über die Beobachtung, wenngleich zur Beschreibung der entdeckten Phänomene, z. B. der „mystischen Erfahrung" oder der „kranken Seele" (W. James), öfter gewechselt werden muss zwischen Teilnahme und Beobachtung. Bei Mead werden daraus teilnehmende Beobachtungen oder beobachtende Teilnahmen.

b) Öffentliche Rekonstruktion (Dewey) respektive Verschränkung (Plessner) der Verstehens- und Erklärungsmöglichkeiten

Was Peirce semiotische Rekonstruktion oder Dewey intelligente Rekonstruktion problematischer Verhaltensphänomene nannte, verlangt mehr als die phänomenologische Methode des Zugangs zu lebendigen im Unterschied zu nicht lebendigen Phänomenen. Es erfolgen Rückgriffe auf den Common Sense, relevante Laien- und Expertenkulturen, um die phänomenologischen Befunde interpretieren zu können. Sie entsprechen auf deutscher Seite verschiedenen *Hermeneutiken* (Verstehensleistungen) und Erklärungs- sowie therapeutischen Leistungen (Wissenschaft und Therapien). Das pragmatistisch Philosophische besteht hier in einer phasenweisen und funktionalen Integration dieser Teilaspekte während des öffentlichen Untersuchungsprozesses (Dewey). Erst so werden die Verhaltensprobleme und deren Lösungspotentiale *beurteilbar*. Vergleichbar gibt es in Plessners Philosophischer Anthropologie ein öffentliches Verfahren des Wechselns zwischen *Verstehen* und *Erklären*, bis man nicht mehr wechseln kann. Diese öffentliche Verfahrensweise wird dem Gesellschaftsmodell entnommen, stammt nicht aus einer rationalen Sachgemeinschaft *(scientific community)*. Ähnlich ist bei Dewey eine Öffentlichkeit am Anfang keine positive Gemeinschaft, sondern eine – von indirekten Folgen unbekannter Anderer – Ansammlung Betroffener, die sich nicht kennen müssen, geschweige sich mit den unbekannten Experten verstehen müssen, die sie zur Aufklärung ihres Problems brauchen. Vielmehr handelt es sich um Gesellschaftsbildung *in nuce*. Von Gemeinschaft könnte man besser am Ende der erfolgreichen Entwicklung einer Öffentlichkeit sprechen, sofern sie Resonanz findet in der *great community* als dem Gegengewicht zur *great society*.

c) Verhaltenskrisen

In den klassischen Pragmatismen gibt es keine Determination zu einer gesicherten Lösung der Verhaltensprobleme, die im Guten wie im Schlechten anhand von indirekten Verhaltensfolgen wahrnehmbar werden. Die Rekonstruktion ist an Bedingungen und Bestimmungen gebunden, die nicht erreicht werden müssen, aus welchen Ursachen und Gründen auch immer. Rekonstruktion wird zwar als ein besserer Weg als andere Verhaltensweisen angesehen, garantiert aber nichts, ist nur nicht Nichts und im Extremfall das kleinere Übel. Deweys Auskunft über das Scheitern öffentlicher Lernprozesse ist klar: Man wundere sich dann nicht über Weltkrisen und Weltkriege (13. Kapitel). Arendt und Plessner sind da nicht weniger eindeutig, so verschieden ihre Ausführungen zur Unterscheidung zwischen privat und öffentlich auch sind.

Es gibt nur bei Plessner eine explizite Bestimmung der Grenzen des personalen Verhaltens im ungespielten Lachen und Weinen. Das *Auseinanderfallen* der Zuordnung von Verhaltensphänomen und seiner Interpretierbarkeit wird hier offenbare Grenze. *Die methodische Behandlung der Verhaltenskrise ermöglicht eine neue Interpretation von Würde und Souveränität. Diese, zugleich individualisierende und verallgemeinernde Leistung* ist auffallend, weil sie im Vergleich mit allen anderen Autoren kein Pendant besitzt, abgesehen von Jaspers „Grenzsituationen". So erhellend James' Beschreibungen von Krankheiten und außergewöhnlichen Erfahrungen sind, sie erreichen nicht Plessners Pointe, die Individualisierung der Verallgemeinerung selbst methodisch erfassen zu können: *Jede* Person lacht oder weint ungespielt *anders*.

d) Metaphysische Grenzfragen: Dem Wesen nach und im Ganzen

Sowohl in den klassischen Pragmatismen als auch in den Philosophischen Anthropologien werden Wesens- und Ganzheitsfragen *nicht* fallen gelassen, weil sie in der personalen Lebensführung *nicht* folgenlos vermieden werden können. Gerade wer Verhaltenskrisen erfahren hat, weiß darum, dass er/sie besser zwischen Wesentlichem und Unwesentlichen angesichts des für ihn/sie nun endlichen Ganzen zu unterscheiden lernt. Die *Philosophie* kann sich nicht aus der Verantwortung für derart metaphysische Grenzfragen stehlen, ohne ihre Relevanz für die personale Lebensführung zu verlieren. Dies bedeutet nicht, einem traditionellen Essentialismus und Holismus zu folgen. Sie kann ebenso wenig so tun, als ob diese Grenzfragen wie durch einen Experten beantwortet werden könnten, denn diese Fragen gehen aufs Unbestimmte und Unbedingte. Daher der Umweg über geschichtlich negative Erfahrungen, in der Lebensgeschichte der Individuen und Gruppen wie auch ihrer Gemeinschafts- und Gesellschaftsformen in der Generationenfolge zu Epochen und Zivilisationen. Dies gilt umso mehr für die beiden, nun schon oft erwähnten anthropologischen Vergleichsreihen, welche vertikal keinen Speziesismus und horizontal keinen Ethnozentrismus zum Maßstabe erheben können.

Wer als klassischer Pragmatist oder Philosophischer Anthropologe nicht anzugeben weiß, *was für die Ermöglichung der personalen Lebensform im Ganzen wesentlich ist*, hat philosophisch versagt. Wie immer man es terminologisch heißen mag, Präsuppositionsanalyse oder transzendentale Rekonstruktion des Wesentlichen dieser Lebensform im Ganzen, ohne diese Auskunft ermöglicht man kein *individuum ineffabile*: „Insoweit gewährt der Rollenbegriff Achtung vor dem einzelnen als dem einzelnen und schirmt ihn gegen sein öffentliches Wesen ab."[12] Die „zweideutige Natur des Selbst" oszilliere „zwischen der Hingabe an das Äußere und der Behauptung des Inneren", potenziert zwischen der Welt der „Abenteuer" und der Welt, „in der es zu Hause ist."[13] Die Kritik beider Philosophien an der Metaphysik betrifft deren abschließende Beantwortung der

---

12 H. Plessner, Die Frage nach der Conditio humana (1961), in: Ders., Gesammelte Schriften VIII, Frankfurt a. M. 1983, S. 201.

13 J. Dewey, Erfahrung und Natur (1925), Frankfurt a. M. 1995, S. 237f.

Ausgangsfrage nach der ermöglichenden Natur. Metaphysik im schlechten Sinne unterliegt demjenigen, das Kant die „Dialektik des Scheins" nannte. Sie gibt dann eine positiv bestimmte Glaubensgewissheit als eine derart verbindliche Antwort vor, dass darüber die Frage verloren geht. Demgegenüber erwartet das Offenhalten der Ausgangsfrage auch künftig eine Pluralität von Antworten, deren Koexistenz die Neuunterscheidung zwischen Privatem und Öffentlichem erfordert.

Drittens: Der kategoriale Unterschied zwischen Organismus, Verhalten in der Umwelt und Interaktionen in der Welt

Ein interessantes Ergebnis des Vergleichs zwischen den klassischen Pragmatismen und den Philosophischen Anthropologien, die unabhängig voneinander entstanden sind, besteht in ihrer parallelen Unterscheidung zwischen dem Organismus, dessen Verhalten in einer Umwelt und den Interaktionen, oder wie Dewey auch sagt: Transaktionen von Personen in einer Welt. Für beide Richtungen ist zunächst die Erweiterung des Lebensbegriffs über den Organismus hinaus in dessen Verhalten in einer Umwelt hinein charakteristisch. Der *Kurzschluss zwischen Leben und Organismus wird aufgelöst*. Es entsteht damit die Frage, in Plessners Begriffswelt, inwiefern Organisationsformen und Positionalitätsformen einander entsprechen (durch Korrelationen) oder einander nicht entsprechen, letzteres in einer strukturell oder aktual überschüssigen Plastizität. Auch für Dewey gibt es einen Unterschied zwischen der generellen strukturellen Angepasstheit von Organismus und Umwelt aufeinander, um überhaupt von Leben sprechen zu können, und den beiden aktualen Anpassungsrichtungen, nämlich des Organismus an die Umwelt und der Umwelt an den Organismus. Erst für den letzteren Fall wird die Bewusstwerdung des Verhaltens wesentlich. Damit ist eine andere Fehlidentifikation des Lebens mit Bewusstsein aufgelöst. Der, wie Plessner sagt, *Umschlag des Seins in Bewusstsein findet im Leben* erst unter bestimmten Struktur- und Funktionsbedingungen statt (zentrische statt vorzentrische Positionalitätsform). Leben ist grundsätzlich ohne Bewusstsein möglich und mehr als physikalisch-chemische Selbstorganisation, aber nicht ohne diese fassbar. Letztere durchläuft alle Lebensprozesse als notwendige Bedingung, anhand der man instrumentieren kann. Aber diese Instrumentierungsmöglichkeit ergibt sich nicht aus sich allein.

Wer das Verhalten von Organismen in ihrer Umwelt wahrnehmen und beobachten kann, positioniert sich selbst woanders und in anderer Zeit als in dem Raume und der Zeit dieses Verhaltens. Ohne diesen semiotisch-sinnhaften Kontrast fiele die bestimmte *Umwelt* im Vordergrund einer *Welt*, die den Hintergrund bildet, nicht auf, so auch Dewey, nicht nur die Husserl-Schüler. Es muss raumhaft und zeithaft eine Differenz geben. Wer Biologie (von Aristoteles bis Darwin) betreibt, geht selbst nicht in dem Biotischen, das den Gegenstand jener Biologie bildet, auf. Dieses Wer könnte diese Umwelten in einem anderen Weltrahmen anders wahrnehmen, interpretieren und beurteilen. Genau dies ist kultur- und wissenschaftsgeschichtlich der Fall gewesen und bestimmt die Pluralität der modernen Gegenwart. Es gibt zudem keinen überzeugenden, weil überzeitlichen Grund, warum sich dies grundsätzlich, also im Sinne der Abschaffung von Zukünftigem, ändern müsste. Wer Leben thematisch bestimmt, ist über unbewusstes und bewusstes Leben hinaus, ohne von ihm lassen zu können. Er/sie steht insofern neben der Aktion und Reaktion zentrischen Lebens in einem geistig *kommunikativen Leben* von Personen. Letzteres *setzt sich nochmals aus der Umwelt, nicht nur aus dem Organismus, heraus in eine szenische Welt.* Es ex-zentriert die Verhaltensbildung, ohne der Zentrierung entbehren zu können (Plessner). Ähnlich ergeht es, wie wir im 13. Kapitel gesehen haben, Deweys Körper-Geistern. Der Verhaltensbruch zwischen Geist und Körper, Exzentrierung und Rezentrierung, erfordert eine Ambivalenz im Verhalten, die Hiatus und Einheit beider räumlich und zeitlich *verteilt.* Diese Art und Weise von Verhalten existiert nicht anders als im *Prozess* von Vollzügen, die sich symbolisch-sinnhaft vorweg nehmen und hinterher hinken. Die Verhaltenseinheit im Vollzug muss soziokulturell in der Generationenfolge der Körper erlernt und geübt werden und kann ihnen doch entgleiten. Sie bleibt fehlbar, kann im Prozess glücklich und unglücklich ausschlagen. Ohne symbolischen Prozess in soziokultureller Verteilung der Körper liefe diese ambivalente Verhaltensweise entweder in einer Tautologie (Selbstreferenz) oder in einem Paradox (Fremdreferenz) fest. Sie wäre in der lebendigen Natur schlichtweg nicht möglich.

Viertens: Personale Körper-Leib-Differenz und Selbstdifferenz zwischen dem *I* und den *Me's*

Haben wir soeben „von unten" her, vom Leben in einer Umwelt her, den personalen Abstand zu diesem Leben durch eine Welt erschlossen, deren Rahmung sich im erweiterten Leben halten können muss, fragt sich nun in umgekehrter Richtung, wie sich von der Personalität im Weltrahmen her die Lebensführung ergibt. Dafür war im ersten und zweiten Kapitel Plessners Körper-Leib-Differenz von und für Personen eingeführt worden. Personen stehen in ihrer Lebensführung vor der Aufgabe, ihr Leibsein und ihr Körperhaben zu verschränken. Einerseits können sie ihren Körper haben wie andere Körper auch. Sie können ihn vertreten, austauschen oder gar ersetzen lassen, insofern sie ihn einer soziokulturellen Rolle gemäß verwenden. Andererseits fallen sie jedoch auch zusammen mit dem Leib, wie er ist, indem sie Verhalten vollziehen. Insofern können Personen den Leib, den sie leben, nicht vertreten lassen, nicht austauschen oder gar sich ersetzen lassen. Personen *leben,* insofern sie diese Differenz zwischen Leibsein und Körperhaben so hier und jetzt vollziehen, dass sie ihnen erneut entsteht. Anderenfalls löste sich das totale Leibsein darin auf, keinen Körper mehr zu haben, oder das totale Körperhaben darin, keinen Leib mehr zu haben. Es würde zu einer entweder vollständigen Entkörperung oder zu einer vollständigen Entleiblichung kommen, den Extremen eines Spektrums personalen Lebens, die aus ihm herausführen. Die Differenz würde erlöschen in Krankheit oder schließlich dem Tod der Person. Sie könnte nicht einmal mehr ungespielt lachen oder weinen, ohnehin nicht mehr gespielt.[14]

---

14 Vgl. H.-P. Krüger, Das Spektrum menschlicher Phänomene, in: Ders., Zwischen Lachen und Weinen. Bd. I, Berlin 1999, 4. Kapitel.

Entspricht dieser personalen Körper-Leib-Differenz etwas im klassischen Pragmatismus? Die Bejahung dieser Frage liegt nicht nahe für alle, die versucht haben, diese Differenz ins Englische (oder auch ins Französische) wortwörtlich zu übersetzen, da es dort keine Entsprechung für den Leib (germanischen Ursprungs) im Unterschied zum Körper (lateinischen Ursprunges) gibt. Gleichwohl lässt sich eine begriffliche Entsprechung zu Meads Differenzierung des Selbst *(self)* als eines Ich *(I)* und eines Mir oder Mich *(Me)* finden. Mead versteht unter dem *I* kein *selbst*bewusstes Ich, sondern ein spontanes Ich, das vom Organismus her hier und jetzt vollzieht. Das *Me* kommt auf dem Umweg über andere zustande.[15] Insofern eine Person *(self)* sich mit anderen identifiziert, kommt sie von diesen auf ihren Organismus zurück. Sie übernimmt aktual die Perspektive oder Situationen übergreifend die Rolle anderer, konkreter und allgemeiner Anderer in *plays* und *games*, in die eigene Verhaltensbildung. Reflexion ist Rückkehr aus der Identifikation mit anderen, *concrete others* und *generalized others*, zu seinem Körper als Leib. Der Ex-Zentrierung folgt die Rezentrierung der soziokulturell verfügbaren und leiblich attraktiven Rollen auf sich als Organismus, auf eben das *I*. Über die Rollen der konkreten Anderen im Spiel *(play)* und der generalisierten Anderen im Wettbewerb *(game)* wird der eigene Körper nach Maßgabe der Rollen vertretbar, austauschbar und ersetzbar in der Generationenfolge. Aber in der Spontaneität des *I* tritt umgekehrt auch die Grenze der Verkörperung als anderer spontan hervor. Mit Plessner würde man diese das Leibsein im Unterschied zum darstellerischen Körperhaben nennen.

Fünftens: Das semiotische Organon multifunktionaler Sprachen im Kontext personaler Verhaltensbildungen

Unstrittig ist der Sprachcharakter in dem Wechsel zwischen Perspektiven respektive Rollen, in den Exzentrierungen und Rezentrierungen des Verhaltens von Personen. Insbesondere ist unstrittig, dass der propositionale Gehalt zum Wesen der Sprache gehört. Aber reicht er aus? Er muss aus anderem als sich selbst in der Generationenfolge erlernt und verändert werden können. Auch kann er nur eine Funktion der Sprache bilden, die Darstellung von Sachverhalten in einer „Außenwelt", die nicht ohne „Innenwelt" und „Mitwelt" (Plessner) bestehen kann. Neben der darstellenden Funktion muss man mindestens noch mit einer Ausdrucksfunktion und einer soziokulturell regulierenden Funktion in den sprachlichen Interaktionen rechnen (Habermas im 1. Kapitel). Auch auf sie muss die Selbstreferenz der Sprache in dem Sinne zutreffen können, dass es sich um Zeichen handelt, die aus drei Relata bestehen und deren Interpretation von den Relationen der Relationen solcher Relata im Ganzen abhängt (Peirce). Anderenfalls käme es zu keiner Symbolik, die die Situation hier und jetzt überschreitet. Man käme aus keiner Umwelt heraus in einen Weltrahmen hinein.

---

15 G. H. Mead, Geist, Identität und Gesellschaft aus der Sicht des Sozialbehaviorismus (1934), Frankfurt a. M. 1995, S. 217–222.

Aber auch das umgekehrte Problem gilt es zu lösen. Die Weltrahmungen müssen wieder *relevant* werden können für die Verhaltensänderungen hier und jetzt, weshalb Dewey und Mead so viel Wert auf *signifikante Symbole* gelegt haben, die gerade keine rein sprachlichen Symbole (13. Kapitel) sein können. Man kann Cassirers Frage nach den symbolischen Formen so verstehen, dass er eine Zwischenbilanz über die bislang weltgeschichtlich wichtigsten Holismen an signifikanten Symbolen gezogen hat, wenn er von Mythos, Religion, Wissenschaft, Kunst, Geschichte sprach. Auch Plessners „Einheit der Sinne" bzw. „Anthropologie der Sinne" stellen Modelle dafür dar, wie die Symbolisierungsfunktionen so in der personalen Verhaltensbildung situiert werden können, dass beide Verhaltensrichtungen eingeschlagen werden können, sowohl Exzentrierungen vom Körperleib weg als auch Rezentrierungen zum Körperleib hin. Auch Mead schließt die sprachliche Symbolisierung an die Koordinierung und Integration der körperleiblichen Nah- und Fernsinne in Kontakt- und Distanztätigkeiten an. Dadurch wird sowohl verständlich, wie Sprachen, vor allem in der verschrifteten Diskursform, sich gegenüber den Kontexten der Wahrnehmung verselbständigen können, als auch in der umgekehrten Richtung in der Verbesserung des personalen Verhaltenszyklus Rückwirkungen zeitigen können. Die pragmatische Maxime erhält erst ihren Sinn, wenn sie in diesem Übergang zwischen einer Phänomenologie der Verhaltensprobleme und einer semiotischen Rekonstruktion der künftigen Verhaltenslösungen situiert wird (12. Kapitel).

Rekonstruiert man auf diesem Wege (von erstens bis fünftens) die Ermöglichung des Menschen durch die personale Lebensform in der lebendigen Natur, nimmt man sowohl in den klassischen Pragmatismen als auch in den Philosophischen Anthropologien die westliche Moderne bei ihrem Wort. Dieses besteht in einem anthropologischen Zirkel, der zu biopolitischen Selbstermächtigungen und unfreiwilligen anthropologischen Experimenten führt (Foucault, 1. Kapitel). Er wird, im Guten wie im Schlechten, anhand seiner indirekten Folgen zum Problem. Die Palette der Kritik vom Standpunkt der personalen Lebensform in der lebendigen Natur reichte von der Kritik an der Reduktion auf das *animal laborans* und an der Auflösung der Unterscheidung zwischen Privatem und Öffentlichem (Arendt) bis zur Kritik am „Mythus des Staates" (Cassirer) und an der „Selbstvergottung" des Menschen (Plessner). Die Autonomie funktionsspezifischer Handlungssysteme hat indirekt Folgeprobleme, die auf dem Wege von öffentlichen Interpenetrationen korrigiert werden können (Dewey). Auf beiden Seiten des Atlantiks stellte sich die gesellschaftlich neue Ermöglichung des *Politischen aus dem Öffentlichen im Unterschied zum Privaten* als die Kernfrage heraus.

Auch Dewey kritisierte das Selbstmissverständnis des Menschen in der westlichen Moderne. Dieser Mensch hält sich für einen „kleinen Gott" (13. Kapitel), und wir haben uns gefragt, ob man dieses Kind, das erwachsen wird, in diesem Märchen halten kann (2. Kapitel). Die Säkularisierung der Religion schafft das Religiöse nicht ab, sondern läuft Gefahr, es allein profan zu entladen und damit spezifisch modern zu verkehren. Die Verweltlichung erfordert eine Begrenzung der Profanierung personalen Lebens durch Formen einer Transzendenz, welche der Verweltlichung immanent sind. Von ihren Herkünften her konnten sich Dewey, der säkularisierte Protestant, der die Demokratie als Lebensform innerweltlich sakralisiert, und Arendt, die assimilierte Jüdin, die ihr Judentum entdeckt, kaum ferner stehen. Aber der *homo absconditus* (Plessner) bricht aus ihr stärker als bei Dewey hervor, wenn sie in ihrem „Denktagebuch" im August 1952 schreibt: „Diese Ebenbildlichkeit auf die Schöpfung des Menschen durch Gott zu beziehen, ist der tiefste und verderblichste Anthropomorphismus in dem abendländischen Gottesgedanken. In unserem Ebenbilde erzeugen wir unsere Kinder – nicht das uns ‚Gleiche‘, aber das Selbe, was wir sind. Gott aber ist gerade das absolut Nicht-‚Selbe‘."[16]

---

16 H. Arendt, Denktagebuch. 1950–1973. Erster Band, hrsg. v. U. Ludz/I. Nordmann, München/Zürich 2002, S. 219.

Literaturverzeichnis

Abel, Günter: Zeichen der Wirklichkeit, Frankfurt a. M. 2004.

Agamben, Giorgio: Homo sacer. Die souveräne Macht und das nackte Leben (ital. 1995), in: Erbschaft unserer Zeit. Vorträge über den Wissensstand der Epoche, Bd. 16. Im Auftrag des Einstein Forums, hrsg. v. Gary Smith/Rüdiger Zill, Frankfurt a. M. 2002.

Agamben, Giorgio: Die kommende Gemeinschaft (ital. 1990), Berlin 2003.

Allen, David S.: Democracy, Inc.: The Press and Law in the Corporate Rationalization of the Public Sphere, Champagne/Urbana 2005.

Arendt, Hannah: Was ist Existenzphilosophie? (engl. 1946), Frankfurt a. M. 1990.

Arendt, Hannah: Elemente und Ursprünge totaler Herrschaft (engl. 1951), München 1986.

Arendt, Hannah: The Human Condition (1958), Chicago 1998.

Arendt, Hannah: Vita activa oder Vom tätigen Leben (engl. 1958), München/Zürich 1981.

Arendt, Hannah: Vom Leben des Geistes 2: Das Wollen (engl. 1978), München 1979.

Arendt, Hannah: Vom Leben des Geistes 3: Das Urteilen, Texte zu Kants politischer Philosophie (engl. 1982), hrsg. v. Ronald Beiner, München/Zürich 1985.

Arendt, Hannah/Heidegger, Martin: Briefe 1925 bis 1975 und andere Zeugnisse, hrsg. v. Ursula Ludz, Frankfurt a. M. 1998.

Arendt, Hannah, Denktagebuch. 1950 – 1973. Erster Band, hrsg. v. Ursula Ludz/Ingeborg Nordmann, München/Zürich 2002

Arlt, Gerhard: Anthropologie und Politik. Ein Schlüssel zum Werk Helmuth Plessners, München 1996.

Arlt, Gerhard: Philosophische Anthropologie, Stuttgart/Weimar 2001.

Asen, Robert/Brouwer, Daniel C. (Eds.), Counterpublics and the State, New York 2001.

Bachmann, Ingeborg: Erklär mir, Liebe, was ich nicht erklären kann, in: Dies., Ausgewählte Werke in drei Bänden, Bd. 1, Berlin/Weimar 1987

Beck, Ulrich: Risikogesellschaft. Auf dem Weg in eine andere Moderne, Frankfurt a. M. 1986.

Beck, Ulrich: Die Erfindung des Politischen. Zu einer Theorie reflexiver Modernisierung, Frankfurt a. M. 1993.

Beck, Ulrich (Hrsg.): Perspektiven der Weltgesellschaft, Frankfurt a. M. 1998.

Benhabib, Seyla: The Reluctant Modernism of Hannah Arendt, London 1996.

Benhabib, Seyla: The Rights of Others. Aliens, Citizens and Residents, Cambridge 2004.

Bielefeldt, Heiner: Kampf und Entscheidung. Politischer Existentialismus bei Carl Schmitt, Helmuth Plessner und Karl Jaspers, Würzburg 1994.

Böhme, Gernot: Die Natur vor uns. Naturphilosophie in pragmatischer Hinsicht, Kusterdingen 2002.

Böhme, Gernot: Leibsein als Aufgabe. Leibphilosophie in pragmatischer Hinsicht, Kusterdingen 2003.

Bourdieu, Pierre/Wacquant, Loïc J. D.: An Invitation to Reflexive Sociology, Chicago/Cambridge 1992.

Brandom, Robert B.: Making It Explicit. Reasoning, Representing, and Discursive Commitment, Cambridge/London 1994.

Brandom, Robert B.: Pragmatik und Pragmatismus, in: Die Renaissance des Pragmatismus. Aktuelle Verflechtungen zwischen analytischer und kontinentaler Philosophie, hrsg. v. Mike Sandbothe, Weilerswist 2000, S. 29-58.

Brandom Robert B.: Begründen und Begreifen. Eine Einführung in den Inferentialismus, Frankfurt a. M. 2001.

Brandt, Reinhard: Kritischer Kommentar zu Kants *Anthropologie*. Kant-Forschungen, Band 10. Hamburg 1999.

Brunkhorst, Hauke (Hrsg.), Demokratischer Experimentalismus. Politik in der komplexen Gesellschaft, Frankfurt a. M. 1998.

Burke, Tom: Dewey's New Logic. A Reply to Russel. Chicago/London 1994.

Butler, Judith: Hass spricht. Zur Politik des Performativen (engl. 1997), Berlin 1998.

Campbell, James: Understanding John Dewey. Nature and Cooperative Intelligence, Chicago/La Salle 1995.

Canguilhem, Georges: Das Normale und das Pathologische (frz. 1943), München 1974.

Cassirer, Ernst: Substanzbegriff und Funktionsbegriff. Untersuchungen über die Grundfragen der Erkenntniskritik (1910), Darmstadt 1994.

Cassirer, Ernst: Das Symbolproblem und seine Stellung im System der Philosophie (1927), in: Ders., Symbol, Technik, Sprache. Aufsätze aus den Jahren 1927–1933, hrsg. v. Ernst Wolfgang Orth/ John Michael Krois, Hamburg 1985, S. 1-21.

Cassirer, Ernst: Philosophie der symbolischen Formen. Dritter Teil: Phänomenologie der Erkenntnis, Berlin 1929.

Cassirer, Ernst: Grundprobleme der philosophischen Anthropologie (unter dem Gesichtspunkt der Existenzanalyse Martin Heideggers) [1929], in: Ders., Davoser Vorträge. Vorträge über Hermann Cohen, in: Ders., Nachgelassene Manuskripte und Texte. Bd. 17, Hamburg (in Vorbereitung).

Cassirer, Ernst: „Geist" und „Leben" in der Philosophie der Gegenwart (1930), in: Ders., Geist und Leben. Schriften zu den Lebensordnungen von Natur und Kunst, Geschichte und Sprache, hrsg. v. Ernst Wolfgang Orth, Leipzig 1993, S. 32-60.

Cassirer, Ernst: Versuch über den Menschen. Einführung in eine Philosophie der Kultur (engl. 1944), Frankfurt a. M. 1990.

Cassirer, Ernst: Zur Metaphysik der symbolischen Formen, in: Ders.: Nachgelassene Manuskripte und Texte. Bd. 1, hrsg. v. John Michael Krois, Hamburg 1995.

Cassirer, Ernst: Vorlesungen und Studien zur philosophischen Anthropologie, in: Ders.: Nachgelassene Manuskripte und Texte. Bd. 6, hrsg. v. Gerald Hartung/Herbert Kopp-Oberstebrink, Hamburg 2005.

Davidson, Donald: Wahrheit und Interpretation (engl. 1984), Frankfurt a. M. 1986.

Delitz, Heike: Spannweiten des Symbolischen. Helmuth Plessners Ästhesiologie des Geistes und Ernst Cassirers Philosophie der symbolischen Formen, in: Deutsche Zeitschrift für Philosophie, Berlin, 53. Jg. (2005), 6. H., S. 917-937.

Derrida, Jacques: Grammatologie (frz. 1967), Frankfurt a. M. 1983.

Dewey, John (With the cooperation of members and fellows of the Department of Philosophy): Studies in Logical Theory, in: The Decennial Publications, second series, vol. XI, Chicago 1903.

Dewey, John/Tufts, James Hayden, Ethics (1908), in: John Dewey, The Collected Works. The Middle Works, vol. 5, ed. by Jo Ann Boydston, Carbondale 1985.

Dewey, John: Einleitung zu den ‚Essays in experimenteller Logik' (engl. 1916), in: Ders., Erfahrung, Erkenntnis und Wert, hrsg. v. Martin Suhr, Frankfurt a. M. 2004, S. 93-144.

Dewey, John: Demokratie und Erziehung. Eine Einleitung in die philosophische Pädagogik (engl. 1916), hrsg. v. Jürgen Oelkers, Weinheim/Basel 1993.

Dewey, John: Die Notwendigkeit einer Selbsterneuerung der Philosophie (1917), in: Ders., Erfahrung, Erkenntnis und Wert, hrsg. v. Martin Suhr, Frankfurt a. M. 2004, S. 145-195.

Dewey, John: Die menschliche Natur. Ihr Wesen und Verhalten (engl. 1922), Stuttgart/Berlin 1931.

Dewey, John: Die Erneuerung der Philosophie (engl. 1923), Hamburg 1989.

Dewey, John: Experience and Nature (1925), in: Ders., The Later Works, vol. I: 1925, ed. by Jo Ann Boydston, Carbondale/Edwardsville 1981.

Dewey, John: Erfahrung und Natur (engl. 1925), Frankfurt a. M. 1995.

Dewey, John: Die Öffentlichkeit und ihre Probleme (engl. 1927), hrsg. v. Hans-Peter Krüger, Bodenheim 1996.

Dewey, John: Die Suche nach Gewissheit. Eine Untersuchung des Verhältnisses von Erkenntnis und Handeln (engl. 1929), Frankfurt a. M. 1998.

Dewey, John: Vom Absolutismus zum Experimentalismus (engl. 1930), in: Ders., Erfahrung, Erkenntnis und Wert, hrsg. v. Martin Suhr, Frankfurt a. M. 2004, S. 13-27.

Dewey, John: Philosophie und Zivilisation (engl. 1931), Frankfurt a. M. 2003.

Dewey, John/Tufts, James Hayden: Ethics (1932), in: John Dewey, The Collected Works. The Later Works, vol. 7: 1932, ed. by Jo Ann Boydston, Carbondale 1985.

Dewey, John: Kunst als Erfahrung (engl. 1934), Frankfurt a. M. 1980.

Dewey, John: A Common Faith. Terry Lectures, New Haven 1934.

Dewey, John: Logik. Die Theorie der Forschung (engl. 1938), Frankfurt a. M. 2002.

Dewey, John: Theorie der Wertschätzung (engl. 1939), in: Ders., Erfahrung, Erkenntnis und Wert, hrsg. v. Martin Suhr, Frankfurt a. M. 2004. S. 293-361.

Dewey, John: Freedom and Culture, New York 1939.

Dewey, John: Problems of Men, New York 1946.

Dewey, John: Peirces Theorie der sprachlichen Zeichen, des Denkens und der Bedeutung (engl. 1946), in: Ders., Erfahrung, Erkenntnis und Wert, hrsg. v. Martin Suhr, Frankfurt a. M. 2004, S. 77-90.

Dewey John/Bentley, Arthur F.: Knowing and the Known, Boston 1949.

Dickstein, Morris (Ed.): The Revival of Pragmatism. New Essays on Social Thought, Law, and Culture, Durham/London 1998.

Dietze, Carola: Nachgeholtes Leben. Helmuth Plessner 1892–1985. Eine Biographie, Göttingen 2006.

Ebeling, Hans: Martin Heidegger. Philosophie und Ideologie, Reinbek bei Hamburg 1991.

Ebke, Thomas: Helmuth Plessners „Doppelaspekt" und Martin Heideggers „Zwiefachheit der Physis". Ein systematischer Vergleich auf der Grundlage ihrer kritischen Bestimmungen der Entelechie, Phil. Magisterarbeit, Universität Potsdam 2006.

Eßbach, Wolfgang: Der Mittelpunkt außerhalb. Helmuth Plessners philosophische Anthropologie, in: Der Prozeß der Geistesgeschichte, hrsg. v. Günter Dux/Ulrich Wenzel, Frankfurt a. M. 1994, S. 15-44.

Feuerbach, Ludwig: Grundsätze der Philosophie der Zukunft (1843), in: Ders., Kleinere Schriften II (1839–1846). Gesammelte Werke, Band 9, hrsg. v. Werner Schuffenhauer, Berlin 1970.

Figal, Günter: Martin Heidegger. Phänomenologie der Freiheit, Frankfurt a. M. 1988.

Figal, Günter: Heidegger zur Einführung, Hamburg 1992.

Fischer, Joachim: Plessner und die politische Philosophie der zwanziger Jahre, in: Politisches Denken. Jahrbuch 1992, hrsg. v. Volker Gerhardt/Henning Ottmann/Martyn P. Thompson, Stuttgart 1993, S. 53-78.

Fischer, Joachim: Philosophische Anthropologie. Eine Denkrichtung des 20. Jahrhunderts, Freiburg/München 2008.

Foucault, Michel: Wahnsinn und Gesellschaft. Eine Geschichte des Wahns im Zeitalter der Vernunft (frz. 1961), Frankfurt a. M. 1981.

Foucault, Michel: Die Geburt der Klinik. Eine Archäologie des ärztlichen Blicks (frz. 1963), München 1973.

Foucault, Michel: Die Ordnung der Dinge. Eine Archäologie der Humanwissenschaften (frz. 1966), Frankfurt a. M. 1974.

Foucault, Michel: Archäologie des Wissens (frz. 1969), Frankfurt a. M. 1981.

Foucault, Michel: Überwachen und Strafen. Die Geburt des Gefängnisses (frz. 1975), Frankfurt a. M. 1976.

Foucault, Michel: In Verteidigung der Gesellschaft. Vorlesungen am Collège de France (1975–76), Frankfurt a. M. 1999.

Foucault, Michel: Sexualität und Wahrheit. Erster Band: Der Wille zum Wissen (frz. 1976), Frankfurt a. M. 1983.

Foucault, Michel: Geschichte der Gouvernementalität II: Die Geburt der Biopolitik. Vorlesung am Collège de France (1978–79), Frankfurt a. M. 2004.

Foucault, Michel: Das Subjekt und die Macht, in: Hubert L. Dreyfus/Paul Rabinow (Hrsg.): Michel Foucault. Jenseits von Strukturalismus und Hermeneutik, Frankfurt a. M. 1987, S. 243-261.

Foucault, Michel: Der Mensch ist ein Erfahrungstier. Gespräch mit Ducio Trombadori. Mit einem Vorwort von Wilhelm Schmid. Mit einer Bibliographie von Andrea Hemminger, Frankfurt a. M. 1996.

Gadamer, Hans-Georg: Wahrheit und Methode. Grundzüge einer philosophischen Hermeneutik (1960), Tübingen 1986.

Gehlen, Arnold: Der Mensch. Seine Natur und seine Stellung in der Welt, hrsg. v. Karl-Siegbert Rehberg, Frankfurt a. M. 1993.

Gerhardt, Volker: Vernunft aus Geschichte. Ernst Cassirers systematischer Beitrag zu einer Philosophie der Politik, in: Hans-Jürg Braun/Helmut Holzhey/Ernst Wolfgang Orth (Hrsg.), Ernst Cassirers Philosophie der symbolischen Formen, Frankfurt a. M. 1988, S. 220-247.

Gerhardt, Volker: Mensch und Politik. Anthropologie und Politische Philosophie bei Hannah Arendt, in: Heinrich-Böll-Stiftung (Hrsg.), Hannah Arendt: Verborgene Tradition – Unzeitgemäße Aktualität? Deutsche Zeitschrift für Philosophie, Sonderband 16, Berlin 2007, S. 215-228.

Giddens, Anthony: Modernity and Self-Identity, Cambridge 1991.

Giddens, Anthony: Jenseits von Links und Rechts. Die Zukunft radikaler Demokratie (engl. 1994), Frankfurt a. M. 1997.

Groethuysen, Bernhard: Towards an Anthropological Philosophy, in: Philosophy and History. Essays presented to Ernst Cassirer, ed. by Raymond Klibansky/Herbert James Paton, Oxford 1936, pp. 77-89.

Gutmann, Mathias: Der Lebensbegriff bei Helmuth Plessner und Josef König. Systematische Rekonstruktion der begrifflichen Grundprobleme einer Hermeneutik des Lebens, in: Gerhard Gamm/Mathias Gutmann/Alexandra Manzei (Hrsg.), Zwischen Anthropologie und Gesellschaftstheorie. Zur Renaissance Helmuth Plessners im Kontext der modernen Lebenswissenschaften, Bielefeld 2005, S. 125-158.

Habermas, Jürgen: Theorie des kommunikativen Handelns. Bd. 1: Handlungsrationalität und gesellschaftliche Rationalisierung, Frankfurt a. M. 1981.

Habermas, Jürgen: Theorie des kommunikativen Handelns. Bd. 2: Zur Kritik der funktionalistischen Vernunft, Frankfurt a. M. 1981.

Habermas, Jürgen: Der philosophische Diskurs der Moderne. Zwölf Vorlesungen, Frankfurt a. M. 1985.

Habermas, Jürgen: Die Krise des Wohlfahrtsstaates und die Erschöpfung utopischer Energie, in: ders., Die Neue Unübersichtlichkeit. Kleine Politische Schriften V, Frankfurt a. M. 1985, S. 141-163.

Habermas, Jürgen: Nachmetaphysisches Denken. Philosophische Aufsätze, Frankfurt a. M. 1988.

Habermas, Jürgen: Faktizität und Geltung. Beiträge zur Diskurstheorie des Rechts und des demokratischen Rechtsstaats, Frankfurt a. M. 1992.

Habermas, Jürgen: Die postnationale Konstellation, Frankfurt a. M. 1998.

Habermas, Jürgen: Wahrheit und Rechtfertigung. Philosophische Aufsätze, Frankfurt a. M. 1999.

Habermas, Jürgen: Von der Machtpolitik zur Weltbürgergesellschaft (1999), in: Ders., Zeit der Übergänge. Kleine Politische Schriften IX, Frankfurt a. M. 2001, S. 27-39.

Habermas, Jürgen: Die Zukunft der menschlichen Natur. Auf dem Weg zu einer liberalen Eugenik?, Frankfurt a. M. 2001.

Habermas, Jürgen: Replik auf Einwände, in: Deutsche Zeitschrift für Philosophie, Berlin, 50. Jg. (2002), 2. H., S. 283-298.

Habermas, Jürgen: Freiheit und Determinismus, in: Deutsche Zeitschrift für Philosophie, Berlin, 52. Jg. (2004), 6. H., S. 871-890.

Hampe, Michael: Erkenntnis und Praxis. Zur Philosophie des Pragmatismus, Frankfurt a. M. 2006.

Hartung, Gerald: Das Maß des Menschen. Aporien der philosophischen Anthropologie und ihre Auflösung in der Kulturphilosophie Ernst Cassirers, Weilerswist 2003.

Haucke, Kai: Anthropologie bei Heidegger. Über das Verhältnis seines Denkens zur philosophischen Tradition, in: Philosophisches Jahrbuch der Görres-Gesellschaft, 105. Jg. (1998), 2. Halbband, hrsg. v. Hans-Michael Baumgartner/Klaus Jacobi/Henning Ottmann, S. 321-345.

Haucke, Kai: Welt oder Sein? Die gebrochene Neutralität menschlichen Daseins und Heideggers Parteilichkeit, in: Wolfgang Bialas/Manfred Gangl (Hrsg.), Intellektuelle im Nationalsozialismus, Frankfurt a. M. 2000, S. 135-175.

Haucke, Kai: Das liberale Ethos der Würde. Eine systematisch orientierte Problemgeschichte zu Plessners Begriff der Würde in den ‚Grenzen der Gemeinschaft‘, Würzburg 2003.

Hegel, Georg Wilhelm Friedrich: Phänomenologie des Geistes (1807), hrsg. v. Johannes Hoffmeister, Berlin 1971.

Hegel, Georg Wilhelm Friedrich: Grundlinien der Philosophie des Rechts oder Naturrecht und Staatswissenschaft im Grundrisse (1820), Berlin 1981.

Hegel, Georg Wilhelm Friedrich: Enzyklopädie der philosophischen Wissenschaften im Grundrisse (1830), Berlin 1969.

Heidegger, Martin: Sein und Zeit (1927), Tübingen 1993.

Heidegger, Martin: Kant und das Problem der Metaphysik (1929), Frankfurt a. M. 1973.

Heidegger, Martin: Die Grundbegriffe der Metaphysik. Welt – Endlichkeit – Einsamkeit (Freiburger Vorlesung Wintersemester 1929/30), in: Ders., Gesamtausgabe, Bd. 29/30, hrsg. v. Friedrich-Wilhelm v. Herrmann, Frankfurt a. M. 1983.

Heise, Wolfgang: Herders Humanitätskonzept, in: Ders., Realistik und Utopie. Aufsätze zur deutschen Literatur zwischen Lessing und Heine, hrsg. vom Zentralinstitut für Literaturgeschichte der Akademie der Wissenschaften der DDR, Berlin 1982, S. 71-108.

Herder, Johann Gottfried: Ideen zur Philosophie der Geschichte der Menschheit (1784–1791), in: Herders Werke, hrsg. v. Nationale Forschungs- und Gedenkstätte der klassischen deutschen Literatur in Weimar, Vierter Band, Berlin/Weimar 1982.

Herder, Johann Gottfried: Briefe zur Beförderung der Humanität (1793-1797), Berlin und Weimar 1971.

Hilt, Annette: Die Frage nach dem Menschen. Anthropologische Philosophie bei Helmuth Plessner und Martin Heidegger, in: Günter Figal (Hrsg.), Internationales Jahrbuch für Hermeneutik, Band 4, Tübingen 2005, S. 275-321.

Höffe, Otfried: Demokratie im Zeitalter der Globalisierung, München 1999.

Honneth, Axel: Plessner und Schmitt. Ein Kommentar zur Entdeckung ihrer Affinität (1991), in: Wolfgang Eßbach/Joachim Fischer/Helmut Lethen (Hrsg.), Plessners „Grenzen der Gemeinschaft". Eine Debatte, Frankfurt a. M. 2002, S. 21-28.

Husserl, Edmund: Die Krisis der europäischen Wissenschaften und die transzendentale Phänomenologie (1936), in: Ders., Gesammelte Schriften, hrsg. v. Elisabeth Ströker, Band 8, Hamburg 1992.

Husserl, Edmund: Die phänomenologische Methode. Ausgewählte Texte I, hrsg. v. Klaus Held, Stuttgart 1985.

Illies, Christian: Philosophische Anthropologie im biologischen Zeitalter. Zur Konvergenz von Moral und Natur, Frankfurt a. M. 2006.

Irrlitz, Gerd: Kant-Handbuch. Leben und Werk, Stuttgart-Weimar 2002.

Irrlitz, Gerd: Rechtsordnung und Ethik der Solidarität. Arthur Baumgarten (1884–1966): Philosoph des frühen deutschen Pragmatismus, in: Deutsche Zeitschrift für Philosophie, Berlin, 56. Jg. (2008), 3. H., S. 343-363.

Jaeggi, Rahel: Welt und Person. Zum anthropologischen Hintergrund der Gesellschaftskritik Hannah Arendts, Berlin 1997.

James, William: The Chicago School (engl. 1904), in: Ders., The Works of William James. Essays in Philosophy, ed. by Frederick Burkhardt/Fredson Bowers/Ignas K. Skrupskelis, Cambridge/London 1978, S 102–106.

James, William: Der Pragmatismus. Ein neuer Name für alte Denkmethoden (engl. 1907), Hamburg 1977.

James, William: Das pluralistische Universum. Vorlesungen über die gegenwärtige Lage der Philosophie (engl. 1908), Darmstadt 1994.

Jaspers, Karl: Psychologie der Weltanschauungen, Berlin 1919.

Jaspers, Karl: Philosophie II: Existenzerhellung (1932), München 1994.

Jaspers, Karl: Vom Ursprung und Ziel der Geschichte (1949), München 1963.

Joas, Hans: Pragmatismus und Gesellschaftstheorie, Frankfurt a. M. 1992.

Joas, Hans: Die Kreativität des Handelns, Frankfurt a. M. 1992

Joas, Hans: Die Entstehung der Werte, Frankfurt a. M. 1997.

Joas, Hans: Kriege und Werte. Studien zur Gewaltgeschichte des 20. Jahrhunderts, Weilerswist 2000.

Jörke, Dirk: Demokratie als Erfahrung. John Dewey und die politische Philosophie der Gegenwart, Wiesbaden 2003.

Kämpf, Heike: Die Exzentrizität des Verstehens. Zur Debatte um die Verstehbarkeit des Fremden zwischen Hermeneutik und Ethnologie, Berlin 2003.

Kant, Immanuel: Zum ewigen Frieden. Ein philosophischer Entwurf (1795), in: Ders., Rechtslehre. Schriften zur Rechtsphilosophie, hrsg. v. Horst Klenner, Berlin 1988, S. 287-338.

Kant, Immanuel: Anthropologie in pragmatischer Hinsicht (1798), Stuttgart 1983.

Köllner, Karin: Zu Helmuth Plessners Sozialtheorie. Plessners offene Sozialitätskonzeption vor dem Hintergrund von Sartres bewusstseinstheoretischer Intersubjektivitätsphilosophie, in: Hans-Peter Krüger/Gesa Lindemann (Hrsg.), Philosophische Anthropologie im 21. Jahrhundert, in: Philosophische Anthropologie, hrsg. v. denselben, Bd. 1, Berlin 2006, S. 274-296.

Koselleck, Reinhart: Vergangene Zukunft. Zur Semantik geschichtlicher Zeiten, Frankfurt a. M. 1979.

Koselleck, Reinhart: Deutschland – eine verspätete Nation? (1998), in: Ders., Zeitschichten. Studien zur Historik, Frankfurt a. M. 2000.

Krüger, Hans-Peter: Kritik der kommunikativen Vernunft. Kommunikationsorientierte Wissenschaftsforschung im Streit mit Sohn-Rethel, Toulmin und Habermas, Berlin 1990.

Krüger, Hans-Peter: Perspektivenwechsel. Autopoiese, Moderne und Postmoderne im kommunikationsorientierten Vergleich, Berlin 1993.

Krüger, Hans-Peter: Die Leere zwischen Sein und Sinn: Helmuth Plessners Heidegger-Kritik in „Macht und menschliche Natur" (1931), in: Wolfgang Bialas/Burkhard Stenzel (Hrsg.), Die Weimarer Republik zwischen Metropole und Provinz. Intellektuellendiskurse zur politischen Kultur. Stiftung Weimarer Klassik, Weimar/Köln/Wien 1996, S. 177-199.

Krüger, Hans-Peter: Zwischen Lachen und Weinen, Bd. I: Das Spektrum menschlicher Phänomene, Berlin 1999.

Krüger, Hans-Peter: Prozesse der öffentlichen Untersuchung. Zum Potential einer zweiten Modernisierung in John Deweys ‚Logic. The Theory of Inquiry', in: Philosophie der Demokratie. Beiträge zum Werk von John Dewey, hrsg. v. Hans Joas, Frankfurt a. M. 2000, S. 194-234.

Krüger, Hans-Peter: Zwischen Lachen und Weinen, Bd. II: Der dritte Weg Philosophischer Anthropologie und die Geschlechterfrage, Berlin 2001.

Krüger, Hans-Peter: Die Potenzialität des Menschseins. Zur Minimalanthropologie einer demokratischen Globalisierung, in: Deutsche Zeitschrift für Philosophie, 49. Jg. (2001), 6. H., S. 929-939.

Krüger, Hans-Peter: Die Aussetzung der lebendigen Natur als geschichtliche Aufgabe in ihr, in: Deutsche Zeitschrift für Philosophie, Berlin, 52. Jg. (2004), 1. H., S. 77-83.

Krüger, Hans-Peter: Das Hirn im Kontext exzentrischer Positionierungen. Zur philosophischen Herausforderung der neurobiologischen Hirnforschung, in: Deutsche Zeitschrift für Philosophie, Berlin, 52 Jg. (2004), 2. H., S. 257-293.

Krüger, Hans-Peter: Hassbewegungen. Im Anschluss an Max Schelers sinngemäße Grammatik des Gefühlslebens, in: Deutsche Zeitschrift für Philosophie, Berlin, 54. Jg. (2006) 6. H., S. 867-883.

Krüger, Hans-Peter/Lindemann, Gesa (Hrsg.), Philosophische Anthropologie im 21. Jahrhundert, in: Philosophische Anthropologie, hrsg. v. denselben., Bd. 1, Berlin 2006.

Krüger, Hans-Peter: Die Fraglichkeit menschlicher Lebewesen. Problemgeschichtliche und systematische Dimensionen, in: Ders./Gesa Lindemann (Hrsg.), Philosophische Anthropologie im 21. Jahrhundert, in: Philosophische Anthropologie, hrsg. v. denselben, Bd. 1, Berlin 2006, S. 15-41.

Krüger, Hans-Peter: Die Antwortlichkeit in der exzentrischen Positionalität. Die Drittheit, das Dritte und die dritte Person als philosophische Minima, in: Ders./Gesa Lindemann (Hrsg.), Philosophische Anthropologie im 21. Jahrhundert, in: Philosophische Anthropologie, hrsg. v. denselben, Bd. 1, Berlin 2006, S. 164-183.

Krüger, Hans-Peter: Ausdrucksphänomen und Diskurs. Plessners quasitranszendentales Verfahren, Phänomenologie und Hermeneutik quasidialektisch zu verschränken, in: Ders./Gesa Lindemann (Hrsg.), Philosophische Anthropologie im 21. Jahrhundert, in: Philosophische Anthropologie, hrsg. v. denselben, Bd. 1, Berlin 2006, S. 187-214.

Krüger, Hans-Peter: Zur Einführung in Kolloquium V: Die Wiederkehr des Hegelianismus im Pragmatismus, in: Rüdiger Bubner/Gunnar Hindrichs (Hrsg.), Von der Logik zur Sprache. Stuttgarter Hegel-Kongress 2005, Stuttgart 2007, S. 365-373.

Krüger, Hans-Peter: Die condition humaine des Abendlandes. Philosophische Anthropologie in Hannah Arendts Spätwerk, in: Deutsche Zeitschrift für Philosophie, Berlin, 55. Jg. (2007), 4. H., S. 605-626.

Krüger, Hans-Peter: Hirn als Subjekt? Philosophische Grenzfragen der Neurobiologie. Deutsche Zeitschrift für Philosophie, Sonderband 15, Berlin 2007.

Krüger, Hans-Peter: Philosophical Anthropologies in Comparison: The Approaches of Ernst Cassirer and Helmuth Plessner, in: Papers of the Swedish Ernst Cassirer Society, ed. by Mats Rosengren/Ola Sigurdson, vol. 3, Göteborgs Universitet 2007.

Krüger, Hans-Peter: Intentionalität und Mentalität als explanans und explanandum. Das komparative Forschungsprogramm von Michael Tomasello, in: Deutsche Zeitschrift für Philosophie, Berlin, 55 Jg. (2007), 5. H., S. 789-814.

Krüger, Hans-Peter: Expressivität als Fundierung zukünftiger Geschichtlichkeit, in: Expressivität und Stil. Helmuth Plessners Sinnes- und Ausdrucksphilosophie, hrsg. v. Bruno Accarino/Matthias Schloßberger, Berlin 2008, S. 109-130.

Krüger, Hans-Peter: Historismus und Anthropologie in Plessners Philosophischer Anthropologie. Ein Rückblick auf Hegels „Phänomenologie des Geistes", in: Volker Gerhardt/Walter Jaeschke/Birgit Sandkaulen (Hrsg.), Gestalten des Bewusstseins. Genealogisches Denken im Kontext Hegels, Hamburg 2009.

Kuhlmann, Andreas: Politik des Lebens – Politik des Sterbens. Biomedizin in der liberalen Demokratie, Berlin 2001.

Landmann, Michael: Philosophische Anthropologie, Berlin/New York 1982.

Landweer, Hilge: Phänomenologie und die Grenzen des Kognitivismus. Gefühle in der Phänomenologie, in: Deutsche Zeitschrift für Philosophie, 52. Jg. (2004), 3.H., S. 467-486.

Latour, Bruno: Wir sind nie modern gewesen. Versuch einer symmetrischen Anthropologie (frz. 1991), Berlin 1995.

Latour, Bruno: Das Parlament der Dinge. Für eine politische Ökologie, in: Edition Zweite Moderne (frz. 1999), hrsg. v. Ulrich Beck, Frankfurt a. M. 2001.

Lemke, Thomas: Biopolitik zu Einführung, Hamburg 2007.

Lepenies, Wolf: Die drei Kulturen. Soziologie zwischen Literatur und Wissenschaft, München/Wien 1985.

Lepenies, Wolf: Benimm und Erkenntnis. Über die notwendige Rückkehr der Werte in die Wissenschaften. Die Sozialwissenschaften nach dem Ende der Geschichte. Zwei Vorträge, Frankfurt a. M. 1997.

Lessing, Hans-Ulrich: Hermeneutik der Sinne. Eine Untersuchung zu Helmuth Plessners Projekt einer „Ästhesiologie des Geistes" nebst einem Plessner Ineditum, in: Phänomenologie, Band II/5, Freiburg/München 1998.

Lindemann, Gesa: Die Grenzen des Sozialen. Zur sozio-technischen Konstruktion von Leben und Tod in der Intensivmedizin, München 2002.

Lindemann, Gesa: „Allons enfants et faits de la patrie ..." Über Latours Sozial- und Gesellschaftstheorie sowie seinen Beitrag zur Rettung der Welt, in: Bruno Latours Kollektive. Kontroversen zur Entgrenzung des Sozialen, hrsg. v. Georg Kneer/Markus Schroer/Erhard Schüttpelz, Frankfurt a. M. 2008, S. 339-360.

Luhmann, Niklas: Liebe als Passion. Zur Codierung von Intimität, Frankfurt a. M. 1982.

Luhmann, Niklas: Soziale Systeme. Grundriss einer allgemeinen Theorie, Frankfurt a. M. 1984.

Luhmann, Niklas: Die Gesellschaft der Gesellschaft, Frankfurt a. M. 1997.

Lyotard, Jean-Francois: Heidegger und „die Juden" (frz. 1988), hrsg. v. Peter Engelmann, Wien 1988.

Margalit, Avishai: Politik der Würde. Über Achtung und Verachtung (engl. 1996), Berlin 1997.

Margolis, Joseph: Die Neuerfindung des Pragmatismus (engl. 2002), Weilerswist 2004.

Marx, Karl: Thesen über Feuerbach (1845), in: Ders./Friedrich Engels, Werke, hrsg. v. Institut für Marxismus-Leninismus beim ZK der SED, Bd. 3, Berlin 1969.

Marx, Karl: Grundrisse der Kritik der Politischen Ökonomie (1857/58), Berlin 1953.

McDowell, John: Mind, Value, & Reality, Cambridge/London 1998.

McDowell, John: Comment on Hans-Peter Krüger's paper „The second Nature of Human Beings", in: Philosophical Explorations, Vol. I (2) May, 1998, pp. 120-125.

Mead, George Herbert: The Philosophy of the Present, ed. by Arthur Edward Murphy with Prefatory Remarks by John Dewey, Chicago 1932.

Mead, George Herbert: Mind, Self and Society from the Standpoint of a Social Behaviourist, Chicago 1934.

Mead, George Herbert: Geist, Identität und Gesellschaft aus der Sicht des Sozialbehaviorismus (engl. 1934), Frankfurt a. M. 1995.

Meinecke, Friedrich: Die Entstehung des Historismus (1936), in: Werke, Bd. III, hrsg. v. H. Herzfeld, C. Hinrichs, W. Hofer, München 1965.

Menke, Christoph: Innere Natur und soziale Normativität. Die Idee der Selbstverwirklichung, in: Hans Joas/Klaus Wiegandt (Hrsg.), Die kulturellen Werte Europas, Frankfurt a. M. 2005, S. 304-352.

Merker, Barbara: Bedürfnis nach Bedeutsamkeit. Zwischen Lebenswelt und Absolutismus der Wirklichkeit, in: Franz-Josef Wetz/Hermann Timm (Hrsg.), Die Kunst des Überlebens. Nachdenken über Hans Blumenberg, Frankfurt a. M. 1999, S. 68-98.

Merleau-Ponty, Maurice: Die Struktur des Verhaltens (frz. 1942), Berlin/New York 1976.

Merleau-Ponty, Maurice: Phänomenologie der Wahrnehmung (frz. 1945), Berlin 1966.

Meuter, Norbert: Anthropologie des Ausdrucks. Die Expressivität des Menschen zwischen Natur und Kultur, München 2006.

Misch, Georg: Lebensphilosophie und Phänomenologie. Eine Auseinandersetzung der Dilthey'schen Richtung mit Heidegger und Husserl (1929/30), Bonn 1930.

Misch, Georg: Der Aufbau der Logik auf dem Boden der Philosophie des Lebens. Göttinger Vorlesungen über Logik und Einleitung in die Theorie des Wissens (1927/28 u. 1933/34), hrsg. v. Gudrun Kühne-Bertam/Frithjof Rodi, Freiburg/München 1994

Mitscherlich, Olivia: Natur *und* Geschichte. Helmuth Plessners in sich gebrochene Lebensphilosophie, in: Philosophische Anthropologie, hrsg. v. Hans-Peter Krüger/Gesa Lindemann, Bd. 5, Berlin 2007.

Möckel, Christian: Das Urphänomen des Lebens. Ernst Cassirers Lebensbegriff, Hamburg 2005.

Mouffe, Chantal: Eine kosmopolitische oder eine multipolare Weltordnung?, in: Deutsche Zeitschrift für Philosophie, 53. Jg. (2005), 1. H., S. 69-81.

Münkler, Herfried: Die neuen Kriege, Reinbek bei Hamburg 2002.

Nagl-Docekal, Herta: Einleitung in den Schwerpunkt „Kosmopolitismus", in: Deutsche Zeitschrift für Philosophie, 53. Jg. (2005), 1. H., S. 46-48.

Orth, Ernst Wolfgang: Von der Erkenntnistheorie zur Kulturphilosophie. Studien zu Ernst Cassirers Philosophie der symbolischen Formen, Würzburg 1996.

Ott, Hugo: Martin Heidegger. Unterwegs zu seiner Biographie, Frankfurt a. M. 1988.

Pape, Helmut: Der dramatische Reichtum der konkreten Welt. Der Ursprung des Pragmatismus im Denken von Charles S. Peirce und William James, Weilerswist 2001.

Peirce, Charles Sanders: Einige Konsequenzen aus vier Unvermögen (engl. 1868), in: Ders., Schriften zum Pragmatismus und zum Pragmatizismus, hrsg. v. Karl-Otto Apel, Frankfurt a. M. 1970, S. 182-214.

Peirce, Charles Sanders: Die Festlegung einer Überzeugung (engl. 1877), in: Ders., Schriften zum Pragmatismus und zum Pragmatizismus, hrsg. v. Karl-Otto Apel, Frankfurt a. M. 1970, S. 149-181.

Peirce, Charles Sanders: Vorwort zu: Mein Pragmatismus (engl. 1909), in: Ders., Schriften zum Pragmatismus und zum Pragmatizismus, hrsg. v. Karl-Otto Apel, Frankfurt a. M. 1970, S. 141-148.

Peirce, Charles Sanders: Die Lehre vom Zufall (engl. 1878), in: Ders., Schriften zum Pragmatismus und zum Pragmatizismus, hrsg. v. Karl-Otto Apel, Frankfurt a. M. 1970, S. 215-223.

Peirce, Charles Sanders: Phänomen und Logik der Zeichen (engl. 1903), hrsg. v. Helmut Pape, Frankfurt a. M. 1983.

Peirce, Charles Sanders: Lectures on Pragmatism/Vorlesungen über Pragmatismus (engl.1903). Mit Einleitung und Anmerkungen herausgegeben von Elisabeth Walther, Hamburg 1973.

Peirce, Charles Sanders: Ein Überblick über den Pragmatizismus (engl. 1907), in: Ders., Schriften zum Pragmatismus und zum Pragmatizismus, hrsg. v. Karl-Otto Apel, Frankfurt a. M. 1976, S. 498-538.

Peirce, Charles Sanders: Was heißt Pragmatismus (engl. 1905), in: Ders., Schriften zum Pragmatismus und Pragmatizismus, hrsg. v. Karl-Otto Apel, Frankfurt a. M. 1976, S. 427-453.

Plessner, Helmuth: Untersuchungen zu einer Kritik der philosophischen Urteilskraft (1920), in: Ders. Gesammelte Schriften II: Frühere philosophische Schriften 2, hrsg. v. Günter Dux/Odo Marquard/ Elisabeth Ströker, Frankfurt a. M. 1981, S. 7–321.

Plessner, Helmuth: Die Einheit der Sinne. Grundlinien einer Ästhesiologie des Geistes (1923), in: Ders. Gesammelte Schriften III: Anthropologie der Sinne, hrsg. v. Günter Dux/Odo Marquard/Elisabeth Ströker, Frankfurt a. M. 1980, S. 7-315.

Plessner, Helmuth: Grenzen der Gemeinschaft. Eine Kritik des sozialen Radikalismus (1924), in: Ders., Gesammelte Schriften V: Macht und menschliche Natur, hrsg. v. Günter Dux/Odo Marquard/Elisabeth Ströker, Frankfurt a. M. 1981, S. 7-134.

Plessner, Helmuth (unter Mitarbeit v. F. J. Buytendijk): Die Deutung des mimischen Ausdrucks. Ein Beitrag zur Lehre vom Bewusstsein des anderen Ichs (1925), In: Ders., Gesammelte Schriften VII: Ausdruck und menschliche Natur, hrsg. v. Günter Dux/Odo Marquard/Elisabeth Ströker, Frankfurt a. M. 1982, S. 67-129.

Plessner, Helmuth: Die Stufen des Organischen und der Mensch. Einleitung in die philosophische Anthropologie (1928), Berlin/New York 1975.

Plessner, Helmuth: Das Problem der Natur in der gegenwärtigen Philosophie (1930), in: Ders., Gesammelte Schriften IX: , hrsg. v. Günter Dux/Odo Marquard/Elisabeth Ströker, Frankfurt a. M. 1985, S. 56-72.

Plessner, Helmuth: Macht und menschliche Natur. Ein Versuch zur Anthropologie der geschichtlichen Weltansicht (1931), in: Ders., Gesammelte Schriften V: Macht und menschliche Natur, hrsg. v. Günter Dux/Odo Marquard/Elisabeth Ströker, Frankfurt a. M. 1981, S. 135-234

Plessner, Helmuth: Abwandlungen des Ideologiegedankens (1931), in: Ders., Gesammelte Schriften X: Schriften zur Soziologie und Sozialphilosophie, hrsg. v. Günter Dux/Odo Marquard/Elisabeth Ströker, Frankfurt a. M. 1985, S. 41-70.

Plessner, Helmuth: Die verspätete Nation (1935/1959), Frankfurt a. M. 1974.

Plessner, Helmuth: Die Aufgabe der Philosophischen Anthropologie (1937), in: Ders., Gesammelte Schriften VIII: Conditio humana, hrsg. v. Günter Dux/Odo Marquard/Elisabeth Ströker, Frankfurt a. M. 1983, S. 33-51.

Plessner, Helmuth: Lachen und Weinen. Eine Untersuchung der Grenzen menschlichen Verhaltens (1941), in: Ders., Gesammelte Schriften VII: Ausdruck und menschliche Natur, hrsg. v. Günter Dux/Odo Marquard/Elisabeth Ströker, Frankfurt a. M. 1982, S. 201-387.

Plessner, Helmuth: Zur Anthropologie der Nachahmung (1948), in: Ders., Gesammelte Schriften VII: Ausdruck und menschliche Natur, hrsg. v. Günter Dux/Odo Marquard/Elisabeth Ströker, Frankfurt a. M. 1982, S. 389-398.

Plessner, Helmuth: Zur Anthropologie des Schauspielers (1948), in: Ders., Gesammelte Schriften VII: Ausdruck und menschliche Natur, hrsg. v. Günter Dux/Odo Marquard/Elisabeth Ströker, Frankfurt a. M. 1982, S. 399–418.

Plessner, Helmuth: Über einige Motive der Philosophischen Anthropologie (1956), in: Ders., Gesammelte Schriften, Bd. VIII: Conditio humana, hrsg. v. Günter Dux/Odo Marquard/Elisabeth Ströker, Frankfurt a. M. 1983, S. 117-135.

Plessner, Helmuth: Die Frage nach der Conditio humana (1961), in: Ders., Gesammelte Schriften VIII: Conditio humana, hrsg. v. Günter Dux/Odo Marquard/Elisabeth Ströker, Frankfurt a. M. 1983, S. 136-217.

Plessner, Helmuth: Elemente menschlichen Verhaltens (1961), in: Gesammelte Schriften VIII: Conditio humana, hrsg. v. Günter Dux/Odo Marquard/Elisabeth Ströker, Frankfurt a. M. 1983, S. 218-234.

Plessner, Helmuth: Emanzipation der Macht (1962), in: Ders., Gesammelte Schriften V: Macht und menschliche Natur, hrsg. v. Günter Dux/Odo Marquard/Elisabeth Ströker, Frankfurt a. M. 1981, S. 259-282.

Plessner, Helmuth: Immer noch Philosophische Anthropologie? (1963), in: Ders., Gesammelte Schriften VIII: Conditio humana, hrsg. v. Günter Dux/Odo Marquard/Elisabeth Ströker, Frankfurt a. M. 1982, S. 235-246.

Plessner, Helmuth: Einleitung zur deutschen Ausgabe (1969), in: Peter L. Berger/Thomas Luckmann, Die gesellschaftliche Konstruktion der Wirklichkeit. Eine Theorie der Wissenssoziologie, Frankfurt a. M. 1970, S. IX-XVI.

Plessner, Helmuth: Anthropologie der Sinne (1970), in: Ders., Gesammelte Schriften III: Anthropologie der Sinne, hrsg. v. Günter Dux/Odo Marquard/Elisabeth Ströker, Frankfurt a. M. 1980, S. 317-393

Plessner, Monika: Die Argonauten auf Long Island. Begegnungen mit Hannah Arendt, Theodor W. Adorno, Gershom Scholem und anderen, Berlin, 1995.

Povinelli, Daniel J.: Folk Physics for Apes. The Chimpanzee's Theory of How the World Works, Oxford 2000.

Putnam, Hilary: Für eine Erneuerung der Philosophie (engl. 1992), Stuttgart 1997.

Putnam, Hilary: Words & Life, ed. by James Conant, Cambridge/London 1994.

Putnam, Hilary: Pragmatism – An Open Question, Oxford/Cambridge 1995.

Putnam, Hilary: Pragmátismus. Eine offene Frage (engl. 1995), Frankfurt a. M. 1995.

Rescher, Nicholas: Rationalität, Wissenschaft und Praxis, Würzburg 1993.

Rescher, Nicholas: Methodological Pragmatism. A Systems-Theoretic Approach to the Theory of Knowledge, Oxford 1977.

Rescher, Nicholas: Realistic Pragmatism. An Introduction to Pragmatic Philosophy, Albany 1999.

Rescher, Nicholas: Cognitive Pragmatism. The Theory of Knowledge in Pragmatic Perspective, Pittsburgh 2001.

Rheinberger, Hans-Jörg: Historische Epistemologie zur Einführung, Hamburg 2007.

Richter, Norbert Axel: Unversöhnte Verschränkung. Theoriebeziehungen zwischen C. Schmitt und H. Plessner, in: Deutsche Zeitschrift für Philosophie, 49. Jg. (2001), 5. H., S. 783-800.

Rorty, Richard: Solidarität oder Objektivität? Drei philosophische Essays, Stuttgart 1988.

Rorty, Richard: Kontingenz, Ironie und Solidarität (engl. 1989), Frankfurt a. M. 1989.

Rorty, Richard: Hoffnung statt Erkenntnis. Eine Einführung in die pragmatische Philosophie. IWM-Vorlesungen zur modernen Philosophie 1993. Herausgegeben am Institut für die Wissenschaften vom Menschen, Wien 1994.

Rorty, Richard: Dewey zwischen Hegel und Darwin (engl. 1994), in: Philosophie der Demokratie. Beiträge zum Werk von John Dewey, hrsg. v. Hans Joas, Frankfurt a. M. 2000, S. 20-43.

Rorty, Richard: Philosophie & die Zukunft. Essays, Frankfurt a. M. 2001.

Rost, Sophia: Deweys Logik der Untersuchung für die Entdeckung des Politischen in modernen Gesellschaften, Münster 2003.

Sandkaulen, Birgit: Helmuth Plessner: Über die „Logik der Öffentlichkeit", in: Internationale Zeitschrift für Philosophie, 3. Jg. (1994), 2. H., S. 255-273.

Sartre, Jean-Paul: Das Sein und das Nichts. Versuch einer phänomenologischen Ontologie (frz. 1943), hrsg. v. Traugott König, Reinbek bei Hamburg 1993.

Scheffler, Israel: Four Pragmatists. A Critical Introduction to Peirce, James, Mead and Dewey, London/New York 1974.

Scheler, Max: Das Ressentiment im Aufbau der Moralen (1912), Frankfurt a. M. 1978.

Scheler, Max: Wesen und Formen der Sympathie (1913/1923), hrsg. v. Manfred S. Frings, Bonn 1985.

Scheler, Max: Der Formalismus in der Ethik und die materiale Wertethik, Halle 1916.

Scheler, Max: Ordo Amoris (1916), in: Ders., Von der Ganzheit des Menschen. Ausgewählte Schriften, hrsg. v. Manfred S. Frings, Bonn 1991.

Scheler, Max: Vom Umsturz der Werte, Leipzig 1919.

Scheler, Max: Der Mensch im Weltalter des Ausgleichs (1927), in: Ders., Von der Ganzheit des Menschen. Ausgewählte Schriften, hrsg. v. Manfred S. Frings, Bonn 1991.

Scheler, Max: Die Stellung des Menschen im Kosmos (1928), Bonn 1995

Schloßberger, Matthias: Die Erfahrung des Anderen. Gefühle im menschlichen Miteinander, in: Philosophische Anthropologie, hrsg. v. Hans-Peter Krüger/Gesa Lindemann, Bd. 2, Berlin 2005.

Schmid, Hans Bernhard (Hrsg.): Schwerpunkt: Kollektive Intentionalität und gemeinsames Handeln, in: Deutsche Zeitschrift für Philosophie, Berlin, 55. Jg. (2007), 3. H., S. 404-472.

Schmitz, Hermann: Husserl und Heidegger, Bonn 1996.

Schnädelbach, Herbert: Philosophie in Deutschland 1831-1933, Frankfurt a. M. 1983.

Schürmann, Volker: Anthropologie als Naturphilosophie. Ein Vergleich zwischen Helmuth Plessner und Ernst Cassirer, in: Enno Rudolph/Ion-Olimpiu Stamatescu (Hrsg.), Von der Philosophie zur Wissenschaft. Cassirers Dialog mit der Naturwissenschaft, Hamburg 1997, S. 133-170.

Schürmann, Volker: Positionierte Exzentrizität, in: Hans-Peter Krüger/Gesa Lindemann (Hrsg.), Philosophische Anthropologie im 21. Jahrhundert, in: Philosophische Anthropologie, hrsg. v. denselben, Bd. 1, Berlin 2006 S. 83-102.

Schwemmer, Oswald: Ernst Cassirer. Ein Philosoph der europäischen Moderne, Berlin 1997.

Searle, John Rogers: Die Wiederentdeckung des Geistes (engl. 1992), Frankfurt a. M. 1996.

Seel, Martin: Zuneigung, Abneigung – Moral, in: Merkur, 58. Jg. (2004), 9/10, S. 774-782.

Sennett, Richard: The Fall of Public Man, New York 1976.

Sennett, Richard: Verfall und Ende des öffentlichen Lebens. Die Tyrannei der Intimität (engl. 1976), Frankfurt a. M. 1983.

Shusterman, Richard: Vor der Interpretation. Sprache und Erfahrung in Hermeneutik, Dekonstruktion und Pragmatismus, hrsg. v. Petzer Engelmann, Wien 1996.

Shusterman, Richard: Philosophie als Lebenspraxis. Wege in den Pragmatismus (engl. 1997), Berlin 2001.

Shusterman, Richard: Body Consciousness. A Philosophy of Mindfulness and Somaesthetics, Cambridge/New York 2008.

Siep, Ludwig: Moral und Gattungsethik, in: Deutsche Zeitschrift für Philosophie, 50. Jg. (2002), 1. H., S. 111-120.

Sloterdijk, Peter: Domestikation des Seins. Die Verdeutlichung der Lichtung, in: Ders., Nicht gerettet. Versuche nach Heidegger, Frankfurt a. M. 2001, S. 142-234.

Stuhr, John J. (Ed.): Pragmatism and Classical American Philosophy. Essential Readings & Interpretive Essays, Oxford 2000.

Taylor, Charles: Hegel (engl. 1975), Frankfurt a. M. 1978.

Taylor, Charles: Sources of the Self. The Making of the Modern Identity, Cambridge 1989.

Taylor, Charles: Quellen des Selbst. Die Entstehung der neuzeitlichen Identität (engl. 1989), Frankfurt a. M. 1994.

Taylor, Charles: Modern Social Imaginaries, Durham/London 2004.

Tomasello, Michael: Constructing a Language. A Usage-Based Theory of Language Acquisition, Cambridge/London 2003.

Toulmin, Stephen: Kosmopolis. Die unerkannten Aufgaben der Moderne (engl. 1990), Frankfurt a. M. 1991.

Tugendhat, Ernst: Anthropologie als „Erste Philosophie", in: Deutsche Zeitschrift für Philosophie, Berlin, 55. Jg. (2007), 1. H., S. 5-16.

Waldenfels, Bernhard: Topographie des Fremden. Studien zur Phänomenologie des Fremden 1, Frankfurt a. M. 1997.

Waldenfels, Bernhard: Grenzen der Normalisierung. Studien zur Phänomenologie des Fremden 2, Frankfurt a. M. 1998.

Waldenfels, Bernhard: Sinnesschwellen. Studien zur Phänomenologie des Fremden 3, Frankfurt a. M. 1999.

Westbrook, Robert B.: John Dewey and American Democracy, Ithaca/London 1991.

Wittrock, Björn: Cultural crystallization and civilization change: Axiality and modernity, in: Comparing Modernities. Pluralism versus Homogeneity. Essays in Homage to Shmuel N. Eisenstadt, ed. by Eliezer Ben-Rafael/Yitzhak Sternberg, Leiden/Boston 2005, S. 83-123.

Wolin, Richard: Heidegger's Children. Hannah Arendt, Karl Löwith, Hans Jonas, and Herbert Marcuse, Princeton, N. J. 2001.

Quellennachweise

Im Folgenden danke ich Herausgebern für ihre Einladung und ihr Verständnis dafür, welche Beiträge zu meiner Forschung früher passten oder auch nicht übernommen werden konnten. Ebenso danke ich Stiftungen für ihre hilfreichen Förderungen und Verlagen für ihre freundliche Erlaubnis, meine früher andernorts publizierten Texte überarbeitet in Unterkapiteln des vorliegenden Buches verwenden zu dürfen, wodurch sich im Ganzen ein neuer, schon länger intendierter Zusammenhang ergibt.

Das 1. Kapitel geht auf meinen gleichnamigen Einleitungsvortrag zurück, den ich auf der von der Volkswagenstiftung geförderten Ernst Cassirer Summer School *Life Politics: Habermas, Foucault, Agamben, and Philosophical Anthropology* an dem *Helsinki Collegium for Advanced Studies* im August 2006 gehalten habe.

Das erste Unterkapitel des 2. Kapitels stützt sich auf einen Vortrag, den ich vor Theologen, Genetikern und Neurobiologen an der Evangelischen Akademie Mühlheim 2002 hielt: Die Grenzen der positiven Bestimmung des Menschen: Der „homo absconditus", in: H. Vogelsang (Hrsg.), Ecce Homo – Was ist der Mensch?, Evangelische Akademie Mühlheim an der Ruhr 2003, S. 61-71. Das 2. Unterkapitel dieses Kapitels basiert auf einer Rede vor Medizinern, die Prof. Dr. med. E. Senn (Zürich) 2004 zu dem Thema „Der schwer verstehbare Schmerz-Patient" nach Heidelberg eingeladen hatte: Die Fragilität des Menschen. Grundüberlegungen aus der Philosophischen Anthropologie für die Medizin, in: *arthritis & rheuma*. Zeitschrift für Rheumatologie und Orthopädie, Heft 5/2005, S. 252-258.

Das 3. Kapitel geht aktuell über meine frühere Diskussion von Otfried Höffes einschlägigem Buch hinaus: Die Potenzialität des Menschseins. Zur Minimal-Anthropologie einer demokratischen Globalisierung, in: *Deutsche Zeitschrift für Philosophie* 49 (2001) 6, S. 929-939.

Das 4. Kapitel arbeitet meinen Einleitungsvortrag in die Tagung *Philosophische, Sozial- und Kulturanthropologie* des DFG-Graduiertenkollegs *Lebensformen und Lebenswissen* (Sprecher: A. Haverkamp und Ch. Menke) an der Universität Potsdam im Juni 2008 aus.

Das 5. Kapitel führt meinen Vortrag auf dem von der Fritz-Thyssen-Stiftung geförderten III. Internationalen Helmuth-Plessner-Kongress *Expressivität und Stil* fort, den Bruno Accarino in Firenze im März 2006 veranstaltet hat: Expressivität als Fundierung zukünftiger Geschichtlichkeit, in: B. Accarino/M. Schloßberger (Hrsg.), Internationales

Jahrbuch für Philosophische Anthropologie, Bd. 1: Expressivität und Stil, Berlin (Akademie Verlag) 2008, S. 109-130.

Das 6. Kapitel modifiziert meinen Vortrag auf der von der DFG geförderten Tagung *Was ist der Mensch? Konstellationen der philosophischen Anthropologie zwischen Max Scheler und Helmuth Plessner,* die an der TU Dresden im Juni 2007 in erstmaliger Kooperation zwischen der Max Scheler-Gesellschaft (Präsident Ernst Wolfgang Orth) und der Helmuth Plessner-Gesellschaft stattfand.

Das 7. Kapitel ging aus meinem Beitrag zu der Ringvorlesung *Große Gefühle* hervor, die Gertrud Lehnert und Ottmar Ette 2003-04 an der Universität Potsdam veranstaltet haben: Hassbewegungen. Im Anschluss an Max Schelers sinngemäße Grammatik des Gefühlslebens, in: *Deutsche Zeitschrift für Philosophie* 54 (2006) 6, S. 867-883 (Nachdruck in: O. Ette/G. Lehnert (Hrsg.), Große Gefühle, Berlin: Kadmos Verlag 2007).

Das 8. Kapitel ging aus meinem Hannah Arendt-Seminar an dem *Swedish Collegium for Andvanced Study* (Prinzipal Björn Wittrock) in Uppsala hervor, das ich dort im Frühjahr 2006 als Ernst Cassirer-Gastprofessor, gefördert von der Volkswagenstiftung, abgehalten habe: Die *condition humaine* des Abendlandes. Philosophische Anthropologie in Hannah Arendts Spätwerk, in: *Deutsche Zeitschrift für Philosophie* 55 (2007) 4, S. 605-626.

Das 9. Kapitel erweitert deutlich meine *Ernst Cassirer Lecture,* die ich Anfang Juni 2006 auf Einladung der *Swedish Ernst Cassirer Society* an der Universität Göteborg gehalten habe: Philosophical Anthropologies in Comparison: The Approaches of Ernst Cassirer and Helmuth Plessner, in: M. Rosengren/O. Sigurdson (Eds.), Papers of the Swedish Ernst Cassirer Society, Göteborgs Universitet 2007, 36 p.

Das 10. Kapitel stellt meinen Beitrag zu dem internationalen Symposium *Gestalten des Bewusstseins. Genealogisches Denken im Kontext Hegels* dar. Es fand aus Anlass des 200. Jubiläums von Hegels *Phänomenologie des Geistes* im März 2007 an der Berlin-Brandenburgischen Akademie der Wissenschaften in Berlin unter der Leitung von Volker Gerhardt, Walter Jaeschke und Birgit Sandkaulen statt. Ein Band ist im Hamburger Meiner Verlag für 2009 in Vorbereitung.

Das 11. Kapitel stellt eine Überarbeitung meines früheren Artikels dar: Die Leere zwischen Sein und Sinn: Helmuth Plessners Heidegger-Kritik in „Macht und menschliche Natur" (1931), in: W. Bialas/B. Stenzel (Hg.), Die Weimarer Republik zwischen Metropole und Provinz. Intellektuellendiskurse zur politischen Kultur, Weimar/Köln/ Wien (Böhlau) 1996, S. 177-199.

Das 12. Kapitel führt meinen Einleitungsvortrag zu dem DFG-Workshop *Pragmatismus* aus. Er fand bei Carl Friedrich Gethmann an der *Europäischen Akademie zur Erforschung von Folgen wissenschaftlich-technischer Entwicklungen* in Bad Neuenahr-Ahrweiler im Jahre 2002 statt. Stellenweise wurde auch mein Beitrag zu dem Stuttgarter Hegel-Kongress 2005 verwendet: Die Wiederkehr des Hegelianismus im Pragmatismus, in: R. Bubner/G. Hindrichs (Hrsg.), Von der Logik zur Sprache, Stuttgart (Klett-Cotta), S. 365-373.

Das 2. Unterkapitel des 13. Kapitels variiert meinen folgenden Artikel: Öffentliche Interkommunikationen. Deweys Weg der Rekonstruktion von Fehlmodernisierungen, in: D. Troehler/J. Oelkers (Hrsg.), Pragmatismus und Pädagogik, Zürich (verlag pestalozzianum) 2005, S. 39-50. Das 3. Unterkapitel desselben Kapitels erweitert diesen Eintrag: John Dewey, Die Öffentlichkeit und ihre Probleme, in: M. Brocker (Hrsg.), Geschichte des politischen Denkens. Ein Handbuch, Frankfurt a. M. (Suhrkamp-Verlag) 2007, S. 525-539.

Das 14. Kapitel arbeitet Thesen aus, die ich auf einer Tagung des *Central European Pragmatist Forum* an der *Jagiellonen Universität Kraków* 2003 vorgestellt hatte: The Specifications of Human Beings: A Comparison of John Dewey's and Helmuth Plessner's Approaches, in: J. Ryder/K. Wilkoszewska (Eds.), Deconstruction and Reconstruction, Amsterdam-New York (Editions Rodopi: Value Inquiry Book Series) 2004, p. 129-136.

Personenverzeichnis

Sachregister

Akademie Verlag

Philosophische Anthropologie

Herausgegeben von Hans-Peter Krüger und Gesa Lindemann

(Alle Bände Festeinband, 170 x 240 mm)

www.akademie-verlag.de | info@akademie-verlag.de